俗说矩阵

Your Accessible Matrix

线性代数详解（Python + MATLAB）

苏临之　曹欣 ◎著

清華大學出版社
北京

内容简介

矩阵是重要的数学工具，也是当今人工智能、机器学习等领域重要的数据处理对象。本书作为矩阵理论的教材，由浅入深地介绍了矩阵的基本理论，包括矩阵的概念与运算、线性方程组、线性映射和线性变换、行列式、向量空间、特征值和特征向量、相似矩阵、二次型等，还有这些基本理论在机器学习中的简单应用。此外，在本书各章的末尾还附有对应的 Python 与 MATLAB 编程实践方法，以供需要工程实践的读者参考应用。

本书可作为高等院校工科专业的本科生教材，也可作为研究生入学考试的参考书，还可供对矩阵理论有需求的工程技术人员阅读参考。

图书在版编目（CIP）数据

俗说矩阵：线性代数详解：Python＋MATLAB / 苏临之，曹欣著. -- 北京：清华大学出版社，2025.4. -- ISBN 978-7-302-68504-3

Ⅰ. O151.21

中国国家版本馆 CIP 数据核字第 2025NP8213 号

责任编辑：申美莹
封面设计：杨玉兰
责任校对：王勤勤
责任印制：丛怀宇

出版发行：清华大学出版社
网　　址：https://www.tup.com.cn，https://www.wqxuetang.com
地　　址：北京清华大学学研大厦 A 座　　邮　　编：100084
社 总 机：010-83470000　　邮　　购：010-62786544
投稿与读者服务：010-62776969，c-service@tup.tsinghua.edu.cn
质量反馈：010-62772015，zhiliang@tup.tsinghua.edu.cn
课件下载：https://www.tup.com.cn，010-83470236
印 装 者：大厂回族自治县彩虹印刷有限公司
经　　销：全国新华书店
开　　本：185mm×260mm　　**印　　张**：23　　**字　　数**：561 千字
版　　次：2025 年 4 月第 1 版　　**印　　次**：2025 年 4 月第1 次印刷
定　　价：99.00 元

产品编号：104593-01

矩阵是应用广泛的数学工具之一，也是现代数学的一个基础性分支，它在科学、工程、经济学等领域都扮演着重要的角色。通过学习矩阵理论，读者将会获得处理高维数据、解决复杂系统、理解空间变换等能力，从而在各个领域中游刃有余地应用所学的知识。在我国高等院校的理工科专业，一般在本科阶段都会设置和矩阵理论相关的“线性代数”或“高等代数”课程，它们也是进入研究生阶段深造的必备数学理论基础。

不过从诸多高校多年的教学实践来看，学生普遍反映矩阵理论“难学、难懂”以及“学了不知道有什么用”。究其原因，除了矩阵理论本身颇为抽象这一客观原因以外，很多课程中对矩阵理论的介绍往往很少有从具体到抽象的转换，即缺乏将理性而严谨的数学思想和感性的直观认知相结合这一过程，同时也未能和初等数学的诸多知识有机衔接。此外，有关矩阵理论的教学往往浮于表面，没能进一步引导学生理解矩阵诸理论之间的本质逻辑联系。而实际上，矩阵理论的学习起点是很低的，即稍有中小学阶段的初等数学基础即可开始学习，并逐步由浅入深地理解矩阵及其重要的作用。因此笔者认为，要引导学生掌握矩阵这一重要工具，在教学中需以初等数学作为切入点，同时由浅入深地以一定的逻辑，慢慢从具象、感性的直观视角过渡到抽象、理性的代数认知。对于国内的学生来讲，一本合适的中文教材在此过程中是不可或缺的。

本书共包括 16 章，内容涵盖了从基本概念到高级运算技巧的诸多方面，旨在以通俗易懂的语言详细讲解矩阵理论。其中第 1 章以初等数学为起点引出矩阵；第 2～14 章是本书的主体部分，主要包括矩阵的概念、线性方程组、矩阵运算、线性映射与线性变换、行列式、向量空间、特征值与特征向量、相似矩阵、二次型等重要理论；第 15 章介绍了矩阵理论在机器学习中的简单应用，借此抛砖引玉，以供机器学习方面的研究者参考和进一步学习；第 16 章介绍了矩阵理论的历史发展，并给出使用本书的读者在未来学习中的建议。

本书在讲解矩阵理论知识的同时配有相当数量的例题，每章末还附有一定数量的习题，以帮助读者在巩固所学知识的同时，深化对理论知识的理解。与此同时，本书还具有针对性地融入了一些常见的应试技巧，以便需要应试的读者在深入理解和掌握理论知识的基础上进一步提高解题能力。此外，第 2～14 章的最后一节均为 MATLAB 编程实践内容，有工程实践需求的读者可以使用 MATLAB 编程工具将本章所学到的矩阵理论通过相关函数或程序加以实现，这不仅能深化本章知识的理解，还能熟悉 MATLAB 工具的使用。本书还配有 Python 代码和配套的视频讲解，可以扫描下方的二维码获取。本书可作为国内相关理工科学生学习矩阵的教材，也可作为以“线性代数”“高等代数”等课程为应试科目的基础复习用书，还可供相关工程实践从业人员阅读和参考。

在本书的编写过程中，我们参阅了国内外的大量优秀教材以及相关资料，在此向其作者由衷地表示感谢！

由于编者水平有限，书中难免有疏漏之处，恳请广大读者批评指正。

编　者

2024 年 12 月于西安

Python 代码

视频讲解

习题答案

目录

从初等数学到高等数学

我们从小就接触过数学，在小学和中学阶段学习的诸多数学知识构成了**初等数学**(elementary mathematics)的重要部分。初等数学大致分为初等的**代数学**(algebra)、**几何学**(geometry)以及**解析几何**(analytic geometry)三部分，其基本内容如图 1-1 所示。

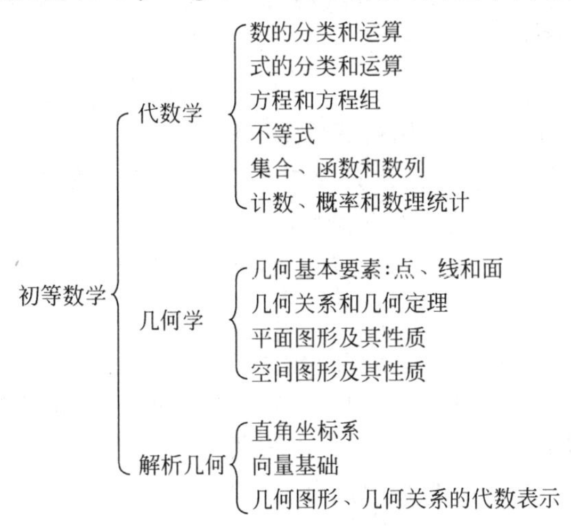

图 1-1　初等数学的内容

初等代数学以数和式为核心，包括它们的各种运算以及它们之间的相等或不相等关系。相等的式子就是等式，不相等的式子就是不等式。如果等式含有未知数就是方程，多个方程就构成了方程组。此外，多个事物可以构成集合，而从数集到数集之间的关系就是函数，自变量属于正整数集的函数就是数列，这样就在静态的运算中增加了动态的内容，即有了“变量”的概念。初等代数学的另一个分支是计数原理的应用，从而让计数有了科学的方法，这样不仅摆脱了原始的枚举方法，而且还为后续的概率统计知识打下了基础。初等几何学从点、线和面这些基本几何要素开始，逐步构建出反映它们之间关系的重要几何定理，它们奠定了整个几何学的基础，也进一步引出了各种各样的平面和空间几何图形。初中主要学习的是平面几何，而高中主要学习的则是更抽象的立体几何，这些几何知识构建出了庞大的几何体系。解析几何是代数和几何的交叉学科，比如我们熟悉的平面直角坐标系就是典型的代表，在此基础上进一步学习了平面和空间的向量，并研究了平面上的直线、圆和圆锥曲线以及它们之间的关系在代数上应当如何量化表示和分析求解。因此，解析几何的基本思想就是利用代数的方法解决几何问题。

总体来看，初等数学不仅讲解了各种各样的代数、几何知识，还渗透了各种各样的数学思想，使得我们得以从多方面、多角度对事物进行数学化的抽象与研究。此外，初等数学还介绍了常用的数学逻辑推理方法，例如命题的真假判定以及数学归纳法证明等。尽管如此，初等数学的研究范畴依旧有限，这就有必要研究高于初等数学的内容。比如函数部分，初等数学研究的内容并不包括因变量随自变量变化时呈现出的各种特点，为了解决这个问题就有了**微积分**(calculus)这个学科；而解析几何和向量的相关知识仅限在平面和空间上的研究，如果出现了更高的维度，就要提取它们更抽象的含义，这就有了**矩阵分析**(matrix analysis)以及相关学科；而计数和概率统计的内容在初等数学中也很简单，如果要更进一步研究就得结合微积分的相关知识了，也就是**概率论和数理统计**(probability theory and mathematical statistics)。当然还有很多其他的初等数学内容可以进一步延伸，并且这些已经延伸的学科又可以延伸出更加抽象、更加高深的内容，它们就是所谓的**高等数学**(advanced mathematics)。需要说明的是，日常所说的“高等数学”一般指的是微积分这个学科，而更广义的高等数学是相对于初等数学而言的，包含的内容更加广泛。本书的主角就是高等数学中的一个重要工具：矩阵。那么矩阵理论可以解决哪些具体的数学问题呢？我们一起看几个例子。

例 1-1：求方程组的解，可以采用初等数学里的消元法，并且有一句耳熟能详的话叫作“有多少未知数就要有多少方程”，意思是要求出全体的未知数的值，就需要列出相等数量的方程。这里考虑以下这个三元一次方程组：

$$\begin{cases} x+2y+3z=5 & ① \\ x+3y+4z=6 & ② \\ x+4y+5z=9 & ③ \end{cases} \tag{1.1}$$

这个方程组里有 3 个方程和 3 个未知数，即方程数量等于未知数数量。现在尝试使用初等数学里学过的加减消元法求解，可以先用②减去①，再用③减去②，这样可以消掉未知数 x，于是得到了以下只包含未知数 y 和 z 的方程组：

$$\begin{cases} y+z=1 \\ y+z=3 \end{cases} \tag{1.2}$$

由于 $y+z$ 不可能同时等于 1 和 3，故这个方程组无解。再看以下三元一次方程组：

$$\begin{cases} x+2y+3z=5 \\ x+3y+4z=6 \\ x+4y+5z=7 \end{cases} \tag{1.3}$$

采用和上面同样的方式消去 x，得到了以下只包含未知数 y 和 z 的方程组：

$$\begin{cases} y+z=1 \\ y+z=1 \end{cases} \tag{1.4}$$

显然它相当于 $y+z=1$ 这一个单独的二元一次方程，而能满足这个方程的 y 和 z 有无数组，因此这个方程组就有无穷多个解。由以上两个方程组可知，“有多少未知数就要有多少方程”这句话在一些情况下是不成立的。那么要怎么判断方程组的解的情况呢？如果使用矩阵理论，不仅适用于更多未知数的情况，而且还能明确指出方程组是有解还是无解，并能系统而高效地求出方程组的解。

例 1-2：我们学过平面解析几何的知识，知道以下二次方程表示平面直角坐标系 xOy 内的一个椭圆，它就是椭圆的标准方程。

$$\frac{x^2}{a^2}+\frac{y^2}{b^2}=1(a>b>0) \tag{1.5}$$

由解析几何知识可知，该方程所表示的椭圆的中心位于坐标原点。a 和 b 分别是椭圆的半长轴和半短轴，整个椭圆关于两条坐标轴对称且关于原点中心对称；又由于 $a>b$，所以它的两个焦点位于 x 轴上且关于原点对称分布，其半焦距长 c 可以使用公式 $c=\sqrt{a^2-b^2}$ 计算。于是可以在平面直角坐标系 xOy 中画出这个椭圆，如图 1-2 所示。

之所以说椭圆方程“标准”，是因为它关于坐标轴高度对称。椭圆标准方程最大的特点是只含有 x^2 和 y^2 这样的平方项，不含 xy 这样的交叉项。现在将图 1-2 所表示的椭圆沿着长短轴方向伸缩并以原点为中心旋转一定的角度，这样就得到了图 1-3 所表示的椭圆。

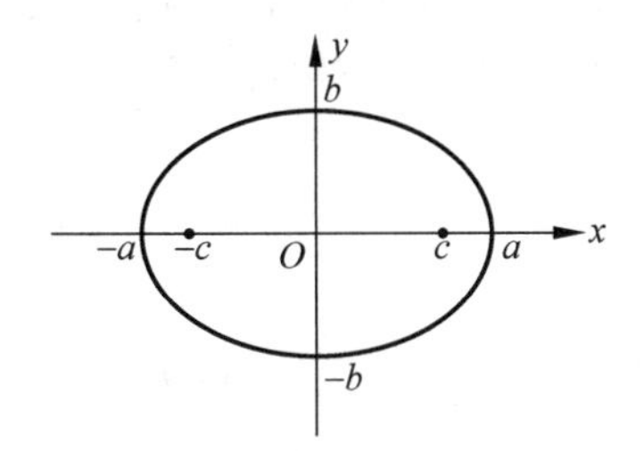

图 1-2　标准方程(1.5)所表示的椭圆

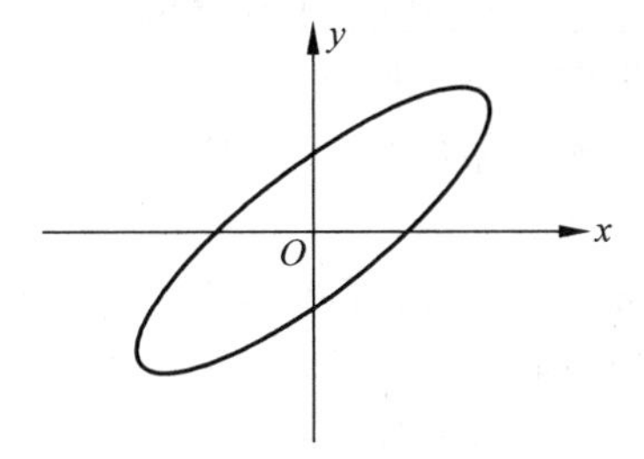

图 1-3　经过伸缩和旋转过后的椭圆

图 1-3 所示椭圆对应的方程不再是标准方程，其中含有 xy 这样的交叉项，因此这个椭圆的方程可以表示为 $Ax^2+Bxy+Cy^2=1$(其中 A、B 和 C 是系数)。那么此时如何求出其长轴、短轴以及焦距的长度呢？此外方程 $Ax^2+Bxy+Cy^2=1$ 是否只能表示椭圆呢？如果不是，参数 A、B 和 C 满足什么样的关系时这个方程对应的图形才是椭圆呢？这些问题使用初等数学的方法求解比较复杂，而使用矩阵就可以迎刃而解。

例 1-3：在物理学上，既有大小又有方向的量叫作矢量，例如位移、速度和力等。矢量在数学上被称作向量(vector)，数学上要表示平面上的向量，可以使用两个数构成的有序数对表示。具体来看就是将向量的起点平移到原点，其终点的坐标就是这个向量的坐标，也就是说平面上的向量和平面直角坐标系里每一个点的坐标是一一对应的。比如，图 1-4 所示的向量可以表示为 $\boldsymbol{a}=(2,1)$。

同样的，空间向量和空间直角坐标系里的点也是一一对应的，也就是需要使用三个有序数对表示一个空间向量，如图 1-5 所示的空间向量可以表示为 $\boldsymbol{a}=(1,2,1)$。

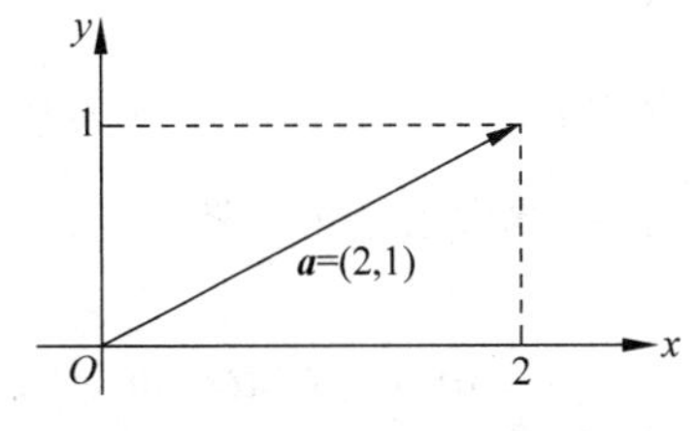

图 1-4　平面向量及其坐标

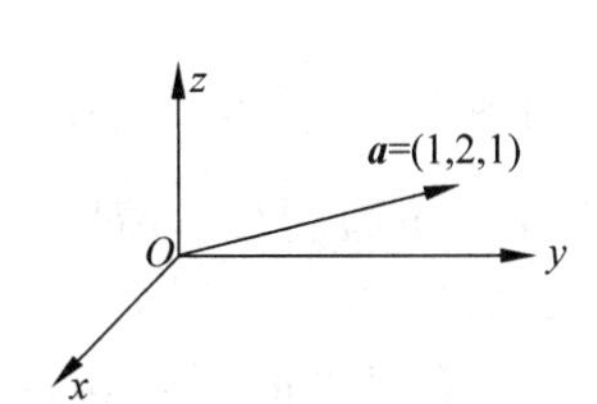

图 1-5　空间向量及其坐标

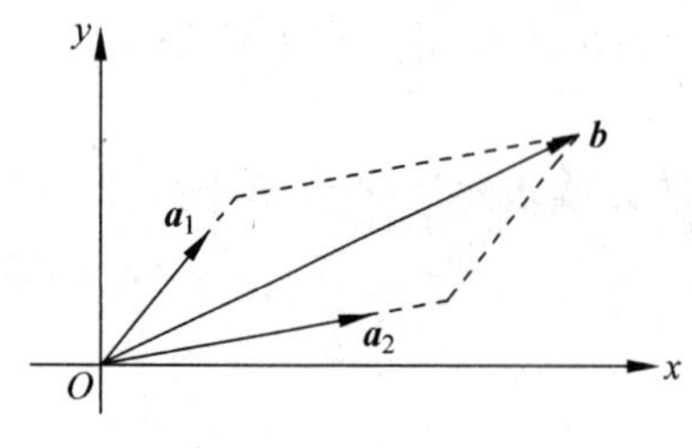

图 1-6　平面向量基本定理示意

在初等数学中，我们学习过平面向量基本定理，也就是平面上如果存在两个不共线的向量 $\boldsymbol{a}_1$ 和 $\boldsymbol{a}_2$，则对于任意的平面向量 $\boldsymbol{b}$ 都可以表示为 $\boldsymbol{b}=k_1\boldsymbol{a}_1+k_2\boldsymbol{a}_2$（其中 k_1 和 k_2 是常数）这种组合形式，如图 1-6 所示。

这个结论可以拓展到空间向量，即空间上存在三个不共面的向量 $\boldsymbol{a}_1$、$\boldsymbol{a}_2$ 和 $\boldsymbol{a}_3$，则对于任意空间向量 $\boldsymbol{b}$ 都可以表示为 $\boldsymbol{b}=k_1\boldsymbol{a}_1+k_2\boldsymbol{a}_2+k_3\boldsymbol{a}_3$（其中 k_1、k_2 和 k_3 是常数）这种组合形式，这就是空间向量基本定理。

由于平面是一个 2 维空间，所以平面向量也叫 2 维向量；同理，空间向量也叫 3 维向量。如果涉及了更高的维度，一个向量就需要用更多的数字并列在一起表示。对于 n 维向量（$n\geqslant 4$），是否也有对应 n 维空间上的基本定理呢？如果有，那这些 n 维向量需要满足怎样的条件呢？这就需要从矩阵的角度进一步刻画和说明。

由以上这些例题可以看出，初等数学能够解决的问题是比较有限的，所以有必要对高等数学的诸多科目进行进一步的了解。和矩阵分析相关的课程，比如**线性代数**（linear algebra）或者**高等代数**（advanced algebra），都是极为重要的。而在学习矩阵前，也需要掌握一定的初等数学基础知识，列举如下：

- 数和式的运算；
- 二元、三元一次方程组；
- 映射、函数、数列的概念；
- 平面向量及其运算；
- 解析几何基础知识；
- 数学逻辑推理基本方法。

需要特别说明的是，这些基础知识只需要掌握对应的基本概念即可，不需要了解得十分深入。可以说矩阵的学习起点是比较低的，可以很容易根据已有的知识慢慢拓展，从而进一步了解、掌握并应用这个强有力的数学工具。

习题 1

1. 初等数学中求解含多个未知量的方程组往往采用消元的策略，请使用消元法（代入消元和加减消元）求解下面这个四元一次方程组，并说说这个过程中遇到了哪些困难。

$$\begin{cases}2x+3y+4z-w=5\\x-y-3z+3w=10\\4x-5y+2z-2w=-2\\3x+2y+7z-3w=2\end{cases}$$

2. 反比例函数 $y=\dfrac{1}{x}$ 的图形是双曲线，它不是标准方程，但可以通过具有标准方程的双曲线旋转一定的角度得到。请指出对应的标准方程，并求出这个旋转的角度（提示：先找出双曲线顶点位置坐标）。

3. 有两个 4 维向量 $\boldsymbol{a}=(a_1,a_2,a_3,a_4)$ 和 $\boldsymbol{b}=(b_1,b_2,b_3,b_4)$，请模仿平面向量的相关知识，求 $\boldsymbol{a}+\boldsymbol{b}$、$\boldsymbol{a}-\boldsymbol{b}$、$k\boldsymbol{a}$（$k$ 是常数）以及数量积 $\boldsymbol{a}\cdot\boldsymbol{b}$ 使用对应坐标的表达式。

矩阵是什么

矩阵是一种能够有效解决各种数学理论和实际问题的工具。那么矩阵究竟是什么呢?为什么要引出和使用矩阵这个工具呢?我们从一个有趣的例子说起。

2.1 面包机里的学问

面包是日常生活中常见的食品,烘焙不同种类的面包需要准备不同分量的原料。如果使用面包机,只需要按照说明书上所述投入不同分量的原材料,然后选择对应的按钮即可实现全自动烘焙面包。某品牌面包机可以以水、白糖、高筋面粉和全麦粉为主要原料制作吐司面包、甜味面包和全麦面包,且每种面包可以做中份和小份两种规格。中份面包所需原料的量如表2-1所示。

表2-1 不同种类的中份面包所需原料

原料	种类		
	吐司面包	甜味面包	全麦面包
水/mL	150	135	150
白糖/g	50	70	50
高筋面粉/g	300	300	250
全麦粉/g	0	0	50

小份面包所需原料的量如表2-2所示。

表2-2 不同种类的小份面包所需原料

原料	种类		
	吐司面包	甜味面包	全麦面包
水/mL	90	70	90
白糖/g	40	60	30
高筋面粉/g	200	200	170
全麦粉/g	0	0	30

为了简明起见，可以省略框线以及对应的单位，只保留数字，同时用一个括号将这些数字括起来，表示这是一张统一的表格。如中份面包的原料表可以表示如下：

$$\begin{matrix} & \text{吐司} & \text{甜味} & \text{全麦} & \\ \boldsymbol{A}= & \left[\begin{matrix}150\\50\\300\\0\end{matrix}\right. & \begin{matrix}135\\70\\300\\0\end{matrix} & \left.\begin{matrix}150\\50\\250\\50\end{matrix}\right] & \begin{matrix}\text{水}\\\text{白糖}\\\text{高筋面粉}\\\text{全麦粉}\end{matrix}\end{matrix} \tag{2.1}$$

这里使用加粗大写字母 $\boldsymbol{A}$ 表示这是中份面包的原料表，它包含了对应原料用量的全部信息。同理，如果使用大写字母 $\boldsymbol{B}$ 表示小份面包的原料表，那么可以写成：

$$\begin{matrix} & \text{吐司} & \text{甜味} & \text{全麦} & \\ \boldsymbol{B}= & \left[\begin{matrix}90\\40\\200\\0\end{matrix}\right. & \begin{matrix}70\\60\\200\\0\end{matrix} & \left.\begin{matrix}90\\30\\170\\30\end{matrix}\right] & \begin{matrix}\text{水}\\\text{白糖}\\\text{高筋面粉}\\\text{全麦粉}\end{matrix}\end{matrix} \tag{2.2}$$

和初等数学中遇到的代数变量不同，$\boldsymbol{A}$ 和 $\boldsymbol{B}$ 并不代表某一个数字，而代表多个数字按照一定属性以行列形式排成的集合体，它们包含全部的面包用料信息，这样的矩形数字表格就叫作**矩阵**(matrix)。

实际制作面包时，可能只会烘焙其中的某些面包，比如只烘焙吐司面包，但这并不意味着矩阵中只包含吐司面包的信息。事实上，矩阵更像是一份菜单，或者产品的规格说明书，它必须包含某属性的全部信息。比如这里的 $\boldsymbol{A}$ 的属性就是中份面包的配料用量，而 $\boldsymbol{B}$ 的属性就是小份面包的配料用量。

现在如果需要 1 个中份面包和 1 个小份面包，那么各个原料要用多少量呢？很显然，只需要把 $\boldsymbol{A}$ 和 $\boldsymbol{B}$ 对应位置的用料量相加即可，这样就可以得到一张新的数字表格，可以使用 $\boldsymbol{A}+\boldsymbol{B}$ 表示。也就是说，$\boldsymbol{A}+\boldsymbol{B}$ 的值就等于 $\boldsymbol{A}$ 和 $\boldsymbol{B}$ 对应位置的数字相加的结果，这就是**矩阵加法**(matrix addition)，具体到这个例子中就是以下形式(行列意义注释已省略)：

$$\begin{aligned}\boldsymbol{A}+\boldsymbol{B}&=\begin{bmatrix}150&135&150\\50&70&50\\300&300&250\\0&0&50\end{bmatrix}+\begin{bmatrix}90&70&90\\40&60&30\\200&200&170\\0&0&30\end{bmatrix}=\begin{bmatrix}150+90&135+70&150+90\\50+40&70+60&50+30\\300+200&300+200&250+170\\0+0&0+0&50+30\end{bmatrix}\\&=\begin{bmatrix}240&205&240\\90&130&80\\500&500&420\\0&0&80\end{bmatrix}\end{aligned} \tag{2.3}$$

再比如说，原先预备了 1 个小份面包的原料用量，但实际上需要烘焙 1 个中份面包，这样就得补上一些原料，也就是需要了解小份面包比中份面包的每种原料差多少。这个答案也是显然的，只需要将 $\boldsymbol{A}$ 和 $\boldsymbol{B}$ 对应位置的用料量相减即可。这个差值表格使用 $\boldsymbol{A}-\boldsymbol{B}$ 表示，它等于 $\boldsymbol{A}$ 和 $\boldsymbol{B}$ 对应位置的数字相减的结果，这就是**矩阵减法**(matrix subtraction)：

$$
\boldsymbol{A}-\boldsymbol{B}=\begin{bmatrix}150 & 135 & 150\\ 50 & 70 & 50\\ 300 & 300 & 250\\ 0 & 0 & 50\end{bmatrix}-\begin{bmatrix}90 & 70 & 90\\ 40 & 60 & 30\\ 200 & 200 & 170\\ 0 & 0 & 30\end{bmatrix}=\begin{bmatrix}150-90 & 135-70 & 150-90\\ 50-40 & 70-60 & 50-30\\ 300-200 & 300-200 & 250-170\\ 0-0 & 0-0 & 50-30\end{bmatrix}
$$

$$
=\begin{bmatrix}60 & 65 & 60\\ 10 & 10 & 20\\ 100 & 100 & 80\\ 0 & 0 & 20\end{bmatrix} \tag{2.4}
$$

以上对面包的需求都只是 1 个，如果现在需要 2 个中份面包，那么各个原料就都要翻倍，即 $\boldsymbol{A}$ 中的每一个数字都要乘以 2，使用 $2\boldsymbol{A}$ 表示：

$$
2\boldsymbol{A}=2\begin{bmatrix}150 & 135 & 150\\ 50 & 70 & 50\\ 300 & 300 & 250\\ 0 & 0 & 50\end{bmatrix}=\begin{bmatrix}150\times 2 & 135\times 2 & 150\times 2\\ 50\times 2 & 70\times 2 & 50\times 2\\ 300\times 2 & 300\times 2 & 250\times 2\\ 0\times 2 & 0\times 2 & 50\times 2\end{bmatrix}=\begin{bmatrix}300 & 270 & 300\\ 100 & 140 & 100\\ 600 & 600 & 500\\ 0 & 0 & 100\end{bmatrix} \tag{2.5}
$$

上面这种给矩阵乘以一个常数的操作称为**矩阵数乘**（scalar multiplication of matrix）。于是就可以很容易求出任意个数组合对应的原料表，比如需要 3 个中份面包和 2 个小份面包，那么对应的矩阵原料表就可以写作 $3\boldsymbol{A}+2\boldsymbol{B}$，计算方法和刚才完全一致（请读者自行计算）。

现在研究一下这些带有菜单性质的数表的具体用途。比如，需要烘焙 3 个中份吐司面包、1 个中份甜味面包和 2 个中份全麦面包，那么每种原料各需要准备多少呢？这个问题也不难，4 种原料用量计算如下：

- 水：150×3+135×1+150×2=885(mL)；
- 白糖：50×3+70×1+50×2=320(g)；
- 高筋面粉：300×3+300×1+250×2=1700(g)；
- 全麦粉：0×3+0×1+50×2=100(g)。

在矩阵 $\boldsymbol{A}$ 中，这 4 种原料并列成一列竖向写出，即自上而下依次是水、白糖、高筋面粉和全麦粉，于是将刚才计算出的这 4 种原料用量也自上而下排列，并且也使用一个括号括起来表示一个整体 $\boldsymbol{p}$：

$$
\boldsymbol{p}=\begin{bmatrix}885\\ 320\\ 1700\\ 100\end{bmatrix}\begin{matrix}\text{水}\\ \text{白糖}\\ \text{高筋面粉}\\ \text{全麦粉}\end{matrix} \tag{2.6}
$$

这里的小写字母 $\boldsymbol{p}$ 里也是单纯数字的并列，它实际上就是在初等数学中学过的向量，而 4 种原料用量就是这个向量的 4 个不同维度。当然和初等数学里横向表示向量不同，$\boldsymbol{p}$ 是竖向表示的向量，这种向量叫作**列向量**（column vector）；与之相对的，在初等数学中的横向表示的向量叫作**行向量**（row vector）。本书中，如果不加说明，向量默认指的是列向量。

现在研究矩阵 $\boldsymbol{A}$ 是如何变成向量 $\boldsymbol{p}$ 的，将两者对比如下：

$$\begin{array}{c} \quad\text{吐司}\quad\text{甜味}\quad\text{全麦} \\ \boldsymbol{A} = \begin{bmatrix} 150 & 135 & 150 \\ 50 & 70 & 50 \\ 300 & 300 & 250 \\ 0 & 0 & 50 \end{bmatrix} \begin{matrix} \text{水} \\ \text{白糖} \\ \text{高筋面粉} \\ \text{全麦粉} \end{matrix} \end{array} \to \boldsymbol{p} = \begin{bmatrix} 885 \\ 320 \\ 1700 \\ 100 \end{bmatrix} \begin{matrix} \text{水} \\ \text{白糖} \\ \text{高筋面粉} \\ \text{全麦粉} \end{matrix} \tag{2.7}$$

可以发现 $\boldsymbol{A}$ 变成 $\boldsymbol{p}$ 的过程，正是 $\boldsymbol{A}$ 的第 1、2 和 3 列分别乘以 3 种面包的个数。由于需要的是 3 个中份吐司面包、1 个中份甜味面包和 2 个中份全麦面包，所以给这 3 列依次乘以 3、1 和 2 后再相加即可。而我们始终希望这个过程能够使用一个式子整体表示，于是将表示 3 种面包个数的 3、1 和 2 也并列成一个向量 $\boldsymbol{k}$：

$$\boldsymbol{k} = \begin{bmatrix} 3 \\ 1 \\ 2 \end{bmatrix} \tag{2.8}$$

这样，矩阵 $\boldsymbol{A}$ 变成向量 $\boldsymbol{p}$ 就可以以向量 $\boldsymbol{k}$ 为媒介转换，我们可以定义一种特殊的矩阵运算，那就是**矩阵对向量的乘法**（matrix-by-vector multiplication）：

$$\boldsymbol{p} = \boldsymbol{A}\boldsymbol{k} = \begin{bmatrix} 150 & 135 & 150 \\ 50 & 70 & 50 \\ 300 & 300 & 250 \\ 0 & 0 & 50 \end{bmatrix} \begin{bmatrix} 3 \\ 1 \\ 2 \end{bmatrix} = \begin{bmatrix} 150 \times 3 + 135 \times 1 + 150 \times 2 \\ 50 \times 3 + 70 \times 1 + 50 \times 2 \\ 300 \times 3 + 300 \times 1 + 250 \times 2 \\ 0 \times 3 + 0 \times 1 + 50 \times 2 \end{bmatrix} = \begin{bmatrix} 885 \\ 320 \\ 1700 \\ 100 \end{bmatrix} \tag{2.9}$$

矩阵对向量的乘法的结果是另一个向量。实际计算的时候，将 $\boldsymbol{A}$ 的每一行取出，分别和 $\boldsymbol{k}$ 中的几个数值进行对应相乘再相加，最后将这些计算结果竖向并列就可以了。可知 $\boldsymbol{p}$ 的维数和 $\boldsymbol{A}$ 的列数是相等的。

再比如说，如果需要 3 个小份甜味面包和 5 个小份全麦面包，此时要准备多少原料呢？此时由于不需要吐司面包，所以数量是 0。设个数构成的向量是 $\boldsymbol{h}$，最后得到各个原料的量是 $\boldsymbol{q}$，那么就可以计算如下：

$$\boldsymbol{q} = \boldsymbol{B}\boldsymbol{h} = \begin{bmatrix} 90 & 70 & 90 \\ 40 & 60 & 30 \\ 200 & 200 & 170 \\ 0 & 0 & 30 \end{bmatrix} \begin{bmatrix} 0 \\ 3 \\ 5 \end{bmatrix} = \begin{bmatrix} 90 \times 0 + 70 \times 3 + 90 \times 5 \\ 40 \times 0 + 60 \times 3 + 30 \times 5 \\ 200 \times 0 + 200 \times 3 + 170 \times 5 \\ 0 \times 0 + 0 \times 3 + 30 \times 5 \end{bmatrix} = \begin{bmatrix} 660 \\ 330 \\ 1450 \\ 150 \end{bmatrix} \tag{2.10}$$

现在我们已经掌握了不同面包所需的原料分量计算，那么就来看看下面这场美食派对中需要预备多少烘焙面包的原料吧！

例 2-1：某场美食派对需要小份、中份、大份和超大份面包，具体用量如表 2-3 所示。

表 2-3　美食派对所需面包的数量

规　格	种　类		
	吐司面包	甜味面包	全麦面包
小份	4	2	0
中份	2	1	2
大份	1	0	3
超大份	0	0	2

其中大份面包需要 2 个小份面包原料用量，超大份面包需要 1 个小份面包加 1 个中份面包的原料用量。中份和小份面包所需水、白糖、高筋面粉和全麦粉用量矩阵 $\boldsymbol{A}$ 和 $\boldsymbol{B}$ 由式(2.1)和式(2.2)给出。请问这场美食派对的每种原料各需要预备多少？

解：首先需要计算出大份面包和超大份面包对应的原料矩阵，设它们分别是 $\boldsymbol{C}$ 和 $\boldsymbol{D}$，则根据矩阵的数乘运算和加法运算有

$$\boldsymbol{C}=2\boldsymbol{B}=\begin{bmatrix}180 & 140 & 180\\ 80 & 120 & 60\\ 400 & 400 & 340\\ 0 & 0 & 60\end{bmatrix},\quad \boldsymbol{D}=\boldsymbol{A}+\boldsymbol{B}=\begin{bmatrix}240 & 205 & 240\\ 90 & 130 & 80\\ 500 & 500 & 420\\ 0 & 0 & 80\end{bmatrix} \tag{2.11}$$

设小份、中份、大份和超大份的各种面包需要的个数构成的向量分别是 $\boldsymbol{k}_1$、$\boldsymbol{k}_2$、$\boldsymbol{k}_3$ 和 $\boldsymbol{k}_4$，根据表 2-3 有

$$\boldsymbol{k}_1=\begin{bmatrix}4\\2\\0\end{bmatrix},\quad \boldsymbol{k}_2=\begin{bmatrix}2\\1\\2\end{bmatrix},\quad \boldsymbol{k}_3=\begin{bmatrix}1\\0\\3\end{bmatrix},\quad \boldsymbol{k}_4=\begin{bmatrix}0\\0\\2\end{bmatrix} \tag{2.12}$$

再设小份、中份、大份和超大份面包所需 4 种原料并列而成的向量分别是 $\boldsymbol{p}_1$、$\boldsymbol{p}_2$、$\boldsymbol{p}_3$ 和 $\boldsymbol{p}_4$，则根据矩阵对向量的乘法有

$$\begin{aligned}
\boldsymbol{p}_1=\boldsymbol{A}\boldsymbol{k}_1&=\begin{bmatrix}150 & 135 & 150\\ 50 & 70 & 50\\ 300 & 300 & 250\\ 0 & 0 & 50\end{bmatrix}\begin{bmatrix}4\\2\\0\end{bmatrix}=\begin{bmatrix}870\\340\\1800\\0\end{bmatrix}\\
\boldsymbol{p}_2=\boldsymbol{B}\boldsymbol{k}_2&=\begin{bmatrix}90 & 70 & 90\\ 40 & 60 & 30\\ 200 & 200 & 170\\ 0 & 0 & 30\end{bmatrix}\begin{bmatrix}2\\1\\2\end{bmatrix}=\begin{bmatrix}430\\200\\940\\60\end{bmatrix}\\
\boldsymbol{p}_3=\boldsymbol{C}\boldsymbol{k}_3&=\begin{bmatrix}180 & 140 & 180\\ 80 & 120 & 60\\ 400 & 400 & 340\\ 0 & 0 & 60\end{bmatrix}\begin{bmatrix}1\\0\\3\end{bmatrix}=\begin{bmatrix}720\\260\\1420\\180\end{bmatrix}\\
\boldsymbol{p}_4=\boldsymbol{D}\boldsymbol{k}_4&=\begin{bmatrix}240 & 205 & 240\\ 90 & 130 & 80\\ 500 & 500 & 420\\ 0 & 0 & 80\end{bmatrix}\begin{bmatrix}0\\0\\2\end{bmatrix}=\begin{bmatrix}480\\160\\840\\160\end{bmatrix}
\end{aligned} \tag{2.13}$$

所以原料的总量 $\boldsymbol{p}$ 就是将以上 4 项相加即可，即各个元素用量分别相加（向量加法运算）。

$$\boldsymbol{p}=\boldsymbol{p}_1+\boldsymbol{p}_2+\boldsymbol{p}_3+\boldsymbol{p}_4=\begin{bmatrix}2500\\960\\5000\\400\end{bmatrix} \tag{2.14}$$

由此可知，需要预备水 2500mL、白糖 960g、高筋面粉 5000g 和全麦粉 400g。

2.2 矩阵的基本运算

通过以上做面包的例子，我们体会到矩阵是一种批量处理数据的工具。如果忽略数字的具体实际含义，那么矩阵实际上就是一张按一定顺序排列的矩形数字表格。而矩阵的尺寸大小使用“行数×列数”写在右下角表示。例如，以上表示中份面包原料用量的矩阵 $\boldsymbol{A}$ 有 4 行和 3 列，因此它可以写成以下形式：

$$\boldsymbol{A}_{4\times 3}=\begin{bmatrix}150 & 135 & 150\\ 50 & 70 & 50\\ 300 & 300 & 250\\ 0 & 0 & 50\end{bmatrix}_{4\times 3} \tag{2.15}$$

需要特别注意，这里的乘号“×”不表示乘法运算，只表示矩阵的尺寸大小。例如一个 $m\times n$ 大小的矩阵表示这个矩阵有 m 行和 n 列，不能写成“$m\cdot n$”或“mn”。

矩阵中的每一个数字都叫作这个矩阵的**元素**(element)，矩阵 $\boldsymbol{A}_{m\times n}$ 的第 i 行第 j 列元素记为 $\boldsymbol{A}(i,j)$。显然行数和列数都必须是正整数，且有 $1\leqslant i\leqslant m$ 和 $1\leqslant j\leqslant n$。使用这种表示方法时需要注意前一个字母表示行数，后一个字母表示列数。比如矩阵 $\boldsymbol{A}$ 的第 2 行第 3 列的元素是 50，因此可以记为 $\boldsymbol{A}(2,3)=50$；而对应第 3 行第 2 列的元素是 300，因此可以记为 $\boldsymbol{A}(3,2)=300$。

此外，向量也是一种特殊的矩阵，行向量是只有 1 行的矩阵，列向量是只有 1 列的矩阵。比如，行向量 $\boldsymbol{a}$ 和列向量 $\boldsymbol{b}$ 都是 3 维向量，对应的 3 个分量都是 1、2 和 3，则它们的表示如下：

$$\boldsymbol{a}_{1\times 3}=(1,2,3)_{1\times 3},\quad \boldsymbol{b}_{3\times 1}=\begin{bmatrix}1\\ 2\\ 3\end{bmatrix}_{3\times 1} \tag{2.16}$$

再次强调：如果不加说明，本书所说的向量默认为列向量。向量的第 n 个分量也可以用括号表示，如 $\boldsymbol{b}$ 的第 2 个分量是 2，记作 $\boldsymbol{b}(2,1)=2$，也可以简记为 $\boldsymbol{b}(2)=2$。

矩阵的基本运算有四种：矩阵加法、矩阵减法、矩阵数乘以及矩阵对向量的乘法，它们的规则总结如下：

- 矩阵加/减法：矩阵对应元素分别相加/减；
- 矩阵数乘：矩阵的全体元素乘以一个数；
- 矩阵对向量的乘法：取矩阵的每一行和向量对应相乘再相加，将这些结果竖向并列形成一个列向量。

现在通过一个例子进一步熟悉这些运算以及对应的适用条件。

例 2-2：已知矩阵 $\boldsymbol{A}$、$\boldsymbol{B}$ 和 $\boldsymbol{C}$ 以及向量 $\boldsymbol{k}$ 和 $\boldsymbol{h}$ 如下：

$$\boldsymbol{A}=\begin{bmatrix}1 & 2\\ -1 & 3\end{bmatrix},\quad \boldsymbol{B}=\begin{bmatrix}4 & -2\\ -6 & 8\end{bmatrix},\quad \boldsymbol{C}=\begin{bmatrix}0 & 1 & 2\\ 3 & 7 & 5\end{bmatrix},\quad \boldsymbol{k}=\begin{bmatrix}2\\ 3\end{bmatrix},\quad \boldsymbol{h}=\begin{bmatrix}1\\ 3\\ -4\end{bmatrix} \tag{2.17}$$

（1）请计算$(\boldsymbol{A}+\boldsymbol{B})\boldsymbol{k}$和$(2\boldsymbol{C})\boldsymbol{h}$；

（2）请思考：表达式$\boldsymbol{A}+\boldsymbol{C}$和$\boldsymbol{Ck}$是否有意义？为什么？

解：（1）计算过程如下：

$$(\boldsymbol{A}+\boldsymbol{B})\boldsymbol{k}=\begin{bmatrix}1+4 & 2-2\\ -1-6 & 3+8\end{bmatrix}\begin{bmatrix}2\\3\end{bmatrix}=\begin{bmatrix}5 & 0\\ -7 & 11\end{bmatrix}\begin{bmatrix}2\\3\end{bmatrix}=\begin{bmatrix}10\\19\end{bmatrix} \tag{2.18}$$

$$(2\boldsymbol{C})\boldsymbol{h}=\begin{bmatrix}2\times 0 & 2\times 1 & 2\times 2\\ 2\times 3 & 2\times 7 & 2\times 5\end{bmatrix}\begin{bmatrix}1\\3\\-4\end{bmatrix}=\begin{bmatrix}0 & 2 & 4\\ 6 & 14 & 10\end{bmatrix}\begin{bmatrix}1\\3\\-4\end{bmatrix}=\begin{bmatrix}-10\\8\end{bmatrix} \tag{2.19}$$

（2）仿照上述做面包的例子，可以将矩阵视为某种“配料清单”，$\boldsymbol{A}$的尺寸是2×2，$\boldsymbol{C}$的尺寸是2×3，显然不是同一类事物的“配料清单”，所以无法计算$\boldsymbol{A}+\boldsymbol{C}$。对于$\boldsymbol{Ck}$，同样可以联想刚才做面包的例子，$\boldsymbol{C}$的每一列都要刚好赋予一个对应的因数（不能多也不能少），然后相乘再相加。此处，$\boldsymbol{k}$是2维列向量，$\boldsymbol{C}$的列数为3，$\boldsymbol{C}$的列数不等于$\boldsymbol{k}$的维数，计算$\boldsymbol{Ck}$时，会出现$0\times 2+1\times 3+2\times ?$这种缺一个因数的奇怪算式，因此无法计算$\boldsymbol{Ck}$。

由上例可知，矩阵基本运算是有一定条件限制的。加减法运算要求矩阵的尺寸必须相等，即两个矩阵具有完全一致的行数和列数。而矩阵对向量的乘法运算要求矩阵的列数必须等于向量的维数（可以理解为向量所并列的数的个数）。

2.3　是矩阵，也是映射

矩阵的基本运算中，加减法和数乘是比较容易理解的，但是矩阵对向量的乘法对我们来说显得相对比较陌生。事实上，要理解这种运算就需要了解矩阵的映射属性。

2.3.1　映射的概念和实例

初等数学中介绍过映射的概念，它是这么描述的：两个非空集合X与Y间存在着对应关系f，即对于X中的每一个元素x，Y中总有唯一的一个元素y与它对应，这种对应关系f就是从X到Y的**映射**（mapping），记作$f: X\to Y$或$y=f(x)$。

例如$y=\sin x(x\in\mathbb{R})$就是一个映射，对于任意一个$x\in\mathbb{R}$，都有唯一的$y\in[-1,1]$与之对应。这是一个从实数集$\mathbb{R}$到实数区间$[-1,1]$的映射，即从一个数集映射到另一个数集，它也被称为**函数**（function）。实际上还有其他类型的映射，比如表达式$z=x+y(x,y\in\mathbb{R})$可以看作是平面直角坐标系xOy到数轴z的映射，也就是将一个平面上的点的坐标映射成一个具体的数值。例如，xOy平面上$(1,1)$这个点映射为数轴z上的2这个点，如图2-1所示。

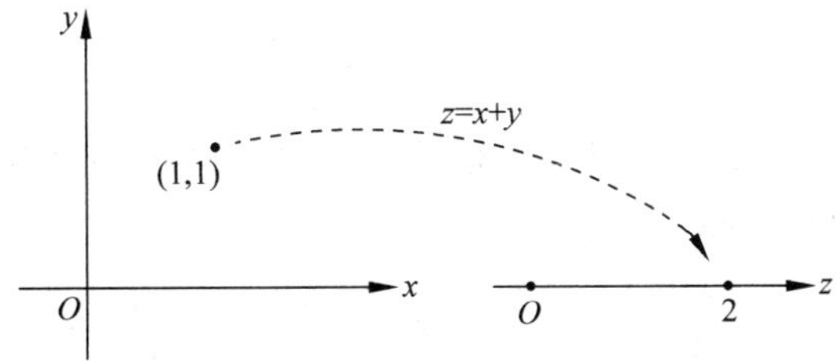

图2-1　从平面直角坐标系到数轴的映射

再比如下面这个表达式也是一种映射：

$$\begin{cases} w = x + y \\ z = x - 2y \end{cases} (x, y \in \mathbb{R}) \tag{2.20}$$

它表示从平面直角坐标系 xOy 所代表的平面到平面直角坐标系 wOz 所代表的另一个平面之间的映射，即实现了两个平面上点和点之间的映射。例如，xOy 平面上的点(1,1)映射为 wOz 平面上的点(2,−1)，如图 2-2 所示。

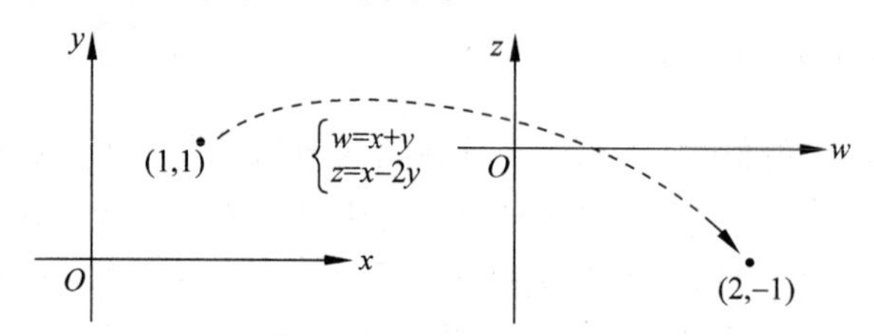

图 2-2　两个平面直角坐标系之间的映射

还有下面这个表达式也是映射：

$$\begin{cases} u = x + 2y - z \\ v = x - y + 2z \end{cases} (x, y, z \in \mathbb{R}) \tag{2.21}$$

它表示从空间直角坐标系 $Oxyz$ 所代表的空间到平面直角坐标系 uOv 所代表的平面之间的映射，即实现了空间上的点和平面上的点之间的映射。例如，$Oxyz$ 平面上的点(1,1,1)映射为 uOv 平面上的点(2,2)，如图 2-3 所示。

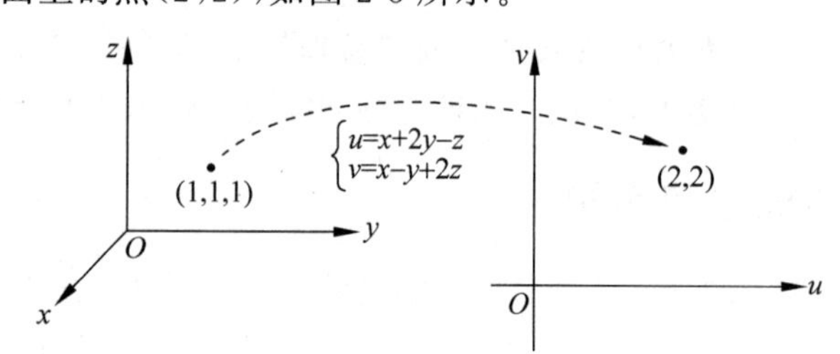

图 2-3　从空间直角坐标系到平面直角坐标系的映射

2.3.2　矩阵的映射属性

矩阵对向量的乘法，本质上体现了矩阵的映射属性，即矩阵是一种映射。为什么矩阵是映射呢？先对式(2.20)进行研究，它包含的两个等式并列在一起，相当于实现了两个平面上点之间的映射，而平面上的点和对应坐标的向量是一一对应的，因此也可以说实现了两个平面内向量之间的映射。可以将式(2.20)写成向量的等价形式：

$$\begin{cases} w = x + y \\ z = x - 2y \end{cases} \Leftrightarrow \begin{bmatrix} w \\ z \end{bmatrix} = \begin{bmatrix} x + y \\ x - 2y \end{bmatrix} \tag{2.22}$$

可以看出向量的每一个元素都是对应相乘再相加的结果，这正是矩阵对向量的乘法运算，于是进一步写成乘法的形式：

$$\begin{bmatrix} w \\ z \end{bmatrix} = \begin{bmatrix} x + y \\ x - 2y \end{bmatrix} = \begin{bmatrix} 1 & 1 \\ 1 & -2 \end{bmatrix} \begin{bmatrix} x \\ y \end{bmatrix} \tag{2.23}$$

上式是两个平面点(向量)之间映射的矩阵表达方式，可见矩阵起到了映射的作用。再看式(2.21)，它也可以写成矩阵的形式：

$$\begin{cases}u=x+2y-z\\v=x-y+2z\end{cases}\Leftrightarrow\begin{bmatrix}u\\v\end{bmatrix}=\begin{bmatrix}1&2&-1\\1&-1&2\end{bmatrix}\begin{bmatrix}x\\y\\z\end{bmatrix}\tag{2.24}$$

由上可知，有的矩阵可以表示同一维度空间之间点（向量）的映射，如式(2.23)表示了两个 2 维空间（平面）之间的映射关系；而有的矩阵可以表示不同维度空间之间点（向量）的映射，如式(2.24)表示了从 3 维空间到 2 维空间（平面）的映射关系。

2.3.3　线性映射

了解了矩阵和映射之间的关系后，读者可能会有疑问：是不是所有多维空间上的点之间的映射都可以使用矩阵表示呢？答案是否定的，比如下面这个表达式：

$$\begin{cases}w=xy\\z=x^2+\sqrt{y}\end{cases}\tag{2.25}$$

式(2.25)也满足映射的定义，但显然无法写成矩阵的形式，那么什么样的映射才能写成矩阵的形式呢？回到式(2.20)，它的两个式子是 $w=x+y$ 和 $z=x-2y$，而矩阵对向量的乘法是元素之间对应相乘再相加的结果，即表示变量的字母对应的指数必须是 1，且能够写成代数和的多项式形式。换句话说，每个等式必须能够表示为多项式的形式，且构成多项式的各个单项式的次数必须是 1。在式(2.25)里出现了二次项（包括交叉项 xy 和平方项 x^2）以及根号项，不符合上述条件，所以这个映射不能写成矩阵的形式，矩阵也不能表示这一类映射。

那么矩阵所表示的映射都有什么特点呢？这可以从解析几何的观点研究。比如式(2.20)中的 $w=x+y$，在 w 取不同的数值时，它可以表示一系列平行的直线，如图 2-4 所示。

再如式(2.21)中的 $u=x+2y-z$，在 u 取不同的数值时，它可以表示一系列平行的平面，如图 2-5 所示。

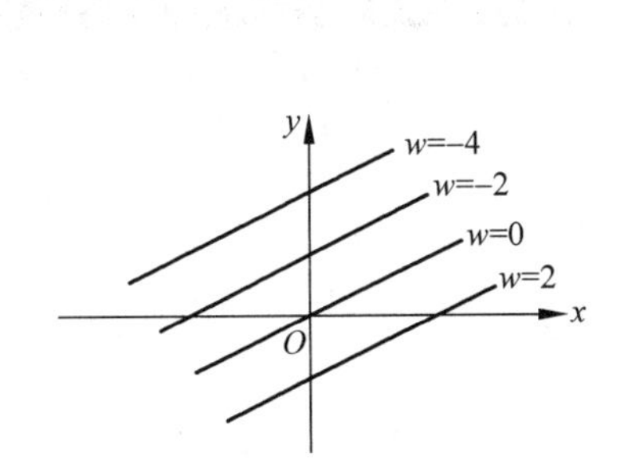

图 2-4　$w=x+y$ 所表示的一系列直线

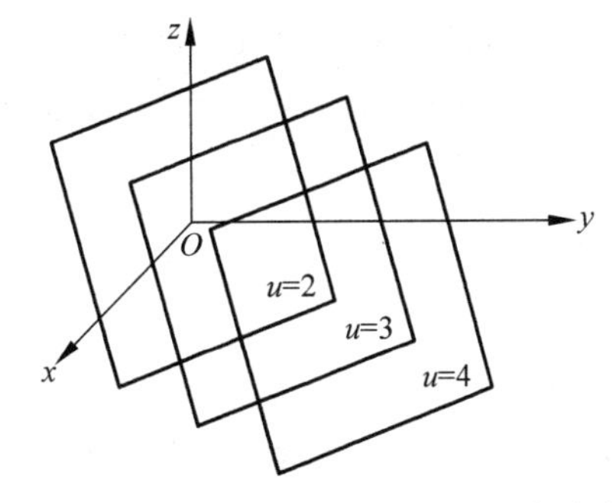

图 2-5　$u=x+2y-z$ 所表示的一系列平面

可以看出，矩阵所能表示的映射在几何空间上具有“平直”的特性（而不是“弯”的），这种特性就叫作**线性**(linearity)。从代数的角度看，线性可以理解为“一次”，即刚才说的构成多项式的单项式都是一次的。所以矩阵代表的映射就叫作**线性映射**(linear mapping)。线性的关系与表达在数学理论和日常生产生活中十分常见，而矩阵则是线性模型中十分重要的工具。本书后续会不断深化线性映射的概念，请读者在学习时注意理解和思考。

2.4 编程实践：MATLAB 和矩阵

MATLAB 是 MathWorks 公司出品的数学编程软件，全称为 Matrix Laboratory，直译为“矩阵实验室”，它拥有强大的数值计算和仿真功能，是数值计算和图形绘制的理想工具。那么如何使用 MATLAB 语言输入矩阵呢？这里以例 2-2 所涉及的诸矩阵为例说明。

$$\boldsymbol{A}=\begin{bmatrix}1&2\\-1&3\end{bmatrix},\quad \boldsymbol{B}=\begin{bmatrix}4&-2\\-6&8\end{bmatrix},\quad \boldsymbol{C}=\begin{bmatrix}0&1&2\\3&7&5\end{bmatrix},\quad \boldsymbol{k}=\begin{bmatrix}2\\3\end{bmatrix},\quad \boldsymbol{h}=\begin{bmatrix}1\\3\\-4\end{bmatrix}\tag{2.26}$$

矩阵 $\boldsymbol{A}$、$\boldsymbol{B}$ 和 $\boldsymbol{C}$ 可以在命令窗口（Command Window）里输入以下语句：

```
A=[1,2;-1,3];
B=[4,-2;-6,8];
C=[0,1,2;3,7,5];
```

可见，矩阵的输入是以行为单位的，在一行内使用逗号（必须是英文标点，后同）分隔每一个元素，使用分号表示开始输入下一行，即每行之间的分隔。此外，外侧必须使用中括号，因为其他种类的括号在 MATLAB 语言中有其他特定的用法。每条语句末尾的分号表示语句的结束。向量是只有 1 行或 1 列的矩阵，$\boldsymbol{k}$ 和 $\boldsymbol{h}$ 都是列向量，所以每输入一个元素就要换行一次，故对应语句如下：

```
k=[2;3];
h=[1;3;-4];
```

在命令窗口依次输入这些矩阵后，工作区（Workspace）就会将矩阵存为对应的变量，如图 2-6 所示。

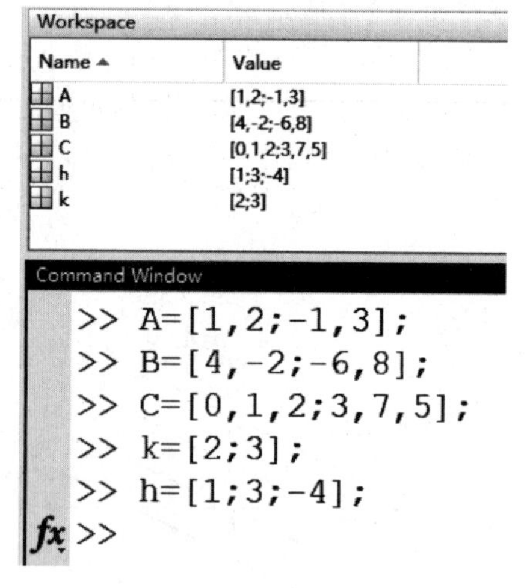

图 2-6 MATLAB 命令窗口输入矩阵，工作区显示矩阵变量

矩阵基本运算在 MATLAB 语言中很简单，加减法使用最简单的加减号即可，数乘时使用星号“*”，矩阵对向量的乘法也使用星号“*”。例如要计算 $\boldsymbol{L}=\boldsymbol{A}+\boldsymbol{B}$、$\boldsymbol{M}=\boldsymbol{A}-\boldsymbol{B}$、$\boldsymbol{N}=2\boldsymbol{A}$ 以及 $\boldsymbol{p}=\boldsymbol{Ak}$，对应语句如下：

```
L=A+B;
M=A-B;
N=2*A;
p=A*k;
```

依次输入这些语句，就会在工作区显示运算的结果。在命令窗口的光标提示“>>”后键入变量并按回车键，也会显示对应的结果。比如，显示上述变量 $\boldsymbol{L}$、$\boldsymbol{M}$、$\boldsymbol{N}$ 和 $\boldsymbol{p}$ 如下：

```
>> L
L =
     5     0
    -7    11
```

```
>> M
M =
    -3      4
     5     -5

>> N
N =
     2     4
    -2     6

>> p
p =
     8
     7
```

如果不符合运算的条件（如加减法时矩阵尺寸不一致），程序就会报错。此外，MATLAB还可以求矩阵的尺寸，使用函数 size 即可。比如想知道矩阵 $\boldsymbol{C}$ 的行数和列数的具体值，可以输入以下语句：

```
[m,n] = size(C);
```

执行后，程序会返回变量 m 和 n 的值分别是 2 和 3，这说明 $\boldsymbol{C}$ 是一个 2 行 3 列的矩阵。

习题 2

1. 某饮品店售卖百香柠檬茶和百香芒果茶，分为大杯、中杯和小杯 3 种，大杯和中杯所需原料如表 2-4 所示，小杯所有原料为大杯的一半。

表 2-4　不同种类的茶所需原料

原　料	种　类			
	百香柠檬茶(大杯)	百香柠檬茶(中杯)	百香芒果茶(大杯)	百香芒果茶(中杯)
绿茶/mL	200	150	200	150
果糖浆/mL	50	40	40	40
百香果/g	30	20	30	20
柠檬/片	2	2	0	0
芒果/g	0	0	100	80

（1）请写出大杯（$\boldsymbol{A}$）、中杯（$\boldsymbol{B}$）和小杯（$\boldsymbol{C}$）对应的原料配比矩阵，并指明这些矩阵的尺寸；

（2）请计算 $\boldsymbol{A}+\boldsymbol{B}$ 和 $\boldsymbol{A}-\boldsymbol{B}$，并说明两者的意义；

（3）某公司团建活动需要预定饮品店的 20 个大杯百香柠檬茶、30 个中杯百香芒果茶、25 个小杯百香柠檬茶和 15 个小杯百香芒果茶，请使用矩阵的基本运算说明该店需预备每种原料的量。

2. 已知矩阵 $\boldsymbol{A}_{m\times n}$、$\boldsymbol{B}_{m\times n}$ 以及向量 $\boldsymbol{k}_{n\times 1}$，另外还有数 λ（读作 lambda）。设 $\boldsymbol{C}=\boldsymbol{A}+\boldsymbol{B}$，$\boldsymbol{D}=\lambda\boldsymbol{A}$，$\boldsymbol{p}=\boldsymbol{A}\boldsymbol{k}$。

（1）请根据矩阵基本运算的法则，证明以下运算的代数表达式：

➢ $\boldsymbol{C}(i,j)=\boldsymbol{A}(i,j)+\boldsymbol{B}(i,j)$；

➢ $\boldsymbol{D}(i,j)=\lambda\boldsymbol{A}(i,j)$；

➢ $\boldsymbol{p}(i)=\boldsymbol{A}(i,1)\boldsymbol{k}(1)+\boldsymbol{A}(i,2)\boldsymbol{k}(2)+\cdots+\boldsymbol{A}(i,n)\boldsymbol{k}(n)$。

(2) 现另有一向量 $\boldsymbol{h}_{n\times 1}$ 以及数 η(读作 eta)，请证明以下性质：

➢ 加法交换律：$\boldsymbol{A}+\boldsymbol{B}=\boldsymbol{B}+\boldsymbol{A}$；

➢ 加减统一律：$\boldsymbol{A}-\boldsymbol{B}=\boldsymbol{A}+(-\boldsymbol{B})$(提示：$-\boldsymbol{B}$ 是 -1 和 $\boldsymbol{B}$ 的数乘结果)；

➢ 数乘交换律：$\eta(\lambda\boldsymbol{A})=\lambda(\eta\boldsymbol{A})$；

➢ 分配律(其一)：$(\boldsymbol{A}+\boldsymbol{B})\boldsymbol{k}=\boldsymbol{A}\boldsymbol{k}+\boldsymbol{B}\boldsymbol{k}$；

➢ 分配律(其二)：$\boldsymbol{A}(\boldsymbol{k}+\boldsymbol{h})=\boldsymbol{A}\boldsymbol{k}+\boldsymbol{A}\boldsymbol{h}$。

(3) 矩阵的基本运算都是简单的算数运算，但是如果要证明其中的性质就要使用到一般形式的代数推导。通过以上运算推导以及在初等数学里学过的知识，说说你对代数以及代数推导的理解。

3. 在空间直角坐标系中有 3 个点(1,2,3)、(2,4,4)和(3,6,5)，另有矩阵 $\boldsymbol{A}$ 如下：

$$\boldsymbol{A}=\begin{bmatrix}0 & 1 & 2\\ 1 & -2 & 3\end{bmatrix}$$

(1) 请将这 3 个点表示成列向量的形式，并使用初等数学解析几何的知识证明这 3 个点共线(提示：任意两点确定一条直线，然后证明其余的这个点在这条直线上)；

(2) 矩阵 $\boldsymbol{A}$ 将这 3 个点映射后的结果是什么?

(3) $\boldsymbol{A}$ 实现了从哪个空间到哪个空间的映射关系?

(4) 这 3 个点经过映射后依旧共线吗? 由此可以推出 $\boldsymbol{A}$ 具有怎样的映射性质?

4. 线性代数是一门以矩阵为核心工具的课程。根据你对矩阵和线性概念的理解，思考一下为什么这门课被称作“线性代数”(可在后续的学习中不断深化思考此问题)。

第3章 线性方程组

初等数学里介绍过二元一次方程组和三元一次方程组，并且可以使用代入法和加减法这两种**消元法**(elimination)求出未知数的值。但对于更多元的方程组，单纯使用消元法就会有很大的盲目性。如果使用矩阵，不仅能方便、系统而不盲目地求出方程组的解，还能够判断方程组解的情况和特点。

3.1 从二元一次方程组说起

含有未知数的等式叫作**方程**(equation)。比如某个数的 2 倍减去 6 的结果是 8，只需要设这个数是 x，然后就可以列出方程 $2x-6=8$，进一步得到 $x=7$。这种方程是最简单的一元一次方程。有时候，一个问题的未知数数量不止一个，这就会略复杂一些。先看一个非常熟悉的问题。

例 3-1：(鸡兔同笼问题)一只笼子里有鸡和兔，共有 14 只脚和 5 个头，求鸡和兔一共多少只？

解：设鸡有 x 只，兔有 y 只，则根据题意可以列出以下二元一次方程组：

$$\begin{cases}2x+4y=14\\x+y=5\end{cases}\tag{3.1}$$

使用代入消元或者加减消元，很容易得出这个方程组的解：

$$\begin{cases}x=3\\y=2\end{cases}\tag{3.2}$$

研究一下鸡兔同笼问题的方程组，两个方程左端是关于 x 和 y 的多项式，而两个未知数的指数都是 1。从解析几何的观点来看，这两个方程代表了平面直角坐标系上的两条直线，方程组的解恰好是两条直线的交点坐标。因此不论从代数的角度还是从几何的角度，这都符合第 2 章提到的线性的概念。因此，二元一次方程组也叫作二元**线性方程组**(system of linear equations)。一般的，具有 n 个未知数的 n 元一次方程组也叫作 n 元线性方程组。

3.1.1 齐次线性方程组

观察下面的线性方程组，它有什么特点呢？

$$\begin{cases} x + y = 0 \\ 2x + 3y = 0 \end{cases} \tag{3.3}$$

可以发现它的常数项均为 0，显得整齐划一，因此称作**齐次线性方程组**(system of homogeneous linear equations)，简称齐次方程组。从解析几何的角度研究这个齐次方程组，可以画出它们在直角坐标系里的图形，可知两个方程代表两条过原点的直线，如图 3-1 所示。

由图 3-1 可知，两条直线斜率不同，所以它们唯一的交点就是原点，也就是这个齐次方程组只有 $x=0$ 且 $y=0$ 这一组解，此时称此齐次方程组**只有零解**(only one zero solution)。再看下面这个齐次方程组：

$$\begin{cases} x + y = 0 \\ 2x + 2y = 0 \end{cases} \tag{3.4}$$

两个方程的图形如图 3-2 所示。

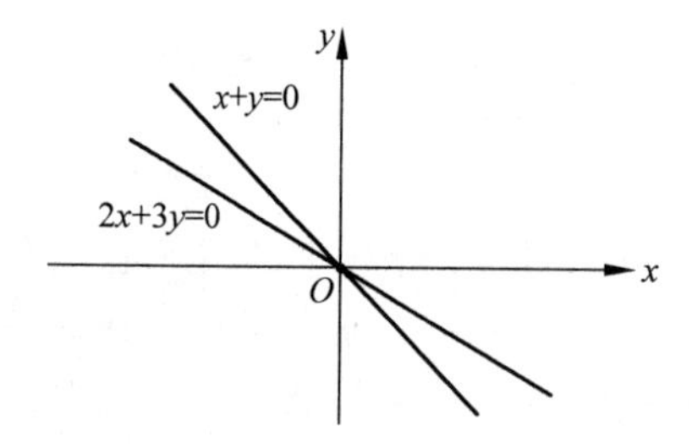

图 3-1　齐次方程组(3.3)所表示的图形

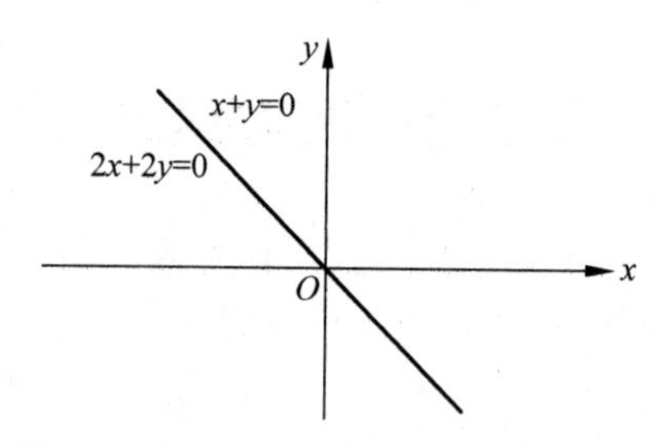

图 3-2　齐次方程组(3.4)所表示的图形

显然，方程组(3.4)第二个式子两边约去公因数 2 以后就是第一个式子，因此两者实际上是同一个方程，从而在平面直角坐标系里表示的也是同一条直线，或者说两者表示的直线是重合的。因此除了原点以外，直线上的其他所有的点都是这个方程组的解，此时方程**存在非零解**(nonzero solutions)，而且一定是无穷个非零解。

综上，齐次方程组的解有两种情况：只有零解和存在非零解。

3.1.2 非齐次线性方程组

和齐次方程组相对的，如果一个线性方程组等号右端的常数项不全为 0，则被称作**非齐次线性方程组**(system of non-homogeneous linear equations)，简称非齐次方程组。如以下方程组就是非齐次的：

$$\begin{cases} x + y = 3 \\ 2x + 3y = 8 \end{cases} \tag{3.5}$$

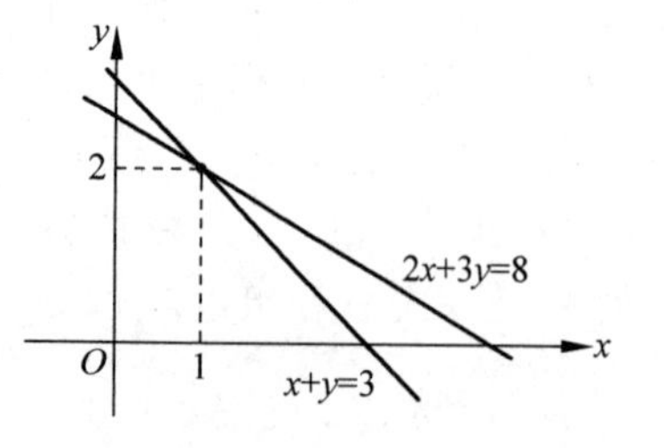

图 3-3　非齐次方程组(3.5)所表示的图形

仍然从解析几何的观点研究，比如方程组(3.5)所表示的图形如图 3-3 所示。

可以看出，两条直线由于斜率不同，因此倾斜角也不同，从而一定相交于一点，这个交点坐标(1,2)就对应于这个方程唯一的解 $x=1$ 且 $y=2$。这种情况下非齐次方程组具有**唯一解**(only one solution)。唯一解也是我们以前常遇到的常见情形(如上述鸡兔同笼问题)。

再来看下面这个方程组和它对应表示的图形(见图 3-4)。可以看出，两个方程本质上表示的是一条直线，直线上的每一个点都是这个方程组的解，这种情况下，方程组具有**无穷解**(infinitely many solutions)。

$$\begin{cases} x+y=3 \\ 2x+2y=6 \end{cases} \tag{3.6}$$

此外还有一类如下所示的非齐次方程组，对应图形如图 3-5 所示。两个方程对应的两条直线相互平行，没有任何交点，因此这个方程组**无解**(no solution)。

$$\begin{cases} x+y=3 \\ 2x+2y=4 \end{cases} \tag{3.7}$$

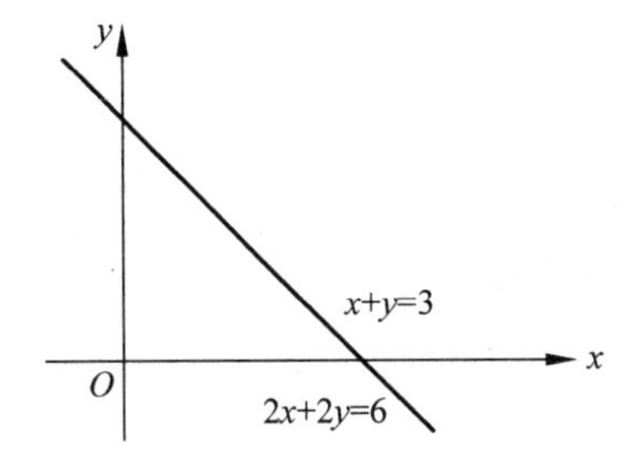

图 3-4　非齐次方程组(3.6)所表示的图形

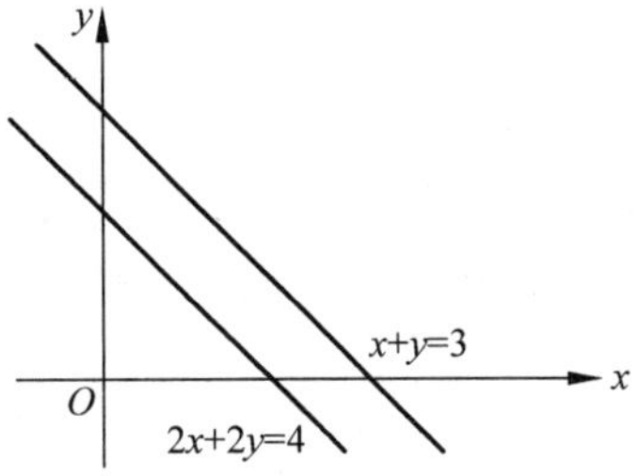

图 3-5　非齐次方程组(3.7)所表示的图形

综上，非齐次方程组的解有三种情况：唯一解、无穷解和无解。

3.1.3　线性方程组的矩阵表示

包含两个方程的二元线性方程组是最简单的情形，但在平时还会遇到更多类型的线性方程组，比如三元、四元甚至更多元的线性方程组。尽管此时仍旧可以使用过去学过的消元法求解，但难度和复杂度显然更大，究其原因是消元的方向性很难明确。而上面的这些例子都是方程数等于未知数个数的情形，还有一些情况是方程数不等于未知数个数，如以下四个方程组。

$$\begin{cases} 2x+3y+4z=11 \\ x-3y-3z=3 \end{cases}(\mathrm{I}) \quad \begin{cases} 2x+3y+4z=11 \\ 4x+6y+8z=22 \end{cases}(\mathrm{II})$$

$$\begin{cases} x+y+z=4 \\ 2x+4y-7z=10 \\ 3x-2y-3z=7 \\ 4x-3y+2z=9 \end{cases}(\mathrm{III}) \quad \begin{cases} x+y+z=4 \\ x+3y-8z=6 \\ x-3y+19z=0 \\ 2x+4y-7z=10 \end{cases}(\mathrm{IV}) \tag{3.8}$$

在式(3.8)中，方程组(Ⅰ)和(Ⅱ)包含三个未知数却只有两个方程，通过消元尝试，它们都具有无穷解，那么这些无穷解具有什么内在关系呢？换句话说，如何用一个通式将这些解统一表达呢？再看方程组(Ⅲ)和(Ⅳ)，它们包含三个未知数和四个方程，通过消元尝试，方程组(Ⅲ)具有唯一解，但是方程组(Ⅳ)却有无穷解，那么如何判断这些方程组的解到底属于哪一种情况呢？可见，使用初等数学的知识很难系统地回答以上问题，这就要使用矩阵来判断了。

在使用矩阵表示线性方程组之前，先对线性方程组的符号表示做一些约定。一个线性方程组里，未知数数量如果只有两个、三个甚至四个时，尚可以使用 x、y、z、w 等英文字母表示各个变量。但如果遇到未知数更多的情形，使用这些英文字母表示就会产生混乱，因此这里将变量字母统一为 x，并给它们加上对应的角标 1、2、3、4 等成为 x_1、x_2、x_3、x_4 等形式，这些角标代表了线性方程组里的第几个变量。习惯上按照 x、y、z、w 等顺序去转换变量表示。并且为了方便观察组成线性方程组的每一项，可以将每个方程同一个未知数对齐。例如本章鸡兔同笼问题的二元线性方程组可以写成以下形式：

$$\begin{cases} 2x_1 + 4x_2 = 14 \\ x_1 + x_2 = 5 \end{cases} \tag{3.9}$$

再如(3.8)的方程组(Ⅰ)可以写成以下形式：

$$\begin{cases} 2x_1 + 3x_2 + 4x_3 = 11 \\ x_1 - 3x_2 - 3x_3 = 3 \end{cases} \tag{3.10}$$

有时候方程组里的某个方程不含某个未知量(即对应变量系数是 0)，比如以下方程组中第一个方程和第二个方程分别缺省了系数是 0 的未知量 x 和 y。

$$\begin{cases} 3y + 4z = 9 \\ 2x + 7z = 10 \\ x - y - 2z = 2 \end{cases} \tag{3.11}$$

此时应该空缺出对应缺省的变量位置，于是方程组就转化为以下形式：

$$\begin{cases} \phantom{2x_1 - {}} 3x_2 + 4x_3 = 9 \\ 2x_1 \phantom{{}- 3x_2} + 7x_3 = 10 \\ x_1 - x_2 - 2x_3 = 2 \end{cases} \tag{3.12}$$

有了这些准备工作就可以将线性方程组表示成矩阵的形式。以式(3.9)为例说明，两个方程分别是 $2x_1+4x_2=14$ 以及 $x_1+x_2=5$，第一个方程是数 2、4 分别和 x_1、x_2 对应相乘后再相加，第二个方程是数 1、1 分别和 x_1、x_2 对应相乘后再相加。联想起上一章讲过的矩阵对向量的乘法，也就是如果将未知数 x_1、x_2 并列视为一个向量，数 14、5 也并起来视为一个向量，那么式(3.9)就可以表示为以下的矩阵形式：

$$\begin{bmatrix} 2 & 4 \\ 1 & 1 \end{bmatrix} \begin{bmatrix} x_1 \\ x_2 \end{bmatrix} = \begin{bmatrix} 14 \\ 5 \end{bmatrix} \tag{3.13}$$

观察式(3.13)，x_1、x_2 构成的向量可以统一写成一个**未知数向量**，记为 $\boldsymbol{x}$；右边的 14、5 构成的向量是已知的**结果向量**，这里记为 $\boldsymbol{b}$；而左边的矩阵内各个元素(即数字)排列方式和式(3.9)是一致的，因此可以由线性方程组直接写出，这里记为 $\boldsymbol{A}$。所以这个线性方程组可以直接简洁地表示为

$$\boldsymbol{A}\boldsymbol{x} = \boldsymbol{b} \tag{3.14}$$

这样的表示形式类似于初等数学里的一元一次方程 $ax=b$，这个方程里 a 是未知数 x 的系数；同理在矩阵表示的线性方程组(3.14)中，矩阵 $\boldsymbol{A}$ 也可以视为未知数向量 $\boldsymbol{x}$ 的系数，

因此称矩阵 $\boldsymbol{A}$ 是**系数矩阵**(coefficient matrix)。系数矩阵的行数等于方程组内方程的数量,系数矩阵的列数等于方程组内未知数个数。得到系数矩阵的方法非常简单,只需要把方程组里各个未知数的系数按照原来的位置排列成矩阵即可。

仍然类比于一元一次方程 $ax=b$,它相当于已知函数 $f(x)=ax$ 然后求使得 $f(x)=b$ 的 x 的值,即这个函数将一个未知数 x 通过法则 f 映射为另一个数 b,现在反过来要求这个未知数的值。同理,方程组 $\boldsymbol{Ax}=\boldsymbol{b}$ 也是将未知向量 $\boldsymbol{x}$ 通过系数矩阵 $\boldsymbol{A}$ 映射为某个已知的向量 $\boldsymbol{b}$,求解方程组就是求出未知数向量 $\boldsymbol{x}$ 的过程。具体到式(3.13),$\boldsymbol{A}$ 实现了两个 2 维空间(即平面)之间的映射,把一个 2 维向量映射为另一个 2 维向量。再来看方程组(3.10),它也可以写成矩阵形式:

$$\begin{bmatrix}2 & 3 & 4\\1 & -3 & -3\end{bmatrix}\begin{bmatrix}x_1\\x_2\\x_3\end{bmatrix}=\begin{bmatrix}11\\3\end{bmatrix} \tag{3.15}$$

可以看出,它实现了从 3 维空间到 2 维空间之间的映射,即把一个 3 维向量映射为一个 2 维向量。再来看方程组(3.12),它也可以写成矩阵形式,注意系数矩阵中空缺的系数要补上 0:

$$\begin{bmatrix}0 & 3 & 4\\2 & 0 & 7\\1 & -1 & -2\end{bmatrix}\begin{bmatrix}x_1\\x_2\\x_3\end{bmatrix}=\begin{bmatrix}9\\10\\2\end{bmatrix} \tag{3.16}$$

请读者自行指出式(3.16)中的系数矩阵、未知数向量和结果向量,并说出系数矩阵实现了哪两个空间之间的映射。

3.2　高斯消元法和矩阵初等行变换

3.2.1　方程组的整体等价变换与高斯消元法

先以一个方程组的求解为例,复习初等数学的消元法。

例 3-2:请求以下三元线性方程组的解。

$$\begin{cases}4x_1+6x_2+2x_3=14 & ①\\x_1+2x_2-5x_3=4 & ②\\3x_1-3x_2+7x_3=3 & ③\end{cases} \tag{3.17}$$

解:请各位读者先自行对这个问题求解,然后和此处给出的参考求解方法进行对比。

首先对每个方程编号,如方程组(3.17)所示,随后观察方程①,它的两边有公因数 2,所以可以两边约掉这个公因数,并给它编号为④:

$$2x_1+3x_2+x_3=7 \quad ④ \tag{3.18}$$

现在使用消元法,注意到加减消元相对容易一些,于是先消掉一个未知数。比如先消去 x_1,可以用④减去②的 2 倍,然后两边约掉负号,得到的方程编号为⑤:

$$x_2-11x_3=1 \quad ⑤ \tag{3.19}$$

再用③减去②的 3 倍,同样两边约掉负号,得到的方程编号为⑥:

$$9x_2-22x_3=9 \quad ⑥ \tag{3.20}$$

这样，⑤和⑥组成了一个二元线性方程组，于是用⑥减去⑤的2倍，就可以解出 $x_2=1$，再代入⑤或⑥就可以得出 $x_3=0$，进一步将两者代入①～④中任意一个方程就可以得出 $x_1=2$。于是方程组(3.17)的解就是：

$$\begin{cases}x_1=2\\x_2=1\\x_3=0\end{cases} \tag{3.21}$$

上例的方法是求解这个线性方程组的常规解法之一，不同的人求解过程也一般不同。比如有的人不是先消去 x_1，而是先消去其他的未知量；再如，还有的人使用的不是加减消元，而是代入消元。不管哪种方法，消元过程中将每一个方程视为独立的个体，比如两个方程相加减时，不会考虑方程组里的其他方程是怎样的。对于更多元的线性方程组，如果单纯使用这样的消元法就会因人、因题而产生盲目性，从而导致求解过程呈现出无程序化的繁杂且没有方向性。为了避免这种情况，消元时就不能把方程视为独立的个体，而是要把方程组视为一个整体等价变换。那么如何等价变换呢？这里还是使用上面的例子说明。

对于方程组(3.17)，仍然先查看三个方程有没有可以约掉的公因数，这里第一个方程可以约掉公因数2，或者说可以给方程两端同乘以$\frac{1}{2}$。而其余两个方程保持不变，这样方程组就可以进行以下整体等价变换(符号"⇔"表示等价变换)：

$$\begin{cases}4x_1+6x_2+2x_3=14\\x_1+2x_2-5x_3=4\\3x_1-3x_2+7x_3=3\end{cases}\Leftrightarrow\begin{cases}2x_1+3x_2+x_3=7\\x_1+2x_2-5x_3=4\\3x_1-3x_2+7x_3=3\end{cases} \tag{3.22}$$

以上是**方程组的整体等价变换之一：给方程两端同乘以一个非0常数**。下面需要消去一些未知数，这里仍然计划消去 x_1。由于第二个方程 x_1 的系数是1，所以由之前的消元策略可知都是第二个方程的若干倍减去其他的方程，于是我们尽量将这样的方程移动到前面。所以只需交换一下前两个方程即可：

$$\begin{cases}2x_1+3x_2+x_3=7\\x_1+2x_2-5x_3=4\\3x_1-3x_2+7x_3=3\end{cases}\Leftrightarrow\begin{cases}x_1+2x_2-5x_3=4 & ①\\2x_1+3x_2+x_3=7 & ②\\3x_1-3x_2+7x_3=3 & ③\end{cases} \tag{3.23}$$

以上是**方程组的整体等价变换之二：交换方程的位置**。实际操作时会将对应系数绝对值比较小的方程尽量靠前放置。以这一步为基础，就可以开始消元操作了。为了方便说明，将三个方程依次编号为①、②和③，于是刚才对 x_1 的消元操作可以记为②－2①和③－3①。从另一个角度讲，这两步的消元可以被视为以①为基准，将②和③分别变为②－2①和③－3①。由于②－2①＝－2①＋②且③－3①＝－3①＋③，所以对 x_1 的消元操作还可以理解为将①的－2倍加到②上，以及将①的－3倍加到③上。于是方程组可以整体等价变换成以下形式：

$$\begin{cases}x_1+2x_2-5x_3=4 & ①\\2x_1+3x_2+x_3=7 & ②\\3x_1-3x_2+7x_3=3 & ③\end{cases}\Leftrightarrow\begin{cases}x_1+2x_2-5x_3=4 & ①\\-x_2+11x_3=-1 & -2①+②\\-9x_2+22x_3=-9 & -3①+③\end{cases} \tag{3.24}$$

以上是**方程组的整体等价变换之三：把一个方程的若干倍加到另一个方程上**。这样的操作可以消掉目标未知数。继续消元操作，由于后两个方程含有比较多的负号，于是两端同乘以-1：

$$\begin{cases} x_1 + 2x_2 - 5x_3 = 4 \\ -x_2 + 11x_3 = -1 \\ -9x_2 + 22x_3 = -9 \end{cases} \Leftrightarrow \begin{cases} x_1 + 2x_2 - 5x_3 = 4 \\ x_2 - 11x_3 = 1 \\ 9x_2 - 22x_3 = 9 \end{cases} \tag{3.25}$$

刚才消去了x_1，下一步要消去哪个未知量呢？回忆刚才整体等价变换的目的，是为了使消元程序化并且有方向性，于是规定消元需要按照变量角标的顺序依次进行，也就是此处需要消去x_2。按照刚才的策略只需要把第二个方程的-9倍加到第三个方程上即可：

$$\begin{cases} x_1 + 2x_2 - 5x_3 = 4 \\ x_2 - 11x_3 = 1 \\ 9x_2 - 22x_3 = 9 \end{cases} \Leftrightarrow \begin{cases} x_1 + 2x_2 - 5x_3 = 4 \\ x_2 - 11x_3 = 1 \\ 77x_3 = 0 \end{cases} \tag{3.26}$$

最后只需要给第三个方程两端同乘以$\frac{1}{77}$即可：

$$\begin{cases} x_1 + 2x_2 - 5x_3 = 4 \\ x_2 - 11x_3 = 1 \\ 77x_3 = 0 \end{cases} \Leftrightarrow \begin{cases} x_1 + 2x_2 - 5x_3 = 4 \\ x_2 - 11x_3 = 1 \\ x_3 = 0 \end{cases} \tag{3.27}$$

此时x_3的值已经得出，于是代入第二个方程，就可以得出x_2；再将x_2和x_3的值代入第一个方程，就求出了x_1。在以上过程中，首先使用第一条法则将未知量的系数变得简单(例如约去公因数或者去掉分数的分母)，再用第二条法则将待消参数的系数比较简单的方程尽量往前放置，然后有了前两步做基础就可以利用第三条法则消去对应的未知数。随后重复步骤再消去第二个未知数，直到方程中只剩下一个未知数。随后将这些未知数的值依次代入前面的方程，这样可以解得所有的未知数的值。以上程序化且具有方向性的整体变换过程就叫作**高斯消元法**(Gaussian elimination)。

观察式(3.27)所示的最终方程组，越往上的方程所含未知数越多，越往下的方程所含未知数越少，就好像阶梯一样，因此被称作**阶梯型方程组**，高斯消元法的目标就是得到阶梯型方程组。

3.2.2 矩阵的初等行变换和阶梯矩阵

线性方程组可以表示为矩阵的形式，那么高斯消元法和矩阵的变换有什么联系呢？此处以一个齐次方程组为例说明。

例 3-3：请使用高斯消元法求解以下三元齐次方程组，并说明每一步变换过程中对应系数矩阵是如何变化的。

$$\begin{cases} x_1 + 3x_2 + 5x_3 = 0 \\ 2x_1 + 4x_2 + 6x_3 = 0 \\ 2x_1 + 5x_2 + 9x_3 = 0 \end{cases} \tag{3.28}$$

解：首先写出方程组对应的系数矩阵$\boldsymbol{A}$：

$$\begin{cases} x_1+3x_2+5x_3=0 \\ 2x_1+4x_2+6x_3=0 \\ 2x_1+5x_2+9x_3=0 \end{cases} \quad \boldsymbol{A}=\begin{bmatrix} 1 & 3 & 5 \\ 2 & 4 & 6 \\ 2 & 5 & 9 \end{bmatrix} \tag{3.29}$$

观察到第二个方程具有公因数 2，于是给两端同乘以$\frac{1}{2}$，相应的系数矩阵第 2 行也同时乘以$\frac{1}{2}$：

$$\begin{cases} x_1+3x_2+5x_3=0 \\ x_1+2x_2+3x_3=0 \\ 2x_1+5x_2+9x_3=0 \end{cases} \quad \begin{bmatrix} 1 & 3 & 5 \\ 1 & 2 & 3 \\ 2 & 5 & 9 \end{bmatrix} \tag{3.30}$$

由于第二个方程的系数总体比较小，为了方便起见将它和第一个方程交换，相应的系数矩阵的前两行也发生了交换：

$$\begin{cases} x_1+2x_2+3x_3=0 \\ x_1+3x_2+5x_3=0 \\ 2x_1+5x_2+9x_3=0 \end{cases} \quad \begin{bmatrix} 1 & 2 & 3 \\ 1 & 3 & 5 \\ 2 & 5 & 9 \end{bmatrix} \tag{3.31}$$

现在消去 x_1，将第一个方程的-1 倍和-2 倍分别加到第二、第三个方程上即可，对应到系数矩阵上就是将第 1 行的-1 倍和-2 倍分别加到第 2、第 3 行上：

$$\begin{cases} x_1+2x_2+3x_3=0 \\ \qquad x_2+2x_3=0 \\ \qquad x_2+3x_3=0 \end{cases} \quad \begin{bmatrix} 1 & 2 & 3 \\ 0 & 1 & 2 \\ 0 & 1 & 3 \end{bmatrix} \tag{3.32}$$

然后消去 x_2，将第二个方程的-1 倍加到第三个方程上，对应到系数矩阵就是将第 2 行的-1 倍加到第 3 行上：

$$\begin{cases} x_1+2x_2+3x_3=0 \\ \qquad x_2+2x_3=0 \\ \qquad\qquad x_3=0 \end{cases} \quad \begin{bmatrix} 1 & 2 & 3 \\ 0 & 1 & 2 \\ 0 & 0 & 1 \end{bmatrix} \tag{3.33}$$

此处已经解出 $x_3=0$，依次代入前两个方程，解出 $x_1=0$ 和 $x_2=0$。可见这是一个只有零解的齐次方程组。

以上高斯消元过程涉及的三种方程组的整体等价变换，如果对应到矩阵上就是以下三种操作：

➢ **数乘操作**：给某一行乘以一个非零常数；

➢ **交换操作**：交换行的位置；

➢ **倍加操作**：把某一行的常数倍加到另一行上。

这三种操作就叫作矩阵的**初等行变换**（elementary row transformation）。上述高斯消元的过程，实质上是和矩阵的初等行变换等价的，这样就可以用矩阵的操作替代比较复杂的高斯消元过程。比如例 3-3 中的初等行变换可以表示如下：

$$\boldsymbol{A}=\begin{bmatrix} 1 & 3 & 5 \\ 2 & 4 & 6 \\ 2 & 5 & 9 \end{bmatrix} \xrightarrow{\frac{1}{2}r_2} \begin{bmatrix} 1 & 3 & 5 \\ 1 & 2 & 3 \\ 2 & 5 & 9 \end{bmatrix} \xrightarrow{r_1 \leftrightarrow r_2} \begin{bmatrix} 1 & 2 & 3 \\ 1 & 3 & 5 \\ 2 & 5 & 9 \end{bmatrix} \xrightarrow[-2r_2+r_3]{-r_1+r_2} \begin{bmatrix} 1 & 2 & 3 \\ 0 & 1 & 2 \\ 0 & 1 & 3 \end{bmatrix} \xrightarrow{-r_2+r_3} \begin{bmatrix} 1 & 2 & 3 \\ 0 & 1 & 2 \\ 0 & 0 & 1 \end{bmatrix} \tag{3.34}$$

这里对以上初等行变换过程做几点说明。首先，初等行变换不会改变矩阵的尺寸大小。其次，字母 $\boldsymbol{A}$ 表示的是原始的系数矩阵，在后续对矩阵进行初等行变换时，矩阵发生了变化，因此不能使用等号"="，只能使用箭头"→"。另外，字母 r 是英语 row 的简写，表示"行"的意思；对应的角标代表了第几行，如 r_1 表示第 1 行。对于数乘操作，在前面加上相应的系数即可，比如 $\frac{1}{2}r_2$ 表示给第 2 行乘以常数 $\frac{1}{2}$；交换操作使用双向箭头"↔"表示，如 $r_1 \leftrightarrow r_2$ 表示交换第 1 行和第 2 行；倍加操作使用加号"+"直观表示，如 $-2r_2+r_3$ 表示将第 2 行的 -2 倍加到第 3 行上。在初学时可以在箭头上面备注进行了哪一种或者哪些初等行变换，在后续熟练以后就可以使用箭头而省略变换的具体内容。

高斯消元最后的目标是得到阶梯型方程组，对应到矩阵，初等行变换的目标就是得到**阶梯矩阵**(echelon matrix)。我们可以在式(3.34)最终的矩阵上画出一条阶梯一般的折线，如下：

$$\boldsymbol{A}=\begin{bmatrix}1&3&5\\2&4&6\\2&5&9\end{bmatrix}\rightarrow\begin{bmatrix}1&2&3\\0&1&2\\0&0&1\end{bmatrix} \tag{3.35}$$

通过画阶梯线，不难发现阶梯矩阵具有三个特征。第一，阶梯线每次只能向下走一行；第二，阶梯线竖线右侧的第一个元素不为 0；第三，阶梯线左下方的所有元素都是 0。阶梯矩阵对应的阶梯型方程组中，刚好位于最下面的方程最简单，方便自底向上求出各个未知数。所以矩阵经初等行变换成为阶梯矩阵，相当于有目标地对方程组进行高斯消元，把方程组转换为容易求解的形式。

在刚才的讨论中可以看出，数乘和交换操作可以使方程组得到初步的化简，但不能将未知数消去，因此真正能消元的是倍加操作。对应到矩阵中，就是使用倍加操作在矩阵每一行前部尽可能多地造出 0，每一个 0 的诞生都意味着方程组中的未知数被消去；持续重复这个过程，使得越往下的行在前部具有的 0 越多，最终形成阶梯矩阵，此时对应方程组就是最容易求解的形态。

矩阵的初等行变换对于我们来说比较陌生，需要反复练习领悟其方法。这里举几个例子以帮助读者进一步熟悉。

例 3-4：请将矩阵 $\boldsymbol{A}$ 经过初等行变换化为阶梯矩阵。

$$\boldsymbol{A}=\begin{bmatrix}1&2&2&-1\\2&3&-1&0\\-3&-1&1&2\\5&-5&-5&-5\end{bmatrix} \tag{3.36}$$

解：将矩阵通过初等行变换化简为阶梯矩阵，需要把握以下几个原则：第一，尽可能多地约掉公因数以及灵活去掉负号，从而化为较简单的正整数形式；第二，含有绝对值较小数值的行尽可能排到前面；第三，含 0 较多的行尽可能排在后面。根据上述原则，将 $\boldsymbol{A}$ 进行初等行变换化为阶梯矩阵如下：

$$\boldsymbol{A}=\begin{bmatrix}1&2&2&-1\\2&3&-1&0\\-3&-1&1&2\\5&-5&-5&-5\end{bmatrix}\xrightarrow{\frac{1}{5}r_4}\begin{bmatrix}1&2&2&-1\\2&3&-1&0\\-3&-1&1&2\\1&-1&-1&-1\end{bmatrix}\xrightarrow{r_1\leftrightarrow r_4}$$

$$
\begin{bmatrix} 1 & -1 & -1 & -1 \\ 2 & 3 & -1 & 0 \\ -3 & -1 & 1 & 2 \\ 1 & 2 & 2 & -1 \end{bmatrix}
\xrightarrow[\substack{3r_1+r_3 \\ -r_1+r_4}]{-2r_1+r_2}
\begin{bmatrix} 1 & -1 & -1 & -1 \\ 0 & 5 & 1 & 2 \\ 0 & -4 & -2 & -1 \\ 0 & 3 & 3 & 0 \end{bmatrix}
\xrightarrow[\frac{1}{3}r_4]{-r_3}
$$

$$
\begin{bmatrix} 1 & -1 & -1 & -1 \\ 0 & 5 & 1 & 2 \\ 0 & 4 & 2 & 1 \\ 0 & 1 & 1 & 0 \end{bmatrix}
\xrightarrow{r_2 \leftrightarrow r_4}
\begin{bmatrix} 1 & -1 & -1 & -1 \\ 0 & 1 & 1 & 0 \\ 0 & 4 & 2 & 1 \\ 0 & 5 & 1 & 2 \end{bmatrix}
\xrightarrow[-5r_2+r_3]{-4r_2+r_3}
$$

$$
\begin{bmatrix} 1 & -1 & -1 & -1 \\ 0 & 1 & 1 & 0 \\ 0 & 0 & -2 & 1 \\ 0 & 0 & -4 & 2 \end{bmatrix}
\xrightarrow{-r_3}
\begin{bmatrix} 1 & -1 & -1 & -1 \\ 0 & 1 & 1 & 0 \\ 0 & 0 & 2 & -1 \\ 0 & 0 & -4 & 2 \end{bmatrix}
\xrightarrow{2r_3+r_4}
\begin{bmatrix} 1 & -1 & -1 & -1 \\ 0 & 1 & 1 & 0 \\ 0 & 0 & 2 & -1 \\ 0 & 0 & 0 & 0 \end{bmatrix}
\tag{3.37}
$$

由上例可知，数乘和交换操作一般用来先做准备，而自上而下在后几行的开头产生 0 这个过程是通过倍加操作实现的。重复这个过程，最终就可以得到阶梯矩阵。

例 3-5：以下两个矩阵 $\boldsymbol{A}$ 和 $\boldsymbol{B}$ 是阶梯矩阵吗？请说明理由，然后将非阶梯矩阵经过初等行变换化为阶梯矩阵。

$$
\boldsymbol{A} = \begin{bmatrix} 1 & 2 & 3 \\ 0 & 0 & 0 \\ 0 & 0 & 0 \end{bmatrix}, \quad \boldsymbol{B} = \begin{bmatrix} 1 & 2 & 3 \\ 0 & 4 & 5 \\ 0 & 7 & 8 \end{bmatrix} \tag{3.38}
$$

解：矩阵 $\boldsymbol{A}$ 是阶梯矩阵，因为可以画出一条对应的阶梯线，满足阶梯矩阵的三个条件，如下所示：

$$
\boldsymbol{A} = \begin{bmatrix} 1 & 2 & 3 \\ 0 & 0 & 0 \\ 0 & 0 & 0 \end{bmatrix} \tag{3.39}
$$

矩阵 $\boldsymbol{B}$ 不是阶梯矩阵，因为无法画出满足条件的阶梯线。为什么画不出呢？我们尝试画线，首先画到 4 这个元素的位置。

$$
\boldsymbol{B} = \begin{bmatrix} 1 & 2 & 3 \\ 0 & 4 & 5 \\ 0 & 7 & 8 \end{bmatrix} \tag{3.40}
$$

在元素 4 的左下角有两种选择，要么向右画，要么向下画。如果向右画，就会破坏“阶梯线左下方元素均为 0”这个条件；如果向下画，就会破坏“阶梯线每次只能向下走一行”这个条件。因此可以判断出 $\boldsymbol{B}$ 不是阶梯矩阵，它可以继续进行初等行变换成为阶梯矩阵，这里给出两种方法。第一种方法如下：

$$
\boldsymbol{B} = \begin{bmatrix} 1 & 2 & 3 \\ 0 & 4 & 5 \\ 0 & 7 & 8 \end{bmatrix}
\xrightarrow{-\frac{7}{4}r_2+r_3}
\begin{bmatrix} 1 & 2 & 3 \\ 0 & 4 & 5 \\ 0 & 0 & -\frac{3}{4} \end{bmatrix}
\xrightarrow{-\frac{4}{3}r_3}
\begin{bmatrix} 1 & 2 & 3 \\ 0 & 4 & 5 \\ 0 & 0 & 1 \end{bmatrix} \tag{3.41}
$$

可以看出，这种方法为了消掉 7 这个元素，需要将第 2 行的若干倍加到第 3 行上。由于

4 和 7 属于互质的整数，因此这个倍加的系数就是一个分数，这会导致元素 8 的变化比较复杂。再看第二种方法：

$$\boldsymbol{B}=\begin{bmatrix}1&2&3\\0&4&5\\0&7&8\end{bmatrix}\xrightarrow{4r_3}\begin{bmatrix}1&2&3\\0&4&5\\0&28&32\end{bmatrix}\xrightarrow{-7r_2+r_3}\begin{bmatrix}1&2&3\\0&4&5\\0&0&-3\end{bmatrix}\xrightarrow{-\frac{1}{3}r_3}\begin{bmatrix}1&2&3\\0&4&5\\0&0&1\end{bmatrix}\tag{3.42}$$

这种方法看似比前一种方法多了一步，但是数乘运算使得后续运算都成为整数，避免了复杂且容易出错的分数运算。实际化简中如果出现了这种互质数的情况，可以使用这种方法尽量避免分数运算。

进一步思考：假设将上例第 3 行的 7 和 8 换成其他的两个数字，如果要求化简后第 3 行还变成 0、0、1，则这两个数字需要满足什么条件呢？这里用字母 a 和 b 表示两个数，然后仿照上面的方法化简如下：

$$\begin{bmatrix}1&2&3\\0&4&5\\0&a&b\end{bmatrix}\xrightarrow{4r_3}\begin{bmatrix}1&2&3\\0&4&5\\0&4a&4b\end{bmatrix}\xrightarrow{-ar_2+r_3}\begin{bmatrix}1&2&3\\0&4&5\\0&0&4b-5a\end{bmatrix}\tag{3.43}$$

如果 $4b-5a=0$，那么第 3 行都是 0，不可能出现元素 1；当 $4b-5a\neq0$ 时，第 3 行可以除以 $4b-5a$（即乘以$\dfrac{1}{4b-5a}$），从而变成 1。事实上，在 $4b-5a=0$ 时，4、5 和 a、b 是成比例的，此时可以直接通过倍加运算将 a 和 b 化为 0。而如果不成比例，可以直接将 a 和 b 分别化为 0 和 1。这是一个比较有用的化简技巧，请读者仔细体会。

3.3　齐次方程组的求解

齐次方程组的解有两种情况：只有零解和存在非零解。那么怎样判断究竟是哪一种情况呢？此外具有非零解的方程组能否求出解的统一表达式呢？利用矩阵及其初等行变换就可以很容易解决这个问题。

3.3.1　通解的概念

先来看这个二元齐次方程组：

$$\begin{cases}x_1+x_2=0\\2x_1+3x_2=0\end{cases}\tag{3.44}$$

使用消元法可以很容易验证，这个方程组只有零解。再看下面这个方程组：

$$\begin{cases}x_1+x_2=0\\2x_1+2x_2=0\end{cases}\tag{3.45}$$

由于两个方程代表了平面直角坐标系上的同一条直线，因此直线上的任意一个点都是方程组的解，所以这个方程组就具有非零解。可以看出，这个方程组等价于单个方程 $x_1+x_2=0$，因此很容易找到很多个满足这个方程组的解。比如 $x_1=1$ 且 $x_2=-1$、$x_1=2$ 且 $x_2=-2$ 等。如果要写成通式，那就是 $x_1=k$ 和 $x_2=-k$，其中 k 是某个常数。这种用含有参数的通式表达的方程组的解叫作**通解**(general solution)。由于线性方程组可以使用矩阵和向量表示，所以这个通解可以写成向量的形式，这样参数 k 可以根据向量的数乘运算法则提到外部，从而通解就可以写成一个参数 k 乘以一个纯数字向量的形式，如下：

$$\boldsymbol{x}=\begin{bmatrix}x_1\\x_2\end{bmatrix}=\begin{bmatrix}k\\-k\end{bmatrix}=k\begin{bmatrix}1\\-1\end{bmatrix} \tag{3.46}$$

线性方程组如果不止一个解，那么一定有无穷个解（即齐次方程组的存在非零解和非齐次方程组的无穷解），此时需要将通解用含有参数的式子写成向量的形式。

3.3.2 齐次方程组解的判断

以下是一个阶梯齐次方程组，它是只有零解还是存在非零解呢？

$$\begin{cases}x_1+2x_2+3x_3=0\\ \qquad 4x_2+5x_3=0\\ \qquad\qquad x_3=0\end{cases} \tag{3.47}$$

显然，第三个方程已经指明了 $x_3=0$，代入第二个方程就可以得出 $x_2=0$，再代入第一个方程就可以得到 $x_1=0$，所以这个方程组只有零解。观察这个方程组，最下面的方程所含的未知数最少，越往上的方程所含未知数越多，所以是一个阶梯型方程组。而最后存在一个指明某未知量值的方程（即此处的 $x_3=0$），因此求解时可以自底向上逐个代入。此处有3个未知数，最后一个方程只含有1个未知数，为了保证每次向上代入时都能解出一个新的未知数值，这个方程待求的未知数系数不能是0，还没有“轮到”的未知数的系数保持为0。比如这里将 $x_3=0$ 代入第二个方程是为了求 x_2 的值，所以第二个方程 x_2 的系数就不为0；而此时尚未轮到求 x_1 的值，所以第二个方程中 x_1 的系数保持为0（即不出现 x_1）。由此可以推出，在阶梯型齐次方程组内，如果诸未知数的系数不全为0的方程数等于未知数的个数，那么该方程组就只有零解。

以上结论从方程组的角度并不容易理解，那么是否可以从矩阵的角度说明呢？这里写出方程组(3.47)对应的系数矩阵。

$$\begin{bmatrix}1&2&3\\0&4&5\\0&0&1\end{bmatrix} \tag{3.48}$$

由于方程组(3.47)是阶梯型方程组，所以对应系数矩阵(3.48)是阶梯矩阵，它的3行元素都不全是0，而方程组未知数个数也是3个，两者数量相等，因此这个方程组就只有零解。

矩阵里如果某行全体元素都为0，则被称作**全零行**；相对的，如果某行的全体元素不全为0，则被称作**非零行**，比如矩阵(3.48)所有的行都是非零行。于是上面的结论可以表述为：当阶梯系数矩阵非零行数和未知数个数相等时，对应齐次方程组只有零解。

以这个结论为基础就可以研究更为普遍的情况。考虑一般形态的齐次方程组，比如以下方程组：

$$\begin{cases}x_1+2x_2+3x_3=0\\x_1+6x_2+8x_3=0\\x_1+10x_2+6x_3=0\end{cases} \tag{3.49}$$

它的系数矩阵显然不是阶梯矩阵，但可以将其系数矩阵进行初等行变换化简为阶梯矩阵,对应到方程组里就是高斯消元这样的整体等价变换。设系数矩阵用 $\boldsymbol{A}$ 表示,则化简过程如下:

$$\boldsymbol{A}=\begin{bmatrix}1&2&3\\1&6&8\\1&10&6\end{bmatrix}\xrightarrow[-r_1+r_3]{-r_1+r_2}\begin{bmatrix}1&2&3\\0&4&5\\0&8&3\end{bmatrix}\xrightarrow{-2r_2+r_3}\begin{bmatrix}1&2&3\\0&4&5\\0&0&-7\end{bmatrix}\xrightarrow{-\frac{1}{7}r_3}\begin{bmatrix}1&2&3\\0&4&5\\0&0&1\end{bmatrix}\tag{3.50}$$

可以看出,对系数矩阵进行初等行变换得到的阶梯矩阵就是上面例子中的阶梯矩阵。由于矩阵的初等行变换对应于方程组的整体等价变换,而等价变换前后的方程组是同解的,所以变换前后方程组都只有零解。因此可以得出结论:将系数矩阵进行初等行变换化为阶梯矩阵,如果非零行数和未知数个数相等,则齐次方程组只有零解。由于刚才的推导都是等价操作,所以这是一个充分必要条件,它也可以被视为只有零解时的性质,换句话说就是如果齐次方程组只有零解,那么将系数矩阵进行初等行变换变为阶梯矩阵后,对应的非零行数和未知数个数相等。

将具有 n 个未知数的齐次方程组表示为 $\boldsymbol{Ax}=\boldsymbol{0}$,而系数矩阵 $\boldsymbol{A}$ 经过初等行变换成为阶梯矩阵后对应的非零行数用记号 $r(\boldsymbol{A})$ 表示,那么上述结论可以表示为:$r(\boldsymbol{A})=n\Leftrightarrow\boldsymbol{Ax}=\boldsymbol{0}$ 只有零解。使用符号"$\Leftrightarrow$"表示充分必要条件关系。

再来看下面这个齐次方程组:

$$\begin{cases}x_1+2x_2+3x_3=0\\x_1+6x_2+8x_3=0\\x_1+10x_2+13x_3=0\end{cases}\tag{3.51}$$

同样写出它的系数矩阵 $\boldsymbol{A}$ 并使用初等行变换化为阶梯矩阵:

$$\boldsymbol{A}=\begin{bmatrix}1&2&3\\1&6&8\\1&10&13\end{bmatrix}\xrightarrow[-r_1+r_3]{-r_1+r_2}\begin{bmatrix}1&2&3\\0&4&5\\0&8&10\end{bmatrix}\xrightarrow{-2r_2+r_3}\begin{bmatrix}1&2&3\\0&4&5\\0&0&0\end{bmatrix}\tag{3.52}$$

可以看出,化为阶梯矩阵后出现了一个全零行,即最后的一行全为 0,对应的方程就是 $0x_1+0x_2+0x_3=0$ 也就是 $0=0$ 这样的正确但无用的恒等式。将对应方程组写出就是:

$$\begin{cases}x_1+2x_2+3x_3=0\\4x_2+5x_3=0\\0=0\end{cases}\tag{3.53}$$

这样实际上有效的方程只有前两个,而未知数是 3 个,因此凡是能满足 $4x_2+5x_3=0$ 的任意 x_2 和 x_3 都是这个方程组的两个解,于是这个方程除了零解以外还有其他非零解。此时,系数矩阵化为阶梯矩阵后非零行数小于未知数的个数。因此可以得出结论:将系数矩阵进行初等行变换变为阶梯矩阵,如果非零行数小于未知数个数,则齐次方程组存在非零解。这个结论同样是充分必要的。

对于 n 元齐次方程组 $\boldsymbol{Ax}=\boldsymbol{0}$,对应系数矩阵化为阶梯矩阵后对应非零行数是 $r(\boldsymbol{A})$,那么上述结论可以写为:$r(\boldsymbol{A})<n\Leftrightarrow\boldsymbol{Ax}=\boldsymbol{0}$ 存在非零解。

3.3.3 非零解和基础解系

通过以上分析,要想判断一个齐次方程组究竟是只有零解还是存在非零解,先要将系数矩阵进行初等行变换化为阶梯矩阵，然后查看其非零行数，将非零行数和未知数个数进行对比即可。在这里关注比较多的是具有非零解的齐次方程组。比如方程组(3.51)所示的齐次方程组，x_2 和 x_3 的取值需要满足 $4x_2+5x_3=0$ 才行，也就是说即使存在无穷个非零解，这些非零解之间也存在某种关系限制，或者说遵循某一个通式，这就是在前面提到的通解的概念。那么对于齐次方程组的非零解，如何求出对应的通解呢？

这里还是以方程组(3.51)为例说明，它经过高斯消元以后是方程组(3.53)，它最下方的方程是 $4x_2+5x_3=0$，也就是任意满足它的 x_2 和 x_3 都是其解，自然也是这个方程组的解。于是可以固定 x_3，将 x_2 表示为含有 x_3 的代数式，即

$$4x_2+5x_3=0 \Rightarrow x_2=-\frac{5}{4}x_3 \tag{3.54}$$

那么 x_1 能否也表示成含有 x_3 的代数式呢？答案是肯定的，只需要将 x_2 和 x_3 一起代入方程组(3.53)的第一个方程即可：

$$\left.\begin{aligned} x_1+2x_2+3x_3=0 \\ x_2=-\frac{5}{4}x_3 \end{aligned}\right\} \Rightarrow x_1=-2\cdot\left(-\frac{5}{4}x_3\right)-3x_3=-\frac{1}{2}x_3 \tag{3.55}$$

上面的过程和只有零解的情形类似，只不过需要先固定 x_3，然后利用自底向上代入的方式将其余的未知量表示为含有 x_3 的代数式，于是方程组的解可以表示为

$$\begin{cases} x_1=-\dfrac{1}{2}x_3 \\ x_2=-\dfrac{5}{4}x_3 \\ x_3=x_3 \end{cases} \tag{3.56}$$

将它写成向量的形式，并将 x_3 作为公因数提出。

$$\boldsymbol{x}=\begin{bmatrix} -\dfrac{1}{2}x_3 \\ -\dfrac{5}{4}x_3 \\ x_3 \end{bmatrix}=x_3\begin{bmatrix} -\dfrac{1}{2} \\ -\dfrac{5}{4} \\ 1 \end{bmatrix} \tag{3.57}$$

以上就是这个方程组的通解，x_3 可以取任意常数。而 x_3 被提出后，后面出现了一个纯数字向量，这个向量就是方程组在 $x_3=1$ 时候的解向量。当 x_3 取其他数值时，都可以对应一个纯数字构成的解向量，这些纯数字解向量就组成了这个齐次方程组的**基础解系**(basic solution set)。事实上，基础解系包含的不一定非得是 $x_3=1$ 时对应的解向量，也可以是其他 x_3 的值对应的向量。那么习惯上会让这个向量变得简单一些，比如这里令 $x_3=-4k$，可以约掉对应的分母和负号，方程组的基础解系向量 $\boldsymbol{c}$ 就是：

$$\boldsymbol{c}=\begin{bmatrix} 2 \\ 5 \\ -4 \end{bmatrix} \tag{3.58}$$

因此方程组的通解 $\boldsymbol{x}$ 就可以表示为

$$\boldsymbol{x}=k\boldsymbol{c}=k\begin{bmatrix} 2 \\ 5 \\ -4 \end{bmatrix} \tag{3.59}$$

在这个例子中，将系数矩阵化简为阶梯矩阵并还原为对应的阶梯型方程组，然后令 $x_3=1$（即给 x_3 **赋值** 1），再自底向上依次代入并解出 x_2 和 x_1 就可以得到基础解系，最后给基础解系的向量前面添加上任意常数 k 就可以得到对应的通解了。如果基础解系向量中含有较多分数或负号，可以给它统一乘以一个合适的数，将其化为形式比较简单的基础解系向量。

需要注意的是，基础解系并不是指某一个向量，而是纯数字的解向量构成的集合。比如以上例子中的基础解系就是单元素集合$\{\boldsymbol{c}\}$，即只包含1个向量。那么有没有包含多个向量的基础解系呢？来看以下方程组：

$$\begin{cases} x_1+2x_2+3x_3=0 \\ 2x_1+4x_2+6x_3=0 \\ 3x_1+6x_2+9x_3=0 \end{cases} \tag{3.60}$$

写出它的系数矩阵 $\boldsymbol{A}$ 并化简为阶梯矩阵：

$$\boldsymbol{A}=\begin{bmatrix} 1 & 2 & 3 \\ 2 & 4 & 6 \\ 3 & 6 & 9 \end{bmatrix} \xrightarrow[-3r_1+r_3]{-2r_1+r_2} \begin{bmatrix} 1 & 2 & 3 \\ 0 & 0 & 0 \\ 0 & 0 & 0 \end{bmatrix} \tag{3.61}$$

显然，阶梯矩阵对应的非零行数 $r(\boldsymbol{A})=1<3$，因此方程组存在非零解。把阶梯矩阵还原成阶梯型方程组如下：

$$\begin{cases} x_1+2x_2+3x_3=0 \\ 0=0 \\ 0=0 \end{cases} \tag{3.62}$$

可见，这个方程组中真正有效的方程只有一个：$x_1+2x_2+3x_3=0$，任何满足这个方程的 x_1、x_2 和 x_3 都是这个方程组的解，并且如果已知两个未知数的值就可以求另一个。比如这里可以将 x_1 表示成含有 x_2 和 x_3 的代数式：

$$x_1+2x_2+3x_3=0 \Rightarrow x_1=-2x_2-3x_3 \tag{3.63}$$

于是方程组的通解可以初步表示为以下形式：

$$\boldsymbol{x}=\begin{bmatrix} -2x_2-3x_3 \\ x_2 \\ x_3 \end{bmatrix} \tag{3.64}$$

显然这个解向量 $\boldsymbol{x}$ 无法像上一个例子那样提出一个参数，但可以对这个解向量进行拆分变形（逆用向量加法运算），将 x_2 和 x_3 分离。

$$\boldsymbol{x}=\begin{bmatrix} -2x_2-3x_3 \\ x_2 \\ x_3 \end{bmatrix}=\begin{bmatrix} -2x_2 \\ x_2 \\ 0 \end{bmatrix}+\begin{bmatrix} -3x_3 \\ 0 \\ x_3 \end{bmatrix}=x_2\begin{bmatrix} -2 \\ 1 \\ 0 \end{bmatrix}+x_3\begin{bmatrix} -3 \\ 0 \\ 1 \end{bmatrix} \tag{3.65}$$

这样处理以后，x_2 和 x_3 这两个未知数就可以作为任意常数将两个纯数字向量通过加法的方式组合在一起，此时基础解系就包含有两个纯数字向量。那么这两个向量有什么特点呢？仔细观察可以发现，第一个向量中的-2是 x_2 和 x_3 分别赋值为1和0时 x_1 的值，即 $x_1=-2x_2-3x_3=-2\times1-3\times0=-2$；第二个向量中的$-3$是 x_2 和 x_3 分别赋值为0和1时 x_1 的值，即 $x_1=-2x_2-3x_3=-2\times0-3\times1=-3$。我们知道，平面直角坐标系上的两个自然基向量的坐标(1,0)和(0,1)，两者是相互正交(即垂直)的，因此这种给 x_2 和 x_3 分别两次赋值为 1、0 与 0、1 的方式称为**正交赋值**。此处 x_2 和 x_3 可以取任意值，所以将它们替换成两个任意的常数 k_1 和 k_2，这样就得到了用基础解系$\{\boldsymbol{c}_1,\boldsymbol{c}_2\}$的两个向量组合形成的通解。

$$\boldsymbol{c}_1=\begin{bmatrix}-2\\1\\0\end{bmatrix},\quad \boldsymbol{c}_2=\begin{bmatrix}-3\\0\\1\end{bmatrix}\quad \boldsymbol{x}=k_1\boldsymbol{c}_1+k_2\boldsymbol{c}_2=k_1\begin{bmatrix}-2\\1\\0\end{bmatrix}+k_2\begin{bmatrix}-3\\0\\1\end{bmatrix} \tag{3.66}$$

由这两个例子可知，基础解系中包含的向量个数可能是一个或多个，那么如何确定基础解系里到底包含几个向量呢？此外具体需要对哪些未知量赋值呢？是随意选取还是有一定规律可循？这就需要了解主变量和自由变量的内容了。

3.3.4 主变量和自由变量

前面提到的两个具有非零解的齐次方程组，它们的基础解系分别包含 1 个向量和 2 个向量。还是先以方程组(3.51)为例说明，此处写出对应的阶梯型方程组以及经过初等行变换化成的阶梯系数矩阵：

$$\begin{cases}\boxed{x_1}+2x_2+3x_3=0\\ \boxed{4x_2}+5x_3=0\\ 0=0\end{cases}\quad \boldsymbol{A}\rightarrow\begin{bmatrix}1&2&3\\0&4&5\\0&0&0\end{bmatrix} \tag{3.67}$$

阶梯型方程组中每个方程中加框表示的内容是这个方程第一个系数不为 0 的项，对应到阶梯系数矩阵里就是阶梯线竖线右侧遇到的第一个元素，对应的未知量就被称为**主变量**(pivot variable)。此处的主变量有两个，分别是 x_1 和 x_2，它们是每个方程中“暴露”在最前部的未知数。

在刚才求解基础解系的过程中，x_3 被赋值为 1，从而自底向上解出主变量 x_1 和 x_2 的值。给 x_3 赋任意值，都能得到对应的 x_1 和 x_2，即此处未知数 x_3 是可以自由取任意值的，因此被称作**自由变量**(free variable)。于是以上求基础解系的过程就可以表述为：在阶梯型方程组中给自由变量正交赋值，然后自底向上解出对应的全体主变量即得到基础解系。

给自由变量赋值并解出全体主变量是一种规定，目的是有利于后面进一步自底向上求出基础解系。如在上面的例子中 $4x_2+5x_3=0$ 这个方程如果给主变量 x_2 赋值 1，也同样可以解出一个基础解系；但是这样操作时，两个主变量有的是通过人为赋值得到的(如 x_2)，有的是通过推演计算得到的(如 x_1)，在未知数更多的情况下容易发生混乱，不利于求解。因此这里再次强调，一定要给自由变量赋值，再根据自由变量依次解出全体主变量的值。

再来看方程组(3.60)，写出对应阶梯型方程组以及经过初等行变换化成的阶梯系数矩阵：

$$\begin{cases}\boxed{x_1}+2x_2+3x_3=0\\ 0=0\\ 0=0\end{cases}\quad \boldsymbol{A}\rightarrow\begin{bmatrix}1&2&3\\0&0&0\\0&0&0\end{bmatrix} \tag{3.68}$$

可以看出，这里阶梯线只有一条竖线，所以主变量只有 x_1（加框强调表示），自由变量就是 x_2 和 x_3。给自由变量正交赋值两次，即 $x_2=1$、$x_3=0$ 和 $x_2=0$、$x_3=1$，依次求出对应的 x_1 的值，这样就得到了基础解系里的两个向量，进一步得出通解。

那么一个方程组里究竟有多少个主变量和自由变量呢？设阶梯矩阵对应的非零行数是 $r(\boldsymbol{A})$，未知数个数是 n。由于主变量是对应于阶梯矩阵每行首个不等于 0 的元素，因此这一行一定是非零行（因为存在一个不等于 0 的元素）。换句话说，一个主变量对应于一个非零行，即主变量的个数就等于阶梯矩阵非零行数 $r(\boldsymbol{A})$；而自由变量的个数就是未知数个数减去主变量的个数，设自由变量有 t 个，则 $t=n-r(\boldsymbol{A})$。

对 t 个自由变量正交赋值，就可以自底向上解出全部主变量，从而得到基础解系。这个过程中正交赋值的次数等于自由变量的个数，即 t 次正交赋值。刚才的两个例子中，在 $t=1$ 时对应只有 1 个自由变量，所以只需要给它赋值 1 这一次就可以了；在 $t=2$ 时对应有 2 个自由变量，此时需要对它们分别赋值 2 次为(1,0)和(0,1)。进一步，如果 $t=3$，就需要给 3 个自由变量正交赋值 3 次为(1,0,0)、(0,1,0)和(0,0,1)；如果 $t=4$，就需要给 4 个自由变量正交赋值 4 次为(1,0,0,0)、(0,1,0,0)、(0,0,1,0)和(0,0,0,1)；……以此类推。

3.3.5　齐次方程组的求解步骤

综上所述，求解 n 元齐次方程组 $\boldsymbol{Ax}=\boldsymbol{0}$ 的步骤如下：

1. 写出系数矩阵 $\boldsymbol{A}$，明确未知数个数 n。

2. 对系数矩阵 $\boldsymbol{A}$ 进行初等行变换，最终变为阶梯系数矩阵，同时数出对应的非零行数 $r(\boldsymbol{A})$。

3. 如果 $r(\boldsymbol{A})=n$，则方程组 $\boldsymbol{Ax}=\boldsymbol{0}$ 只有零解。

4. 如果 $r(\boldsymbol{A})<n$，则方程组 $\boldsymbol{Ax}=\boldsymbol{0}$ 存在非零解，此时按以下步骤求出通解：

(1) 根据阶梯矩阵竖线的位置明确主变量和自由变量，再由阶梯系数矩阵写出对应的阶梯型方程组；

(2) 自由变量的个数 $t=n-r(\boldsymbol{A})$，依次给 t 个自由变量正交赋值 t 次；

(3) 通过每一次赋值，自底向上代入解出对应主变量的值，这样得到 t 个纯数字向量 $\boldsymbol{c}_1,\boldsymbol{c}_2,\cdots,\boldsymbol{c}_t$，它们构成了齐次方程组的基础解系（如果基础解系向量里含有较多的分数或者负号，可以给各个向量乘以合适的非零数值使其中尽可能出现较多正整数）；

(4) 使用常数 $k_1,k_2,\cdots,k_t$ 将基础解系里的向量对应相乘再相加组合，即得到齐次方程组 $\boldsymbol{Ax}=\boldsymbol{0}$ 的通解 $\boldsymbol{x}=k_1\boldsymbol{c}_1+k_2\boldsymbol{c}_2+\cdots+k_t\boldsymbol{c}_t$。

下面举一个例子进一步熟悉上述步骤。

例 3-6：以下齐次方程组是只有零解还是存在非零解？如果存在非零解，求出这个方程组的通解。

$$\begin{cases} x_1+2x_2+3x_3+x_4=0 \\ x_1-4x_2-x_3-x_4=0 \\ 2x_1+x_2+4x_3+x_4=0 \\ x_1-x_2+x_3=0 \end{cases} \tag{3.69}$$

解：第一步，写出系数矩阵 $\boldsymbol{A}$，明确未知数个数 $n=4$。

$$\boldsymbol{A}=\begin{bmatrix}1 & 2 & 3 & 1\\ 1 & -4 & -1 & -1\\ 2 & 1 & 4 & 1\\ 1 & -1 & 1 & 0\end{bmatrix} \tag{3.70}$$

第二步，对系数矩阵 $\boldsymbol{A}$ 做初等行变换化为阶梯矩阵。

$$\boldsymbol{A}=\begin{bmatrix}1 & 2 & 3 & 1\\ 1 & -4 & -1 & -1\\ 2 & 1 & 4 & 1\\ 1 & -1 & 1 & 0\end{bmatrix}\xrightarrow[-r_1+r_4]{\substack{-r_1+r_2\\ -2r_1+r_3}}\begin{bmatrix}1 & 2 & 3 & 1\\ 0 & -6 & -4 & -2\\ 0 & -3 & -2 & -1\\ 0 & -3 & -2 & -1\end{bmatrix}\xrightarrow[-r_4]{\substack{-\frac{1}{2}r_2\\ -r_3}}\begin{bmatrix}1 & 2 & 3 & 1\\ 0 & 3 & 2 & 1\\ 0 & 3 & 2 & 1\\ 0 & 3 & 2 & 1\end{bmatrix}\xrightarrow[-r_2+r_4]{-r_2+r_3}$$

$$\begin{bmatrix}1 & 2 & 3 & 1\\ 0 & 3 & 2 & 1\\ 0 & 0 & 0 & 0\\ 0 & 0 & 0 & 0\end{bmatrix} \tag{3.71}$$

第三步，对比阶梯系数矩阵的非零行数 $r(\boldsymbol{A})$ 和未知数个数 n。由于 $r(\boldsymbol{A})=2$ 且 $n=4$，故有 $r(\boldsymbol{A})<n$，此时方程组存在非零解。

第四步，方程组存在非零解时，需要求出其通解。首先寻找主变量和自由变量，通过寻找每行第一个不为 0 的元素可知主变量是 x_1 和 x_2，自由变量是 x_3 和 x_4。将阶梯系数矩阵转换为阶梯型方程组。

$$\begin{bmatrix}1 & 2 & 3 & 1\\ 0 & 3 & 2 & 1\\ 0 & 0 & 0 & 0\\ 0 & 0 & 0 & 0\end{bmatrix}\Rightarrow\begin{cases}x_1+2x_2+3x_3+x_4=0\\ 3x_2+2x_3+x_4=0\\ 0=0\\ 0=0\end{cases} \tag{3.72}$$

给自由变量 x_3 和 x_4 正交赋值，自底向上代入阶梯型方程组的两个方程，求出每次赋值时的主变量 x_1 和 x_2 的值。

$$\begin{aligned}&\begin{cases}x_3=1\\ x_4=0\end{cases}\Rightarrow x_2=\frac{1}{3}(-2x_3-x_4)=-\frac{2}{3}\Rightarrow x_1=-2x_2-3x_3-x_4=-\frac{5}{3}\\ &\begin{cases}x_3=0\\ x_4=1\end{cases}\Rightarrow x_2=\frac{1}{3}(-2x_3-x_4)=-\frac{1}{3}\Rightarrow x_1=-2x_2-3x_3-x_4=-\frac{1}{3}\end{aligned} \tag{3.73}$$

为了避免出现较多的分数和负数，给第一组赋值结果统一乘以 -3，给第二组赋值结果也统一乘以 -3，这样就得到了较为简单的数值，取它们作为基础解系 $\{\boldsymbol{c}_1,\boldsymbol{c}_2\}$。

$$\boldsymbol{c}_1=\begin{bmatrix}5\\ 2\\ -3\\ 0\end{bmatrix},\quad \boldsymbol{c}_2=\begin{bmatrix}1\\ 1\\ 0\\ -3\end{bmatrix} \tag{3.74}$$

使用任意常数 k_1 和 k_2 将 $\boldsymbol{c}_1$ 和 $\boldsymbol{c}_2$ 对应相乘再相加组合即可得到方程组的通解 $\boldsymbol{x}$。

$$\boldsymbol{x}=k_1\boldsymbol{c}_1+k_2\boldsymbol{c}_2=k_1\begin{bmatrix}5\\ 2\\ -3\\ 0\end{bmatrix}+k_2\begin{bmatrix}1\\ 1\\ 0\\ -3\end{bmatrix} \tag{3.75}$$

以上是一个具有完整步骤的例子，而以上解方程组的步骤需要多加练习才能够做到熟练，同时也有助于理解其本质。

例 3-7：已知齐次方程组 $\boldsymbol{Ax}=\boldsymbol{0}$，其中系数矩阵 $\boldsymbol{A}$ 的尺寸是 $m\times n$，请回答以下问题。

(1) 未知数向量 $\boldsymbol{x}$ 和结果向量 $\boldsymbol{0}$ 分别是几维向量？

(2) 当 $m<n$ 时，方程组是否可能只有零解？当 $m\geqslant n$ 时呢？

解：(1) 系数矩阵的行数是方程的个数(即 m)，列数是所涉及未知数的个数(即 n)。所以此处未知数向量包含有 n 个未知数，即未知数向量 $\boldsymbol{x}$ 是 n 维的；而结果向量的维数和方程组的个数相等，因此结果向量 $\boldsymbol{0}$ 是 m 维的。

(2) 设 $\boldsymbol{A}$ 经过初等行变换化为阶梯矩阵后，非零行数是 $r(\boldsymbol{A})$，由于非零行数一定不超过总的行数，因此有 $r(\boldsymbol{A})\leqslant m$。当 $m<n$ 时，有 $r(\boldsymbol{A})\leqslant m<n$ 成立，此时方程组不可能只有零解，即必存在非零解；当 $m\geqslant n$ 时，由于只知道 $r(\boldsymbol{A})\leqslant m$，因此不能确定 $r(\boldsymbol{A})$ 和 n 的具体关系(即无法确定究竟是 $r(\boldsymbol{A})<n$ 还是 $r(\boldsymbol{A})=n$)，因此方程组可能只有零解也可能存在非零解。

3.4 非齐次方程组的求解

非齐次方程组的解有三种情况：唯一解、无穷解和无解，判断具体是哪一种情况以及求解方程组同样要借助矩阵及其初等行变换。

3.4.1 增广矩阵

和齐次方程组不同，非齐次方程组的每个方程的结果不全为 0。首先请看以下非齐次方程组：

$$\begin{cases}x_1+2x_2+3x_3=5\\x_1+6x_2+7x_3=9\\x_1+10x_2+6x_3=8\end{cases}\tag{3.76}$$

设这个方程组用矩阵表示是 $\boldsymbol{Ax}=\boldsymbol{b}$，可以写出其系数矩阵 $\boldsymbol{A}$：

$$\boldsymbol{A}=\begin{bmatrix}1&2&3\\1&6&7\\1&10&6\end{bmatrix}\tag{3.77}$$

求解齐次方程组时，需要对系数矩阵进行初等行变换，实际上相当于方程组的高斯消元。由于齐次方程组的每个方程的结果都是 0，不管是数乘、交换还是倍加，这个 0 的值始终都不发生变化。但非齐次方程组的结果不全为 0，意味着每一次高斯消元都必须带着对应的结果。比如说对方程组(3.76)消元的第一步，把第一个方程的 -1 倍加到第二个方程上，会得到 $4x_2+4x_3=4$ 这个方程，再将它方程两端同乘以$\dfrac{1}{4}$，又得到了 $x_2+x_3=1$。可见方程等号右端的结果值在高斯消元时也在变化，因此对非齐次方程组的高斯消元时，不能只考虑未知数系数，进而初等行变换的对象就不能仅仅是系数矩阵了。为了在初等行变换过程中兼顾这些不全为 0 的结果值，可以将每个方程等号右端的结果附加在系数矩阵后，这样就形成了**增广矩阵**(augmented matrix)。设方程组(3.76)系数矩阵是 $\boldsymbol{A}$，由 5、9、8 构成

的结果向量用 $\boldsymbol{b}$ 表示，则对应的增广矩阵记为 $\boldsymbol{A}|\boldsymbol{b}$（有的文献记为 $\bar{\boldsymbol{A}}$），表示如下（其中矩阵内部的虚线表示将系数矩阵和结果向量相隔）：

$$\boldsymbol{A} \mid \boldsymbol{b} = \left[\begin{array}{ccc:c} 1 & 2 & 3 & 5 \\ 1 & 6 & 7 & 9 \\ 1 & 10 & 6 & 8 \end{array}\right] \tag{3.78}$$

所以求解非齐次方程组 $\boldsymbol{Ax}=\boldsymbol{b}$ 时，初等行变换的对象就是增广矩阵 $\boldsymbol{A}|\boldsymbol{b}$，其目标也是得到阶梯矩阵。

3.4.2 非齐次方程组解的判断

还是考虑方程组(3.76)，它的未知数个数 $n=3$，将其增广矩阵 $\boldsymbol{A}|\boldsymbol{b}$ 进行初等行变换化为阶梯矩阵：

$$\boldsymbol{A} \mid \boldsymbol{b} = \left[\begin{array}{ccc:c} 1 & 2 & 3 & 5 \\ 1 & 6 & 7 & 9 \\ 1 & 10 & 6 & 8 \end{array}\right] \xrightarrow[-r_1+r_3]{-r_1+r_2} \left[\begin{array}{ccc:c} 1 & 2 & 3 & 5 \\ 0 & 4 & 4 & 4 \\ 0 & 8 & 3 & 3 \end{array}\right] \xrightarrow{\frac{1}{4}r_2} \left[\begin{array}{ccc:c} 1 & 2 & 3 & 5 \\ 0 & 1 & 1 & 1 \\ 0 & 8 & 3 & 3 \end{array}\right] \xrightarrow{-8r_2+r_3}$$
$$\left[\begin{array}{ccc:c} 1 & 2 & 3 & 5 \\ 0 & 1 & 1 & 1 \\ 0 & 0 & -5 & -5 \end{array}\right] \xrightarrow{-\frac{1}{5}r_3} \left[\begin{array}{ccc:c} 1 & 2 & 3 & 5 \\ 0 & 1 & 1 & 1 \\ 0 & 0 & 1 & 1 \end{array}\right] \tag{3.79}$$

观察到在此过程中，虚线左侧的部分就是系数矩阵 $\boldsymbol{A}$ 的初等行变换，所以 $\boldsymbol{A}|\boldsymbol{b}$ 成为阶梯矩阵时，$\boldsymbol{A}$ 也成为阶梯矩阵。于是根据阶梯增广矩阵写出对应的阶梯型方程组：

$$\begin{cases} x_1 + 2x_2 + 3x_3 = 5 \\ x_2 + x_3 = 1 \\ x_3 = 1 \end{cases} \tag{3.80}$$

此处第三个方程已经指明了 $x_3=1$，将它代入第二个方程就有 $x_2=0$，再将 x_3 和 x_2 一起代入第一个方程就有 $x_1=2$，通过这样自底向上的方式就得到了对应方程组的唯一解。

$$\boldsymbol{x} = \begin{bmatrix} 2 \\ 0 \\ 1 \end{bmatrix} \tag{3.81}$$

现在反过来思考为什么这个方程组具有唯一解，这里写出阶梯系数矩阵和阶梯增广矩阵，对比如下：

$$\boldsymbol{A} \rightarrow \begin{bmatrix} 1 & 2 & 3 \\ 0 & 1 & 1 \\ 0 & 0 & 1 \end{bmatrix}, \quad \boldsymbol{A} \mid \boldsymbol{b} \rightarrow \left[\begin{array}{ccc:c} 1 & 2 & 3 & 5 \\ 0 & 1 & 1 & 1 \\ 0 & 0 & 1 & 1 \end{array}\right] \tag{3.82}$$

根据刚才求解的过程，每一次自底向上的代入都意味着解出一个未知数，要想求解出某一个未知数的值，它对应的系数一定不能是 0。对应到矩阵就是阶梯系数矩阵的一个非零行严格对应解出一个未知数，此时阶梯增广矩阵非零行数、阶梯系数矩阵非零行数和未知数个数三者必须相等。因此，将增广矩阵化为阶梯矩阵后，如果对应阶梯增广矩阵非零行数等于阶梯系数矩阵非零行数且等于未知数个数，则非齐次方程组具有唯一解。设未知数个数是 n，增广矩阵经初等行变换化为阶梯矩阵的非零行数是 $r(\boldsymbol{A}|\boldsymbol{b})$，则上述结论可以

写为 $r(\boldsymbol{A}|\boldsymbol{b})=r(\boldsymbol{A})=n \Leftrightarrow \boldsymbol{Ax}=\boldsymbol{b}$ 有唯一解。

再看下面这个方程组：

$$\begin{cases} x_1+2x_2+3x_3=5 \\ x_1+3x_2+4x_3=6 \\ x_1+4x_2+5x_3=7 \end{cases} \tag{3.83}$$

写出其增广矩阵 $\boldsymbol{A}|\boldsymbol{b}$ 并进行初等行变换化为阶梯矩阵：

$$\boldsymbol{A}\mid\boldsymbol{b}=\left[\begin{array}{ccc:c}1&2&3&5\\1&3&4&6\\1&4&5&7\end{array}\right]\xrightarrow[-r_1+r_3]{-r_1+r_2}\left[\begin{array}{ccc:c}1&2&3&5\\0&1&1&1\\0&2&2&2\end{array}\right]\xrightarrow{-2r_2+r_3}\left[\begin{array}{ccc:c}1&2&3&5\\0&1&1&1\\0&0&0&0\end{array}\right] \tag{3.84}$$

然后写出对应的阶梯型方程组：

$$\begin{cases} x_1+2x_2+3x_3=5 \\ \qquad\quad x_2+x_3=1 \\ \qquad\qquad\quad 0=0 \end{cases} \tag{3.85}$$

可以看出，能满足第二个方程的任意 x_2 和 x_3 都是方程组的解，因此方程组就有无穷解。观察对应阶梯增广矩阵和阶梯系数矩阵，两者的非零行数都是 2，小于未知数个数 3，所以会出现 $0=0$ 这个正确但无用的方程。这样在自底向上的代入求值中，就需要指定某一个未知数才能求出其他未知数的值。由此可以得出结论：将增广矩阵化为阶梯矩阵后，如果对应阶梯增广矩阵非零行数等于阶梯系数矩阵非零行数但小于未知数个数，则非齐次方程组具有无穷解。写成代数形式就是：$r(\boldsymbol{A}|\boldsymbol{b})=r(\boldsymbol{A})<n \Leftrightarrow \boldsymbol{Ax}=\boldsymbol{b}$ 有无穷解。

非齐次方程组有唯一解和有无穷解统称为**有解**，可以很容易得到以下结论：将增广矩阵化为阶梯矩阵后，如果对应阶梯增广矩阵非零行数等于阶梯系数矩阵非零行数，则非齐次方程组具有解。写成代数形式就是：$r(\boldsymbol{A}|\boldsymbol{b})=r(\boldsymbol{A}) \Leftrightarrow \boldsymbol{Ax}=\boldsymbol{b}$ 有解。

再看以下方程组：

$$\begin{cases} x_1+2x_2+3x_3=5 \\ x_1+3x_2+4x_3=6 \\ x_1+4x_2+5x_3=8 \end{cases} \tag{3.86}$$

写出其增广矩阵 $\boldsymbol{A}|\boldsymbol{b}$ 并进行初等行变换化为阶梯矩阵：

$$\boldsymbol{A}\mid\boldsymbol{b}=\left[\begin{array}{ccc:c}1&2&3&5\\1&3&4&6\\1&4&5&8\end{array}\right]\xrightarrow[-r_1+r_3]{-r_1+r_2}\left[\begin{array}{ccc:c}1&2&3&5\\0&1&1&1\\0&2&2&3\end{array}\right]\xrightarrow{-2r_2+r_3}\left[\begin{array}{ccc:c}1&2&3&5\\0&1&1&1\\0&0&0&1\end{array}\right] \tag{3.87}$$

写成对应的阶梯型方程组就是这样：

$$\begin{cases} x_1+2x_2+3x_3=5 \\ \qquad\quad x_2+x_3=1 \\ \qquad\qquad\quad 0=1 \end{cases} \tag{3.88}$$

这里出现了一个错误的等式 $0=1$，这意味着找不到任何一组能满足这个方程组的解，于是方程组就无解。事实上，如果阶梯增广矩阵的某一行除了最后一个元素以外全都等于 0，那么这个错误的等式就会出现，从而方程组无解。从矩阵的角度看，阶梯系数矩阵的非零行数 $r(\boldsymbol{A})=2$，但因为这个非零的结果值 1 的存在使得阶梯增广矩阵的非零行数 $r(\boldsymbol{A}|\boldsymbol{b})=$

3。从另一个角度看，刚才提到的非齐次方程组有解的条件是充分必要的，所以只需要将其否命题写出就是方程组无解的条件，即将增广矩阵化为阶梯矩阵后，如果对应阶梯增广矩阵非零行数不等于阶梯系数矩阵非零行数，则非齐次方程组无解。写成代数形式就是：$r(\boldsymbol{A}|\boldsymbol{b}) \neq r(\boldsymbol{A}) \Leftrightarrow \boldsymbol{Ax}=\boldsymbol{b}$ 无解。

综上所述，非齐次方程组 $\boldsymbol{Ax}=\boldsymbol{b}$ 解的判断需要借助对应阶梯增广矩阵的非零行数 $r(\boldsymbol{A}|\boldsymbol{b})$、阶梯系数矩阵的非零行数 $r(\boldsymbol{A})$ 和未知数个数 n 三者的关系进行判断，它们之间的关系也都是充分必要关系，即既可作为判定定理又可作为性质定理使用。

3.4.3 具有无穷解方程组的通解

对于具有无穷解的非齐次方程组，同样可以求出其通解。考虑方程组(3.83)，通过上述准则判断出它具有无穷解，此处写出对应的阶梯型方程组以及经过初等行变换化成的阶梯增广矩阵：

$$\begin{cases} \boxed{x_1} + 2x_2 + 3x_3 = 5 \\ \qquad \boxed{x_2} + x_3 = 1 \\ \qquad\qquad 0 = 0 \end{cases} \quad \boldsymbol{A} \mid \boldsymbol{b} \rightarrow \left[\begin{array}{ccc:c} 1 & 2 & 3 & 5 \\ 0 & 1 & 1 & 1 \\ 0 & 0 & 0 & 0 \end{array}\right] \tag{3.89}$$

可以看出，x_1 和 x_2 是主变量，而 x_3 是自由变量。仿照求解齐次方程组的做法，通过阶梯型方程组的方程自底向上求解，将 x_1 和 x_2 表示成含有 x_3 的代数式：

$$x_2 = 1 - x_3, \quad x_1 = 5 - 2x_2 - 3x_3 = 5 - 2(1 - x_3) - 3x_3 = 3 - x_3 \tag{3.90}$$

这样这个方程组的解向量 $\boldsymbol{x}$ 就可以表示为

$$\boldsymbol{x} = \begin{bmatrix} 3 - x_3 \\ 1 - x_3 \\ x_3 \end{bmatrix} \tag{3.91}$$

将这个解向量拆分成两项：

$$\boldsymbol{x} = \begin{bmatrix} 3 - x_3 \\ 1 - x_3 \\ x_3 \end{bmatrix} = \begin{bmatrix} -x_3 \\ -x_3 \\ x_3 \end{bmatrix} + \begin{bmatrix} 3 \\ 1 \\ 0 \end{bmatrix} \tag{3.92}$$

拆分后，前一项只含 x_3，后一项只含纯数字。将前一项的 x_3 提到外边，并且注意到自由变量 x_3 可以取任意值，于是将其替换成常数 k：

$$\boldsymbol{x} = x_3 \begin{bmatrix} -1 \\ -1 \\ 1 \end{bmatrix} + \begin{bmatrix} 3 \\ 1 \\ 0 \end{bmatrix} = k \begin{bmatrix} -1 \\ -1 \\ 1 \end{bmatrix} + \begin{bmatrix} 3 \\ 1 \\ 0 \end{bmatrix} \tag{3.93}$$

分别研究一下这两项。将前一项代入方程组(3.83)左边：

$$\begin{cases} x_1 = -k \\ x_2 = -k \\ x_3 = k \end{cases} \Rightarrow \begin{cases} x_1 + 2x_2 + 3x_3 = -k + 2(-k) + 3k = 0 \\ x_1 + 3x_2 + 4x_3 = -k + 3(-k) + 4k = 0 \\ x_1 + 4x_2 + 5x_3 = -k + 4(-k) + 5k = 0 \end{cases} \tag{3.94}$$

可见每个方程的结果都是 0，这说明前一项是这个非齐次方程组对应的齐次方程组的通解。再将后一项代入方程组(3.83)左边：

$$\begin{cases}x_1=3\\x_2=1\\x_3=0\end{cases}\Rightarrow\begin{cases}x_1+2x_2+3x_3=3+2\times1+3\times0=5\\x_1+3x_2+4x_3=3+3\times1+4\times0=6\\x_1+4x_2+5x_3=3+4\times1+5\times0=7\end{cases}\tag{3.95}$$

可见它完全满足非齐次方程组(3.83)，即它是该方程组无穷个解中的某一个，就好像此处被“特别地”选中了一样，因此称之为**特解**(particular solution)。所以非齐次方程组的通解就等于对应齐次方程组的通解加上非齐次方程组本身的一个特解。

对于含有 n 个未知数的非齐次方程组 $\boldsymbol{Ax}=\boldsymbol{b}$，如果它具有无穷解则意味着有 $r(\boldsymbol{A}|\boldsymbol{b})=r(\boldsymbol{A})<n$ 成立。此时对应的齐次方程组 $\boldsymbol{Ax}=\boldsymbol{0}$，由于 $r(\boldsymbol{A})<n$，故一定存在非零解，对应基础解系 $\{\boldsymbol{c}_1,\boldsymbol{c}_2,\cdots,\boldsymbol{c}_t\}$ 可以对自由变量正交赋值得到，其中 $t=n-r(\boldsymbol{A})$，随后使用 k_1，$k_2,\cdots,k_t$ 这 t 个常数将其组合就得到了对应齐次方程组 $\boldsymbol{Ax}=\boldsymbol{0}$ 的通解。而设非齐次方程组 $\boldsymbol{Ax}=\boldsymbol{b}$ 的特解向量是 $\boldsymbol{d}$，则有等式 $\boldsymbol{Ad}=\boldsymbol{b}$ 成立。根据以上结论，非齐次方程组 $\boldsymbol{Ax}=\boldsymbol{b}$ 的通解可以表示为以下形式：

$$\boldsymbol{x}=k_1\boldsymbol{c}_1+k_2\boldsymbol{c}_2+\cdots+k_t\boldsymbol{c}_t+\boldsymbol{d}\tag{3.96}$$

在上一节已经介绍了求解齐次方程组通解的方法，现在重点看特解 $\boldsymbol{d}$ 的求法。理论上任意一个能满足方程组的解都可以当作特解。以方程组(3.89)为例，自由变量是 x_3，也就是给 x_3 取任意值都可以求出对应 x_2 和 x_1 的值。比如令 $x_3=0$，就有 $x_2=1$ 和 $x_1=3$；再如令 $x_3=1$，就有 $x_2=0$ 和 $x_1=5$；……这样可以找到无数个特解值，而显然，给 x_3 赋值 0 最方便，这样省去了自由变量的计算。因此特解比较方便的求法就是令全体自由变量等于 0，然后自底向上依次求解出主变量即可。当然也可以根据具体的题目形式令自由变量为其他比较合适的数值，从而简化特解的表达形式。

3.4.4　非齐次方程组的求解步骤

综上所述，求解 n 元非齐次方程组 $\boldsymbol{Ax}=\boldsymbol{b}$ 的步骤如下：

1. 写出增广矩阵 $\boldsymbol{A}|\boldsymbol{b}$，明确未知数个数 n。

2. 对增广矩阵 $\boldsymbol{A}|\boldsymbol{b}$ 进行初等行变换，最终变为阶梯矩阵，数出阶梯增广矩阵非零行数 $r(\boldsymbol{A}|\boldsymbol{b})$ 和阶梯系数矩阵非零行数 $r(\boldsymbol{A})$。

3. 如果 $r(\boldsymbol{A}|\boldsymbol{b})\neq r(\boldsymbol{A})$，则方程组 $\boldsymbol{Ax}=\boldsymbol{b}$ 无解；如果 $r(\boldsymbol{A}|\boldsymbol{b})=r(\boldsymbol{A})=n$，则方程组 $\boldsymbol{Ax}=\boldsymbol{b}$ 有唯一解，此时可以根据阶梯矩阵自底向上求出唯一解。

4. 如果 $r(\boldsymbol{A}|\boldsymbol{b})=r(\boldsymbol{A})<n$，则方程组 $\boldsymbol{Ax}=\boldsymbol{b}$ 存在无穷解，此时按以下步骤求出通解：

(1) 根据阶梯矩阵竖线的位置明确主变量和自由变量；

(2) 写出对应齐次方程组 $\boldsymbol{Ax}=\boldsymbol{0}$，根据求解齐次方程组的步骤，给自由变量正交赋值得出基础解系，随后得到对应的通解 $\boldsymbol{x}'=k_1\boldsymbol{c}_1+k_2\boldsymbol{c}_2+\cdots+k_t\boldsymbol{c}_t$，其中 $t=n-r(\boldsymbol{A})$；

(3) 给全体自由变量赋值 0，代入对应的非齐次方程组，自底向上地求出特解 $\boldsymbol{d}$(也可以令自由变量为其他合适的数值，简化特解形式)；

(4) 将齐次方程组 $\boldsymbol{Ax}=\boldsymbol{0}$ 的通解 $\boldsymbol{x}'$ 和非齐次方程组 $\boldsymbol{Ax}=\boldsymbol{b}$ 的特解 $\boldsymbol{d}$ 相加，就得到了非齐次方程组 $\boldsymbol{Ax}=\boldsymbol{b}$ 的通解 $\boldsymbol{x}=\boldsymbol{x}'+\boldsymbol{d}$。

这里仍然通过一个例子进一步熟悉上述步骤。

例 3-8：请说明以下非齐次方程组具有无穷解，并求出这个方程组的通解。

$$\begin{cases} x_1+2x_2+3x_3+x_4=3 \\ x_1-4x_2-\ x_3-x_4=1 \\ 2x_1+\ x_2+4x_3+x_4=5 \\ x_1-\ x_2+\ x_3\qquad=2 \end{cases} \tag{3.97}$$

解：第一步，未知数个数 $n=4$，增广矩阵 $\boldsymbol{A}|\boldsymbol{b}$ 如下：

$$\boldsymbol{A}\mid\boldsymbol{b}=\left[\begin{array}{cccc:c} 1 & 2 & 3 & 1 & 3 \\ 1 & -4 & -1 & -1 & 1 \\ 2 & 1 & 4 & 1 & 5 \\ 1 & -1 & 1 & 0 & 2 \end{array}\right] \tag{3.98}$$

第二步，对增广矩阵进行初等行变换，化为阶梯矩阵：

$$\boldsymbol{A}\mid\boldsymbol{b}=\left[\begin{array}{cccc:c} 1 & 2 & 3 & 1 & 3 \\ 1 & -4 & -1 & -1 & 1 \\ 2 & 1 & 4 & 1 & 5 \\ 1 & -1 & 1 & 0 & 2 \end{array}\right] \xrightarrow[\substack{-2r_1+r_3 \\ -r_1+r_4}]{-r_1+r_2} \left[\begin{array}{cccc:c} 1 & 2 & 3 & 1 & 3 \\ 0 & -6 & -4 & -2 & -2 \\ 0 & -3 & -2 & -1 & -1 \\ 0 & -3 & -2 & -1 & -1 \end{array}\right] \xrightarrow[\substack{-r_3 \\ -r_4}]{-\frac{1}{2}r_2}$$

$$\left[\begin{array}{cccc:c} 1 & 2 & 3 & 1 & 3 \\ 0 & 3 & 2 & 1 & 1 \\ 0 & 3 & 2 & 1 & 1 \\ 0 & 3 & 2 & 1 & 1 \end{array}\right] \xrightarrow[-r_2+r_4]{-r_2+r_3} \left[\begin{array}{cccc:c} 1 & 2 & 3 & 1 & 3 \\ 0 & 3 & 2 & 1 & 1 \\ 0 & 0 & 0 & 0 & 0 \\ 0 & 0 & 0 & 0 & 0 \end{array}\right] \tag{3.99}$$

第三步，阶梯增广矩阵的非零行数 $r(\boldsymbol{A}|\boldsymbol{b})=2$，阶梯系数矩阵的非零行数 $r(\boldsymbol{A})=2$，两者相等且小于未知数个数 4，因此方程组有无穷解。

第四步，求出无穷解对应的通解表达式。注意到主变量是 x_1 和 x_2，自由变量是 x_3 和 x_4，先将对应的阶梯型齐次方程组写出（将结果向量全都变为 0）：

$$\begin{cases} x_1+2x_2+3x_3+x_4=0 \\ \qquad 3x_2+2x_3+x_4=0 \\ \qquad\qquad\qquad 0=0 \\ \qquad\qquad\qquad 0=0 \end{cases} \tag{3.100}$$

通过给自由变量 x_3 和 x_4 正交赋值，可以求出这个齐次方程组的基础解系 $\{\boldsymbol{c}_1,\boldsymbol{c}_2\}$，进一步求出对应的通解 $\boldsymbol{x}'$：

$$\boldsymbol{x}'=k_1\boldsymbol{c}_1+k_2\boldsymbol{c}_2=k_1\begin{bmatrix} 5 \\ 2 \\ -3 \\ 0 \end{bmatrix}+k_2\begin{bmatrix} 1 \\ 1 \\ 0 \\ -3 \end{bmatrix} \tag{3.101}$$

然后根据阶梯增广矩阵再写出对应的阶梯型非齐次方程组：

$$\begin{cases} x_1+2x_2+3x_3+x_4=3 \\ \qquad 3x_2+2x_3+x_4=1 \\ \qquad\qquad\qquad 0=0 \\ \qquad\qquad\qquad 0=0 \end{cases} \tag{3.102}$$

令全体自由变量为 0，即 $x_3=0$ 且 $x_4=0$，再依次解出 x_2 和 x_1：

$$\begin{cases}x_3=0\\x_4=0\end{cases}\Rightarrow x_2=\frac{1}{3}(1-2x_3-x_4)=\frac{1}{3}\Rightarrow x_1=3-2x_2-3x_3-x_4=\frac{7}{3} \tag{3.103}$$

于是得出对应的特解向量 $\boldsymbol{d}$：

$$\boldsymbol{d}=\begin{bmatrix}\frac{7}{3}\\\frac{1}{3}\\0\\0\end{bmatrix} \tag{3.104}$$

特别需要注意，非齐次方程组的特解不能乘以常数化简，否则代入原方程组就不成立了。将齐次方程组的通解 $\boldsymbol{x}'$ 和非齐次方程组的特解 $\boldsymbol{d}$ 相加即得到非齐次方程组的通解 $\boldsymbol{x}$：

$$\boldsymbol{x}=\boldsymbol{x}'+\boldsymbol{d}=k_1\begin{bmatrix}5\\2\\-3\\0\end{bmatrix}+k_2\begin{bmatrix}1\\1\\0\\-3\end{bmatrix}+\begin{bmatrix}\frac{7}{3}\\\frac{1}{3}\\0\\0\end{bmatrix} \tag{3.105}$$

此处特解 $\boldsymbol{d}$ 为分数，表示起来比较复杂，所以还可以令自由变量为其他数值，使得特解表示为比较简单的形式。比如由(3.103)可知，要想让 x_2 和 x_1 是整数，只需要让 $1-2x_3-x_4$ 是 3 的倍数即可，于是可以令 $x_3=2$ 且 $x_4=0$(也可以是其他合适的数值)：

$$\begin{cases}x_3=2\\x_4=0\end{cases}\Rightarrow x_2=-1\Rightarrow x_1=-1 \tag{3.106}$$

此时的特解 $\boldsymbol{d}_1$ 如下：

$$\boldsymbol{d}_1=\begin{bmatrix}-1\\-1\\2\\0\end{bmatrix} \tag{3.107}$$

所以此时通解也可以表示如下：

$$\boldsymbol{x}=\boldsymbol{x}'+\boldsymbol{d}_1=k_1\begin{bmatrix}5\\2\\-3\\0\end{bmatrix}+k_2\begin{bmatrix}1\\1\\0\\-3\end{bmatrix}+\begin{bmatrix}-1\\-1\\2\\0\end{bmatrix} \tag{3.108}$$

此处尽管式(3.105)和式(3.108)的形式不同，但两者完全等价，因为常数 k_1 和 k_2 是任意的，总可以找到一组合适的数值将两种形式的通解一一对应。

例 3-9：已知 n 元线性方程组 $\boldsymbol{Ax}=\boldsymbol{b}$。

(1) 请说明：$\boldsymbol{b}\neq\boldsymbol{0}$ 时，方程组必不存在零解；

(2) 如果不限制 $\boldsymbol{b}\neq\boldsymbol{0}$ 这个条件，可否统一使用非齐次方程组解的判定方法判断 $\boldsymbol{Ax}=\boldsymbol{b}$ 解的情况？

解：(1)可以使用反证法说明。假设方程组存在零解，即存在 $\boldsymbol{x}=\mathbf{0}$ 满足方程组 $\boldsymbol{A}\boldsymbol{x}=\boldsymbol{b}$，此时 $\boldsymbol{A}\boldsymbol{x}=\boldsymbol{A}\mathbf{0}=\mathbf{0}$，这一点和条件 $\boldsymbol{b}\neq\mathbf{0}$ 矛盾，因此方程组必然不存在零解。

(2) 在前面求解非齐次方程组的分析中，实际上并没有用到 $\boldsymbol{b}\neq\mathbf{0}$ 这个条件，这说明$\boldsymbol{b}\neq\mathbf{0}$ 并不是必需的，即 $\boldsymbol{b}=\mathbf{0}$ 时上述三条判定条件可以进一步简化为齐次方程组的两组判定条件。

可以这样理解：当 $r(\boldsymbol{A}|\boldsymbol{b})=r(\boldsymbol{A})=n$ 时，满足齐次方程组 $r(\boldsymbol{A})=n$ 这个条件，说明 $\boldsymbol{A}\boldsymbol{x}=\boldsymbol{b}$ 唯一解的判定条件兼容了 $\boldsymbol{A}\boldsymbol{x}=\mathbf{0}$ 的只有零解判定条件，即只有零解是唯一解的特殊情况；当 $r(\boldsymbol{A}|\boldsymbol{b})=r(\boldsymbol{A})<n$ 时，满足齐次方程组 $r(\boldsymbol{A})<n$ 这个条件，说明 $\boldsymbol{A}\boldsymbol{x}=\boldsymbol{b}$ 无穷解的判定条件也兼容了 $\boldsymbol{A}\boldsymbol{x}=\mathbf{0}$ 的存在非零解判定条件，即存在非零解是无穷解的一种特殊情况；无解时，增广矩阵 $\boldsymbol{A}|\boldsymbol{b}$ 化为阶梯矩阵后存在一个 0 等于某非零常数的错误等式，由于在 $\boldsymbol{b}=\mathbf{0}$ 时所有的结果向量都是 0，不论怎么运算都不可能出现这个非零常数，所以齐次方程组不可能无解(即必然有解)。

由上例的(1)可知，非齐次方程组必不存在零解。由(2)可知，非齐次方程组的判定条件对于齐次方程组依旧有效，即如果不知道结果向量 $\boldsymbol{b}$ 是否等于 $\mathbf{0}$(如含有参数)，依旧可以使用非齐次方程组解的条件去判断。这是后续将讲到的含有参数的线性方程组解的情况判断和求解的重要理论依据。

3.5 初识矩阵的秩

我们已经掌握了如何判断和求解齐次和非齐次方程组，其中有一个关键要素就是矩阵经初等行变换后的非零行数，那么它有什么具体的含义呢？这一节就来初步了解这个内容。

3.5.1 秩的概念与求法

矩阵 $\boldsymbol{A}$ 可以经初等行变换化为阶梯矩阵，这个阶梯矩阵的非零行数 $r(\boldsymbol{A})$就称作 $\boldsymbol{A}$ 的**秩**(rank)。比如对于齐次方程组 $\boldsymbol{A}\boldsymbol{x}=\mathbf{0}$，$\boldsymbol{A}$ 化简为阶梯矩阵后的非零行数 $r(\boldsymbol{A})$ 就是其系数矩阵的秩；再如对于非齐次方程组 $\boldsymbol{A}\boldsymbol{x}=\boldsymbol{b}$，$\boldsymbol{A}|\boldsymbol{b}$ 化简为阶梯矩阵后的非零行数 $r(\boldsymbol{A}|\boldsymbol{b})$就叫作其增广矩阵的秩。于是线性方程组解的判定充分必要条件就可以使用秩这个术语表述，只需要把前述判定条件的“对应阶梯矩阵的非零行数”改为“秩”即可，请读者自行尝试表述。

“秩”这个字在汉语里有“等级”的含义，和英语的 rank 一词有较为紧密的对应关系，这表明矩阵也有“等级划分”。在求解线性方程组时，不同秩的矩阵对应的方程组有不同的解，也就是矩阵的秩控制着解的“自由度”(如基础解系中所包含向量的个数等)，实际上这就是矩阵“等级划分”的一种体现。可见秩这个概念在矩阵中是极其重要的，在后续也还有更多有关秩的性质和应用。

对于给定具体数值的矩阵，求它的秩并不难，只需要使用初等行变换化为阶梯矩阵，然后数出其非零行数即可。

例 3-10：求以下三个矩阵的秩。

$$\boldsymbol{A}=\begin{bmatrix}1&4&6\\2&8&3\\1&4&3\end{bmatrix},\quad \boldsymbol{B}=\begin{bmatrix}1&3&2&0\\2&0&-2&3\\1&-9&-10&7\end{bmatrix},\quad \boldsymbol{C}=\begin{bmatrix}1&1&0\\2&3&1\\2&0&1\\4&5&3\end{bmatrix} \tag{3.109}$$

解：将这三个矩阵通过初等行变换分别化为阶梯矩阵即可。此处省略箭头上的具体操作，请读者思考每一步对应的操作并画出阶梯矩阵中的阶梯线。

$$\boldsymbol{A}=\begin{bmatrix}1&4&6\\2&8&3\\1&4&3\end{bmatrix}\rightarrow\begin{bmatrix}1&4&6\\0&0&-9\\0&0&-3\end{bmatrix}\rightarrow\begin{bmatrix}1&4&6\\0&0&1\\0&0&0\end{bmatrix}\tag{3.110}$$

$\boldsymbol{A}$ 化为阶梯矩阵后的非零行数是 2，所以 $r(\boldsymbol{A})=2$。

$$\boldsymbol{B}=\begin{bmatrix}1&3&2&0\\2&0&-2&3\\1&-9&-10&7\end{bmatrix}\rightarrow\begin{bmatrix}1&3&2&0\\0&-6&-6&3\\0&-12&-12&7\end{bmatrix}\rightarrow\begin{bmatrix}1&3&2&0\\0&2&2&-1\\0&0&0&1\end{bmatrix}\tag{3.111}$$

$\boldsymbol{B}$ 化为阶梯矩阵后的非零行数是 3，所以 $r(\boldsymbol{B})=3$。

$$\boldsymbol{C}=\begin{bmatrix}1&1&0\\2&3&1\\2&0&1\\4&5&3\end{bmatrix}\rightarrow\begin{bmatrix}1&1&0\\0&1&1\\0&-2&1\\0&1&3\end{bmatrix}\rightarrow\begin{bmatrix}1&1&0\\0&1&1\\0&0&3\\0&0&2\end{bmatrix}\rightarrow\begin{bmatrix}1&1&0\\0&1&1\\0&0&1\\0&0&0\end{bmatrix}\tag{3.112}$$

$\boldsymbol{C}$ 化为阶梯矩阵后的非零行数是 3，所以 $r(\boldsymbol{C})=3$。

3.5.2 矩阵秩的基本性质

矩阵经过初等行变换化为阶梯矩阵，对应的非零行数一定是非负整数，即自然数。于是可知，矩阵的秩一定是自然数。设有矩阵 $\boldsymbol{A}$，则 $r(\boldsymbol{A})\in\mathbb{N}$。这是矩阵的秩的第一个基本性质。

设矩阵 $\boldsymbol{A}$ 是一个 $m\times n$ 大小的矩阵，即行数为 m，列数为 n。由于矩阵的秩 $r(\boldsymbol{A})$等于 $\boldsymbol{A}$ 变成阶梯矩阵后的非零行数，所以矩阵的秩不超过对应的行数，即 $r(\boldsymbol{A})\leqslant m$。那么 $r(\boldsymbol{A})$和矩阵的列数 n 有什么大小关系呢？当列数不少于行数时(即 $n\geqslant m$ 时)，由于 $r(\boldsymbol{A})\leqslant m$，故一定有 $r(\boldsymbol{A})\leqslant n$。那么当列数少于行数时(即 $n<m$ 时)又是怎样的结论呢？这里以下面这个 5×3 大小的矩阵 $\boldsymbol{A}$ 为例说明。

$$\boldsymbol{A}=\begin{bmatrix}1&1&1\\1&2&3\\2&3&7\\3&4&4\\2&7&5\end{bmatrix}\tag{3.113}$$

对其进行初等行变换的过程中，首先将第 1 列的第 2～5 行元素都通过倍加操作化为 0，然后适当交换某几行的顺序得到矩阵 $\boldsymbol{A}_1$：

$$\boldsymbol{A}=\begin{bmatrix}1&1&1\\1&2&3\\2&3&7\\3&4&4\\2&7&5\end{bmatrix}\rightarrow\boldsymbol{A}_1=\begin{bmatrix}1&1&1\\0&\boxed{\begin{matrix}1&1\\1&2\\1&5\\5&3\end{matrix}}\end{bmatrix}\tag{3.114}$$

将 $\boldsymbol{A}_1$ 的一部分元素用框线标出，显然 $\boldsymbol{A}_1$ 第 1 行是非零行，而后续初等行变换化为阶梯矩阵的过程只有框内的这部分元素发生改变，这部分元素如果看成一个整体，其尺寸是 4×2。继续初等行变换，将第 2 列的第 3～5 行元素通过倍加操作化为 0，得到矩阵 $\boldsymbol{A}_2$：

$$\boldsymbol{A}_1=\begin{bmatrix}1&1&1\\0&1&1\\0&1&2\\0&1&5\\0&5&3\end{bmatrix}\rightarrow\boldsymbol{A}_2=\begin{bmatrix}1&1&1\\0&1&1\\0&0&\boxed{1}\\0&0&4\\0&0&-2\end{bmatrix}\tag{3.115}$$

仿照刚才的操作，标记框线内部的元素，它的大小是 3×1，下一步初等行变换只对这 3 行进行操作。但这里每行非零的元素只有一个，因此一定可以将第 3 行的若干倍加到第 4、5 行上使其变为全零行，如下所示：

$$\boldsymbol{A}_2=\begin{bmatrix}1&1&1\\0&1&1\\0&0&1\\0&0&4\\0&0&-2\end{bmatrix}\rightarrow\boldsymbol{A}_3=\begin{bmatrix}1&1&1\\0&1&1\\0&0&1\\0&0&0\\0&0&0\end{bmatrix}\tag{3.116}$$

此处 $\boldsymbol{A}_3$ 已经是阶梯矩阵了，可以得出 $r(\boldsymbol{A})=3$。于是对于这个 5×3 的矩阵，其通过初等行变换而发生变化的元素块大小先变成了 4×2，再变成了 3×1，后一种情况可以直接使用初等行变换将后面的行全都变成全零行。整个过程中，只在最后一步出现了全零行，之前的步骤都没有出现全零行，所以最后得出 $r(\boldsymbol{A})=3$。在最后的阶梯矩阵中，阶梯线每往下走一行就会往右走一列，因此阶梯矩阵的非零行数不可能是比 3 更大的 4 或 5。所以对于这个 5×3 的矩阵 $\boldsymbol{A}$，一定有 $r(\boldsymbol{A})\leqslant 3$，也就是说矩阵的秩不超过其列数。对于任意列数小于行数的矩阵也可以做类似的分析，即利用初等行变换化为阶梯矩阵的过程不断缩小变化部分的范围，最终也有以上结论成立。

所以矩阵的秩既不超过其行数，也不超过其列数，或者说不超过其行数、列数的较小值，写成代数形式就是 $r(\boldsymbol{A}_{m\times n})\leqslant\min\{m,n\}$。这是矩阵的秩的第二个基本性质。

设矩阵 $\boldsymbol{A}$ 经过初等行变换依次变成了 $\boldsymbol{A}_1$、$\boldsymbol{A}_2$、$\boldsymbol{A}_3$…这些中间过程矩阵，最后经过 k 次初等行变换变成了阶梯矩阵 $\boldsymbol{A}_k$，则 $\boldsymbol{A}_k$ 的非零行数就是 $\boldsymbol{A}$ 的秩 $r(\boldsymbol{A})$。对于 $\boldsymbol{A}_1$，它经过了 $k-1$ 次初等行变换变成了 $\boldsymbol{A}_k$，其对应的非零行数也就是 $\boldsymbol{A}_1$ 的秩 $r(\boldsymbol{A}_1)$，所以有 $r(\boldsymbol{A})=r(\boldsymbol{A}_1)$。同理有 $r(\boldsymbol{A})=r(\boldsymbol{A}_1)=r(\boldsymbol{A}_2)=\cdots=r(\boldsymbol{A}_k)$，这说明初等行变换不改变矩阵的秩。这是矩阵的秩的第三个基本性质。

以上三条秩的基本性质具有重要的理论意义，也是后续推导矩阵秩等式和不等式的基础，在本书第 9 章会专门介绍。

3.5.3 特殊矩阵的秩

下面这个矩阵有什么特点呢？

$$\boldsymbol{O}=\begin{bmatrix}0&0&0\\0&0&0\\0&0&0\end{bmatrix}\tag{3.117}$$

可以看出，这个矩阵的所有元素都是 0，因此称为**零矩阵**(zero matrix)，使用字母 $\boldsymbol{O}$ 表示。在零矩阵 $\boldsymbol{O}$ 中所有的行都是全零行，或者说它的非零行数是 0，因此零矩阵的秩就是 0，即 $r(\boldsymbol{O})=0$。反过来说，如果一个矩阵的秩是 0，则说明它不存在非零行，进一步不存在非零元素，于是它的全体元素都是 0，可见一个矩阵的秩等于 0 和它为零矩阵是充分必要条件关系，即 $r(\mathbf{A})=0 \Leftrightarrow \mathbf{A}=\boldsymbol{O}$。

再来看下面这个矩阵 $\mathbf{A}$，观察它每一行和每一列的特点。

$$\mathbf{A}=\begin{bmatrix}1 & 2 & 3\\3 & 6 & 9\\5 & 10 & 15\end{bmatrix} \tag{3.118}$$

可以看出它的各行是成比例出现的，所以只需要把第 1 行的 -3 倍和 -5 倍分别加到第 2 行和第 3 行上，即可将它们全变成 0，从而成为阶梯矩阵：

$$\mathbf{A}=\begin{bmatrix}1 & 2 & 3\\3 & 6 & 9\\5 & 10 & 15\end{bmatrix}\to\begin{bmatrix}1 & 2 & 3\\0 & 0 & 0\\0 & 0 & 0\end{bmatrix} \tag{3.119}$$

于是可知 $r(\mathbf{A})=1$。而 $\mathbf{A}$ 各行成比例时，各列也是成比例的，因此各行/列成比例出现的矩阵的秩等于 1，这个矩阵就称为**秩 1 矩阵**(rank-one matrix)。需要注意，各行/列成比例时，没有说比例系数不能为 0，即比例系数等于 0 也是可以的，但必须保证矩阵内至少存在一个非零元素，否则就成零矩阵了。

秩 1 矩阵还有两种特殊情形，比如这里的 $\boldsymbol{a}$ 和 $\boldsymbol{b}$：

$$\boldsymbol{a}=(1,2,3),\quad \boldsymbol{b}=\begin{bmatrix}1\\2\\3\end{bmatrix} \tag{3.120}$$

$\boldsymbol{a}$ 和 $\boldsymbol{b}$ 实际上就是我们熟悉的向量。在前面讲过向量是只有 1 行或 1 列的矩阵，只有 1 行的叫作行向量，只有 1 列的叫作列向量。这里 $\boldsymbol{a}$ 是行向量，$\boldsymbol{b}$ 是列向量。向量既然是一种特殊的矩阵，那么它也具有矩阵的各种性质。根据矩阵秩的基本性质，秩是一个不超过行数和列数的自然数，由于向量的行数或者列数是 1，因此其秩只能取 0 和 1 两个数值。又因为秩等于 0 的矩阵只有零矩阵，因此只有零向量 $\mathbf{0}$ 的秩是 0，任何一个非零的向量秩都是 1。故式(3.120)中，$r(\boldsymbol{a})=r(\boldsymbol{b})=1$。

由以上分析可知，对于向量 $\boldsymbol{a}$ 有以下两个结论成立：①$\boldsymbol{a}=\mathbf{0}\Leftrightarrow r(\boldsymbol{a})=0$；②$\boldsymbol{a}\neq\mathbf{0}\Leftrightarrow r(\boldsymbol{a})=1$。

例 3-11：含有参数 λ 的矩阵 $\mathbf{A}$ 如下，已知 $r(\mathbf{A})\neq 2$，求 λ 和 $r(\mathbf{A})$ 的值。

$$\mathbf{A}=\begin{bmatrix}\lambda-2 & -1\\-1 & \lambda-2\end{bmatrix} \tag{3.121}$$

解：先对 $\mathbf{A}$ 进行初等行变换，注意含有 λ 的代数式运算需要准确。

$$\mathbf{A}=\begin{bmatrix}\lambda-2 & -1\\-1 & \lambda-2\end{bmatrix}\xrightarrow{r_1\leftrightarrow r_2}\begin{bmatrix}-1 & \lambda-2\\\lambda-2 & -1\end{bmatrix}\xrightarrow{-r_1}\begin{bmatrix}1 & 2-\lambda\\\lambda-2 & -1\end{bmatrix}\xrightarrow{(2-\lambda)r_1+r_2}$$
$$\begin{bmatrix}1 & 2-\lambda\\0 & (2-\lambda)^2-1\end{bmatrix}=\begin{bmatrix}1 & 2-\lambda\\0 & \lambda^2-4\lambda+3\end{bmatrix} \tag{3.122}$$

$\mathbf{A}$ 的大小尺寸是 2×2，所以 $r(\mathbf{A})\leqslant 2$。又由于题目说明 $r(\mathbf{A})\neq 2$，且 $\mathbf{A}$ 中存在有不等

于 0 的元素，所以 $0<r(\boldsymbol{A})<2$，即 $r(\boldsymbol{A})=1$。这样 $\boldsymbol{A}$ 对应阶梯矩阵的第 2 行就必须全等于 0，所以 $\lambda^2-4\lambda+3=0$。解这个一元二次方程，可得 $\lambda=1$ 或 $\lambda=3$。

以上是对矩阵的秩的一个初步认识，而这个概念也会贯穿整个矩阵理论的学习，请各位读者多加留意。

3.6 线性方程组理论的应用

以线性方程组理论为基础，就可以研究它们在数学问题上的应用了。此外，生活中和其他学科的很多问题，本质上也可以归结为线性方程组的求解与讨论。

3.6.1 含有参数的线性方程组问题

例 3-12：已知 $x+5y+3z=3$ 且 $2x+8y+5z=9$，求 $x+y+z$ 的值。

解：由题目可知，要想求 $x+y+z$ 的值，前提条件是这三个未知数的取值必须存在。令 $x+y+z=k$，则这三个方程可以组成一个方程组：

$$\begin{cases} x+5y+3z=3 \\ 2x+8y+5z=9 \\ x+y+z=k \end{cases} \tag{3.123}$$

这样题目的问题就转化为：当参数 k 取什么值时，方程组(3.123)有解。这就需要对其增广矩阵 $\boldsymbol{A}|\boldsymbol{b}$ 进行初等行变换化为阶梯矩阵，然后根据方程组有解的条件判断。注意这里尽管含有参数 k，但初等行变换的思路都是一样的。

$$\boldsymbol{A}\mid\boldsymbol{b}=\left[\begin{array}{ccc:c} 1 & 5 & 3 & 3 \\ 2 & 8 & 5 & 9 \\ 1 & 1 & 1 & k \end{array}\right]\to\left[\begin{array}{ccc:c} 1 & 5 & 3 & 3 \\ 0 & -2 & -1 & 3 \\ 0 & -4 & -2 & k-3 \end{array}\right]\to\left[\begin{array}{ccc:c} 1 & 5 & 3 & 3 \\ 0 & 2 & 1 & -3 \\ 0 & 0 & 0 & k-9 \end{array}\right] \tag{3.124}$$

如果这个方程组有解，必须有 $r(\boldsymbol{A}|\boldsymbol{b})=r(\boldsymbol{A})$。此处可见 $r(\boldsymbol{A})=2$，故 $r(\boldsymbol{A}|\boldsymbol{b})=2$，即阶梯矩阵的第 3 行是全零行。所以 $k-9=0$，推得 $k=9$ 即 $x+y+z=9$。

事实上，通过观察可知，第二个方程的 2 倍减去第一个方程的 3 倍恰好就是 $x+y+z=9$ 这个等式。但这种方法有碰运气的成分，缺乏方向性和程序性。而使用矩阵和线性方程组理论，可以将题目转化为含参数的方程组有解时求参数的问题，不仅简化了计算，而且具有普适性。

例 3-13：已知线性方程组（Ⅰ）和方程（Ⅱ）有公共解，求参数 a 的值以及所有公共解。

$$\begin{cases} x_1+x_2+x_3=0 \\ x_1+2x_2+ax_3=0 \\ x_1+4x_2+a^2x_3=0 \end{cases} \quad (\text{Ⅰ})$$

$$x_1+2x_2+x_3=a-1 \quad (\text{Ⅱ}) \tag{3.125}$$

解：一个线性方程组和单个方程有公共解，说明将两者联立后得到的新方程组有解，于是构建以下新的方程组：

$$\begin{cases} x_1+x_2+x_3=0 \\ x_1+2x_2+ax_3=0 \\ x_1+4x_2+a^2x_3=0 \\ x_1+2x_2+x_3=a-1 \end{cases} \tag{3.126}$$

先对增广矩阵 $\boldsymbol{A}|\boldsymbol{b}$ 进行初等行变换：

$$\boldsymbol{A}\mid\boldsymbol{b}=\left[\begin{array}{ccc:c}1&1&1&0\\1&2&a&0\\1&4&a^2&0\\1&2&1&a-1\end{array}\right]\to\left[\begin{array}{ccc:c}1&1&1&0\\0&1&a-1&0\\0&3&a^2-1&0\\0&1&0&a-1\end{array}\right]\to\left[\begin{array}{ccc:c}1&1&1&0\\0&1&a-1&0\\0&0&a^2-3a+2&0\\0&0&1-a&a-1\end{array}\right]\to$$

$$\left[\begin{array}{ccc:c}1&1&1&0\\0&1&a-1&0\\0&0&1-a&a-1\\0&0&(a-1)(a-2)&0\end{array}\right]\tag{3.127}$$

在此，需要特别注意不能给第 3 行两端同除以 $a-1$，这是由于不知道 $a-1$ 是否等于 0。即初等行变换过程中对某一行同乘以或同除以某数时，该数不能为 0。故此处的 $a-1$ 需要暂时保留。但倍加操作没有这个要求，即倍加系数可以是任意常数，所以下一步可以将第 3 行的 $a-2$ 倍加到第 4 行上，如下所示：

$$\boldsymbol{A}\mid\boldsymbol{b}\to\left[\begin{array}{ccc:c}1&1&1&0\\0&1&a-1&0\\0&0&1-a&a-1\\0&0&(a-1)(a-2)&0\end{array}\right]\to\left[\begin{array}{ccc:c}1&1&1&0\\0&1&a-1&0\\0&0&1-a&a-1\\0&0&0&(a-1)(a-2)\end{array}\right]\tag{3.128}$$

方程组(3.126)要有解，必须有 $r(\boldsymbol{A}|\boldsymbol{b})=r(\boldsymbol{A})$，那么至少得有 $(a-1)(a-2)=0$。因此需要分 $a=1$ 和 $a=2$ 两种情况讨论。

(1) 当 $a=1$ 时，增广矩阵 $\boldsymbol{A}|\boldsymbol{b}$ 变换如下：

$$\boldsymbol{A}\mid\boldsymbol{b}\to\left[\begin{array}{ccc:c}1&1&1&0\\0&1&0&0\\0&0&0&0\\0&0&0&0\end{array}\right]\tag{3.129}$$

这实际上是一个齐次方程组，$r(\boldsymbol{A})=2<3$，故方程组存在非零解(即无穷解)。可以看出主变量是 x_1 和 x_2，自由变量是 x_3。给 x_3 赋值 1 再自底向上解出其他未知数值即可得到基础解系，进一步得出的通解就是 $a=1$ 时方程组(Ⅰ)和方程(Ⅱ)的公共解：

$$\boldsymbol{x}=k\begin{bmatrix}-1\\0\\1\end{bmatrix}\tag{3.130}$$

(2) 当 $a=2$ 时，增广矩阵 $\boldsymbol{A}|\boldsymbol{b}$ 变换如下：

$$\boldsymbol{A}\mid\boldsymbol{b}\to\left[\begin{array}{ccc:c}1&1&1&0\\0&1&1&0\\0&0&1&-1\\0&0&0&0\end{array}\right]\tag{3.131}$$

此时 $r(\boldsymbol{A}|\boldsymbol{b})=r(\boldsymbol{A})=3$，方程组具有唯一解。此处第 3 行已经指出 $x_3=-1$，故自底向上代入即可得出唯一解，它也是 $a=2$ 时方程组(Ⅰ)和方程(Ⅱ)的公共解：

$$x=\begin{bmatrix}0\\1\\-1\end{bmatrix} \tag{3.132}$$

从以上两例可知,对于含有参数的线性方程组,需要特别注意某些参数式等于 0 的情形,必要时需分类讨论。

3.6.2 线性方程组和空间解析几何

在前面,我们利用平面直角坐标系里的直线及其位置关系分别说明了二元线性方程组的解的类型。而三元线性方程组情况会稍微复杂一些,此处通过一个例题说明。

例 3-14:空间直角坐标系 $Ox_1x_2x_3$ 中有三个平面Ⅰ、Ⅱ和Ⅲ,它们的方程如下所示:

$$\begin{aligned}&\text{Ⅰ}: x_1+x_2+x_3=3\\&\text{Ⅱ}: x_1-2x_2+3x_3=5\\&\text{Ⅲ}: x_1-8x_2+7x_3=9\end{aligned} \tag{3.133}$$

请说明这三个平面在空间上的具体位置关系,并定性画出示意图。

解:根据立体几何的知识,空间上两个平面位置关系有三种:平行、重合和相交。两者相交时,其公共部分是一条直线。而三个平面的位置关系就会复杂一些,使用代数方法通过其方程研究其位置关系,首先要将三者联立视为一个方程组,然后看其是否有解。如果三个平面没有公共部分(即空间内不存在任何一个点同时属于三个平面),则方程组无解;如果三者有公共的部分,则说明方程组有解。于是联立方程组如下:

$$\begin{cases}x_1+x_2+x_3=3\\x_1-2x_2+3x_3=5\\x_1-8x_2+7x_3=9\end{cases} \tag{3.134}$$

这是个非齐次方程组,写出其增广矩阵 $\boldsymbol{A}|\boldsymbol{b}$ 并进行初等行变换成为阶梯矩阵:

$$\boldsymbol{A}\mid\boldsymbol{b}=\left[\begin{array}{ccc:c}1&1&1&3\\1&-2&3&5\\1&-8&7&9\end{array}\right]\rightarrow\left[\begin{array}{ccc:c}1&1&1&3\\0&-3&2&2\\0&-9&6&6\end{array}\right]\rightarrow\left[\begin{array}{ccc:c}1&1&1&3\\0&3&-2&-2\\0&0&0&0\end{array}\right] \tag{3.135}$$

可以看出 $r(\boldsymbol{A}|\boldsymbol{b})=r(\boldsymbol{A})=2<3$,于是方程组具有无穷解。通过求出对应齐次方程组的基础解系和非齐次方程组的特解,最终得到其通解如下:

$$\boldsymbol{x}=k\begin{bmatrix}-5\\2\\3\end{bmatrix}+\begin{bmatrix}-3\\2\\4\end{bmatrix} \tag{3.136}$$

解向量 $\boldsymbol{x}$ 是三个未知量构成的列向量,因此解向量(3.136)可以等价表示为以下形式:

$$\begin{cases}x_1=-5k-3\\x_2=2k+2\\x_3=3k+4\end{cases}\Rightarrow\frac{x_1+3}{-5}=\frac{x_2-2}{2}=\frac{x_3-4}{3} \tag{3.137}$$

可见,这个通解实际上表示的是一条空间上的直线,其方向向量正好是对应齐次方程组的基础解系向量。也就是说,这三个平面共同交于同一空间直线,于是可以画出对应的示意图,如图 3-6 所示。

上例中的三个平面交于同一条直线，而直线上有无穷的点，因此联立的方程组也有无穷解。又因为直线是1维的（任意一条直线可视为一个1维空间），所以称此时的解空间是1维的。那么线性方程组解空间的维数由什么决定呢？由于上例中只有1个自由变量，因此求对应齐次方程组基础解系时只需要赋值1次，也就是基础解系里只有1个向量。所以当方程组有解时，解空间的维数就等于基础解系中向量的个数，也等于未知数个数减去系数矩阵的秩。

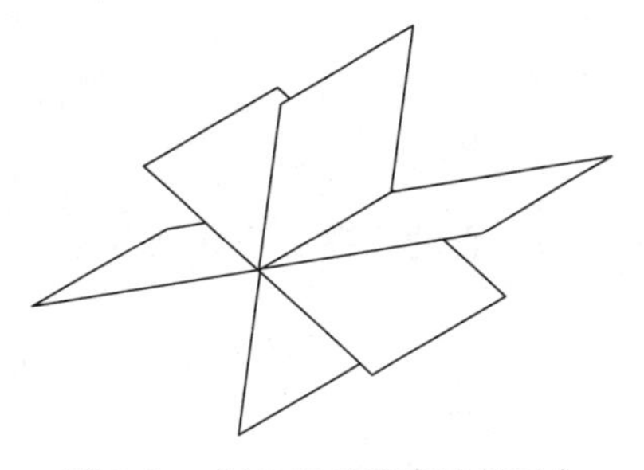

图3-6 式(3.133)所表示的三个平面位置关系示意

未知数的个数 n 实际上提供了整个方程组所在的"环境"维度，比如上例在3维空间讨论，就是因为未知数个数有3个。而系数矩阵的秩（有解时也是增广矩阵的秩）$r(\boldsymbol{A})$ 则是 n 维空间内被方程组"限制"的维数。当 $n=3$ 即讨论3维空间时，如果 $r(\boldsymbol{A}|\boldsymbol{b})=r(\boldsymbol{A})=3$，则方程组具有唯一解，体现在几何上就是若干个平面交于唯一的点，由于点是0维的，所以解空间就是0维的；如果 $r(\boldsymbol{A}|\boldsymbol{b})=r(\boldsymbol{A})=2$，则方程组具有无穷解，解空间是 $3-2=1$ 维的，即所有的解的坐标都在3维空间中的某个直线上；如果 $r(\boldsymbol{A}|\boldsymbol{b})=r(\boldsymbol{A})=1$，则方程组具有无穷解，解空间是 $3-1=2$ 维的，即所有解的坐标都在3维空间中的某个平面上；如果 $r(\boldsymbol{A}|\boldsymbol{b})=r(\boldsymbol{A})=0$（即出现零矩阵，构成方程组的每一项都是0），方程组也是有无穷解，且解空间是 $3-0=3$ 维的，这就意味着3维空间上的任意一个点都可以满足这个全零方程组。可见，即使是无穷解，这些解所在的空间维度也有所区别。

以上结论可以很容易推广到任意的 n 维空间，而了解解空间的维度对于后续的学习是十分有帮助的。

3.6.3 使用线性方程组配平化学方程式

线性方程组理论可以用于化学方程式的配平。先来看一个简单的例子。

例 3-15：使用线性方程组理论配平二氧化氮（NO_2）和水（H_2O）反应生成硝酸（HNO_3）和一氧化氮（NO）的化学方程式：

$$NO_2 + H_2O \longrightarrow HNO_3 + NO \tag{3.138}$$

解：这个方程式涉及氮（N）、氢（H）和氧（O）共3种元素，而物质数量是4种。根据质量守恒定律，反应前后各个原子数应保持一致（原子守恒），故首先给各个物质前设定4个系数，如下：

$$x_1 NO_2 + x_2 H_2O \longrightarrow x_3 HNO_3 + x_4 NO \tag{3.139}$$

依据原子守恒，针对每一种元素列出一个方程，其中的系数正是某物质含有对应元素的数量（角标）。如果某物质不含某元素，则系数是0。

$$\begin{aligned} &\text{N}: x_1 = x_3 + x_4 \\ &\text{H}: 2x_2 = x_3 \\ &\text{O}: 2x_1 + x_2 = 3x_3 + x_4 \end{aligned} \tag{3.140}$$

将以上方程等号右端的内容移动到等号左端，实际上就构成了一个齐次方程组。

$$\begin{cases} x_1 - \quad\quad x_3 - x_4 = 0 \\ 2x_2 - x_3 \quad\quad = 0 \\ 2x_1 + x_2 - 3x_3 - x_4 = 0 \end{cases} \tag{3.141}$$

写出它的系数矩阵 $\boldsymbol{A}$ 如下：

$$\boldsymbol{A} = \begin{bmatrix} 1 & 0 & -1 & -1 \\ 0 & 2 & -1 & 0 \\ 2 & 1 & -3 & -1 \end{bmatrix} \tag{3.142}$$

观察可知，系数矩阵 $\boldsymbol{A}$ 的行数就是反应涉及的元素数量，列数就是反应涉及的物质数量。实际上，系数矩阵可以根据反应式直接写出，也就是写出每一种物质所含对应元素的角标(不含某元素视为角标为 0)。又因为上面进行了移项操作，因此左端反应物的系数为正，右端生成物的系数为负。现在对 $\boldsymbol{A}$ 做初等行变换化为阶梯矩阵：

$$\boldsymbol{A} = \begin{bmatrix} 1 & 0 & -1 & -1 \\ 0 & 2 & -1 & 0 \\ 2 & 1 & -3 & -1 \end{bmatrix} \to \begin{bmatrix} 1 & 0 & -1 & -1 \\ 0 & 1 & -1 & 1 \\ 0 & 0 & 1 & -2 \end{bmatrix} \tag{3.143}$$

可以看出系数矩阵的秩 $r(\boldsymbol{A})=3<4$，因此方程组存在非零解且解空间是 1 维的。这里主变量是 x_1、x_2 和 x_3，自由变量是 x_4，给 x_4 赋值 1，就可以得到方程组的基础解系向量 $\boldsymbol{c}$ 和通解 $\boldsymbol{x}$：

$$\boldsymbol{x} = k\boldsymbol{c} = k\begin{bmatrix} 3 \\ 1 \\ 2 \\ 1 \end{bmatrix} \tag{3.144}$$

因此任意一组非零通解都可以作为化学方程式的配平系数，它们是可以按任意比例缩放的，而化学上一般规定只取一组最简的互质正整数，所以配平后的方程式如下：

$$3NO_2 + H_2O = 2HNO_3 + NO \tag{3.145}$$

上例中，系数矩阵的秩是 3，而未知数个数是 4，这样恰好方程组的解空间就是 1 维的；又因为方程组是齐次的，所以根据方程组通解的结构，这个比例系数可以以任意比例缩放，这恰好满足化学方程式的配平要求。设化学反应涉及的物质总数是 n，则方程组中的未知数个数就是 n，而实际中遇见的大多数反应式对应的系数矩阵的秩 $r(\boldsymbol{A})$ 都是 $n-1$，这样就巧妙地保证解空间始终是 1 维的，使得化学方程式只有唯一的一组互质整系数。那么有没有化学反应式对应于 $r(\boldsymbol{A})<n-1$ 这种情形呢？这里再看一个例子。

例 3-16：使用线性方程组理论配平高锰酸钾($KMnO_4$)、过氧化氢(H_2O_2)和硫酸(H_2SO_4)反应生成硫酸钾(K_2SO_4)、硫酸锰($MnSO_4$)、氧气(O_2)和水(H_2O)的化学方程式。

$$KMnO_4 + H_2O_2 + H_2SO_4 \longrightarrow K_2SO_4 + MnSO_4 + O_2\uparrow + H_2O \tag{3.146}$$

解：设这 7 种物质前面的系数依次是 x_1、x_2、x_3、x_4、x_5、x_6 和 x_7，现在写出系数矩阵 $\boldsymbol{A}$ 并将其做初等行变换化为阶梯矩阵：

$$\boldsymbol{A} = \begin{bmatrix} 1 & 0 & 0 & -2 & 0 & 0 & 0 \\ 1 & 0 & 0 & 0 & -1 & 0 & 0 \\ 4 & 2 & 4 & -4 & -4 & -2 & -1 \\ 0 & 2 & 2 & 0 & 0 & 0 & -2 \\ 0 & 0 & 1 & -1 & -1 & 0 & 0 \end{bmatrix} \to \begin{bmatrix} 1 & 0 & 0 & -2 & 0 & 0 & 0 \\ 0 & 2 & 4 & 4 & -4 & -2 & -1 \\ 0 & 0 & 1 & -1 & -1 & 0 & 0 \\ 0 & 0 & 0 & 2 & -1 & 0 & 0 \\ 0 & 0 & 0 & 0 & 1 & -2 & 1 \end{bmatrix} \tag{3.147}$$

未知数个数(物质数)$n=7$,系数矩阵的秩 $r(\boldsymbol{A})=5$。根据齐次方程组求解过程,自由变量是 2 个且要赋值 2 次,所以基础解系包含 2 个向量,也就是解空间是 2 维的。通过正交赋值最终得出基础解系向量 $\boldsymbol{c}_1$、$\boldsymbol{c}_2$ 以及通解 $\boldsymbol{x}$:

$$\boldsymbol{x}=k_1\boldsymbol{c}_1+k_2\boldsymbol{c}_2=k_1\begin{bmatrix}-2\\5\\-3\\-1\\-2\\0\\2\end{bmatrix}+k_2\begin{bmatrix}2\\-3\\3\\1\\2\\1\\0\end{bmatrix} \tag{3.148}$$

刚才已经说明,方程组解空间是 1 维的时候才能让系数以任意比例缩放,而现在解空间是 2 维,所以以上线性组合会出现无数组最简互质正整数,这显然违背了化学反应的发生客观事实。那么这是否就意味着这个反应式出问题了呢?仔细回顾配平方程式的过程,依据的根本原理是质量守恒定律,也就是原子守恒这个基本原则。但某些氧化还原反应的发生还需要遵循电子守恒,这个反映到宏观上就是升降化合价要一致。比如这里 $KMnO_4$ 中的 Mn 元素被还原,化合价从+7 降低到+2,下降数量是 5;H_2O_2 中的 O 元素被氧化,化合价从−1 升高到了 0,带上角标 2 后升高总数就是 2。因此若要升高降低化合价总数相等,就必须两者系数之比是 2∶5 才行,对应的方程就是 $x_1:x_2=2:5$,即 $5x_1-2x_2=0$,这样就需要在原先的方程组后补充上面这个方程,从而得到修正后的系数矩阵 $\boldsymbol{A}'$ 并进行初等行变换:

$$\boldsymbol{A}'=\begin{bmatrix}1&0&0&-2&0&0&0\\1&0&0&0&-1&0&0\\4&2&4&-4&-4&-2&-1\\0&2&2&0&0&0&-2\\0&0&1&1&-1&0&0\\5&-2&0&0&0&0&0\end{bmatrix}\rightarrow\begin{bmatrix}1&0&0&-2&0&0&0\\0&1&0&-5&0&0&0\\0&0&1&-1&-1&0&0\\0&0&0&2&-1&0&0\\0&0&0&0&1&-2&1\\0&0&0&0&0&8&-5\end{bmatrix} \tag{3.149}$$

可以看出此时 $r(\boldsymbol{A}')=6$,这样基础解系就只包含 $7-6=1$ 个向量,解空间就又恢复到 1 维。设对应基础解系向量是 $\boldsymbol{c}'$,则其通解 $\boldsymbol{x}'$ 如下:

$$\boldsymbol{x}'=k\boldsymbol{c}'=k\begin{bmatrix}2\\5\\3\\1\\2\\5\\8\end{bmatrix} \tag{3.150}$$

此时就得到了正确的配平结果:

$$2KMnO_4+5H_2O_2+3H_2SO_4=K_2SO_4+2MnSO_4+5O_2\uparrow+8H_2O \tag{3.151}$$

由上例可知,如果化学方程式对应方程组的系数矩阵出现了 $r(\boldsymbol{A})<n-1$ 这种情况,需要结合其他化学知识或现实情况修正。比如上个例子中需要通过氧化还原的知识去判断,

从而增加一个方程，使得系数矩阵的秩增加，减少解空间的维数到1。

例3-17：尝试使用线性方程组理论配平以下化学反应式：

$$HNO_3 \longrightarrow H_2O + NO \tag{3.152}$$

解：设3种物质前的系数依次是 x_1、x_2 和 x_3，写出系数矩阵 $\boldsymbol{A}$ 并进行初等行变换：

$$\boldsymbol{A}=\begin{bmatrix}1 & -2 & 0\\ 1 & 0 & -1\\ 3 & -1 & -1\end{bmatrix}\rightarrow\begin{bmatrix}1 & -2 & 0\\ 0 & 2 & -1\\ 0 & 0 & 1\end{bmatrix} \tag{3.153}$$

此时可以看出 $r(\boldsymbol{A})=3$，等于未知数个数，因此这个齐次方程组只有零解，这说明只有 $x_1=x_2=x_3=0$ 时，这个方程式才能成立。换句话说，无法找到任何一组互质的正整数值使得方程式成立，因此这个化学反应式实际上就是错误的，或者说这个化学反应并不存在。可见，如果出现了系数矩阵的秩和物质总数相等这种情况，这个化学反应式就是错误的，它不可能单独发生。我们自然也不必为了一个错误的化学反应式的配平浪费时间。

通过以上几种情况可知，任何一个化学方程式实际上对应一个齐次方程组，于是可以使用求解齐次方程组的方法配平。设物质数是 n，于是设出未知数并根据物质化学式所包含的元素原子数写出系数矩阵 $\boldsymbol{A}$，通过初等行变换化为阶梯矩阵求出其秩 $r(\boldsymbol{A})$。如果 $r(\boldsymbol{A})=n$，说明化学反应式不存在；如果 $r(\boldsymbol{A})=n-1$，则化学反应式可以根据原子守恒配平出唯一的一组最简互质正整数系数（化学反应大多数方程皆是如此）；如果 $r(\boldsymbol{A})<n-1$，则需要探寻其他条件补充方程，使得修正后的系数矩阵 $\boldsymbol{A}'$ 的秩 $r(\boldsymbol{A}')=n-1$，从而得出对应的最简互质正整数系数。

3.6.4 使用线性方程组求解牛吃草问题

17世纪，英国科学家牛顿（Newton）提出了著名的牛吃草问题，并给出了相应的算数解法。现在讨论如何从矩阵和线性方程组的角度解决这个问题。

例3-18：有一片不断匀速生长的草地，可以供12头牛吃9周，或者可以供15头牛吃6周，那么可以供9头牛吃几周？

解法一（算数解法）：使用图3-7辅助理解。

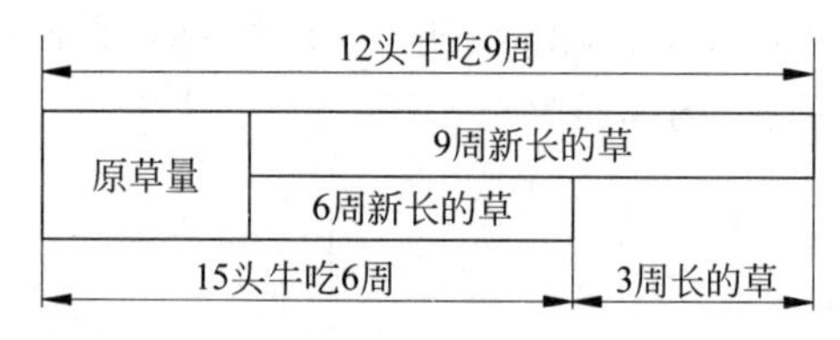

图3-7 牛吃草问题示意

设每头牛每周吃的草量是单位1，根据图3-7可以先计算出3周生长出的新草量是 $12\times9-15\times6=18$，所以每周新长出的草量就是 $18\div3=6$。这样原先的草量就是 $12\times9-6\times9=54$。进一步，9头牛每周可以吃的草量是9，而草生长的速率是6，因此吃完它们就相当于一个追及问题，于是可以供9头牛吃 $54\div(9-6)=18$ 周。

算数解法比较简单直观，但是无法触及问题的本质，比如为什么一开始可以设每头牛每周吃的草量是单位1？为了解决这些问题，还是要回归方程组。

解法二（代数解法）：题目中的未知量非常多，不妨全部设出。设原有草的数量是 x_1，

草的生长速率是 x_2，每头牛吃草的速率是 x_3。此外题目要求的值是9头牛可以吃草的周数，设为 m。而原有草的数量加上草的若干周生长量等于牛在这些周内吃掉草的数量，于是根据这一事实可以列出包含有三个方程的线性方程组。

$$\begin{cases} x_1+9x_2=12\times 9x_3 \\ x_1+6x_2=15\times 6x_3 \\ x_1+mx_2=9\times mx_3 \end{cases} \Rightarrow \begin{cases} x_1+9x_2-108x_3=0 \\ x_1+6x_2-\ \ 90x_3=0 \\ x_1+mx_2-9mx_3=0 \end{cases} \tag{3.154}$$

注意到牛吃草问题并不是要求解这个方程组，而是要求出参数 m 的值。根据题意，原有草的数量 x_1、草的生长速率 x_2 和牛吃草的速率 x_3 都不可能是0，也就是说这个齐次方程组存在非零解。根据充分必要条件可知，系数矩阵的秩一定小于3。于是将系数矩阵 $\boldsymbol{A}$ 进行初等行变换化为阶梯矩阵：

$$\boldsymbol{A}=\begin{bmatrix} 1 & 9 & -108 \\ 1 & 6 & -90 \\ 1 & m & -9m \end{bmatrix} \rightarrow \begin{bmatrix} 1 & 9 & -108 \\ 0 & -3 & 18 \\ 0 & m-9 & 108-9m \end{bmatrix} \rightarrow \begin{bmatrix} 1 & 9 & -108 \\ 0 & 1 & -6 \\ 0 & 0 & 54-3m \end{bmatrix} \tag{3.155}$$

观察这个阶梯矩阵，它的前两行显然是非零行，因此 $r(\boldsymbol{A})\geqslant 2$；而刚才说过，方程组要有非零解，因此有 $r(\boldsymbol{A})<3$ 即 $r(\boldsymbol{A})\leqslant 2$。综合这两个不等式，只能有 $r(\boldsymbol{A})=2$。这样阶梯矩阵的最后一行必须全都是0。于是 $54-3m=0$，即 $m=18$。

解决完这个问题后，可以进一步求出它的基础解系。由于 $r(\boldsymbol{A})=2$，所以自由变量只有1个，那就是 x_3。给 x_3 赋值1，则自底向上可以解出 $x_2=6$ 和 $x_1=54$，于是得到通解 $\boldsymbol{x}$：

$$\boldsymbol{x}=k\begin{bmatrix} 54 \\ 6 \\ 1 \end{bmatrix} \tag{3.156}$$

现在我们知道了为什么算数解法中可以假设每头牛吃草速率是单位1。事实上，算术解法提前默认了 $r(\boldsymbol{A})=2$ 这一隐含结论，也就是解空间是1维的，而每头牛吃草速率刚好是方程组的自由变量 x_3，所以赋值1的过程放在了算数解法的第一步。而算数解法在这个默认前提下，利用前两个方程解出了 x_1 和 x_2，再全部代入最后一个方程求出 m。这就是算术解法的代数解释。

由上例可知，要想了解牛吃草问题的本质，一定要回归方程组，并利用矩阵的秩说明每一步的合理性。

3.7 编程实践：MATLAB求解线性方程组

使用MATLAB语言里的初等行变换化简函数rref以及一些其他函数可以求解线性方程组。这里给出相关参考子程序代码如下：

```
function solve_equation_system(A,b)
% 输入 A 是系数矩阵,b 是结果列向量
[m,n] = size(A);
format rat;
[B,index] = rref([A,b]);                          % 化为阶梯矩阵 B,index 是主变量序号
if rank(A) == n&&rank([A,b]) == n
    x = B(:,n+1);
```

```
    fprintf('Only one solution.\n');                    %唯一解
    for i = 1:m
        fprintf('%s\n',rats(x(i)));
    end
elseif rank([A,b])~= rank(A)
    fprintf('No solution.\n');                          %无解
else
    C = null(A,'r');                                    %对应齐次方程组的基础解系
    d = B(:,n+1);                                       %非齐次方程组特解
    fprintf('Infinitely many solutions.\n');            %无穷解
    fprintf('Basic solution set - homo:\n');
    [~,r] = size(index);
    for j = 1:r
        fprintf('c%d = \n',j);
         for i = 1:m
             fprintf('%s\n',rats(C(i,j)));
         end
    end
    if norm(b)~= 0
        fprintf('One particular solution - non-homo:\n');
        fprintf('d = \n');
        for i = 1:m
            fprintf('%s\n',rats(d(i)));
        end
    end
end
```

将这个子程序保存成 solve_equation_system.m 文件以备后续调用,需要注意文件名和子程序名应一致。比如需要编程求出下面这个方程组的解:

$$\begin{cases} x_1 + 2x_2 + 3x_3 + x_4 = 3 \\ x_1 - 4x_2 - x_3 - x_4 = 1 \\ 2x_1 + x_2 + 4x_3 + x_4 = 5 \\ x_1 - x_2 + x_3 = 2 \end{cases} \tag{3.157}$$

只需要编写主程序调用以上子程序即可。注意主程序和 solve_equation_system.m 这个子程序必须放在同一个文件夹里。习惯上会在主程序运行前清屏、清除变量和关闭无用窗口(其目的是保证程序运行的独立性,避免上一次运行的程序带来的干扰),并对运行时间计时。

```
clc;clear all;close all;        %清屏,清除变量,关闭无用窗口
tic;                            %开始计时
A = [1,2,3,1;1,-4,-1,-1;2,1,4,1;1,-1,1,0];b = [3;1;5;2];
solve_equation_system(A,b);
toc;                            %结束计时
```

运行程序后,结果如下:

```
Infinitely many solutions.
Basic solution set - homo:
c1 =
      -5/3
      -2/3
```

```
        1
        0
c2 =
      - 1/3
      - 1/3
        0
        1
One particular solution - non - homo:
d =
       7/3
       1/3
        0
        0
Elapsed time is 0.052336 seconds.
```

可以看出这是个具有无穷解的非齐次方程组，对应齐次方程组的基础解系中包含有2个向量，这样就可以得到对应非齐次方程组的通解。

习题3

1. 小明家距离学校路程2km，共两段路，其中有一段为上坡路，另一段为下坡路。他从家跑步去学校共用了16min，已知小明在上坡路上的平均速率是4.8km/h，在下坡路上的平均速率是12km/h，求跑上坡路和下坡路分别用了多少时间。请使用统一未知数表示法列出对应方程组，并使用矩阵法表示（不必解出具体数值）。

2. 已知以下线性方程组：

$$\begin{cases} x + y + z = 5 \\ 5x - y + 3w = 10 \\ 2x - 2z - 3w = 1 \end{cases}$$

（1）请将线性方程组用统一未知数表示，然后再用矩阵表示，并指出系数矩阵 $\boldsymbol{A}$ 和结果向量 $\boldsymbol{b}$ 是什么。

（2）系数矩阵 $\boldsymbol{A}$ 和增广矩阵 $\boldsymbol{A}|\boldsymbol{b}$ 的行数和列数分别是多少？

（3）$\boldsymbol{A}$ 实现了哪两个维度空间之间的映射关系？

3. 判断以下方程组的类型（齐次还是非齐次）及其解的种类，然后对于具有解的方程组求出其解或通解。

（1）$\begin{cases} x_1 + 4x_2 + 7x_3 - 2x_4 = 0 \\ 2x_1 - x_2 - 2x_3 + 9x_4 = 0 \\ 4x_1 + 7x_2 + 12x_3 + 5x_4 = 0 \end{cases}$

（2）$\begin{cases} x_1 + 4x_2 - 3x_3 + x_4 = 0 \\ 3x_1 + 4x_2 - 2x_3 = 0 \\ 2x_1 + 5x_3 + 3x_4 = 0 \\ 5x_1 + 21x_2 - 6x_3 + 2x_4 = 0 \end{cases}$

（3）$\begin{cases} 2x_1 + 3x_2 - 4x_3 = 4 \\ x_1 + 2x_2 - x_3 = 3 \\ 3x_1 + 3x_2 + 5x_3 = 3 \\ x_1 + 3x_2 - 6x_3 = 4 \end{cases}$

（4）$\begin{cases} x_1 - 3x_2 + 2x_4 = 7 \\ 2x_1 + 2x_2 + 8x_3 - x_4 = 6 \\ 5x_1 - 7x_2 + 8x_3 + 5x_4 = 27 \end{cases}$

(5) $\begin{cases} x_1 + x_3 + 2x_4 = 0 \\ 3x_1 + 2x_2 - 5x_3 = -2 \\ 4x_1 - 3x_2 + x_4 = 3 \\ x_1 + 5x_2 - 3x_3 - 3x_4 = 1 \end{cases}$

4. 使用初等行变换法求以下矩阵的秩：

(1) $\begin{bmatrix} 1 & 0 & 0 & 1 \\ 1 & 2 & 0 & -1 \\ 3 & -1 & 0 & 4 \\ 1 & 4 & 5 & 1 \end{bmatrix}$　(2) $\begin{bmatrix} 1 & 2 & 3 & -1 \\ 4 & 5 & 6 & 2 \\ 7 & 8 & 9 & 3 \end{bmatrix}$　(3) $\begin{bmatrix} 1 & 1 & 1 & 1 \\ 1 & 4 & 9 & 16 \\ 1 & 8 & 27 & 64 \\ 1 & 16 & 81 & 256 \end{bmatrix}$

5. 求以下线性方程组的解(需对参数 a 进行讨论)。

$$\begin{cases} x_1 + x_2 - x_3 + x_4 = 0 \\ x_2 + 2x_3 + 2x_4 = 1 \\ -x_2 + (a-3)x_3 - 2x_4 = -a \\ 3x_1 + 2x_2 + x_3 + ax_4 = -1 \end{cases}$$

6. 请使用线性方程组理论配平以下白磷(P_4)和硫酸铜($CuSO_4$)溶液反应的方程式：

$$P_4 + CuSO_4 + H_2O \longrightarrow Cu_3P + H_3PO_4 + H_2SO_4$$

7. $\boldsymbol{A}$ 是 3×3 矩阵，已知线性方程组 $\boldsymbol{Ax}=\boldsymbol{b}$ 无解但其中任意两个方程构成的方程组均有解，请画出这三个方程代表的平面在空间位置的示意图。

第4章 矩阵乘法

在前面的章节中，矩阵作为一种数学工具可以批量处理和解决诸多问题，比如做面包的例子中可以利用矩阵完美匹配和对应整体配料问题，再如利用矩阵的初等行变换解决线性方程组解的情况判断和求解问题。而且通过前面的介绍，我们还初步了解了矩阵还具有线性映射的作用。可见矩阵不仅是一张数表这么简单，它的内涵是极其丰富的，因此研究其运算和性质就显得极为重要。在第2章介绍了矩阵加减法、数乘以及矩阵对向量的乘法这三种基本运算，然而矩阵最重要、最核心的运算是矩阵之间的乘法运算。那么矩阵之间的乘法要怎么计算呢？它又有怎样的实际意义和应用呢？这一章我们一起来学习。

4.1 矩阵乘法：线性映射的复合法则

4.1.1 再从线性方程组说起

考虑以下两个二元线性方程组（Ⅰ）和（Ⅱ），如何利用这两个方程组求出 x_1 和 x_2 的值呢？

$$\begin{cases}5y_1+6y_2=23\\7y_1+8y_2=31\end{cases}\quad(\text{Ⅰ})\qquad\begin{cases}x_1+2x_2=y_1\\3x_1+4x_2=y_2\end{cases}\quad(\text{Ⅱ})\tag{4.1}$$

仔细观察，只需要将方程组（Ⅱ）代入方程组（Ⅰ），消掉中间未知量 y_1 和 y_2，进一步合并同类项，然后将含有 x_1 和 x_2 的项分别归在一起，就得到了二元线性方程组（Ⅲ）：

$$\begin{cases}5(x_1+2x_2)+6(3x_1+4x_2)=23\\7(x_1+2x_2)+8(3x_1+4x_2)=31\end{cases}\Rightarrow\begin{cases}(5\times1+6\times3)x_1+(5\times2+6\times4)x_2=23\\(7\times1+8\times3)x_1+(7\times2+8\times4)x_2=31\end{cases}$$

$$\Rightarrow\begin{cases}23x_1+34x_2=23\\31x_1+46x_2=31\end{cases}\quad(\text{Ⅲ})\tag{4.2}$$

设方程组（Ⅰ）的矩阵表示是 $\boldsymbol{Ay}=\boldsymbol{b}$，方程组（Ⅱ）的矩阵表示是 $\boldsymbol{Bx}=\boldsymbol{y}$，则各个矩阵和向量表示如下：

$$\boldsymbol{A}=\begin{bmatrix}5&6\\7&8\end{bmatrix},\quad\boldsymbol{B}=\begin{bmatrix}1&2\\3&4\end{bmatrix},\quad\boldsymbol{x}=\begin{bmatrix}x_1\\x_2\end{bmatrix},\quad\boldsymbol{y}=\begin{bmatrix}y_1\\y_2\end{bmatrix},\quad\boldsymbol{b}=\begin{bmatrix}23\\31\end{bmatrix}\tag{4.3}$$

从映射的角度看，系数矩阵 $\boldsymbol{A}$ 和 $\boldsymbol{B}$ 分别代表了两个映射，$\boldsymbol{A}$ 将向量 $\boldsymbol{y}$ 映射为向量 $\boldsymbol{b}$，$\boldsymbol{B}$

将向量 $\boldsymbol{x}$ 映射为向量 $\boldsymbol{y}$。如果用 f 代表映射 $\boldsymbol{A}$，g 代表映射 $\boldsymbol{B}$，那么这两个方程组又可以表示为 $f(\boldsymbol{y})=\boldsymbol{b}$ 和 $g(\boldsymbol{x})=\boldsymbol{y}$。于是将 $\boldsymbol{Bx}=\boldsymbol{y}$ 代入 $\boldsymbol{Ay}=\boldsymbol{b}$ 后，方程组（Ⅲ）就可以表示为 $\boldsymbol{A}(\boldsymbol{Bx})=\boldsymbol{b}$，写成映射的形式就是 $f(g(\boldsymbol{x}))=\boldsymbol{b}$，即两者的**复合映射**（composite mapping）。在数学上，f 和 g 的复合映射可以表示为嵌套的形式，也可以表示成 $f\circ g$ 这种形式。将以上三个方程组的矩阵形式和映射形式对比如下：

$$\begin{bmatrix}5&6\\7&8\end{bmatrix}\begin{bmatrix}y_1\\y_2\end{bmatrix}=\begin{bmatrix}23\\31\end{bmatrix}\qquad \boldsymbol{Ay}=\boldsymbol{b}\qquad f(\boldsymbol{y})=\boldsymbol{b}$$

$$\begin{bmatrix}1&2\\3&4\end{bmatrix}\begin{bmatrix}x_1\\x_2\end{bmatrix}=\begin{bmatrix}y_1\\y_2\end{bmatrix}\qquad \boldsymbol{Bx}=\boldsymbol{y}\qquad g(\boldsymbol{x})=\boldsymbol{y}$$

$$\begin{bmatrix}23&34\\31&46\end{bmatrix}\begin{bmatrix}x_1\\x_2\end{bmatrix}=\begin{bmatrix}23\\31\end{bmatrix}\qquad \boldsymbol{A}(\boldsymbol{Bx})=\boldsymbol{b}\quad f(g(\boldsymbol{x}))=f\circ g(\boldsymbol{x})=\boldsymbol{b}\tag{4.4}$$

由于 f 对应于 $\boldsymbol{A}$，g 对应于 $\boldsymbol{B}$，所以自然会设想将 $f\circ g$ 写成"$\boldsymbol{A}\circ\boldsymbol{B}$"这种形式。实际上，为了简便起见省略符号"$\circ$"，直接写成"$\boldsymbol{AB}$"这种形式，称之为**矩阵乘法**（matrix multiplication）。显然，两个矩阵相乘以后的结果依旧是一个矩阵，其本质是线性复合映射。

4.1.2 矩阵乘法运算法则

在上面的例子中，可以将 $\boldsymbol{A}$ 和 $\boldsymbol{B}$ 相乘的过程写出如下：

$$\boldsymbol{AB}=\begin{bmatrix}5&6\\7&8\end{bmatrix}\begin{bmatrix}1&2\\3&4\end{bmatrix}=\begin{bmatrix}5\times1+6\times3&5\times2+6\times4\\7\times1+8\times3&7\times2+8\times4\end{bmatrix}=\begin{bmatrix}23&34\\31&46\end{bmatrix}\tag{4.5}$$

那么，乘积结果矩阵的这 4 个元素和原来的元素有什么关系呢？比如 $5\times1+6\times3=23$ 这个式子，它恰好是 $\boldsymbol{A}$ 的第 1 行元素(5,6)和 $\boldsymbol{B}$ 的第 1 列元素(1,3)对应相乘再相加的结果（可以理解为两个向量的数量积）。而乘积矩阵的其他 3 个元素也是如此，即取了 $\boldsymbol{A}$ 的某一行和 $\boldsymbol{B}$ 的某一列，然后对应相乘再相加。这里将对应的元素加框强调表示。

$$\begin{bmatrix}\boxed{5}&\boxed{6}\\7&8\end{bmatrix}\begin{bmatrix}\boxed{1}&2\\\boxed{3}&4\end{bmatrix}=\begin{bmatrix}\boxed{5\times1+6\times3}&5\times2+6\times4\\7\times1+8\times3&7\times2+8\times4\end{bmatrix}=\begin{bmatrix}\boxed{23}&34\\31&46\end{bmatrix}$$

$$\begin{bmatrix}\boxed{5}&\boxed{6}\\7&8\end{bmatrix}\begin{bmatrix}1&\boxed{2}\\3&\boxed{4}\end{bmatrix}=\begin{bmatrix}5\times1+6\times3&\boxed{5\times2+6\times4}\\7\times1+8\times3&7\times2+8\times4\end{bmatrix}=\begin{bmatrix}23&\boxed{34}\\31&46\end{bmatrix}$$

$$\begin{bmatrix}5&6\\\boxed{7}&\boxed{8}\end{bmatrix}\begin{bmatrix}\boxed{1}&2\\\boxed{3}&4\end{bmatrix}=\begin{bmatrix}5\times1+6\times3&5\times2+6\times4\\\boxed{7\times1+8\times3}&7\times2+8\times4\end{bmatrix}=\begin{bmatrix}23&34\\\boxed{31}&46\end{bmatrix}$$

$$\begin{bmatrix}5&6\\\boxed{7}&\boxed{8}\end{bmatrix}\begin{bmatrix}1&\boxed{2}\\3&\boxed{4}\end{bmatrix}=\begin{bmatrix}5\times1+6\times3&5\times2+6\times4\\7\times1+8\times3&\boxed{7\times2+8\times4}\end{bmatrix}=\begin{bmatrix}23&34\\31&\boxed{46}\end{bmatrix}\tag{4.6}$$

通过观察可知，矩阵乘法过程可以理解为，先给左边的乘数矩阵（即左矩阵）取了某一行，再给右边的乘数矩阵（即右矩阵）取某一列，然后两者对应相乘再相加。那么这个运算结果在乘积矩阵的什么位置呢？继续观察可知，左矩阵取的第几行，这个数值就位于乘积矩阵的第几行；右矩阵取的第几列，这个数值就位于乘积矩阵的第几列。这个法则可以简记为：左取行，右取列，对应相乘再相加，左行右列定位置。比如 $23=5\times1+6\times3$，它是 $\boldsymbol{A}$ 的第 1 行元素和 $\boldsymbol{B}$ 的第 1 列元素对应相乘再相加的结果，所以 23 就位于乘积结果矩阵的第 1 行第 1 列的位置；再如 $34=5\times2+6\times4$，它是 $\boldsymbol{A}$ 的第 1 行元素和 $\boldsymbol{B}$ 的第 2 列元素对应相乘再相加的结果，所以 34 就位于乘积结果矩阵的第 1 行第 2 列的位置。

下面通过一个例题进一步熟悉矩阵乘法的法则。

例 4-1：已知矩阵 $\boldsymbol{A}$ 和 $\boldsymbol{B}$ 如下，求 $\boldsymbol{C}=\boldsymbol{AB}$。

$$\boldsymbol{A}=\begin{bmatrix}4&5&6\\5&6&7\end{bmatrix},\quad \boldsymbol{B}=\begin{bmatrix}0&1&2&3\\1&2&3&4\\2&3&4&5\end{bmatrix} \tag{4.7}$$

解：这里为了方便理解，仍将乘积矩阵的生成过程详细列出。按照矩阵乘法的步骤，先取 $\boldsymbol{A}$ 的第 1 行和 $\boldsymbol{B}$ 的第 1 列，然后对应相乘再相加得到结果是 17，它在乘积矩阵 $\boldsymbol{C}$ 的第 1 行第 1 列，即 $\boldsymbol{C}(1,1)=17$。

$$\boldsymbol{C}=\boldsymbol{AB}=\begin{bmatrix}\boxed{4}&\boxed{5}&\boxed{6}\\5&6&7\end{bmatrix}\begin{bmatrix}\boxed{0}&1&2&3\\\boxed{1}&2&3&4\\\boxed{2}&3&4&5\end{bmatrix}=\begin{bmatrix}\boxed{17}&&&\\&&&\\&&&\end{bmatrix} \tag{4.8}$$

再取 $\boldsymbol{A}$ 的第 1 行和 $\boldsymbol{B}$ 的第 2 列，然后对应相乘再相加得到结果是 32，它在乘积矩阵 $\boldsymbol{C}$ 的第 1 行第 2 列，即 $\boldsymbol{C}(1,2)=32$。

$$\boldsymbol{C}=\boldsymbol{AB}=\begin{bmatrix}\boxed{4}&\boxed{5}&\boxed{6}\\5&6&7\end{bmatrix}\begin{bmatrix}0&\boxed{1}&2&3\\1&\boxed{2}&3&4\\2&\boxed{3}&4&5\end{bmatrix}=\begin{bmatrix}17&\boxed{32}&&\\&&&\\&&&\end{bmatrix} \tag{4.9}$$

依照以上方式如法炮制，固定左矩阵 $\boldsymbol{A}$ 的第 1 行，然后取右矩阵 $\boldsymbol{B}$ 的第 3 和 4 列；再转向 $\boldsymbol{A}$ 的第 2 行，分别取 $\boldsymbol{B}$ 的第 1、2、3 和 4 列。把每一步对应相乘再相加的结果放到对应的位置上，就可以一步一步将 $\boldsymbol{C}=\boldsymbol{AB}$ 的元素一个一个生成。

$$\boldsymbol{C}=\boldsymbol{AB}=\begin{bmatrix}\boxed{4}&\boxed{5}&\boxed{6}\\5&6&7\end{bmatrix}\begin{bmatrix}0&1&\boxed{2}&3\\1&2&\boxed{3}&4\\2&3&\boxed{4}&5\end{bmatrix}=\begin{bmatrix}17&32&\boxed{47}&\\&&&\\&&&\end{bmatrix}$$

$$\boldsymbol{C}=\boldsymbol{AB}=\begin{bmatrix}\boxed{4}&\boxed{5}&\boxed{6}\\5&6&7\end{bmatrix}\begin{bmatrix}0&1&2&\boxed{3}\\1&2&3&\boxed{4}\\2&3&4&\boxed{5}\end{bmatrix}=\begin{bmatrix}17&32&47&\boxed{62}\\&&&\\&&&\end{bmatrix}$$

$$\boldsymbol{C}=\boldsymbol{AB}=\begin{bmatrix}4&5&6\\\boxed{5}&\boxed{6}&\boxed{7}\end{bmatrix}\begin{bmatrix}\boxed{0}&1&2&3\\\boxed{1}&2&3&4\\\boxed{2}&3&4&5\end{bmatrix}=\begin{bmatrix}17&32&47&62\\\boxed{20}&&&\end{bmatrix}$$

$$\boldsymbol{C}=\boldsymbol{AB}=\begin{bmatrix}4&5&6\\\boxed{5}&\boxed{6}&\boxed{7}\end{bmatrix}\begin{bmatrix}0&\boxed{1}&2&3\\1&\boxed{2}&3&4\\2&\boxed{3}&4&5\end{bmatrix}=\begin{bmatrix}17&32&47&62\\20&\boxed{38}&&\end{bmatrix}$$

$$C=AB=\begin{bmatrix}4&5&6\\ \boxed{5}&\boxed{6}&\boxed{7}\end{bmatrix}\begin{bmatrix}0&1&\boxed{2}&3\\1&2&\boxed{3}&4\\2&3&\boxed{4}&5\end{bmatrix}=\begin{bmatrix}17&32&47&62\\20&38&\boxed{56}&\end{bmatrix}$$

$$C=AB=\begin{bmatrix}4&5&6\\ \boxed{5}&\boxed{6}&\boxed{7}\end{bmatrix}\begin{bmatrix}0&1&2&\boxed{3}\\1&2&3&\boxed{4}\\2&3&4&\boxed{5}\end{bmatrix}=\begin{bmatrix}17&32&47&62\\20&38&56&\boxed{74}\end{bmatrix} \tag{4.10}$$

通过这种不断循环的方式，就可以计算出 $C=AB$。

可见，计算矩阵乘法是一个比较复杂的过程，在计算过程中需要耐心和细心。

4.1.3 左乘和右乘

在上面叙述矩阵乘法的法则时，强调了“左矩阵”和“右矩阵”，为什么要这么强调呢？这里以式(4.3)所示的 A 和 B 为例，分别按照以上法则计算 AB 和 BA 如下：

$$\begin{aligned}AB&=\begin{bmatrix}5&6\\7&8\end{bmatrix}\begin{bmatrix}1&2\\3&4\end{bmatrix}=\begin{bmatrix}5\times1+6\times3&5\times2+6\times4\\7\times1+8\times3&7\times2+8\times4\end{bmatrix}=\begin{bmatrix}23&34\\31&46\end{bmatrix}\\BA&=\begin{bmatrix}1&2\\3&4\end{bmatrix}\begin{bmatrix}5&6\\7&8\end{bmatrix}=\begin{bmatrix}1\times5+2\times7&1\times6+2\times8\\3\times5+4\times7&3\times6+4\times8\end{bmatrix}=\begin{bmatrix}19&22\\43&50\end{bmatrix}\end{aligned} \tag{4.11}$$

显然 $AB\neq BA$，即矩阵乘法没有交换律，这是和数的乘法最大的区别。那么为什么矩阵乘法没有交换律呢？这是由于矩阵乘法的本质是复合映射，而复合映射是没有交换律的。比如两个函数(映射) $f(x)=\sqrt{x}$，$g(x)=\sin x$，可知 $f\circ g(x)=f(g(x))=\sqrt{\sin x}$，而 $g\circ f(x)=g(f(x))=\sin\sqrt{x}$，两个复合函数(映射)是不同的。类似的，作为复合映射的矩阵乘法也没有交换律。

因此进行矩阵乘法运算时，一定要分清乘法的方向。比如有矩阵 A 和 B，那么 A **左乘** B 记作 AB，A **右乘** B 记作 BA。需要注意，描述左右乘不止这一种方式。例如语句“A 左乘 B”指的是 AB，意思是 A 从左边去主动乘 B；但语句“给/对 A 左乘 B”指的却是 BA，意思是以 A 为主体从左边乘 B。因此我们需要注意这些不同的描述方式的细节。

例 4-2：已知矩阵 A 和 B，请说明以下语句指的是 AB 还是 BA。

(1) A 左乘 B；(2)对 A 左乘 B；(3)给 A 右乘 B；(4)用 A 去右乘 B；(5)A 被 B 左乘。

解：(1)“A 左乘 B”指的是 AB；

(2)“对 A 左乘 B”指的是 BA；

(3)“给 A 右乘 B”指的是 AB；

(4)“用 A 去右乘 B”指的是 BA，此处叙述主体是 B，A 主动给 B 从右边去乘；

(5)“A 被 B 左乘”指的是 BA，此处叙述主体是 A，A 被动接受 B 从左边去乘。

4.1.4 矩阵乘法的条件

回到例 4-1，这里将相乘的结果再次写在这里：

$$C=AB=\begin{bmatrix}4&5&6\\5&6&7\end{bmatrix}\begin{bmatrix}0&1&2&3\\1&2&3&4\\2&3&4&5\end{bmatrix}=\begin{bmatrix}17&32&47&62\\20&38&56&74\end{bmatrix} \tag{4.12}$$

可以看出，$\boldsymbol{A}$ 的行数是 2，列数是 3；$\boldsymbol{B}$ 的行数是 3，列数是 4；而 $\boldsymbol{C}=\boldsymbol{AB}$ 的行数是 2，列数是 4。于是，这个乘法式还可以写成 $\boldsymbol{C}_{2\times 4}=\boldsymbol{A}_{2\times 3}\boldsymbol{B}_{3\times 4}$。可见乘积矩阵的行数就是左矩阵的行数，列数就是右矩阵的列数。

此外还可以看出，$\boldsymbol{A}$ 的列数和 $\boldsymbol{B}$ 的行数都是 3，那么它们可以不相等吗？这里尝试计算 $\boldsymbol{BA}$，首先取 $\boldsymbol{B}$ 的第 1 行(0,1,2,3)和 $\boldsymbol{A}$ 的第 1 列(4,5)对应相乘再相加，如下：

$$\boldsymbol{BA}=\begin{bmatrix} \boxed{0} & \boxed{1} & \boxed{2} & \boxed{3} \\ 1 & 2 & 3 & 4 \\ 2 & 3 & 4 & 5 \end{bmatrix}\begin{bmatrix} \boxed{4} & 5 & 6 \\ \boxed{5} & 6 & 7 \end{bmatrix} \tag{4.13}$$

可见两者元素个数不相等，无法一一对应相乘，所以此时无法定义 $\boldsymbol{BA}$。究其原因是 $\boldsymbol{B}$ 的列数不等于 $\boldsymbol{A}$ 的行数。因此两个矩阵能够相乘的条件是左矩阵的列数必须等于右矩阵的行数。将以上结论总结成代数形式就是以下形式：

$$\boldsymbol{A}_{m\times n}\boldsymbol{B}_{n\times s}=\boldsymbol{C}_{m\times s}\quad m,n,s\in\mathbb{N}^{+} \tag{4.14}$$

例 4-3：请说明：矩阵对向量的乘法本质是矩阵乘法。

解：此处向量默认为列向量，设它是 $\boldsymbol{k}$，再设有尺寸为 $m\times n$ 的矩阵 $\boldsymbol{A}$，根据第 2 章讲解的矩阵对向量的乘法规则，$\boldsymbol{k}$ 的维数必须是 n，即 $\boldsymbol{k}$ 的尺寸是 $n\times 1$，两者之积 $\boldsymbol{b}=\boldsymbol{Ak}$ 的尺寸则是 $m\times 1$。由于向量是特殊的矩阵，而 $\boldsymbol{A}$ 和 $\boldsymbol{k}$ 相乘的条件刚好符合上述矩阵乘法规则($\boldsymbol{A}$ 列数等于 $\boldsymbol{k}$ 行数)，计算 $\boldsymbol{b}=\boldsymbol{Ak}$ 也完全符合矩阵乘法的过程，尺寸也是符合的。因此矩阵对向量的乘法就是式(4.14)中 $s=1$ 的特殊情况，故矩阵对向量的乘法本质就是矩阵乘法。

由上例的结论可知，第 2 章讲过的做面包的例子中，求配料的量其实本质就是做了一次矩阵乘法；第 3 章学过的线性方程组的矩阵表示，实际上也是矩阵乘法的表示。因此将它们表示成为代数形式以后，矩阵乘法所有的性质和条件都完全可以套用。

4.2　矩阵乘法代数表示及性质

学会了矩阵乘法的具体运算后，这一节将这个较为复杂的运算法则抽象成代数形式，然后依据这个代数形式推导矩阵乘法的几条性质。

4.2.1　矩阵乘法代数表示的推导

设 $\boldsymbol{A}_{m\times n}\boldsymbol{B}_{n\times s}=\boldsymbol{C}_{m\times s}$，其中 $m,n,s\in\mathbb{N}^{+}$。$\boldsymbol{C}$ 中的每一个元素都是 $\boldsymbol{A}$ 的某一行和 $\boldsymbol{B}$ 的某一列对应相乘再相加的结果，并且 $\boldsymbol{C}$ 中这个元素的行号就是 $\boldsymbol{A}$ 中所取的行号，列号就是 $\boldsymbol{B}$ 中所取的列号。设 $\boldsymbol{A}$ 中取了第 i 行，$\boldsymbol{B}$ 中取了第 j 列，则 $\boldsymbol{C}$ 中对应的元素位置就是(i,j)，这里 i 和 j 的取值范围是 $1\leqslant i\leqslant m$ 和 $1\leqslant j\leqslant s$。这个过程如图 4-1 所示。

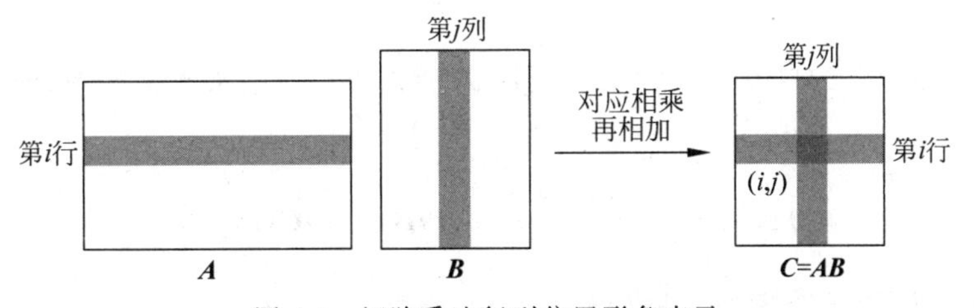

图 4-1　矩阵乘法行列位置形象表示

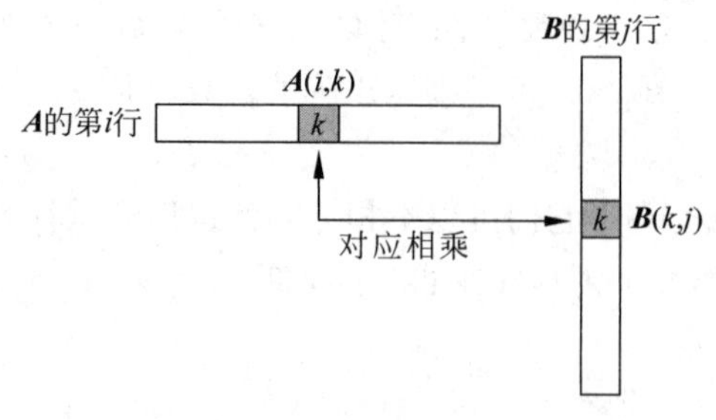

图 4-2　矩阵乘法的对应相乘操作示意

现在单独看对应相乘再相加的过程，由于 $\boldsymbol{A}$ 的列数和 $\boldsymbol{B}$ 的行数都是 n，因此 $\boldsymbol{A}$ 的第 i 行和 $\boldsymbol{B}$ 的第 j 列都具有 n 个元素。设其中某元素的编号是 k，则 $1\leqslant k\leqslant n$，如图 4-2 所示。

其中 $\boldsymbol{A}$ 的第 i 行的第 k 个元素就是 $\boldsymbol{A}(i,k)$，$\boldsymbol{B}$ 的第 j 列的第 k 个元素就是 $\boldsymbol{B}(k,j)$。因此每一个乘积项就是 $\boldsymbol{A}(i,k)\boldsymbol{B}(k,j)$。又由于 k 可以取自 1 到 n 的全部正整数，所以只需要以 k 为求和变量，从 1 取值到 n 即可，这就得到了矩阵乘法的代数表达式：

$$\boldsymbol{C}(i,j)=\boldsymbol{A}(i,1)\boldsymbol{B}(1,j)+\boldsymbol{A}(i,2)\boldsymbol{B}(2,j)+\cdots+\boldsymbol{A}(i,n)\boldsymbol{B}(n,j)=\sum_{k=1}^{n}\boldsymbol{A}(i,k)\boldsymbol{B}(k,j) \tag{4.15}$$

此处的符号 $\sum$ 表示同一类式子的求和运算，其底部 $k=1$ 表示求和变量 k 从 1 开始，即指明了求和变量是哪个字母以及求和的下限；其上部的 n 表示求和在 $k=n$ 时终止，即求和的上限。由以上代数表达式的推导过程可知，如果需要用求和表达一个式子，可以先指定其中的某一项，然后以这个项号为求和变量（即此处的 k）从起点到终点求和即可。

4.2.2　矩阵乘法的基本性质

矩阵乘法没有交换律，那么是否有结合律呢？设有三个矩阵 $\boldsymbol{A}_{m\times n}$、$\boldsymbol{B}_{n\times s}$ 和 $\boldsymbol{C}_{s\times r}$，则 $(\boldsymbol{AB})\boldsymbol{C}$ 和 $\boldsymbol{A}(\boldsymbol{BC})$ 两者均满足矩阵相乘的条件，易知两个乘积结果都是 $m\times r$ 大小。设 $\boldsymbol{P}_{m\times s}=\boldsymbol{AB}$ 和 $\boldsymbol{Q}_{n\times r}=\boldsymbol{BC}$，则根据矩阵乘法的代数表达式有

$$\boldsymbol{P}(i,h)=\sum_{u=1}^{n}\boldsymbol{A}(i,u)\boldsymbol{B}(u,h),\quad 1\leqslant i\leqslant m,1\leqslant u\leqslant n,1\leqslant h\leqslant s \tag{4.16}$$

$$\boldsymbol{Q}(k,j)=\sum_{t=1}^{s}\boldsymbol{B}(k,t)\boldsymbol{C}(t,j),\quad 1\leqslant k\leqslant n,1\leqslant t\leqslant s,1\leqslant j\leqslant r \tag{4.17}$$

注意式(4.16)和式(4.17)中代数字母比较多，这是为了防止后续变量的混淆。设 $\boldsymbol{J}_{m\times r}=(\boldsymbol{AB})\boldsymbol{C}=\boldsymbol{PC}$，则有

$$\boldsymbol{J}(i,j)=\sum_{t=1}^{s}\boldsymbol{P}(i,t)\boldsymbol{C}(t,j) \tag{4.18}$$

根据式(4.16)，把 $\boldsymbol{P}(i,t)$ 的表达式代入式(4.18)中，只需将式(4.16)中变量 h 替换成 t 即可：

$$\boldsymbol{J}(i,j)=\sum_{t=1}^{s}\left(\sum_{u=1}^{n}\boldsymbol{A}(i,u)\boldsymbol{B}(u,t)\right)\boldsymbol{C}(t,j) \tag{4.19}$$

由于 $\boldsymbol{C}(t,j)$ 包含的自变量不含求和变量 u，所以可以直接乘入括号内，即放入变量为 u 的求和符号内：

$$\boldsymbol{J}(i,j)=\sum_{t=1}^{s}\left(\sum_{u=1}^{n}\boldsymbol{A}(i,u)\boldsymbol{B}(u,t)\boldsymbol{C}(t,j)\right) \tag{4.20}$$

设 $\boldsymbol{K}_{m\times r}=\boldsymbol{A}(\boldsymbol{BC})=\boldsymbol{AQ}$，同理可得

$$\boldsymbol{K}(i,j)=\sum_{u=1}^{n}\boldsymbol{A}(i,u)\boldsymbol{Q}(u,j)=\sum_{u=1}^{n}\boldsymbol{A}(i,u)\left(\sum_{t=1}^{s}\boldsymbol{B}(u,t)\boldsymbol{C}(t,j)\right)$$
$$=\sum_{u=1}^{n}\left(\sum_{t=1}^{s}\boldsymbol{A}(i,u)\boldsymbol{B}(u,t)\boldsymbol{C}(t,j)\right) \tag{4.21}$$

对比式(4.20)和式(4.21)，$\boldsymbol{J}(i,j)$和$\boldsymbol{K}(i,j)$均包含三项相乘，外层是两重求和符号，求和变量分别是t和u。为了方便理解这两个式子，这里列出表4-1写出求和的所有项。

表4-1 求和项目

$\boldsymbol{A}(i,1)\boldsymbol{B}(1,1)\boldsymbol{C}(1,j)$	…	$\boldsymbol{A}(i,1)\boldsymbol{B}(1,t)\boldsymbol{C}(t,j)$	…	$\boldsymbol{A}(i,1)\boldsymbol{B}(1,s)\boldsymbol{C}(s,j)$
…	…	…	…	…
$\boldsymbol{A}(i,u)\boldsymbol{B}(u,1)\boldsymbol{C}(1,j)$	…	$\boldsymbol{A}(i,u)\boldsymbol{B}(u,t)\boldsymbol{C}(t,j)$	…	$\boldsymbol{A}(i,u)\boldsymbol{B}(u,s)\boldsymbol{C}(s,j)$
…	…	…	…	…
$\boldsymbol{A}(i,n)\boldsymbol{B}(n,1)\boldsymbol{C}(1,j)$	…	$\boldsymbol{A}(i,n)\boldsymbol{B}(n,t)\boldsymbol{C}(t,j)$	…	$\boldsymbol{A}(i,n)\boldsymbol{B}(n,s)\boldsymbol{C}(s,j)$

由式(4.20)可知，$\boldsymbol{J}(i,j)$是先对每一列内容求和以形成一行，再对这一行内容求和；再由式(4.21)可知$\boldsymbol{K}(i,j)$是先对每一行内容求和以形成一列，再对这一列内容求和。两者本质上都是将这个表格的所有元素求和，与求和的过程顺序无关，于是两者统一表达如下：

$$\boldsymbol{J}(i,j)=\boldsymbol{K}(i,j)=\sum_{u=1}^{n}\sum_{t=1}^{s}\boldsymbol{A}(i,u)\boldsymbol{B}(u,t)\boldsymbol{C}(t,j) \tag{4.22}$$

由于i和j的任意性，$\boldsymbol{J}$和$\boldsymbol{K}$对应位置的任一元素都相等，因此有$\boldsymbol{J}=\boldsymbol{K}$，即$(\boldsymbol{AB})\boldsymbol{C}=\boldsymbol{A}(\boldsymbol{BC})$，这说明矩阵乘法具有结合律。

以上通过数学推导说明了矩阵乘法具有结合律。事实上，从映射的角度看，$\boldsymbol{A}$、$\boldsymbol{B}$和$\boldsymbol{C}$分别代表了三个映射，于是三者相乘就是三个映射的复合。由于复合映射具有结合律(例如三个函数$f(x)=\sin x$、$g(x)=\sqrt{x}$和$h=2x$，其中$(f\circ g)\circ h(x)=\sin\sqrt{h(x)}=\sin\sqrt{2x}$，$f\circ(g\circ h)(x)=f(\sqrt{2x})=\sin\sqrt{2x}$，即复合映射满足结合律)，所以矩阵乘法也具有结合律。这个结论可以拓展到任意多个矩阵相乘。

除此之外，矩阵乘法对于数乘也有结合律。设λ是常数，则$(\lambda\boldsymbol{A})\boldsymbol{B}=\boldsymbol{A}(\lambda\boldsymbol{B})$，这一点可以直接由式(4.15)推出如下：

$$[(\lambda\boldsymbol{A})\boldsymbol{B}](i,j)=\sum_{k=1}^{n}\lambda\boldsymbol{A}(i,k)\boldsymbol{B}(k,j)$$
$$=\sum_{k=1}^{n}\boldsymbol{A}(i,k)(\lambda\boldsymbol{B}(k,j))=[\boldsymbol{A}(\lambda\boldsymbol{B})](i,j) \tag{4.23}$$

此外，矩阵乘法对加减法还有分配律，这里不论左乘还是右乘都有分配律成立，即$\boldsymbol{A}(\boldsymbol{B}\pm\boldsymbol{C})=\boldsymbol{AB}\pm\boldsymbol{AC}$以及$(\boldsymbol{B}\pm\boldsymbol{C})\boldsymbol{D}=\boldsymbol{BD}\pm\boldsymbol{CD}$，这里仅对前者加以证明，后者证法一样。设$\boldsymbol{A}$的尺寸是$m\times n$，$\boldsymbol{B}$和$\boldsymbol{C}$的尺寸都是$n\times s$，于是有

$$[\boldsymbol{A}(\boldsymbol{B}\pm\boldsymbol{C})](i,j)=\sum_{k=1}^{n}\boldsymbol{A}(i,k)[\boldsymbol{B}(k,j)\pm\boldsymbol{C}(k,j)]$$
$$=\sum_{k=1}^{n}\boldsymbol{A}(i,k)\boldsymbol{B}(k,j)\pm\sum_{k=1}^{n}\boldsymbol{A}(i,k)\boldsymbol{C}(k,j)$$
$$=[\boldsymbol{AB}\pm\boldsymbol{AC}](i,j) \tag{4.24}$$

在以上矩阵性质的推导中，我们再一次看到了将某种具象化的计算方法写成抽象代数表达式的重要性。后续对矩阵的学习中会经常遇到代数推导，请读者注意思考。

4.3 特殊矩阵的乘法

这一节我们来看一些特殊矩阵的乘法，并总结对应的规律。

4.3.1 含有零矩阵的乘法

零矩阵是全体元素为0的矩阵，因此零矩阵和任意一个满足乘法要求的矩阵相乘时，每一个乘积的结果都是0，所以结果一定也是零矩阵(不论零矩阵在左还是在右)：

$$\begin{aligned} \boldsymbol{A}_{m\times n}\boldsymbol{O}_{n\times s} &= \boldsymbol{O}_{m\times s} \\ \boldsymbol{O}_{m\times n}\boldsymbol{A}_{n\times s} &= \boldsymbol{O}_{m\times s} \end{aligned} \tag{4.25}$$

以上结论还可以表述为：如果矩阵乘法中有一个乘数矩阵是零矩阵，那么最后的乘积一定是零矩阵。用数学语言描述就是：若 $\boldsymbol{A}=\boldsymbol{O}$ 或 $\boldsymbol{B}=\boldsymbol{O}$，则 $\boldsymbol{AB}=\boldsymbol{O}$。这是一个真命题，根据逻辑学知识，它的逆否命题也是真命题，即如果矩阵乘积的结果不是零矩阵，则所有的乘数矩阵都不为零矩阵。用数学语言描述就是：若 $\boldsymbol{AB}\neq\boldsymbol{O}$，则必有 $\boldsymbol{A}\neq\boldsymbol{O}$ 且 $\boldsymbol{B}\neq\boldsymbol{O}$。

现在反过来思考这样一个问题：如果两个矩阵乘积结果是零矩阵，是不是意味着其中某一个乘数矩阵是零矩阵呢？也就是说，若 $\boldsymbol{AB}=\boldsymbol{O}$，那么是否有 $\boldsymbol{A}=\boldsymbol{O}$ 或 $\boldsymbol{B}=\boldsymbol{O}$ 成立呢？此外，如果 $\boldsymbol{A}\neq\boldsymbol{O}$ 且 $\boldsymbol{B}\neq\boldsymbol{O}$，是否意味着 $\boldsymbol{AB}\neq\boldsymbol{O}$ 呢？这实际上是上述结论的逆命题和否命题，它们的成立与否可以通过下面这个例题说明。

例 4-4：已知矩阵 $\boldsymbol{A}$ 和矩阵 $\boldsymbol{B}$ 如下，请计算 $\boldsymbol{AB}$，并总结规律。

$$\boldsymbol{A}=\begin{bmatrix}1 & 0\\0 & 0\end{bmatrix},\quad \boldsymbol{B}=\begin{bmatrix}0 & 0\\0 & 1\end{bmatrix} \tag{4.26}$$

解：求解如下：

$$\boldsymbol{AB}=\begin{bmatrix}1 & 0\\0 & 0\end{bmatrix}\begin{bmatrix}0 & 0\\0 & 1\end{bmatrix}=\begin{bmatrix}0 & 0\\0 & 0\end{bmatrix}=\boldsymbol{O} \tag{4.27}$$

$\boldsymbol{A}$ 和 $\boldsymbol{B}$ 都存在不等于0的元素，所以均不为零矩阵，但两者乘积结果却是零矩阵。这说明 $\boldsymbol{AB}=\boldsymbol{O}$ 并不一定有 $\boldsymbol{A}=\boldsymbol{O}$ 或 $\boldsymbol{B}=\boldsymbol{O}$。

可见，上述结论的逆命题和否命题是不成立的，这是矩阵乘法和数的乘法一个很重要的区别。此处将这些结论列举如下，请务必注意其中的命题逻辑关系。

- 若 $\boldsymbol{A}=\boldsymbol{O}$ 或 $\boldsymbol{B}=\boldsymbol{O}$，则 $\boldsymbol{AB}=\boldsymbol{O}$(原命题成立)；
- 若 $\boldsymbol{AB}\neq\boldsymbol{O}$，则 $\boldsymbol{A}\neq\boldsymbol{O}$ 且 $\boldsymbol{B}\neq\boldsymbol{O}$(逆否命题成立)；
- 若 $\boldsymbol{AB}=\boldsymbol{O}$，不一定有 $\boldsymbol{A}=\boldsymbol{O}$ 或 $\boldsymbol{B}=\boldsymbol{O}$，还可能 $\boldsymbol{A}\neq\boldsymbol{O}$ 且 $\boldsymbol{B}\neq\boldsymbol{O}$(逆命题不成立)；
- 若 $\boldsymbol{A}\neq\boldsymbol{O}$ 且 $\boldsymbol{B}\neq\boldsymbol{O}$，不一定有 $\boldsymbol{AB}\neq\boldsymbol{O}$，还可能 $\boldsymbol{AB}=\boldsymbol{O}$(否命题不成立)。

以上结论有助于我们进一步理解线性方程组解的种类。对于齐次方程组 $\boldsymbol{Ax}=\boldsymbol{0}$，当 $\boldsymbol{A}\neq\boldsymbol{O}$ 且 $\boldsymbol{x}\neq\boldsymbol{0}$ 时，相乘的结果可以是 $\boldsymbol{0}$，也就是齐次方程组是可以存在非零解的。对于非齐次方程组 $\boldsymbol{Ax}=\boldsymbol{b}$，由于 $\boldsymbol{b}\neq\boldsymbol{0}$，即 $\boldsymbol{A}$ 和 $\boldsymbol{x}$ 相乘的结果不为 $\boldsymbol{0}$，因此必有 $\boldsymbol{x}\neq\boldsymbol{0}$，即非齐次方程组必然不存在零解。

4.3.2　含有对角阵和单位阵的乘法

再来看一个特殊矩阵乘法的例子。

例 4-5：已知矩阵 $\boldsymbol{A}$、$\boldsymbol{B}$ 和 $\boldsymbol{U}$ 如下，请计算 $\boldsymbol{AU}$ 和 $\boldsymbol{UB}$。

$$\boldsymbol{A}=\begin{bmatrix}1&2&3\\4&5&6\end{bmatrix},\quad \boldsymbol{B}=\begin{bmatrix}1&2\\3&4\\5&6\end{bmatrix},\quad \boldsymbol{U}=\begin{bmatrix}2&0&0\\0&3&0\\0&0&4\end{bmatrix}\tag{4.28}$$

解：

$$\begin{aligned}\boldsymbol{AU}&=\begin{bmatrix}1&2&3\\4&5&6\end{bmatrix}\begin{bmatrix}2&0&0\\0&3&0\\0&0&4\end{bmatrix}=\begin{bmatrix}2&6&12\\8&15&24\end{bmatrix}\\ \boldsymbol{UB}&=\begin{bmatrix}2&0&0\\0&3&0\\0&0&4\end{bmatrix}\begin{bmatrix}1&2\\3&4\\5&6\end{bmatrix}=\begin{bmatrix}2&4\\9&12\\20&24\end{bmatrix}\end{aligned}\tag{4.29}$$

这道例题中出现了一个特殊的矩阵 $\boldsymbol{U}$。首先，$\boldsymbol{U}$ 的行列数相等，都是 3，这种行列数相等的矩阵就叫作**方阵**(square matrix)。行列数等于 n 的方阵叫作 n 阶方阵(或称 n 阶矩阵)，例如此处的 $\boldsymbol{U}$ 就是 3 阶方阵。其次，除了第 1 行第 1 列、第 2 行第 2 列、第 3 行第 3 列以外，$\boldsymbol{U}$ 中的其他元素均为 0，这样的方阵就是**对角阵**(diagonal matrix)，而第 1 行第 1 列、第 2 行第 2 列、第 3 行第 3 列这三个元素构成了 $\boldsymbol{U}$ 的**主对角线**(principal diagonal)。所以还可以说，对角阵是非主对角线元素均为 0 的方阵。

表示对角阵时，有时候为了凸显主对角线元素，将其余 0 元素省略不写；或者使用 diag 后加全体主对角线元素。例如上例中的 $\boldsymbol{U}$ 就可以写成下面的形式：

$$\boldsymbol{U}=\begin{bmatrix}2&&\\&3&\\&&4\end{bmatrix}=\mathrm{diag}\{2,3,4\}\tag{4.30}$$

由例 4-5 可知，让对角阵去左乘一个矩阵，相当于矩阵的每一行元素乘以主对角线对应位置的元素(如 $\boldsymbol{UB}$)；让对角阵去右乘一个矩阵，相当于矩阵的每一列元素乘以主对角线对应位置的元素(如 $\boldsymbol{AU}$)。

特殊的，有的对角阵上主对角线元素都相等，如以下对角阵里主对角线所有的元素都是某个常数 λ：

$$\begin{bmatrix}\lambda&0&0\\0&\lambda&0\\0&0&\lambda\end{bmatrix}=\begin{bmatrix}\lambda&&\\&\lambda&\\&&\lambda\end{bmatrix}=\mathrm{diag}\{\lambda,\lambda,\lambda\}\tag{4.31}$$

这种对角阵叫作**纯量阵**(scalar matrix)，λ 叫作纯量阵的**数量因子**。纯量阵在有的文献里也被称为数量阵或标量阵。根据对角阵乘法的结论，一个纯量阵和某个矩阵相乘(不论左右)，只要满足矩阵乘法的条件，都相当于这个矩阵的全体元素乘以数量因子。特别的，令数量因子 $\lambda=1$，就得到了以下方阵 $\boldsymbol{E}$：

$$\boldsymbol{E}=\begin{bmatrix}1&0&0\\0&1&0\\0&0&1\end{bmatrix}=\begin{bmatrix}1&&\\&1&\\&&1\end{bmatrix}=\mathrm{diag}\{1,1,1\}\tag{4.32}$$

$\boldsymbol{E}$ 被称作**单位阵**(identity matrix)(有些文献中使用字母 $\boldsymbol{I}$ 表示)，式(4.32)给出的单位阵是3阶的，记为 $\boldsymbol{E}_{3\times 3}$ 或 $\boldsymbol{E}_3$。容易知道，单位阵和某个矩阵相乘(不论左右)，只要满足矩阵乘法的条件，结果仍然是这个矩阵不变。简单说就是单位阵和矩阵相乘结果不变，代数表示如下：

$$\boldsymbol{E}_{m\times m}\boldsymbol{A}_{m\times n}=\boldsymbol{A}_{m\times n}\boldsymbol{E}_{n\times n}=\boldsymbol{A}_{m\times n} \tag{4.33}$$

可见单位阵类似于数字1的作用。此外，任何一个纯量阵都可以表示成单位阵的若干倍，比如数量因子为 λ 的纯量阵就可以表示为 $\lambda\boldsymbol{E}=\mathrm{diag}\{\lambda,\lambda,\cdots,\lambda\}$。

对角阵和单位阵在矩阵分析理论中有着很重要的作用，后续会学习它们的具体用途。

4.3.3 向量之间的乘法

向量是只有1行或1列的矩阵，因此也可以进行乘法运算。

例 4-6：已知向量 $\boldsymbol{a}$、$\boldsymbol{b}$ 和 $\boldsymbol{c}$ 如下：

$$\boldsymbol{a}=(1,2,3),\quad \boldsymbol{b}=\begin{bmatrix}4\\5\\6\end{bmatrix},\quad \boldsymbol{c}=\begin{bmatrix}7\\8\end{bmatrix} \tag{4.34}$$

请分析以下六个乘积表达式 $\boldsymbol{ab}$、$\boldsymbol{ba}$、$\boldsymbol{ac}$、$\boldsymbol{ca}$、$\boldsymbol{bc}$ 和 $\boldsymbol{cb}$ 哪些有意义，哪些没有意义？求出有意义的乘积结果，并分析它们的特点。

解：$\boldsymbol{a}$ 的尺寸是 1×3，$\boldsymbol{b}$ 的尺寸是 3×1，$\boldsymbol{c}$ 的尺寸是 2×1。向量间的乘法运算也要满足矩阵乘法的条件，即左矩阵的列数等于右矩阵的行数，因此可知 $\boldsymbol{ab}$、$\boldsymbol{ba}$ 和 $\boldsymbol{ca}$ 是有意义的，而 $\boldsymbol{ac}$、$\boldsymbol{bc}$ 和 $\boldsymbol{cb}$ 没有意义。下面依次计算前三者的结果。

根据矩阵乘法的规则，$\boldsymbol{ab}$ 是一个 1×1 的矩阵，那什么是 1×1 的矩阵呢？其实就是一个单独的数字，这个数字等于两者对应元素相乘再相加，即两个向量的数量积。

$$\boldsymbol{ab}=(1,2,3)\begin{bmatrix}4\\5\\6\end{bmatrix}=32 \tag{4.35}$$

而 $\boldsymbol{ba}$ 和 $\boldsymbol{ca}$ 分别是 3×3 和 2×3 的矩阵。计算的时候，由于左矩阵取的行和右矩阵取的列只包含一个元素，所以只需要进行相乘操作即可。计算时务必注意元素的位置。

$$\begin{aligned}\boldsymbol{ba}&=\begin{bmatrix}4\\5\\6\end{bmatrix}(1,2,3)=\begin{bmatrix}4&8&12\\5&10&15\\6&12&18\end{bmatrix}\\ \boldsymbol{ca}&=\begin{bmatrix}7\\8\end{bmatrix}(1,2,3)=\begin{bmatrix}7&14&21\\8&16&24\end{bmatrix}\end{aligned} \tag{4.36}$$

观察可知 $\boldsymbol{ba}$ 和 $\boldsymbol{ca}$ 各行或各列都是成比例出现的，所以它们都是秩1矩阵。

由上例可以得出以下结论：第一，一个行向量左乘一个列向量，两者维数必须相等，其结果等于两者的数量积；第二，一个列向量左乘一个行向量，两者维数可以不等，如果两者都不是零向量，则其结果等于一个秩1矩阵。

列向量左乘行向量这种情况如果采用逐个相乘的方式去做会比较麻烦，行列位置也容易出错，因此往往采用下面这种整体代入的方式去做。以上面的 $\boldsymbol{ba}$ 为例，将向量 $\boldsymbol{b}$ 视为一个整体，直接代入 $\boldsymbol{a}$ 中的3个元素中，然后并列起来即可，过程如下所示：

$$\boldsymbol{ba}=\boldsymbol{b}(1,2,3)=(\boldsymbol{b},2\boldsymbol{b},3\boldsymbol{b})=\begin{bmatrix}4&8&12\\5&10&15\\6&12&18\end{bmatrix}\tag{4.37}$$

当然也可以把 $\boldsymbol{a}$ 视为一个整体代入 $\boldsymbol{b}$,其结果完全一致。

$$\boldsymbol{ba}=\begin{bmatrix}4\\5\\6\end{bmatrix}\boldsymbol{a}=\begin{bmatrix}4\boldsymbol{a}\\5\boldsymbol{a}\\6\boldsymbol{a}\end{bmatrix}=\begin{bmatrix}4&8&12\\5&10&15\\6&12&18\end{bmatrix}\tag{4.38}$$

使用整体代入法既提高了计算效率,又不容易出错。请读者自行使用此方法计算 $\boldsymbol{ca}$。

4.3.4　可交换矩阵的乘法

矩阵乘法一般情况下不存在交换律,但这不是绝对的,比如说下面这个例子。

例 4-7:已知矩阵 $\boldsymbol{A}$ 和矩阵 $\boldsymbol{B}$ 如下,请计算 $\boldsymbol{AB}$ 和 $\boldsymbol{BA}$,并分析结果有什么特点。

$$\boldsymbol{A}=\begin{bmatrix}1&2\\3&4\end{bmatrix},\quad \boldsymbol{B}=\begin{bmatrix}4&-2\\-3&1\end{bmatrix}\tag{4.39}$$

解:

$$\begin{aligned}\boldsymbol{AB}&=\begin{bmatrix}1&2\\3&4\end{bmatrix}\begin{bmatrix}4&-2\\-3&1\end{bmatrix}=\begin{bmatrix}-2&0\\0&-2\end{bmatrix}\\\boldsymbol{BA}&=\begin{bmatrix}4&-2\\-3&1\end{bmatrix}\begin{bmatrix}1&2\\3&4\end{bmatrix}=\begin{bmatrix}-2&0\\0&-2\end{bmatrix}\end{aligned}\tag{4.40}$$

可见 $\boldsymbol{AB}=\boldsymbol{BA}$,即对于此处的矩阵 $\boldsymbol{A}$ 和 $\boldsymbol{B}$ 来说交换律成立。

这个例题中 $\boldsymbol{AB}=\boldsymbol{BA}$,即交换两者的顺序对乘积结果没有影响,此时称这两个矩阵是**可交换矩阵**(commutative matrix/matrices)。那么什么样的矩阵才是可交换的呢?设 $\boldsymbol{A}$ 的尺寸是 $m\times n$,由于 $\boldsymbol{AB}$ 和 $\boldsymbol{BA}$ 均有意义,故 $\boldsymbol{B}$ 的尺寸必须是 $n\times m$。于是 $\boldsymbol{AB}$ 的尺寸是 $m\times m$,$\boldsymbol{BA}$ 的尺寸是 $n\times n$。又由于 $\boldsymbol{AB}=\boldsymbol{BA}$,故两者尺寸必须一致,即 $m=n$。由此可知,可交换矩阵的双方一定是等阶数方阵。

设有 n 阶方阵 $\boldsymbol{A}$,那么它和 n 阶零矩阵 $\boldsymbol{O}$ 以及 n 阶单位阵 $\boldsymbol{E}$ 都是可交换矩阵,因为有 $\boldsymbol{AO}=\boldsymbol{OA}=\boldsymbol{O}$ 以及 $\boldsymbol{AE}=\boldsymbol{EA}=\boldsymbol{A}$ 成立,符合可交换矩阵的定义。当然除此之外还有一些其他类型的可交换矩阵。

例 4-8:求证:两个等阶对角阵是可交换矩阵。

证明:设两个 n 阶对角阵 $\boldsymbol{A}=\mathrm{diag}\{a_1,a_2,\cdots,a_n\}$和 $\boldsymbol{B}=\mathrm{diag}\{b_1,b_2,\cdots,b_n\}$。先计算 $\boldsymbol{AB}$,也就是 $\boldsymbol{A}$ 去左乘 $\boldsymbol{B}$,则 $\boldsymbol{B}$ 的每一行元素都要对应乘以 $\boldsymbol{A}$ 对角线元素:

$$\boldsymbol{AB}=\begin{bmatrix}a_1b_1&&&\\&a_2b_2&&\\&&\ddots&\\&&&a_nb_n\end{bmatrix}\tag{4.41}$$

同理,$\boldsymbol{BA}$ 也可以这样计算:

$$\boldsymbol{BA}=\begin{bmatrix}b_1a_1&&&\\&b_2a_2&&\\&&\ddots&\\&&&b_na_n\end{bmatrix}\tag{4.42}$$

由于数的相乘是具有交换律的，即 $a_ib_i=b_ia_i$(其中 $i=1,2,\cdots,n$)，所以 $\boldsymbol{AB}=\boldsymbol{BA}$，即两者可交换，其结果是由对应主对角线乘积构成的对角阵，这是一个容易理解和记忆的结论。

$$\boldsymbol{AB}=\boldsymbol{BA}=\begin{bmatrix} a_1b_1 & & & \\ & a_2b_2 & & \\ & & \ddots & \\ & & & a_nb_n \end{bmatrix}=\mathrm{diag}\{a_1b_1,a_2b_2,\cdots,a_nb_n\} \tag{4.43}$$

4.4 矩阵乘法的拓展

前面几节介绍了矩阵乘法的概念、基本性质以及特殊矩阵乘法，这一节继续研究矩阵乘法的各种性质以及运算拓展。

4.4.1 转置矩阵的乘法

设 $\boldsymbol{A}$ 是一个 $m\times n$ 大小的矩阵，如果将其行列元素位置标号换位，即第 i 行第 j 列的元素变成了第 j 行第 i 列的元素(其中 $1\leqslant i\leqslant m,1\leqslant j\leqslant n$)，得到了一个 $n\times m$ 的矩阵，相当于把 $\boldsymbol{A}$ 倒转放置，称它是 $\boldsymbol{A}$ 的**转置**(transposition)，记作 $\boldsymbol{A}^{\mathrm{T}}$。根据转置矩阵的定义，有 $\boldsymbol{A}(i,j)=\boldsymbol{A}^{\mathrm{T}}(j,i)$。求一个矩阵的转置很简单，只需把原先自左向右排列的行元素转换成自上而下排列的列元素即可。比如这里有 2×4 大小的矩阵 $\boldsymbol{A}$，那么它的转置 $\boldsymbol{A}^{\mathrm{T}}$ 的尺寸就是 4×2：

$$\boldsymbol{A}=\begin{bmatrix} 1 & 2 & 3 & 4 \\ 5 & 6 & 7 & 8 \end{bmatrix},\quad \boldsymbol{A}^{\mathrm{T}}=\begin{bmatrix} 1 & 5 \\ 2 & 6 \\ 3 & 7 \\ 4 & 8 \end{bmatrix} \tag{4.44}$$

如果 $\boldsymbol{A}^{\mathrm{T}}=\boldsymbol{A}$，就称 $\boldsymbol{A}$ 是一个**对称矩阵**(symmetric matrix)。对称矩阵必须是方阵，它最直观的表现就是矩阵的所有元素关于主对角线对称，即 $\boldsymbol{A}(i,j)=\boldsymbol{A}(j,i)$。显然对角阵、纯量阵、单位阵和行列数相等的零矩阵都是对称矩阵。

由转置的定义可知，一个列向量的转置就是对应相同内容的行向量，同理，一个行向量的转置就是对应相同内容的列向量。有时候为了方便行文中的书写，列向量会表示成行向量转置的形式，比如此处列向量 $\boldsymbol{a}$ 可以表示为行向量的转置形式：

$$\boldsymbol{a}=\begin{bmatrix} 1 \\ 2 \\ 3 \end{bmatrix}=(1,2,3)^{\mathrm{T}} \tag{4.45}$$

对于两个列向量 $\boldsymbol{a}$ 和 $\boldsymbol{b}$，两者的数量积运算可以利用向量的转置写成矩阵乘法形式，即 $\boldsymbol{a}\cdot\boldsymbol{b}=\boldsymbol{a}^{\mathrm{T}}\boldsymbol{b}=\boldsymbol{b}^{\mathrm{T}}\boldsymbol{a}$，这就从矩阵乘法的角度说明了向量的数量积运算具有交换律。

根据转置的定义，可以很容易得出以下三个结论：

➢ 自反性：$(\boldsymbol{A}^{\mathrm{T}})^{\mathrm{T}}=\boldsymbol{A}$；

➢ 可加性：$(\boldsymbol{A}\pm\boldsymbol{B})^{\mathrm{T}}=\boldsymbol{A}^{\mathrm{T}}\pm\boldsymbol{B}^{\mathrm{T}}$；

➢ 数乘性：$(\lambda\boldsymbol{A})^{\mathrm{T}}=\lambda\boldsymbol{A}^{\mathrm{T}}$。

那么转置在矩阵的乘法具有什么特别的性质呢？这里还是通过一个例题说明。

例 4-9：已知矩阵 $\boldsymbol{A}$ 和 $\boldsymbol{B}$ 如下，请计算 $\boldsymbol{AB}$、$(\boldsymbol{AB})^{\mathrm{T}}$、$\boldsymbol{A}^{\mathrm{T}}\boldsymbol{B}^{\mathrm{T}}$ 和 $\boldsymbol{B}^{\mathrm{T}}\boldsymbol{A}^{\mathrm{T}}$ 并总结规律。

$$\boldsymbol{A}=\begin{bmatrix}7 & 6\\5 & 4\\3 & 2\end{bmatrix},\quad \boldsymbol{B}=\begin{bmatrix}1 & 2 & 3\\4 & 5 & 6\end{bmatrix} \tag{4.46}$$

解：先计算 $\boldsymbol{AB}$：

$$\boldsymbol{AB}=\begin{bmatrix}7 & 6\\5 & 4\\3 & 2\end{bmatrix}\begin{bmatrix}1 & 2 & 3\\4 & 5 & 6\end{bmatrix}=\begin{bmatrix}31 & 44 & 57\\21 & 30 & 39\\11 & 16 & 21\end{bmatrix} \tag{4.47}$$

将 $\boldsymbol{AB}$ 的行列换位就是 $(\boldsymbol{AB})^{\mathrm{T}}$，只需把按行表示的元素按列写出即可：

$$(\boldsymbol{AB})^{\mathrm{T}}=\begin{bmatrix}31 & 44 & 57\\21 & 30 & 39\\11 & 16 & 21\end{bmatrix}^{\mathrm{T}}=\begin{bmatrix}31 & 21 & 11\\44 & 30 & 16\\57 & 39 & 21\end{bmatrix} \tag{4.48}$$

接下来计算 $\boldsymbol{A}^{\mathrm{T}}\boldsymbol{B}^{\mathrm{T}}$ 和 $\boldsymbol{B}^{\mathrm{T}}\boldsymbol{A}^{\mathrm{T}}$：

$$\boldsymbol{A}^{\mathrm{T}}\boldsymbol{B}^{\mathrm{T}}=\begin{bmatrix}7 & 5 & 3\\6 & 4 & 2\end{bmatrix}\begin{bmatrix}1 & 4\\2 & 5\\3 & 6\end{bmatrix}=\begin{bmatrix}26 & 71\\20 & 56\end{bmatrix}$$

$$\boldsymbol{B}^{\mathrm{T}}\boldsymbol{A}^{\mathrm{T}}=\begin{bmatrix}1 & 4\\2 & 5\\3 & 6\end{bmatrix}\begin{bmatrix}7 & 5 & 3\\6 & 4 & 2\end{bmatrix}=\begin{bmatrix}31 & 21 & 11\\44 & 30 & 16\\57 & 39 & 21\end{bmatrix} \tag{4.49}$$

可以看出 $(\boldsymbol{AB})^{\mathrm{T}}=\boldsymbol{B}^{\mathrm{T}}\boldsymbol{A}^{\mathrm{T}}$。

上例中的结论是特例，还是对于所有的符合相乘条件的矩阵均成立呢？仍然使用代数推导说明这个问题。矩阵 $\boldsymbol{A}$ 的第 i 行第 j 列的元素是 $\boldsymbol{A}(i,j)$，因此这个元素在 $\boldsymbol{A}^{\mathrm{T}}$ 里就位于第 j 行第 i 列，即上面提到的 $\boldsymbol{A}(i,j)=\boldsymbol{A}^{\mathrm{T}}(j,i)$。因此如果要计算 $(\boldsymbol{AB})^{\mathrm{T}}$，只需写出 $\boldsymbol{AB}$ 的表达式，然后交换行号 i 和列号 j 在对应表达式中的位置即可。设有 $\boldsymbol{A}_{m\times n}$ 和 $\boldsymbol{B}_{n\times s}$，令 $\boldsymbol{C}=\boldsymbol{AB}$，根据式(4.15)有

$$\boldsymbol{C}(i,j)=\sum_{k=1}^{n}\boldsymbol{A}(i,k)\boldsymbol{B}(k,j) \tag{4.50}$$

而 $\boldsymbol{C}^{\mathrm{T}}$ 则是将 $\boldsymbol{C}$ 表达式的 i 和 j 交换位置：

$$\boldsymbol{C}^{\mathrm{T}}(i,j)=\sum_{k=1}^{n}\boldsymbol{A}(j,k)\boldsymbol{B}(k,i) \tag{4.51}$$

再令 $\boldsymbol{D}=\boldsymbol{B}^{\mathrm{T}}\boldsymbol{A}^{\mathrm{T}}$，则有

$$\boldsymbol{D}(i,j)=\sum_{k=1}^{n}\boldsymbol{B}^{\mathrm{T}}(i,k)\boldsymbol{A}^{\mathrm{T}}(k,j)=\sum_{k=1}^{n}\boldsymbol{B}(k,i)\boldsymbol{A}(j,k)=\sum_{k=1}^{n}\boldsymbol{A}(j,k)\boldsymbol{B}(k,i)=\boldsymbol{C}^{\mathrm{T}}(i,j) \tag{4.52}$$

由此可知 $\boldsymbol{C}^{\mathrm{T}}=\boldsymbol{D}$，也就是 $(\boldsymbol{AB})^{\mathrm{T}}=\boldsymbol{B}^{\mathrm{T}}\boldsymbol{A}^{\mathrm{T}}$ 成立。这说明两个矩阵乘积的转置等于两个矩阵分别转置后的倒序乘积，这就是转置的倒序相乘性质。在以上推导中，$\boldsymbol{B}(k,i)\boldsymbol{A}(j,k)=$

$\boldsymbol{A}(j,k)\boldsymbol{B}(k,i)$成立是因为$\boldsymbol{A}(j,k)$和$\boldsymbol{B}(k,i)$两者是矩阵中的某个特定的元素，即一个数，而数的乘法是具有交换律的。

上述结论从直观上也是容易理解的，因为做乘法运算时取$\boldsymbol{A}$的第i行和$\boldsymbol{B}$的第j列，其对应相乘再相加的结果位于$\boldsymbol{AB}$的第i行第j列，转置以后就是第j行第i列；而转置倒序时，对应位置恰好取的是$\boldsymbol{B}^{\mathrm{T}}$的第$j$行和$\boldsymbol{A}^{\mathrm{T}}$的第$i$列，而$\boldsymbol{B}^{\mathrm{T}}$的第$j$行就是$\boldsymbol{B}$的第$j$列且$\boldsymbol{A}^{\mathrm{T}}$的第$i$列就是$\boldsymbol{A}$的第$i$行，因此对应相乘再相加的结果和上面完全一致。这个过程如图4-3所示。

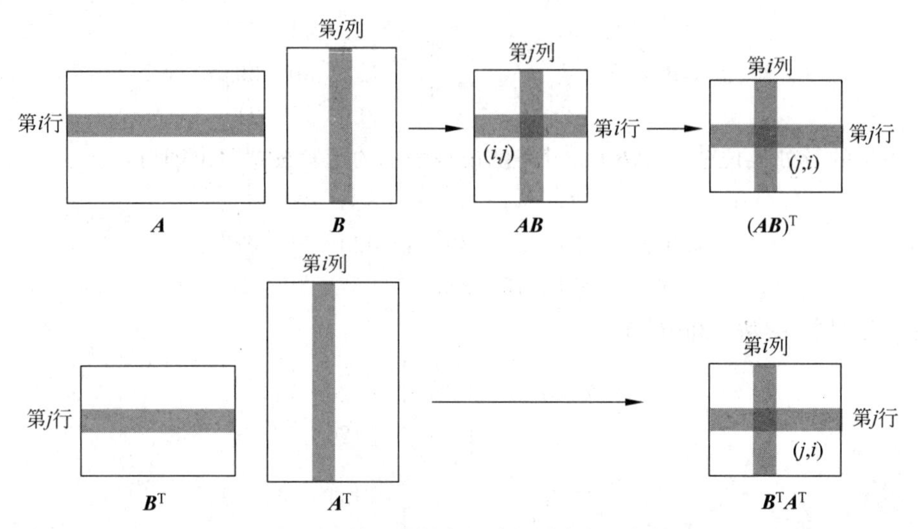

图4-3　转置的倒序相乘性质直观图解

转置的倒序相乘性质可以拓展到多个矩阵，即$(\boldsymbol{ABC}\cdots\boldsymbol{N})^{\mathrm{T}}=\boldsymbol{N}^{\mathrm{T}}\cdots\boldsymbol{C}^{\mathrm{T}}\boldsymbol{B}^{\mathrm{T}}\boldsymbol{A}^{\mathrm{T}}$。

4.4.2　矩阵乘方

和数一样，矩阵也可以进行乘方运算。对于矩阵$\boldsymbol{A}$，将$\boldsymbol{A}\cdot\boldsymbol{A}$定义为$\boldsymbol{A}$的平方，记为$\boldsymbol{A}^2$。同理，将$\boldsymbol{A}^2\cdot\boldsymbol{A}$定义为$\boldsymbol{A}^3$，将$\boldsymbol{A}^3\cdot\boldsymbol{A}$定义为$\boldsymbol{A}^4$，……通过这种递推方式就可以定义$\boldsymbol{A}^k$（其中$k\in\mathbb{N}^+$且$k\geqslant 2$）。这些矩阵的幂次就是**矩阵乘方**（matrix power）。根据矩阵乘法的条件可知，只有方阵才能定义乘方运算。

如果幂指数$k=1$或$k=0$，只需要补充定义$\boldsymbol{A}^1=\boldsymbol{A}$和$\boldsymbol{A}^0=\boldsymbol{E}$即可，从而幂指数$k$的范围就拓展为自然数集$\mathbb{N}$。

例4-10：已知矩阵$\boldsymbol{A}$如下：

$$\boldsymbol{A}=\begin{bmatrix}1 & -1\\ -1 & 1\end{bmatrix}\tag{4.53}$$

求证：$\boldsymbol{A}^k=2^{k-1}\boldsymbol{A}(k\in\mathbb{N}^+)$。

证明：由于矩阵的乘方运算采用的是递归定义法，因此这里证明也使用递归式证明，即采用数学归纳法。题目中指明$k\in\mathbb{N}^+$，所以从$k=1$开始。

(1) 当$k=1$时，$\boldsymbol{A}^1=2^{1-1}\boldsymbol{A}=\boldsymbol{A}$，显然成立。

(2) 已知当$k=r$时有$\boldsymbol{A}^r=2^{r-1}\boldsymbol{A}$成立，则当$k=r+1$时，做以下推导：

$$\boldsymbol{A}^{r+1}=\boldsymbol{A}^r\cdot\boldsymbol{A}=2^{r-1}\boldsymbol{A}\cdot\boldsymbol{A}=2^{r-1}\boldsymbol{A}^2=2^{r-1}\begin{bmatrix}1 & -1\\ -1 & 1\end{bmatrix}\begin{bmatrix}1 & -1\\ -1 & 1\end{bmatrix}=2^{r-1}\begin{bmatrix}2 & -2\\ -2 & 2\end{bmatrix}$$

$$=2^{r-1}\cdot 2\begin{bmatrix}1 & -1\\ -1 & 1\end{bmatrix}=2^{(r+1)-1}\boldsymbol{A} \tag{4.54}$$

根据数学归纳法原理，在 $k=r+1$ 时也有等式成立，故得证。

例 4-11：初等数学里学过“向量的平方”，它和此处“矩阵的平方”是同一个概念吗？请说明原因。

解：“向量的平方”和此处“矩阵的平方”并不是一个概念。初等数学里所谓“向量的平方”，严格来说是一个向量和它自身的数量积，比如列向量 $\boldsymbol{a}$ 的“平方”指的是 $\boldsymbol{a}^{\mathrm{T}}\boldsymbol{a}$，或者说是其长度（模）的平方。而从矩阵乘方的观点来看，平面向量、空间向量以及超过 3 维的向量都不是方阵，因此不能乘方。为了避免混淆，本书对初等数学讲到的“向量的平方”概念一律使用“向量和它自身的数量积”这样更为严格的说法代替。

例 4-12：设 $\boldsymbol{A}$ 和 $\boldsymbol{B}$ 都是等阶方阵，请说明以下四个等式是否成立？为什么？

(1) $\boldsymbol{A}^m\boldsymbol{A}^k=\boldsymbol{A}^{m+k}$；(2) $(\boldsymbol{A}^m)^k=\boldsymbol{A}^{mk}$；(3) $\boldsymbol{A}^k\boldsymbol{B}^k=(\boldsymbol{A}\boldsymbol{B})^k$；(4) $\lambda^k\boldsymbol{A}^k=(\lambda\boldsymbol{A})^k$。其中 $m,k\in\mathbb{N}$，λ 是常数。

解：由于 $\boldsymbol{A}$ 和它自己一定是可交换的，所以 $\boldsymbol{A}$ 的任何幂次之间也是可交换的，于是等式 $\boldsymbol{A}^m\boldsymbol{A}^k=\boldsymbol{A}^{m+k}$ 和 $(\boldsymbol{A}^m)^k=\boldsymbol{A}^{mk}$ 是成立的。

来看等式(3)，这里先将等式两端分别展开：

$$\begin{aligned}\boldsymbol{A}^k\boldsymbol{B}^k&=\underbrace{\boldsymbol{A}\cdot\boldsymbol{A}\cdots\boldsymbol{A}}_{k}\cdot\underbrace{\boldsymbol{B}\cdot\boldsymbol{B}\cdots\boldsymbol{B}}_{k}\\(\boldsymbol{A}\boldsymbol{B})^k&=\underbrace{\boldsymbol{A}\boldsymbol{B}\cdot\boldsymbol{A}\boldsymbol{B}\cdots\boldsymbol{A}\boldsymbol{B}}_{k}\end{aligned} \tag{4.55}$$

由于矩阵乘法没有交换律，所以式(4.55)中 $\boldsymbol{A}$ 和 $\boldsymbol{B}$ 不能轻易换位，这样 $\boldsymbol{A}^k\boldsymbol{B}^k$ 不能等同于 $(\boldsymbol{A}\boldsymbol{B})^k$。不过如果 $\boldsymbol{A}$ 和 $\boldsymbol{B}$ 可交换（即 $\boldsymbol{A}\boldsymbol{B}=\boldsymbol{B}\boldsymbol{A}$），那么就有 $\boldsymbol{A}^k\boldsymbol{B}^k=(\boldsymbol{A}\boldsymbol{B})^k$ 成立。

最后看等式(4)，仍然展开两端：

$$\begin{aligned}\lambda^k\boldsymbol{A}^k&=\underbrace{\lambda\cdot\lambda\cdots\lambda}_{k}\cdot\underbrace{\boldsymbol{A}\cdot\boldsymbol{A}\cdots\boldsymbol{A}}_{k}\\(\lambda\boldsymbol{A})^k&=\underbrace{\lambda\boldsymbol{A}\cdot\lambda\boldsymbol{A}\cdots\lambda\boldsymbol{A}}_{k}=\underbrace{\lambda\cdot\lambda\cdots\lambda}_{k}\cdot\underbrace{\boldsymbol{A}\cdot\boldsymbol{A}\cdots\boldsymbol{A}}_{k}\end{aligned} \tag{4.56}$$

由矩阵的数乘运算可知，常数 λ 可以移位，这里统一放在前面，可以看出两者相等。因此 $\lambda^k\boldsymbol{A}^k=(\lambda\boldsymbol{A})^k$ 也是成立的。

由上例可知，有关数的几条乘方运算法则对于矩阵的乘方也是成立的，但一定要注意 $\boldsymbol{A}^k\boldsymbol{B}^k=(\boldsymbol{A}\boldsymbol{B})^k$ 这个性质仅在 $\boldsymbol{A}$ 和 $\boldsymbol{B}$ 可交换（即 $\boldsymbol{A}\boldsymbol{B}=\boldsymbol{B}\boldsymbol{A}$）的前提下才能成立，本质上是因为矩阵乘法不存在交换律。

例 4-13：设对角阵 $\boldsymbol{U}=\mathrm{diag}\{2,3,4\}$，求 $\boldsymbol{U}^k\ (k\in\mathbb{N}^+)$。

解：把 $\boldsymbol{U}$ 写成矩阵的形态（0 元素全部空白），先尝试求 $\boldsymbol{U}^2$ 和 $\boldsymbol{U}^3$，从而寻找规律。

$$\begin{aligned}\boldsymbol{U}^2&=\begin{bmatrix}2 & & \\ & 3 & \\ & & 4\end{bmatrix}\begin{bmatrix}2 & & \\ & 3 & \\ & & 4\end{bmatrix}=\begin{bmatrix}2^2 & & \\ & 3^2 & \\ & & 4^2\end{bmatrix}=\mathrm{diag}\{2^2,3^2,4^2\}\\\boldsymbol{U}^3&=\begin{bmatrix}2^2 & & \\ & 3^2 & \\ & & 4^2\end{bmatrix}\begin{bmatrix}2 & & \\ & 3 & \\ & & 4\end{bmatrix}=\begin{bmatrix}2^3 & & \\ & 3^3 & \\ & & 4^3\end{bmatrix}=\mathrm{diag}\{2^3,3^3,4^3\}\end{aligned} \tag{4.57}$$

于是可知：

$$\boldsymbol{U}^k=\begin{bmatrix}2^k & & \\ & 3^k & \\ & & 4^k\end{bmatrix}=\mathrm{diag}\{2^k,3^k,4^k\} \tag{4.58}$$

上例的结论可以直接推广到任意对角阵。设 n 阶对角阵 $\boldsymbol{U}=\mathrm{diag}\{\lambda_1,\cdots,\lambda_n\}$，那么有 $\boldsymbol{U}^k=\mathrm{diag}\{\lambda_1^k,\cdots,\lambda_n^k\}(k\in\mathbb{N}^+)$。由以上结论可知，单位阵 $\boldsymbol{E}$ 的任何自然数幂次都是它本身，即 $\boldsymbol{E}^k=\boldsymbol{E}(k\in\mathbb{N})$；此外零矩阵 $\boldsymbol{O}$ 的任何正整数幂次也是它本身，即 $\boldsymbol{O}^k=\boldsymbol{O}(k\in\mathbb{N}^+)$。这些结论都是容易理解和记忆的。

4.4.3 矩阵多项式

初等数学介绍了多项式的概念，多项式中的代数字母指代的是某一个数。同样，以矩阵为代数变量也可以定义多项式，这就是**矩阵多项式**(matrix polynomial)。而为了能够使得矩阵多项式的幂次有意义，这里的矩阵一律都是方阵。矩阵多项式的表示很容易，只需要把多项式中代数字母换成对应的方阵即可。此外，多项式中的常数项相当于字母的 0 次幂，所以需要替换为该常数乘以单位阵 $\boldsymbol{E}$。

例 4-14：已知一元多项式 $p(x)=x^3-5x^2+4x-7$ 和 n 阶方阵 $\boldsymbol{A}$，求对应的矩阵多项式表达 $p(\boldsymbol{A})$。

解：将变量 x 替换成 $\boldsymbol{A}$，将常数项 -7 替换成 $-7\boldsymbol{E}$ 即可。

$$p(\boldsymbol{A})=\boldsymbol{A}^3-5\boldsymbol{A}^2+4\boldsymbol{A}-7\boldsymbol{E} \tag{4.59}$$

和多项式的运算一样，矩阵多项式也可以进行加法、减法和乘法运算。但矩阵乘法没有交换律，因此在运算时一定要注意左乘和右乘。

例 4-15：设 $\boldsymbol{A}$ 和 $\boldsymbol{B}$ 是两个 n 阶方阵，则以下两个矩阵多项式运算成立吗？为什么？

$$\begin{gathered}(\boldsymbol{A}+\boldsymbol{B})^2=\boldsymbol{A}^2+2\boldsymbol{AB}+\boldsymbol{B}^2\\(\boldsymbol{A}+\boldsymbol{B})(\boldsymbol{A}-\boldsymbol{B})=\boldsymbol{A}^2-\boldsymbol{B}^2\end{gathered} \tag{4.60}$$

解：将这两个等式的左边展开如下：

$$\begin{gathered}(\boldsymbol{A}+\boldsymbol{B})^2=(\boldsymbol{A}+\boldsymbol{B})(\boldsymbol{A}+\boldsymbol{B})=\boldsymbol{A}^2+\boldsymbol{AB}+\boldsymbol{BA}+\boldsymbol{B}^2\\(\boldsymbol{A}+\boldsymbol{B})(\boldsymbol{A}-\boldsymbol{B})=\boldsymbol{A}^2-\boldsymbol{AB}+\boldsymbol{BA}-\boldsymbol{B}^2\end{gathered} \tag{4.61}$$

由于不知 $\boldsymbol{AB}$ 是否等于 $\boldsymbol{BA}$，所以 $\boldsymbol{AB}+\boldsymbol{BA}$ 和 $2\boldsymbol{AB}$ 未必相等，$-\boldsymbol{AB}+\boldsymbol{BA}$ 也未必会抵消成为 $\boldsymbol{O}$，故(4.60)的两个式子未必成立。

从这个例子可以看出，一些常用的代数多项式公式成为矩阵多项式后，由于矩阵乘法没有交换律，故不再成立，这一点需要特别引起注意。

现在反过来思考一个问题，那就是什么时候以上公式就成立了呢？从上面的推导可以看出，如果 $\boldsymbol{AB}=\boldsymbol{BA}$，那么公式里的这两项就可以合并或抵消，即以上公式成立的前提是 $\boldsymbol{A}$ 和 $\boldsymbol{B}$ 可交换。不仅是以上两个公式，在进行多个矩阵多项式乘法运算时，都需要特别注意是否有可交换这个条件。

例 4-16：已知 $\boldsymbol{A}$ 和 $\boldsymbol{B}$ 是两个 n 阶方阵，$\boldsymbol{E}$ 是 n 阶单位阵，那么以下两个等式成立吗？如果不一定成立则说明成立的条件(其中 $k\in\mathbb{N}^+$)。

$$(\boldsymbol{A}+\boldsymbol{B})^k=\sum_{r=0}^{k}\mathrm{C}_k^r\boldsymbol{A}^{k-r}\boldsymbol{B}^r$$
$$(\boldsymbol{A}+\boldsymbol{E})^k=\sum_{r=0}^{k}\mathrm{C}_k^r\boldsymbol{A}^{k-r} \tag{4.62}$$

解：题中的等式源于二项式定理，在推导二项式定理时采用了分步乘法计数原理和分类加法计数原理，前者默认了乘法的交换律，而矩阵乘法不一定有交换律，故第一个等式不一定成立。如果要成立，需要有 $\boldsymbol{A}$ 和 $\boldsymbol{B}$ 可交换（即 $\boldsymbol{AB}=\boldsymbol{BA}$）这个前提条件。由于任何方阵和等阶单位阵 $\boldsymbol{E}$ 一定是可交换的（$\boldsymbol{AE}=\boldsymbol{EA}=\boldsymbol{A}$），且 $\boldsymbol{E}^k=\boldsymbol{E}$，因此第二个式子成立。

例 4-17：微积分课程中介绍学过泰勒级数（Taylor series）。比如 e^x 可以展开成以下形式：

$$\mathrm{e}^x=1+x+\frac{x^2}{2!}+\frac{x^3}{3!}+\cdots=\sum_{n=0}^{\infty}\frac{x^n}{n!} \tag{4.63}$$

用类似的方式可以定义**矩阵函数**（matrix function）。设有方阵 $\boldsymbol{A}$，请写出 $\mathrm{e}^{\boldsymbol{A}}$ 表达式。

解：采用和多项式一样的替换方法即可定义矩阵函数 $\mathrm{e}^{\boldsymbol{A}}$。

$$\mathrm{e}^{\boldsymbol{A}}=\boldsymbol{E}+\boldsymbol{A}+\frac{\boldsymbol{A}^2}{2!}+\frac{\boldsymbol{A}^3}{3!}+\cdots=\sum_{n=0}^{\infty}\frac{\boldsymbol{A}^n}{n!} \tag{4.64}$$

4.5　矩阵乘法的应用：Kappa 系数计算式的推导

矩阵是一张数表，利用矩阵乘法，可以对这个数表做各种操作。这一节将利用矩阵乘法推导出分类问题上常用的 Kappa 系数公式。

4.5.1　Kappa 系数

考虑这样一个问题。现在有 10 个人 A～J，每人手中都拿有一张黑色或白色的纸，我们起初并不知道他们拿的是哪种颜色的纸，但可以使用某种手段对每个人手中纸的颜色进行预测判断。而每个人实际拿到的纸的颜色不一定和预测的颜色一致，可能有一定的误差。这里将某次的预测颜色和实际颜色列为表 4-2。

表 4-2　预测颜色和实际颜色

	A	B	C	D	E	F	G	H	I	J
预测颜色	黑	白	白	黑	白	黑	黑	白	白	黑
实际颜色	白	黑	白	黑	白	黑	白	白	白	黑
正误判断	×	×	√	√	√	√	×	√	√	√

那么如何判断这次预测的准确率呢？一个很自然的方法就是使用预测正确的人数除以总人数的数值作为准确率。这里一共有 7 个人被预测正确，所以准确率就是 7÷10＝0.7。如果把它视为一个分类的问题，这个指标就**分类总正确率**（percentage of correct classification），用 PCC 表示。

PCC 反映了总体的正确率，但是对于分类预测判断的细节关注比较少。如果仔细观察这个表格，就会发现表格中存在 4 种情况：

➤ 预测为黑色且实际也为黑色；

➢ 预测为白色但实际为黑色；

➢ 预测为黑色但实际为白色；

➢ 预测为白色且实际也为白色。

把这 4 种情况的数量数出并写成所占比例的形式，如表 4-3 所示，其横行代表了实际的颜色情况，纵列代表了预测的颜色情况。将这个表格的每一列相加求和，就得到了预测的两种颜色所占的比例；将表格的每一行相加，就得到了实际每种颜色所占的比例。将两项求和内容写在表格的边缘。

表 4-3　分类信息表

		预测颜色		
		黑	白	
实际颜色	黑	0.3	0.1	0.4
	白	0.2	0.4	0.6
		0.5	0.5	

仔细观察这个表格，第 1 行第 1 列和第 2 行第 2 列这两个格子中的内容表示预测颜色和实际颜色相一致的比例，所以两者相加就是上面的 PCC 的值，即 $\text{PCC}=0.3+0.4=0.7$。所以不管预测是怎样的结果，只要这两项内容之和一致，那么对应总正确率 PCC 就是相等的。由于 PCC 在这个统计表格中包含的信息比较少，所以它只是一个粗略的指标。

1960 年，J. A. Cohen 提出了一种可以囊括这个表格全部分类信息的指标：**Kappa 系数**（Kappa coefficient）。首先定义一个修正值 PE，它是实际各类占比和预测各类占比对应相乘再相加的结果（即表 4-3 的两组行、列边缘求和数据对应相乘再相加），此处有 $\text{PE}=0.4\times0.5+0.6\times0.5=0.5$。然后使用以下公式计算 Kappa 系数（用 KC 表示）：

$$\text{KC}=\frac{\text{PCC}-\text{PE}}{1-\text{PE}} \tag{4.65}$$

根据式（4.65），这个例子中的 Kappa 系数值是 $\text{KC}=\frac{0.7-0.5}{1-0.5}=0.4$。

还是同样的背景，另一种预测结果的分类情况如表 4-4 所示。

表 4-4　另一种预测结果分类信息表

		预测颜色		
		黑	白	
实际颜色	黑	0.2	0.2	0.4
	白	0.1	0.5	0.6
		0.3	0.7	

可以计算出，此时 $\text{PCC}=0.2+0.5=0.7$，$\text{PE}=0.4\times0.3+0.6\times0.7=0.54$，从而 $\text{KC}=\frac{0.7-0.54}{1-0.54}\approx0.348$。可见虽然两次分类预测的 PCC 值相同，但第一次预测 KC 值比第二次略大。事实上，当分类达到绝对正确时，$\text{PCC}=1$，根据式（4.65）可知，此时 $\text{KC}=1$。实际分类或多或少存在偏差，即 $\text{PCC}<1$，于是 $\text{KC}<1$，并且 KC 值越接近 1 说明分类越接近于绝对正确，即分类精度越高。因此可知第一种情况的预测更精确一些。由于 KC 比

PCC 包含更多的分类信息，所以它是一个比 PCC 更精确的指标值。

4.5.2 Kappa 系数的矩阵表达公式

将以上表格隐去框线和表头，就剩下了一个纯数字表格，即构成了一个矩阵。这个矩阵记录了详细的分类信息，称之为**混淆矩阵**(confusion matrix)。例如上面第一次预测的混淆矩阵 $\boldsymbol{A}$ 如下：

$$\boldsymbol{A}=\begin{bmatrix}0.3 & 0.1\\0.2 & 0.4\end{bmatrix} \tag{4.66}$$

由于实际分类的数量和预测分类的数量都是 2，所以混淆矩阵 $\boldsymbol{A}$ 就是 2×2 方阵。而 PCC 的值就是主对角线上两个元素之和。一个方阵的主对角线元素之和也叫作方阵的**迹**(trace)，用 tr 表示，故 $\mathrm{PCC}=\mathrm{tr}(\boldsymbol{A})$。

为了求出 PE 的值，先要对 $\boldsymbol{A}$ 的每一行和每一列求和(即表格中边缘的数据)，然后对应相乘再相加。设 $\boldsymbol{p}$ 是每一列求和后构成的行向量，即 $\boldsymbol{p}=(0.3+0.2,0.1+0.4)=(0.5,0.5)$；$\boldsymbol{q}$ 是每一行求和后构成的列向量，即 $\boldsymbol{q}=(0.3+0.1,0.2+0.4)^{\mathrm{T}}=(0.4,0.6)^{\mathrm{T}}$。根据 PE 的定义式和矩阵乘法可知，PE 就是这两个向量的数量积，即 $\mathrm{PE}=\boldsymbol{pq}$。

那么如何使用 $\boldsymbol{A}$ 表示 $\boldsymbol{p}$ 和 $\boldsymbol{q}$ 呢？这里可以引入一个元素全为 1 的列向量 $\boldsymbol{r}=(1,1)^{\mathrm{T}}$，则 $\boldsymbol{r}^{\mathrm{T}}=(1,1)$是行向量。现在尝试计算 $\boldsymbol{r}^{\mathrm{T}}\boldsymbol{A}$ 和 $\boldsymbol{Ar}$ 的值：

$$\boldsymbol{r}^{\mathrm{T}}\boldsymbol{A}=(1,1)\begin{bmatrix}0.3 & 0.1\\0.2 & 0.4\end{bmatrix}=(0.5,0.5)=\boldsymbol{p}$$

$$\boldsymbol{Ar}=\begin{bmatrix}0.3 & 0.1\\0.2 & 0.4\end{bmatrix}\begin{bmatrix}1\\1\end{bmatrix}=\begin{bmatrix}0.4\\0.6\end{bmatrix}=\boldsymbol{q} \tag{4.67}$$

可见这个全 1 向量 $\boldsymbol{r}$ 可以通过矩阵乘法实现按行或者按列求和的功能，即有 $\boldsymbol{r}^{\mathrm{T}}\boldsymbol{A}=\boldsymbol{p}$ 以及 $\boldsymbol{Ar}=\boldsymbol{q}$，这样就可以推导出 PE 使用矩阵乘法的表达式：

$$\mathrm{PE}=\boldsymbol{pq}=(\boldsymbol{r}^{\mathrm{T}}\boldsymbol{A})(\boldsymbol{Ar})=\boldsymbol{r}^{\mathrm{T}}\boldsymbol{A}^2\boldsymbol{r} \tag{4.68}$$

式(4.68)中，由于矩阵乘法具有结合律，故可以脱掉括号，并结合中间的两个 $\boldsymbol{A}$ 成为 $\boldsymbol{A}^2$。将式(4.68)代入式(4.65)中，就有以矩阵方式表达的 Kappa 系数计算式：

$$\mathrm{KC}=\frac{\mathrm{tr}(\boldsymbol{A})-\boldsymbol{r}^{\mathrm{T}}\boldsymbol{A}^2\boldsymbol{r}}{1-\boldsymbol{r}^{\mathrm{T}}\boldsymbol{A}^2\boldsymbol{r}} \tag{4.69}$$

以上公式推导并不涉及具体的分类数量，即在分类数量 $n\geqslant2$ 时均适用，于是上述分类问题用数学语言描述如下。设有若干事物可以分成 n 类 $c_1,c_2,\cdots,c_n$，其中 a_{ij} 表示实际应属于第 c_i 类而被分成第 c_j 的事物所占总数比例(其中 $1\leqslant i,j\leqslant n$ 且 $0\leqslant a_{ij}\leqslant1$)，将 a_{ij} 按照行列顺序排列成 n 阶混淆矩阵 $\boldsymbol{A}$，则其主对角线元素之和 $\mathrm{tr}(\boldsymbol{A})$是正确分类的比例，更精确的分类指标 Kappa 系数可以按式(4.69)计算出。

4.5.3 Kappa 系数计算举例

例 4-18：当今快递的分拣是自动化的，分拣结果有时会产生错误，比如本应该发往甲地的快递因为分拣错误发往了乙地，从而造成运力资源的浪费。现在假设一个快递发送点往甲、乙、丙、丁这 4 个地区发快递，使用两组测试数据对某台分拣机器进行测试。两组数据各有 10000 件模拟快递。第一组数据有 3500 件发往甲地，4000 件发往乙地，1500 件发往丙地，1000 件发往丁地；第二组数据是均分的，即每个地方各有 2500 件快递。测试后得出的数据占比如表 4-5 和表 4-6 所示。请分别计算两次测试的总正确率 PCC 和 Kappa 系数值 KC。

表 4-5 第一次分拣地点信息表

		第一次分拣地点			
		甲	乙	丙	丁
实际地点	甲	0.3463	0.0009	0.0014	0.0014
	乙	0.0010	0.3974	0.0007	0.0009
	丙	0.0008	0.0009	0.1479	0.0004
	丁	0.0000	0.0004	0.0004	0.0992

表 4-6 第二次分拣地点信息表

		第二次分拣地点			
		甲	乙	丙	丁
实际地点	甲	0.2488	0.0002	0.0007	0.0003
	乙	0.0011	0.2465	0.0012	0.0012
	丙	0.0010	0.0011	0.2467	0.0012
	丁	0.0003	0.0006	0.0004	0.2487

解：首先写出两者的混淆矩阵，第一次和第二次分别对应 4 阶方阵 $\boldsymbol{A}$ 和 $\boldsymbol{B}$：

$$\begin{aligned}\boldsymbol{A}&=\begin{bmatrix}0.3463&0.0009&0.0014&0.0014\\0.0010&0.3974&0.0007&0.0009\\0.0008&0.0009&0.1479&0.0004\\0.0000&0.0004&0.0004&0.0992\end{bmatrix}\\\boldsymbol{B}&=\begin{bmatrix}0.2488&0.0002&0.0007&0.0003\\0.0011&0.2465&0.0012&0.0012\\0.0010&0.0011&0.2467&0.0012\\0.0003&0.0006&0.0004&0.2487\end{bmatrix}\end{aligned}\tag{4.70}$$

先使用总正确率 PCC 来看粗略的分类情况，由于 $\mathrm{PCC}=\mathrm{tr}(\boldsymbol{A})$，故只需要把两个矩阵主对角线元素全部相加即可：

$$\begin{aligned}\mathrm{PCC}_1&=\mathrm{tr}(\boldsymbol{A})=0.3463+0.3974+0.1479+0.0992=0.9908\\\mathrm{PCC}_2&=\mathrm{tr}(\boldsymbol{B})=0.2488+0.2465+0.2467+0.2487=0.9907\end{aligned}\tag{4.71}$$

根据式(4.69)计算两者的 Kappa 系数，其中全 1 列向量 $\boldsymbol{r}=(1,1,1,1)^{\mathrm{T}}$。

$$\begin{aligned}\mathrm{KC}_1&=\frac{\mathrm{tr}(\boldsymbol{A})-\boldsymbol{r}^{\mathrm{T}}\boldsymbol{A}^2\boldsymbol{r}}{1-\boldsymbol{r}^{\mathrm{T}}\boldsymbol{A}^2\boldsymbol{r}}=0.9866\\\mathrm{KC}_2&=\frac{\mathrm{tr}(\boldsymbol{B})-\boldsymbol{r}^{\mathrm{T}}\boldsymbol{B}^2\boldsymbol{r}}{1-\boldsymbol{r}^{\mathrm{T}}\boldsymbol{B}^2\boldsymbol{r}}=0.9876\end{aligned}\tag{4.72}$$

4.6 编程实践：MATLAB 实现矩阵乘法

MATLAB 实现矩阵乘法是非常简单直观的，只需要使用符号“*”即可。比如例 4.1

的两个矩阵 $\boldsymbol{A}$ 和 $\boldsymbol{B}$：

$$\boldsymbol{A}=\begin{bmatrix}4 & 5 & 6\\5 & 6 & 7\end{bmatrix},\quad \boldsymbol{B}=\begin{bmatrix}0 & 1 & 2 & 3\\1 & 2 & 3 & 4\\2 & 3 & 4 & 5\end{bmatrix} \tag{4.73}$$

若要输入并计算乘积 $\boldsymbol{C}=\boldsymbol{AB}$，只需要在相关的.m 文件里编写简单的几行语句即可：

```
clc;clear all;close all;
tic;
A = [4,5,6;5,6,7];
B = [0,1,2,3;1,2,3,4;2,3,4,5];
C = A * B;
toc;
```

执行完以后，查看变量 C，显示如下：

```
Elapsed time is 0.000016 seconds.
>> C
C =
    17   32   47   62
    20   38   56   74
```

这和例 4.1 的结果完全一致，说明符号“ * ”用在矩阵之间表示的就是矩阵的乘法。

矩阵能相乘的前提条件是左矩阵的列数等于右矩阵的行数，那么对于不符合这个条件的矩阵使用符号“ * ”会有什么结果呢？尝试输入语句“$C=B*A$”，会出现以下报错结果：

```
Error using *
Inner matrix dimensions must agree.
```

这个报错信息的含义就是左矩阵的列数必须等于右矩阵的行数。此处的“Inner matrix dimensions”直译就是两个矩阵相乘时的内部维数，实际上指的就是左矩阵的列数和右矩阵的行数。

比如要实现分类总正确率和 Kappa 系数的计算，可以编写子程序文件 kappa.m：

```
function [PCC,KC] = kappa(A)
[m,n] = size(A);
if m~ = n
    error('The input matrix must be square.');
    PCC = [];KC = [];
else
    r = ones(n,1);
    PCC = trace(A);
    PE = r' * (A^2) * r;
    KC = (PCC - PE)/(1 - PE);
end
```

读者可以自行调用这个子程序计算例 4-18 的结果。

习题 4

1. 请计算以下乘积：

（1）$\begin{bmatrix}2 & 1 & 4 & 0\\1 & -3 & -2 & 6\end{bmatrix}\begin{bmatrix}1 & 3 & 2\\2 & 0 & -1\\4 & 7 & -2\\5 & -1 & -2\end{bmatrix}$　　（2）$\begin{bmatrix}3 & 1 & 4\\2 & 8 & -5\\3 & 0 & -2\end{bmatrix}\begin{bmatrix}8\\-3\\6\end{bmatrix}$

（3）$(x_1, x_2, x_3)\begin{bmatrix}2 & 1 & 5\\1 & 3 & 6\\5 & 6 & 4\end{bmatrix}\begin{bmatrix}x_1\\x_2\\x_3\end{bmatrix}$　　（4）$\begin{bmatrix}\cos\theta & -\sin\theta\\\sin\theta & \cos\theta\end{bmatrix}\begin{bmatrix}\cos\theta & \sin\theta\\-\sin\theta & \cos\theta\end{bmatrix}$

（5）$\begin{bmatrix}1 & 1 & 1\\1 & 2 & 3\\1 & 4 & 5\end{bmatrix}\begin{bmatrix}-2 & -1 & 1\\-2 & 4 & -2\\2 & -3 & 1\end{bmatrix}$

（6）$\begin{bmatrix}-1 & 0 & 1\\3 & -1 & -1\\-1 & 1 & 0\end{bmatrix}\begin{bmatrix}10 & -5 & -2\\12 & -7 & -2\\9 & -5 & -1\end{bmatrix}\begin{bmatrix}1 & 1 & 1\\1 & 1 & 2\\2 & 1 & 1\end{bmatrix}$

2. 已知方阵 $\boldsymbol{A}$ 和 $\boldsymbol{B}$ 如下。请使用矩阵乘法计算说明 $\boldsymbol{A}$ 和 $\boldsymbol{B}$ 是一对可交换矩阵，并根据这个乘积结果的特点猜想方阵可交换的一个充分条件（即根据本题的结论猜想两个满足什么条件的方阵一定可交换）。

$$\boldsymbol{A}=\begin{bmatrix}1 & 1 & 2\\1 & 2 & 3\\2 & 4 & 5\end{bmatrix},\quad \boldsymbol{B}=\begin{bmatrix}2 & -3 & 1\\-1 & -1 & 1\\0 & 2 & -1\end{bmatrix}$$

3. 已知矩阵 $\boldsymbol{A}$ 如下，求 $\boldsymbol{A}^k$（其中 $k\in\mathbf{N}^+$）。

$$\boldsymbol{A}=\begin{bmatrix}0 & 1 & 0 & 0\\0 & 0 & 1 & 0\\0 & 0 & 0 & 1\\0 & 0 & 0 & 0\end{bmatrix}$$

4. 已知矩阵 $\boldsymbol{A}$ 如下：

$$\boldsymbol{A}=\begin{bmatrix}1 & 3 & 5\\4 & 12 & 20\\-3 & -9 & -15\end{bmatrix}$$

（1）$\boldsymbol{A}$ 是一个怎样的特殊矩阵？它可以表示成哪两个矩阵的乘积？

（2）根据（1）的结论，利用矩阵乘法的性质计算 $\boldsymbol{A}^k$（其中 $k\in\mathbf{N}^+$，使用含有 $\boldsymbol{A}$ 的式子表示结果）。

5. 有以下三个矩阵 $\boldsymbol{P}_1$、$\boldsymbol{U}$ 和 $\boldsymbol{P}_2$，已知 $\boldsymbol{A}=\boldsymbol{P}_1\boldsymbol{U}\boldsymbol{P}_2$。

$$\boldsymbol{P}_1=\begin{bmatrix}1 & 1 & 1\\1 & 2 & 1\\7 & 9 & 8\end{bmatrix},\quad \boldsymbol{U}=\begin{bmatrix}1 & & \\ & 0 & \\ & & -1\end{bmatrix},\quad \boldsymbol{P}_2=\begin{bmatrix}7 & 1 & -1\\-1 & 1 & 0\\-5 & -2 & 1\end{bmatrix}$$

（1）请计算 $\boldsymbol{P}_1\boldsymbol{P}_2$ 和 $\boldsymbol{P}_2\boldsymbol{P}_1$；

（2）请根据（1）结果的特点和矩阵乘法性质计算 $\boldsymbol{A}^2$ 和 $\boldsymbol{A}^3$；

（3）设多项式函数 $f(x)=x^3+2x^2-3x$，求 $f(\boldsymbol{U})$，然后求 $f(\boldsymbol{A})$；

(4) 通过以上计算,你发现了计算矩阵乘方和矩阵多项式的什么规律?

6. 请利用微积分中的泰勒级数展开式,尝试定义矩阵函数 $\sin\boldsymbol{A}$ 和 $\cos\boldsymbol{A}$。

7. 使用数学归纳法证明:

$$\begin{bmatrix}\cos\theta & -\sin\theta\\ \sin\theta & \cos\theta\end{bmatrix}^n=\begin{bmatrix}\cos(n\theta) & -\sin(n\theta)\\ \sin(n\theta) & \cos(n\theta)\end{bmatrix}$$

8. 已知矩阵 $\boldsymbol{A}$ 如下,求所有和 $\boldsymbol{A}$ 可交换的矩阵(提示:先设出待求的矩阵,然后利用矩阵乘法的法则构建方程组)。

$$\boldsymbol{A}=\begin{bmatrix}1 & 1\\ 0 & 1\end{bmatrix}$$

9. 已知 $\boldsymbol{A}$ 是 $m\times n$ 矩阵,$\boldsymbol{B}$ 是 $n\times m$ 矩阵。求证:$\mathrm{tr}(\boldsymbol{AB})=\mathrm{tr}(\boldsymbol{BA})$(提示:利用矩阵乘法的代数公式)。

逆 矩 阵

通过前面几章的学习，我们知道矩阵可以进行加减法和乘法运算，那么矩阵有类似于“除法”的运算吗？这个问题涉及逆矩阵的知识。在这一章里，我们将通过初等矩阵引入逆矩阵，并深入了解和讨论逆矩阵概念以及求法。

5.1 矩阵乘法和初等变换的纽带：初等矩阵

5.1.1 初等变换

在求解线性方程组时，需要对矩阵进行初等行变换化矩阵为阶梯矩阵。矩阵的初等行变换分为三种：①交换两行的位置；②给某一行乘以一个非零常数 k；③把某一行的 k 倍加到另一行上。事实上，矩阵除了初等行变换以外，还有**初等列变换**(elementary column transformation)。和初等行变换类似，初等列变换也分为三种：①交换两列的位置；②给某一列乘以一个非零常数 k；③把某一列的 k 倍加到另一列上。矩阵的初等行变换和初等列变换统称为**初等变换**(elementary transformation)。

我们知道，初等行变换不改变矩阵的秩，这个结论对初等列变换是同样适用的，即初等列变换也不改变矩阵的秩。因此更广泛的结论是：初等变换不改变矩阵的秩。理论上，单纯利用初等行变换就完全可以求出矩阵的秩，但很多时候如果使用初等列变换加以辅助则会起到事半功倍的效果。

例 5-1：求矩阵 $\boldsymbol{A}$ 的秩 $r(\boldsymbol{A})$。

$$\boldsymbol{A}=\begin{bmatrix}10 & 13 & 1\\ 23 & 36 & 2\\ 32 & 45 & 3\end{bmatrix} \tag{5.1}$$

解：这里可以看出，$\boldsymbol{A}$ 每行开头的数字都比较大，如果使用初等行变换会出现很多分数或大数字运算，显得复杂。因此尝试使用初等列变换和初等行变换综合求 $r(\boldsymbol{A})$。以下变换中 c_i 表示第 i 列(其中 c 是英语 column 的缩写)。

$$\boldsymbol{A}=\begin{bmatrix}10 & 13 & 1\\ 23 & 36 & 2\\ 32 & 45 & 3\end{bmatrix}\xrightarrow[-13c_3+c_2]{-10c_3+c_1}\begin{bmatrix}0 & 0 & 1\\ 3 & 10 & 2\\ 2 & 6 & 3\end{bmatrix}\xrightarrow{c_1\leftrightarrow c_3}\begin{bmatrix}1 & 0 & 0\\ 2 & 10 & 3\\ 3 & 6 & 2\end{bmatrix}\xrightarrow{-3c_3+c_2}\begin{bmatrix}1 & 0 & 0\\ 2 & 1 & 3\\ 3 & 0 & 2\end{bmatrix}$$

$$\xrightarrow[-3r_1+r_3]{-2r_1+r_2}\begin{bmatrix}1&0&0\\0&1&3\\0&0&2\end{bmatrix} \tag{5.2}$$

可以看出 $r(\boldsymbol{A})=3$。

在这个例子中,前三步的初等列变换将比较大数值的矩阵化简为比较小的数值的矩阵,最后只需要一步初等行变换即可得出矩阵的秩。

5.1.2 初等矩阵

如果初等变换的对象是单位阵 $\boldsymbol{E}$,经过一次初等变换就可以得到**初等矩阵**(elementary matrix),即初等矩阵是对单位阵 $\boldsymbol{E}$ 仅做一次初等变换得到的矩阵。注意此处只能做一次初等变换,否则就不是初等矩阵了。由于初等变换有三种类型,所以初等矩阵也有三种类型,这里通过一个例题认识这三种初等矩阵。

例 5-2:请判断:以下三个矩阵是初等矩阵吗?如果是初等矩阵,则是单位阵经过怎样的初等变换得到的?

$$\boldsymbol{F}_1=\begin{bmatrix}0&1&0\\1&0&0\\0&0&1\end{bmatrix},\quad \boldsymbol{F}_2=\begin{bmatrix}1&0&0\\0&3&0\\0&0&1\end{bmatrix},\quad \boldsymbol{F}_3=\begin{bmatrix}1&0&0\\2&1&0\\0&0&1\end{bmatrix} \tag{5.3}$$

解:根据初等矩阵的定义,$\boldsymbol{F}_1$、$\boldsymbol{F}_2$ 和 $\boldsymbol{F}_3$ 都是初等矩阵。

(1) $\boldsymbol{F}_1$ 可以看作是 3 阶单位阵 $\boldsymbol{E}$ 交换第 1 行和第 2 行得到的,也可以看作是交换第 1 列和第 2 列得到的。$\boldsymbol{F}_1$ 这样的初等矩阵叫作**交换阵**,有些文献上称作置换阵。

$$\boldsymbol{E}=\begin{bmatrix}1&0&0\\0&1&0\\0&0&1\end{bmatrix}\xrightarrow[(c_1\leftrightarrow c_2)]{r_1\leftrightarrow r_2}\boldsymbol{F}_1=\begin{bmatrix}0&1&0\\1&0&0\\0&0&1\end{bmatrix} \tag{5.4}$$

(2) $\boldsymbol{F}_2$ 可以看作是 3 阶单位阵 $\boldsymbol{E}$ 第 2 行乘以常数 3 得到的,也可以看作是第 2 列乘以常数 3 得到的。$\boldsymbol{F}_2$ 这样的初等矩阵叫作**数乘阵**。

$$\boldsymbol{E}=\begin{bmatrix}1&0&0\\0&1&0\\0&0&1\end{bmatrix}\xrightarrow[(3c_2)]{3r_2}\boldsymbol{F}_2=\begin{bmatrix}1&0&0\\0&3&0\\0&0&1\end{bmatrix} \tag{5.5}$$

(3) $\boldsymbol{F}_3$ 可以看作是 3 阶单位阵 $\boldsymbol{E}$ 第 1 行的 2 倍加到第 2 行得到的,也可以看作是第 2 列的 2 倍加到第 1 列得到的。$\boldsymbol{F}_3$ 这样的初等矩阵叫作**倍加阵**。

$$\boldsymbol{E}=\begin{bmatrix}1&0&0\\0&1&0\\0&0&1\end{bmatrix}\xrightarrow[(2c_2+c_1)]{2r_1+r_2}\boldsymbol{F}_3=\begin{bmatrix}1&0&0\\2&1&0\\0&0&1\end{bmatrix} \tag{5.6}$$

一个矩阵和单位阵 $\boldsymbol{E}$ 相乘的结果还是它本身,而初等矩阵是单位阵经过一次初等变换得到的,那么初等矩阵和一个矩阵相乘会得到什么结果呢?

例 5-3:已知矩阵 $\boldsymbol{A}$ 和交换阵 $\boldsymbol{F}_1$、数乘阵 $\boldsymbol{F}_2$ 和倍加阵 $\boldsymbol{F}_3$ 如下:

$$\boldsymbol{A}=\begin{bmatrix}1&2&3\\4&5&6\\7&8&9\end{bmatrix},\quad \boldsymbol{F}_1=\begin{bmatrix}0&1&0\\1&0&0\\0&0&1\end{bmatrix},\quad \boldsymbol{F}_2=\begin{bmatrix}1&0&0\\0&3&0\\0&0&1\end{bmatrix},\quad \boldsymbol{F}_3=\begin{bmatrix}1&0&0\\2&1&0\\0&0&1\end{bmatrix} \tag{5.7}$$

求以下三组乘积，并分析初等矩阵和 $\boldsymbol{A}$ 相乘时起到了什么作用。

(1) $\boldsymbol{F}_1\boldsymbol{A}$ 和 $\boldsymbol{A}\boldsymbol{F}_1$；(2) $\boldsymbol{F}_2\boldsymbol{A}$ 和 $\boldsymbol{A}\boldsymbol{F}_2$；(3) $\boldsymbol{F}_3\boldsymbol{A}$ 和 $\boldsymbol{A}\boldsymbol{F}_3$。

解：(1) $\boldsymbol{F}_1\boldsymbol{A}$ 和 $\boldsymbol{A}\boldsymbol{F}_1$ 计算如下：

$$\begin{aligned}\boldsymbol{F}_1\boldsymbol{A}&=\begin{bmatrix}0&1&0\\1&0&0\\0&0&1\end{bmatrix}\begin{bmatrix}1&2&3\\4&5&6\\7&8&9\end{bmatrix}=\begin{bmatrix}4&5&6\\1&2&3\\7&8&9\end{bmatrix}\\\boldsymbol{A}\boldsymbol{F}_1&=\begin{bmatrix}1&2&3\\4&5&6\\7&8&9\end{bmatrix}\begin{bmatrix}0&1&0\\1&0&0\\0&0&1\end{bmatrix}=\begin{bmatrix}2&1&3\\5&4&6\\8&7&9\end{bmatrix}\end{aligned}\tag{5.8}$$

给 $\boldsymbol{A}$ 左乘 $\boldsymbol{F}_1$，$\boldsymbol{A}$ 的第 1 行和第 2 行发生了交换；给 $\boldsymbol{A}$ 右乘 $\boldsymbol{F}_1$，$\boldsymbol{A}$ 的第 1 列和第 2 列发生了交换。

(2) $\boldsymbol{F}_2\boldsymbol{A}$ 和 $\boldsymbol{A}\boldsymbol{F}_2$ 的计算如下：

$$\begin{aligned}\boldsymbol{F}_2\boldsymbol{A}&=\begin{bmatrix}1&0&0\\0&3&0\\0&0&1\end{bmatrix}\begin{bmatrix}1&2&3\\4&5&6\\7&8&9\end{bmatrix}=\begin{bmatrix}1&2&3\\12&15&18\\7&8&9\end{bmatrix}\\\boldsymbol{A}\boldsymbol{F}_2&=\begin{bmatrix}1&2&3\\4&5&6\\7&8&9\end{bmatrix}\begin{bmatrix}1&0&0\\0&3&0\\0&0&1\end{bmatrix}=\begin{bmatrix}1&6&3\\4&15&6\\7&24&9\end{bmatrix}\end{aligned}\tag{5.9}$$

给 $\boldsymbol{A}$ 左乘 $\boldsymbol{F}_2$，$\boldsymbol{A}$ 的第 2 行变为原先的 3 倍；给 $\boldsymbol{A}$ 右乘 $\boldsymbol{F}_2$，$\boldsymbol{A}$ 的第 2 列变为原先的 3 倍。

(3) $\boldsymbol{F}_3\boldsymbol{A}$ 和 $\boldsymbol{A}\boldsymbol{F}_3$ 的计算如下：

$$\begin{aligned}\boldsymbol{F}_3\boldsymbol{A}&=\begin{bmatrix}1&0&0\\2&1&0\\0&0&1\end{bmatrix}\begin{bmatrix}1&2&3\\4&5&6\\7&8&9\end{bmatrix}=\begin{bmatrix}1&2&3\\6&9&12\\7&8&9\end{bmatrix}\\\boldsymbol{A}\boldsymbol{F}_3&=\begin{bmatrix}1&2&3\\4&5&6\\7&8&9\end{bmatrix}\begin{bmatrix}1&0&0\\2&1&0\\0&0&1\end{bmatrix}=\begin{bmatrix}5&2&3\\14&5&6\\23&8&9\end{bmatrix}\end{aligned}\tag{5.10}$$

给 $\boldsymbol{A}$ 左乘倍加阵 $\boldsymbol{F}_3$，$\boldsymbol{A}$ 的第 1 行的 2 倍加到了第 2 行上；给 $\boldsymbol{A}$ 右乘倍加阵 $\boldsymbol{F}_3$，$\boldsymbol{A}$ 的第 2 列的 2 倍加到了第 1 列上。

通过这个例子可以得出结论：给矩阵左乘一个初等矩阵，相当于给这个矩阵进行了一次相应的初等行变换；给矩阵右乘一个初等矩阵，相当于给这个矩阵进行了一次相应的初等列变换。可见，初等矩阵是连接矩阵乘法和初等变换的重要纽带。

一个矩阵和初等矩阵相乘时，初等矩阵的左右位置很重要。如上例中的 $\boldsymbol{F}_1$ 既可以视为交换单位阵 $\boldsymbol{E}$ 的第 1 行和第 2 行得到的，也可以视为交换单位阵 $\boldsymbol{E}$ 的第 1 列和第 2 列得到的。如果 $\boldsymbol{F}_1$ 在 $\boldsymbol{A}$ 的左边，那么就要视 $\boldsymbol{F}_1$ 为行交换得到的初等矩阵；如果 $\boldsymbol{F}_1$ 在 $\boldsymbol{A}$ 的右边，那么就要视 $\boldsymbol{F}_1$ 为列交换得到的初等矩阵。$\boldsymbol{F}_2$ 和 $\boldsymbol{F}_3$ 也可以做类似的分析。

5.1.3 矩阵的连续初等变换

对一个矩阵进行一次初等变换，就相当于对这个矩阵左乘或右乘一个相应的初等矩阵。如果对矩阵连续进行多次初等变换，又是怎样的情况呢？

例 5-4：矩阵 $\boldsymbol{A}$ 可以仅通过初等行变换化为阶梯矩阵 $\boldsymbol{A}'$，求矩阵 $\boldsymbol{T}$ 使得 $\boldsymbol{A}'=\boldsymbol{TA}$。

$$\boldsymbol{A}=\begin{bmatrix}1&3&5\\2&4&6\\1&4&9\end{bmatrix} \tag{5.11}$$

解：这里要求仅使用初等行变换，所以就相当于不断给 $\boldsymbol{A}$ 左乘初等矩阵，然后利用矩阵乘法的结合律，将这些初等矩阵相乘合并就得到了待求的矩阵 $\boldsymbol{T}$。

第一步，给 $\boldsymbol{A}$ 的第 2 行乘以常数$\frac{1}{2}$成为 $\boldsymbol{A}_1$，相当于给 $\boldsymbol{A}$ 左乘对应的数乘阵：

$$\begin{gathered}\boldsymbol{A}=\begin{bmatrix}1&3&5\\2&4&6\\1&4&9\end{bmatrix}\xrightarrow{\frac{1}{2}r_2}\boldsymbol{A}_1=\begin{bmatrix}1&3&5\\1&2&3\\1&4&9\end{bmatrix}\\ \boldsymbol{A}_1=\begin{bmatrix}1&0&0\\0&\frac{1}{2}&0\\0&0&1\end{bmatrix}\boldsymbol{A}\end{gathered} \tag{5.12}$$

第二步，交换 $\boldsymbol{A}_1$ 第 1 行和第 2 行的位置成为 $\boldsymbol{A}_2$，相当于给 $\boldsymbol{A}_1$ 左乘对应的交换阵，然后和前面的那个数乘阵结合即可：

$$\begin{gathered}\boldsymbol{A}_1=\begin{bmatrix}1&3&5\\1&2&3\\1&4&9\end{bmatrix}\xrightarrow{r_1\leftrightarrow r_2}\boldsymbol{A}_2=\begin{bmatrix}1&2&3\\1&3&5\\1&4&9\end{bmatrix}\\ \boldsymbol{A}_2=\begin{bmatrix}0&1&0\\1&0&0\\0&0&1\end{bmatrix}\boldsymbol{A}_1=\begin{bmatrix}0&1&0\\1&0&0\\0&0&1\end{bmatrix}\begin{bmatrix}1&0&0\\0&\frac{1}{2}&0\\0&0&1\end{bmatrix}\boldsymbol{A}=\begin{bmatrix}0&\frac{1}{2}&0\\1&0&0\\0&0&1\end{bmatrix}\boldsymbol{A}\end{gathered} \tag{5.13}$$

第三步，将 $\boldsymbol{A}_2$ 第 1 行的 −1 倍加到第 2 行成为 $\boldsymbol{A}_3$，相当于给 $\boldsymbol{A}_2$ 左乘对应的倍加阵，然后和前面的矩阵结合：

$$\begin{gathered}\boldsymbol{A}_2=\begin{bmatrix}1&2&3\\1&3&5\\1&4&9\end{bmatrix}\xrightarrow{-r_1+r_2}\boldsymbol{A}_3=\begin{bmatrix}1&2&3\\0&1&2\\1&4&9\end{bmatrix}\\ \boldsymbol{A}_3=\begin{bmatrix}1&0&0\\-1&1&0\\0&0&1\end{bmatrix}\boldsymbol{A}_2=\begin{bmatrix}1&0&0\\-1&1&0\\0&0&1\end{bmatrix}\begin{bmatrix}0&\frac{1}{2}&0\\1&0&0\\0&0&1\end{bmatrix}\boldsymbol{A}=\begin{bmatrix}0&\frac{1}{2}&0\\1&-\frac{1}{2}&0\\0&0&1\end{bmatrix}\boldsymbol{A}\end{gathered} \tag{5.14}$$

第四步，将 $\boldsymbol{A}_3$ 第 1 行的 −1 倍加到第 3 行成为 $\boldsymbol{A}_4$，相当于给 $\boldsymbol{A}_3$ 左乘对应的倍加阵，然后和前面的矩阵结合：

$$\boldsymbol{A}_3=\begin{bmatrix}1&2&3\\0&1&2\\1&4&9\end{bmatrix}\xrightarrow{-r_1+r_3}\boldsymbol{A}_4=\begin{bmatrix}1&2&3\\0&1&2\\0&2&6\end{bmatrix}$$

$$\boldsymbol{A}_4=\begin{bmatrix}1&0&0\\0&1&0\\-1&0&1\end{bmatrix}\boldsymbol{A}_3=\begin{bmatrix}1&0&0\\0&1&0\\-1&0&1\end{bmatrix}\begin{bmatrix}0&\frac{1}{2}&0\\1&-\frac{1}{2}&0\\0&0&1\end{bmatrix}\boldsymbol{A}=\begin{bmatrix}0&\frac{1}{2}&0\\1&-\frac{1}{2}&0\\0&-\frac{1}{2}&1\end{bmatrix}\boldsymbol{A}\tag{5.15}$$

第五步，将 $\boldsymbol{A}_4$ 第 3 行乘以常数 $\frac{1}{2}$ 成为 $\boldsymbol{A}_5$，相当于给 $\boldsymbol{A}_4$ 左乘对应的数乘阵，然后和前面的矩阵结合：

$$\boldsymbol{A}_4=\begin{bmatrix}1&2&3\\0&1&2\\0&2&6\end{bmatrix}\xrightarrow{\frac{1}{2}r_3}\boldsymbol{A}_5=\begin{bmatrix}1&2&3\\0&1&2\\0&1&3\end{bmatrix}$$

$$\boldsymbol{A}_5=\begin{bmatrix}1&0&0\\0&1&0\\0&0&\frac{1}{2}\end{bmatrix}\boldsymbol{A}_4=\begin{bmatrix}1&0&0\\0&1&0\\0&0&\frac{1}{2}\end{bmatrix}\begin{bmatrix}0&\frac{1}{2}&0\\1&-\frac{1}{2}&0\\0&-\frac{1}{2}&1\end{bmatrix}\boldsymbol{A}=\begin{bmatrix}0&\frac{1}{2}&0\\1&-\frac{1}{2}&0\\0&-\frac{1}{4}&\frac{1}{2}\end{bmatrix}\boldsymbol{A}\tag{5.16}$$

第六步，将 $\boldsymbol{A}_5$ 第 2 行的 -1 倍加到第 3 行成为 $\boldsymbol{A}_6$，相当于给 $\boldsymbol{A}_5$ 左乘对应的倍加阵，然后和前面的矩阵结合：

$$\boldsymbol{A}_5=\begin{bmatrix}1&2&3\\0&1&2\\0&1&3\end{bmatrix}\xrightarrow{-r_2+r_3}\boldsymbol{A}_6=\begin{bmatrix}1&2&3\\0&1&2\\0&0&1\end{bmatrix}$$

$$\boldsymbol{A}_6=\begin{bmatrix}1&0&0\\0&1&0\\0&-1&1\end{bmatrix}\boldsymbol{A}_5=\begin{bmatrix}1&0&0\\0&1&0\\0&-1&1\end{bmatrix}\begin{bmatrix}0&\frac{1}{2}&0\\1&-\frac{1}{2}&0\\0&-\frac{1}{4}&\frac{1}{2}\end{bmatrix}\boldsymbol{A}=\begin{bmatrix}0&\frac{1}{2}&0\\1&-\frac{1}{2}&0\\-1&\frac{1}{4}&\frac{1}{2}\end{bmatrix}\boldsymbol{A}\tag{5.17}$$

注意到此时 $\boldsymbol{A}_6$ 已经是阶梯矩阵，所以 $\boldsymbol{A}'=\boldsymbol{A}_6$，而 $\boldsymbol{A}'=\boldsymbol{TA}$，故有

$$\boldsymbol{T}=\begin{bmatrix}0&\frac{1}{2}&0\\1&-\frac{1}{2}&0\\-1&\frac{1}{4}&\frac{1}{2}\end{bmatrix}\tag{5.18}$$

由上例可知，矩阵的连续初等行变换就相当于不断给其左乘每一步的初等矩阵，然后利用矩阵乘法的结合律将这些初等矩阵合并成一个具有行变换功能的矩阵即可，这个矩阵记录着所有初等行变换信息。对于初等列变换也是同样的道理，只需要把上述的“左乘”改为“右乘”即可。

由这个例子可知，$\boldsymbol{A}$ 经过 6 次初等行变换成为阶梯矩阵 $\boldsymbol{A}_6$，相当于给 $\boldsymbol{A}$ 左乘一个行变换矩阵 $\boldsymbol{T}$，那么如果要求 $\boldsymbol{A}$ 经过初等行变换成为其他类型的矩阵呢？我们一起看下面这个例子。

例 5-5：在例 5-4 中，矩阵 $\boldsymbol{A}$ 可以仅经过初等行变换成为单位阵 $\boldsymbol{E}$ 吗？如果可以，写出对应的行变换矩阵 $\boldsymbol{B}$ 使得 $\boldsymbol{BA}=\boldsymbol{E}$。

解：$\boldsymbol{A}$ 经过 6 次初等行变换可以成为阶梯矩阵 $\boldsymbol{A}_6$，如下：

$$\boldsymbol{A}=\begin{bmatrix}1 & 3 & 5\\2 & 4 & 6\\1 & 4 & 9\end{bmatrix}\rightarrow\boldsymbol{A}_6=\begin{bmatrix}1 & 2 & 3\\0 & 1 & 2\\0 & 0 & 1\end{bmatrix}=\begin{bmatrix}0 & \frac{1}{2} & 0\\1 & -\frac{1}{2} & 0\\-1 & \frac{1}{4} & \frac{1}{2}\end{bmatrix}\boldsymbol{A}=\boldsymbol{TA} \tag{5.19}$$

$\boldsymbol{A}$ 是一个方阵，经过初等行变换化为阶梯矩阵相当于“清空”了主对角线左下方的元素。如果要让它继续进行初等行变换成为单位阵 $\boldsymbol{E}$，只需要“清空”矩阵右上角元素即可。刚才以第 1 行为基准进行初等行变换，那么以 $\boldsymbol{A}_6$ 为起点就可以先以第 3 行为基准再以第 2 行为基准去进行初等行变换。具体过程如下：

$$\boldsymbol{A}_6=\begin{bmatrix}1 & 2 & 3\\0 & 1 & 2\\0 & 0 & 1\end{bmatrix}\xrightarrow{-2r_3+r_2}\begin{bmatrix}1 & 2 & 3\\0 & 1 & 0\\0 & 0 & 1\end{bmatrix}\xrightarrow{-3r_3+r_1}\begin{bmatrix}1 & 2 & 0\\0 & 1 & 0\\0 & 0 & 1\end{bmatrix}\xrightarrow{-2r_2+r_1}\begin{bmatrix}1 & 0 & 0\\0 & 1 & 0\\0 & 0 & 1\end{bmatrix}=\boldsymbol{E} \tag{5.20}$$

于是这个行变换矩阵 $\boldsymbol{B}$ 就可以继续对矩阵 $\boldsymbol{T}$ 不断左乘相应的初等矩阵获得：

$$\boldsymbol{B}=\begin{bmatrix}1 & -2 & 0\\0 & 1 & 0\\0 & 0 & 1\end{bmatrix}\begin{bmatrix}1 & 0 & -3\\0 & 1 & 0\\0 & 0 & 1\end{bmatrix}\begin{bmatrix}1 & 0 & 0\\0 & 1 & -2\\0 & 0 & 1\end{bmatrix}\begin{bmatrix}0 & \frac{1}{2} & 0\\1 & -\frac{1}{2} & 0\\-1 & \frac{1}{4} & \frac{1}{2}\end{bmatrix}=\begin{bmatrix}-3 & \frac{7}{4} & \frac{1}{2}\\3 & -1 & -1\\-1 & \frac{1}{4} & \frac{1}{2}\end{bmatrix} \tag{5.21}$$

例 5-6：在例 5-4 中，矩阵 $\boldsymbol{A}$ 可以仅经过初等列变换成为单位阵 $\boldsymbol{E}$ 吗？如果可以，写出对应的列变换矩阵 $\boldsymbol{C}$ 使得 $\boldsymbol{AC}=\boldsymbol{E}$。

解：如果仅经过初等列变换成为单位阵 $\boldsymbol{E}$，同样也是采用分片“清空”的策略，只不过由于这次采用初等列变换，所以需要先“清空”主对角线右上角再“清空”左下角。

$$\boldsymbol{A}=\begin{bmatrix}1 & 3 & 5\\2 & 4 & 6\\1 & 4 & 9\end{bmatrix}\xrightarrow{-3c_1+c_2}\begin{bmatrix}1 & 0 & 5\\2 & -2 & 6\\1 & 1 & 9\end{bmatrix}\xrightarrow{-5c_1+c_3}\begin{bmatrix}1 & 0 & 0\\2 & -2 & -4\\1 & 1 & 4\end{bmatrix}\xrightarrow{-2c_2+c_3}\begin{bmatrix}1 & 0 & 0\\2 & -2 & 0\\1 & 1 & 2\end{bmatrix}$$

$$\xrightarrow{\frac{1}{2}c_3}\begin{bmatrix}1 & 0 & 0\\2 & -2 & 0\\1 & 1 & 1\end{bmatrix}\xrightarrow{-c_3+c_2}\begin{bmatrix}1 & 0 & 0\\2 & -2 & 0\\1 & 0 & 1\end{bmatrix}\xrightarrow{-c_3+c_1}\begin{bmatrix}1 & 0 & 0\\2 & -2 & 0\\0 & 0 & 1\end{bmatrix}\xrightarrow{c_2+c_1}\begin{bmatrix}1 & 0 & 0\\0 & -2 & 0\\0 & 0 & 1\end{bmatrix}$$

$$\xrightarrow{-\frac{1}{2}c_2}\begin{bmatrix}1&0&0\\0&1&0\\0&0&1\end{bmatrix}=\boldsymbol{E} \tag{5.22}$$

所以仅使用初等列变换也是可以使 $\boldsymbol{A}$ 化为单位阵 $\boldsymbol{E}$ 的。对应满足 $\boldsymbol{AC}=\boldsymbol{E}$ 的矩阵 $\boldsymbol{C}$ 就是对应的初等矩阵按照变换顺序的乘积：

$$\boldsymbol{C}=\begin{bmatrix}1&-3&0\\0&1&0\\0&0&1\end{bmatrix}\begin{bmatrix}1&0&-5\\0&1&0\\0&0&1\end{bmatrix}\begin{bmatrix}1&0&0\\0&1&-2\\0&0&1\end{bmatrix}\begin{bmatrix}1&0&0\\0&1&0\\0&0&\frac{1}{2}\end{bmatrix}\begin{bmatrix}1&0&0\\0&1&0\\0&-1&1\end{bmatrix}\begin{bmatrix}1&0&0\\0&1&0\\-1&0&1\end{bmatrix}$$

$$\begin{bmatrix}1&0&0\\1&1&0\\0&0&1\end{bmatrix}\begin{bmatrix}1&0&0\\0&-\frac{1}{2}&0\\0&0&1\end{bmatrix}=\begin{bmatrix}-3&\frac{7}{4}&\frac{1}{2}\\3&-1&-1\\-1&\frac{1}{4}&\frac{1}{2}\end{bmatrix} \tag{5.23}$$

观察以上两例，可知 $\boldsymbol{B}=\boldsymbol{C}$。事实上，对于一个方阵 $\boldsymbol{A}$，如果 $\boldsymbol{AB}=\boldsymbol{E}$，那么就一定有 $\boldsymbol{BA}=\boldsymbol{E}$，可见此时两者是可交换的，这也是可交换矩阵判定的另一个充分条件。那么如果 $\boldsymbol{AB}=\boldsymbol{BA}=\boldsymbol{E}$，矩阵 $\boldsymbol{A}$ 和 $\boldsymbol{B}$ 之间又有什么特殊的关联呢？这就要学习逆矩阵的知识了。

5.2 矩阵的“倒数”：逆矩阵

初等数学里讲过我们熟知的加、减、乘、除四则运算。对于数来说，加减法互为逆运算，乘除法也互为逆运算。但对于矩阵来说，其乘法并不是数的乘法，那么可否类比于数的乘法定义一种矩阵之间的“除法”运算呢？这个问题等价于需要定义一个矩阵的“倒数”，使得其他矩阵和这个矩阵“相除”时可以表示为它和这个矩阵的“倒数”相乘的形式。这个问题可以通过构建逆矩阵去解决。

5.2.1 逆矩阵的概念

设有两个数 a 和 b，如果 $ab=1$，根据乘法交换律 $ba=1$，此时就称 b 是 a 的倒数，记为 $b=\frac{1}{a}$ 或者 $b=a^{-1}$。数字 1 的特点是它和任何数相乘还是这个数本身，而矩阵中有这个性质的就是单位阵 $\boldsymbol{E}$。类似的，如果有两个矩阵 $\boldsymbol{A}$ 和 $\boldsymbol{B}$ 满足 $\boldsymbol{AB}=\boldsymbol{BA}=\boldsymbol{E}$ 这个等式，那么就称 $\boldsymbol{B}$ 是 $\boldsymbol{A}$ 的**逆矩阵**(inverse matrix)，记为 $\boldsymbol{B}=\boldsymbol{A}^{-1}$，其中 $\boldsymbol{A}^{-1}$ 读作“$\boldsymbol{A}$ 的逆”。

例 5-7：已知矩阵 $\boldsymbol{A}$ 和 $\boldsymbol{B}$ 如下，请利用逆矩阵的定义验证 $\boldsymbol{B}=\boldsymbol{A}^{-1}$。

$$\boldsymbol{A}=\begin{bmatrix}1&1&3\\3&6&4\\2&4&3\end{bmatrix},\quad \boldsymbol{B}=\begin{bmatrix}2&9&-14\\-1&-3&5\\0&-2&3\end{bmatrix} \tag{5.24}$$

解：根据逆矩阵的定义，只需验证 $\boldsymbol{AB}=\boldsymbol{BA}=\boldsymbol{E}$ 这个等式成立就可以了。

$$\boldsymbol{AB}=\begin{bmatrix}1&1&3\\3&6&4\\2&4&3\end{bmatrix}\begin{bmatrix}2&9&-14\\-1&-3&5\\0&-2&3\end{bmatrix}=\begin{bmatrix}1&0&0\\0&1&0\\0&0&1\end{bmatrix}=\boldsymbol{E}$$
$$\boldsymbol{BA}=\begin{bmatrix}2&9&-14\\-1&-3&5\\0&-2&3\end{bmatrix}\begin{bmatrix}1&1&3\\3&6&4\\2&4&3\end{bmatrix}=\begin{bmatrix}1&0&0\\0&1&0\\0&0&1\end{bmatrix}=\boldsymbol{E}\tag{5.25}$$

这就说明 $\boldsymbol{B}=\boldsymbol{A}^{-1}$。

例 5-8：已知矩阵 $\boldsymbol{A}$ 和 $\boldsymbol{B}$ 如下，可以说 $\boldsymbol{B}$ 是 $\boldsymbol{A}$ 的逆矩阵吗？为什么？

$$\boldsymbol{A}=\begin{bmatrix}1&1&0\\1&0&0\end{bmatrix},\quad \boldsymbol{B}=\begin{bmatrix}0&1\\1&-1\\1&0\end{bmatrix}\tag{5.26}$$

解：先计算 $\boldsymbol{AB}$：

$$\boldsymbol{AB}=\begin{bmatrix}1&1&0\\1&0&0\end{bmatrix}\begin{bmatrix}0&1\\1&-1\\1&0\end{bmatrix}=\begin{bmatrix}1&0\\0&1\end{bmatrix}=\boldsymbol{E}\tag{5.27}$$

可见 $\boldsymbol{AB}=\boldsymbol{E}$。再计算 $\boldsymbol{BA}$：

$$\boldsymbol{BA}=\begin{bmatrix}0&1\\1&-1\\1&0\end{bmatrix}\begin{bmatrix}1&1&0\\1&0&0\end{bmatrix}=\begin{bmatrix}1&0&0\\0&1&0\\1&1&0\end{bmatrix}\neq\boldsymbol{E}\tag{5.28}$$

由于 $\boldsymbol{BA}\neq\boldsymbol{E}$，不满足逆矩阵的定义，即 $\boldsymbol{AB}=\boldsymbol{BA}=\boldsymbol{E}$ 这个连等式并不成立，所以 $\boldsymbol{B}$ 不是 $\boldsymbol{A}$ 的逆矩阵。

根据定义判断逆矩阵，需要将两个矩阵放在左右不同的位置分别做两次乘法，如果结果都是单位阵 $\boldsymbol{E}$ 才能说明存在逆矩阵关系。比如上面这个例子，虽然有 $\boldsymbol{AB}=\boldsymbol{E}$，但 $\boldsymbol{BA}\neq\boldsymbol{E}$，所以不能说 $\boldsymbol{B}$ 是 $\boldsymbol{A}$ 的逆矩阵。

5.2.2　逆矩阵的存在条件

利用逆矩阵的定义可以很容易验证一个矩阵是否为另一个矩阵的逆矩阵。但并不意味着所有的矩阵都能找到对应的逆矩阵，也就是说有一些矩阵无法满足上述的定义式。这就好比不是所有的数都存在倒数，因为数 a 若要存在倒数 a^{-1}，必须有 $a\neq0$。那么矩阵存在对应的逆矩阵需要满足什么条件呢？

还是从逆矩阵的定义式出发。观察 $\boldsymbol{AB}=\boldsymbol{BA}=\boldsymbol{E}$ 这个式子，$\boldsymbol{A}$ 和 $\boldsymbol{B}$ 是可交换的，而可交换矩阵双方必须是等阶方阵，因此就得到了逆矩阵存在的一个必要条件：只有方阵才可能存在逆矩阵。由 5.2.1 节末尾的结论可知，对于方阵 $\boldsymbol{A}$ 和 $\boldsymbol{B}$，如果 $\boldsymbol{AB}=\boldsymbol{E}$，那么必然有 $\boldsymbol{BA}=\boldsymbol{E}$，所以方阵的逆矩阵验证只需要 $\boldsymbol{AB}=\boldsymbol{E}$ 这一个条件即可。而例 5-8 中的矩阵不是方阵，因此一定没有逆矩阵。

回顾 5.2.1 节的内容，如果方阵 $\boldsymbol{A}$ 仅经过若干次初等行/列变换得到的单位阵 $\boldsymbol{E}$，那么就相当于给 $\boldsymbol{A}$ 不断左/右乘相应的初等矩阵，这些初等矩阵经过乘法合并后就可以得到一个新的方阵 $\boldsymbol{B}$，即有 $\boldsymbol{BA}=\boldsymbol{E}$ 或 $\boldsymbol{AB}=\boldsymbol{E}$。根据定义有 $\boldsymbol{B}=\boldsymbol{A}^{-1}$，即如果一个方阵可以经过初等变换成为单位阵 $\boldsymbol{E}$，那么它一定可逆。这是一个充分必要条件。

我们知道，初等变换不改变矩阵的秩，所以如果 $\boldsymbol{A}$ 可以经过初等变换成为 $\boldsymbol{E}$，那么就有 $r(\boldsymbol{A})=r(\boldsymbol{E})$。又因为 n 阶单位阵的秩是 n，所以 $r(\boldsymbol{A}_{n\times n})=r(\boldsymbol{E}_{n\times n})=n$，也就是秩等于行列数的方阵才存在逆矩阵。这个结论是上述结论的等价形式，所以也是充分必要条件。

综上，要判断一个矩阵是否存在逆矩阵，首先看它是不是方阵；如果是方阵，那么就通过它的秩判断，而秩可以通过初等变换求得。存在逆矩阵的方阵叫作**可逆矩阵**（invertible matrix），也叫作**非奇异矩阵**（non-singular matrix）；而不存在逆矩阵的方阵就是**不可逆矩阵**，一般文献里也称为**奇异矩阵**（singular matrix）。因此上述结论还可以表达为：可逆矩阵必须是方阵，且其秩等于其行列数。

例 5-9：已知矩阵 $\boldsymbol{A}$ 和 $\boldsymbol{B}$，请说明两者的可逆性，并将其中的可逆矩阵进一步通过初等变换成为单位阵 $\boldsymbol{E}$。

$$\boldsymbol{A}=\begin{bmatrix}1&2&3\\2&7&8\\2&9&9\end{bmatrix},\quad \boldsymbol{B}=\begin{bmatrix}1&2&3\\4&5&6\\7&8&9\end{bmatrix} \tag{5.29}$$

解：$\boldsymbol{A}$ 和 $\boldsymbol{B}$ 均为 3 阶方阵，所以查看两者的秩，可以采用初等变换法最终化为阶梯矩阵。

$$\begin{aligned}&\boldsymbol{A}=\begin{bmatrix}1&2&3\\2&7&8\\2&9&9\end{bmatrix}\to\begin{bmatrix}1&2&3\\0&3&2\\0&5&3\end{bmatrix}\to\begin{bmatrix}1&2&3\\0&3&2\\0&0&1\end{bmatrix}\\&\boldsymbol{B}=\begin{bmatrix}1&2&3\\4&5&6\\7&8&9\end{bmatrix}\to\begin{bmatrix}1&2&1\\4&5&1\\7&8&1\end{bmatrix}\to\begin{bmatrix}1&1&1\\4&1&1\\7&1&1\end{bmatrix}\to\begin{bmatrix}1&1&1\\1&1&4\\1&1&7\end{bmatrix}\to\begin{bmatrix}1&1&1\\0&0&3\\0&0&0\end{bmatrix}\end{aligned} \tag{5.30}$$

根据阶梯矩阵的行数可知，$r(\boldsymbol{A})=3$，$r(\boldsymbol{B})=2$，因此 $\boldsymbol{A}$ 可逆而 $\boldsymbol{B}$ 不可逆。现在将 $\boldsymbol{A}$ 进一步化简成为单位阵 $\boldsymbol{E}$。注意到主对角线左下方元素已经变成了 0，所以只需要让主对角线右上角的元素也变成 0。如果是模仿例 5-5 的方式，就统一使用初等行变换，将从式(5.30)得到的阶梯矩阵继续进行初等行变换即可。

$$\boldsymbol{A}\to\begin{bmatrix}1&2&3\\0&3&2\\0&0&1\end{bmatrix}\to\begin{bmatrix}1&2&0\\0&3&0\\0&0&1\end{bmatrix}\to\begin{bmatrix}1&2&0\\0&1&0\\0&0&1\end{bmatrix}\to\begin{bmatrix}1&0&0\\0&1&0\\0&0&1\end{bmatrix}=\boldsymbol{E} \tag{5.31}$$

如果是模仿例 5-6，则后续使用初等列变换，最后结果完全一致。

$$\boldsymbol{A}\to\begin{bmatrix}1&2&3\\0&3&2\\0&0&1\end{bmatrix}\to\begin{bmatrix}1&0&0\\0&3&2\\0&0&1\end{bmatrix}\to\begin{bmatrix}1&0&0\\0&1&2\\0&0&1\end{bmatrix}\to\begin{bmatrix}1&0&0\\0&1&0\\0&0&1\end{bmatrix}=\boldsymbol{E} \tag{5.32}$$

由这个例子可知，可逆矩阵 $\boldsymbol{A}$ 通过初等变换成为单位阵 $\boldsymbol{E}$ 的方式有很多，既可以仅使用初等行变换，又可以仅使用初等列变换，还可以两者混合使用；而不可逆矩阵 $\boldsymbol{B}$ 不能通过以上任何一种方式成为单位阵 $\boldsymbol{E}$。

5.2.3 逆矩阵与逆映射

逆矩阵的含义还可以从逆映射的角度理解。在讲解矩阵的映射属性时提到，一个矩阵从本质上建立了一个线性映射关系，而方阵由于行列数相等，所以方阵代表了同一个维度的空间内的向量之间的映射。比如映射 $\boldsymbol{y}_{n\times 1}=\boldsymbol{A}_{n\times n}\boldsymbol{x}_{n\times 1}$ 中，方阵 $\boldsymbol{A}$ 将 n 维向量 $\boldsymbol{x}$ 映射成了同为 n 维的向量 $\boldsymbol{y}$，这个映射关系是通过单纯的矩阵对向量的乘法实现的。

在映射的定义域中，如果任何一个元素映射后的结果是它自身，那么这个映射就叫作**恒等映射**(identity mapping)。例如函数 $f(x)=x(x\in\mathbb{R})$ 就是典型的恒等映射，它将 $\mathbb{R}$ 中任何一个实数都映射成了它自身。对于任意一个 n 维向量 $\boldsymbol{x}_{n\times 1}$，如果经过矩阵映射后还是它本身，那么这个矩阵一定是 n 阶单位阵 $\boldsymbol{E}_{n\times n}$，因为只有 $\boldsymbol{Ex}=\boldsymbol{x}$。可以说 n 阶单位阵 $\boldsymbol{E}$ 就表示了 n 维空间中的恒等映射。

对于映射 f，如果存在另一个映射 g，使得 $f\circ g(x)=g\circ f(x)=x$（或写作 $f(g(x))=g(f(x))=x$），那么两者的复合映射就建立了一个恒等映射，此时 g 是 f 的**逆映射**(inverse mapping)，记为 $g=f^{-1}$。比如这两个映射（函数）$f(x)=2x$ 和 $g(x)=\dfrac{1}{2}x$，两者不论以怎样的顺序复合都能够建立恒等映射，所以可以说 $g(x)$ 就是 $f(x)$ 的逆映射（反函数）。

矩阵代表了空间中向量之间的映射关系，逆矩阵就代表了对应的逆映射关系，如 $\boldsymbol{A}^{-1}$ 就是线性映射 $\boldsymbol{A}$ 的逆映射。由于矩阵乘法本质上是线性映射的复合，而单位阵 $\boldsymbol{E}$ 建立了恒等映射，因此从映射的观点来看就不难理解 $\boldsymbol{A}^{-1}\boldsymbol{A}=\boldsymbol{A}\boldsymbol{A}^{-1}=\boldsymbol{E}$ 这个式子了。

例 5-10：已知 2 阶方阵 $\boldsymbol{A}$ 和 $\boldsymbol{B}$ 以及某个平面向量 $\boldsymbol{x}=(x_1,x_2)^{\mathrm{T}}$。

$$\boldsymbol{A}=\begin{bmatrix}2 & 1\\1 & 1\end{bmatrix},\quad \boldsymbol{B}=\begin{bmatrix}1 & -1\\-1 & 2\end{bmatrix} \tag{5.33}$$

请计算 $\boldsymbol{y}_1=\boldsymbol{Ax}$ 和 $\boldsymbol{z}_1=\boldsymbol{By}_1$，再计算 $\boldsymbol{y}_2=\boldsymbol{Bx}$ 和 $\boldsymbol{z}_2=\boldsymbol{Ay}_2$（用含有 x_1 和 x_2 的式子表示），然后根据以上计算结果从映射的角度说明 $\boldsymbol{B}$ 是 $\boldsymbol{A}$ 的逆矩阵。

解：$\boldsymbol{y}_1=\boldsymbol{Ax}$ 的含义是向量 $\boldsymbol{x}$ 在 $\boldsymbol{A}$ 的作用下映射为向量 $\boldsymbol{y}_1$，计算如下：

$$\boldsymbol{y}_1=\boldsymbol{Ax}=\begin{bmatrix}2 & 1\\1 & 1\end{bmatrix}\begin{bmatrix}x_1\\x_2\end{bmatrix}=\begin{bmatrix}2x_1+x_2\\x_1+x_2\end{bmatrix} \tag{5.34}$$

$\boldsymbol{z}_1=\boldsymbol{By}_1$ 的含义是向量 $\boldsymbol{y}_1$ 在 $\boldsymbol{B}$ 的作用下映射为向量 $\boldsymbol{z}_1$，计算如下：

$$\boldsymbol{z}_1=\boldsymbol{By}_1=\begin{bmatrix}1 & -1\\-1 & 2\end{bmatrix}\begin{bmatrix}2x_1+x_2\\x_1+x_2\end{bmatrix}=\begin{bmatrix}2x_1+x_2-x_1-x_2\\-2x_1-x_2+2x_1+2x_2\end{bmatrix}=\begin{bmatrix}x_1\\x_2\end{bmatrix}=\boldsymbol{x} \tag{5.35}$$

由以上可知，$\boldsymbol{z}_1=\boldsymbol{BAx}=\boldsymbol{x}$，即复合映射 $\boldsymbol{BA}$ 将 $\boldsymbol{x}$ 映射为了 $\boldsymbol{x}$ 本身不变，它建立了平面上的恒等映射，故 $\boldsymbol{BA}=\boldsymbol{E}$。

类似的，可以说明 $\boldsymbol{y}_2=\boldsymbol{Bx}$ 和 $\boldsymbol{z}_2=\boldsymbol{Ay}_2$ 两者的含义，并计算如下：

$$\begin{gathered}\boldsymbol{y}_2=\boldsymbol{Bx}=\begin{bmatrix}1 & -1\\-1 & 2\end{bmatrix}\begin{bmatrix}x_1\\x_2\end{bmatrix}=\begin{bmatrix}x_1-x_2\\-x_1+2x_2\end{bmatrix}\\ \boldsymbol{z}_2=\boldsymbol{Ay}_2=\begin{bmatrix}2 & 1\\1 & 1\end{bmatrix}\begin{bmatrix}x_1-x_2\\-x_1+2x_2\end{bmatrix}=\begin{bmatrix}2x_1-2x_2-x_1+2x_2\\x_1-x_2-x_1+2x_2\end{bmatrix}=\begin{bmatrix}x_1\\x_2\end{bmatrix}=\boldsymbol{x}\end{gathered} \tag{5.36}$$

同理，$\boldsymbol{z}_2=\boldsymbol{ABx}=\boldsymbol{x}$，即复合映射 $\boldsymbol{AB}$ 也建立了平面上的恒等映射，故 $\boldsymbol{AB}=\boldsymbol{E}$。

综上，对于矩阵 $\boldsymbol{A}$，有 $\boldsymbol{BA}=\boldsymbol{AB}=\boldsymbol{E}$，所以 $\boldsymbol{B}$ 就代表了线性映射 $\boldsymbol{A}$ 的逆映射，即 $\boldsymbol{B}=\boldsymbol{A}^{-1}$。

有关逆矩阵和逆映射的进一步讨论将在本书后续内容不断涉及，请各位读者留意多从映射的角度理解逆矩阵。

5.2.4 逆矩阵的性质

从逆矩阵的定义出发，再结合逆映射的观点，不仅可以清晰呈现出逆矩阵的本质概念，还能很容易推出逆矩阵的各种性质。

(1) 可交换性：由定义 $\boldsymbol{A}^{-1}\boldsymbol{A}=\boldsymbol{A}\boldsymbol{A}^{-1}=\boldsymbol{E}$ 可知，一个矩阵和其逆矩阵是可交换的。从映射的观点来看，一个映射和它的逆映射不论复合顺序如何，最终都是恒等映射，所以同样具有映射属性的矩阵也有这样的性质。

(2) 自反性：由定义很容易得出 $(\boldsymbol{A}^{-1})^{-1}=\boldsymbol{A}$，也就是一个矩阵和其逆矩阵互为可逆关系，这是一个容易理解的结论。

(3) 倒序相乘性：如果 $\boldsymbol{A}$ 和 $\boldsymbol{B}$ 为等阶可逆矩阵，那么 $(\boldsymbol{AB})^{-1}=\boldsymbol{B}^{-1}\boldsymbol{A}^{-1}$。这个结论可以证明如下：

$$\begin{aligned}(\boldsymbol{AB})(\boldsymbol{B}^{-1}\boldsymbol{A}^{-1})&=\boldsymbol{A}(\boldsymbol{BB}^{-1})\boldsymbol{A}^{-1}=\boldsymbol{AEA}^{-1}=\boldsymbol{AA}^{-1}=\boldsymbol{E}\\(\boldsymbol{B}^{-1}\boldsymbol{A}^{-1})(\boldsymbol{AB})&=\boldsymbol{B}^{-1}(\boldsymbol{A}^{-1}\boldsymbol{A})\boldsymbol{B}=\boldsymbol{B}^{-1}\boldsymbol{EB}=\boldsymbol{B}^{-1}\boldsymbol{B}=\boldsymbol{E}\end{aligned}\tag{5.37}$$

实际上从映射的角度也可以解释这个倒序相乘性质。设 $\boldsymbol{A}$ 代表映射 f，$\boldsymbol{B}$ 代表映射 g，那么 $\boldsymbol{AB}$ 就代表了复合映射 $f\circ g$。用 $\boldsymbol{x}$ 代表自变量，$\boldsymbol{y}$ 代表因变量，则 $\boldsymbol{y}=\boldsymbol{ABx}$ 就可以表示为 $\boldsymbol{y}=f(g(\boldsymbol{x}))$。如果要再让 $\boldsymbol{y}$ 通过逆映射变回 $\boldsymbol{x}$，表达式就是 $\boldsymbol{x}=g^{-1}(f^{-1}(\boldsymbol{y}))$，即逆映射（逆矩阵）是 $\boldsymbol{B}^{-1}\boldsymbol{A}^{-1}$。这就好比我们在寒冷的冬天穿衣服是先穿毛衣后穿外套，而进入温暖的室内脱衣服则是先脱外套后脱毛衣一样。求矩阵乘积的逆矩阵也是这个道理，有时候将这个结论称为“穿脱原则”。

这个结论还可以拓展到多个矩阵的情形，即 $(\boldsymbol{ABC}\cdots\boldsymbol{N})^{-1}=\boldsymbol{N}^{-1}\cdots\boldsymbol{C}^{-1}\boldsymbol{B}^{-1}\boldsymbol{A}^{-1}$。

(4) 转置特性：给定义式 $\boldsymbol{A}^{-1}\boldsymbol{A}=\boldsymbol{AA}^{-1}=\boldsymbol{E}$ 同时取转置运算，利用转置运算的倒序相乘性，并注意到 $\boldsymbol{E}^{\mathrm{T}}=\boldsymbol{E}$，就有：

$$(\boldsymbol{A}^{-1}\boldsymbol{A})^{\mathrm{T}}=(\boldsymbol{AA}^{-1})^{\mathrm{T}}=\boldsymbol{E}^{\mathrm{T}}\Rightarrow\boldsymbol{A}^{\mathrm{T}}(\boldsymbol{A}^{-1})^{\mathrm{T}}=(\boldsymbol{A}^{-1})^{\mathrm{T}}\boldsymbol{A}^{\mathrm{T}}=\boldsymbol{E}\tag{5.38}$$

这个式子说明 $\boldsymbol{A}^{\mathrm{T}}$ 的逆矩阵就是 $(\boldsymbol{A}^{-1})^{\mathrm{T}}$，即 $(\boldsymbol{A}^{\mathrm{T}})^{-1}=(\boldsymbol{A}^{-1})^{\mathrm{T}}$。这个性质说明矩阵的转置和求逆操作可以互换顺序。

(5) 数乘特性：设 λ 为一个非零常数，那么 $(\lambda\boldsymbol{A})^{-1}=\dfrac{1}{\lambda}\boldsymbol{A}^{-1}$。这一点容易通过矩阵乘法的数乘特性和逆矩阵的定义推出：

$$\begin{aligned}(\lambda\boldsymbol{A})\left(\frac{1}{\lambda}\boldsymbol{A}^{-1}\right)&=\lambda\cdot\frac{1}{\lambda}\boldsymbol{AA}^{-1}=\boldsymbol{E}\\\left(\frac{1}{\lambda}\boldsymbol{A}^{-1}\right)(\lambda\boldsymbol{A})&=\frac{1}{\lambda}\cdot\lambda\boldsymbol{A}^{-1}\boldsymbol{A}=\boldsymbol{E}\end{aligned}\tag{5.39}$$

(6) 初等矩阵构成性：在前面讲到了可逆矩阵 $\boldsymbol{A}$ 可以仅通过若干次初等行/列变换成为单位阵 $\boldsymbol{E}$。不管是初等行变换还是初等列变换，最终都是给 $\boldsymbol{A}$ 左乘或右乘一系列初等矩阵。这里设仅通过 k 次初等行变换成为 $\boldsymbol{E}$，每一次的初等矩阵是 $\boldsymbol{F}_i$（其中 $1\leqslant i\leqslant k$）。再结合可逆矩阵的定义式就可以做以下推导：

$$\begin{cases}\boldsymbol{F}_1\cdots\boldsymbol{F}_k\boldsymbol{A}=\boldsymbol{E}\\\boldsymbol{A}^{-1}\boldsymbol{A}=\boldsymbol{E}\end{cases}\Rightarrow\boldsymbol{A}^{-1}=\boldsymbol{F}_1\cdots\boldsymbol{F}_k\tag{5.40}$$

可见，一个方阵的逆矩阵可以写成若干初等矩阵乘积的形式。由于逆矩阵是彼此相对而言的，因此可逆矩阵本身也能写成若干初等矩阵的乘积。这是一个充分必要条件，这意味着不可逆的矩阵一定不能写成若干初等矩阵的乘积。

(7) 唯一存在性：对于一个不为 0 的数，它的倒数是唯一确定的。那么对于可逆矩阵 $\boldsymbol{A}$，它的逆矩阵也是唯一确定的吗？答案是肯定的。简单来说，$\boldsymbol{A}$ 相当于一个映射，而 $\boldsymbol{A}^{-1}$ 是 $\boldsymbol{A}$ 的逆映射，由于逆映射是唯一确定的，所以逆矩阵也是唯一确定的。

当然，逆矩阵的唯一确定性也可以使用逆矩阵的定义推导。设可逆矩阵 $\boldsymbol{A}$ 有两个逆矩阵 $\boldsymbol{B}$ 和 $\boldsymbol{C}$，则根据逆矩阵的定义有 $\boldsymbol{AB}=\boldsymbol{BA}=\boldsymbol{E}$ 和 $\boldsymbol{AC}=\boldsymbol{CA}=\boldsymbol{E}$，利用这两个式子可以做以下推导：

$$\boldsymbol{B}=\boldsymbol{BE}=\boldsymbol{B}(\boldsymbol{AC})=(\boldsymbol{BA})\boldsymbol{C}=\boldsymbol{EC}=\boldsymbol{C} \tag{5.41}$$

由于 $\boldsymbol{B}$ 和 $\boldsymbol{C}$ 具有一般性，可知 $\boldsymbol{A}$ 的任意两个逆矩阵都完全相等，即证明了逆矩阵存在的唯一性。

我们将以上逆矩阵的性质总结如下：

- 可交换性：$\boldsymbol{A}^{-1}\boldsymbol{A}=\boldsymbol{AA}^{-1}=\boldsymbol{E}$；
- 自反性：$(\boldsymbol{A}^{-1})^{-1}=\boldsymbol{A}$；
- 倒序相乘性：$(\boldsymbol{AB})^{-1}=\boldsymbol{B}^{-1}\boldsymbol{A}^{-1}$；
- 转置特性：$(\boldsymbol{A}^{\mathrm{T}})^{-1}=(\boldsymbol{A}^{-1})^{\mathrm{T}}$；
- 数乘性：$(\lambda\boldsymbol{A})^{-1}=\dfrac{1}{\lambda}\boldsymbol{A}^{-1}(\lambda\neq0)$；
- 可逆矩阵及其逆矩阵都可以表示为一系列初等矩阵之积；
- 可逆矩阵的逆矩阵是唯一存在的。

需要说明的是，逆矩阵的性质还有很多，在后续学习中将看到逆矩阵的其他性质。

5.3　逆矩阵的求法

5.3.1　初等行变换法求逆矩阵

一个矩阵如果可逆，则可以写成一系列初等矩阵之积，而初等矩阵和初等变换有着紧密的关联，因此可以利用这个特点使用初等变换法求逆矩阵。其中使用得比较多的是初等行变换法。根据逆矩阵的定义，有 $\boldsymbol{A}^{-1}\boldsymbol{A}=\boldsymbol{E}$，而 $\boldsymbol{A}^{-1}=\boldsymbol{F}_1\cdots\boldsymbol{F}_k$，其中“$\boldsymbol{F}_1\cdots\boldsymbol{F}_k$”代表 k 个初等矩阵相乘，于是可知：

$$\boldsymbol{E}=\boldsymbol{F}_1\cdots\boldsymbol{F}_k\boldsymbol{A} \tag{5.42}$$

另外，一个矩阵和单位阵 $\boldsymbol{E}$ 的乘积还是它本身，于是有 $\boldsymbol{A}^{-1}=\boldsymbol{A}^{-1}\boldsymbol{E}$ 成立，将 $\boldsymbol{A}^{-1}$ 写成初等矩阵乘积形式就有：

$$\boldsymbol{A}^{-1}=\boldsymbol{F}_1\cdots\boldsymbol{F}_k\boldsymbol{E} \tag{5.43}$$

从式(5.42)和式(5.43)可以看出，如果对 $\boldsymbol{A}$ 左乘 k 个初等矩阵使得 $\boldsymbol{A}$ 成为 $\boldsymbol{E}$，那么 $\boldsymbol{A}^{-1}$ 就等于这些初等矩阵去左乘 $\boldsymbol{E}$。由于给矩阵左乘一个初等矩阵相当于对其进行了一次初等行变换，所以给 $\boldsymbol{A}$ 进行 k 次初等行变换成为 $\boldsymbol{E}$ 的同时，给 $\boldsymbol{E}$ 也同步进行 k 次一模一样的初等行变换就可以得到 $\boldsymbol{A}^{-1}$。这就是使用初等行变换法求逆矩阵的基本原理。

例 5-11：求矩阵 $\boldsymbol{A}$ 的逆矩阵 $\boldsymbol{A}^{-1}$：

$$\boldsymbol{A}=\begin{bmatrix}1&1&2\\1&2&3\\2&4&5\end{bmatrix} \tag{5.44}$$

解：首先使用初等行变换将 $\boldsymbol{A}$ 变为单位阵 $\boldsymbol{E}$，先“清空”主对角线左下方的元素，再“清空”主对角线右上方的元素，同时保证最后主对角线上所有元素都是 1。

$$\boldsymbol{A}=\begin{bmatrix}1&1&2\\1&2&3\\2&4&5\end{bmatrix}\xrightarrow{-r_1+r_2}\begin{bmatrix}1&1&2\\0&1&1\\2&4&5\end{bmatrix}\xrightarrow{-2r_1+r_3}\begin{bmatrix}1&1&2\\0&1&1\\0&2&1\end{bmatrix}\xrightarrow{-2r_2+r_3}\begin{bmatrix}1&1&2\\0&1&1\\0&0&-1\end{bmatrix}\xrightarrow{-r_3}$$
$$\begin{bmatrix}1&1&2\\0&1&1\\0&0&1\end{bmatrix}\xrightarrow{-r_3+r_2}\begin{bmatrix}1&1&2\\0&1&0\\0&0&1\end{bmatrix}\xrightarrow{-2r_3+r_1}\begin{bmatrix}1&1&0\\0&1&0\\0&0&1\end{bmatrix}\xrightarrow{-r_2+r_1}\begin{bmatrix}1&0&0\\0&1&0\\0&0&1\end{bmatrix}=\boldsymbol{E} \tag{5.45}$$

可见 $\boldsymbol{A}$ 经过 7 次初等行变换成为单位阵 $\boldsymbol{E}$。根据上述原理，下面对单位阵 $\boldsymbol{E}$ 要进行和上面一模一样的 7 次初等行变换，也就是完全复刻使 $\boldsymbol{A}$ 成为 $\boldsymbol{E}$ 的初等行变换内容和顺序：

$$\boldsymbol{E}=\begin{bmatrix}1&0&0\\0&1&0\\0&0&1\end{bmatrix}\xrightarrow{-r_1+r_2}\begin{bmatrix}1&0&0\\-1&1&0\\0&0&1\end{bmatrix}\xrightarrow{-2r_1+r_3}\begin{bmatrix}1&0&0\\-1&1&0\\-2&0&1\end{bmatrix}\xrightarrow{-2r_2+r_3}\begin{bmatrix}1&0&0\\-1&1&0\\0&-2&1\end{bmatrix}$$
$$\xrightarrow{-r_3}\begin{bmatrix}1&0&0\\-1&1&0\\0&2&-1\end{bmatrix}\xrightarrow{-r_3+r_2}\begin{bmatrix}1&0&0\\-1&-1&1\\0&2&-1\end{bmatrix}\xrightarrow{-2r_3+r_1}\begin{bmatrix}1&-4&2\\-1&-1&1\\0&2&-1\end{bmatrix}\xrightarrow{-r_2+r_1}$$
$$\begin{bmatrix}2&-3&1\\-1&-1&1\\0&2&-1\end{bmatrix}=\boldsymbol{A}^{-1} \tag{5.46}$$

经过同样的 7 次初等行变换，单位阵 $\boldsymbol{E}$ 就能成为 $\boldsymbol{A}^{-1}$。

可见，如果需要求出 $\boldsymbol{A}$ 的逆矩阵 $\boldsymbol{A}^{-1}$，需要先让 $\boldsymbol{A}$ 经过初等行变换成为单位阵 $\boldsymbol{E}$，得到变换的具体内容和顺序，然后按照这个内容和顺序再去变换单位阵 $\boldsymbol{E}$，最终的结果就是 $\boldsymbol{A}^{-1}$。

但这种方式有一个显著的缺陷，那就是需要做两次重复性工作，增加了工作量。事实上，这两步工作是可以并行的，只需要每一次初等行变换时候能够兼顾 $\boldsymbol{A}$ 和 $\boldsymbol{E}$ 两者让其同步变换即可，于是可以仿照求解非齐次方程组的模式，构建增广矩阵 $\boldsymbol{A}|\boldsymbol{E}$，并对其进行初等行变换，使得虚线左侧变成单位阵 $\boldsymbol{E}$，那么右侧就能成为 $\boldsymbol{A}^{-1}$，表示如下：

$$\boldsymbol{A}\mid\boldsymbol{E}\xrightarrow{r}\boldsymbol{E}\mid\boldsymbol{A}^{-1} \tag{5.47}$$

注意此处只能使用初等行变换而不能使用初等列变换，因为在上述原理推导过程中，始终使用的是初等矩阵去左乘 $\boldsymbol{A}$ 而没有右乘操作，因此始终都要保持只有初等行变换操作。

例 5-12：使用增广矩阵法求例 5-11 中的矩阵 $\boldsymbol{A}$ 的逆矩阵 $\boldsymbol{A}^{-1}$。

解：构建增广矩阵如下：

$$\boldsymbol{A} \mid \boldsymbol{E}=\left[\begin{array}{ccc:ccc}1 & 1 & 2 & 1 & 0 & 0 \\ 1 & 2 & 3 & 0 & 1 & 0 \\ 2 & 4 & 5 & 0 & 0 & 1\end{array}\right] \tag{5.48}$$

现在将增广矩阵 $\boldsymbol{A}|\boldsymbol{E}$ 初等行变换，使得虚线左侧成为 $\boldsymbol{E}$。

$$\boldsymbol{A} \mid \boldsymbol{E}=\left[\begin{array}{ccc:ccc}1 & 1 & 2 & 1 & 0 & 0 \\ 1 & 2 & 3 & 0 & 1 & 0 \\ 2 & 4 & 5 & 0 & 0 & 1\end{array}\right] \rightarrow\left[\begin{array}{ccc:ccc}1 & 1 & 2 & 1 & 0 & 0 \\ 0 & 1 & 1 & -1 & 1 & 0 \\ 0 & 0 & 1 & 0 & 2 & -1\end{array}\right] \rightarrow\left[\begin{array}{ccc:ccc}1 & 0 & 0 & 2 & -3 & 1 \\ 0 & 1 & 0 & -1 & -1 & 1 \\ 0 & 0 & 1 & 0 & 2 & -1\end{array}\right] \tag{5.49}$$

此时虚线右侧的部分就是 $\boldsymbol{A}^{-1}$，将其单独写出即可。

上例使用到的初等行变换包括倍加操作和数乘操作，不涉及交换操作。如果在某些步骤灵活使用交换操作，就可以有效朝着目标简化计算。

例 5-13：求矩阵 $\boldsymbol{A}$ 的逆矩阵 $\boldsymbol{A}^{-1}$：

$$\boldsymbol{A}=\begin{bmatrix}1 & 2 & 2 \\ 1 & 0 & 3 \\ 2 & 3 & 4\end{bmatrix} \tag{5.50}$$

解：仍然构建增广矩阵 $\boldsymbol{A}|\boldsymbol{E}$ 并通过初等行变换使其左侧化为 $\boldsymbol{E}$：

$$\begin{aligned}\boldsymbol{A} \mid \boldsymbol{E}=&\left[\begin{array}{ccc:ccc}1 & 2 & 2 & 1 & 0 & 0 \\ 1 & 0 & 3 & 0 & 1 & 0 \\ 2 & 3 & 4 & 0 & 0 & 1\end{array}\right] \rightarrow\left[\begin{array}{ccc:ccc}1 & 2 & 2 & 1 & 0 & 0 \\ 0 & -2 & 1 & -1 & 1 & 0 \\ 0 & -1 & 0 & -2 & 0 & 1\end{array}\right] \rightarrow\left[\begin{array}{ccc:ccc}1 & 2 & 2 & 1 & 0 & 0 \\ 0 & 1 & 0 & 2 & 0 & -1 \\ 0 & -2 & 1 & -1 & 1 & 0\end{array}\right] \rightarrow \\ &\left[\begin{array}{ccc:ccc}1 & 2 & 2 & 1 & 0 & 0 \\ 0 & 1 & 0 & 2 & 0 & -1 \\ 0 & 0 & 1 & 3 & 1 & -2\end{array}\right] \rightarrow\left[\begin{array}{ccc:ccc}1 & 2 & 0 & -5 & -2 & 4 \\ 0 & 1 & 0 & 2 & 0 & -1 \\ 0 & 0 & 1 & 3 & 1 & -2\end{array}\right] \rightarrow \\ &\left[\begin{array}{ccc:ccc}1 & 0 & 0 & -9 & -2 & 6 \\ 0 & 1 & 0 & 2 & 0 & -1 \\ 0 & 0 & 1 & 3 & 1 & -2\end{array}\right]=\boldsymbol{E} \mid \boldsymbol{A}^{-1}\end{aligned} \tag{5.51}$$

于是虚线右侧的矩阵就是 $\boldsymbol{A}^{-1}$。

$$\boldsymbol{A}^{-1}=\begin{bmatrix}-9 & -2 & 6 \\ 2 & 0 & -1 \\ 3 & 1 & -2\end{bmatrix} \tag{5.52}$$

以上过程(5.51)的第二个箭头处，第 2 行和第 3 行发生了交换，这是因为第 2 行除了元素 2 以外的其他数都不是 2 的倍数，如果不交换而直接运算就会比较复杂，所以此处交换这两行就能避免比较复杂的运算。

例 5-14：求矩阵 $\boldsymbol{A}$ 的逆矩阵 $\boldsymbol{A}^{-1}$：

$$\boldsymbol{A}=\begin{bmatrix}6 & 8 & 7 \\ 4 & 3 & 9 \\ 5 & 6 & 7\end{bmatrix} \tag{5.53}$$

解：通过初等行变换求矩阵的逆时，当每一行的第一个非零元素是 1 时最为方便，但此处数字显然都偏大，因此可以先用初等行变换造出 1。观察第 1 列的元素是 6、4 和 5，刚好相差 1，故对增广矩阵 $\boldsymbol{A}|\boldsymbol{E}$ 初步化简如下：

$$\boldsymbol{A} \mid \boldsymbol{E}=\left[\begin{array}{ccc:ccc}6&8&7&1&0&0\\4&3&9&0&1&0\\5&6&7&0&0&1\end{array}\right]\xrightarrow{-r_3+r_1}\left[\begin{array}{ccc:ccc}1&2&0&1&0&-1\\4&3&9&0&1&0\\5&6&7&0&0&1\end{array}\right]\xrightarrow{-r_2+r_3}\left[\begin{array}{ccc:ccc}1&2&0&1&0&-1\\4&3&9&0&1&0\\1&3&-2&0&-1&1\end{array}\right] \tag{5.54}$$

通过以上化简过程将数值变小，就可以方便地继续使用上面的方法求解了：

$$\begin{aligned}\boldsymbol{A} \mid \boldsymbol{E}\rightarrow&\left[\begin{array}{ccc:ccc}1&2&0&1&0&-1\\4&3&9&0&1&0\\1&3&-2&0&-1&1\end{array}\right]\rightarrow\left[\begin{array}{ccc:ccc}1&2&0&1&0&-1\\0&-5&9&-4&1&4\\0&1&-2&-1&-1&2\end{array}\right]\rightarrow\\&\left[\begin{array}{ccc:ccc}1&2&0&1&0&-1\\0&1&-2&-1&-1&2\\0&-5&9&-4&1&4\end{array}\right]\rightarrow\left[\begin{array}{ccc:ccc}1&2&0&1&0&-1\\0&1&-2&-1&-1&2\\0&0&-1&-9&-4&14\end{array}\right]\rightarrow\\&\left[\begin{array}{ccc:ccc}1&2&0&1&0&-1\\0&1&-2&-1&-1&2\\0&0&1&9&4&-14\end{array}\right]\rightarrow\left[\begin{array}{ccc:ccc}1&2&0&1&0&-1\\0&1&0&17&7&-26\\0&0&1&9&4&-14\end{array}\right]\rightarrow\\&\left[\begin{array}{ccc:ccc}1&0&0&-33&-14&51\\0&1&0&17&7&-26\\0&0&1&9&4&-14\end{array}\right]=\boldsymbol{E} \mid \boldsymbol{A}^{-1}\end{aligned} \tag{5.55}$$

故可得

$$\boldsymbol{A}^{-1}=\begin{bmatrix}-33&-14&51\\17&7&-26\\9&4&-14\end{bmatrix} \tag{5.56}$$

以上几例的运算、化简技巧请各位读者仔细体会并灵活运用。

5.3.2 特殊矩阵的逆矩阵

使用上述增广矩阵的方法，可以求出几种特殊矩阵的逆矩阵。

例 5-15：求出以下对角阵 $\boldsymbol{U}$ 的逆矩阵 $\boldsymbol{U}^{-1}$。

$$\boldsymbol{U}=\operatorname{diag}\{2,3,4\}=\begin{bmatrix}2&0&0\\0&3&0\\0&0&4\end{bmatrix} \tag{5.57}$$

解：构建增广矩阵 $\boldsymbol{U}|\boldsymbol{E}$，然后让左侧通过初等行变换成为 $\boldsymbol{E}$。由于 $\boldsymbol{U}$ 的主对角线元素均不等于 0，所以只需要给每一行都除以主对角线上的元素即可。

$$\boldsymbol{U} \mid \boldsymbol{E}=\left[\begin{array}{ccc:ccc}2&0&0&1&0&0\\0&3&0&0&1&0\\0&0&4&0&0&1\end{array}\right]\rightarrow\left[\begin{array}{ccc:ccc}1&0&0&\frac{1}{2}&0&0\\0&1&0&0&\frac{1}{3}&0\\0&0&1&0&0&\frac{1}{4}\end{array}\right]=\boldsymbol{E} \mid \boldsymbol{U}^{-1}$$

$$\Rightarrow U^{-1}=\begin{bmatrix}\frac{1}{2} & 0 & 0\\ 0 & \frac{1}{3} & 0\\ 0 & 0 & \frac{1}{4}\end{bmatrix}=\operatorname{diag}\left\{\frac{1}{2},\frac{1}{3},\frac{1}{4}\right\} \tag{5.58}$$

由上例可知，对角阵可逆的条件是主对角线元素均不为0，求它的逆矩阵只需要给主对角线元素取倒数即可：

$$U=\operatorname{diag}\{a_1,a_2,\cdots,a_n\}\Rightarrow U^{-1}=\operatorname{diag}\left\{\frac{1}{a_1},\frac{1}{a_2},\cdots,\frac{1}{a_n}\right\}\quad a_1,a_2,\cdots,a_n\neq 0 \tag{5.59}$$

特殊的，单位阵 $\boldsymbol{E}$ 的逆矩阵还是它本身不变，即 $\boldsymbol{E}^{-1}=\boldsymbol{E}$，这是单位阵一个重要的性质。

例 5-16：求出以下初等矩阵的逆矩阵：

$$\boldsymbol{F}_1=\begin{bmatrix}0 & 1 & 0\\ 1 & 0 & 0\\ 0 & 0 & 1\end{bmatrix},\quad \boldsymbol{F}_2=\begin{bmatrix}1 & 0 & 0\\ 0 & 3 & 0\\ 0 & 0 & 1\end{bmatrix},\quad \boldsymbol{F}_3=\begin{bmatrix}1 & 0 & 0\\ 2 & 1 & 0\\ 0 & 0 & 1\end{bmatrix} \tag{5.60}$$

解：初等矩阵是对 $\boldsymbol{E}$ 进行一次初等变换得到的矩阵，因此只需要对增广矩阵做一次相反的初等行变换，就能使左边初等矩阵变回 $\boldsymbol{E}$。

$$\begin{aligned}
\boldsymbol{F}_1\mid\boldsymbol{E}&=\left[\begin{array}{ccc:ccc}0 & 1 & 0 & 1 & 0 & 0\\ 1 & 0 & 0 & 0 & 1 & 0\\ 0 & 0 & 1 & 0 & 0 & 1\end{array}\right]\to\left[\begin{array}{ccc:ccc}1 & 0 & 0 & 0 & 1 & 0\\ 0 & 1 & 0 & 1 & 0 & 0\\ 0 & 0 & 1 & 0 & 0 & 1\end{array}\right]=\boldsymbol{E}\mid\boldsymbol{F}_1^{-1}\\
\boldsymbol{F}_2\mid\boldsymbol{E}&=\left[\begin{array}{ccc:ccc}1 & 0 & 0 & 1 & 0 & 0\\ 0 & 3 & 0 & 0 & 1 & 0\\ 0 & 0 & 1 & 0 & 0 & 1\end{array}\right]\to\left[\begin{array}{ccc:ccc}1 & 0 & 0 & 1 & 0 & 0\\ 0 & 1 & 0 & 0 & \frac{1}{3} & 0\\ 0 & 0 & 1 & 0 & 0 & 1\end{array}\right]=\boldsymbol{E}\mid\boldsymbol{F}_2^{-1}\\
\boldsymbol{F}_3\mid\boldsymbol{E}&=\left[\begin{array}{ccc:ccc}1 & 0 & 0 & 1 & 0 & 0\\ 2 & 1 & 0 & 0 & 1 & 0\\ 0 & 0 & 1 & 0 & 0 & 1\end{array}\right]\to\left[\begin{array}{ccc:ccc}1 & 0 & 0 & 1 & 0 & 0\\ 0 & 1 & 0 & -2 & 1 & 0\\ 0 & 0 & 1 & 0 & 0 & 1\end{array}\right]=\boldsymbol{E}\mid\boldsymbol{F}_3^{-1}
\end{aligned} \tag{5.61}$$

故有

$$\boldsymbol{F}_1^{-1}=\begin{bmatrix}0 & 1 & 0\\ 1 & 0 & 0\\ 0 & 0 & 1\end{bmatrix},\quad \boldsymbol{F}_2^{-1}=\begin{bmatrix}1 & 0 & 0\\ 0 & \frac{1}{3} & 0\\ 0 & 0 & 1\end{bmatrix},\quad \boldsymbol{F}_3^{-1}=\begin{bmatrix}1 & 0 & 0\\ -2 & 1 & 0\\ 0 & 0 & 1\end{bmatrix} \tag{5.62}$$

由上例可知：交换阵的逆矩阵就是其本身不变；数乘阵的逆矩阵仍然是数乘阵，对应数乘因数是原因数的倒数；倍加阵的逆矩阵仍然是倍加阵，对应的倍加因数是原因数的相反数。实际上，由于一个矩阵可逆的充分必要条件之一就是它可以表示成若干个初等矩阵的乘积，所以可以反过来说若干初等矩阵之积一定可逆。特殊的只有一个初等矩阵，结论依旧成立。这说明初等矩阵必然可逆，且逆矩阵和原初等矩阵类别相同。

例 5-17：已知以下 2 阶方阵 $\mathbf{A}$ 可逆，求逆矩阵 $\mathbf{A}^{-1}$。

$$\boldsymbol{A}=\begin{bmatrix}a & b\\ c & d\end{bmatrix} \tag{5.63}$$

解：由于 $\boldsymbol{A}$ 可逆，所以 $r(\boldsymbol{A})=2$，则 $\boldsymbol{A}$ 不是秩 1 矩阵，因此它的各行不成比例，也就是 $ad\neq bc$。通过这个式子还可知 a 和 c 不能同时为 0，不妨设 $a\neq 0$，则构建增广矩阵 $\boldsymbol{A}|\boldsymbol{E}$ 并进行初等行变换：

$$\boldsymbol{A}\mid\boldsymbol{E}=\left[\begin{array}{cc:cc}a & b & 1 & 0\\ c & d & 0 & 1\end{array}\right]\rightarrow\left[\begin{array}{cc:cc}a & b & 1 & 0\\ ac & ad & 0 & a\end{array}\right]\rightarrow\left[\begin{array}{cc:cc}a & b & 1 & 0\\ 0 & ad-bc & -c & a\end{array}\right]\rightarrow$$

$$\left[\begin{array}{cc:cc}a & b & 1 & 0\\ 0 & 1 & -\dfrac{c}{ad-bc} & \dfrac{a}{ad-bc}\end{array}\right]\rightarrow\left[\begin{array}{cc:cc}a & 0 & \dfrac{bc}{ad-bc}+1 & -\dfrac{ab}{ad-bc}\\ 0 & 1 & -\dfrac{c}{ad-bc} & \dfrac{a}{ad-bc}\end{array}\right]\rightarrow$$

$$\left[\begin{array}{cc:cc}1 & 0 & \dfrac{d}{ad-bc} & -\dfrac{b}{ad-bc}\\ 0 & 1 & -\dfrac{c}{ad-bc} & \dfrac{a}{ad-bc}\end{array}\right]=\boldsymbol{E}\mid\boldsymbol{A}^{-1} \tag{5.64}$$

可以验证，如果设 $c\neq 0$，只需提前做一步行交换操作即可得出完全一致的结果。故有

$$\boldsymbol{A}^{-1}=\begin{bmatrix}\dfrac{d}{ad-bc} & -\dfrac{b}{ad-bc}\\ -\dfrac{c}{ad-bc} & \dfrac{a}{ad-bc}\end{bmatrix}=\frac{1}{ad-bc}\begin{bmatrix}d & -b\\ -c & a\end{bmatrix} \tag{5.65}$$

上例中，b 和 c 构成了 2 阶方阵的另外一条对角线，称为**副对角线**（counter diagonal），由上例的结论可知，2 阶方阵可逆的充分必要条件是主对角线元素之积不等于副对角线元素之积，它的逆矩阵可以统一用上面这个式子表示。首先将主对角线元素交换位置，然后再给副对角线取相反数，最后给矩阵除以主对角线之积与副对角线之积的差值即可。这个法则可以简单记为：主交换，副取反，主副积差做除法。

5.4 逆矩阵的拓展与延伸

5.4.1 抽象矩阵的逆矩阵问题

5.3 节介绍的逆矩阵求法都是基于给出具体数字的矩阵，如果遇到抽象矩阵，就需要灵活使用代数公式化简处理，凑出逆矩阵的定义式。

例 5-18：已知方阵 $\boldsymbol{A}$ 满足等式 $\boldsymbol{A}^2+4\boldsymbol{A}+2\boldsymbol{E}=\boldsymbol{O}$，求 $(\boldsymbol{A}+\boldsymbol{E})^{-1}$ 的表达式。

解：将上式两端同加上 $\boldsymbol{E}$，由于 $\boldsymbol{A}$ 和 $\boldsymbol{E}$ 可交换，因此只需按照初等数学里学过的代数公式因式分解即可。

$$\boldsymbol{A}^2+4\boldsymbol{A}+2\boldsymbol{E}=\boldsymbol{O}\Rightarrow\boldsymbol{A}^2+4\boldsymbol{A}+3\boldsymbol{E}=\boldsymbol{E}\Rightarrow(\boldsymbol{A}+\boldsymbol{E})(\boldsymbol{A}+3\boldsymbol{E})=\boldsymbol{E}\Rightarrow(\boldsymbol{A}+\boldsymbol{E})^{-1}=\boldsymbol{A}+3\boldsymbol{E} \tag{5.66}$$

可见，如果要求一个抽象矩阵多项式的逆矩阵，只需要根据已知条件凑出它和另一个矩阵表达式的乘积是 $\boldsymbol{E}$ 即可，这“另一个矩阵表达式”就是待求的逆矩阵。由于可逆矩阵双

方都是具有可交换性的方阵，所以只需要验证两者的某一个乘积即可。比如上例中只验证了 $\boldsymbol{A}+\boldsymbol{E}$ 左乘 $\boldsymbol{A}+3\boldsymbol{E}$ 的结果是 $\boldsymbol{E}$ 而并没有验证对应右乘的结果，但只需这一点就足以说明 $\boldsymbol{A}+\boldsymbol{E}$ 的逆矩阵就是 $\boldsymbol{A}+3\boldsymbol{E}$。

例 5-19：设方阵 $\boldsymbol{A}$ 和 $\boldsymbol{B}$ 满足 $\boldsymbol{AB}=\boldsymbol{A}+\boldsymbol{B}$，请说明 $\boldsymbol{A}-\boldsymbol{E}$ 可逆，并求出$(\boldsymbol{A}-\boldsymbol{E})^{-1}$。

解：只需要让 $\boldsymbol{A}-\boldsymbol{E}$ 和某个矩阵相乘（不论左右）得到 $\boldsymbol{E}$ 即可说明 $\boldsymbol{A}-\boldsymbol{E}$ 可逆，同时也求出了对应的逆矩阵。将已知条件移项变形，并给等式两边同时加上 $\boldsymbol{E}$，并注意尽量提取出 $\boldsymbol{A}-\boldsymbol{E}$ 这个公因式。

$$\begin{aligned}&\boldsymbol{AB}=\boldsymbol{A}+\boldsymbol{B}\Rightarrow\boldsymbol{AB}-\boldsymbol{A}-\boldsymbol{B}+\boldsymbol{E}=\boldsymbol{E}\Rightarrow(\boldsymbol{AB}-\boldsymbol{B})-(\boldsymbol{A}-\boldsymbol{E})=\boldsymbol{E}\\&\Rightarrow(\boldsymbol{A}-\boldsymbol{E})\boldsymbol{B}-(\boldsymbol{A}-\boldsymbol{E})=\boldsymbol{E}\Rightarrow(\boldsymbol{A}-\boldsymbol{E})(\boldsymbol{B}-\boldsymbol{E})=\boldsymbol{E}\end{aligned}\tag{5.67}$$

通过以上变形可知，$\boldsymbol{A}-\boldsymbol{E}$ 可逆，且$(\boldsymbol{A}-\boldsymbol{E})^{-1}=\boldsymbol{B}-\boldsymbol{E}$。

在对矩阵多项式进行因式分解变形时，需要注意两点：第一，由于矩阵使用大写字母表示，而在初等数学常见的是小写字母表示的变量，因此对大写字母的因式分解需要慢慢习惯并熟练掌握；第二，如果没有明确两个矩阵可交换，因式分解时要特别注意矩阵的左右乘，比如以上例子中 $\boldsymbol{AB}-\boldsymbol{B}$ 一定要分解成$(\boldsymbol{A}-\boldsymbol{E})\boldsymbol{B}$ 而非 $\boldsymbol{B}(\boldsymbol{A}-\boldsymbol{E})$，即 $\boldsymbol{B}$ 必须是右乘的形式。

有了逆矩阵的概念以后，矩阵的乘方指数就可以从自然数拓展为整数，即可以是负整数。对于方阵 $\boldsymbol{A}$ 和正整数 k，定义负整数幂 $\boldsymbol{A}^{-k}=(\boldsymbol{A}^{-1})^k$。

例 5-20：设方阵 $\boldsymbol{A}$ 和正整数 k 满足 $\boldsymbol{A}^k=\boldsymbol{O}$。请先说明 $\boldsymbol{E}-\boldsymbol{A}$ 可逆，然后求$(\boldsymbol{E}+\boldsymbol{A}+\boldsymbol{A}^2+\cdots+\boldsymbol{A}^{k-1})^{-2}$。

解：如果仍然采用上面的方法，即给已知条件 $\boldsymbol{A}^k=\boldsymbol{O}$ 两端同时加上 $\boldsymbol{E}$，就有 $\boldsymbol{A}^k+\boldsymbol{E}=\boldsymbol{E}$。但我们并不熟悉 $\boldsymbol{A}^k+\boldsymbol{E}$ 的因式分解，因此转而变换思路，给两端减去 $\boldsymbol{E}$，就有 $\boldsymbol{A}^k-\boldsymbol{E}=-\boldsymbol{E}$ 即 $\boldsymbol{E}-\boldsymbol{A}^k=\boldsymbol{E}$。此处的因式分解可以反向使用等比数列的求和公式：

$$1+x+x^2+\cdots+x^{k-1}=\frac{1-x^k}{1-x}\Rightarrow1-x^k=(1-x)(1+x+x^2+\cdots+x^{k-1})\tag{5.68}$$

由于 $\boldsymbol{A}$ 和 $\boldsymbol{E}$ 属于可交换矩阵，故以上公式可以拓展到矩阵范畴。将 x 替换为 $\boldsymbol{A}$，1 替换为 $\boldsymbol{E}$，就有

$$\boldsymbol{E}=\boldsymbol{E}-\boldsymbol{A}^k=(\boldsymbol{E}-\boldsymbol{A})(\boldsymbol{E}+\boldsymbol{A}+\boldsymbol{A}^2+\cdots+\boldsymbol{A}^{k-1})\tag{5.69}$$

故 $\boldsymbol{E}-\boldsymbol{A}$ 可逆，其逆矩阵是 $\boldsymbol{E}+\boldsymbol{A}+\boldsymbol{A}^2+\cdots+\boldsymbol{A}^{k-1}$，或者说两者互为可逆矩阵，因此可以求出：

$$\begin{aligned}(\boldsymbol{E}+\boldsymbol{A}+\boldsymbol{A}^2+\cdots+\boldsymbol{A}^{k-1})^{-2}&=[(\boldsymbol{E}+\boldsymbol{A}+\boldsymbol{A}^2+\cdots+\boldsymbol{A}^{k-1})^{-1}]^2\\&=(\boldsymbol{E}-\boldsymbol{A})^2=\boldsymbol{A}^2-2\boldsymbol{A}+\boldsymbol{E}\end{aligned}\tag{5.70}$$

例 5-21：设有方阵 $\boldsymbol{A}$ 和 $\boldsymbol{B}$，已知 $\boldsymbol{E}+\boldsymbol{A}$ 可逆，且有 $\boldsymbol{B}=(\boldsymbol{E}+\boldsymbol{A})^{-1}(\boldsymbol{E}-\boldsymbol{A})$，求$(\boldsymbol{E}+\boldsymbol{B})^{-1}$。

解：$\boldsymbol{B}$ 的表达式由两部分构成，即一个逆矩阵项$(\boldsymbol{E}+\boldsymbol{A})^{-1}$ 和一个多项式矩阵项 $\boldsymbol{E}-\boldsymbol{A}$，为了将逆矩阵项变成多项式矩阵项，给表达式两端左乘 $\boldsymbol{E}+\boldsymbol{A}$，随后因式分解在等号左端凑出 $\boldsymbol{E}+\boldsymbol{B}$ 这部分。

$$\begin{aligned}&\boldsymbol{B}=(\boldsymbol{E}+\boldsymbol{A})^{-1}(\boldsymbol{E}-\boldsymbol{A})\Rightarrow(\boldsymbol{E}+\boldsymbol{A})\boldsymbol{B}=\boldsymbol{E}-\boldsymbol{A}\Rightarrow\boldsymbol{B}+\boldsymbol{AB}=\boldsymbol{E}-\boldsymbol{A}\Rightarrow\boldsymbol{A}+\boldsymbol{B}+\boldsymbol{AB}=\boldsymbol{E}\\&\Rightarrow\boldsymbol{A}+\boldsymbol{B}+\boldsymbol{AB}+\boldsymbol{E}=2\boldsymbol{E}\Rightarrow\frac{\boldsymbol{E}+\boldsymbol{A}}{2}(\boldsymbol{E}+\boldsymbol{B})=\boldsymbol{E}\Rightarrow(\boldsymbol{E}+\boldsymbol{B})^{-1}=\frac{\boldsymbol{E}+\boldsymbol{A}}{2}\end{aligned}\tag{5.71}$$

由上例可知，等号右端不仅可以是 $\boldsymbol{E}$ 本身，还可以是 $\boldsymbol{E}$ 的若干倍。比如这里 $\boldsymbol{A}+\boldsymbol{B}+$

$\boldsymbol{AB}=\boldsymbol{E}$ 的右端已经是 $\boldsymbol{E}$，但左端无法因式分解，所以还需要给等号两端再同时加上一个 $\boldsymbol{E}$ 才能保证左端可以因式分解，然后将系数 2 除到等号左端即可。

5.4.2 简单矩阵方程的求解

含有未知数的等式就是方程，将这个概念拓展到矩阵范畴，含有未知矩阵的等式就是**矩阵方程**(matrix equation)，其中未知矩阵一般使用字母 $\boldsymbol{X}$ 表示。求解基本的矩阵方程并不难，可以利用等式的性质给两端同乘以合适的矩阵(一般是逆矩阵)即可。

例 5-22：已知 $\boldsymbol{A}$ 和 $\boldsymbol{C}$ 是 n 阶可逆矩阵，求以下三个矩阵方程的解：

(1)$\boldsymbol{AX}=\boldsymbol{B}$；(2)$\boldsymbol{XA}=\boldsymbol{B}$；(3)$\boldsymbol{AXC}=\boldsymbol{B}$。

解：(1) 给方程两端同时左乘 $\boldsymbol{A}^{-1}$：

$$\boldsymbol{AX}=\boldsymbol{B}\Rightarrow\boldsymbol{A}^{-1}\boldsymbol{AX}=\boldsymbol{A}^{-1}\boldsymbol{B}\Rightarrow\boldsymbol{EX}=\boldsymbol{A}^{-1}\boldsymbol{B}\Rightarrow\boldsymbol{X}=\boldsymbol{A}^{-1}\boldsymbol{B} \tag{5.72}$$

(2) 给方程两端同时右乘 $\boldsymbol{A}^{-1}$：

$$\boldsymbol{XA}=\boldsymbol{B}\Rightarrow\boldsymbol{XAA}^{-1}=\boldsymbol{BA}^{-1}\Rightarrow\boldsymbol{XE}=\boldsymbol{BA}^{-1}\Rightarrow\boldsymbol{X}=\boldsymbol{BA}^{-1} \tag{5.73}$$

(3) 给方程两端同时左乘 $\boldsymbol{A}^{-1}$ 以及右乘 $\boldsymbol{C}^{-1}$：

$$\boldsymbol{AXC}=\boldsymbol{B}\Rightarrow\boldsymbol{A}^{-1}\boldsymbol{AXCC}^{-1}=\boldsymbol{A}^{-1}\boldsymbol{BC}^{-1}\Rightarrow\boldsymbol{X}=\boldsymbol{A}^{-1}\boldsymbol{BC}^{-1} \tag{5.74}$$

以上是三种基本形式的矩阵方程，求解它们只需使用左乘、右乘逆矩阵的方法即可，这里需要注意应根据矩阵的位置选择左乘或右乘。

例 5-23：已知线性方程组 $\boldsymbol{Ax}=\boldsymbol{b}$ 的系数矩阵 $\boldsymbol{A}$ 是可逆矩阵。求证：方程组具有唯一解。

证明：把 $\boldsymbol{Ax}=\boldsymbol{b}$ 视为一个矩阵方程，则给两端同时左乘 $\boldsymbol{A}^{-1}$，则有 $\boldsymbol{x}=\boldsymbol{A}^{-1}\boldsymbol{b}$。由于逆矩阵是唯一存在的，因此解向量 $\boldsymbol{x}$ 就是唯一确定的，故方程组具有唯一解。

从上例的证明可以看出，使用矩阵方程和逆矩阵的知识能够清晰地理解线性方程组解的情况。事实上，$\boldsymbol{A}$ 是可逆矩阵，故一定是方阵，即线性方程组的方程数量等于未知数个数。设未知数个数(也是 $\boldsymbol{A}$ 的阶数)是 n，则由于方程组具有唯一解，故一定有 $r(\boldsymbol{A}|\boldsymbol{b})=r(\boldsymbol{A})=n$。不过如果 $\boldsymbol{A}$ 不可逆或者 $\boldsymbol{A}$ 不是方阵，就不能使用逆矩阵说明方程组的解了。

例 5-24：已知矩阵 $\boldsymbol{A}$ 和 $\boldsymbol{B}$ 如下，求矩阵方程 $\boldsymbol{AX}=\boldsymbol{B}$ 的解。

$$\boldsymbol{A}=\begin{bmatrix}2&1&-1\\0&4&1\\3&-1&-2\end{bmatrix},\quad \boldsymbol{B}=\begin{bmatrix}5&3\\1&-6\\8&8\end{bmatrix} \tag{5.75}$$

解法一：矩阵方程 $\boldsymbol{AX}=\boldsymbol{B}$ 的解是 $\boldsymbol{X}=\boldsymbol{A}^{-1}\boldsymbol{B}$，所以只需要使用初等行变换法求出 $\boldsymbol{A}^{-1}$，然后再去左乘 $\boldsymbol{B}$ 即可(请读者自行完成增广矩阵 $\boldsymbol{A}|\boldsymbol{E}$ 的初等行变换过程)。

$$\boldsymbol{A}\mid\boldsymbol{E}=\left[\begin{array}{ccc:ccc}2&1&-1&1&0&0\\0&4&1&0&1&0\\3&-1&-2&0&0&1\end{array}\right]\to\left[\begin{array}{ccc:ccc}1&0&0&-7&3&5\\0&1&0&3&-1&-2\\0&0&1&-12&5&8\end{array}\right]=\boldsymbol{E}\mid\boldsymbol{A}^{-1}$$

$$\Rightarrow\boldsymbol{A}^{-1}=\begin{bmatrix}-7&3&5\\3&-1&-2\\-12&5&8\end{bmatrix}\Rightarrow\boldsymbol{X}=\boldsymbol{A}^{-1}\boldsymbol{B}=\begin{bmatrix}-7&3&5\\3&-1&-2\\-12&5&8\end{bmatrix}\begin{bmatrix}5&3\\1&-6\\8&8\end{bmatrix}=\begin{bmatrix}8&1\\-2&-1\\9&-2\end{bmatrix} \tag{5.76}$$

解法二：根据逆矩阵的性质，$\boldsymbol{A}^{-1}$ 可以表示为一系列初等矩阵的乘积，设 $\boldsymbol{A}^{-1}$ 可表示

为 k 个初等矩阵之积，则有 $\boldsymbol{A}^{-1}=\boldsymbol{F}_1\cdots\boldsymbol{F}_k$，进一步有 $\boldsymbol{X}=\boldsymbol{A}^{-1}\boldsymbol{B}=\boldsymbol{F}_1\cdots\boldsymbol{F}_k\boldsymbol{B}$。又因为 $\boldsymbol{E}=\boldsymbol{A}^{-1}\boldsymbol{A}=\boldsymbol{F}_1\cdots\boldsymbol{F}_k\boldsymbol{A}$，所以只需要给 $\boldsymbol{A}$ 做初等行变换将其化为 $\boldsymbol{E}$，与此同时给 $\boldsymbol{B}$ 也做一模一样的初等行变换就可化为 $\boldsymbol{X}$。这一点和初等行变换法求逆矩阵的方法有相似之处，也是该方法的进一步推广。因此构建增广矩阵 $\boldsymbol{A}|\boldsymbol{B}$，通过初等行变换化为 $\boldsymbol{E}|\boldsymbol{A}^{-1}\boldsymbol{B}=\boldsymbol{E}|\boldsymbol{X}$ 的形式即可。

$$\boldsymbol{A}\mid\boldsymbol{B}=\left[\begin{array}{ccc:cc}2&1&-1&5&3\\0&4&1&1&-6\\3&-1&-2&8&8\end{array}\right]\to\left[\begin{array}{ccc:cc}2&1&-1&5&3\\0&4&1&1&-6\\6&-2&-4&16&16\end{array}\right]\to\left[\begin{array}{ccc:cc}2&1&-1&5&3\\0&4&1&1&-6\\0&-5&-1&1&7\end{array}\right]$$

$$\to\left[\begin{array}{ccc:cc}2&1&-1&5&3\\0&4&1&1&-6\\0&-20&-4&4&28\end{array}\right]\to\left[\begin{array}{ccc:cc}2&1&-1&5&3\\0&4&1&1&-6\\0&0&1&9&-2\end{array}\right]\to\left[\begin{array}{ccc:cc}2&1&0&14&1\\0&4&0&-8&-4\\0&0&1&9&-2\end{array}\right]\to$$

$$\left[\begin{array}{ccc:cc}2&1&0&14&1\\0&1&0&-2&-1\\0&0&1&9&-2\end{array}\right]\to\left[\begin{array}{ccc:cc}2&0&0&16&2\\0&1&0&-2&-1\\0&0&1&9&-2\end{array}\right]\to\left[\begin{array}{ccc:cc}1&0&0&8&1\\0&1&0&-2&-1\\0&0&1&9&-2\end{array}\right]$$

$$=\boldsymbol{E}\mid\boldsymbol{X}\Rightarrow\boldsymbol{X}=\begin{bmatrix}8&1\\-2&-1\\9&-2\end{bmatrix}\tag{5.77}$$

由例 5-24 可知，求解具体的矩阵方程时，可以直接使用逆矩阵相乘得到结果，也可以按照逆矩阵求解的思路直接使用增广矩阵进行求解，显然后者步骤更少且更加简洁。实际上如果 $\boldsymbol{B}$ 是一个列向量 $\boldsymbol{b}$，这个过程就是使用增广矩阵求解线性方程组 $\boldsymbol{Ax}=\boldsymbol{b}$。可见，使用增广矩阵的初等行变换法求解矩阵方程 $\boldsymbol{AX}=\boldsymbol{B}$，其实就是初等行变换法求解线性方程组的拓展与延伸。

最后需要说明的是，不是所有的矩阵方程都可以直接使用逆矩阵求解，有一些矩阵方程具有无穷解或无解。例如 $\boldsymbol{AX}=\boldsymbol{B}$ 中如果 $\boldsymbol{A}$ 不可逆，那么 $\boldsymbol{X}$ 可能有无穷解或者无解(即解不确定)，这一点和线性方程组的求解判定类似。

5.5 编程实践：MATLAB 求逆矩阵

使用 MATLAB 求逆矩阵有两种方式，此处以 $\boldsymbol{A}$、$\boldsymbol{B}$ 和 $\boldsymbol{C}$ 这三个矩阵为例说明。

$$\boldsymbol{A}=\begin{bmatrix}1&1&2\\1&2&3\\2&4&5\end{bmatrix},\quad\boldsymbol{B}=\begin{bmatrix}1&1&1\\2&2&2\\3&3&3\end{bmatrix},\quad\boldsymbol{C}=\begin{bmatrix}1&2&3\\4&5&6\end{bmatrix}\tag{5.78}$$

首先输入这三个矩阵如下：

```
A=[1,1,2;1,2,3;2,4,5];
B=[1,1,1;2,2,2;3,3,3];
C=[1,2,3;4,5,6];
```

$\boldsymbol{A}$ 和 $\boldsymbol{B}$ 都是 3 阶方阵，由于 $r(\boldsymbol{A})=3$，$r(\boldsymbol{B})=1<3$，所以 $\boldsymbol{A}$ 可逆而 $\boldsymbol{B}$ 不可逆。$\boldsymbol{C}$ 不是方阵，所以显然无法求逆矩阵。第一种方式是使用 inv 函数，对 $\boldsymbol{A}$ 的结果如下：

```
>> inv(A)
ans =
     2   -3    1
    -1   -1    1
     0    2   -1
```

运算得到了正确的结果。再看对 $\boldsymbol{B}$ 的结果：

```
>> inv(B)
Warning: Matrix is singular to working precision.
ans =
   Inf  Inf  Inf
   Inf  Inf  Inf
   Inf  Inf  Inf
```

运算也得到了结果，只不过结果都是 Inf，也就是无穷大的意思，并且还有警告提醒说 $\boldsymbol{B}$ 是不可逆的方阵（奇异矩阵）。再看对 $\boldsymbol{C}$ 的结果：

```
>> inv(C)
Error using inv
Matrix must be square.
```

结果出错，并且提示矩阵必须是方阵。

求逆矩阵的第二种方式是使用指数"^(−1)"这种形式，对 $\boldsymbol{A}$、$\boldsymbol{B}$ 和 $\boldsymbol{C}$ 三个矩阵执行后，结果如下：

```
>> A^(-1)
ans =
     2   -3    1
    -1   -1    1
     0    2   -1

>> B^(-1)
ans =
   Inf  Inf  Inf
   Inf  Inf  Inf
   Inf  Inf  Inf

>> C^(-1)
Error using  ^
Incorrect dimensions for raising a matrix to a power. Check that the matrix is square and the
power is a scalar.
```

结果和刚才是一样的，可见使用这两种方式一定要确保输入矩阵是方阵，否则就会报错。对于可逆的方阵可以得到正确的结果，对于不可逆的方阵会得到由 Inf 构成的异常结果。

除此之外，MATLAB 里还定义了一种矩阵之间的"除法"运算，即"/"和"\"这两个符号。语句"A/B"等价于"A * inv(B)"，语句"A\B"等价于"inv(A) * B"。比如以下两个矩阵：

$$\boldsymbol{A}=\begin{bmatrix}3&2\\4&3\end{bmatrix},\quad \boldsymbol{B}=\begin{bmatrix}1&2\\2&5\end{bmatrix} \tag{5.79}$$

输入两个矩阵，然后执行"A/B"和"A\B"：

```
>> A/B
ans =
    11   -4
    14   -5

>> B/A
ans =
     -5   4
    -14  11
```

两者分别和“A * inv(B)”与“inv(A) * B”的结果一致。

习题 5

1. 已知 $\boldsymbol{a}$ 和 $\boldsymbol{b}$ 是两个 n 维列向量($n>1$)，设 $\boldsymbol{T}=\boldsymbol{a}\boldsymbol{b}^{\mathrm{T}}$，求证：$\boldsymbol{T}$ 不可逆。

2. 求以下矩阵的逆矩阵：

(1) $\begin{bmatrix}5&5&4\\0&2&2\\6&9&8\end{bmatrix}$　(2) $\begin{bmatrix}2&1&3\\5&1&3\\6&1&2\end{bmatrix}$

(3) $\begin{bmatrix}1&1&1&1\\1&1&-1&-1\\1&-1&1&-1\\1&-1&-1&1\end{bmatrix}$　(4) $\begin{bmatrix}\cos\theta&\sin\theta\\-\sin\theta&\cos\theta\end{bmatrix}$

3. 求以下 n 阶方阵 $\boldsymbol{A}$ 的逆矩阵：

$$\boldsymbol{A}=\begin{bmatrix}1&0&0&\cdots&0\\1&1&0&\cdots&0\\1&1&1&\cdots&0\\\vdots&\vdots&\vdots&\ddots&\vdots\\1&1&1&\cdots&1\end{bmatrix}_{n\times n}$$

4. 设 $\boldsymbol{A}$、$\boldsymbol{B}$、$\boldsymbol{A}+\boldsymbol{B}$ 和 $\boldsymbol{A}^{-1}+\boldsymbol{B}^{-1}$ 均为可逆矩阵，请使用含有 $\boldsymbol{A}$、$\boldsymbol{B}$ 和 $\boldsymbol{A}+\boldsymbol{B}$ 的式子表示 $(\boldsymbol{A}^{-1}+\boldsymbol{B}^{-1})^{-1}$(提示：$\boldsymbol{A}^{-1}+\boldsymbol{B}^{-1}=\boldsymbol{A}^{-1}(\boldsymbol{E}+\boldsymbol{A}\boldsymbol{B}^{-1})$)。

5. 设 $\boldsymbol{A}$ 和 $\boldsymbol{B}$ 是 3 阶方阵，$\boldsymbol{A}^{-1}=\mathrm{diag}\{3,4,7\}$。$\boldsymbol{A}$ 和 $\boldsymbol{B}$ 满足关系式 $\boldsymbol{A}^{-1}\boldsymbol{B}\boldsymbol{A}=6\boldsymbol{A}+\boldsymbol{B}\boldsymbol{A}$，求 $\boldsymbol{B}^{-1}$。

6. 已知方阵 $\boldsymbol{A}$ 如下，求矩阵方程 $\boldsymbol{X}\boldsymbol{A}-\boldsymbol{A}=\boldsymbol{X}$ 的解。

$$\boldsymbol{A}=\begin{bmatrix}1&-2&0\\2&1&0\\0&0&2\end{bmatrix}$$

7. 已知方阵 $\boldsymbol{A}$ 和 $\boldsymbol{B}$ 如下，求矩阵方程 $\boldsymbol{A}\boldsymbol{X}\boldsymbol{A}+\boldsymbol{B}\boldsymbol{X}\boldsymbol{B}=\boldsymbol{A}\boldsymbol{X}\boldsymbol{B}+\boldsymbol{B}\boldsymbol{X}\boldsymbol{A}+\boldsymbol{E}$ 的解。

$$\boldsymbol{A}=\begin{bmatrix}1&0&0\\1&1&0\\1&1&1\end{bmatrix},\quad \boldsymbol{B}=\begin{bmatrix}0&1&1\\1&0&1\\1&1&0\end{bmatrix}$$

8. 已知一个矩阵 $\boldsymbol{A}$ 的逆矩阵还是自身，现在欲求 $\boldsymbol{A}$，其推导过程如下。这个过程正确吗？为什么？

$$\begin{cases} \boldsymbol{A}\boldsymbol{A}^{-1}=\boldsymbol{A}^{-1}\boldsymbol{A}=\boldsymbol{E} \\ \boldsymbol{A}=\boldsymbol{A}^{-1} \end{cases} \Rightarrow \boldsymbol{A}^2=\boldsymbol{E} \Rightarrow \boldsymbol{A}^2-\boldsymbol{E}=\boldsymbol{O} \Rightarrow (\boldsymbol{A}+\boldsymbol{E})(\boldsymbol{A}-\boldsymbol{E})=\boldsymbol{O} \Rightarrow \boldsymbol{A}=\boldsymbol{E} \text{ 或 } \boldsymbol{A}=-\boldsymbol{E}$$

9．已知 n 阶方阵 $\boldsymbol{A}$ 和 $\boldsymbol{B}$ 满足 $\boldsymbol{AB}=p\boldsymbol{A}+q\boldsymbol{B}$，$p$ 和 q 是两个非零常数。

(1) 求证：$\boldsymbol{A}-q\boldsymbol{E}$ 可逆；

(2) 求证：$\boldsymbol{AB}=\boldsymbol{BA}$。

10．本章介绍了使用初等行变换法求逆矩阵，请模仿其原理给出一种仅使用初等列变换求逆矩阵的方法（提示：将单位阵 $\boldsymbol{E}$ 接在原矩阵的下方构成另一种形式的增广矩阵）。

线性映射和线性变换

矩阵的本质是一种线性映射。比如一个 3×2 的矩阵可以将 2 维空间(即平面)上的点(向量)映射为 3 维空间上的点(向量),这种映射发生在不同维度的空间里。如果矩阵是一个方阵,那么所代表的就是同一个空间下的映射,比如 2×2 的方阵就是同一个 2 维空间(即平面)上的点之间的映射,3×3 的方阵就是同一个 3 维空间上的点之间的映射。这种发生在同一个空间下的线性映射叫作**线性变换**(linear transformation)。这一章将进一步研究矩阵代表的线性映射属性,然后以最简单的平面上的线性变换为例,探寻它的性质特点。

6.1 再谈矩阵的映射属性

6.1.1 复习与延伸:映射及其分类

再次回顾映射的概念:两个非空集合 X 与 Y 间存在着对应关系 f,而且对于 X 中的每一个元素 x,Y 中总有唯一的一个元素 y 与它对应,那么就把这种对应关系称为从 X 到 Y 的映射,记作 $f: X\to Y$ 或 $y=f(x)$,其中 X 叫作这个映射的定义域。我们熟悉的函数就是从数集到数集的映射,而矩阵实现了两个空间上的线性映射。

要形成映射需要注意两个要点:第一,X 中的每一个元素都要在 Y 中找到对应元素,也就是 X 中不能有不存在对应关系的元素;第二,X 中的元素在 Y 中必须只能对应于一个元素,不能对应于多个元素。

以图 6-1 为例,其中 $X=\{1,2,3\}$,$Y=\{4,5,6,7\}$,对应关系有(a)、(b)、(c)和(d)四种。对应关系(a)不是映射,因为 X 中的元素 3 在 Y 中没有对应元素。对应关系(b)不是映射,因为 X 中的元素 2 在 Y 中对应了 5 和 6 两个元素,破坏了对应元素的唯一性。对应关系(c)和(d)都是映射,因为 X 中的每一个元素都在 Y 中对应于唯一的元素。需要注意的是,Y 中的元素是允许有剩余的。此外在(d)中,尽管 X 中的元素 1 和 2 都对应于 Y 中的元素 4,但是站在元素 1 和 2 角度看,它们都能找到 Y 中的唯一一个元素,而对应的元素是否相等则无所谓。

有了映射的概念以后,可以对这个概念进行加强。比如说,如果 Y 中每一个元素最多被 X 里的一个元素对应,那么就说这个映射是一个**单射**(injection)。单射要求 Y 中的元素要么没有 X 里的元素对应,要么只能找到一个 X 里的对应元素。在图 6-2 中,$X=\{1,2,$

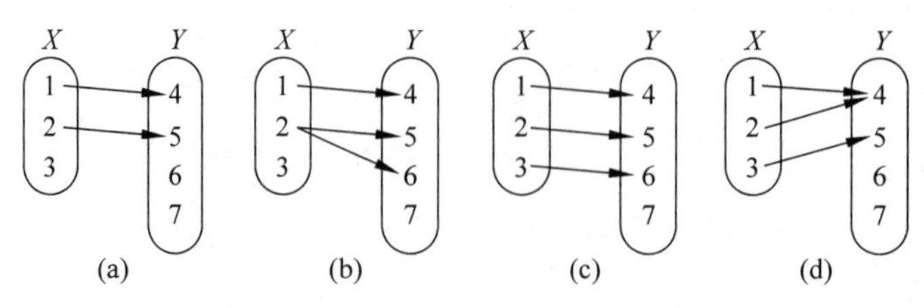

图 6-1 从 X 到 Y 的对应关系，其中(a)和(b)不是映射，(c)和(d)是映射

$3\}$，$Y=\{4,5,6,7\}$，则(a)是单射，而(b)不是单射，因为(b)中 Y 中的元素 4 有两个 X 中的元素与之对应。

此外，如果 Y 中的每一个元素都至少会被 X 里的一个元素对应，那么就说这是一个**满射**(surjection)。形成满射要求 Y 中的元素必须全都有 X 里的元素被对应，不能有剩余，或者说映射“充满了”集合 Y。图 6-3 中，$X=\{1,2,3\}$，$Y=\{4,5\}$，则(a)是满射，而(b)不是满射，因为(b)中 Y 中的元素 5 没有 X 中的元素与之对应。

图 6-2 单射的例子，其中(a)是单射，(b)不是单射　图 6-3 满射的例子，其中(a)是满射，(b)不是满射

如果一个映射既是单射又是满射，就说这个映射是**一一映射**(one-to-one mapping)。一一映射在文献里也称为**双射**(bijection)，因为它同时满足了单射和满射两种映射条件。在图 6-4 中，$X=\{1,2,3\}$，$Y_1=\{4,5,6,7\}$，$Y_2=\{4,5\}$，$Y_3=\{4,5,6\}$，则(a)是单射但不是满射，(b)是满射但不是单射，(c)是一一映射(既是单射又是满射)，(d)既不是单射也不是满射。

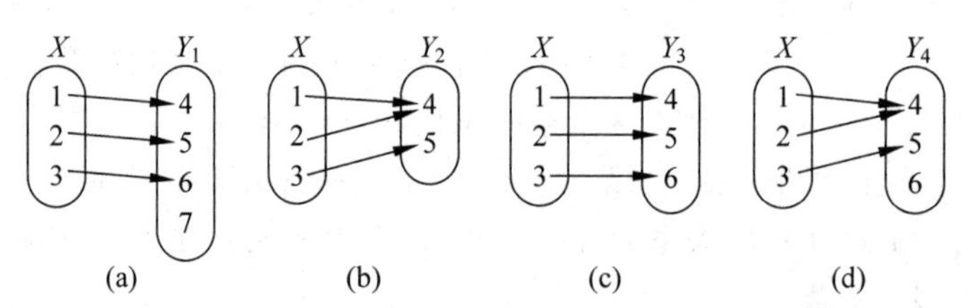

图 6-4 一一映射的例子，其中只有(c)是一一映射

例 6-1：以下两个表达式是映射吗？它们是什么类型的映射？

(1) $y=x^2,x\in\mathbb{R},y\in[0,+\infty)$；(2) $y=x^2,x\in[0,+\infty),y\in[0,+\infty)$。

解：(1) 是映射，而且是满射非单射。因为对于任意 $x\in\mathbb{R}$，都能找到$[0,+\infty)$上唯一对应的 y 值与之对应，所以它是映射；而对于每一个 $y\in[0,+\infty)$，都至少被一个$\mathbb{R}$上的 x 对应，所以它是满射；但是在 y 为一个正数时，可以被两个$\mathbb{R}$上的 x 对应(比如 $y=4$ 时，$x=2$ 或 -2)，所以它不是单射。

(2) 也是映射，而且是一一映射，即既是单射又是满射。它是映射且是满射的原因同(1)，此处只说它是单射的原因。和(1)不同的是，(2)在此处规定了 $x\in[0,+\infty)$，这样对于每一个 $y\in[0,+\infty)$，在$[0,+\infty)$上就只被唯一的一个 x 对应了，因此它也是单射。

映射 f 涉及了定义域 X 和映射结果所在的集合 Y，那么其逆映射 f^{-1} 就实现了从 Y 向 X 的映射，此时 Y 是 f^{-1} 的定义域。当然不是所有的映射都存在逆映射，那么逆映射存在的条件是什么呢？比如图 6-5 中的映射 f 是单射但不是满射，所以将箭头反向时，就会出现 Y 中元素剩余的情形（此处是 7），不能构成 Y 到 X 的映射，即 f 没有逆映射。

再如图 6-6 中的映射 f 是满射但不是单射，所以将箭头反向时，就会出现 Y 中的元素（此处是 4）对应多个 X 中的元素的情形，也不能构成 Y 到 X 的映射，即 f 没有逆映射。

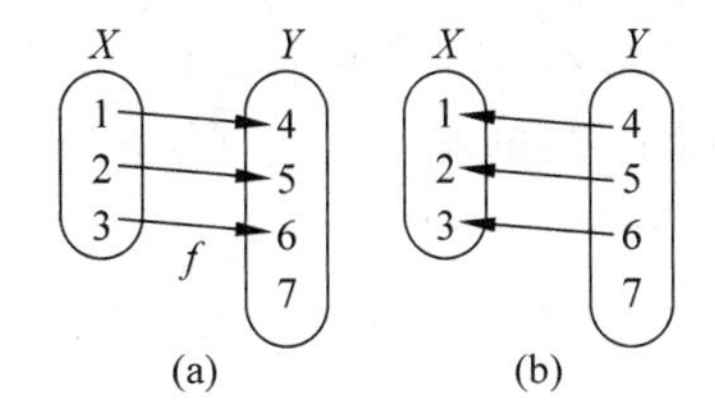

图 6-5　f 是单射且非满射，不存在逆映射

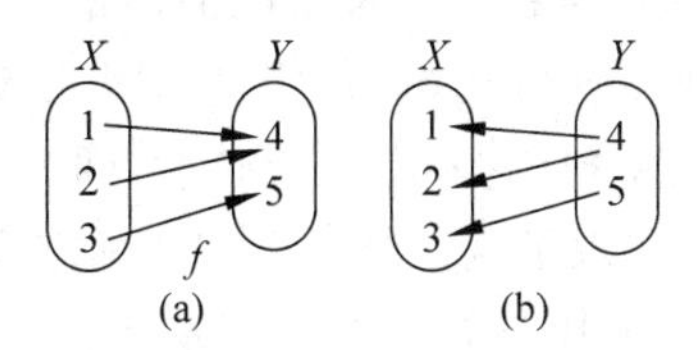

图 6-6　f 是满射且非单射，不存在逆映射

所以一个映射要存在逆映射，必须要同时满足单射和满射两个条件，也就是只有一一映射才存在逆映射，且逆映射是唯一存在的。比如图 6-7 中的映射 f 是一一映射，所以它就存在逆映射 f^{-1}。

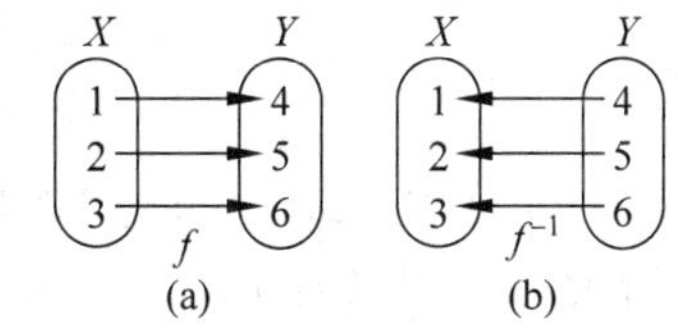

图 6-7　f 是一一映射，存在逆映射 f^{-1}

例 6-2：以下映射（函数）存在逆映射（反函数）吗？为什么？

（1）$y=x^2, x\in\mathbb{R}$；（2）$y=x^2, x\in[0,+\infty)$；（3）$y=\mathrm{e}^x, x\in\mathbb{R}$。

解：（1）不存在逆映射（反函数），在例 6-1 已经说明它不是一一映射；（2）存在逆映射（反函数），因为它是一一映射；（3）也存在逆映射（反函数），因为根据指数函数的性质，它也是一一映射。

6.1.2　矩阵的映射属性

有了以上映射知识的铺垫，就可以了解矩阵所代表的映射都具有怎样的属性。

例 6-3：判断以下矩阵所代表的映射属于哪一类，并从映射的角度说明它们是否存在逆矩阵。

$$\boldsymbol{A}=\begin{bmatrix}1&2&3\\2&5&7\end{bmatrix},\quad \boldsymbol{B}=\begin{bmatrix}1&1\\2&3\\3&4\end{bmatrix},\quad \boldsymbol{C}=\begin{bmatrix}1&1\\2&2\end{bmatrix},\quad \boldsymbol{D}=\begin{bmatrix}1&2\\2&1\end{bmatrix} \tag{6.1}$$

解：（1）写出关系式 $\boldsymbol{y}=\boldsymbol{Ax}$，易知 $\boldsymbol{x}$ 是 3 维向量，$\boldsymbol{y}$ 是 2 维向量。所以 $\boldsymbol{A}$ 实现了从 3 维空间到 2 维空间（平面）的线性映射。设 $\boldsymbol{x}=(x_1,x_2,x_3)^{\mathrm{T}}$，$\boldsymbol{y}=(y_1,y_2)^{\mathrm{T}}$，写出对应的矩阵表达式：

$$\begin{bmatrix}y_1\\y_2\end{bmatrix}=\begin{bmatrix}1&2&3\\2&5&7\end{bmatrix}\begin{bmatrix}x_1\\x_2\\x_3\end{bmatrix} \tag{6.2}$$

映射的类型包括单射、满射以及两者皆非的情况，其中同时满足单射和满射两个条件

的就是一一映射。要判断这个线性映射是哪种类型，只需要看 2 维空间上某个向量 $\boldsymbol{y}$ 能对应于多少个 3 维空间的 $\boldsymbol{x}$。这个问题等价于，线性方程组 $\boldsymbol{Ax}=\boldsymbol{y}$ 解的个数是 0 个（即无解）、1 个还是多于 1 个。于是可以将增广矩阵 $\boldsymbol{A}|\boldsymbol{y}$ 进行初等行变换：

$$\boldsymbol{A} \mid \boldsymbol{y}=\left[\begin{array}{ccc:c}1 & 2 & 3 & y_1 \\ 2 & 5 & 7 & y_2\end{array}\right] \rightarrow\left[\begin{array}{ccc:c}1 & 2 & 3 & y_1 \\ 0 & 1 & 1 & y_2-2 y_1\end{array}\right] \tag{6.3}$$

$r(\boldsymbol{A}|\boldsymbol{y})=r(\boldsymbol{A})=2<3$，说明方程组 $\boldsymbol{Ax}=\boldsymbol{y}$ 具有无穷解。也就是说，对于任意 2 维空间上向量 $\boldsymbol{y}$ 都一定存在 3 维空间的向量 $\boldsymbol{x}$ 与之对应，因此 $\boldsymbol{A}$ 代表的映射是满射；又因为存在无数个 3 维空间的向量与之对应，因此 $\boldsymbol{A}$ 代表的映射不是单射。于是可知，线性映射 $\boldsymbol{A}$ 是满射而不是单射，它不存在逆映射，即 $\boldsymbol{A}$ 不存在逆矩阵。

（2）$\boldsymbol{B}$ 实现了从 2 维空间到 3 维空间的线性映射，设 $\boldsymbol{x}=(x_1,x_2)^{\mathrm{T}}$，$\boldsymbol{y}=(y_1,y_2,y_3)^{\mathrm{T}}$，则对增广矩阵 $\boldsymbol{B}|\boldsymbol{y}$ 进行初等行变换：

$$\boldsymbol{B} \mid \boldsymbol{y}=\left[\begin{array}{cc:c}1 & 1 & y_1 \\ 2 & 3 & y_2 \\ 3 & 4 & y_3\end{array}\right] \rightarrow\left[\begin{array}{cc:c}1 & 1 & y_1 \\ 0 & 1 & y_2-2 y_1 \\ 0 & 1 & y_3-3 y_1\end{array}\right] \rightarrow\left[\begin{array}{cc:c}1 & 1 & y_1 \\ 0 & 1 & y_2-2 y_1 \\ 0 & 0 & -y_1-y_2+y_3\end{array}\right] \tag{6.4}$$

$r(\boldsymbol{B})=2$，但是 $r(\boldsymbol{B}|\boldsymbol{y})$ 的值不确定。当 $-y_1-y_2+y_3=0$ 时，$r(\boldsymbol{B}|\boldsymbol{y})=r(\boldsymbol{B})=2$，说明此时方程组具有唯一解；但当 $-y_1-y_2+y_3\neq 0$ 时，$r(\boldsymbol{B}|\boldsymbol{y})=3\neq r(\boldsymbol{B})$，此时方程组无解。故 3 维空间的向量 $\boldsymbol{y}$ 能否被 2 维空间 $\boldsymbol{x}$ 对应取决于 $-y_1-y_2+y_3$ 的取值。当它等于 0 时，$\boldsymbol{y}$ 可以找到唯一被对应的 $\boldsymbol{x}$；当它不等于 0 时，$\boldsymbol{y}$ 找不到被对应的 $\boldsymbol{x}$。从解析几何的角度讲，3 维空间的向量没有被映射满，平面上的全体向量都只能被唯一映射到空间中 $-y_1-y_2+y_3=0$ 这个平面上，其他部分则没有被映射到。因此线性映射 $\boldsymbol{B}$ 是单射而不是满射，它不存在逆映射，即 $\boldsymbol{B}$ 不存在逆矩阵。

（3）$\boldsymbol{C}$ 实现了两个 2 维空间之间的映射关系，设 $\boldsymbol{x}=(x_1,x_2)^{\mathrm{T}}$，$\boldsymbol{y}=(y_1,y_2)^{\mathrm{T}}$，则对增广矩阵 $\boldsymbol{C}|\boldsymbol{y}$ 进行初等行变换：

$$\boldsymbol{C} \mid \boldsymbol{y}=\left[\begin{array}{cc:c}1 & 1 & y_1 \\ 2 & 2 & y_2\end{array}\right] \rightarrow\left[\begin{array}{cc:c}1 & 1 & y_1 \\ 0 & 0 & -2 y_1+y_2\end{array}\right] \tag{6.5}$$

$r(\boldsymbol{C})=1$。当 $-2y_1+y_2=0$ 时，$r(\boldsymbol{C}|\boldsymbol{y})=r(\boldsymbol{C})=1<2$，方程组有无穷解；当 $-2y_1+y_2\neq 0$ 时，$r(\boldsymbol{C}|\boldsymbol{y})=2\neq r(\boldsymbol{C})$，方程组无解。这表明平面上所有的点都被映射到了平面上 $-2y_1+y_2=0$ 这条直线上，直线上的每一个点都有无数个平面上的点与之对应，而直线之外的点则没有平面上的点与之对应，因此线性映射 $\boldsymbol{C}$ 既不是单射也不是满射，它不存在逆映射，即 $\boldsymbol{C}$ 不存在逆矩阵。

（4）$\boldsymbol{D}$ 实现了两个 2 维空间之间的映射关系，设 $\boldsymbol{x}=(x_1,x_2)^{\mathrm{T}}$，$\boldsymbol{y}=(y_1,y_2)^{\mathrm{T}}$，则对增广矩阵 $\boldsymbol{D}|\boldsymbol{y}$ 进行初等行变换：

$$\boldsymbol{D} \mid \boldsymbol{y}=\left[\begin{array}{cc:c}1 & 2 & y_1 \\ 2 & 1 & y_2\end{array}\right] \rightarrow\left[\begin{array}{cc:c}1 & 1 & y_1 \\ 0 & 3 & 2 y_1-y_2\end{array}\right] \tag{6.6}$$

$r(\boldsymbol{D}|\boldsymbol{y})=r(\boldsymbol{D})=2$，说明方程组 $\boldsymbol{Dx}=\boldsymbol{y}$ 具有唯一解，即对于 2 维空间的任意向量 $\boldsymbol{y}$ 可以唯一地找到与之对应的 $\boldsymbol{x}$，所以线性映射 $\boldsymbol{D}$ 是一一映射（既是满射又是单射），它存在逆映射，即 $\boldsymbol{D}$ 存在逆矩阵。

可见，使用线性方程组理论能够辅助判断矩阵是何种类型。根据上述分析，非方阵

(行列数不等的矩阵)代表的线性映射不会是一一映射；方阵代表的线性映射才可能是一一映射。这也就从映射的角度解释了为什么只有秩和行列数相等的方阵才可能存在逆矩阵。

6.2 平面上的线性变换

方阵对应的线性映射发生在同一个维度的空间里，这种线性映射就是线性变换，其中最简单而直观的就是平面上的线性变换。

6.2.1 复习：平面向量基本定理

初等数学里介绍过平面向量的基本定理，它是这么描述的：设 $\boldsymbol{a}_1$ 和 $\boldsymbol{a}_2$ 是平面上两个不共线的向量，对于平面上任意一个向量 $\boldsymbol{b}$，它都可以写成 $\boldsymbol{b}=k_1\boldsymbol{a}_1+k_2\boldsymbol{a}_2$ 这种形式，其中 k_1 和 k_2 是唯一确定的一组数。这里 $\boldsymbol{a}_1$ 和 $\boldsymbol{a}_2$ 被称作平面内的一组**基向量**(base vectors)；$k_1\boldsymbol{a}_1+k_2\boldsymbol{a}_2$ 这种表达式被称作两个向量的**线性组合**(linear combination)。$\boldsymbol{b}=k_1\boldsymbol{a}_1+k_2\boldsymbol{a}_2$ 是向量 $\boldsymbol{b}$ 使用 $\boldsymbol{a}_1$ 和 $\boldsymbol{a}_2$ 线性组合表达的式子，即 $\boldsymbol{b}$ 可以使用 $\boldsymbol{a}_1$ 和 $\boldsymbol{a}_2$ 线性表示。所以平面向量基本定理也可以表述为：平面上任意一个向量可以被一组基向量唯一线性表示。通过在平面直角坐标系上画出平行四边形可以形象表示这个定理，如图 6-8 所示。

这个定理中关键的条件就是两个基向量不能共线，否则就没有后面的结论成立。事实上，当提到“平面基向量”这个术语时，就已经说明它们是不共线的了。此外，由于零向量和任意向量都是共线的，所以任何一个基向量都绝不是零向量。在平面直角坐标系中最常用的基向量是一组**自然基向量** $\boldsymbol{e}_1=(1,0)^{\mathrm{T}}$ 和 $\boldsymbol{e}_2=(0,1)^{\mathrm{T}}$(在初等数学以及一些以微积分为主体的教材上用 $\boldsymbol{i}$ 和 $\boldsymbol{j}$ 表示)，两者表示了坐标轴正方向的单位向量，它们彼此正交(即垂直)，所以可以线性表示平面内任意一个向量，这唯一确定的一组系数就是该向量的坐标。而平面上的点和向量是一一对应关系，因此也就能确定任意一点的坐标。比如图 6-9 中的向量 $\boldsymbol{OP}=2\boldsymbol{e}_1+\boldsymbol{e}_2$，其中的系数 2 和 1 分别是 $\boldsymbol{e}_1$ 和 $\boldsymbol{e}_2$ 的系数，所以向量 $\boldsymbol{OP}$ 以及点 P 的坐标都可以写成$(2,1)^{\mathrm{T}}$。由于基向量 $\boldsymbol{e}_1$ 和 $\boldsymbol{e}_2$ 是确定的，所以向量 $\boldsymbol{OP}$ 能且只能确定一组系数$(2,1)^{\mathrm{T}}$；同样，$(2,1)^{\mathrm{T}}$ 这组系数能且只能确定唯一的向量 $\boldsymbol{OP}$(或唯一的点 P)。因此平面向量的基本定理是一个充分必要条件。

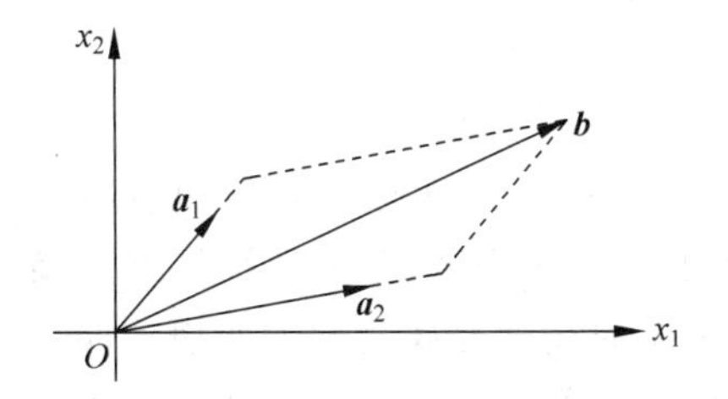

图 6-8　平面向量基本定理示意

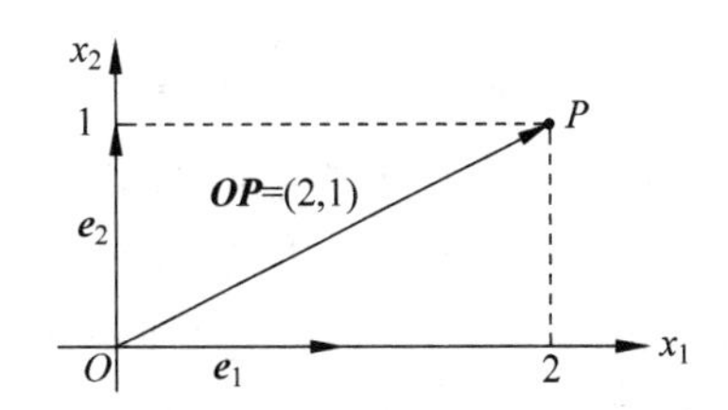

图 6-9　平面直角坐标系的自然基向量和平面向量的坐标表示

6.2.2 平面线性变换

根据前面的知识，平面上的线性变换对应的矩阵一定是 2 阶方阵。设一个 2 阶方阵将

2维列向量 $\boldsymbol{x}=(x_1,x_2)^{\mathrm{T}}$ 映射成为 $\boldsymbol{y}=(y_1,y_2)^{\mathrm{T}}$，这就实现了从平面 x_1Ox_2 到平面 y_1Oy_2 的线性变换。例如2阶单位阵 $\boldsymbol{E}$ 使得平面上任意一个向量 $\boldsymbol{x}$ 都映射为它本身，即 $\boldsymbol{y}=\boldsymbol{E}\boldsymbol{x}=\boldsymbol{x}$，因此构建出了平面上最简单的**恒等变换**(identity transformation)。线性变换对整个平面上的向量(点)的映射可以使用自然基向量 $\boldsymbol{e}_1$ 和 $\boldsymbol{e}_2$ 的映射来刻画，这里构建了间隔为1的网格线模拟整个平面上的点在映射前后的变化情况，如恒等变换如图6-10所示。

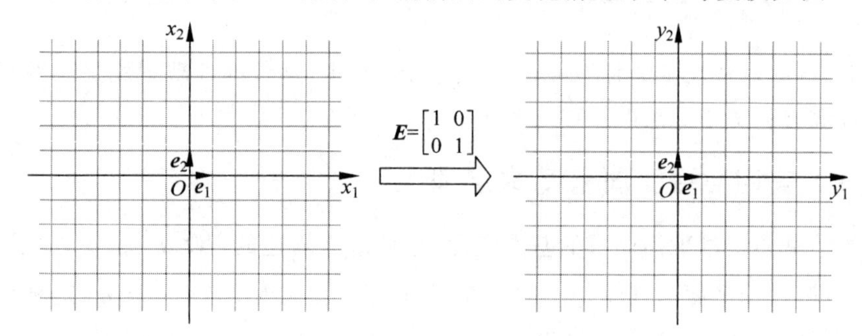

图6-10　平面恒等变换示意

再考虑下面这个方阵 $\boldsymbol{U}$，它是一个2阶对角阵：

$$\boldsymbol{U}=\begin{bmatrix}3&0\\0&2\end{bmatrix}=\mathrm{diag}\{3,2\} \tag{6.7}$$

设方阵 $\boldsymbol{U}$ 将自然基向量 $\boldsymbol{e}_1$ 和 $\boldsymbol{e}_2$ 分别映射为 $\boldsymbol{u}_1$ 和 $\boldsymbol{u}_2$，如下：

$$\boldsymbol{u}_1=\boldsymbol{U}\boldsymbol{e}_1=\begin{bmatrix}3&0\\0&2\end{bmatrix}\begin{bmatrix}1\\0\end{bmatrix}=\begin{bmatrix}3\\0\end{bmatrix},\quad \boldsymbol{u}_2=\boldsymbol{U}\boldsymbol{e}_2=\begin{bmatrix}3&0\\0&2\end{bmatrix}\begin{bmatrix}0\\1\end{bmatrix}=\begin{bmatrix}0\\2\end{bmatrix} \tag{6.8}$$

可知这个映射将 $\boldsymbol{e}_1$ 映射为 $\boldsymbol{U}$ 的第1列 $\boldsymbol{u}_1=(3,0)^{\mathrm{T}}$，将 $\boldsymbol{e}_2$ 映射为 $\boldsymbol{U}$ 的第2列 $\boldsymbol{u}_2=(0,2)^{\mathrm{T}}$。这个过程如图6-11所示。

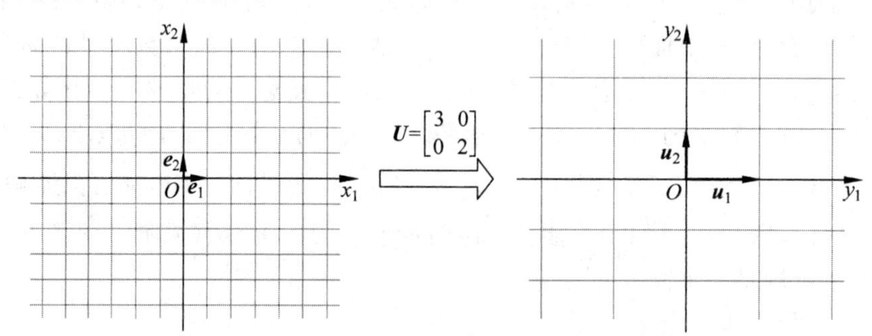

图6-11　主对角线元素全为正数的对角阵 $\boldsymbol{U}$ 对应变换示意

在图6-11中可以看出，整个平面以原点为中心，横轴方向拉伸为原先的3倍，纵轴方向拉伸为原先的2倍，这一点可以从图中网格线的变换看出。这种线性变换叫作**伸缩变换**(stretching transformation)，对角元素是正数的对角阵对应的线性变换是伸缩变换。伸缩变换只改变自然基向量的长度而不改变方向，所以变换后得到的向量 $\boldsymbol{u}_1$ 和 $\boldsymbol{u}_2$ 依旧是正交(垂直)的，它们仍然是平面上的一组基向量。如果对角阵的一个主对角线元素是负数，那么意味着对应的这个基向量指向了反方向，即发生了180°反转。比如对角阵 $\boldsymbol{V}=\mathrm{diag}\{3,-2\}$，它将自然基向量 $\boldsymbol{e}_1$ 和 $\boldsymbol{e}_2$ 分别映射为 $\boldsymbol{v}_1=\boldsymbol{V}\boldsymbol{e}_1=(3,0)^{\mathrm{T}}$ 和 $\boldsymbol{v}_2=\boldsymbol{V}\boldsymbol{e}_2=(0,-2)^{\mathrm{T}}$，该过程如图6-12所示。可见，$\boldsymbol{v}_1$ 和 $\boldsymbol{e}_1$ 共线且方向一致，因为3是一个正数；而 $\boldsymbol{v}_2$ 和 $\boldsymbol{e}_2$ 共线但方向相反，因为−2是一个负数。

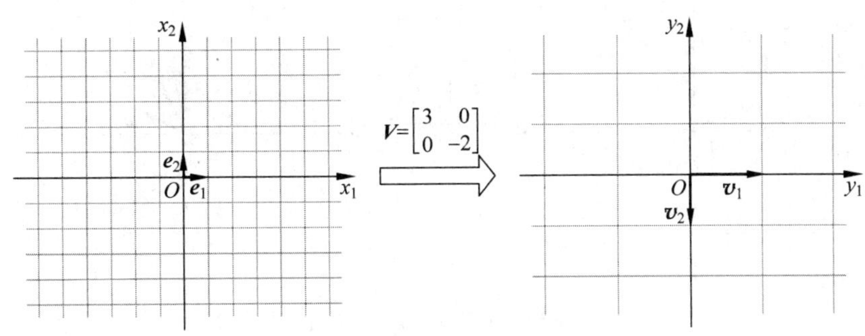

图 6-12　主对角线元素含有负数的对角阵 $\boldsymbol{V}$ 对应变换示意

因此，对角阵实际上并没有使自然基向量 $\boldsymbol{e}_1$ 和 $\boldsymbol{e}_2$ 映射后形成的新向量偏离它们所在的直线，即没有偏离两条坐标轴。直观上看，平面本身只是从尺度上发生了伸缩、反转，没有发生含有夹角的旋转。这是对角阵的一个重要特点，这个结论可以推广到更高阶的对角阵。

那么非对角阵对应的线性变换又是怎样一种情形呢？比如这里的矩阵 $\boldsymbol{A}$ 如下：

$$\boldsymbol{A}=\begin{bmatrix}2 & 1\\1 & 2\end{bmatrix} \tag{6.9}$$

$\boldsymbol{A}$ 将自然基向量 $\boldsymbol{e}_1$ 和 $\boldsymbol{e}_2$ 分别映射为 $\boldsymbol{a}_1=\boldsymbol{A}\boldsymbol{e}_1=(2,1)^{\mathrm{T}}$ 和 $\boldsymbol{a}_2=\boldsymbol{A}\boldsymbol{e}_2=(1,2)^{\mathrm{T}}$，于是 $\boldsymbol{A}$ 对空间的映射效果如图 6-13 所示。

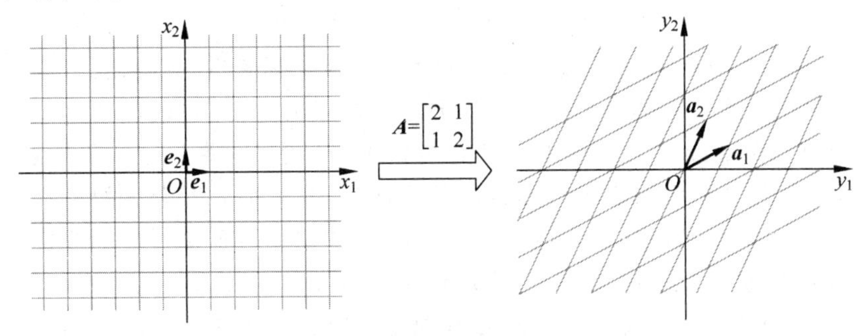

图 6-13　方阵 $\boldsymbol{A}$ 对应变换示意

在 $\boldsymbol{A}$ 的作用下，$\boldsymbol{e}_1$ 和 $\boldsymbol{e}_2$ 发生了伸缩和旋转，两者不再正交(垂直)但仍不共线，所以 $\boldsymbol{a}_1$ 和 $\boldsymbol{a}_2$ 依旧是平面上的一组基向量。再来看方阵 $\boldsymbol{B}$。

$$\boldsymbol{B}=\begin{bmatrix}1 & 2\\2 & 1\end{bmatrix} \tag{6.10}$$

和 $\boldsymbol{A}$ 一样，$\boldsymbol{B}$ 也使得 $\boldsymbol{e}_1$ 和 $\boldsymbol{e}_2$ 发生了伸缩和旋转，不过此时 $\boldsymbol{b}_1=(1,2)^{\mathrm{T}}$ 且 $\boldsymbol{b}_2=(2,1)^{\mathrm{T}}$，刚好和 $\boldsymbol{a}_1$、$\boldsymbol{a}_2$ 是相反的。这个过程如图 6-14 所示。

那么有没有 $\boldsymbol{e}_1$ 和 $\boldsymbol{e}_2$ 在线性变换后出现了共线的例子呢？来看方阵 $\boldsymbol{C}$。

$$\boldsymbol{C}=\begin{bmatrix}1 & 2\\1 & 2\end{bmatrix} \tag{6.11}$$

它将 $\boldsymbol{e}_1$ 和 $\boldsymbol{e}_2$ 分别映射为它的两列 $\boldsymbol{c}_1=(1,1)^{\mathrm{T}}$ 和 $\boldsymbol{c}_2=(2,2)^{\mathrm{T}}$，如图 6-15 所示。可见 $\boldsymbol{c}_1$ 和 $\boldsymbol{c}_2$ 是两个共线的向量，所以不能成为平面上的一组基向量。事实上，$\boldsymbol{C}$ 将平面上所有

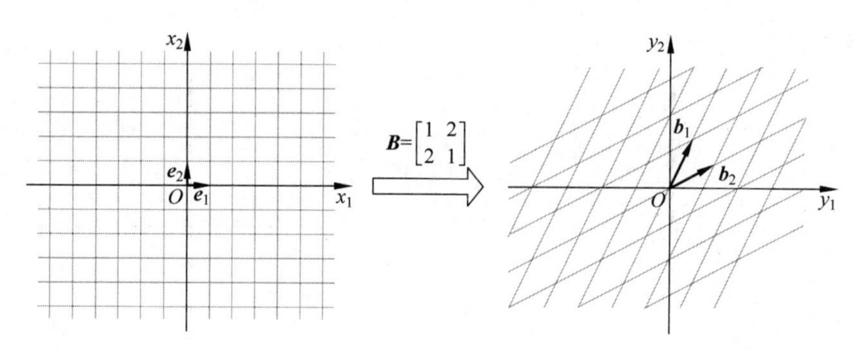

图 6-14　方阵 $\boldsymbol{B}$ 对应变换示意

的点都映射到一条直线上，也就是把 2 维空间（平面）降维成了 1 维空间（直线），自然无法在这条直线上找到能表示 2 维空间的一组基向量。

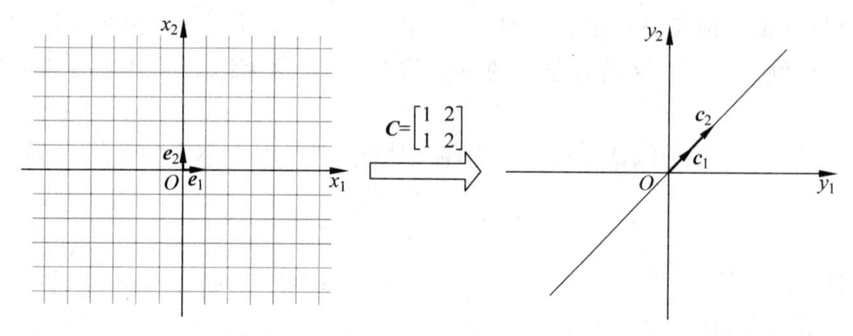

图 6-15　方阵 $\boldsymbol{C}$ 对应变换示意

从以上平面线性变换实例可见，有的 2 阶方阵将自然基向量映射后仍是平面上的一组基向量，使用这组新产生的基向量依旧可以表示平面内的任意向量，比如上面说到的单位阵 $\boldsymbol{E}$、对角阵 $\boldsymbol{U}$ 和 $\boldsymbol{V}$ 以及非对角阵 $\boldsymbol{A}$ 和 $\boldsymbol{B}$ 都是如此；但还有一些 2 阶方阵将自然基向量映射后使得两者共线，从而无法表示平面内的任意向量，此时平面上全体的点都映射成了更低维的几何图形（如直线），比如方阵 $\boldsymbol{C}$ 就是如此。事实上，方阵 $\boldsymbol{C}$ 对应的线性变换并不是一一映射（确切地说既不是单射也不是满射），而其他方阵对应的线性变换都是一一映射。所以只有一一映射的方阵才能将平面自然基向量映射为一组新的基向量，此时方阵可逆，对应方阵的秩等于 2；对于非一一映射的方阵则不能将自然基向量映射为平面上的一组新的基向量，此时方阵不可逆，对应方阵的秩小于 2。它们是充分必要条件关系，因此可以反过来使用矩阵的秩判断对应的线性变换能否将平面内的自然基向量映射为新的基向量。

以上结论可以拓展到 n 阶方阵 $\boldsymbol{A}_{n\times n}$ 代表的线性变换，即如果 $r(\boldsymbol{A})=n$，则 n 维空间的 n 个自然基向量经过线性变换依旧可以成为该空间下的一组基向量；如果 $r(\boldsymbol{A})<n$，则这 n 个自然基向量经过线性变换不能成为该空间下的一组基向量，n 维空间在该线性变换下压缩成维数较低的空间。

6.2.3　单位正方形的变化和变换比例系数

以上例子采用了单位网格线的方法形象表示发生在平面直角坐标系中的线性变换，这些网格围成了许多全等的正方形。其中以自然基向量 $\boldsymbol{e}_1$ 和 $\boldsymbol{e}_2$ 为边长的正方形就是单位正方形，其边长是 1，面积是 1，如图 6-16 所示。

单位正方形在线性变换的作用下会发生各种各样的变化，在上面的例子中，单位正方形可以保持不变，或者成为一个矩形，还可以成为平行四边形，甚至可以成为一条线段。不仅如此，正方形的面积也会发生变化。

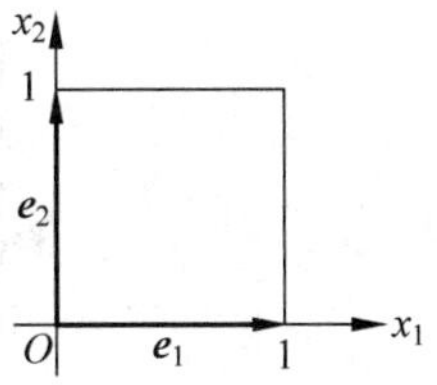

图 6-16　单位正方形

以前面所述的对角阵 $\boldsymbol{U}=\mathrm{diag}\{3,2\}$ 和 $\boldsymbol{V}=\mathrm{diag}\{3,-2\}$ 为例说明。对角阵 $\boldsymbol{U}$ 使得单位正方形映射成为一个矩形，且对自然基向量 $\boldsymbol{e}_1$ 和 $\boldsymbol{e}_2$ 映射后得到的 $\boldsymbol{u}_1$ 和 $\boldsymbol{u}_2$ 方向不变，如图 6-17 所示。很容易计算出其面积 $S_U=3\times2=6$。

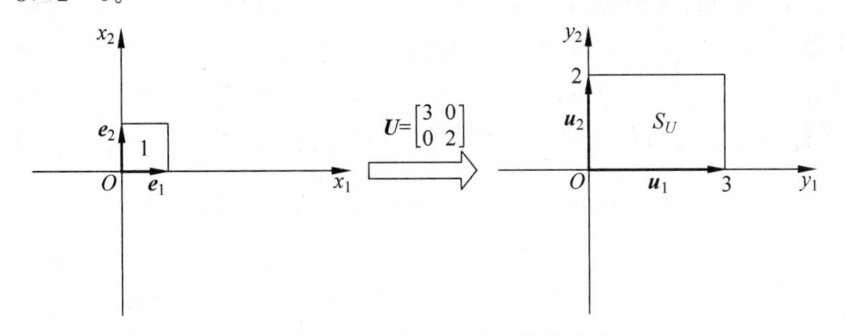

图 6-17　单位正方形经 $\boldsymbol{U}$ 对应线性变换示意

对角阵 $\boldsymbol{V}$ 使得单位正方形也映射成为一个矩形，但和 $\boldsymbol{U}$ 不同，$\boldsymbol{V}$ 对 $\boldsymbol{e}_2$ 映射后得到的 $\boldsymbol{v}_2$ 方向发生了反转，如图 6-18 所示。

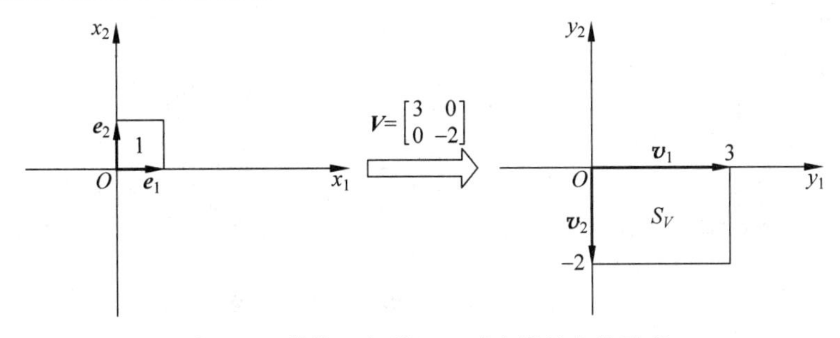

图 6-18　单位正方形经 $\boldsymbol{V}$ 对应线性变换示意

从表面上看，单位正方形映射后的面积 S_V 和 S_U 一样都是 6，但是这样就无法反映 $\boldsymbol{v}_2$ 相比于 $\boldsymbol{e}_2$ 反转了方向这个特点。事实上，这个矩形的一条边长是 3，另一条边长如果加入方向信息，则可以说它的有向长度是 -2，这样得到的 $S_V=3\times(-2)=-6$，称为**有向面积**(directed area)。

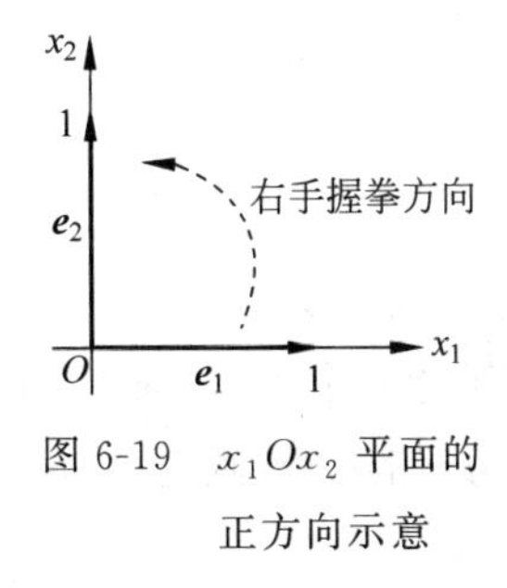

图 6-19　x_1Ox_2 平面的正方向示意

单位正方形规定面积是 1，那么对角阵 $\boldsymbol{U}$ 和 $\boldsymbol{V}$ 的对应的有向面积就可以根据边长的正负计算出。但并非所有情况都能直接这样计算，因此这里介绍一种判断有效面积正负性的方法。在平面 x_1Ox_2 里，将右手手腕放在原点，四指和 $\boldsymbol{e}_1$ 的方向保持一致，然后转动四指握拳向 $\boldsymbol{e}_2$，此时竖起大拇指，则方向朝外，该方向规定为平面 x_1Ox_2 的正方向，如图 6-19 所示。

以式(6.9)和式(6.10)中的方阵 $\boldsymbol{A}$ 和 $\boldsymbol{B}$ 为例说明。$\boldsymbol{A}$ 把单位正方形映射成了一个平行四边形，如图 6-20 所示。

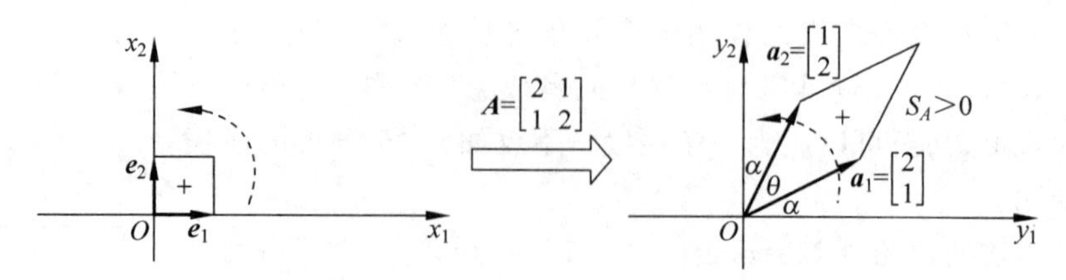

图 6-20 单位正方形经 **A** 对应线性变换示意

$\boldsymbol{e}_1$ 和 $\boldsymbol{e}_2$ 经过 **A** 的线性变换后成为 $\boldsymbol{a}_1$ 和 $\boldsymbol{a}_2$，按照刚才的法则，在变换后的平面 y_1Oy_2 上右手从 $\boldsymbol{a}_1$ 向 $\boldsymbol{a}_2$ 握拳，大拇指方向和 x_1Ox_2 平面一致都是朝外的，因此变换后的平面也是正向的，故单位正方形在变换后有向面积就仍旧保持正值。要计算这个面积需要用到平行四边形面积的另一个公式，即两边之积再乘以夹角的正弦值。在图 6-20 中标记出角 α 和 θ(其中 θ 是平行四边形两边的夹角)，然后再使用三角公式计算有向面积 S_A 如下：

$$\begin{aligned} S_A &= \sqrt{5}\times\sqrt{5}\sin\theta = 5\sin\left(\frac{\pi}{2}-2\alpha\right) = 5\cos 2\alpha \\ &= 5(1-2\sin^2\alpha) = 5\left[1-2\left(\frac{1}{\sqrt{5}}\right)^2\right] = 3 \end{aligned} \tag{6.12}$$

B 把单位正方形映射成了一个和上面完全一样的平行四边形，但是刚好和 **A** 的映射结果相反。如果在平面 y_1Oy_2 上右手从 $\boldsymbol{b}_1$ 向 $\boldsymbol{b}_2$ 握拳，则大拇指方向是朝内的，和 x_1Ox_2 的情况刚好相反，故映射后的平行四边形有向面积 S_B 是负值，如图 6-21 所示。由于 $S_A=3$，所以 $S_B=-3$。

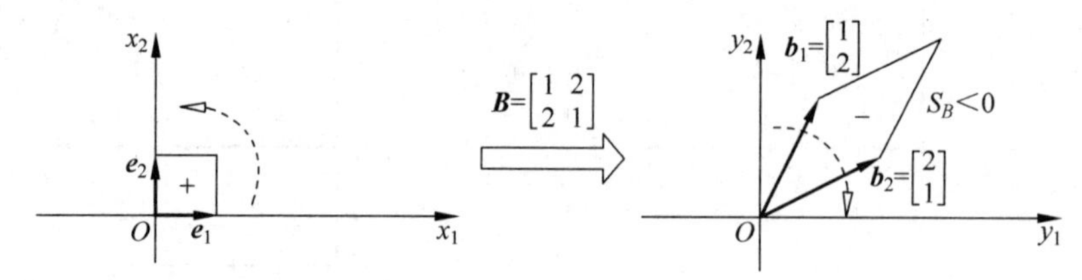

图 6-21 单位正方形经 **B** 对应线性变换示意

那么单位正方形经过线性变换后有向面积可能会变成 0 吗？答案是肯定的，比如式(6.11)表示的方阵 **C** 就是这样，如图 6-22 所示。

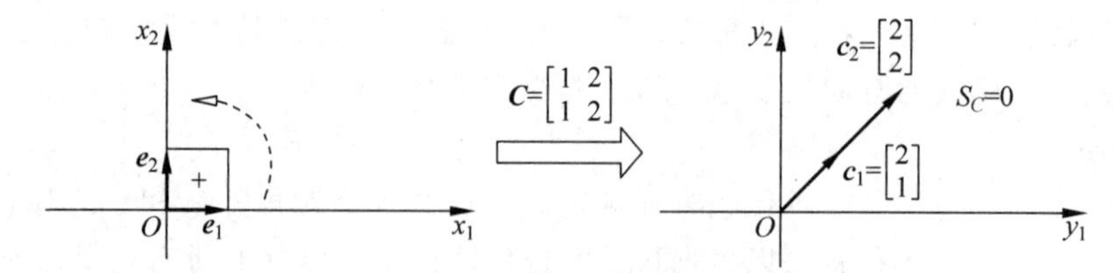

图 6-22 单位正方形经 **C** 对应线性变换示意

为什么 $S_C=0$ 呢？这是因为单位正方形在 **C** 的变换作用下成了一条线段，而线段不存在所谓面积的度量值，或者说它的面积是 0，因此 $S_C=0$。事实上，任意一个不可逆的 2 阶方阵都会将自然基向量 $\boldsymbol{e}_1$ 和 $\boldsymbol{e}_2$ 映射成为共线的情形，所以单位正方形都会被映射成一条线段，因此有向面积就是 0。

例 6-4：求出以下三个 2 阶方阵对单位正方形线性变换后的有向面积。

$$\boldsymbol{A}=\begin{bmatrix}2 & -1\\ 1 & 3\end{bmatrix},\quad \boldsymbol{B}=\begin{bmatrix}1 & 1\\ 1 & -2\end{bmatrix},\quad \boldsymbol{C}=\begin{bmatrix}1 & 2\\ 2 & 4\end{bmatrix} \tag{6.13}$$

解：(1) 画出向量$(2,1)^{\mathrm{T}}$和$(-1,3)^{\mathrm{T}}$，它们分别是$\boldsymbol{A}$的两列元素，如图6-23所示（省略直角坐标系）。根据上述右手判定法则，有向面积为正，因此只需要求出这个平行四边形面积即可。

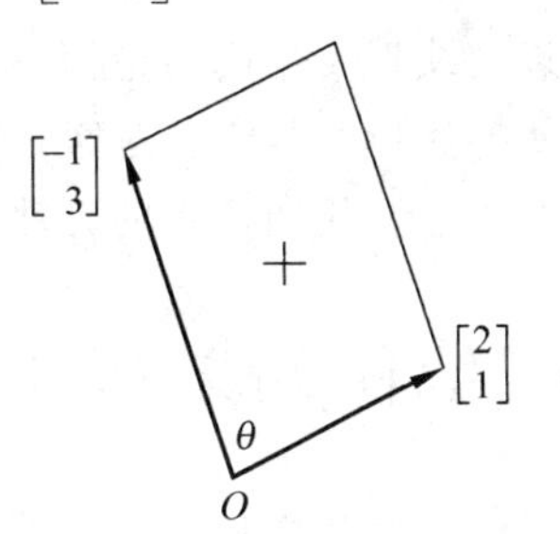

图6-23　单位正方形经$\boldsymbol{A}$对应线性变换后形成的平行四边形

平行四边形的两边长分别是$\sqrt{(-1)^2+3^2}=\sqrt{10}$以及$\sqrt{2^2+1^2}=\sqrt{5}$。两个向量端点的距离是$\sqrt{[2-(-1)]^2+(1-3)^2}=\sqrt{13}$，于是就可以使用余弦定理计算出$\cos\theta$，进一步得到$\sin\theta$。

$$\cos\theta=\frac{10+5-13}{2\sqrt{10}\cdot\sqrt{5}}=\frac{\sqrt{2}}{10}\Rightarrow\sin\theta=\sqrt{1-\left(\frac{\sqrt{2}}{10}\right)^2}=\frac{7\sqrt{2}}{10} \tag{6.14}$$

于是利用平行四边形的面积公式可以计算出有向面积S_A：

$$S_A=\sqrt{5}\cdot\sqrt{10}\cdot\frac{7\sqrt{2}}{10}=7 \tag{6.15}$$

(2) 使用类似的方法，可以判断出$\boldsymbol{B}$将单位正方形映射后得到平行四边形的有向面积是负值，所以先求出平行四边形面积，然后添加负号即可（请读者自行画图并判断）。通过计算可知有向面积$S_B=-3$。

(3) 由于$r(\boldsymbol{C})=1<2$，故$\boldsymbol{C}$是不可逆矩阵，它代表的线性变换会将全体平面的点映射为一条直线，故$S_C=0$。

使用以上方法计算有向面积涉及各种平方和开方的运算，比较复杂。严格的代数推导可以证明，有向面积的大小实际上就是主对角线之积减去副对角线之积。比如对于上例的方阵来说，$S_A=2\times3-1\times(-1)=7$，$S_B=1\times(-2)-1\times1=-3$，$S_C=1\times4-2\times2=0$。这比以上使用的几何方法计算要容易得多。

读者此时可能会有疑问：为什么要计算这个单位正方形映射后的有向面积大小呢？实际上，线性变换前后，平面上的任一图形也会发生不同尺度的伸缩、旋转和反转，但不论什么图形，只要给定了线性变换的矩阵，变换后和变换前的图形有向面积之比始终是一个定值。于是选取面积等于1的单位正方形，对它变换后得到的图形有向面积就从数值上等于这个比例系数。一般地，设有2阶方阵$\boldsymbol{A}$如下，则可以计算出对应的比例系数k，即主对角线元素之积减去副对角线元素之积：

$$\boldsymbol{A}=\begin{bmatrix}a & b\\ c & d\end{bmatrix}\Rightarrow k=ad-bc \tag{6.16}$$

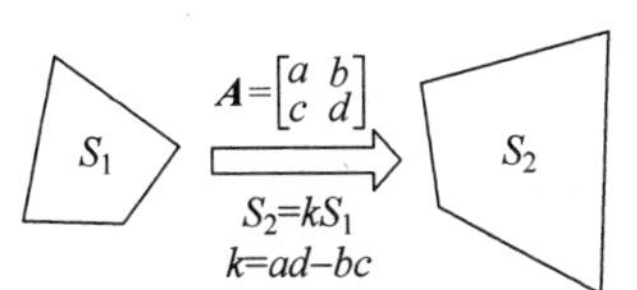

图6-24　任意图形在线性变换下的变换比例系数

图6-24画出了对应的示意图，其中S_1和S_2都是有向面积。

可以看出，这个比例系数k是$\boldsymbol{A}$的固有属性，它反映了$\boldsymbol{A}$在线性变换时平面图形的尺度变化。这个比例系数可以使用两条竖线表示如下：

$$k=|\boldsymbol{A}|=\begin{vmatrix}a & b\\ c & d\end{vmatrix}=ad-bc \tag{6.17}$$

以上线性变换的讨论都是针对平面而言的，那么对于 n 阶方阵来说，是否也有类似的线性变换比例系数呢？答案是肯定的。不仅如此，计算更高阶的方阵对应的线性变换比例系数有一套专用而完善的方法体系，这就是下一章的行列式。

6.3 编程实践：平面图形的变换和讨论

平面线性变换将平面上的点从一个位置映射到另一个位置，而平面几何图形是点的集合，因此可以通过 2 阶方阵将平面几何图形从一种形态变为另一种形态。这里使用编程实现这一功能。首先使用 MATLAB 画出一个中心在原点且边长是 2 的正方形及其左下到右上方向的对角线，对应代码如下：

```
x_1 = -1:0.1:1;x_2 = -1:0.1:1;
y_1 = 1 * ones(size(x_1));y_2 = -1 * ones(size(x_2));
y_3 = -1:0.1:1;y_4 = -1:0.1:1;
x_3 = 1 * ones(size(y_3));x_4 = -1 * ones(size(y
_4));
x_5 = -1:0.1:1;y_5 = x_5;
x = [x_1,x_2,x_3,x_4,x_5];y = [y_1,y_2,y_3,y_4,
y_5];
figure;plot(x,y,'LineWidth',2);
axis([-4,4,-4,4]);axis equal;
box off;grid on;
```

运行这段代码，可以得到如图 6-25 所示的图形。

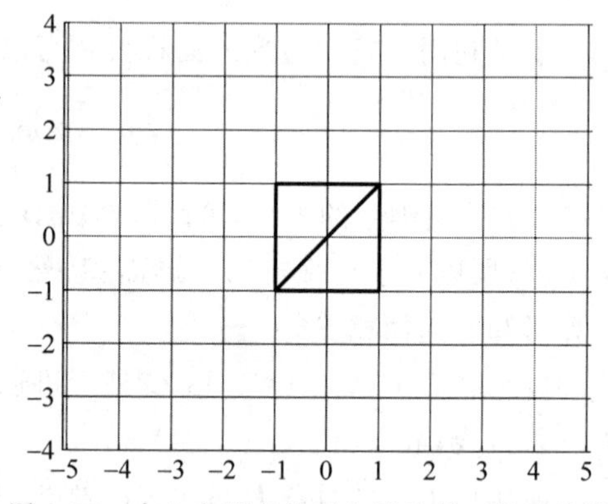

图 6-25 中心在原点的正方形及其一条对角线

然后使用以下矩阵依次对以上图形变换。

$$\boldsymbol{U}=\begin{bmatrix}4 & 0\\ 0 & 3\end{bmatrix},\quad \boldsymbol{Q}=\begin{bmatrix}\frac{1}{2} & -\frac{\sqrt{3}}{2}\\ \frac{\sqrt{3}}{2} & \frac{1}{2}\end{bmatrix},\quad \boldsymbol{R}=\begin{bmatrix}-1 & 0\\ 0 & 1\end{bmatrix}$$
$$\boldsymbol{S}=\begin{bmatrix}1 & 1\\ 0 & 1\end{bmatrix},\quad \boldsymbol{A}=\begin{bmatrix}1 & 2\\ \frac{1}{2} & 3\end{bmatrix},\quad \boldsymbol{B}=\begin{bmatrix}1 & 1\\ 2 & 2\end{bmatrix} \tag{6.18}$$

矩阵对图形的变换代码如下，这里以矩阵 $\boldsymbol{U}$ 为例，其他矩阵只需替换对应矩阵变量即可。

```
U = [4,0;0,3];
T_U = U * [x;y];x_U = T_U(1,:);y_U = T_U(2,:);
figure;plot(x_U,y_U,'LineWidth',2);
hold on;
plot(x,y,'.r','LineWidth',0.7); % 虚线画出原图形方便对比
axis([-4,4,-4,4]);axis equal;
box off;grid on;
```

矩阵 $\boldsymbol{U}$ 对图 6-25 所示图形的变换结果如图 6-26 所示。

可以看出 $\boldsymbol{U}$ 使得图形中的每一个点横坐标变为原先的 4 倍，纵坐标变为原先的 3 倍，

这种变换就是前面讲到的伸缩变换。

矩阵 $\boldsymbol{Q}$ 对图 6-25 所示图形的变换结果如图 6-27 所示。

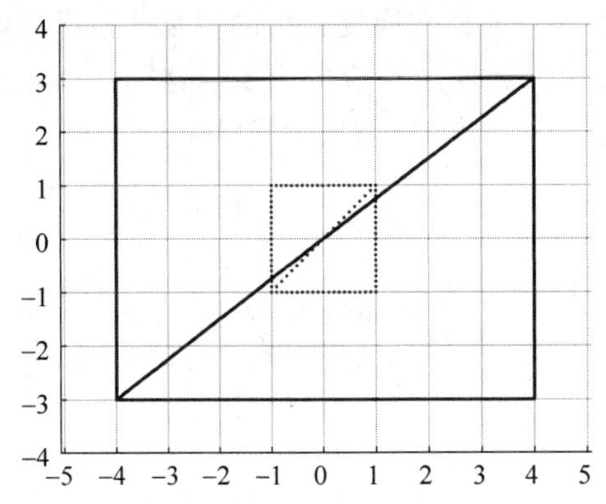

图 6-26　矩阵 $\boldsymbol{U}$ 对图 6-25 所示图形的变换结果

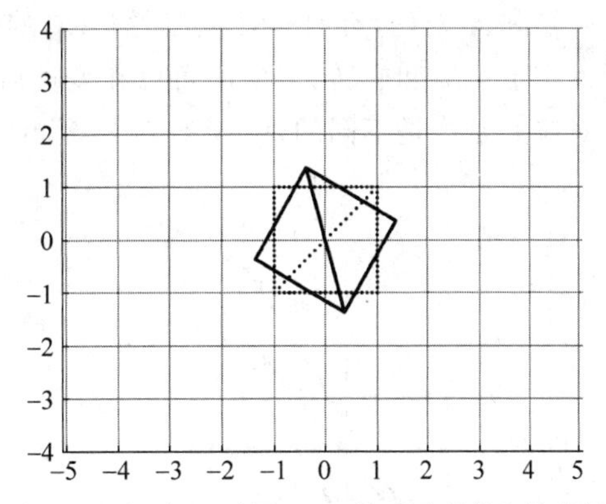

图 6-27　矩阵 $\boldsymbol{Q}$ 对图 6-25 所示图形的变换结果

矩阵 $\boldsymbol{Q}$ 保持原图形形状不变，但逆时针旋转了 60°。$\boldsymbol{Q}$ 对应的变换叫作**旋转变换**(rotation transformation)。事实上矩阵 $\boldsymbol{Q}$ 可以写成以下形式：

$$\boldsymbol{Q}=\begin{bmatrix}\dfrac{1}{2} & -\dfrac{\sqrt{3}}{2}\\ \dfrac{\sqrt{3}}{2} & \dfrac{1}{2}\end{bmatrix}=\begin{bmatrix}\cos 60° & -\sin 60°\\ \sin 60° & \cos 60°\end{bmatrix} \tag{6.19}$$

于是对于任意角度(以逆时针为参考方向)都可以照此写出对应的旋转矩阵，其主对角线是旋转角度的余弦值，副对角线是旋转角度的正弦值和其相反数。旋转变换的映射比例系数是 1。

矩阵 $\boldsymbol{R}$ 对图 6-25 所示图形的变换结果如图 6-28 所示。

矩阵 $\boldsymbol{R}$ 使原图形发生了对称变化(以横轴为对称轴)，这一点从对角线的变换可以直观看出。$\boldsymbol{R}$ 对应的变换叫作**反射变换**(reflection transformation)。反射变换的映射比例系数是−1。

矩阵 $\boldsymbol{S}$ 对图 6-25 所示图形的变换结果如图 6-29 所示。

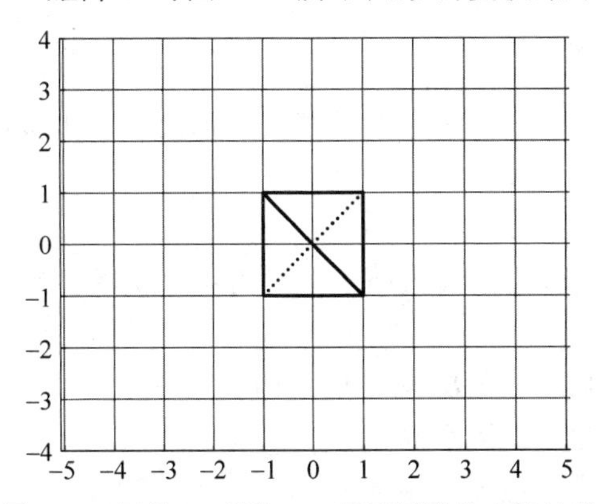

图 6-28　矩阵 $\boldsymbol{R}$ 对图 6-25 所示图形的变换结果

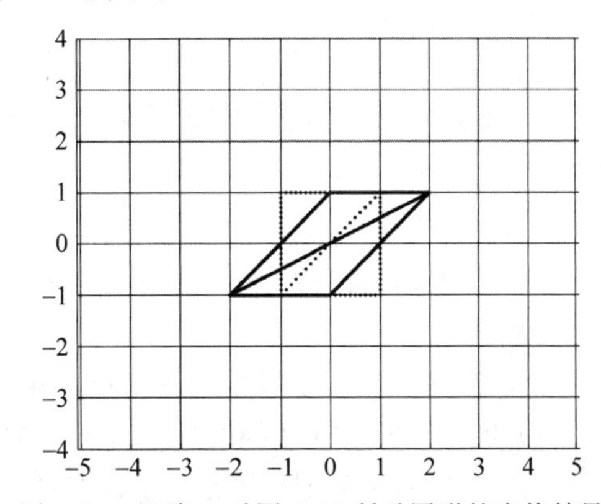

图 6-29　矩阵 $\boldsymbol{S}$ 对图 6-25 所示图形的变换结果

矩阵 $\boldsymbol{S}$ 使原图形的每个点纵坐标不变，而横坐标成为原横纵坐标之和，相当于横向拉伸(或者理解为错位)，此处的正方形变换成为平行四边形。$\boldsymbol{S}$ 代表的变换叫作**剪切变换**

(shear transformation)。剪切变换的映射比例系数是 1。

矩阵 $\boldsymbol{A}$ 对图 6-25 所示图形的变换结果如图 6-30 所示。

矩阵 $\boldsymbol{A}$ 对图形的作用既有伸缩又有旋转，可以视为两种变换复合后的产物。但尽管图形发生了伸缩和旋转，却依旧可以在变换后的图形中找到原图对应的影子。这一点和矩阵 $\boldsymbol{B}$ 对应的变换是不同的，图 6-31 表示了矩阵 $\boldsymbol{B}$ 对图 6-25 所示图形的变换结果。

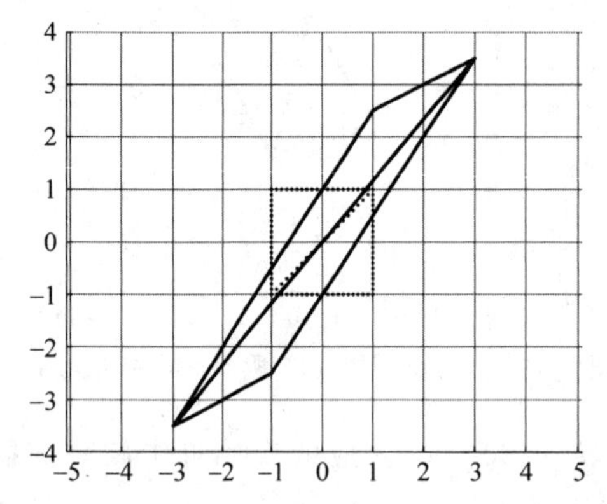

图 6-30 矩阵 $\boldsymbol{A}$ 对图 6-25 所示图形的变换结果

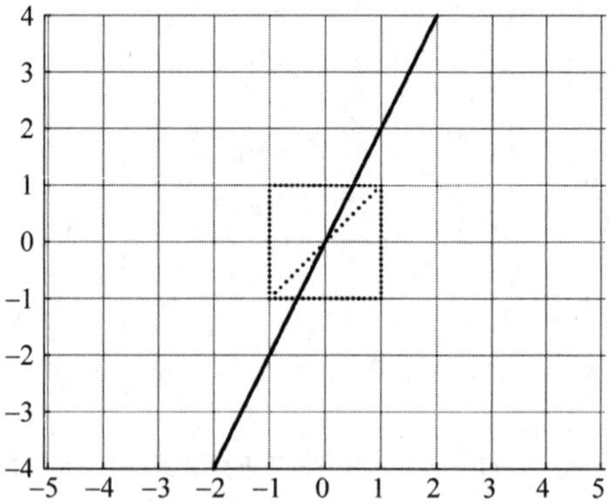

图 6-31 矩阵 $\boldsymbol{B}$ 对图 6-25 所示图形的变换结果

由于 $\boldsymbol{B}$ 是不可逆的矩阵，所以图形直接被压缩成了一条线段，也无法从中识别出原图的样貌。由此可知可逆矩阵和不可逆矩阵对平面图形的变换结果是完全不同的，通过 MATLAB 画出具体的图形可以帮助我们更深刻地认识线性变换。

习题 6

1. 在身份证或者户口本上，我们每一个人都有自己的姓名，设 X 是每个人的集合，而 Y 是姓名的集合，于是从 X 到 Y 就建立了一个映射关系。请问这个映射属于哪一类(单射、满射或一一映射)？为什么？

2. 设有一平面线性变换，对应以下 2 阶方阵 $\boldsymbol{A}$：

$$\boldsymbol{A}=\begin{bmatrix}3 & 2\\1 & 2\end{bmatrix}$$

(1) $\boldsymbol{A}$ 将自然基向量 $\boldsymbol{e}_1$ 和 $\boldsymbol{e}_2$ 映射为哪两个新的向量？它们能成为平面上的一组基向量吗？

(2) $\boldsymbol{A}$ 将单位正方形映射为什么形状？

(3) 使用几何法计算线性变换对应的比例系数，验证其值等于主对角线之积减去副对角线之积。

3. 设平面上有两个线性变换对应的矩阵分别是 $\boldsymbol{A}$ 和 $\boldsymbol{B}$，对应的比例系数是 $k_{\boldsymbol{A}}$ 和 $k_{\boldsymbol{B}}$。

(1) 现有平面线性变换对应矩阵 $\boldsymbol{C}=\boldsymbol{AB}$，求对应比例系数 $k_{\boldsymbol{C}}$；

(2) 另有一平面线性变换对应矩阵 $\boldsymbol{D}=\boldsymbol{BA}$，求对应比例系数 $k_{\boldsymbol{D}}$；

(3) 通过以上两问，你发现了什么规律？

4. 设平面上存在一个可逆的线性变换，对应矩阵是 $\boldsymbol{A}$，对应的比例系数是 $k_{\boldsymbol{A}}$。那么其逆矩阵对应的线性变换比例系数是多少？

行 列 式

在上一章提到，平面上线性变换一个重要的属性就是其变换比例系数，即变换前后有向面积的比值。对于更高维度的线性变换来说也有类似的结论成立，这个比例系数在数学上被称作**行列式**(determinant)。平面线性变换对应于一个 2 阶方阵，那么对应比例系数就是其 2 阶行列式。类似的，n 维空间内部的线性变换对应的就是一个 n 阶方阵，那么对应的比例系数就是其 n 阶行列式。这一章将从最简单的 2 阶行列式和 3 阶行列式出发介绍行列式的概念与性质，并利用这些性质对行列式进行化简和计算，然后进一步研究行列式和线性方程组、逆矩阵等之间的关联。

7.1 行列式的基本运算和化简

2 阶行列式和 3 阶行列式是两种比较简单、低阶的行列式。这一节先介绍它们的计算方法，然后以这两种行列式为例研究其化简方法，进一步将这些方法和技巧拓展到 n 阶行列式。

7.1.1 2 阶、3 阶行列式的运算

上一章已经介绍过，平面上线性变换的比例系数就是 2 阶方阵对应的行列式，它的值等于主对角线之积减去副对角线之积，可以使用两条竖线表示(有的文献使用英文字母 det 表示)。比如以下 2 阶方阵 $\boldsymbol{A}$，它对应的行列式表示和计算如下：

$$\boldsymbol{A}=\begin{bmatrix}1 & 2\\3 & 4\end{bmatrix}\quad |\boldsymbol{A}|=\det(\boldsymbol{A})=\begin{vmatrix}1 & 2\\3 & 4\end{vmatrix}=1\times 4-2\times 3=-2 \tag{7.1}$$

以上计算方法叫作对角线法则。需要特别注意，行列式和矩阵是不同的。从表示上看，矩阵外是一个括号，而行列式外是两条竖线；从意义上看，矩阵是一张数表阵列，而行列式是矩阵的一种度量值。因此，行列式不是数表，而是一个反映矩阵的某种度量值(即线性变换比例系数)的数字。这就好像一根木棍，可以测量出它的长度值，那么它的长度就是反映这根木棍的一种度量值。行列式对于矩阵也是如此，因此可以直接说行列式等于某个值或行列式的值等于某个数字。

例 7-1：2 阶方阵 $\boldsymbol{A}$ 和 $\boldsymbol{B}$ 如下：

$$A=\begin{bmatrix}3&5\\4&8\end{bmatrix}\quad B=\begin{bmatrix}-5&-4\\7&6\end{bmatrix}\tag{7.2}$$

（1）求两者行列式$|A|$和$|B|$；

（2）平面上某图形面积是 5，经过 A 或 B 的线性变换后，对应图形的面积将变为多少？

解：（1）

$$\begin{aligned}|A|&=\begin{vmatrix}3&5\\4&8\end{vmatrix}=3\times 8-5\times 4=4\\|B|&=\begin{vmatrix}-5&-4\\7&6\end{vmatrix}=(-5)\times 6-(-4)\times 7=-2\end{aligned}\tag{7.3}$$

（2）由于 2 阶行列式的意义就是平面图形在线性变换前后有向面积的变换比例系数，所以这个面积等于 5 的图形也是如此。特别需要注意，此处题目说的是面积的变化，而不是有向面积的变化，所以应取绝对值。

经过 A 的线性变换后，面积变为 $5\times|4|=20$；经过 B 的线性变换后，面积变为 $5\times|-2|=10$。

行列式还可以直接使用字母 D 表示，由于行列式不是数表而是一个数，所以对应的字母在印刷体不能加粗表示。此外，行列式里的元素可以是数字，也可以是含有字母的式子。

例 7-2：请计算以下行列式的值：

$$D_1=\begin{vmatrix}\cos\theta&-\sin\theta\\\sin\theta&\cos\theta\end{vmatrix}\quad D_2=\begin{vmatrix}2x&x^2\\-x^2&x^3\end{vmatrix}\tag{7.4}$$

解：

$$\begin{aligned}D_1&=\begin{vmatrix}\cos\theta&-\sin\theta\\\sin\theta&\cos\theta\end{vmatrix}=\cos^2\theta-(-\sin^2\theta)=1\\D_2&=\begin{vmatrix}2x&x^2\\-x^2&x^3\end{vmatrix}=2x^4-(-x^4)=3x^4\end{aligned}\tag{7.5}$$

例 7-3：解方程：

$$\begin{vmatrix}\lambda-3&-2\\-1&\lambda-2\end{vmatrix}=0\tag{7.6}$$

解：

$$\begin{aligned}\begin{vmatrix}\lambda-3&-2\\-1&\lambda-2\end{vmatrix}&=(\lambda-3)(\lambda-2)-(-2)(-1)\\&=\lambda^2-5\lambda+4=(\lambda-1)(\lambda-4)=0\end{aligned}\tag{7.7}$$

由此可知，$\lambda=1$ 或 4。

和 2 阶行列式的意义类似，一个 3 阶方阵对应于 3 维空间上的线性变换，对应的有向体积比值就是 3 阶行列式，表示方法也是一样的。3 阶行列式也可以使用对角线法则计算，但比 2 阶行列式复杂很多，比如下面这个 3 阶行列式 D。

$$D=\begin{vmatrix}1&3&5\\2&4&6\\1&4&9\end{vmatrix}\tag{7.8}$$

要计算 D 的值，首先找到它的主对角线元素 1、4 和 9，将其相乘：

$$\begin{vmatrix} \boxed{1} & 3 & 5 \\ 2 & \boxed{4} & 6 \\ 1 & 4 & \boxed{9} \end{vmatrix} \Rightarrow 1 \times 4 \times 9 \tag{7.9}$$

然后在主对角线右上方向找到和主对角线平行的 3 和 6，再找到左下角的单个元素 1，这三者可以认为是主对角线的“拐弯式平行线”，将它们相乘：

$$\begin{vmatrix} 1 & \boxed{3} & 5 \\ 2 & 4 & \boxed{6} \\ \boxed{1} & 4 & 9 \end{vmatrix} \Rightarrow 3 \times 6 \times 1 \tag{7.10}$$

继续在主对角线左下方向找到平行线上的 2 和 4，再“拐弯”找到右上角元素 5，将其相乘：

$$\begin{vmatrix} 1 & 3 & \boxed{5} \\ \boxed{2} & 4 & 6 \\ 1 & \boxed{4} & 9 \end{vmatrix} \Rightarrow 2 \times 4 \times 5 \tag{7.11}$$

再来看副对角线的元素 5、4 和 1，将它们相乘，注意此处是副对角线，还需要给其添上负号：

$$\begin{vmatrix} 1 & 3 & \boxed{5} \\ 2 & \boxed{4} & 6 \\ \boxed{1} & 4 & 9 \end{vmatrix} \Rightarrow -5 \times 4 \times 1 \tag{7.12}$$

随后找到副对角线的两条“拐弯平行线”，分别是 6、4 和 1，以及 2、3 和 9，它们的乘积前面同样要添加负号。

$$\begin{vmatrix} \boxed{1} & 3 & 5 \\ 2 & 4 & \boxed{6} \\ 1 & \boxed{4} & 9 \end{vmatrix} \Rightarrow -6 \times 4 \times 1 \tag{7.13}$$

$$\begin{vmatrix} 1 & \boxed{3} & 5 \\ \boxed{2} & 4 & 6 \\ 1 & 4 & \boxed{9} \end{vmatrix} \Rightarrow -3 \times 2 \times 9 \tag{7.14}$$

3 阶行列式 D 定义为以上 6 项的代数和：

$$\begin{aligned} D &= \begin{vmatrix} 1 & 3 & 5 \\ 2 & 4 & 6 \\ 1 & 4 & 9 \end{vmatrix} \\ &= 1 \times 4 \times 9 + 3 \times 6 \times 1 + 2 \times 4 \times 5 - 5 \times 4 \times 1 - 1 \times 4 \times 6 - 3 \times 2 \times 9 \\ &= 36 + 18 + 40 - 20 - 24 - 54 = -4 \end{aligned} \tag{7.15}$$

可见，3 阶行列式的对角线法则会比较复杂，找"拐弯式平行线"一开始会不适应，此时可以使用图 7-1 辅助记忆，其中实线表示正号项，可以直接相乘；虚线表示负号项，相乘后需要添加一个负号。

除此之外，还可以使用另一种更直观的方式记忆。将 D 复制并粘贴成为两个紧挨的行列式，然后找到主对角线以及对应的两组平行线，再找到副对角线以及对应的两组平行线，这样也可以按照上述规则计算出 D 的值，如图 7-2 所示。

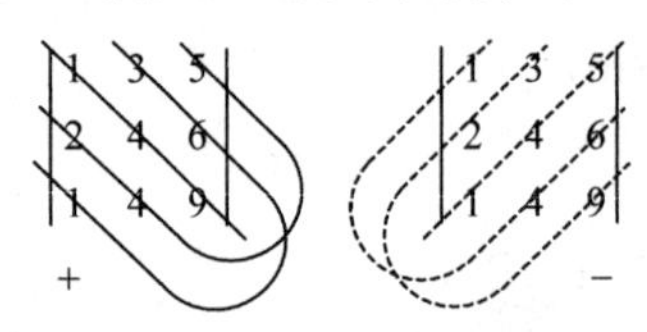

图 7-1　3 阶行列式的对角线法则说明

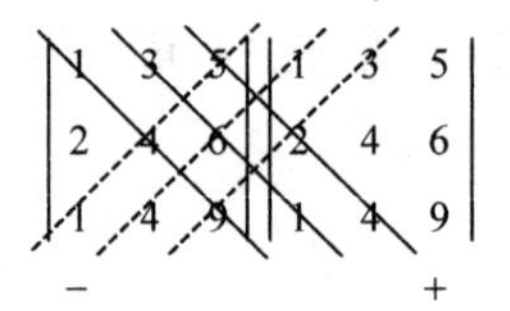

图 7-2　3 阶行列式的对角线法另一种计算方式

例 7-4：有以下 3 阶方阵 $\boldsymbol{A}$：

$$\boldsymbol{A}=\begin{bmatrix}1 & 4 & 7\\-5 & -6 & -2\\4 & 5 & 2\end{bmatrix} \tag{7.16}$$

（1）请计算 $|\boldsymbol{A}|$；

（2）在 3 维空间某立体图形体积是 7，求该立体图形经过 $\boldsymbol{A}$ 的线性变换后的体积。

解：（1）根据 3 阶行列式的对角线法则计算如下：

$$\begin{aligned}|\boldsymbol{A}|&=\begin{vmatrix}1 & 4 & 7\\-5 & -6 & -2\\4 & 5 & 2\end{vmatrix}\\&=1\times(-6)\times 2+4\times(-2)\times 4+(-5)\times 5\times 7-7\times(-6)\times 4-(-2)\times 5\times\\&\quad 1-4\times(-5)\times 2=-1\end{aligned} \tag{7.17}$$

（2）3 阶行列式的意义就是立体图形在线性变换前后有向体积的变换比例系数，所以此处体积为 7 的图形经过变换后，体积（注意不是有向体积）变为 $7\times|-1|=7$。

例 7-5：解方程：

$$\begin{vmatrix}1 & 1 & 1\\x & 1 & 2\\x^2 & 1 & 4\end{vmatrix}=0 \tag{7.18}$$

解：

$$\begin{aligned}\begin{vmatrix}1 & 1 & 1\\x & 1 & 2\\x^2 & 1 & 4\end{vmatrix}&=4+2x^2+x-x^2-2-4x=x^2-3x+2\\&=(x-1)(x-2)=0\end{aligned} \tag{7.19}$$

故 $x=1$ 或 2。

7.1.2　三角行列式和初等变换化简

观察以下五个行列式，它们有什么特点呢？

$$D_1=\begin{vmatrix}1&2\\0&3\end{vmatrix},\quad D_2=\begin{vmatrix}1&2&3\\0&4&5\\0&0&6\end{vmatrix},\quad D_3=\begin{vmatrix}1&0\\2&3\end{vmatrix},$$

$$D_4=\begin{vmatrix}1&0&0\\2&4&0\\3&5&6\end{vmatrix},\quad D_5=\begin{vmatrix}2&0&0\\0&3&0\\0&0&4\end{vmatrix}\tag{7.20}$$

可以看出 D_1、D_2、D_3 和 D_4 主对角线某一侧元素都是 0,不为 0 的元素和主对角线排列成形似三角形的样子,因此称作**三角行列式**(triangular determinant)。D_1 和 D_2 的非零元素都在主对角线右上方,故称作**上三角行列式**(upper triangular determinant),D_3 和 D_4 的非零元素都在主对角线左下方,故称作**下三角行列式**(lower triangular determinant)。D_5 除了主对角线元素以外的所有元素都是 0,称为**对角行列式**(diagonal determinant)。

此外,还可以看出 D_1 和 D_3 对应的矩阵互为转置关系,此时称它们互为转置行列式,即写作 $D_3=D_1^{\mathrm{T}}$。同理有 $D_4=D_2^{\mathrm{T}}$。

使用对角线法则计算以上五个三角行列式(请读者自行计算),可以发现 2 阶行列式 D_1 和 D_3 的两项中,主对角线乘积项不为 0,副对角线乘积项等于 0,所以其值等于主对角线之积;3 阶行列式 D_2 和 D_4 的六项中,只有主对角线乘积项不为 0,其余五个乘积项均等于 0,所以其值也等于主对角线之积。对于对角行列式 D_5 来讲也有同样的结论。因此可以得出一个重要的结论:三角行列式和对角行列式的值等于主对角线元素之积。

三角行列式对应的矩阵从形式上和我们熟悉的阶梯矩阵相同,因此任意行列式也可以使用初等变换的方法化为三角行列式。不过行列式不同于矩阵,它是一个数,因此必须考虑每一步初等变换对行列式带来的数值影响。先考虑初等行变换,这里为了方便起见使用最简单的 2 阶行列式。设有 2 阶行列式 $D=\begin{vmatrix}4&14\\1&2\end{vmatrix}$,对它依次进行行交换、行数乘和行倍加三种初等行变换操作,设每一步初等行变换的结果分别是 D_1、D_2 和 D_3。

$$D=\begin{vmatrix}4&14\\1&2\end{vmatrix}\xrightarrow[(\text{I})]{r_1\leftrightarrow r_2}D_1=\begin{vmatrix}1&2\\4&14\end{vmatrix}\xrightarrow[(\text{II})]{\frac{1}{2}r_2}D_2=\begin{vmatrix}1&2\\2&7\end{vmatrix}\xrightarrow[(\text{III})]{-2r_1+r_2}D_3=\begin{vmatrix}1&2\\0&3\end{vmatrix}\tag{7.21}$$

使用对角线法则计算出 D、D_1、D_2 和 D_3 如下:

$$D=-6,\quad D_1=6,\quad D_2=3,\quad D_3=3\tag{7.22}$$

来研究一下这三步初等行变换中行列式的值都发生了怎样的变化。第(Ⅰ)步是行交换操作,即交换了两行的位置,有 $D_1=-D$;第(Ⅱ)步是数乘操作,即给第 2 行统一乘以 $\frac{1}{2}$,有 $D_2=\frac{1}{2}D_1$(或写为 $D_1=2D_2$);第(Ⅲ)步是倍加操作,即将第 1 行的 -2 倍加到第 2 行上,有 $D_3=D_2$。而如果把以上初等行变换换为初等列变换,那么也有类似的结论,并且完全可以推广到 3 阶行列式。于是可以得出以下三条行列式初等变换法则:

- 交换行列式的两行/列,行列式改变符号;
- 对行列式某行/列同乘以一个数,行列式也会乘以这个数,即某行/列的公因数可以提出到行列式外;
- 把某行/列的若干倍加到另一行/列上,行列式的值不变。

因此低阶行列式除了可以使用对角线法则展开，还可以先使用三种初等变换法则现将行列式化为三角行列式再计算。

例 7-6：计算以下行列式 D：

$$D=\begin{vmatrix}4&3&2\\5&5&5\\18&13&9\end{vmatrix} \tag{7.23}$$

解法一：这是一个 3 阶行列式，可以使用对角线法则直接展开：

$$D=4\times5\times9+3\times5\times18+2\times5\times13-2\times5\times18-4\times5\times13-3\times5\times9=5 \tag{7.24}$$

解法二：使用初等行变换，将 D 化简为上三角行列式。这个过程类似于矩阵经过初等行变换化为阶梯矩阵的过程。但行列式是一个数值，需要注意采用交换操作要给行列式添加负号，采用数乘操作需要将对应的公因数提出放在行列式外。

$$D\xlongequal{\frac{1}{5}r_2}5\begin{vmatrix}4&3&2\\1&1&1\\18&13&9\end{vmatrix}\xlongequal{r_1\leftrightarrow r_2}-5\begin{vmatrix}1&1&1\\4&3&2\\18&13&9\end{vmatrix}\xlongequal[-18r_1+r_2]{-4r_1+r_2}-5\begin{vmatrix}1&1&1\\0&-1&-2\\0&-5&-9\end{vmatrix}$$

$$\xlongequal[-r_3]{-r_2}-5\begin{vmatrix}1&1&1\\0&1&2\\0&5&9\end{vmatrix}\xlongequal{-5r_2+r_3}-5\begin{vmatrix}1&1&1\\0&1&2\\0&0&-1\end{vmatrix}=-5\times1\times1\times(-1)=5 \tag{7.25}$$

解法三：通过观察数值之间的关系，使用初等行变换和初等列变换结合的方式将其灵活化简为上三角行列式。比如注意观察 4 和 18 分别是 2 和 9 的 2 倍，而 13 也是一个比较大的数字，因此这里可以使用初等列变换，然后只需再使用一次初等行变换即可化行列式为上三角行列式。完整过程如下：

$$D\xlongequal{\frac{1}{5}r_2}5\begin{vmatrix}4&3&2\\1&1&1\\18&13&9\end{vmatrix}\xlongequal{r_1\leftrightarrow r_2}-5\begin{vmatrix}1&1&1\\4&3&2\\18&13&9\end{vmatrix}\xlongequal[-c_3+c_2]{-2c_3+c_1}-5\begin{vmatrix}-1&0&1\\0&1&2\\0&4&9\end{vmatrix}$$

$$\xlongequal{-4r_2+r_3}-5\begin{vmatrix}-1&0&1\\0&1&2\\0&0&1\end{vmatrix}=-5\times(-1)\times1\times1=5 \tag{7.26}$$

以上三种解法中，解法一使用对角线法则直接展开，涉及大量的大数值的乘法和加减法运算，最为复杂；解法二单纯使用初等行变换，类似于之前化简矩阵为阶梯矩阵的步骤，但由于其中涉及了 18 和 13 等较大的数字，所以运算仍旧比较复杂；解法三在充分观察了数字之间的关系后，适当使用初等列变换，将较大的数字变小，大幅度简化了计算。可见化简行列式需要多加观察，并联合使用初等行变换和初等列变换才能优化运算策略。

例 7-7：计算以下行列式 D：

$$D=\begin{vmatrix}5&11&14\\2&4&4\\9&18&19\end{vmatrix} \tag{7.27}$$

解：化简这个行列式，以初等行变换为主，同时观察数字之间的关系，辅助使用初等列变换简化计算。

$$D=\begin{vmatrix}5&11&14\\2&4&4\\9&18&19\end{vmatrix}\xlongequal{\frac{1}{2}r_2}2\begin{vmatrix}5&11&14\\1&2&2\\9&18&19\end{vmatrix}\xlongequal{r_1\leftrightarrow r_2}-2\begin{vmatrix}1&2&2\\5&11&14\\9&18&19\end{vmatrix}\xlongequal{-c_2+c_3}-2\begin{vmatrix}1&2&0\\5&11&3\\9&18&1\end{vmatrix}$$

$$\xlongequal{-2c_1+c_2}-2\begin{vmatrix}1&0&0\\5&1&3\\9&0&1\end{vmatrix}\xlongequal[-9r_1+r_2]{-5r_1+r_2}-2\begin{vmatrix}1&0&0\\0&1&3\\0&0&1\end{vmatrix}=-2\times1\times1\times1=-2 \tag{7.28}$$

在上例中，几个比较大的数字通过初等列变换变成了较小的数字，从而方便了后续的初等行变换。此外，由以上两例可以看出，如果行列式 D 通过初等变换成为三角行列式 D_0，那么一定有 $D=kD_0$，其中 k 是非零常数。这个结论是容易理解的，因为只有交换操作和数乘操作会改变行列式的值，其中交换操作改变的是行列式的符号，数乘操作会改变行列式的系数，两者结合就得到了常数 k。

例 7-8：计算以下行列式 D：

$$D=\begin{vmatrix}5&2&9\\11&4&18\\14&4&19\end{vmatrix} \tag{7.29}$$

解：仔细观察 D 的结构，它恰好是例 7-7 的转置行列式，所以只需要将对应计算过程中的初等行/列变换改为初等列/行变换即可。而例 7-7 中最后将行列式化为上三角行列式，此处相应的会变为对应的下三角行列式。

$$D=\begin{vmatrix}5&2&9\\11&4&18\\14&4&19\end{vmatrix}\xlongequal{\frac{1}{2}c_2}2\begin{vmatrix}5&1&9\\11&2&18\\14&2&19\end{vmatrix}\xlongequal{c_1\leftrightarrow c_2}-2\begin{vmatrix}1&5&9\\2&11&18\\2&14&19\end{vmatrix}\xlongequal{-r_2+r_3}-2\begin{vmatrix}1&5&9\\2&11&18\\0&3&1\end{vmatrix}$$

$$\xlongequal{-2r_1+r_2}-2\begin{vmatrix}1&5&9\\0&1&0\\0&3&1\end{vmatrix}\xlongequal[-9c_1+c_2]{-5c_1+c_2}-2\begin{vmatrix}1&0&0\\0&1&0\\0&3&1\end{vmatrix}=-2\times1\times1\times1=-2 \tag{7.30}$$

由以上两例可知，两个互为转置的行列式值是相等的。设行列式 D 经过 p 次初等行变换和 q 次初等列变换成为上三角行列式 D_0，那么其转置行列式 D^{T} 一定可以经过 q 次初等行变换和 p 次初等列变换成为相应的下三角行列式 D_0^{T}。由三角行列式的计算法则可知 $D_0^{\mathrm{T}}=D_0$。而 $D=kD_0$，$D^{\mathrm{T}}=kD_0^{\mathrm{T}}$（其中 $k\neq0$），所以 $D^{\mathrm{T}}=D$。故可以得出结论：行列式和它的转置行列式相等。这个结论也说明行列式变换的行列等价性，对行列式的行相关的性质对于列来说也同样适用。

7.1.3 n 阶行列式的计算

将以上 2 阶、3 阶行列式拓展到更高的维度空间，就有了 n 阶行列式。一个 n 阶行列式的意义是对应 n 阶方阵代表的线性变换在 n 维空间的有向超体积映射比值。这里的“有向超体积”是一个抽象的概念，在 $n=2$ 时是有向面积，$n=3$ 时是有向体积，而在 $n>3$ 时就是一种理论上存在的抽象数学模型。

对角线法则只适用于 2 阶、3 阶行列式，因此高于 3 阶的行列式没有对角线法则，但 n

阶三角行列式的值依旧等于主对角线元素之积。所以仍然可以先使用初等变换法将其化简成为三角行列式再计算。故以上计算低阶行列式的化简技巧也可以应用于任意 n 阶行列式的计算。

例 7-9：计算以下 4 阶行列式 D：

$$D=\begin{vmatrix}1&1&3&4\\1&3&4&7\\2&4&4&6\\3&4&8&9\end{vmatrix} \tag{7.31}$$

解：化简的策略和刚才完全类似，即使用初等行变换为主，初等列变换为辅，将行列式变为上三角行列式。初等列变换辅助时，可以尽量让第 1 行元素简单一些，这样后续行倍加运算就能相应减少计算量。

$$D=\begin{vmatrix}1&1&3&4\\1&3&4&7\\2&4&4&6\\3&4&8&9\end{vmatrix}\xlongequal[-c_3+c_4]{-c_1+c_2}\begin{vmatrix}1&0&3&1\\1&2&4&3\\2&2&4&2\\3&1&8&1\end{vmatrix}\xlongequal{\frac{1}{2}r_3}2\begin{vmatrix}1&0&3&1\\1&2&4&3\\1&1&2&1\\3&1&8&1\end{vmatrix}\xlongequal[\substack{-r_1+r_3\\-3r_1+r_4}]{-r_1+r_2}2\begin{vmatrix}1&0&3&1\\0&2&1&2\\0&1&-1&0\\0&1&-1&-2\end{vmatrix}$$

$$\xlongequal{r_2\leftrightarrow r_3}-2\begin{vmatrix}1&0&3&1\\0&1&-1&0\\0&2&1&2\\0&1&-1&-2\end{vmatrix}\xlongequal[-r_2+r_4]{-2r_2+r_3}-2\begin{vmatrix}1&0&3&1\\0&1&-1&0\\0&0&3&2\\0&0&0&-2\end{vmatrix}$$

$$=(-2)\times1\times1\times3\times(-2)=12 \tag{7.32}$$

例 7-10：设 n 阶方阵 $\boldsymbol{A}$ 的行列式是 $|\boldsymbol{A}|$，求 $|2\boldsymbol{A}|$ 和 $|-\boldsymbol{A}|$（用 $|\boldsymbol{A}|$ 表示）。

解：$2\boldsymbol{A}$ 是 $\boldsymbol{A}$ 的全体元素乘以 2 得到的，也可以视为 $\boldsymbol{A}$ 的每一行（或列）都乘以 2，所以将每一行（或列）的 2 都提出，一共可以提出 n 个 2，所以有 $|2\boldsymbol{A}|=2^n|\boldsymbol{A}|$。同理可知，$|-\boldsymbol{A}|=(-1)^n|\boldsymbol{A}|$。

可见，矩阵和行列式的性质运算是不同的，比如说对 n 阶方阵 $\boldsymbol{A}$ 来说，$|2\boldsymbol{A}|\neq2|\boldsymbol{A}|$，这是由于矩阵的数乘规则和行列式的数乘规则是不同的，这一点务必注意。

例 7-11：请计算 n 阶单位阵 $\boldsymbol{E}$ 和零矩阵 $\boldsymbol{O}$ 的行列式 $|\boldsymbol{E}|$ 和 $|\boldsymbol{O}|$，然后再计算三种 n 阶初等矩阵的行列式。

解：根据对角行列式计算规则，有 $|\boldsymbol{E}|=1$ 和 $|\boldsymbol{O}|=0$。

设有以下三种初等矩阵：$\boldsymbol{F}_1$ 是交换阵，$\boldsymbol{F}_2$ 是数乘阵（非零数乘因子是 k），$\boldsymbol{F}_3$ 是倍加阵。$\boldsymbol{F}_1$ 是交换了 $\boldsymbol{E}$ 的某两行/列得到的，故行列式要改变符号，即 $|\boldsymbol{F}_1|=-1$；$\boldsymbol{F}_2$ 是给 $\boldsymbol{E}$ 某一行/列乘以非零常数 k 得到的，故行列式也会相应地变为 k 倍，即 $|\boldsymbol{F}_2|=k$；$\boldsymbol{F}_3$ 是把 $\boldsymbol{E}$ 某一行/列若干倍加到另一行/列得到的，故行列式不变，即 $|\boldsymbol{F}_3|=1$。

最后，在行列式的概念里还有两个需要注意的问题。刚才是从 2 阶行列式开始引入和讨论的，然后进一步讨论了 3 阶行列式以及更高阶的行列式。那么是否存在 1 阶行列式呢？答案是肯定的。数 a 对应的 1 阶行列式就是 a 本身，即 $|a|=a$。此处不论 a 是正数、0 或者负数都是成立的，这一点需要和绝对值符号区分开。

此外，n 阶行列式的意义是基于 n 维空间内的线性变换产生的，而线性变换总是发生在同一个空间里（空间的维数必相同），所以对应的矩阵一定是方阵，即行列式的行数和列数必须相等，否则就无法定义。例如“3 行 4 列的行列式”这种说法是不正确的。

7.2 行列式的降阶和展开

7.2.1 行列式左上角元素降阶

考虑以下 3 阶行列式：

$$\begin{vmatrix} 1 & 1 & 1 \\ 1 & 2 & 3 \\ 1 & 4 & 5 \end{vmatrix} \tag{7.33}$$

使用初等变换法求它的值。先将第 1 行的 −1 倍加到第 2 行和第 3 行上，对应步骤（Ⅰ）；再将第 2 行的 −3 倍加到第 3 行上，对应步骤（Ⅱ）；最后只需要将得到的上三角行列式的主对角线元素全部相乘即可，对应步骤（Ⅲ）。过程如下：

$$\begin{vmatrix} 1 & 1 & 1 \\ 1 & 2 & 3 \\ 1 & 4 & 5 \end{vmatrix} \overset{(\text{Ⅰ})}{=\!=} \begin{vmatrix} 1 & 1 & 1 \\ 0 & 1 & 2 \\ 0 & 3 & 4 \end{vmatrix} \overset{(\text{Ⅱ})}{=\!=} \begin{vmatrix} 1 & 1 & 1 \\ 0 & 1 & 2 \\ 0 & 0 & -2 \end{vmatrix} \overset{(\text{Ⅲ})}{=\!=} 1 \times 1 \times (-2) = -2 \tag{7.34}$$

观察上述步骤，步骤（Ⅰ）将行列式的第 1 列除第 1 行元素以外都变成了 0，随后步骤（Ⅱ）只对第 2 行和第 3 行产生变化，和第 1 行元素无关。因此可以认为步骤（Ⅱ）中处理的对象是划去第 1 行和第 1 列元素以后得到的 2 阶行列式，即有下式成立：

$$\begin{vmatrix} \boxed{1} & 1 & 1 \\ 0 & 1 & 2 \\ 0 & 3 & 4 \end{vmatrix} = \boxed{1} \times \begin{vmatrix} 1 & 2 \\ 3 & 4 \end{vmatrix} \tag{7.35}$$

上式提供了一个思路，那就是计算 3 阶行列式可以转换为相应的 2 阶行列式计算。这样做的前提条件是行列式第 1 行或第 1 列除了左上角元素（上式中加了框的元素）以外全都为 0（行列条件只需满足其中一个即可）。比如以下两个行列式 D_1 和 D_2：

$$D_1 = \begin{vmatrix} 3 & 5 & 9 \\ 0 & 7 & 8 \\ 0 & 4 & 5 \end{vmatrix}, \quad D_2 = \begin{vmatrix} 2 & 0 & 0 \\ 7 & 4 & 9 \\ 6 & 3 & 7 \end{vmatrix} \tag{7.36}$$

D_1 的第 1 列除了左上角元素 3 以外，其余元素都是 0；D_2 的第 1 行除了左上角元素 2 以外，其余元素都是 0。因此它们都满足上述条件，于是可以划去第 1 行和第 1 列的元素，留下一个 2 阶行列式，原先 3 阶行列式就等于左上角元素和这个留下的 2 阶行列式之积。

$$\begin{aligned} D_1 &= \begin{vmatrix} \boxed{3} & 5 & 9 \\ 0 & 7 & 8 \\ 0 & 4 & 5 \end{vmatrix} = \boxed{3} \times \begin{vmatrix} 7 & 8 \\ 4 & 5 \end{vmatrix} = \boxed{3} \times (7 \times 5 - 4 \times 8) = 9 \\ D_2 &= \begin{vmatrix} \boxed{2} & 0 & 0 \\ 7 & 4 & 9 \\ 6 & 3 & 7 \end{vmatrix} = \boxed{2} \times \begin{vmatrix} 4 & 9 \\ 3 & 7 \end{vmatrix} = \boxed{2} \times (4 \times 7 - 3 \times 9) = 2 \end{aligned} \tag{7.37}$$

可见，这种方法可以将 3 阶行列式转化为容易计算的 2 阶行列式，而这个 2 阶行列式是 3 阶行列式划去第 1 行和第 1 列元素后留下的，称作左上角元素的**余子式**（minor）。

以上结论可以拓展到 n 阶行列式，即若 n 阶行列式的第 1 行（或第 1 列）除了左上角元素以外的其余元素均为 0，那么该行列式就等于这个左上角元素乘以对应的余子式，其中这个余子式是原行列式划去第 1 行和第 1 列元素后留下的 $n-1$ 阶行列式。设 n 阶行列式是 D，左上角元素是 a_{11}，对应的余子式是 M_{11}，则有 $D=a_{11}M_{11}$，这就是行列式的左上角元素**降阶公式**（formula of order reduction）。因此对于较为高阶的行列式来说，可以先使用初等变换将行列式凑成满足上述条件的形式，然后利用以上公式降低行列式的阶数（即从 n 阶行列式降低为 $n-1$ 阶行列式）。并且这个公式可以反复使用，直到出现容易计算的 2 阶行列式为止。

例 7-12：请计算行列式 D：

$$D=\begin{vmatrix}5&3&2&1\\0&1&2&9\\0&4&4&6\\7&2&5&5\end{vmatrix} \tag{7.38}$$

解：这是一个 4 阶行列式。观察到左上角元素是 5，第 1 列元素除了 5 以外还有 7 这个元素不为 0，为了使用左上角元素的降阶方法，先使用初等行变换将 7 化为 0，然后就可以将 4 阶行列式利用余子式降阶为 3 阶行列式。此处左上角元素的降阶使用 OR(1,1) 表示，“OR”是英文“order reduction”的缩写，“(1,1)”代表左上角元素的位置。请读者留意此处为避免分数运算而采用的运算技巧。

$$D=\begin{vmatrix}5&3&2&1\\0&1&2&9\\0&4&4&6\\7&2&5&5\end{vmatrix}\xlongequal{5r_4}\frac{1}{5}\begin{vmatrix}5&3&2&1\\0&1&2&9\\0&4&4&6\\35&10&25&25\end{vmatrix}\xlongequal{-7r_1+r_4}\frac{1}{5}\begin{vmatrix}5&3&2&1\\0&1&2&9\\0&4&4&6\\0&-11&11&18\end{vmatrix}$$

$$\xlongequal{\text{OR}(1,1)}\frac{1}{5}\times5\begin{vmatrix}1&2&9\\4&4&6\\-11&11&18\end{vmatrix}=\begin{vmatrix}1&2&9\\4&4&6\\-11&11&18\end{vmatrix} \tag{7.39}$$

这个 3 阶行列式可以继续使用初等变换法凑成满足降阶条件的形式后再降阶。具体来说就是先提出第 2 行的公因数 2，再提出第 3 列的公因数 3，然后将第 2 列加到第 1 列上消掉 -11。这样就可以利用初等行变换将第 1 列的第 2 行元素变为 0，最后降阶为 2 阶行列式算出结果。

$$D=\begin{vmatrix}1&2&9\\4&4&6\\-11&11&18\end{vmatrix}\xlongequal[\frac{1}{3}c_3]{\frac{1}{2}r_2}2\times3\begin{vmatrix}1&2&3\\2&2&1\\-11&11&6\end{vmatrix}\xlongequal{c_2+c_1}6\begin{vmatrix}3&2&3\\4&2&1\\0&11&6\end{vmatrix}\xlongequal{3r_2}\frac{6}{3}\begin{vmatrix}3&2&3\\12&6&3\\0&11&6\end{vmatrix}$$

$$\xlongequal{-4r_1+r_2}2\begin{vmatrix}3&2&3\\0&-2&-9\\0&11&6\end{vmatrix}\xlongequal{\text{OR}(1,1)}2\times3\begin{vmatrix}-2&-9\\11&6\end{vmatrix}=6[(-2)\times6-(-9)\times11]=522 \tag{7.40}$$

7.2.2 行列式一般元素的降阶

以上的行列式降阶方法是针对左上角元素的。如果这个元素不位于左上角，那么也能使用对应的余子式降阶吗？先来看下面这个行列式：

$$\begin{vmatrix} 0 & 7 & 8 \\ 3 & 5 & 9 \\ 0 & 4 & 5 \end{vmatrix} \tag{7.41}$$

观察可知，第 1 列的除了元素 3 以外，其余元素都是 0。但是元素 3 并没有位于左上角，而是在第 1 列的第 2 行位置。为了让它到达左上角，只需要交换第 1 行和第 2 行即可让元素 3 到达左上角，进一步可以降阶成为 2 阶行列式。

$$\begin{vmatrix} 0 & 7 & 8 \\ \boxed{3} & 5 & 9 \\ 0 & 4 & 5 \end{vmatrix} = -\begin{vmatrix} \boxed{3} & 5 & 9 \\ 0 & 7 & 8 \\ 0 & 4 & 5 \end{vmatrix} = -\boxed{3} \times \begin{vmatrix} 7 & 8 \\ 4 & 5 \end{vmatrix} \tag{7.42}$$

注意行列式前多了一个负号，这是一次行交换引起的。再看下面这个行列式：

$$\begin{vmatrix} 0 & 7 & 8 \\ 0 & 4 & 5 \\ 3 & 5 & 9 \end{vmatrix} \tag{7.43}$$

仿照上面的做法，交换第 1 行和第 3 行，然后降阶展开：

$$\begin{vmatrix} 0 & 7 & 8 \\ 0 & 4 & 5 \\ \boxed{3} & 5 & 9 \end{vmatrix} = -\begin{vmatrix} \boxed{3} & 5 & 9 \\ 0 & 4 & 5 \\ 0 & 7 & 8 \end{vmatrix} = -\boxed{3} \times \begin{vmatrix} 4 & 5 \\ 7 & 8 \end{vmatrix} \tag{7.44}$$

不过，和原行列式相比，余子式发生了变化。原行列式(7.43)中，划去元素 3 所在的这一行和这一列，得到的余子式是$\begin{vmatrix} 7 & 8 \\ 4 & 5 \end{vmatrix}$；而在式(7.44)中，余子式成了$\begin{vmatrix} 4 & 5 \\ 7 & 8 \end{vmatrix}$。可见交换第 1 行和第 3 行这个操作虽然可以凑成左上角元素降阶的条件，但却使得余子式发生了变化。那么有没有一种方法能够使得元素 3 到达左上角时，自始至终保持余子式不变呢？

回到式(7.41)和式(7.42)，交换第 1 行和第 2 行并没有改变元素 3 的余子式，也就是在两个行列式中分别划去元素 3 所在的这一行和这一列后得到的余子式是相同的，究其原因是第 1 行和第 2 行为相邻行。如果是相邻两行的交换操作，那么对应元素的余子式可以保持不变。根据这个策略可以对式(7.43)进行相邻行的交换(余子式部分用灰色底色表示)：

$$\begin{vmatrix} 0 & 7 & 8 \\ 0 & 4 & 5 \\ \boxed{3} & 5 & 9 \end{vmatrix} = -\begin{vmatrix} 0 & 7 & 8 \\ \boxed{3} & 5 & 9 \\ 0 & 4 & 5 \end{vmatrix} = \begin{vmatrix} \boxed{3} & 5 & 9 \\ 0 & 7 & 8 \\ 0 & 4 & 5 \end{vmatrix} = \boxed{3} \times \begin{vmatrix} 7 & 8 \\ 4 & 5 \end{vmatrix} \tag{7.45}$$

可见在式(7.45)所示的过程中，元素 3 的余子式始终保持不变。而元素 3 位于第 3 行第 1 列，因此需要 2 次相邻的行交换操作才可到达左上角，所以整个行列式的符号改变了 2 次，这相当于给行列式前乘以$(-1)^2=1$。再来看下面这个行列式：

$$\begin{vmatrix} 7 & 0 & 8 \\ 4 & 0 & 5 \\ 5 & 3 & 9 \end{vmatrix} \tag{7.46}$$

元素 3 位于第 3 行第 2 列。仿照刚才的做法，先相邻交换第 1 列和第 2 列，让元素 3 到达第 3 行第 1 列，然后再相邻行交换 2 次使得元素 3 到达左上角。过程如下：

$$\begin{vmatrix} 7 & 0 & 8 \\ 4 & 0 & 5 \\ 5 & 3 & 9 \end{vmatrix} = -\begin{vmatrix} 0 & 7 & 8 \\ 0 & 4 & 5 \\ 3 & 5 & 9 \end{vmatrix} = \begin{vmatrix} 0 & 7 & 8 \\ 3 & 5 & 9 \\ 0 & 4 & 5 \end{vmatrix} = -\begin{vmatrix} 3 & 5 & 9 \\ 0 & 7 & 8 \\ 0 & 4 & 5 \end{vmatrix} = -3 \times \begin{vmatrix} 7 & 8 \\ 4 & 5 \end{vmatrix} \tag{7.47}$$

于是，位于第 3 行第 2 列的元素 3 经过了 2 次相邻行交换和 1 次相邻列交换到达了左上角，因此行列式前需要乘以 $(-1)^{2+1}=(-1)^3=-1$。

将以上结论推广到 n 阶行列式第 i 行第 j 列的元素，如果第 i 行或第 j 列除了该元素以外其余元素均为 0，那么只需经过 $i-1$ 次相邻行交换操作和 $j-1$ 次相邻列交换操作就可以将该元素交换到左上角，同时保证对应的余子式不变。设 n 阶行列式是 D，该元素是 a_{ij}，对应的余子式是 M_{ij}，则有 $D=(-1)^{i+j-2}a_{ij}M_{ij}$。又因为 $(-1)^{i+j-2}=(-1)^{i+j}$，所以行列式的值就可以写为 $D=(-1)^{i+j}a_{ij}M_{ij}$。这就是行列式内一般元素的降阶公式，它是左上角元素降阶公式的进一步推广。

对于元素 a_{ij} 来说，如果进一步令 $A_{ij}=(-1)^{i+j}M_{ij}$，则降阶公式又可以写为 $D=a_{ij}A_{ij}$。此处 A_{ij} 被称作 a_{ij} 的**代数余子式**(cofactor)。代数余子式可能和余子式相同，也可能和余子式互为相反数，这取决于对应元素所在行列的标号之和。如果行列标号之和是偶数，则代数余子式就等于余子式；如果行列标号之和是奇数，则代数余子式等于余子式的相反数。

求高阶行列式的值时，需要注意观察行和列之间的关系，先使用尽量简单的初等变换化为可降阶的形式，然后再使用降阶公式，降阶时务必注意前面的符号。在以下表示中，使用记号 $\mathrm{OR}(i,j)$ 表示行列式第 i 行第 j 列的元素的降阶。

例 7-13：请计算行列式 D：

$$D=\begin{vmatrix} 4 & 1 & 2 & 4 \\ 1 & 2 & 0 & 2 \\ 10 & 5 & 2 & 1 \\ 0 & 1 & 1 & 7 \end{vmatrix} \tag{7.48}$$

解：观察可知，第 3 列元素相对数值比较小且构成简单，因此可以让第 3 列出现较多的 0 然后降阶。

$$D=\begin{vmatrix} 4 & 1 & 2 & 4 \\ 1 & 2 & 0 & 2 \\ 10 & 5 & 2 & 1 \\ 0 & 1 & 1 & 7 \end{vmatrix} \xlongequal[-2r_4+r_3]{-2r_4+r_1} \begin{vmatrix} 4 & -1 & 0 & -10 \\ 1 & 2 & 0 & 2 \\ 10 & 3 & 0 & -13 \\ 0 & 1 & 1 & 7 \end{vmatrix} \xlongequal{\mathrm{OR}(4,3)} 1\times(-1)^{4+3}\begin{vmatrix} 4 & -1 & -10 \\ 1 & 2 & 2 \\ 10 & 3 & -13 \end{vmatrix}$$

$$\xlongequal{-2r_1+r_3} -\begin{vmatrix} 4 & -1 & -10 \\ 1 & 2 & 2 \\ 2 & 5 & 7 \end{vmatrix} \xlongequal[-2c_1+c_3]{-2c_1+c_2} -\begin{vmatrix} 4 & -9 & -18 \\ 1 & 0 & 0 \\ 2 & 1 & 3 \end{vmatrix}$$

$$\xlongequal{\mathrm{OR}(2,1)} -1\times(-1)^{2+1}\begin{vmatrix} -9 & -18 \\ 1 & 3 \end{vmatrix} = (-9)\times 3 - 1\times(-18) = -9 \tag{7.49}$$

例 7-14：请计算行列式 D：

$$D=\begin{vmatrix}2 & 5 & 3 & 9\\ 1 & -2 & 8 & -1\\ 0 & 4 & 0 & 5\\ 1 & 0 & 8 & 1\end{vmatrix} \tag{7.50}$$

解法一：观察第 3 行有两个 0，所以消掉一个非零元素即可。注意此处为了避免分数出现而使用的技巧。

$$D=\begin{vmatrix}2 & 5 & 3 & 9\\ 1 & -2 & 8 & -1\\ 0 & 4 & 0 & 5\\ 1 & 0 & 8 & 1\end{vmatrix}\xlongequal{4c_4}\frac{1}{4}\begin{vmatrix}2 & 5 & 3 & 36\\ 1 & -2 & 8 & -4\\ 0 & 4 & 0 & 20\\ 1 & 0 & 8 & 4\end{vmatrix}\xlongequal{-5c_2+c_4}\frac{1}{4}\begin{vmatrix}2 & 5 & 3 & 11\\ 1 & -2 & 8 & 6\\ 0 & 4 & 0 & 0\\ 1 & 0 & 8 & 4\end{vmatrix}$$

$$\xlongequal{\text{OR}(3,2)}\frac{1}{4}\times 4\times(-1)^{3+2}\begin{vmatrix}2 & 3 & 11\\ 1 & 8 & 6\\ 1 & 8 & 4\end{vmatrix}\xlongequal{-r_3+r_2}-\begin{vmatrix}2 & 3 & 11\\ 0 & 0 & 2\\ 1 & 8 & 4\end{vmatrix}$$

$$\xlongequal{\text{OR}(2,3)}-2\times(-1)^{2+3}\begin{vmatrix}2 & 3\\ 1 & 8\end{vmatrix}=2\times(2\times 8-1\times 3)=26 \tag{7.51}$$

解法二：观察可知第 1 列和第 3 列都有元素 1 和 8，因此可以直接将第 3 列的两个 8 变成 0。

$$D=\begin{vmatrix}2 & 5 & 3 & 9\\ 1 & -2 & 8 & -1\\ 0 & 4 & 0 & 5\\ 1 & 0 & 8 & 1\end{vmatrix}\xlongequal{-8c_1+c_3}\begin{vmatrix}2 & 5 & -13 & 9\\ 1 & -2 & 0 & -1\\ 0 & 4 & 0 & 5\\ 1 & 0 & 0 & 1\end{vmatrix}$$

$$\xlongequal{\text{OR}(1,3)}-13\times(-1)^{1+3}\begin{vmatrix}1 & -2 & -1\\ 0 & 4 & 5\\ 1 & 0 & 1\end{vmatrix}\xlongequal{-r_3+r_1}-13\begin{vmatrix}0 & -2 & -2\\ 0 & 4 & 5\\ 1 & 0 & 1\end{vmatrix}$$

$$\xlongequal{\text{OR}(3,1)}-13\times 1\times(-1)^{3+1}\begin{vmatrix}-2 & -2\\ 4 & 5\end{vmatrix}=-13[(-2)\times 5-(-2)\times 4]=26 \tag{7.52}$$

7.2.3　行列式按行按列展开

上面的降阶公式中，要求行列式中的某个元素所在的这一行或这一列其余元素均为 0，那么如果其余元素不为 0 又会怎样呢？这里先以 2 阶行列式为例说明行列式的一条性质。比如下面这三个 2 阶行列式 D、D_1 和 D_2，可以很容易计算出它们的值。

$$D=\begin{vmatrix}4 & 6\\ 5 & 6\end{vmatrix}=-6,\quad D_1=\begin{vmatrix}1 & 2\\ 5 & 6\end{vmatrix}=-4,\quad D_2=\begin{vmatrix}3 & 4\\ 5 & 6\end{vmatrix}=-2 \tag{7.53}$$

通过结果显然可知 $D=D_1+D_2$。这并不是一个巧合，因为可以观察到 D 的第 1 行可以写成 D_1 和 D_2 的第 1 行之和的形式：

$$\begin{vmatrix}4 & 6\\ 5 & 6\end{vmatrix}=\begin{vmatrix}1+3 & 2+4\\ 5 & 6\end{vmatrix}=\begin{vmatrix}1 & 2\\ 5 & 6\end{vmatrix}+\begin{vmatrix}3 & 4\\ 5 & 6\end{vmatrix} \tag{7.54}$$

可以使用 2 阶行列式的对角线法则验证，这个结论对于列也是成立的。所以对于 2 阶行列式来说，如果它的某一行(或列)的每个元素都可以写成两个数之和的形式，那么这个行列式就可以拆分成两个相应的行列式。这个结论对于 3 阶行列式以及更高阶的行列式也是适用的。这就是行列式按行按列的可拆分性。比如下面这个 4 阶行列式就可以拆分如下：

$$\begin{vmatrix} 5 & 9 & 7 & 1 \\ 8 & 6 & 4 & 7 \\ 9 & 5 & 7 & 8 \\ 9 & 11 & 13 & 17 \end{vmatrix} = \begin{vmatrix} 5 & 9 & 7 & 1 \\ 8 & 6 & 4 & 7 \\ 9 & 5 & 7 & 8 \\ 4+5 & 5+6 & 6+7 & 8+9 \end{vmatrix} = \begin{vmatrix} 5 & 9 & 7 & 1 \\ 8 & 6 & 4 & 7 \\ 9 & 5 & 7 & 8 \\ 4 & 5 & 6 & 8 \end{vmatrix} + \begin{vmatrix} 5 & 9 & 7 & 1 \\ 8 & 6 & 4 & 7 \\ 9 & 5 & 7 & 8 \\ 5 & 6 & 7 & 9 \end{vmatrix}$$

$$= \begin{vmatrix} 5 & 9 & 3+4 & 1 \\ 8 & 6 & 1+3 & 7 \\ 9 & 5 & 1+6 & 8 \\ 9 & 11 & 4+9 & 17 \end{vmatrix} = \begin{vmatrix} 5 & 9 & 3 & 1 \\ 8 & 6 & 1 & 7 \\ 9 & 5 & 1 & 8 \\ 9 & 11 & 4 & 17 \end{vmatrix} + \begin{vmatrix} 5 & 9 & 4 & 1 \\ 8 & 6 & 3 & 7 \\ 9 & 5 & 6 & 8 \\ 9 & 11 & 9 & 17 \end{vmatrix} \tag{7.55}$$

在上式中，4 阶行列式分别对第 4 行和第 3 列进行了拆分，而拆分时，其余的行（或列）保持不变。

利用行列式的可拆分性质可以将以上降阶公式进一步推广。以如下 3 阶行列式为例，它可以以第 1 行为基准拆分成两个新的 3 阶行列式：

$$\begin{vmatrix} 1 & 2 & 3 \\ 4 & 5 & 6 \\ 7 & 8 & 9 \end{vmatrix} = \begin{vmatrix} 1+0 & 0+2 & 0+3 \\ 4 & 5 & 6 \\ 7 & 8 & 9 \end{vmatrix} = \begin{vmatrix} 1 & 0 & 0 \\ 4 & 5 & 6 \\ 7 & 8 & 9 \end{vmatrix} + \begin{vmatrix} 0 & 2 & 3 \\ 4 & 5 & 6 \\ 7 & 8 & 9 \end{vmatrix} \tag{7.56}$$

这样变出 0 的拆分是为了凑成我们熟悉的降阶公式形式。显然，第一个行列式已经满足降阶公式的条件了，而第二个行列式并不满足。于是进一步拆分第二个行列式：

$$\begin{vmatrix} 1 & 2 & 3 \\ 4 & 5 & 6 \\ 7 & 8 & 9 \end{vmatrix} = \begin{vmatrix} 1 & 0 & 0 \\ 4 & 5 & 6 \\ 7 & 8 & 9 \end{vmatrix} + \begin{vmatrix} 0 & 0+2 & 3+0 \\ 4 & 5 & 6 \\ 7 & 8 & 9 \end{vmatrix} = \begin{vmatrix} 1 & 0 & 0 \\ 4 & 5 & 6 \\ 7 & 8 & 9 \end{vmatrix} + \begin{vmatrix} 0 & 2 & 0 \\ 4 & 5 & 6 \\ 7 & 8 & 9 \end{vmatrix} + \begin{vmatrix} 0 & 0 & 3 \\ 4 & 5 & 6 \\ 7 & 8 & 9 \end{vmatrix} \tag{7.57}$$

通过两次拆分，行列式就变成了三项之和，每一个行列式都可以使用降阶公式。于是原先的行列式就可以写成以下求和的形式：

$$\begin{vmatrix} \boxed{1} & \boxed{2} & \boxed{3} \\ 4 & 5 & 6 \\ 7 & 8 & 9 \end{vmatrix} = \boxed{1} \times (-1)^{1+1} \begin{vmatrix} 5 & 6 \\ 8 & 9 \end{vmatrix} + \boxed{2} \times (-1)^{1+2} \begin{vmatrix} 4 & 6 \\ 7 & 9 \end{vmatrix} + \boxed{3} \times (-1)^{1+3} \begin{vmatrix} 4 & 5 \\ 7 & 8 \end{vmatrix} \tag{7.58}$$

如果换成列，也有完全类似的结论。这说明一个行列式可以按某行（或列）展开成该行（或列）元素与它的代数余子式对应相乘再相加的形式。

现在将上述结论使用代数语言描述如下：设有 n 阶行列式 D，其中第 i 行第 j 列的元素是 a_{ij}，划去第 i 行和第 j 列得到 a_{ij} 的余子式是 M_{ij}，对应代数余子式是 $A_{ij}=(-1)^{i+j}M_{ij}$，则 D 可以按第 i 行或按第 j 列展开成以下形式：

$$\begin{aligned} D &= a_{i1}A_{i1} + a_{i2}A_{i2} + \cdots + a_{in}A_{in} = \sum_{k=1}^{n} a_{ik}A_{ik} \quad i=1,2,\cdots,n \\ &= a_{1j}A_{1j} + a_{2j}A_{2j} + \cdots + a_{nj}A_{nj} = \sum_{k=1}^{n} a_{kj}A_{kj} \quad j=1,2,\cdots,n \end{aligned} \tag{7.59}$$

式(7.59)叫作行列式的按行按列**展开公式**（cofactor expansion），上面一行是按行展开公式，下面一行是按列展开公式。这个展开公式表明，一个 n 阶的行列式可以表示为 n 个 $n-1$ 阶的行列式的代数和。而降阶公式是展开公式的特例，展开公式则是降阶公式的推广。

在有的文献里，n 阶行列式就是用展开公式递推定义的。把 k 阶的行列式记为 $D^{(k)}$（其中 $k=2,\cdots,n$），第 i 行第 j 列的元素是 a_{ij}，对应余子式是 $k-1$ 阶的行列式 $M_{ij}^{(k-1)}$，对应代数余子式是 $A_{ij}^{(k-1)}=(-1)^{i+j}M_{ij}^{(k-1)}$，则递推定义 $D^{(n)}$ 如下：

$$D^{(1)}=a_{11}$$

$$D^{(k)}=a_{11}A_{11}^{(k-1)}+a_{12}A_{12}^{(k-1)}+\cdots+a_{1k}A_{1k}^{(k-1)} \tag{7.60}$$

以上递推定义是按照第 1 行展开的，同理按第 1 列展开的递推定义如下：

$$D^{(1)}=a_{11}$$

$$D^{(k)}=a_{11}A_{11}^{(k-1)}+a_{21}A_{21}^{(k-1)}+\cdots+a_{k1}A_{k1}^{(k-1)} \tag{7.61}$$

在以下例题中，使用记号 $\mathrm{CE}(r_i)$ 和 $\mathrm{CE}(c_j)$ 分别表示按照第 i 行或第 j 列展开，其中字母“CE”是英文 cofactor expansion 的缩写。

例 7-15：设有 4 阶行列式 D 如下：

$$D=\begin{vmatrix} 3 & -5 & 2 & 1 \\ 1 & 1 & 0 & -5 \\ -1 & 3 & 1 & 3 \\ 2 & -4 & -1 & -3 \end{vmatrix} \tag{7.62}$$

设 M_{ij} 和 A_{ij} 分别是第 i 行第 j 列元素的余子式和代数余子式，求 $A_{11}+A_{12}+A_{13}+A_{14}$ 和 $M_{11}+M_{12}+M_{13}+M_{14}$。

解：首先需要明确一个概念，某个元素对应的余子式和代数余子式是划去对应行和列以后留下的产物，它和这个元素本身的取值并没有关系。比如 A_{11} 和 D 中第 1 行第 1 列元素 3 本身没有关联，它取其他值时 A_{11} 并不发生变化。于是将 D 的第 1 行元素替换成 4 个任意的常数 a、b、c 和 d，按照行列式展开公式就可以写成以下形式：

$$\begin{vmatrix} a & b & c & d \\ 1 & 1 & 0 & -5 \\ -1 & 3 & 1 & 3 \\ 2 & -4 & -1 & -3 \end{vmatrix} \xlongequal{\mathrm{CE}(r_1)} aA_{11}+bA_{12}+cA_{13}+dA_{14}$$

$$=(-1)^{1+1}aM_{11}+(-1)^{1+2}bM_{12}+(-1)^{1+3}cM_{13}+(-1)^{1+4}dM_{14}=aM_{11}-bM_{12}+cM_{13}-dM_{14} \tag{7.63}$$

而上式也可以反过来写：

$$aA_{11}+bA_{12}+cA_{13}+dA_{14}=aM_{11}-bM_{12}+cM_{13}-dM_{14}=\begin{vmatrix} a & b & c & d \\ 1 & 1 & 0 & -5 \\ -1 & 3 & 1 & 3 \\ 2 & -4 & -1 & -3 \end{vmatrix} \tag{7.64}$$

现在欲求 $A_{11}+A_{12}+A_{13}+A_{14}$，实际上就是在 $a=1$、$b=1$、$c=1$ 和 $d=1$ 时对应的行列式的值：

$$A_{11}+A_{12}+A_{13}+A_{14}=\begin{vmatrix}1&1&1&1\\1&1&0&-5\\-1&3&1&3\\2&-4&-1&-3\end{vmatrix}\xlongequal[r_1+r_4]{-r_1+r_3}\begin{vmatrix}1&1&1&1\\1&1&0&-5\\-2&2&0&2\\3&-3&0&-2\end{vmatrix}$$

$$=1\times(-1)^{1+3}\begin{vmatrix}1&1&-5\\-2&2&2\\3&-3&-2\end{vmatrix}\xlongequal{\frac{1}{2}r_2}2\begin{vmatrix}1&1&-5\\-1&1&1\\3&-3&-2\end{vmatrix}$$

$$\xlongequal{c_1+c_2}2\begin{vmatrix}1&2&-5\\-1&0&1\\3&0&-2\end{vmatrix}=2\times2\times(-1)^{1+2}\begin{vmatrix}-1&1\\3&-2\end{vmatrix}$$

$$=-4[(-1)\times(-2)-1\times3]=4 \tag{7.65}$$

再欲求 $M_{11}+M_{12}+M_{13}+M_{14}$，实际上就是在 $a=1$、$b=-1$、$c=1$ 和 $d=-1$ 时对应的行列式的值：

$$M_{11}+M_{12}+M_{13}+M_{14}=\begin{vmatrix}1&-1&1&-1\\1&1&0&-5\\-1&3&1&3\\2&-4&-1&-3\end{vmatrix}\xlongequal[r_1+r_4]{-r_1+r_3}\begin{vmatrix}1&-1&1&-1\\1&1&0&-5\\-2&4&0&4\\3&-5&0&-4\end{vmatrix}$$

$$=1\times(-1)^{1+3}\begin{vmatrix}1&1&-5\\-2&4&4\\3&-5&-4\end{vmatrix}\xlongequal[2c_1+c_3]{2c_1+c_2}\begin{vmatrix}1&3&-3\\-2&0&0\\3&1&2\end{vmatrix}$$

$$=(-2)\times(-1)^{2+1}\begin{vmatrix}3&-3\\1&2\end{vmatrix}$$

$$=2[3\times2-(-3)\times1]=18 \tag{7.66}$$

7.2.4 行列式展开公式的进一步讨论

使用行列式的展开公式，我们可以计算一些具有特殊数值的行列式。

例 7-16：计算以下三个行列式 D_1、D_2 和 D_3。

$$D_1=\begin{vmatrix}0&0&0&0\\1&2&3&4\\3&7&8&9\\2&5&6&7\end{vmatrix},\quad D_2=\begin{vmatrix}1&2&3&4\\1&2&3&4\\3&7&8&9\\2&5&6&7\end{vmatrix},\quad D_3=\begin{vmatrix}2&4&6&8\\1&2&3&4\\3&7&8&9\\2&5&6&7\end{vmatrix} \tag{7.67}$$

解：先计算 D_1，观察到 D_1 的第 1 行全为 0，所以可以按照第 1 行展开如下：

$$D_1=\begin{vmatrix}0&0&0&0\\1&2&3&4\\3&7&8&9\\2&5&6&7\end{vmatrix}\xlongequal{\text{CE}(r_1)}0\times A_{11}+0\times A_{12}+0\times A_{13}+0\times A_{14}=0 \tag{7.68}$$

再计算 D_2，观察到 D_2 的第 1 行和第 2 行相等，所以只需要把第 2 行的 -1 倍加到第 1 行上，就变成了 D_1：

$$D_2=\begin{vmatrix}1&2&3&4\\1&2&3&4\\3&7&8&9\\2&5&6&7\end{vmatrix}\xlongequal{-r_2+r_1}\begin{vmatrix}0&0&0&0\\1&2&3&4\\3&7&8&9\\2&5&6&7\end{vmatrix}=D_1=0 \tag{7.69}$$

再计算 D_3，观察到 D_3 的第 1 行和第 2 行成比例，比例系数是 2，所以只需要把第 2 行的-2倍加到第 1 行上，也可以变成 D_1：

$$D_3=\begin{vmatrix}2&4&6&8\\1&2&3&4\\3&7&8&9\\2&5&6&7\end{vmatrix}\xlongequal{-2r_2+r_1}\begin{vmatrix}0&0&0&0\\1&2&3&4\\3&7&8&9\\2&5&6&7\end{vmatrix}=D_1=0 \tag{7.70}$$

由上例可知，如果一个行列式的某一行元素全为 0，则行列式的值就是 0；如果行列式的某两行相等或成比例，则行列式的值也是 0。由于行列式的行和列具有等价性，故以上结论对于列来说也是适用的。

现在对例 7-16 中的行列式做进一步拓展，设有以下含有参数 a、b、c 和 d 的行列式，它可以展开成以下形式：

$$\begin{vmatrix}a&b&c&d\\1&2&3&4\\3&7&8&9\\2&5&6&7\end{vmatrix}\xlongequal{\mathrm{CE}(r_1)}aA_{11}+bA_{12}+cA_{13}+dA_{14} \tag{7.71}$$

此处 a、b、c 和 d 可以取任意值，于是令它们等于第 2 行的元素，即 $a=1$、$b=2$、$c=3$，$d=4$，就有以下式子成立：

$$1\times A_{11}+2\times A_{12}+3\times A_{13}+4\times A_{14}=\begin{vmatrix}1&2&3&4\\1&2&3&4\\3&7&8&9\\2&5&6&7\end{vmatrix}=0 \tag{7.72}$$

这说明行列式的第 2 行的元素和第 1 行元素的代数余子式对应相乘，结果是 0。如果把 a、b、c 和 d 换成第 3 行或第 4 行的元素，结果也一样是 0。可以将这个结论推广到任意行列式的行(或列)，即某一行(或列)元素和另一行(或列)元素的代数余子式对应相乘再相加，结果是 0；或者说某一行(或列)的代数余子式和其他行(或列)元素对应相乘再相加，结果是 0。

对于 n 阶行列式 D 来说，将以上结论联合行列式的展开公式，就有了以下更加完整的代数表达式：

$$\begin{aligned}&a_{i1}A_{j1}+a_{i2}A_{j2}+\cdots+a_{in}A_{jn}=\sum_{k=1}^{n}a_{ik}A_{jk}=\begin{cases}D & i=j\\0 & i\neq j\end{cases}\\&a_{1i}A_{1j}+a_{2i}A_{2j}+\cdots+a_{ni}A_{nj}=\sum_{k=1}^{n}a_{ki}A_{kj}=\begin{cases}D & i=j\\0 & i\neq j\end{cases}\end{aligned} \tag{7.73}$$

上式表明代数余子式的专一性，即只有一行(或列)元素和本行(或列)代数余子式对应相乘再相加才能等于行列式 D，即两者必须“匹配”；如果两者不“匹配”，即某一行(或列)的元素和其他行(或列)的代数余子式对应相乘再相加，结果一定是 0。

这一节首先从左上角元素的降阶出发，进一步拓展为任意元素的降阶，然后拓展到展开公式，最后引出了代数余子式的专一性这一更加广泛的性质，这正是数学上化未知为已知、从特殊到一般的重要思想，请各位读者仔细体会。

7.3 行列式的综合计算方法与技巧

行列式的计算是灵活的。求解行列式的值时，如果能够多观察数值的特点以及多个数值之间的关系(如相等或倍数)，并灵活运用一些方法与技巧，就能在求解时做到事半功倍。这一节将通过一些例题进一步介绍一些常用的行列式计算方法和技巧。以下例题中使用记号 $\mathrm{OR}(i,j)$ 表示行列式第 i 行第 j 列元素的降阶，记号 $\mathrm{CE}(r_i)$ 和 $\mathrm{CE}(c_j)$ 分别表示按照第 i 行或第 j 列展开。

例 7-17：请计算：

$$D_1=\begin{vmatrix}-2&1&-3\\98&101&97\\1&-3&4\end{vmatrix}\quad D_2=\begin{vmatrix}5&-1&3\\2&2&2\\196&203&199\end{vmatrix}\quad D_3=\begin{vmatrix}-1&203&\frac{1}{3}\\3&298&\frac{1}{2}\\5&399&\frac{2}{3}\end{vmatrix}\tag{7.74}$$

解：这是三个 3 阶行列式，理论上可以直接使用对角线法则展开做。但这三者内部都涉及了较大的数值，使用对角线法则显然十分繁杂。所以需要采取先化简后计算的策略，这就需要观察每个行列式中大数值的特点。D_1 第 2 行的三个大数值都在 100 附近，而恰好第 1 行的数值可以让第 2 行变成 100，这样就可以提出公因数，进一步化简。

$$\begin{aligned}D_1&=\begin{vmatrix}-2&1&-3\\98&101&97\\1&-3&4\end{vmatrix}\xlongequal{-r_1+r_2}\begin{vmatrix}-2&1&-3\\100&100&100\\1&-3&4\end{vmatrix}\xlongequal{\frac{1}{100}r_2}100\begin{vmatrix}-2&1&-3\\1&1&1\\1&-3&4\end{vmatrix}\\&\xlongequal[-r_2+r_3]{2r_2+r_1}100\begin{vmatrix}0&3&-1\\1&1&1\\0&-4&3\end{vmatrix}\xlongequal{\mathrm{OR}(2,1)}100\times1\times(-1)^{2+1}\begin{vmatrix}3&-1\\-4&3\end{vmatrix}\\&=-100[3\times3-(-1)(-4)]=-500\end{aligned}\tag{7.75}$$

D_2 第 3 行的大数值距离 200 比较近，所以可以想办法让这些数尽量多地变为 200，然后使用合适的方式化简即可。

$$\begin{aligned}D_2&=\begin{vmatrix}5&-1&3\\2&2&2\\196&203&199\end{vmatrix}\xlongequal[-r_2+r_3]{r_1+r_3}\begin{vmatrix}5&-1&3\\2&2&2\\199&200&200\end{vmatrix}\xlongequal{-100r_2+r_3}\begin{vmatrix}5&-1&3\\2&2&2\\-1&0&0\end{vmatrix}\\&\xlongequal{\mathrm{OR}(3,1)}(-1)\times(-1)^{3+1}\begin{vmatrix}-1&3\\2&2\end{vmatrix}=-[(-1)\times2-3\times2]=8\end{aligned}\tag{7.76}$$

D_3 既有大数值又有分数，先考虑将分数通过乘以分母的最小公倍数化为整数，然后观察到第 2 列大数值分别接近 200、300 和 400，故采用合适的初等变换化简即可。

$$D_3=\begin{vmatrix}-1 & 203 & \frac{1}{3}\\ 3 & 298 & \frac{1}{2}\\ 5 & 399 & \frac{2}{3}\end{vmatrix}\xlongequal{6c_3}\frac{1}{6}\begin{vmatrix}-1 & 203 & 2\\ 3 & 298 & 3\\ 5 & 399 & 4\end{vmatrix}\xlongequal{-100c_3+c_2}\frac{1}{6}\begin{vmatrix}-1 & 3 & 2\\ 3 & -2 & 3\\ 5 & -1 & 4\end{vmatrix}$$

$$\xlongequal[-c_2+c_3]{-c_1+c_3}\frac{1}{6}\begin{vmatrix}-1 & 3 & 0\\ 3 & -2 & 2\\ 5 & -1 & 0\end{vmatrix}\xlongequal{\mathrm{OR}(2,3)}\frac{1}{6}\times 2\times(-1)^{2+3}\begin{vmatrix}-1 & 3\\ 5 & -1\end{vmatrix}$$

$$=-\frac{1}{3}[(-1)(-1)-5\times 3]=\frac{14}{3} \tag{7.77}$$

通过上例可知，遇到3阶行列式不要轻易使用对角线法则展开，尤其是包含绝对值较大的数、分数等比较“麻烦”的数值时，一定要注意观察数值的特点并寻找这些数值之间的关系，从而方便求解。

例 7-18：请计算：

$$D=\begin{vmatrix}4 & 1 & 1 & 1\\ 1 & 4 & 1 & 1\\ 1 & 1 & 4 & 1\\ 1 & 1 & 1 & 4\end{vmatrix} \tag{7.78}$$

解：观察这个行列式，主对角线元素都是4，其余元素都是1，因此每行(或每列)元素之和是一个定值(即 $4+1+1+1=7$)，这时候就可以把第2、3和4行统一加到第1行上，再提出公因数，然后使用初等变换将行列式加以化简。

$$D=\begin{vmatrix}4 & 1 & 1 & 1\\ 1 & 4 & 1 & 1\\ 1 & 1 & 4 & 1\\ 1 & 1 & 1 & 4\end{vmatrix}\xlongequal{\substack{r_2+r_1\\ r_3+r_1\\ r_4+r_1}}\begin{vmatrix}7 & 7 & 7 & 7\\ 1 & 4 & 1 & 1\\ 1 & 1 & 4 & 1\\ 1 & 1 & 1 & 4\end{vmatrix}\xlongequal{\frac{1}{7}r_1}7\begin{vmatrix}1 & 1 & 1 & 1\\ 1 & 4 & 1 & 1\\ 1 & 1 & 4 & 1\\ 1 & 1 & 1 & 4\end{vmatrix}$$

$$\xlongequal{\substack{-r_1+r_2\\ -r_1+r_3\\ -r_1+r_4}}7\begin{vmatrix}1 & 1 & 1 & 1\\ 0 & 3 & 0 & 0\\ 0 & 0 & 3 & 0\\ 0 & 0 & 0 & 3\end{vmatrix}=7\times 1\times 3\times 3\times 3=189 \tag{7.79}$$

上例所用到的方法叫作累加法，当行列式的所有行(或列)之和为一个定值时，就可以考虑将所有的行(或列)统一加到某一行(或列)上[一般是第1行(或列)]。利用累加法，我们可以将上例进一步推广到 n 阶行列式的任意数值。

例 7-19：请计算 n 阶行列式(用角标 n 表示)：

$$D=\begin{vmatrix}a & t & \cdots & t\\ t & a & \cdots & t\\ \vdots & \vdots & \ddots & \vdots\\ t & t & \cdots & a\end{vmatrix}_n \tag{7.80}$$

解：采用累加法，仿照例7-18将所有的行都加到第1行上。

$$D=\begin{vmatrix} a & t & \cdots & t \\ t & a & \cdots & t \\ \vdots & \vdots & \ddots & \vdots \\ t & t & \cdots & a \end{vmatrix} \xlongequal[r_n+r_1]{r_2+r_1 \atop \cdots} \begin{vmatrix} a+(n-1)t & a+(n-1)t & \cdots & a+(n-1)t \\ t & a & \cdots & t \\ \vdots & \vdots & \ddots & \vdots \\ t & t & \cdots & a \end{vmatrix} \xlongequal[(*)]{\frac{1}{a+(n-1)t}r_1}$$

$$[a+(n-1)t]\begin{vmatrix} 1 & 1 & \cdots & 1 \\ t & a & \cdots & t \\ \vdots & \vdots & \ddots & \vdots \\ t & t & \cdots & a \end{vmatrix} \xlongequal[-tr_1+r_n]{-tr_1+r_2 \atop \cdots} [a+(n-1)t]\begin{vmatrix} 1 & 1 & \cdots & 1 \\ 0 & a-t & \cdots & 0 \\ \vdots & \vdots & \ddots & \vdots \\ 0 & 0 & \cdots & a-t \end{vmatrix}$$

$$=[a+(n-1)t](a-t)^{n-1} \tag{7.81}$$

这里注意上述步骤中标记有（$*$）的步骤，即$\frac{1}{a+(n-1)t}r_1$操作，它表示将公因数$a+(n-1)t$提出。事实上在$a+(n-1)t=0$时，上式依旧成立，所以此处为了简化，没有讨论$a+(n-1)t$是否为0。

例 7-20：请计算：

$$D=\begin{vmatrix} a & 0 & -1 & 1 \\ 0 & a & 1 & -1 \\ -1 & 1 & a & 0 \\ 1 & -1 & 0 & a \end{vmatrix} \tag{7.82}$$

解：这是一个既有参数又有实际数值的行列式，通过观察可知它的每列元素全部相加都是a（即$a+0+(-1)+1=a$），因此也采用累加法将所有元素都加到第1行上，然后再采用适当的步骤不断降阶和化简。

$$D=\begin{vmatrix} a & 0 & -1 & 1 \\ 0 & a & 1 & -1 \\ -1 & 1 & a & 0 \\ 1 & -1 & 0 & a \end{vmatrix} \xlongequal{r_2+r_1 \atop {r_3+r_1 \atop r_4+r_1}} \begin{vmatrix} a & a & a & a \\ 0 & a & 1 & -1 \\ -1 & 1 & a & 0 \\ 1 & -1 & 0 & a \end{vmatrix} \xlongequal{\frac{1}{a}r_1} a\begin{vmatrix} 1 & 1 & 1 & 1 \\ 0 & a & 1 & -1 \\ -1 & 1 & a & 0 \\ 1 & -1 & 0 & a \end{vmatrix}$$

$$\xlongequal{r_1+r_3 \atop -r_1+r_4} a\begin{vmatrix} 1 & 1 & 1 & 1 \\ 0 & a & 1 & -1 \\ 0 & 2 & a+1 & 1 \\ 0 & -2 & -1 & a-1 \end{vmatrix} \xlongequal{\mathrm{OR}(1,1)} a\times1\times(-1)^{1+1}\begin{vmatrix} a & 1 & -1 \\ 2 & a+1 & 1 \\ -2 & -1 & a-1 \end{vmatrix} \xlongequal{r_2+r_3}$$

$$a\begin{vmatrix} a & 1 & -1 \\ 2 & a+1 & 1 \\ 0 & a & a \end{vmatrix} \xlongequal{-c_3+c_2} a\begin{vmatrix} a & 2 & -1 \\ 2 & a & 1 \\ 0 & 0 & a \end{vmatrix} \xlongequal{\mathrm{OR}(3,3)} a\cdot a(-1)^{3+3}\begin{vmatrix} a & 2 \\ 2 & a \end{vmatrix}=a^2(a^2-4) \tag{7.83}$$

上例的行列式计算难度稍高一些。计算含有参数的行列式时，应注意尽量将参数提到行列式外，减小行列式内部的参数数量和规模，同时尽可能创造降阶的条件从而方便进一步的化简和计算。

例 7-21：解方程：

$$\begin{vmatrix} \lambda-2 & -2 & -1 \\ -3 & \lambda-7 & -7 \\ 2 & 4 & \lambda+3 \end{vmatrix}=0 \tag{7.84}$$

解：左侧的行列式中含有参数 λ，如果将其用对角线法则展开，那么主对角线元素三项之积包含 λ^3 项，所以这是一个一元三次方程求解问题。但三次方程的求根公式过于复杂，所以需要采用因式分解的方法求解。因此需要将左边先使用行列式的性质化简，直接得到对应的因式分解形式。由于行列式中包含参数且有较多负数，因此计算需要格外细致。

$$\begin{vmatrix} \lambda-2 & -2 & -1 \\ -3 & \lambda-7 & -7 \\ 2 & 4 & \lambda+3 \end{vmatrix} \xlongequal{-2c_3+c_2} \begin{vmatrix} \lambda-2 & 0 & -1 \\ -3 & \lambda+7 & -7 \\ 2 & -2\lambda-2 & \lambda+3 \end{vmatrix} \xlongequal{2r_2+r_3} \begin{vmatrix} \lambda-2 & 0 & -1 \\ -3 & \lambda+7 & -7 \\ -4 & 12 & \lambda-11 \end{vmatrix}$$

$$\xlongequal{\mathrm{CE}(r_1)} (\lambda-2)\times(-1)^{1+1}\begin{vmatrix} \lambda+7 & -7 \\ 12 & \lambda-11 \end{vmatrix} + (-1)\times(-1)^{1+3}\begin{vmatrix} -3 & \lambda+7 \\ -4 & 12 \end{vmatrix}$$

$$=(\lambda-2)[(\lambda+7)(\lambda-11)+84]-[-36+4(\lambda+7)]=(\lambda-2)(\lambda^2-4\lambda+7)-4\lambda+8$$

$$=(\lambda-2)(\lambda^2-4\lambda+7)-4(\lambda-2)=(\lambda-2)(\lambda^2-4\lambda+3)=(\lambda-1)(\lambda-2)(\lambda-3) \tag{7.85}$$

所以方程就是$(\lambda-1)(\lambda-2)(\lambda-3)=0$，因此 $\lambda=1$ 或 2 或 3。

从这个例子可以看出，如果不方便让含有参数的 3 阶行列式凑出降阶公式的条件，那么可以用展开公式将某行（或列）展开计算。

例 7-22：以下 n 阶行列式除第 1 行、第 1 列和主对角线以外的所有元素都等于 0，称作爪形行列式，请计算其值。

$$\begin{vmatrix} a_1 & a_2 & a_3 & \cdots & a_{n-1} & a_n \\ b_2 & 1 & 0 & \cdots & 0 & 0 \\ b_3 & 0 & 1 & \cdots & 0 & 0 \\ \vdots & \vdots & \vdots & \ddots & \vdots & \vdots \\ b_{n-1} & 0 & 0 & \cdots & 1 & 0 \\ b_n & 0 & 0 & \cdots & 0 & 1 \end{vmatrix}_n \tag{7.86}$$

解法一：显然行列式每行（或列）的元素和不一定相等，所以不宜使用累加法。观察到从第 2 行到第 n 行，每行元素都有 $n-2$ 个 0，这就意味着它们的随意倍都可以加到第 1 行上而保持值不变（因为 0 加任何数值不变）。因此把第 2 行的 $-a_2$ 倍，第 3 行的 $-a_3$ 倍，…，第 n 行的 $-a_n$ 倍加到第 1 行上即可将第 1 行的其他元素都化为 0。

$$\begin{vmatrix} a_1 & a_2 & a_3 & \cdots & a_{n-1} & a_n \\ b_2 & 1 & 0 & \cdots & 0 & 0 \\ b_3 & 0 & 1 & \cdots & 0 & 0 \\ \vdots & \vdots & \vdots & \ddots & \vdots & \vdots \\ b_{n-1} & 0 & 0 & \cdots & 1 & 0 \\ b_n & 0 & 0 & \cdots & 0 & 1 \end{vmatrix} \xlongequal[-a_nr_n+r_1]{-a_2r_2+r_1 \atop \cdots} \begin{vmatrix} a_1-\sum\limits_{i=2}^{n}a_ib_i & 0 & 0 & \cdots & 0 & 0 \\ b_2 & 1 & 0 & \cdots & 0 & 0 \\ b_3 & 0 & 1 & \cdots & 0 & 0 \\ \vdots & \vdots & \vdots & \ddots & \vdots & \vdots \\ b_{n-1} & 0 & 0 & \cdots & 1 & 0 \\ b_n & 0 & 0 & \cdots & 0 & 1 \end{vmatrix}$$

$$=a_1-\sum_{i=2}^{n}a_ib_i \tag{7.87}$$

解法二：考虑第 n 行有 $n-2$ 个 0，因此如果展开第 n 行就只有两个 $n-1$ 阶的行列式，第一项可以使用降阶公式进一步降为 $n-2$ 阶行列式，第二项刚好又是一个 $n-1$ 阶爪型行列式。设这个 n 阶行列式是 $D(n)$，则按照上述算法展开如下（Term1 表示式中第 1 项的操作）：

$$D(n) \xlongequal{\mathrm{CE}(r_n)} b_n(-1)^{n+1}\begin{vmatrix} a_2 & \cdots & a_{n-1} & a_n \\ 1 & \cdots & 0 & 0 \\ \vdots & \ddots & \vdots & \vdots \\ 0 & \cdots & 1 & 0 \end{vmatrix}_{n-1} + \begin{vmatrix} a_1 & a_2 & \cdots & a_{n-1} \\ b_2 & 1 & \cdots & 0 \\ \vdots & \vdots & \ddots & \vdots \\ b_{n-1} & 0 & \cdots & 1 \end{vmatrix}_{n-1}$$

$$\xlongequal{\mathrm{Term1}-\mathrm{OR}(1,n-1)} b_n a_n(-1)^{n+1}(-1)^{1+(n-1)}\begin{vmatrix} 1 & \cdots & 0 \\ \vdots & \ddots & \vdots \\ 0 & \cdots & 1 \end{vmatrix}_{n-2} +$$

$$D(n-1) = D(n-1) - a_n b_n \tag{7.88}$$

故有以下递推式成立：

$$\begin{aligned} D(n) &= D(n-1) - a_n b_n \\ D(n-1) &= D(n-2) - a_{n-1}b_{n-1} \\ D(n-2) &= D(n-3) - a_{n-2}b_{n-2} \\ &\vdots \\ D(2) &= D(1) - a_2 b_2 \\ D(1) &= a_1 \end{aligned} \tag{7.89}$$

将以上式子全部相加，消掉相同的项，就有

$$D(n) = a_1 - a_2 b_2 - a_3 b_3 - \cdots - a_n b_n = a_1 - \sum_{i=2}^{n} a_i b_i \tag{7.90}$$

就上例而言，显然解法一更简单，但是解法二提供了一种新的思路，那就是一个 n 阶行列式如果可以按行（或列）展开成少数较低阶的同型行列式（如上例展开后又出现了同结构爪型行列式），则可以视为一个数列的递推公式，这样就可以通过数列的方法求出其通项公式，也就是对应 n 阶行列式的值。

例 7-23：以下 n 阶行列式称作三对角行列式，请计算其值。

$$D(n) = \begin{vmatrix} 2 & -1 & 0 & 0 & \cdots & 0 & 0 & 0 \\ -1 & 2 & -1 & 0 & \cdots & 0 & 0 & 0 \\ 0 & -1 & 2 & -1 & \cdots & 0 & 0 & 0 \\ \vdots & \vdots & \vdots & \vdots & \ddots & \vdots & \vdots & \vdots \\ 0 & 0 & 0 & 0 & \cdots & -1 & 2 & -1 \\ 0 & 0 & 0 & 0 & \cdots & 0 & -1 & 2 \end{vmatrix}_n \tag{7.91}$$

解法一：可知第 1 行除了 2 和 -1 以外其余元素都是 0，所以仿照上例，按第 1 行展开后可以产生更低阶的同型三对角行列式（尺寸角标省略）。

$$D(n)\xlongequal{\text{CE}(r_1)}2\begin{vmatrix}2&-1&0&\cdots&0&0&0\\-1&2&-1&\cdots&0&0&0\\\vdots&\vdots&\vdots&\ddots&\vdots&\vdots&\vdots\\0&0&0&\cdots&-1&2&-1\\0&0&0&\cdots&0&-1&2\end{vmatrix}+\begin{vmatrix}-1&-1&0&\cdots&0&0&0\\0&2&-1&\cdots&0&0&0\\\vdots&\vdots&\vdots&\ddots&\vdots&\vdots&\vdots\\0&0&0&\cdots&-1&2&-1\\0&0&0&\cdots&0&-1&2\end{vmatrix}$$

$$\xlongequal{\text{Term2}-\text{OR}(1,1)}2D(n-1)-\begin{vmatrix}2&-1&\cdots&0&0&0\\\vdots&\vdots&\ddots&\vdots&\vdots&\vdots\\0&0&\cdots&-1&2&-1\\0&0&\cdots&0&-1&2\end{vmatrix}=2D(n-1)-D(n-2)\tag{7.92}$$

将推导出的递推公式变形如下：

$$D(n)=2D(n-1)-D(n-2)\Rightarrow D(n)-D(n-1)=D(n-1)-D(n-2)\tag{7.93}$$

这说明 $D(n)$是一个等差数列，因此只需要求出 $D(1)$和 $D(2)$就可以确定首项和公差 d：

$$D(1)=|\,2\,|=2,\quad D(2)=\begin{vmatrix}2&-1\\-1&2\end{vmatrix}=3,\quad d=D(2)-D(1)=1\tag{7.94}$$

故 $D(n)=D(1)+(n-1)d=n+1$。

解法二：观察可知，除了第 1 列和第 n 列，中间的所有列的元素之和都是 0，因此也可以先使用累加法，即将所有行都累加到第 1 行上，然后再展开处理。

$$D(n)\xlongequal[r_n+r_1]{r_2+r_1,\ \cdots}\begin{vmatrix}1&0&0&0&\cdots&0&0&1\\-1&2&-1&0&\cdots&0&0&0\\0&-1&2&-1&\cdots&0&0&0\\\vdots&\vdots&\vdots&\vdots&\ddots&\vdots&\vdots&\vdots\\0&0&0&0&\cdots&-1&2&-1\\0&0&0&0&\cdots&0&-1&2\end{vmatrix}$$

$$\xlongequal{\text{CE}(r_1)}\begin{vmatrix}2&-1&0&\cdots&0&0&0\\-1&2&-1&\cdots&0&0&0\\\vdots&\vdots&\vdots&\ddots&\vdots&\vdots&\vdots\\0&0&0&\cdots&-1&2&-1\\0&0&0&\cdots&0&-1&2\end{vmatrix}+(-1)^{1+n}\begin{vmatrix}-1&2&-1&0&\cdots&0&0\\0&-1&2&-1&\cdots&0&0\\\vdots&\vdots&\vdots&\vdots&\ddots&\vdots&\vdots\\0&0&0&0&\cdots&-1&2\\0&0&0&0&\cdots&0&-1\end{vmatrix}$$

$$=D(n-1)+(-1)^{1+n}(-1)^{n-1}=D(n-1)+1\tag{7.95}$$

故可以看出 $D(n)$是一个等差数列且公差是 1，又由于 $D(1)=2$，故 $D(n)=n+1$。

三对角行列式的一般计算步骤如上例的解法一，即通过一次展开和一次降阶得到 $D(n)$和 $D(n-1)$与 $D(n-2)$之间的递推关系，进一步得出其通项公式(即求解差分方程的过程，有专门的文献资料介绍)。但对于上例来说，它的特殊之处在于除首尾外每一列之和都是 0，因此可以先累加在展开降阶，解法二就是利用了这个特别的性质在一定程度上简化了计算。可见有的行列式的计算不仅需要了解它的一般性解法，还需要多观察具体行列式本身的特殊性从而加以灵活求解。

例 7-24：以下 n 阶行列式称作循环行列式，即第 1 行为 1 到 n 的自然数，然后每一行向右移动 1 位，右侧溢出的元素从左侧补入。请计算其值。

$$D=\begin{vmatrix} 1 & 2 & 3 & \cdots & n-1 & n \\ n & 1 & 2 & \cdots & n-2 & n-1 \\ n-1 & n & 1 & \cdots & n-3 & n-2 \\ \vdots & \vdots & \vdots & \ddots & \vdots & \vdots \\ 3 & 4 & 5 & \cdots & 1 & 2 \\ 2 & 3 & 4 & \cdots & n & 1 \end{vmatrix}_n \tag{7.96}$$

解：D 的每列元素求和都是从 1 到 n 的自然数相加的结果 $1+2+\cdots+n=\frac{n(n+1)}{2}$，所以自然会想到用累加法，即将所有元素都加到第 1 行上，然后将公因式提出变成 1。但由于每一行之间都是错位的关系，所以如果以第 1 行为基准进行初等行变换会很不方便。因此需要观察这个行列式的其他特征。

观察第 1 行和第 2 行，除了元素 1 和 n 以外，其余元素之间都对应相差 1。进一步观察，不仅第 1 行和第 2 行，其余的相邻两行也是如此，于是先尝试将某一行的 -1 倍加到上一行，从而产生大量的 1。

$$\begin{aligned} D &\xlongequal{-r_2+r_1}\begin{vmatrix} 1-n & 1 & 1 & \cdots & 1 & 1 \\ n & 1 & 2 & \cdots & n-2 & n-1 \\ n-1 & n & 1 & \cdots & n-3 & n-2 \\ \vdots & \vdots & \vdots & \ddots & \vdots & \vdots \\ 3 & 4 & 5 & \cdots & 1 & 2 \\ 2 & 3 & 4 & \cdots & n & 1 \end{vmatrix} \\ &\xlongequal{-r_3+r_2}\begin{vmatrix} 1-n & 1 & 1 & \cdots & 1 & 1 \\ 1 & 1-n & 1 & \cdots & 1 & 1 \\ n-1 & n & 1 & \cdots & n-3 & n-2 \\ \vdots & \vdots & \vdots & \ddots & \vdots & \vdots \\ 3 & 4 & 5 & \cdots & 1 & 2 \\ 2 & 3 & 4 & \cdots & n & 1 \end{vmatrix} \\ &=\cdots\xlongequal{-r_n+r_{n-1}}\begin{vmatrix} 1-n & 1 & 1 & \cdots & 1 & 1 \\ 1 & 1-n & 1 & \cdots & 1 & 1 \\ 1 & 1 & 1-n & \cdots & 1 & 1 \\ \vdots & \vdots & \vdots & \ddots & \vdots & \vdots \\ 1 & 1 & 1 & \cdots & 1-n & 1 \\ 2 & 3 & 4 & \cdots & n & 1 \end{vmatrix} \end{aligned} \tag{7.97}$$

继续观察化简后的行列式，主对角线出现了元素 $1-n$，这样第 1 行到第 $n-1$ 行的每行元素相加的结果就是一个定值 0。此时可以将所有的列加到第 1 列上，然后就可以降阶并进一步使用初等变换化简。

$$D=\begin{vmatrix}1-n & 1 & 1 & \cdots & 1 & 1\\ 1 & 1-n & 1 & \cdots & 1 & 1\\ 1 & 1 & 1-n & \cdots & 1 & 1\\ \vdots & \vdots & \vdots & \ddots & \vdots & \vdots\\ 1 & 1 & 1 & \cdots & 1-n & 1\\ 2 & 3 & 4 & \cdots & n & 1\end{vmatrix}$$

$$\xlongequal[c_n+c_1]{\substack{c_2+c_1\\ \cdots}}\begin{vmatrix}0 & 1 & 1 & \cdots & 1 & 1\\ 0 & 1-n & 1 & \cdots & 1 & 1\\ 0 & 1 & 1-n & \cdots & 1 & 1\\ \vdots & \vdots & \vdots & \ddots & \vdots & \vdots\\ 0 & 1 & 1 & \cdots & 1-n & 1\\ \frac{n(n+1)}{2} & 3 & 4 & \cdots & n & 1\end{vmatrix}$$

$$\xlongequal{\mathrm{OR}(n,1)}\frac{n(n+1)}{2}(-1)^{1+n}\begin{vmatrix}1 & 1 & \cdots & 1 & 1\\ 1-n & 1 & \cdots & 1 & 1\\ 1 & 1-n & \cdots & 1 & 1\\ \vdots & \vdots & \ddots & \vdots & \vdots\\ 1 & 1 & \cdots & 1-n & 1\end{vmatrix}$$

$$\xlongequal[-r_1+r_n]{\substack{-r_1+r_2\\ \cdots}}\frac{n(n+1)}{2}(-1)^{1+n}\begin{vmatrix}1 & 1 & \cdots & 1 & 1\\ -n & 0 & \cdots & 0 & 0\\ 0 & -n & \cdots & 0 & 0\\ \vdots & \vdots & \ddots & \vdots & \vdots\\ 0 & 0 & \cdots & -n & 0\end{vmatrix}$$

$$\xlongequal{\mathrm{OR}(1,n-1)}\frac{n(n+1)}{2}(-1)^{1+n+1+(n-1)}\begin{vmatrix}-n & 0 & \cdots & 0\\ 0 & -n & \cdots & 0\\ \vdots & \vdots & \ddots & \vdots\\ 0 & 0 & \cdots & -n\end{vmatrix}=\frac{-n(n+1)}{2}(-n)^{n-2}$$

$$=\frac{(-1)^{n-1}n^{n-1}(n+1)}{2} \tag{7.98}$$

上例所示的循环行列式计算中，通过相邻两行的差异的共性，不断把下一行的-1倍加到上一行，反复处理最终将行列式简化，这种方法是翻滚法（也叫步步差法）。

例 7-25：以下 n 阶行列式称作范德蒙德（Van Der Monde）行列式，请证明它的值如下：

$$D(n)=\begin{vmatrix}1 & 1 & 1 & \cdots & 1\\ x_1 & x_2 & x_3 & \cdots & x_n\\ x_1^2 & x_2^2 & x_3^2 & \cdots & x_n^2\\ \vdots & \vdots & \vdots & \ddots & \vdots\\ x_1^{n-2} & x_2^{n-2} & x_3^{n-2} & \cdots & x_n^{n-2}\\ x_1^{n-1} & x_2^{n-1} & x_3^{n-1} & \cdots & x_n^{n-1}\end{vmatrix}_n=\prod_{1\leqslant j<i\leqslant n}(x_i-x_j) \tag{7.99}$$

证明：在证明这个结论之前，我们先观察范德蒙德行列式的特点。它的每一行都是 n 个数 $x_1 \sim x_n$ 的幂次，第 k 行是这些元素的 $k-1$ 次幂（$k=1,2,\cdots,n$）。

此外，符号“Π”代表连乘，结合其下标 $1\leqslant j<i\leqslant n$，右侧的连乘式子代表了每一个 x_i 要减去角标值小于它的元素，然后再相乘。分别取 $n=2$、3 和 4 为例直观展开说明如下：

$$\prod_{1\leqslant j<i\leqslant 2}(x_i-x_j)=x_2-x_1$$

$$\prod_{1\leqslant j<i\leqslant 3}(x_i-x_j)=(x_2-x_1)(x_3-x_1)(x_3-x_2)$$

$$\prod_{1\leqslant j<i\leqslant 4}(x_i-x_j)=(x_2-x_1)(x_3-x_1)(x_3-x_2)(x_4-x_1)(x_4-x_2)(x_4-x_3) \tag{7.100}$$

故 $D(n)$ 的结果一共有 $1+2+\cdots+(n-1)=\dfrac{n(n-1)}{2}$ 项相乘，从 x_2 开始到 x_n，每一项都要减去所有的比它角标小的项。此外由式(7.100)还能总结出以下规律：

$$\prod_{1\leqslant j<i\leqslant n}(x_i-x_j)=(x_n-x_1)(x_n-x_2)\cdots(x_n-x_{n-1})\prod_{1\leqslant j<i\leqslant n-1}(x_i-x_j) \tag{7.101}$$

也就是：

$$D(n)=(x_n-x_1)(x_n-x_2)\cdots(x_n-x_{n-1})D(n-1) \tag{7.102}$$

上式就是范德蒙德行列式的递推关系式，所以要证明 $D(n)$ 的表达式，只需先证明 $D(2)$ 满足这个式子，然后再证明 $D(n)$ 和 $D(n-1)$ 有以上关系式即可。于是可以使用数学归纳法证明。

第一步，证明 $D(2)=x_2-x_1$。这可以通过 2 阶行列式的对角线法则直接计算：

$$D(2)=\begin{vmatrix}1 & 1\\ x_1 & x_2\end{vmatrix}=x_2-x_1 \tag{7.103}$$

第二步，在已知 $D(n-1)=\prod\limits_{1\leqslant j<i\leqslant n-1}(x_i-x_j)$ 的条件下，证明递推式(7.102)成立。注意到式(7.102)里 $D(n-1)$ 的系数每一项都包含有 x_n，所以尽量在行列式内部凑出含有 x_n 的式子。为了能凑出较多的 0 方便降阶，采用翻滚法，将每一行的 $-x_n$ 倍加到对应下一行上。

$$D(n)\xlongequal{-x_n r_{n-1}+r_n}\begin{vmatrix}1 & 1 & 1 & \cdots & 1\\ x_1 & x_2 & x_3 & \cdots & x_n\\ x_1^2 & x_2^2 & x_3^2 & \cdots & x_n^2\\ \vdots & \vdots & \vdots & \ddots & \vdots\\ x_1^{n-2} & x_2^{n-2} & x_3^{n-2} & \cdots & x_n^{n-2}\\ x_1^{n-1}-x_nx_1^{n-2} & x_2^{n-1}-x_nx_2^{n-2} & x_3^{n-1}-x_nx_3^{n-2} & \cdots & 0\end{vmatrix}_n$$

$$\xlongequal{-x_n r_{n-2}+r_{n-1}}\begin{vmatrix}1 & 1 & 1 & \cdots & 1\\ x_1 & x_2 & x_3 & \cdots & x_n\\ x_1^2 & x_2^2 & x_3^2 & \cdots & x_n^2\\ \vdots & \vdots & \vdots & \ddots & \vdots\\ x_1^{n-2}-x_nx_1^{n-3} & x_2^{n-2}-x_nx_2^{n-3} & x_3^{n-2}-x_nx_3^{n-3} & \cdots & 0\\ (x_1-x_n)x_1^{n-2} & (x_2-x_n)x_2^{n-2} & (x_3-x_n)x_3^{n-2} & \cdots & 0\end{vmatrix}_n=\cdots$$

$$\xlongequal{-x_n r_1 + r_2} \begin{vmatrix} 1 & 1 & 1 & \cdots & 1 \\ x_1 - x_n & x_2 - x_n & x_3 - x_n & \cdots & 0 \\ (x_1 - x_n)x_1 & (x_2 - x_n)x_2 & (x_3 - x_n)x_3 & \cdots & 0 \\ \vdots & \vdots & \vdots & \ddots & \vdots \\ (x_1 - x_n)x_1^{n-3} & (x_2 - x_n)x_2^{n-3} & (x_3 - x_n)x_3^{n-3} & \cdots & 0 \\ (x_1 - x_n)x_1^{n-2} & (x_2 - x_n)x_2^{n-2} & (x_3 - x_n)x_3^{n-2} & \cdots & 0 \end{vmatrix}_n \tag{7.104}$$

于是进一步可以降阶如下：

$$D(n) = \begin{vmatrix} 1 & 1 & 1 & \cdots & 1 \\ x_1 - x_n & x_2 - x_n & x_3 - x_n & \cdots & 0 \\ (x_1 - x_n)x_1 & (x_2 - x_n)x_2 & (x_3 - x_n)x_3 & \cdots & 0 \\ \vdots & \vdots & \vdots & \ddots & \vdots \\ (x_1 - x_n)x_1^{n-3} & (x_2 - x_n)x_2^{n-3} & (x_3 - x_n)x_3^{n-3} & \cdots & 0 \\ (x_1 - x_n)x_1^{n-2} & (x_2 - x_n)x_2^{n-2} & (x_3 - x_n)x_3^{n-2} & \cdots & 0 \end{vmatrix}_n$$

$$\xlongequal{\mathrm{OR}(1,n)} (-1)^{1+n} \begin{vmatrix} x_1 - x_n & x_2 - x_n & \cdots & x_{n-1} - x_n \\ (x_1 - x_n)x_1 & (x_2 - x_n)x_2 & \cdots & (x_{n-1} - x_n)x_{n-1} \\ \vdots & \vdots & \ddots & \vdots \\ (x_1 - x_n)x_1^{n-3} & (x_2 - x_n)x_2^{n-3} & \cdots & (x_{n-1} - x_n)x_{n-1}^{n-3} \\ (x_1 - x_n)x_1^{n-2} & (x_2 - x_n)x_2^{n-2} & \cdots & (x_{n-1} - x_n)x_{n-1}^{n-2} \end{vmatrix}_{n-1}$$

$$\xlongequal[\frac{1}{x_{n-1} - x_n}c_{n-1}]{\frac{1}{x_1 - x_n}c_1 \ \cdots} (-1)^{1+n}(x_1 - x_n)\cdots(x_{n-1} - x_n) \begin{vmatrix} 1 & 1 & \cdots & 1 \\ x_1 & x_2 & \cdots & x_{n-1} \\ \vdots & \vdots & \ddots & \vdots \\ x_1^{n-3} & x_2^{n-3} & \cdots & x_{n-1}^{n-3} \\ x_1^{n-2} & x_2^{n-2} & \cdots & x_{n-1}^{n-2} \end{vmatrix}_{n-1}$$

$$= (-1)^{1+n}(-1)^{n-1}(x_n - x_1)\cdots(x_n - x_{n-1})D(n-1)$$

$$= (x_n - x_1)\cdots(x_n - x_{n-1})D(n-1) \tag{7.105}$$

这样，式(7.105)证明了递推式(7.102)的成立，故有 $D(n) = \prod\limits_{1 \leqslant j < i \leqslant n}(x_i - x_j)$ 成立。

例 7-26：请计算以下 4 阶行列式：

$$D = \begin{vmatrix} 1 & 1 & 1 & 1 \\ 1 & 2 & 4 & 8 \\ 1 & 3 & 9 & 27 \\ 1 & 4 & 16 & 64 \end{vmatrix} \tag{7.106}$$

解：D 实际上是 4 阶范德蒙德行列式的转置形式，而行列式转置后值不变，故可以直接套用范德蒙德行列式的计算。此处 4 个数值依照行号从小到大分别是 1、2、3 和 4，故：

$$D = (2-1)(3-1)(3-2)(4-1)(4-2)(4-3) = 12 \tag{7.107}$$

例 7-27：请计算以下 4 阶行列式：

$$D=\begin{vmatrix}1&1&1&1\\2&4&8&16\\3&9&27&81\\4&16&64&256\end{vmatrix}\tag{7.108}$$

解：D 和范德蒙德行列式很相似，但仔细观察，第 3、4 行并不是第 2 行的幂次，而第 2、3 和 4 列却分别是第 1 列的幂次，因此给第 2、3 和 4 行分别提出公因数 2、3 和 4 即成为范德蒙德行列式的转置形式。

$$D\xlongequal{\frac{1}{2}r_2,\frac{1}{3}r_3,\frac{1}{4}r_4}4\times3\times2\begin{vmatrix}1&1&1&1\\1&2&4&8\\1&3&9&27\\1&4&16&64\end{vmatrix}$$
$$=24(2-1)(3-1)(3-2)(4-1)(4-2)(4-3)=288\tag{7.109}$$

通过以上两例可知，一些特殊类型的行列式可以直接根据结论算出（如范德蒙德行列式），或者通过适当的初等变换或降阶将行列式化为特殊类型的行列式。

本节的例题可以使读者了解行列式的计算方法和一些常见技巧，不过行列式本身的计算是十分灵活的，因此有必要对行列式的结构以及数值之间的关系多加观察和分析，有时候还需要多尝试几次才能找到最优的计算方法。

7.4 行列式在矩阵理论上的应用

前几节深入讨论了行列式的理论计算方法与技巧，现在回到行列式本身的意义，从线性变换比例系数的观点讨论它在矩阵理论中的应用。

7.4.1 行列式和矩阵乘法

为了简明直观起见，还是从简单的 2 阶行列式入手，从线性变换的角度说明行列式和矩阵乘法之间的关系。

例 7-28：已知两个 2 阶方阵 $\boldsymbol{A}$ 和 $\boldsymbol{B}$ 如下，另外平面上有一块有向面积为 $S=5$ 的区域。

$$\boldsymbol{A}=\begin{bmatrix}2&11\\1&7\end{bmatrix},\quad \boldsymbol{B}=\begin{bmatrix}9&4\\4&2\end{bmatrix}\tag{7.110}$$

（1）在平面上先做线性变换 $\boldsymbol{B}$，然后再做线性变换 $\boldsymbol{A}$，那么这片区域在两次连续的线性变换后对应的有向面积值变成了多少？

（2）如果先做线性变换 $\boldsymbol{A}$，再做线性变换 $\boldsymbol{B}$，有向面积值会变为多少？

（3）通过以上两个问题，可以得出怎样的结论？请通过本例的实际运算验证这个结论。

解：（1）设这块区域先经过 $\boldsymbol{B}$ 变换后得到的有向面积是 S_1，则根据 2 阶行列式的意义有

$$S_1=S\,|\boldsymbol{B}|=5\begin{vmatrix}9&4\\4&2\end{vmatrix}=5(9\times2-4\times4)=10\tag{7.111}$$

随后该区域又经过了 $\boldsymbol{A}$ 的变换，设有向面积变为 S_2，则有

$$S_2=S_1|\boldsymbol{A}|=10\begin{vmatrix}2 & 11\\1 & 7\end{vmatrix}=10(2\times 7-1\times 11)=30 \tag{7.112}$$

如果写成一个式子就是

$$S_2=S|\boldsymbol{B}||\boldsymbol{A}|=5\begin{vmatrix}9 & 4\\4 & 2\end{vmatrix}\begin{vmatrix}2 & 11\\1 & 7\end{vmatrix}=30 \tag{7.113}$$

(2) 如果先做线性变换 $\boldsymbol{A}$ 再做线性变换 $\boldsymbol{B}$,那么仿照上面的做法就先乘以 $|\boldsymbol{A}|$ 再乘以 $|\boldsymbol{B}|$。设最后的有向面积变为 S'_2,则:

$$S'_1=S|\boldsymbol{A}|=5\begin{vmatrix}2 & 11\\1 & 7\end{vmatrix}=15$$

$$S'_2=S'_1|\boldsymbol{B}|=15\begin{vmatrix}9 & 4\\4 & 2\end{vmatrix}=30 \tag{7.114}$$

写成一个式子就是

$$S'_2=S|\boldsymbol{A}||\boldsymbol{B}|=5\begin{vmatrix}2 & 11\\1 & 7\end{vmatrix}\begin{vmatrix}9 & 4\\4 & 2\end{vmatrix}=30 \tag{7.115}$$

(3) 由以上两问可知,两次线性变换 $\boldsymbol{A}$ 和 $\boldsymbol{B}$ 的顺序不影响最后有向面积的值。设线性变换的映射自变量是向量 $\boldsymbol{x}$,因变量是向量 $\boldsymbol{y}$,则(1)中线性变换是复合变换 $\boldsymbol{AB}$,记为 $\boldsymbol{y}=\boldsymbol{ABx}$;而(2)中的线性变换是复合变换 $\boldsymbol{BA}$,记为 $\boldsymbol{y}=\boldsymbol{BAx}$。由于矩阵乘法没有交换律,所以 $\boldsymbol{AB}$ 和 $\boldsymbol{BA}$ 代表的线性变换并不同。但是通过上述分析可知,两者的线性变换比例系数(即行列式)是一样的,且都等于每个线性变换比例系数(行列式)相乘的结果,即有下式成立:

$$|\boldsymbol{AB}|=|\boldsymbol{BA}|=|\boldsymbol{A}||\boldsymbol{B}| \tag{7.116}$$

下面通过实际运算验证这个结论。分别计算 $\boldsymbol{AB}$ 和 $\boldsymbol{BA}$,然后计算对应的行列式:

$$|\boldsymbol{A}|=\begin{vmatrix}2 & 11\\1 & 7\end{vmatrix}=3,\quad |\boldsymbol{B}|=\begin{vmatrix}9 & 4\\4 & 2\end{vmatrix}=2,\quad \boldsymbol{AB}=\begin{bmatrix}2 & 11\\1 & 7\end{bmatrix}\begin{bmatrix}9 & 4\\4 & 2\end{bmatrix}=\begin{bmatrix}62 & 30\\37 & 18\end{bmatrix},$$

$$|\boldsymbol{AB}|=\begin{vmatrix}62 & 30\\37 & 18\end{vmatrix}=6=|\boldsymbol{A}||\boldsymbol{B}|,\quad \boldsymbol{BA}=\begin{bmatrix}9 & 4\\4 & 2\end{bmatrix}\begin{bmatrix}2 & 11\\1 & 7\end{bmatrix}=\begin{bmatrix}22 & 127\\10 & 58\end{bmatrix},$$

$$|\boldsymbol{BA}|=\begin{vmatrix}22 & 127\\10 & 58\end{vmatrix}=6=|\boldsymbol{A}||\boldsymbol{B}| \tag{7.117}$$

式(7.116)是行列式一个很重要的性质,它表明两个 n 阶方阵之积的行列式就等于这两个矩阵行列式之积。同时还可以看出,尽管两个矩阵换位相乘后结果不一定相等(即 $\boldsymbol{AB}\neq\boldsymbol{BA}$),但其行列式却是相等的(即 $|\boldsymbol{AB}|=|\boldsymbol{BA}|=|\boldsymbol{A}||\boldsymbol{B}|$)。此处可以通过复合线性变换以及行列式的具体含义说明这个公式成立的原因。

这个结论还可以拓展到多个矩阵的乘法结果上,设 $\boldsymbol{A},\boldsymbol{B},\cdots,\boldsymbol{N}$ 是多个 n 阶方阵,则有

$$|\boldsymbol{AB}\cdots\boldsymbol{N}|=|\boldsymbol{A}||\boldsymbol{B}|\cdots|\boldsymbol{N}| \tag{7.118}$$

7.4.2 行列式和矩阵的秩

对 n 阶方阵 $\boldsymbol{A}$ 进行初等变换得到阶梯矩阵,如果非零行数等于 n,则其秩 $r(\boldsymbol{A})=n$;如果非零行数小于 n,则其秩 $r(\boldsymbol{A})<n$。这是我们熟悉的结论。

相应地,对 n 阶行列式 $|\boldsymbol{A}|$ 做和以上相同的初等变换可以得到上三角行列式,这个上三角行列式就是 $\boldsymbol{A}$ 对应阶梯矩阵的行列式。这个过程示意如下:

$$\boldsymbol{A}_{n\times n}=\begin{bmatrix} * & * & \cdots & * \\ * & * & \cdots & * \\ \vdots & \vdots & \ddots & \vdots \\ * & * & \cdots & * \end{bmatrix}\xrightarrow{\text{初等变换}}\begin{bmatrix} a_1 & * & \cdots & * \\ 0 & a_2 & \cdots & * \\ \vdots & \vdots & \ddots & \vdots \\ 0 & 0 & \cdots & a_n \end{bmatrix}$$

$$|\boldsymbol{A}_{n\times n}|=\begin{vmatrix} * & * & \cdots & * \\ * & * & \cdots & * \\ \vdots & \vdots & \ddots & \vdots \\ * & * & \cdots & * \end{vmatrix}\xlongequal{\text{初等变换}}k\begin{vmatrix} a_1 & * & \cdots & * \\ 0 & a_2 & \cdots & * \\ \vdots & \vdots & \ddots & \vdots \\ 0 & 0 & \cdots & a_n \end{vmatrix}=ka_1a_2\cdots a_n \tag{7.119}$$

对于行列式$|\boldsymbol{A}|$来说，交换操作和数乘操作会让行列式乘以一个非零系数k，倍加操作会让行列式主对角线左下方元素变为0，从而成为上三角行列式。由于$k\neq 0$，所以如果$|\boldsymbol{A}|=0$就意味着$a_1,a_2,\cdots,a_n$至少有一个值等于0，此时对应阶梯矩阵至少有一个非零行，即$r(\boldsymbol{A})<n$；同理，如果$|\boldsymbol{A}|\neq 0$就意味着$a_1,a_2,\cdots,a_n$中没有一个等于0，此时对应阶梯矩阵不存在非零行，故有$r(\boldsymbol{A})=n$。

根据以上分析，可以得出以下充分必要条件：

$$|\boldsymbol{A}_{n\times n}|=0\Leftrightarrow r(\boldsymbol{A}_{n\times n})<n$$

$$|\boldsymbol{A}_{n\times n}|\neq 0\Leftrightarrow r(\boldsymbol{A}_{n\times n})=n \tag{7.120}$$

例 7-29：求以下矩阵$\boldsymbol{A}$的秩$r(\boldsymbol{A})$（需分类讨论）。

$$\boldsymbol{A}=\begin{bmatrix} a & t & t \\ t & a & t \\ t & t & a \end{bmatrix} \tag{7.121}$$

解：$r(\boldsymbol{A})$的取值可以是0、1、2和3。根据上述充要条件，$|\boldsymbol{A}|\neq 0$时$r(\boldsymbol{A})=3$，$|\boldsymbol{A}|=0$时$r(\boldsymbol{A})<3$。由上一节例7-19的结论，可知$|\boldsymbol{A}|=(a+2t)(a-t)^2$。故$a\neq t$且$a\neq -2t$时，$r(\boldsymbol{A})=3$；$a=t$或$a=-2t$时，$r(\boldsymbol{A})=0$、1或2。下面讨论后一种情况。

我们知道，$\boldsymbol{A}=\boldsymbol{O}$和$r(\boldsymbol{A})=0$是充分必要条件关系，因此在$a=t=0$时$r(\boldsymbol{A})=0$。如果$a=t\neq 0$，$\boldsymbol{A}$的各行都相等，或者说各行成比例且比例系数是1，因此$\boldsymbol{A}$就是一个秩1矩阵，即$r(\boldsymbol{A})=1$。如果$a=-2t\neq 0$，则对$\boldsymbol{A}$初等变换如下：

$$\boldsymbol{A}=\begin{bmatrix} -2t & t & t \\ t & -2t & t \\ t & t & -2t \end{bmatrix}\rightarrow\begin{bmatrix} -2 & 1 & 1 \\ 1 & -2 & 1 \\ 1 & 1 & -2 \end{bmatrix}\rightarrow\begin{bmatrix} 1 & -2 & 1 \\ -2 & 1 & 1 \\ 1 & 1 & -2 \end{bmatrix}\rightarrow\begin{bmatrix} 1 & -2 & 1 \\ 0 & -3 & 3 \\ 0 & 3 & -3 \end{bmatrix}\rightarrow$$

$$\begin{bmatrix} 1 & -2 & 1 \\ 0 & 1 & -1 \\ 0 & 0 & 0 \end{bmatrix} \tag{7.122}$$

此时$r(\boldsymbol{A})=2$。事实上，此时由于$\boldsymbol{A}\neq\boldsymbol{O}$，所以$r(\boldsymbol{A})\neq 0$；又由于$\boldsymbol{A}$的各行并不成比例，所以$r(\boldsymbol{A})\neq 1$；而此时又必有$|\boldsymbol{A}|=(a+2t)(a-t)^2=0$，所以$r(\boldsymbol{A})<3$。这样综合来看$a=-2t\neq 0$时，只能有$r(\boldsymbol{A})=2$。

综上，有

$$r(\boldsymbol{A})=\begin{cases}0, & a=t=0\\1, & a=t\neq 0\\2, & a=-2t\neq 0\\3, & a\neq t, a\neq -2t\end{cases} \tag{7.123}$$

从上例可知，相比于初等变换法，使用行列式判断矩阵的秩的取值范围是比较方便的，尤其是含有参数时更是如此。

7.4.3　行列式和线性方程组

在讨论线性方程组时，矩阵的秩可以用来辅助求解和判断方程组解的情况。对于未知数个数等于方程个数的线性方程组来说，也可以使用行列式辅助求解。

例 7-30：某含有参数 a 的线性方程组如下：

$$\begin{cases}x_1-x_2-x_3=2\\2x_1+ax_2+x_3=a\\-x_1+x_2+ax_3=-2\end{cases} \tag{7.124}$$

当 a 分别为何值时，方程组有唯一解、有无穷解、无解？请在有解时，求解这个线性方程组。

解：设这个线性方程组用矩阵表示为 $\boldsymbol{Ax}=\boldsymbol{b}$，根据线性方程组理论，首先需要对增广矩阵 $\boldsymbol{A}|\boldsymbol{b}$ 进行初等行变换，然后判断 $r(\boldsymbol{A}|\boldsymbol{b})$、$r(\boldsymbol{A})$ 和未知数个数(此处是 3)之间的关系。

$$\boldsymbol{A}\mid\boldsymbol{b}=\left[\begin{array}{ccc:c}1&-1&-1&2\\2&a&1&a\\-1&1&a&-2\end{array}\right]\rightarrow\left[\begin{array}{ccc:c}1&-1&-1&2\\0&a+2&3&a-4\\0&0&a-1&0\end{array}\right] \tag{7.125}$$

$\boldsymbol{A}|\boldsymbol{b}$ 化简到这一步就是阶梯矩阵了吗？答案是否定的，这是因为我们不确定第 2 行的 $a+2$ 是否等于 0，需要加以讨论。可见含有参数的线性方程组使用非零行数判断矩阵的秩相对比较复杂。

现在换一种思路，由于 $\boldsymbol{A}|\boldsymbol{b}$ 比 $\boldsymbol{A}$ 多一列但行数不变，故有不等式 $r(\boldsymbol{A})\leqslant r(\boldsymbol{A}|\boldsymbol{b})\leqslant 3$ 成立。当 $r(\boldsymbol{A})=3$ 时，以上不等式只能全取等号，即如果 $r(\boldsymbol{A})=3$ 则 $r(\boldsymbol{A}|\boldsymbol{b})=3$，此时方程组有唯一解。如果 $r(\boldsymbol{A})<3$，以上不等式不能同时取等号(否则就 $r(\boldsymbol{A})=3$ 了)，所以只能 $r(\boldsymbol{A})=r(\boldsymbol{A}|\boldsymbol{b})<3$ 或 $r(\boldsymbol{A})<r(\boldsymbol{A}|\boldsymbol{b})\leqslant 3$，前者对应于有无穷解，后者对应于无解。综上分析，$r(\boldsymbol{A})=3$ 对应于方程组有唯一解，$r(\boldsymbol{A})<3$ 对应于方程组有无穷解或无解。前者对应于 $|\boldsymbol{A}|\neq 0$，后者对应于 $|\boldsymbol{A}|=0$，因此可以使用行列式将初等变换的过程转换为数值计算过程。

$$|\boldsymbol{A}|=\begin{vmatrix}1&-1&-1\\2&a&1\\-1&1&a\end{vmatrix}=\begin{vmatrix}1&-1&-1\\0&a+2&3\\0&0&a-1\end{vmatrix}=(a-1)(a+2) \tag{7.126}$$

(1) 当 $a\neq 1$ 且 $a\neq -2$ 时，$|\boldsymbol{A}|\neq 0$，从而 $r(\boldsymbol{A}|\boldsymbol{b})=r(\boldsymbol{A})=3$，方程组具有唯一解，于是式(7.125)中最终化简的结果就是阶梯矩阵，故方程组可化为以下形式：

$$\begin{cases}x_1-x_2-x_3=2\\(a+2)x_2+3x_3=a-4\\(a-1)x_3=0\end{cases} \tag{7.127}$$

从而得出唯一解：

$$\boldsymbol{x}=\begin{bmatrix}\dfrac{3a}{a+2}\\ \dfrac{a-4}{a+2}\\ 0\end{bmatrix} \tag{7.128}$$

（2）当 $a=1$ 时，有

$$\boldsymbol{A}\mid\boldsymbol{b}\rightarrow\left[\begin{array}{ccc:c}1&-1&-1&2\\0&3&3&-3\\0&0&0&0\end{array}\right]\rightarrow\left[\begin{array}{ccc:c}1&-1&-1&2\\0&1&1&-1\\0&0&0&0\end{array}\right] \tag{7.129}$$

此时 $r(\boldsymbol{A}|\boldsymbol{b})=r(\boldsymbol{A})=2<3$，方程组具有无穷解，此时可以通过求解非齐次方程组的方法求出对应的通解：

$$\boldsymbol{x}=k\begin{bmatrix}0\\1\\-1\end{bmatrix}+\begin{bmatrix}1\\-1\\0\end{bmatrix} \tag{7.130}$$

（3）当 $a=-2$ 时，有

$$\boldsymbol{A}\mid\boldsymbol{b}\rightarrow\left[\begin{array}{ccc:c}1&-1&-1&2\\0&0&3&-6\\0&0&-3&0\end{array}\right]\rightarrow\left[\begin{array}{ccc:c}1&-1&-1&2\\0&0&1&-2\\0&0&0&1\end{array}\right] \tag{7.131}$$

此时 $r(\boldsymbol{A}|\boldsymbol{b})\neq r(\boldsymbol{A})$，方程组无解。

从上例中可以得出以下和线性方程组相关的结论。设有 n 阶方阵 $\boldsymbol{A}$，当 $|\boldsymbol{A}|\neq0$ 时，方程组 $\boldsymbol{Ax}=\boldsymbol{b}$ 具有唯一解（$\boldsymbol{b}=\boldsymbol{0}$ 时，对应齐次方程组只有零解）；当 $|\boldsymbol{A}|=0$ 时，方程组 $\boldsymbol{Ax}=\boldsymbol{b}$ 可能具有无穷解（$\boldsymbol{b}=\boldsymbol{0}$ 时，对应齐次方程组存在非零解），也可能无解。当未知数个数等于方程个数时，如果使用矩阵初等行变换法有困难，就可以采用行列式判断。

7.4.4 行列式和逆矩阵

对于 n 阶方阵 $\boldsymbol{A}$，$r(\boldsymbol{A})=n$ 和 $|\boldsymbol{A}|\neq0$ 互为充分必要条件；而在介绍逆矩阵的性质时，又有 $r(\boldsymbol{A})=n$ 和 $\boldsymbol{A}$ 可逆互为充分必要条件。因此又可以得出矩阵可逆的另一个充分必要条件，即 n 阶方阵 $\boldsymbol{A}$ 可逆等价于 $|\boldsymbol{A}|\neq0$，$\boldsymbol{A}$ 不可逆等价于 $|\boldsymbol{A}|=0$。这样就又多了一种判断矩阵可逆的方法。

下面从线性变换的角度说明行列式和逆矩阵的关系。以以下两个 2 阶方阵 $\boldsymbol{A}$ 和 $\boldsymbol{B}$ 为例，其中 $\boldsymbol{A}$ 可逆而 $\boldsymbol{B}$ 不可逆。

$$\boldsymbol{A}=\begin{bmatrix}2&1\\1&2\end{bmatrix}\quad\boldsymbol{B}=\begin{bmatrix}1&2\\1&2\end{bmatrix} \tag{7.132}$$

$\boldsymbol{A}$ 将单位面积正方形通过线性变换映射为一个有向面积 $|\boldsymbol{A}|=3$ 的平行四边形。由于 $\boldsymbol{A}$ 是一一映射，所以一定存在逆映射，它就是 $\boldsymbol{A}$ 对应的线性逆变换 $\boldsymbol{A}^{-1}$。$\boldsymbol{A}^{-1}$ 直观体现为把这个平行四边形再变回单位面积正方形，因此对应的比例系数一定是 $\frac{1}{3}$，即 $|\boldsymbol{A}^{-1}|=\frac{1}{3}$。可见对于可逆的线性变换，其比例系数不能等于 0，否则无法定义对应逆变换。这个过程如

图 7-3 所示。

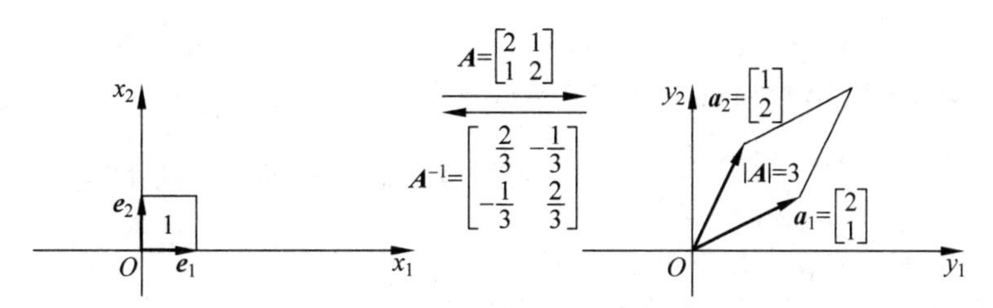

图 7-3　行列式和可逆线性变换 $\boldsymbol{A}$ 和 $\boldsymbol{A}^{-1}$ 示意

$\boldsymbol{B}$ 将单位面积正方形通过线性变换映射为一条线段，也就是有向面积为 $|\boldsymbol{B}|=0$ 的图形。由于线性变换 $\boldsymbol{B}$ 在两个 2 维空间(平面)上建立的映射不是一一映射，因此它不存在逆映射，直观来看就是无法找到一个合适的线性逆变换使得这条线段变成一个单位正方形，因为 0 乘以任何数值都不可能等于 1，如图 7-4 所示。

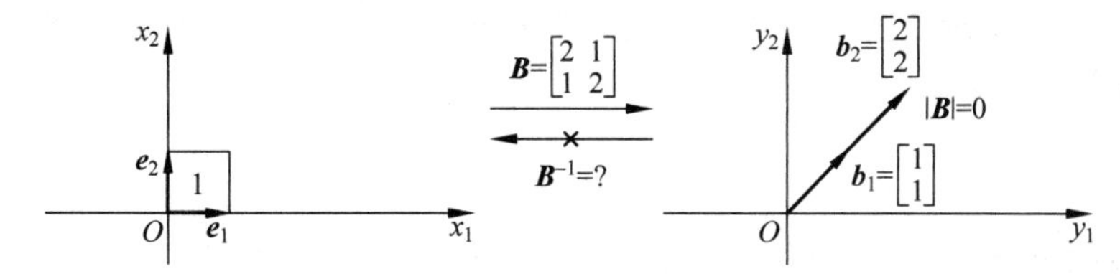

图 7-4　行列式和不可逆线性变换 $\boldsymbol{B}$ 示意

以上从秩和线性变换两个角度说明了行列式和可逆矩阵之间的关系，还说明了可逆矩阵 $\boldsymbol{A}$ 的逆矩阵 $\boldsymbol{A}^{-1}$ 的行列式 $|\boldsymbol{A}^{-1}|=\dfrac{1}{|\boldsymbol{A}|}$，这是一个容易理解和记忆的结论。事实上，这个结论也可以通过行列式和矩阵乘法的关系推出。由于 $\boldsymbol{A}^{-1}\boldsymbol{A}=\boldsymbol{E}$，等号两边同时取行列式就有 $|\boldsymbol{A}^{-1}\boldsymbol{A}|=|\boldsymbol{A}^{-1}||\boldsymbol{A}|=|\boldsymbol{E}|=1$，由此可得 $|\boldsymbol{A}^{-1}|=\dfrac{1}{|\boldsymbol{A}|}$。

例 7-31：证明 5 阶方阵 $\boldsymbol{A}$ 可逆，并求出 $|\boldsymbol{A}^{-1}|$。

$$\boldsymbol{A}=\begin{bmatrix}2&-1&0&0&0\\-1&2&-1&0&0\\0&-1&2&-1&0\\0&0&-1&2&-1\\0&0&0&-1&2\end{bmatrix}\tag{7.133}$$

证明与解：观察可知，$|\boldsymbol{A}|$ 实际上是例 7-23 介绍的 5 阶三对角行列式。根据例 7-23 的结论，$|\boldsymbol{A}|=5+1=6\neq0$，所以 $\boldsymbol{A}$ 可逆。由此可以计算出 $|\boldsymbol{A}^{-1}|$：

$$|\boldsymbol{A}^{-1}|=\frac{1}{|\boldsymbol{A}|}=\frac{1}{6}\tag{7.134}$$

例 7-32：已知 $\boldsymbol{A}^2=\boldsymbol{B}^2=\boldsymbol{E}$ 且 $|\boldsymbol{A}|+|\boldsymbol{B}|=0$，求证：$\boldsymbol{A}+\boldsymbol{B}$ 不可逆。

证明：为了让式中出现题目中的 $\boldsymbol{A}^2$ 和 $\boldsymbol{B}^2$，可以给 $\boldsymbol{A}+\boldsymbol{B}$ 左乘 $\boldsymbol{A}$ 再右乘 $\boldsymbol{B}$：

$$\boldsymbol{A}(\boldsymbol{A}+\boldsymbol{B})\boldsymbol{B}=\boldsymbol{A}^2\boldsymbol{B}+\boldsymbol{A}\boldsymbol{B}^2=\boldsymbol{E}\boldsymbol{B}+\boldsymbol{A}\boldsymbol{E}=\boldsymbol{B}+\boldsymbol{A}=\boldsymbol{A}+\boldsymbol{B}\tag{7.135}$$

可知 $\boldsymbol{A}(\boldsymbol{A}+\boldsymbol{B})\boldsymbol{B}=\boldsymbol{A}+\boldsymbol{B}$，然后为了用到题目中的行列式信息，给两边同时取行列式。注意到 $|\boldsymbol{A}|+|\boldsymbol{B}|=0$ 即 $|\boldsymbol{B}|=-|\boldsymbol{A}|$，然后代入并整理如下：

$$\boldsymbol{A}(\boldsymbol{A}+\boldsymbol{B})\boldsymbol{B}=\boldsymbol{A}+\boldsymbol{B} \Rightarrow |\boldsymbol{A}(\boldsymbol{A}+\boldsymbol{B})\boldsymbol{B}|=|\boldsymbol{A}+\boldsymbol{B}| \Rightarrow |\boldsymbol{A}||\boldsymbol{A}+\boldsymbol{B}||\boldsymbol{B}|=|\boldsymbol{A}+\boldsymbol{B}|$$
$$\Rightarrow -|\boldsymbol{A}|^2|\boldsymbol{A}+\boldsymbol{B}|=|\boldsymbol{A}+\boldsymbol{B}| \Rightarrow (1+|\boldsymbol{A}|^2)|\boldsymbol{A}+\boldsymbol{B}|=0 \tag{7.136}$$

由于$\boldsymbol{A}^2=\boldsymbol{E}$，所以$|\boldsymbol{A}|^2=|\boldsymbol{A}^2|=|\boldsymbol{E}|=1$，故有

$$\left.\begin{aligned}(1+|\boldsymbol{A}|^2)|\boldsymbol{A}+\boldsymbol{B}|=0\\|\boldsymbol{A}|^2=1\end{aligned}\right\} \Rightarrow 2|\boldsymbol{A}+\boldsymbol{B}|=0 \Rightarrow |\boldsymbol{A}+\boldsymbol{B}|=0 \tag{7.137}$$

由于$|\boldsymbol{A}+\boldsymbol{B}|=0$故$\boldsymbol{A}+\boldsymbol{B}$不可逆。

在上例中，题目中给出了两个条件，一个是矩阵乘方信息，另一个是行列式信息，所以为了使用这些条件，需要不断凑配并且往行列式的信息上靠近，最终通过行列式证明了矩阵的不可逆。将代数表达式变形并凑配出已知的形式和内容是重要的解题技巧之一，请各位读者多加体会。

7.4.5 零值行列式结论汇总

从以上行列式和秩、线性方程组以及逆矩阵的关系可以看出，行列式是否为0决定了对应方阵（或对应线性变换）的很多性质。对n阶方阵$\boldsymbol{A}$，以下条件互为充分必要关系：

- $|\boldsymbol{A}|=0$；
- $r(\boldsymbol{A})<n$；
- 线性变换$\boldsymbol{A}$不是一一映射；
- 齐次方程组$\boldsymbol{Ax}=\boldsymbol{0}$存在非零解；
- 非齐次方程组$\boldsymbol{Ax}=\boldsymbol{b}$有无穷解或无解；
- $\boldsymbol{A}$不能表示为若干初等矩阵之积；
- $\boldsymbol{A}$不能通过初等变换成为单位阵$\boldsymbol{E}$；
- $\boldsymbol{A}$不可逆。

同理，以下这些条件之间也是充分必要关系：

- $|\boldsymbol{A}|\neq 0$；
- $r(\boldsymbol{A})=n$；
- 线性变换$\boldsymbol{A}$是一一映射；
- 齐次方程组$\boldsymbol{Ax}=\boldsymbol{0}$只有零解；
- 非齐次方程组$\boldsymbol{Ax}=\boldsymbol{b}$有唯一解；
- $\boldsymbol{A}$可以表示为若干初等矩阵之积；
- $\boldsymbol{A}$可以通过初等变换成为单位阵$\boldsymbol{E}$；
- $\boldsymbol{A}$可逆。

以上结论说明，矩阵理论的各个部分并不是独立存在的，而是有着密切的联系，这一点请各位读者特别关注。后续学习中会涉及更多相关结论，请各位读者注意总结。

7.5 编程实践：MATLAB计算行列式

使用MATLAB计算行列式时，可以使用det函数。比如有以下三个矩阵：

$$\boldsymbol{A}=\begin{bmatrix}1&2\\3&4\end{bmatrix},\quad \boldsymbol{B}=\begin{bmatrix}1&2&3\\4&5&6\\7&7&9\end{bmatrix},\quad \boldsymbol{C}=\begin{bmatrix}1&2&3\\4&5&6\end{bmatrix} \tag{7.138}$$

首先输入这三个矩阵如下：

```
A = [1,2;3,4];
B = [1,2,3;4,5,6;7,7,9];
C = [1,2,3;4,5,6];
```

使用 det(A)可以计算 $\boldsymbol{A}$ 的行列式 $|\boldsymbol{A}|$：

```
>> det(A)
ans =
    - 2
```

同理可计算出 $\boldsymbol{B}$ 的行列式 $|\boldsymbol{B}|$：

```
>> det(B)
ans =
    - 6.0000
```

但如果输入 det(C)就会出错，这是由于 $\boldsymbol{C}$ 不是方阵，不可计算行列式：

```
>> det(C)
Error using det
Matrix must be square.
```

此外，在计算 $|\boldsymbol{B}|$ 时，结果显示的是 -6.0000 而不是 -6，这是因为 det 函数在底层采用了矩阵分解的方法计算行列式，其中会涉及很多浮点数的运算。为了更清楚地展示这一点，这里看一个 4 阶方阵 $\boldsymbol{D}$：

$$\boldsymbol{D} = \begin{bmatrix} 1 & 2 & 3 & 4 \\ 5 & 6 & 7 & 8 \\ 9 & 10 & 11 & 12 \\ 13 & 14 & 15 & 16 \end{bmatrix} \tag{7.139}$$

通过手工计算易知 $|\boldsymbol{D}|=0$。而 MATLAB 里输入 det(D)可得：

```
>> D = [1,2,3,4;5,6,7,8;9,10,11,12;13,14,15,16];
>> det(D)
ans =
   6.2123e - 30
```

最后的结果是 6.2123×10^{-30}，可以看出浮点数运算产生了的很小的数值误差，和 0 十分接近，似乎是完全可以忽略不计的。再计算 $|\boldsymbol{D}^7|$，由行列式和矩阵乘法的性质可知，如果 $|\boldsymbol{D}|=0$，那么 $|\boldsymbol{D}^7|=0$。这里使用 MATLAB 计算如下：

```
>> det(D^7)
ans =
   22.8882
```

$|\boldsymbol{D}^7|$ 计算结果超过了 22，可见在一些情况下，det 函数计算会产生较大的误差。此外，det 函数也不能准确判断方阵是否可逆。比如执行以下语句：

```
if det(D) == 0
  flag = 1;
else
  flag = 0;
end
```

由于$|\boldsymbol{D}|$被MATLAB计算出来的结果并不是绝对等于0，所以此处的变量flag的返回值就是0，从而将矩阵误判为可逆矩阵。因此为了获得比较准确的行列式数值，就不使用det函数计算行列式，需要重新编写子程序。这里给子程序命名为det1，采用代数余子式展开的递归方法计算，代码如下：

```
function d = det1(A)
[n,m] = size(A);
if n == m
    if n == 1
        d = A;
    elseif n == 2
        d = A(1,1) * A(2,2) - A(1,2) * A(2,1);
    else
        d = 0; A1 = A; A1(1,:) = [];
        for i = 1:n
            A2 = A1; A2(:,i) = [];
            d = d + A(1,i) * ( - 1)^(1 + i) * det1(A2);
        end
    end
else
    error('Input matrices must be square.')
end
```

用这种方法计算$|\boldsymbol{B}|$、$|\boldsymbol{D}|$和$|\boldsymbol{D}^7|$如下：

```
>> det1(B)
ans =
    - 6

>> det1(D)
ans =
    0

>> det1(D^7)
ans =
    0
```

可见计算结果更为准确，这是因为采用代数余子式展开方式会有效减少对应的浮点数运算量，从而降低计算机内部的运算误差。

习题7

1. 请计算以下行列式：

(1) $\begin{vmatrix} 1 & -3 & -1 \\ 1002 & 1000 & 999 \\ -2 & 4 & 3 \end{vmatrix}$　　(2) $\begin{vmatrix} 121 & -1 & 1 \\ 355 & 4 & -3 \\ 486 & -5 & 4 \end{vmatrix}$

(3) $\begin{vmatrix} 1 & 1 & 1 \\ 11 & 21 & 31 \\ 114 & 424 & 934 \end{vmatrix}$　　(4) $\begin{vmatrix} 3 & -5 & 4 & 2 \\ 2 & 3 & -5 & 4 \\ 4 & 2 & 3 & -5 \\ -5 & 4 & 2 & 3 \end{vmatrix}$

(5) $\begin{vmatrix} 1 & 2 & 3 & 4 \\ 1 & 3 & 5 & 7 \\ 1 & 4 & 7 & 10 \\ 1 & 5 & 9 & 13 \end{vmatrix}$　　(6) $\begin{vmatrix} a & a & a & a \\ a & b & 0 & 0 \\ a & 0 & c & 0 \\ a & 0 & 0 & d \end{vmatrix}$ $(b,c,d\neq 0)$

(7) $\begin{vmatrix} 3 & -2 & 0 & 0 & 0 \\ -1 & 3 & -2 & 0 & 0 \\ 0 & -1 & 3 & -2 & 0 \\ 0 & 0 & -1 & 3 & -2 \\ 0 & 0 & 0 & -1 & 3 \end{vmatrix}$　　(8) $\begin{vmatrix} -3 & 68 & 101 & -83 & -82 \\ -10 & 2 & 1 & 3 & 4 \\ -30 & 4 & 1 & 9 & 16 \\ -150 & 30 & 15 & 45 & 60 \\ -27 & 11 & 7 & 1 & 8 \end{vmatrix}$

(9) $\begin{vmatrix} 0 & \cdots & 0 & 0 & a_1 \\ 0 & \cdots & 0 & a_2 & * \\ 0 & \cdots & a_3 & * & * \\ \vdots & \iddots & \vdots & \vdots & \vdots \\ a_n & * & * & * & * \end{vmatrix}_n$ (其中“$*$”代表任意数值)

(10) $\begin{vmatrix} 0 & 1 & 1 & \cdots & 1 & 1 \\ 1 & 0 & 1 & \cdots & 1 & 1 \\ 1 & 1 & 0 & \cdots & 1 & 1 \\ \vdots & \vdots & \vdots & \ddots & \vdots & \vdots \\ 1 & 1 & 1 & \cdots & 0 & 1 \\ 1 & 1 & 1 & \cdots & 1 & 0 \end{vmatrix}_n$

(11) $\begin{vmatrix} 1 & 1 & 0 & 0 & \cdots & 0 & 0 \\ 2 & -1 & 2 & 0 & \cdots & 0 & 0 \\ 3 & 0 & -2 & 3 & \cdots & 0 & 0 \\ \vdots & \vdots & \vdots & \vdots & \ddots & \vdots & \vdots \\ n-1 & 0 & 0 & 0 & \cdots & 2-n & n-1 \\ n & 0 & 0 & 0 & \cdots & 0 & 1-n \end{vmatrix}_n$

2. 设有以下 4 阶行列式 D：

$$D=\begin{vmatrix} 1 & 1 & 1 & 1 \\ 11 & -1 & -3 & -7 \\ 36 & 4 & 10 & 28 \\ 87 & -3 & -15 & -63 \end{vmatrix}$$

求它的第 1 列元素的余子式之和。

3. 解方程：

(1) $\begin{vmatrix} \lambda-6 & 3 & 1 \\ -7 & \lambda+4 & 1 \\ -5 & 3 & \lambda \end{vmatrix}=0$　　(2) $\begin{vmatrix} x & 1 & 1 & 1 \\ 1 & x & 0 & 0 \\ 1 & 0 & x & 0 \\ 1 & 0 & 0 & x \end{vmatrix}=0$

(3) $\begin{vmatrix} 1 & 1 & 1 & 1 \\ 1 & -1 & 1 & -1 \\ 1 & 2 & 4 & 8 \\ 1 & x & x^2 & x^3 \end{vmatrix}=0$

4. 已知 $a_k \neq 0(k=1,2,\cdots,n)$，求证：

$$\begin{vmatrix} 1+a_1 & 1 & 1 & \cdots & 1 \\ 1 & 1+a_2 & 1 & \cdots & 1 \\ \vdots & \vdots & \vdots & \ddots & \vdots \\ 1 & 1 & 1 & \cdots & 1+a_n \end{vmatrix} = a_1 a_2 \cdots a_n \left(1+\sum_{k=1}^{n} \frac{1}{a_k}\right)$$

5. 请使用三角公式和数学归纳法证明：（空白部分元素均为 0）

$$\begin{vmatrix} \cos x & 1 & & & & \\ 1 & 2\cos x & 1 & & & \\ & 1 & 2\cos x & 1 & & \\ & & 1 & \ddots & \ddots & \\ & & & \ddots & \ddots & 1 \\ & & & & 1 & 2\cos x \end{vmatrix}_n = \cos(nx)$$

6. 已知 3 阶方阵 $\boldsymbol{A}$ 和 $\boldsymbol{B}$ 满足 $\boldsymbol{A}^2\boldsymbol{B}-\boldsymbol{A}-\boldsymbol{B}=\boldsymbol{E}$，已知 $\boldsymbol{A}$ 如下，求 $|\boldsymbol{B}|$。

$$\boldsymbol{A} = \begin{bmatrix} 1 & 0 & 1 \\ 0 & 2 & 0 \\ -2 & 0 & 1 \end{bmatrix}$$

7. 已知以下含有参数 a 的齐次方程组存在非零解，求 a 的值。

$$\begin{cases} 3x_1 + ax_2 - x_3 = 0 \\ \qquad 4x_2 + x_3 = 0 \\ ax_1 - 5x_2 - x_3 = 0 \end{cases}$$

8. 斐波那契数列(Fibonacci sequence)是一个无穷数列，从第 3 项开始每一项都是前两项的和。如果用 $\{F_n\}$ 表示斐波那契数列，则有 $F_1=1,F_2=2,F_n=F_{n-1}+F_{n-2}(n\geqslant 3)$。求证：

$$F_n = \begin{vmatrix} 1 & -1 & 0 & 0 & \cdots & 0 & 0 & 0 \\ 1 & 1 & -1 & 0 & \cdots & 0 & 0 & 0 \\ 0 & 1 & 1 & -1 & \cdots & 0 & 0 & 0 \\ \vdots & \vdots & \vdots & \vdots & \ddots & \vdots & \vdots & \vdots \\ 0 & 0 & 0 & 0 & \cdots & 1 & 1 & -1 \\ 0 & 0 & 0 & 0 & \cdots & 0 & 1 & 1 \end{vmatrix}_n$$

分块矩阵

矩阵是按照一定的规律排列的数表,也是空间之间线性映射的体现。那么把矩阵按照一定顺序排列得到的矩形表格又是什么呢?其实依然是矩阵,这就是这一章要介绍的**分块矩阵**(block matrix)。分块矩阵不仅可以将大矩阵的运算转化为若干小矩阵的运算,还能简单、清晰地表示矩阵的结构,进一步方便表征其特点。

8.1 将大矩阵切成小矩阵

8.1.1 矩阵分块初体验

在学习线性方程组时,我们就体会过被分成两部分的矩阵。对于非齐次方程组 $\boldsymbol{Ax}=\boldsymbol{b}$ 来说,需要对增广矩阵 $\boldsymbol{A}|\boldsymbol{b}$ 做初等行变换,这里的 $\boldsymbol{A}|\boldsymbol{b}$ 是由系数矩阵 $\boldsymbol{A}$ 和结果向量 $\boldsymbol{b}$ 横向并列在一起的,所以还可以把两者写成以下形式:

$$\boldsymbol{A} \mid \boldsymbol{b}=(\boldsymbol{A},\boldsymbol{b}) \tag{8.1}$$

这种写法类似于一个行向量,但它并不是一个行向量,而是一个矩阵,写成行向量的形式仅仅表明它是两个矩阵横向排列凑成的新矩阵。再如,求 $\boldsymbol{A}$ 的逆矩阵 $\boldsymbol{A}^{-1}$ 时,需要对增广矩阵 $\boldsymbol{A}|\boldsymbol{E}$ 进行初等行变换化为 $\boldsymbol{E}|\boldsymbol{A}^{-1}$ 的形式,这两者实际上也是矩阵的分块表示。由于它们也是两个矩阵横向并列的结果,因此也可以写成行向量形式表示:

$$(\boldsymbol{A},\boldsymbol{E}) \to (\boldsymbol{E},\boldsymbol{A}^{-1}) \tag{8.2}$$

事实上,在矩阵理论分析中需要经常用到这种将大矩阵分成若干小块的操作,而分块的方式也是灵活多样的,比如说下面这个矩阵 $\boldsymbol{A}$:

$$\boldsymbol{A}=\begin{bmatrix}8&3&1&0\\2&7&0&1\\0&0&4&5\\0&0&9&6\end{bmatrix} \tag{8.3}$$

它可以像剪纸或者切蛋糕一样,被分块成下面这种形式:

$$\boldsymbol{A}=\left[\begin{array}{cc:cc}8&3&1&0\\2&7&0&1\\ \hdashline 0&0&4&5\\0&0&9&6\end{array}\right]=\begin{bmatrix}\boldsymbol{A}_{11}&\boldsymbol{A}_{12}\\\boldsymbol{A}_{21}&\boldsymbol{A}_{22}\end{bmatrix}$$

$$\boldsymbol{A}_{11}=\begin{bmatrix}8&3\\2&7\end{bmatrix},\quad \boldsymbol{A}_{12}=\begin{bmatrix}1&0\\0&1\end{bmatrix},\quad \boldsymbol{A}_{21}=\begin{bmatrix}0&0\\0&0\end{bmatrix},\quad \boldsymbol{A}_{22}=\begin{bmatrix}4&5\\9&6\end{bmatrix} \tag{8.4}$$

也可以分块成下面这种形式：

$$\boldsymbol{A}=\left[\begin{array}{ccc:c}8&3&1&0\\ \hdashline 2&7&0&1\\0&0&4&5\\0&0&9&6\end{array}\right]=\begin{bmatrix}\boldsymbol{A}'_{11}&\boldsymbol{A}'_{12}\\\boldsymbol{A}'_{21}&\boldsymbol{A}'_{22}\end{bmatrix} \tag{8.5}$$

$$\boldsymbol{A}'_{11}=(8,3,1),\quad \boldsymbol{A}'_{12}=0,\quad \boldsymbol{A}'_{21}=\begin{bmatrix}2&7&0\\0&0&4\\0&0&9\end{bmatrix},\quad \boldsymbol{A}'_{22}=\begin{bmatrix}1\\5\\6\end{bmatrix}$$

甚至还可以多“切几刀”，分块成以下形式：

$$\boldsymbol{A}=\left[\begin{array}{c:cc:c}8&3&1&0\\ \hdashline 2&7&0&1\\0&0&4&5\\ \hdashline 0&0&9&6\end{array}\right]=\begin{bmatrix}\boldsymbol{A}''_{11}&\boldsymbol{A}''_{12}&\boldsymbol{A}''_{13}\\\boldsymbol{A}''_{21}&\boldsymbol{A}''_{22}&\boldsymbol{A}''_{23}\\\boldsymbol{A}''_{31}&\boldsymbol{A}''_{32}&\boldsymbol{A}''_{33}\end{bmatrix} \tag{8.6}$$

$$\boldsymbol{A}''_{11}=8,\quad \boldsymbol{A}''_{12}=(3,1),\quad \boldsymbol{A}''_{13}=0,\quad \boldsymbol{A}''_{21}=\begin{bmatrix}2\\0\end{bmatrix},\quad \boldsymbol{A}''_{22}=\begin{bmatrix}7&0\\0&4\end{bmatrix},\quad \boldsymbol{A}''_{23}=\begin{bmatrix}1\\5\end{bmatrix},$$

$$\boldsymbol{A}''_{31}=0,\quad \boldsymbol{A}''_{32}=(0,9),\quad \boldsymbol{A}''_{33}=6$$

可见，同一个矩阵的分块方式是很多的，分块得到的小型矩阵称作**子矩阵**(submatrix)，这些子矩阵也可以是向量或者单个的数。

那么为什么有时候需要把一个比较大的矩阵分块成几个较小的子矩阵呢？还是以上述矩阵 $\boldsymbol{A}$ 为例，以式(8.4)的方式分块，可以看出 $\boldsymbol{A}_{12}$ 就是单位阵 $\boldsymbol{E}$，$\boldsymbol{A}_{21}$ 则是零矩阵 $\boldsymbol{O}$，因此可以将 $\boldsymbol{A}$ 直接写成下面这种分块形式：

$$\boldsymbol{A}=\left[\begin{array}{cc:cc}8&3&1&0\\2&7&0&1\\ \hdashline 0&0&4&5\\0&0&9&6\end{array}\right]=\begin{bmatrix}\boldsymbol{B}&\boldsymbol{E}\\\boldsymbol{O}&\boldsymbol{C}\end{bmatrix},\quad \boldsymbol{B}=\begin{bmatrix}8&3\\2&7\end{bmatrix},\quad \boldsymbol{C}=\begin{bmatrix}4&5\\9&6\end{bmatrix} \tag{8.7}$$

$\boldsymbol{A}$ 可以被视为由 $\boldsymbol{B}$、$\boldsymbol{C}$、$\boldsymbol{E}$ 和 $\boldsymbol{O}$ 四个矩阵排列而成，而单位阵 $\boldsymbol{E}$ 和零矩阵 $\boldsymbol{O}$ 都是特别的矩阵，它们的运算有很强的特殊性，故 $\boldsymbol{A}$ 在进行各种运算时也必然和这两者有所关联。事实上，矩阵进行合适的分块操作，不仅能清晰呈现出矩阵的结构，而且还有利于后续的运算。当然分块操作一定要恰当，比如上述矩阵 $\boldsymbol{A}$ 除了能像式(8.4)那样分块，也能像式(8.5)或式(8.6)那样分块，但从矩阵结构的角度来看显然没有式(8.4)的分块那样清晰而规整。

例 8-1：已知矩阵 $\boldsymbol{A}$ 分块如下，其中 $\boldsymbol{J}$ 是 $m\times n$ 的矩阵，$\boldsymbol{M}$ 是 $r\times s$ 的矩阵(m、n、r、$s\in \mathrm{N}^{+}$)，求 $\boldsymbol{K}$、$\boldsymbol{L}$ 和 $\boldsymbol{A}$ 的尺寸。

$$\boldsymbol{A}=\begin{bmatrix}\boldsymbol{J}&\boldsymbol{K}\\\boldsymbol{L}&\boldsymbol{M}\end{bmatrix} \tag{8.8}$$

解：从宏观看，矩阵的分块相当于一个矩形被切成了若干矩形小块，所以完全按照矩形切块的方法理解即可。

具体来看，$\boldsymbol{K}$ 的行数就是 $\boldsymbol{J}$ 的行数 m，$\boldsymbol{K}$ 的列数就是 $\boldsymbol{M}$ 的列数 s，所以 $\boldsymbol{K}$ 的尺寸是 $m\times$

s；同理，$\boldsymbol{L}$ 的尺寸是 $r\times n$。于是 $\boldsymbol{A}$ 的尺寸就是 $(m+r)\times(n+s)$。

8.1.2　矩阵的几种分块方式

设 $\boldsymbol{A}$ 是一个 2 阶方阵，它代表了平面上的一个线性变换，将原先平面直角坐标系的自然基向量 $\boldsymbol{e}_1$ 和 $\boldsymbol{e}_2$ 映射为 $\boldsymbol{a}_1=\boldsymbol{A}\boldsymbol{e}_1$ 和 $\boldsymbol{a}_2=\boldsymbol{A}\boldsymbol{e}_2$。这个 $\boldsymbol{a}_1$ 和 $\boldsymbol{a}_2$ 实际上分别就是 $\boldsymbol{A}$ 的第 1 列和第 2 列元素，因此可以记为 $\boldsymbol{A}=(\boldsymbol{a}_1,\boldsymbol{a}_2)$，这就是矩阵的按列分块。设一个 $m\times n$ 的矩阵 $\boldsymbol{A}$ 每一列是列向量 $\boldsymbol{a}_1$、$\boldsymbol{a}_2\cdots\boldsymbol{a}_n$，则 $\boldsymbol{A}$ 可以按列分块如下：

$$\boldsymbol{A}=(\boldsymbol{a}_1,\boldsymbol{a}_2,\cdots,\boldsymbol{a}_n) \tag{8.9}$$

同理，矩阵也可以按行分块，比如设 $m\times n$ 的矩阵 $\boldsymbol{A}$ 的每一行是行向量 $\boldsymbol{\alpha}_1$、$\boldsymbol{\alpha}_2\cdots\boldsymbol{\alpha}_m$，则 $\boldsymbol{A}$ 可以按行分块如下：

$$\boldsymbol{A}=\begin{bmatrix}\boldsymbol{\alpha}_1\\\boldsymbol{\alpha}_2\\\vdots\\\boldsymbol{\alpha}_m\end{bmatrix} \tag{8.10}$$

可以看出，矩阵按列分块会写成行向量的形式，而按行分块会写成列向量的形式。

例 8-2：请对矩阵 $\boldsymbol{A}$ 分别按列、按行分块：

$$\boldsymbol{A}=\begin{bmatrix}0&1&2&3&4\\2&3&4&5&6\\4&5&6&7&8\\6&7&8&9&0\end{bmatrix} \tag{8.11}$$

解：(1) 按列分块：

$$\boldsymbol{A}=(\boldsymbol{a}_1,\boldsymbol{a}_2,\boldsymbol{a}_3,\boldsymbol{a}_4,\boldsymbol{a}_5) \tag{8.12}$$

其中有

$$\boldsymbol{a}_1=\begin{bmatrix}0\\2\\4\\6\end{bmatrix},\quad \boldsymbol{a}_2=\begin{bmatrix}1\\3\\5\\7\end{bmatrix},\quad \boldsymbol{a}_3=\begin{bmatrix}2\\4\\6\\8\end{bmatrix},\quad \boldsymbol{a}_4=\begin{bmatrix}3\\5\\7\\9\end{bmatrix},\quad \boldsymbol{a}_5=\begin{bmatrix}4\\6\\8\\0\end{bmatrix} \tag{8.13}$$

可见共分出了 5 个列向量，每一个列向量都是 4 维的。

(2) 按行分块：

$$\boldsymbol{A}=\begin{bmatrix}\boldsymbol{\alpha}_1\\\boldsymbol{\alpha}_2\\\boldsymbol{\alpha}_3\\\boldsymbol{\alpha}_4\end{bmatrix} \tag{8.14}$$

其中有

$$\boldsymbol{\alpha}_1=(0,1,2,3,4),\quad \boldsymbol{\alpha}_2=(2,3,4,5,6),\quad \boldsymbol{\alpha}_3=(4,5,6,7,8),\quad \boldsymbol{\alpha}_4=(6,7,8,9,0) \tag{8.15}$$

可见共分出了 4 个行向量，每一个行向量都是 5 维的。

例 8-3：n 阶单位阵 $\boldsymbol{E}$ 和尺寸为 $m\times n$ 的零矩阵 $\boldsymbol{O}$ 按列分块的结果是什么？

解：n 阶单位阵 $\boldsymbol{E}$ 的按列分块结果如下：

$$\boldsymbol{E}_{n\times n}=\begin{bmatrix}1 & & & \\ & 1 & & \\ & & \ddots & \\ & & & 1\end{bmatrix}=(\boldsymbol{e}_1,\boldsymbol{e}_2,\cdots,\boldsymbol{e}_n) \tag{8.16}$$

可见 n 阶单位阵 $\boldsymbol{E}$ 按列分块后，可以得到 n 维空间坐标系中的一组自然基向量。尺寸为 $m\times n$ 的零矩阵 $\boldsymbol{O}$ 的按列分块结果如下：

$$\boldsymbol{O}_{m\times n}=(\boldsymbol{0},\boldsymbol{0},\cdots,\boldsymbol{0}) \tag{8.17}$$

可见尺寸为 $m\times n$ 的零矩阵 $\boldsymbol{O}$ 按列分块后，可以得到 n 个 m 维零向量。

观察这个 7×7 的矩阵 $\boldsymbol{A}$，它的结构有什么特点呢？

$$\boldsymbol{A}=\begin{bmatrix}1&2&0&0&0&0&0\\3&4&0&0&0&0&0\\0&0&0&5&6&0&0\\0&0&7&8&9&0&0\\0&0&2&3&4&0&0\\0&0&0&0&0&5&6\\0&0&0&0&0&7&8\end{bmatrix} \tag{8.18}$$

表面上看似乎 $\boldsymbol{A}$ 没有什么特别的结构特点，但进一步观察就会发现，$\boldsymbol{A}$ 中存在相当多的 0 元素，如果将它们分块就可以形成很多零矩阵。于是分块如下：

$$\boldsymbol{A}=\left[\begin{array}{cc:ccc:cc}1&2&0&0&0&0&0\\3&4&0&0&0&0&0\\ \hdashline 0&0&0&5&6&0&0\\0&0&7&8&9&0&0\\0&0&2&3&4&0&0\\ \hdashline 0&0&0&0&0&5&6\\0&0&0&0&0&7&8\end{array}\right]=\begin{bmatrix}\boldsymbol{A}_1&\boldsymbol{O}&\boldsymbol{O}\\\boldsymbol{O}&\boldsymbol{A}_2&\boldsymbol{O}\\\boldsymbol{O}&\boldsymbol{O}&\boldsymbol{A}_3\end{bmatrix} \tag{8.19}$$

其中有

$$\boldsymbol{A}_1=\begin{bmatrix}1&2\\3&4\end{bmatrix},\quad \boldsymbol{A}_2=\begin{bmatrix}0&5&6\\7&8&9\\2&3&4\end{bmatrix},\quad \boldsymbol{A}_3=\begin{bmatrix}5&6\\7&8\end{bmatrix} \tag{8.20}$$

可以看出，$\boldsymbol{A}$ 虽然不是对角阵，但通过适当的方式分块后呈现出对角阵的特点，即主对角线上的子矩阵 $\boldsymbol{A}_1$、$\boldsymbol{A}_2$ 和 $\boldsymbol{A}_3$ 都是方阵且其余部分都是零矩阵 $\boldsymbol{O}$。这种矩阵就是**分块对角阵**(block diagonal matrix)，有的文献也叫准对角阵。分块对角阵也可以如同对角阵一样使用 diag 表示，比如 $\boldsymbol{A}$ 可以表示如下：

$$\boldsymbol{A}=\begin{bmatrix}\boldsymbol{A}_1&&\\&\boldsymbol{A}_2&\\&&\boldsymbol{A}_3\end{bmatrix}=\mathrm{diag}\{\boldsymbol{A}_1,\boldsymbol{A}_2,\boldsymbol{A}_3\} \tag{8.21}$$

要判断一个矩阵是否为分块对角阵，需要根据 0 元素的分布仔细观察矩阵的特点，从而进一步判断。

例 8-4：请选用合适的分块方式说明以下矩阵 $\boldsymbol{W}$ 是分块对角阵，并指出主对角线上的子矩阵是什么。

$$\boldsymbol{W}=\begin{bmatrix}2&4&0&0&0\\0&5&0&0&0\\0&0&3&0&0\\0&0&0&1&2\\0&0&0&3&0\end{bmatrix}\tag{8.22}$$

解：使用几条分割线对 $\boldsymbol{W}$ 分块，如果主对角线的子矩阵都是方阵（可以是不同阶数的方阵）且其余部分都是零矩阵，那么就可以说明 $\boldsymbol{W}$ 是分块对角阵。经过尝试，$\boldsymbol{W}$ 可以分块如下：

$$\boldsymbol{W}=\left[\begin{array}{cc:ccc}2&4&0&0&0\\0&5&0&0&0\\\hdashline 0&0&3&0&0\\0&0&0&1&2\\0&0&0&3&0\end{array}\right]=\begin{bmatrix}\boldsymbol{A}_1&\\&\boldsymbol{A}_2\end{bmatrix}=\mathrm{diag}\{\boldsymbol{A}_1,\boldsymbol{A}_2\}$$
$$\boldsymbol{A}_1=\begin{bmatrix}2&4\\0&5\end{bmatrix},\quad \boldsymbol{A}_2=\begin{bmatrix}3&0&0\\0&1&2\\0&3&0\end{bmatrix}\tag{8.23}$$

当然这不是唯一的分块方式，还可以像下面这样分块：

$$\boldsymbol{W}=\left[\begin{array}{ccc:cc}2&4&0&0&0\\0&5&0&0&0\\0&0&3&0&0\\\hdashline 0&0&0&1&2\\0&0&0&3&0\end{array}\right]=\begin{bmatrix}\boldsymbol{B}_1&\\&\boldsymbol{B}_2\end{bmatrix}=\mathrm{diag}\{\boldsymbol{B}_1,\boldsymbol{B}_2\}$$
$$\boldsymbol{B}_1=\begin{bmatrix}2&4&0\\0&5&0\\0&0&3\end{bmatrix},\quad \boldsymbol{B}_2=\begin{bmatrix}1&2\\3&0\end{bmatrix}\tag{8.24}$$

此外，还可以像下面这样分块：

$$\boldsymbol{W}=\left[\begin{array}{cc:c:cc}2&4&0&0&0\\0&5&0&0&0\\\hdashline 0&0&3&0&0\\\hdashline 0&0&0&1&2\\0&0&0&3&0\end{array}\right]=\begin{bmatrix}\boldsymbol{C}_1&&\\&\boldsymbol{C}_2&\\&&\boldsymbol{C}_3\end{bmatrix}=\mathrm{diag}\{\boldsymbol{C}_1,\boldsymbol{C}_2,\boldsymbol{C}_3\}$$
$$\boldsymbol{C}_1=\begin{bmatrix}2&4\\0&5\end{bmatrix},\quad \boldsymbol{C}_2=3,\quad \boldsymbol{C}_3=\begin{bmatrix}1&2\\3&0\end{bmatrix}\tag{8.25}$$

此处 $\boldsymbol{C}_2$ 是一个单独的数字，即 1 阶方阵，而其余部分元素全为 0，因此这种分块方法也是符合分块对角阵的要求的。

除了分块对角阵，还有分块上、下三角阵，比如以下矩阵 $\boldsymbol{A}$ 就可以表示为分块上三角阵

（请读者自行指出每一个子矩阵代表的内容）：

$$\boldsymbol{A}=\left[\begin{array}{cc:ccc}1&2&3&4&5\\6&7&8&9&0\\\hdashline 0&0&1&2&3\\0&0&1&1&2\\0&0&2&4&5\end{array}\right]=\begin{bmatrix}\boldsymbol{B}&\boldsymbol{X}\\\boldsymbol{O}&\boldsymbol{C}\end{bmatrix}\tag{8.26}$$

例 8-5：请使用分块三角阵的方式表达行列式的左上角元素降阶公式。

解：设 n 阶方阵为 $\boldsymbol{A}$，左上角元素是 a_{11}，显然对应的代数余子式和余子式相等（$1+1=2$ 是一个偶数）。设 $\boldsymbol{A}$ 的第 1 行除 a_{11} 以外的其他元素都是 0，而划掉 $\boldsymbol{A}$ 第 1 行和第 1 列留下的 $n-1$ 阶方阵是 $\boldsymbol{B}$，则 $\boldsymbol{A}$ 可以写成分块下三角阵的形式：

$$\boldsymbol{A}_{n\times n}=\begin{bmatrix}a_{11}&\boldsymbol{0}_{1\times(n-1)}\\\boldsymbol{x}_{(n-1)\times 1}&\boldsymbol{B}_{(n-1)\times(n-1)}\end{bmatrix}=\begin{bmatrix}a_{11}&\boldsymbol{0}\\\boldsymbol{x}&\boldsymbol{B}\end{bmatrix}\tag{8.27}$$

根据行列式左上角元素的降阶公式，有 $|\boldsymbol{A}|=a_{11}|\boldsymbol{B}|$ 成立。如果 $\boldsymbol{A}$ 的第 1 列除 a_{11} 以外的其他元素都是 0，则与上面完全类似，请读者仿照上述过程自己写出。

8.2 分块矩阵的运算

矩阵是一种对数据批量处理的有效工具。同样，对矩阵的批量处理就要用到分块矩阵，这是由于矩阵经过适当的分块后，其运算就能简洁、直观地使用对应的子矩阵表示。在前面学过的转置、加减法、数乘、乘法、求逆和求行列式这些运算都有对应的分块矩阵表示。另外，矩阵的初等变换也同样可以拓展到分块矩阵的范畴。

8.2.1 分块矩阵的转置

观察以下被分块的矩阵 $\boldsymbol{A}$：

$$\boldsymbol{A}=\left[\begin{array}{cccc:cc}0&1&2&3&4&5\\2&3&4&5&6&7\\4&5&6&7&8&9\\\hdashline 6&7&8&9&0&1\\8&9&0&1&2&3\end{array}\right]=\begin{bmatrix}\boldsymbol{J}&\boldsymbol{K}\\\boldsymbol{L}&\boldsymbol{M}\end{bmatrix}\tag{8.28}$$

如果对 $\boldsymbol{A}$ 转置成为 $\boldsymbol{A}^{\mathrm{T}}$，就是下面这种形式：

$$\boldsymbol{A}^{\mathrm{T}}=\left[\begin{array}{ccc:cc}0&2&4&6&8\\1&3&5&7&9\\2&4&6&8&0\\3&5&7&9&1\\\hdashline 4&6&8&0&2\\5&7&9&1&3\end{array}\right]=\begin{bmatrix}\boldsymbol{J}^{\mathrm{T}}&\boldsymbol{L}^{\mathrm{T}}\\\boldsymbol{K}^{\mathrm{T}}&\boldsymbol{M}^{\mathrm{T}}\end{bmatrix}\tag{8.29}$$

可以看出，对已经分块的矩阵转置，不仅对应子矩阵的排列需要转置，而且每一个子矩阵本身也要转置。这个“双转置”是分块矩阵很重要的特点。

例 8-6：已知矩阵 $\boldsymbol{A}$ 可以写成按列分块的形式 $\boldsymbol{A}=(\boldsymbol{a}_1,\boldsymbol{a}_2,\cdots,\boldsymbol{a}_n)$，求 $\boldsymbol{A}^{\mathrm{T}}$ 的表达。

解：根据分块矩阵“双转置”的特点，$\boldsymbol{A}$ 变为 $\boldsymbol{A}^{\mathrm{T}}$ 时，$\boldsymbol{a}_1\sim\boldsymbol{a}_n$ 要从横向排列变成纵向排列，即写成列向量的形式；同时，$\boldsymbol{a}_1\sim\boldsymbol{a}_n$ 自身也需要转置，即从列向量变成对应的行向量。

$$\boldsymbol{A}^{\mathrm{T}}=\begin{bmatrix}\boldsymbol{a}_1^{\mathrm{T}}\\\boldsymbol{a}_2^{\mathrm{T}}\\\vdots\\\boldsymbol{a}_n^{\mathrm{T}}\end{bmatrix}\tag{8.30}$$

例 8-7：已知分块对角阵 $\boldsymbol{A}=\mathrm{diag}\{\boldsymbol{A}_1,\boldsymbol{A}_2,\cdots,\boldsymbol{A}_k\}$，求 $\boldsymbol{A}^{\mathrm{T}}$ 的表达。

解：由于各个子矩阵在 $\boldsymbol{A}$ 的主对角线位置，所以外部形式的转置保持位置不变。故只需把每一个子矩阵转置即可。

$$\boldsymbol{A}^{\mathrm{T}}=\mathrm{diag}\{\boldsymbol{A}_1^{\mathrm{T}},\boldsymbol{A}_2^{\mathrm{T}},\cdots,\boldsymbol{A}_k^{\mathrm{T}}\}\tag{8.31}$$

8.2.2　分块矩阵的加减法和数乘

根据矩阵加减法的法则易知，两个矩阵的加减运算等同于每一个子矩阵对应相加减。这里需要注意，分块矩阵加减法运算适用条件为“两个同尺寸”，即不仅要从分块形式上同尺寸，而且每一个子矩阵也必须对应同尺寸。

例 8-8：设矩阵 $\boldsymbol{A}$ 和 $\boldsymbol{B}$ 尺寸相同，两者分别分块如下：

$$\boldsymbol{A}=\begin{bmatrix}\boldsymbol{A}_1&\boldsymbol{A}_2\\\boldsymbol{A}_3&\boldsymbol{A}_4\end{bmatrix},\quad\boldsymbol{B}=\begin{bmatrix}\boldsymbol{B}_1&\boldsymbol{B}_2\\\boldsymbol{B}_3&\boldsymbol{B}_4\end{bmatrix}\tag{8.32}$$

请问是否有 $\boldsymbol{A}+\boldsymbol{B}=\begin{bmatrix}\boldsymbol{A}_1+\boldsymbol{B}_1&\boldsymbol{A}_2+\boldsymbol{B}_2\\\boldsymbol{A}_3+\boldsymbol{B}_3&\boldsymbol{A}_4+\boldsymbol{B}_4\end{bmatrix}$成立？说明理由。

解：以上式子不一定成立，因为 $\boldsymbol{A}$ 和 $\boldsymbol{B}$ 仅仅满足了分块的形式尺寸相同，但每一个子矩阵的尺寸不一定相同，所以对应的子矩阵不一定满足加法条件。

分块矩阵的数乘运算比较容易，直接给所有的子矩阵乘以对应的常数即可，这个结论容易理解和记忆。

例 8-9：设矩阵 $\boldsymbol{A}$ 和 $\boldsymbol{B}$ 尺寸相同，两者分别分块如下：

$$\boldsymbol{A}=\begin{bmatrix}2\boldsymbol{E}&\boldsymbol{O}\\\boldsymbol{E}&\boldsymbol{X}\end{bmatrix},\quad\boldsymbol{B}=\begin{bmatrix}3\boldsymbol{E}&\boldsymbol{O}\\-\boldsymbol{E}&\boldsymbol{O}\end{bmatrix}\tag{8.33}$$

求 $3\boldsymbol{A}-2\boldsymbol{B}$。

解：和上例类似，首先确定 $\boldsymbol{A}$ 和 $\boldsymbol{B}$ 是否满足了分块的形式尺寸是相同的这个条件。那么每一个子矩阵是否对应相同呢？这就需要进一步根据条件分析。设 $\boldsymbol{A}$ 和 $\boldsymbol{B}$ 尺寸是 $m\times n$，则 $\boldsymbol{A}$ 分出的 $2\boldsymbol{E}$ 和 $\boldsymbol{E}$ 一定是两个等阶的方阵（否则出现同一列两个不等阶方阵无法分块），即两者都是$\frac{m}{2}$阶方阵（由此也可以看出 m 是偶数）。同理 $\boldsymbol{B}$ 分出的 $3\boldsymbol{E}$ 和 $-\boldsymbol{E}$ 也是$\frac{m}{2}$阶方阵。又因为 $\boldsymbol{A}$ 和 $\boldsymbol{B}$ 尺寸相同，所以其余子矩阵对应尺寸也都相等，说明这种分块方式保证了子矩阵的尺寸是一致的，因此可以直接运算。故有

$$3\boldsymbol{A}-2\boldsymbol{B}=\begin{bmatrix}6\boldsymbol{E}&\boldsymbol{O}\\3\boldsymbol{E}&3\boldsymbol{X}\end{bmatrix}-\begin{bmatrix}6\boldsymbol{E}&\boldsymbol{O}\\-2\boldsymbol{E}&\boldsymbol{O}\end{bmatrix}=\begin{bmatrix}\boldsymbol{O}&\boldsymbol{O}\\5\boldsymbol{E}&3\boldsymbol{X}\end{bmatrix}\tag{8.34}$$

8.2.3 分块矩阵的乘法

计算两个被分块的矩阵乘法，只需要从形式上按照矩阵乘法的法则计算即可。比如以下两个被分块的矩阵 $\boldsymbol{A}$ 和 $\boldsymbol{B}$：

$$\boldsymbol{A}=\left[\begin{array}{cc|ccc}1&2&2&3&1\\1&0&2&1&1\\\hline 4&1&3&2&2\\3&2&5&2&1\end{array}\right]=\begin{bmatrix}\boldsymbol{A}_{11}&\boldsymbol{A}_{12}\\\boldsymbol{A}_{21}&\boldsymbol{A}_{22}\end{bmatrix},$$

$$\boldsymbol{B}=\left[\begin{array}{ccc|ccc}1&1&2&3&3&0\\4&6&2&2&4&1\\\hline 2&3&3&1&0&1\\5&0&3&1&1&6\\8&0&7&2&1&3\end{array}\right]=\begin{bmatrix}\boldsymbol{B}_{11}&\boldsymbol{B}_{12}\\\boldsymbol{B}_{21}&\boldsymbol{B}_{22}\end{bmatrix}\tag{8.35}$$

于是按照分块矩阵的乘法规则，将每一个子矩阵视为一个元素，按照矩阵乘法的规则计算：

$$\boldsymbol{AB}=\begin{bmatrix}\boldsymbol{A}_{11}\boldsymbol{B}_{11}+\boldsymbol{A}_{12}\boldsymbol{B}_{21}&\boldsymbol{A}_{11}\boldsymbol{B}_{12}+\boldsymbol{A}_{12}\boldsymbol{B}_{22}\\\boldsymbol{A}_{21}\boldsymbol{B}_{11}+\boldsymbol{A}_{22}\boldsymbol{B}_{21}&\boldsymbol{A}_{21}\boldsymbol{B}_{12}+\boldsymbol{A}_{22}\boldsymbol{B}_{22}\end{bmatrix}\tag{8.36}$$

为了验证这个结果，首先计算每一个子矩阵之间对应相乘再相加的结果：

$$\begin{aligned}
\boldsymbol{A}_{11}\boldsymbol{B}_{11}+\boldsymbol{A}_{12}\boldsymbol{B}_{21}&=\begin{bmatrix}1&2\\1&0\end{bmatrix}\begin{bmatrix}1&1&2\\4&6&2\end{bmatrix}+\begin{bmatrix}2&3&1\\2&1&1\end{bmatrix}\begin{bmatrix}2&3&3\\5&0&3\\8&0&7\end{bmatrix}=\begin{bmatrix}36&19&28\\18&7&18\end{bmatrix}\\
\boldsymbol{A}_{11}\boldsymbol{B}_{12}+\boldsymbol{A}_{12}\boldsymbol{B}_{22}&=\begin{bmatrix}1&2\\1&0\end{bmatrix}\begin{bmatrix}3&3&0\\2&4&1\end{bmatrix}+\begin{bmatrix}2&3&1\\2&1&1\end{bmatrix}\begin{bmatrix}1&0&1\\1&1&6\\2&1&3\end{bmatrix}=\begin{bmatrix}14&15&25\\8&7&11\end{bmatrix}\\
\boldsymbol{A}_{21}\boldsymbol{B}_{11}+\boldsymbol{A}_{22}\boldsymbol{B}_{21}&=\begin{bmatrix}4&1\\3&2\end{bmatrix}\begin{bmatrix}1&1&2\\4&6&2\end{bmatrix}+\begin{bmatrix}3&2&2\\5&2&1\end{bmatrix}\begin{bmatrix}2&3&3\\5&0&3\\8&0&7\end{bmatrix}=\begin{bmatrix}40&19&39\\39&30&38\end{bmatrix}\\
\boldsymbol{A}_{21}\boldsymbol{B}_{12}+\boldsymbol{A}_{22}\boldsymbol{B}_{22}&=\begin{bmatrix}4&1\\3&2\end{bmatrix}\begin{bmatrix}3&3&0\\2&4&1\end{bmatrix}+\begin{bmatrix}3&2&2\\5&2&1\end{bmatrix}\begin{bmatrix}1&0&1\\1&1&6\\2&1&3\end{bmatrix}=\begin{bmatrix}23&20&22\\22&20&22\end{bmatrix}
\end{aligned}\tag{8.37}$$

将它们按照对应的位置组合，就有

$$\boldsymbol{AB}=\left[\begin{array}{ccc|ccc}36&19&28&14&15&25\\18&7&18&8&5&11\\\hline 40&19&39&23&20&22\\39&30&38&22&20&22\end{array}\right]\tag{8.38}$$

这和直接使用原先矩阵相乘计算得到的结果一致，从而验证了分块矩阵乘法法则的正确性。当然需要注意，分块矩阵的乘法不仅要从表面分块满足乘法条件，每一个子矩阵对应相乘和相加时也需要满足对应的相乘、相加条件。

除此之外，分块矩阵的乘法还有一条分配律法则。设有矩阵 $\boldsymbol{A}$ 和 $\boldsymbol{B}$，且 $\boldsymbol{AB}$ 有意义。现在对 $\boldsymbol{B}$ 按列分块成为 $\boldsymbol{B}=(\boldsymbol{b}_1,\boldsymbol{b}_2,\cdots,\boldsymbol{b}_n)$，则有

$$\boldsymbol{AB}=\boldsymbol{A}(\boldsymbol{b}_1,\boldsymbol{b}_2,\cdots,\boldsymbol{b}_n)=(\boldsymbol{Ab}_1,\boldsymbol{Ab}_2,\cdots,\boldsymbol{Ab}_n) \tag{8.39}$$

这个分配律是容易理解的，它实际上是上述分块矩阵乘法的特殊情形，在后续讨论向量和向量组的性质时起着重要的作用。

例 8-10：已知 n 阶方阵 $\boldsymbol{Q}=(\boldsymbol{q}_1,\boldsymbol{q}_2,\cdots,\boldsymbol{q}_n)$。

(1) 求 $\boldsymbol{Q}^{\mathrm{T}}\boldsymbol{Q}$ 的表达式；(2)若 $\boldsymbol{Q}^{\mathrm{T}}\boldsymbol{Q}=\boldsymbol{E}$，则 $\boldsymbol{Q}$ 需要满足什么条件？

解：(1) 根据分块矩阵的乘法法则，有

$$\boldsymbol{Q}^{\mathrm{T}}\boldsymbol{Q}=\begin{bmatrix}\boldsymbol{q}_1^{\mathrm{T}}\\\boldsymbol{q}_2^{\mathrm{T}}\\\vdots\\\boldsymbol{q}_n^{\mathrm{T}}\end{bmatrix}(\boldsymbol{q}_1,\boldsymbol{q}_2,\cdots,\boldsymbol{q}_n)=\begin{bmatrix}\boldsymbol{q}_1^{\mathrm{T}}\boldsymbol{q}_1 & \boldsymbol{q}_1^{\mathrm{T}}\boldsymbol{q}_2 & \cdots & \boldsymbol{q}_1^{\mathrm{T}}\boldsymbol{q}_n\\\boldsymbol{q}_2^{\mathrm{T}}\boldsymbol{q}_1 & \boldsymbol{q}_2^{\mathrm{T}}\boldsymbol{q}_2 & \cdots & \boldsymbol{q}_2^{\mathrm{T}}\boldsymbol{q}_n\\\vdots & \vdots & \ddots & \vdots\\\boldsymbol{q}_n^{\mathrm{T}}\boldsymbol{q}_1 & \boldsymbol{q}_n^{\mathrm{T}}\boldsymbol{q}_2 & \cdots & \boldsymbol{q}_n^{\mathrm{T}}\boldsymbol{q}_n\end{bmatrix} \tag{8.40}$$

此处类似于列向量左乘行向量的运算，组成 $\boldsymbol{Q}^{\mathrm{T}}\boldsymbol{Q}$ 的每一项都是这些列向量两两之间的数量积。

(2) 如果 $\boldsymbol{Q}^{\mathrm{T}}\boldsymbol{Q}=\boldsymbol{E}$，则根据上述结果有

$$\boldsymbol{Q}^{\mathrm{T}}\boldsymbol{Q}=\begin{bmatrix}\boldsymbol{q}_1^{\mathrm{T}}\boldsymbol{q}_1 & \boldsymbol{q}_1^{\mathrm{T}}\boldsymbol{q}_2 & \cdots & \boldsymbol{q}_1^{\mathrm{T}}\boldsymbol{q}_n\\\boldsymbol{q}_2^{\mathrm{T}}\boldsymbol{q}_1 & \boldsymbol{q}_2^{\mathrm{T}}\boldsymbol{q}_2 & \cdots & \boldsymbol{q}_2^{\mathrm{T}}\boldsymbol{q}_n\\\vdots & \vdots & \ddots & \vdots\\\boldsymbol{q}_n^{\mathrm{T}}\boldsymbol{q}_1 & \boldsymbol{q}_n^{\mathrm{T}}\boldsymbol{q}_2 & \cdots & \boldsymbol{q}_n^{\mathrm{T}}\boldsymbol{q}_n\end{bmatrix}=\begin{bmatrix}1 & 0 & \cdots & 0\\0 & 1 & \cdots & 0\\\vdots & \vdots & \ddots & \vdots\\0 & 0 & \cdots & 1\end{bmatrix} \tag{8.41}$$

此时主对角线元素都是1，其余元素都是0。观察 $\boldsymbol{Q}^{\mathrm{T}}\boldsymbol{Q}$ 的结构，主对角线元素是某个向量和自身的数量积，其余元素是两个不同向量的数量积。故结合以上结论，如果 $\boldsymbol{Q}^{\mathrm{T}}\boldsymbol{Q}=\boldsymbol{E}$，那么组成 $\boldsymbol{Q}$ 的每一个列向量和自己的数量积是1，和其他向量的数量积是0。其数学表达如下：

$$\boldsymbol{Q}^{\mathrm{T}}\boldsymbol{Q}=\boldsymbol{E}\Leftrightarrow\boldsymbol{q}_i^{\mathrm{T}}\boldsymbol{q}_j=\begin{cases}1 & i=j\\0 & i\neq j\end{cases} \tag{8.42}$$

8.2.4　分块矩阵的求逆

分块矩阵的求逆一般比较困难，但某些特殊的分块矩阵求逆却比较容易。比如对于分块对角阵 $\boldsymbol{A}=\mathrm{diag}\{\boldsymbol{A}_1,\boldsymbol{A}_2,\cdots,\boldsymbol{A}_k\}$来说，如果每一个子矩阵 $\boldsymbol{A}_1,\boldsymbol{A}_2,\cdots,\boldsymbol{A}_k$ 都可逆，那么 $\boldsymbol{A}$ 就是可逆的，且 $\boldsymbol{A}^{-1}=\mathrm{diag}\{\boldsymbol{A}_1^{-1},\boldsymbol{A}_2^{-1},\cdots,\boldsymbol{A}_k^{-1}\}$。可见，分块对角阵求逆，只需要求出主对角线上每一个子矩阵的逆矩阵即可。

例 8-11：求 $\boldsymbol{A}$ 的逆矩阵：

$$\boldsymbol{A}=\begin{bmatrix}3 & 2 & 0 & 0 & 0\\7 & 5 & 0 & 0 & 0\\0 & 0 & 1 & 0 & 0\\0 & 0 & 0 & 6 & 7\\0 & 0 & 0 & 7 & 8\end{bmatrix} \tag{8.43}$$

解：$\boldsymbol{A}$ 中在左下侧和右上侧含有较多的0元素，所以考虑使用分块矩阵求逆。通过仔

细观察，$\boldsymbol{A}$ 可以分块成为分块对角阵，它包含 3 个子矩阵：

$$\boldsymbol{A}=\left[\begin{array}{cc:c:cc}3&2&0&0&0\\7&5&0&0&0\\ \hdashline 0&0&1&0&0\\ \hdashline 0&0&0&6&7\\0&0&0&7&8\end{array}\right]=\begin{bmatrix}\boldsymbol{A}_1&&\\&\boldsymbol{A}_2&\\&&\boldsymbol{A}_3\end{bmatrix} \tag{8.44}$$

其中 3 个子矩阵都是可逆的，可以快速求出其逆矩阵（请读者回忆如何快速求出）：

$$\boldsymbol{A}_1^{-1}=\begin{bmatrix}5&-2\\-7&3\end{bmatrix},\quad \boldsymbol{A}_2^{-1}=1,\quad \boldsymbol{A}_3^{-1}=\begin{bmatrix}-8&7\\7&-6\end{bmatrix} \tag{8.45}$$

故有

$$\boldsymbol{A}^{-1}=\begin{bmatrix}\boldsymbol{A}_1^{-1}&&\\&\boldsymbol{A}_2^{-1}&\\&&\boldsymbol{A}_3^{-1}\end{bmatrix}=\begin{bmatrix}5&-2&0&0&0\\-7&3&0&0&0\\0&0&1&0&0\\0&0&0&-8&7\\0&0&0&7&-6\end{bmatrix} \tag{8.46}$$

除此之外，还有一些较为简单的分块矩阵的逆矩阵可以通过逆矩阵的定义求解。这里看一个例子。

例 8-12：已知方阵 $\boldsymbol{A}$ 分块如下（$\boldsymbol{B}$ 和 $\boldsymbol{C}$ 都是可逆的方阵），求 $\boldsymbol{A}^{-1}$。

$$\boldsymbol{A}=\begin{bmatrix}\boldsymbol{B}&\boldsymbol{X}\\\boldsymbol{O}&\boldsymbol{C}\end{bmatrix} \tag{8.47}$$

解：设有和 $\boldsymbol{A}$ 等阶的方阵 $\boldsymbol{D}=\begin{bmatrix}\boldsymbol{J}&\boldsymbol{K}\\\boldsymbol{L}&\boldsymbol{M}\end{bmatrix}$，如果 $\boldsymbol{AD}=\boldsymbol{E}$，则 $\boldsymbol{D}=\boldsymbol{A}^{-1}$。所以要求出 $\boldsymbol{A}^{-1}$，只需要求出 $\boldsymbol{J}$、$\boldsymbol{K}$、$\boldsymbol{L}$ 和 $\boldsymbol{M}$ 这四个矩阵的表达式。根据分块矩阵的乘法运算有

$$\boldsymbol{AD}=\begin{bmatrix}\boldsymbol{B}&\boldsymbol{X}\\\boldsymbol{O}&\boldsymbol{C}\end{bmatrix}\begin{bmatrix}\boldsymbol{J}&\boldsymbol{K}\\\boldsymbol{L}&\boldsymbol{M}\end{bmatrix}=\begin{bmatrix}\boldsymbol{BJ}+\boldsymbol{XL}&\boldsymbol{BK}+\boldsymbol{XM}\\\boldsymbol{CL}&\boldsymbol{CM}\end{bmatrix} \tag{8.48}$$

而单位阵 $\boldsymbol{E}$ 可以按照上式的尺寸分块成合适的大小如下：

$$\boldsymbol{E}=\begin{bmatrix}\boldsymbol{E}&\boldsymbol{O}\\\boldsymbol{O}&\boldsymbol{E}\end{bmatrix} \tag{8.49}$$

于是 $\boldsymbol{AD}=\boldsymbol{E}$，则意味着下式成立：

$$\begin{bmatrix}\boldsymbol{BJ}+\boldsymbol{XL}&\boldsymbol{BK}+\boldsymbol{XM}\\\boldsymbol{CL}&\boldsymbol{CM}\end{bmatrix}=\begin{bmatrix}\boldsymbol{E}&\boldsymbol{O}\\\boldsymbol{O}&\boldsymbol{E}\end{bmatrix} \tag{8.50}$$

所以只需要这四者分别对应相等即可求出未知的 $\boldsymbol{J}$、$\boldsymbol{K}$、$\boldsymbol{L}$ 和 $\boldsymbol{M}$ 矩阵：

$$\begin{cases}\boldsymbol{BJ}+\boldsymbol{XL}=\boldsymbol{E} & ①\\\boldsymbol{BK}+\boldsymbol{XM}=\boldsymbol{O} & ②\\\boldsymbol{CL}=\boldsymbol{O} & ③\\\boldsymbol{CM}=\boldsymbol{E} & ④\end{cases} \tag{8.51}$$

先从较为简单的式③$\boldsymbol{CL}=\boldsymbol{O}$ 入手，由于 $\boldsymbol{C}$ 可逆，所以给式子两边同左乘 $\boldsymbol{C}^{-1}$，则有 $\boldsymbol{L}=\boldsymbol{C}^{-1}\boldsymbol{O}=\boldsymbol{O}$。再看式④$\boldsymbol{CM}=\boldsymbol{E}$，可得 $\boldsymbol{M}=\boldsymbol{C}^{-1}$。

将 $\boldsymbol{L}=\boldsymbol{O}$ 代入式①，有 $\boldsymbol{BJ}+\boldsymbol{XL}=\boldsymbol{BJ}=\boldsymbol{E}$，可知有 $\boldsymbol{J}=\boldsymbol{B}^{-1}$。将 $\boldsymbol{M}=\boldsymbol{C}^{-1}$ 代入式②，有

$BK+XM=BK+XC^{-1}=O$，可以推出 $K=-B^{-1}XC^{-1}$。

综上所述，有

$$A^{-1}=D=\begin{bmatrix}J & K\\ L & M\end{bmatrix}=\begin{bmatrix}B^{-1} & -B^{-1}XC^{-1}\\ O & C^{-1}\end{bmatrix} \tag{8.52}$$

例 8-13：已知方阵 A 分块如下（B 和 C 都是可逆的方阵），求 A^{-1}。

$$A=\begin{bmatrix}O & B\\ C & O\end{bmatrix} \tag{8.53}$$

解：观察到 A 不是分块对角阵，而是副对角线的分块对角形式。此时的做法同上例，即设 $A^{-1}=\begin{bmatrix}J & K\\ L & M\end{bmatrix}$，然后利用 $AA^{-1}=E$ 即可。

$$AA^{-1}=\begin{bmatrix}O & B\\ C & O\end{bmatrix}\begin{bmatrix}J & K\\ L & M\end{bmatrix}=\begin{bmatrix}BL & BM\\ CJ & CK\end{bmatrix}=E=\begin{bmatrix}E & O\\ O & E\end{bmatrix} \tag{8.54}$$

故有 $BL=E$ 和 $CK=E$，于是 $L=B^{-1}$ 和 $K=C^{-1}$；此外还有 $BM=O$ 和 $CJ=O$，给两式两边分别左乘 B^{-1} 和 C^{-1}，就有 $M=O$ 和 $J=O$，故有

$$A^{-1}=\begin{bmatrix}O & C^{-1}\\ B^{-1} & O\end{bmatrix} \tag{8.55}$$

8.2.5　分块矩阵的行列式计算

分块矩阵的行列式一般也不易计算，但是一些特殊的分块矩阵行列式却比较容易计算，比如前面的例题中提到的分块矩阵 $A=\begin{bmatrix}B & X\\ O & C\end{bmatrix}$（$B$ 和 C 都是方阵）。这里 A 是一个分块上三角阵，但不一定是真正的上三角阵，只有在 B 和 C 都是上三角阵时，A 才是真正的上三角阵。而我们知道，任何一个矩阵理论上都可以仅经过倍加初等行变换成为阶梯矩阵，对于方阵来说这个阶梯矩阵就是上三角阵。设 B 经过一系列倍加初等行变换（记为 r_{I}）成为上三角阵 B_1，C 经过一系列倍加初等行变换（记为 r_{II}）成为上三角阵 C_1，由于倍加变换不改变行列式的值，因此 $|B_1|=|B|$ 且 $|C_1|=|C|$。于是对 A 先做一系列倍加行变换 r_{I}，再做一系列倍加行变换 r_{II}：

$$A=\begin{bmatrix}B & X\\ O & C\end{bmatrix}\xrightarrow{r_{\mathrm{I}}}\begin{bmatrix}B_1 & X_1\\ O & C\end{bmatrix}\xrightarrow{r_{\mathrm{II}}}\begin{bmatrix}B_1 & X_1\\ O & C_1\end{bmatrix} \tag{8.56}$$

在进行倍加行变换 r_{I} 时，不仅 B 会变成 B_1，而且 X 也同步变为 X_1；而在进行倍加行变换 r_{II} 时，由于 O 的所有元素都是 0，不论如何操作都是 0 不变，所以这一部分保持不变。由于 B_1 和 C_1 都是上三角阵，故有

$$|A|=\begin{vmatrix}B & X\\ O & C\end{vmatrix}=\begin{vmatrix}B_1 & X_1\\ O & C_1\end{vmatrix}=|B_1||C_1|=|B||C| \tag{8.57}$$

对于分块下三角阵、分块对角阵来说也有同样的结论成立：

$$\begin{vmatrix}B & X\\ O & C\end{vmatrix}=|B||C|,\quad \begin{vmatrix}B & O\\ X & C\end{vmatrix}=|B||C|,\quad \begin{vmatrix}B & O\\ O & C\end{vmatrix}=|B||C| \tag{8.58}$$

这个结论最大的特点是 $|A|$ 和 X 是无关的，只要分块后主对角线的子矩阵都是方阵，

且出现了零矩阵 $\boldsymbol{O}$，就可以使用这个结论。

例 8-14：求以下行列式 D：

$$D=\begin{vmatrix}5&7&9&1\\8&6&4&5\\0&0&7&3\\0&0&2&5\end{vmatrix} \tag{8.59}$$

解：如果使用上一章讲解的行列式计算方法与技巧，需要使用初等变换和降阶综合的方法。但仔细观察可以发现，如果将 D 对应的矩阵分块成为四个 2 阶方阵，刚好左下角是 $\boldsymbol{O}$，而 2 阶行列式计算是很容易的，因此可以直接使用分块矩阵的方法去做：

$$D=\left|\begin{array}{cc:cc}5&7&9&1\\8&6&4&5\\\hdashline 0&0&7&3\\0&0&2&5\end{array}\right|=\begin{vmatrix}5&7\\8&6\end{vmatrix}\begin{vmatrix}7&3\\2&5\end{vmatrix}=(5\times6-7\times8)(7\times5-3\times2)=-754 \tag{8.60}$$

8.3 分块初等变换

8.3.1 分块矩阵的初等变换

矩阵的初等变换包括交换、数乘和倍加三项操作，作用对象可以是行也可以是列。拓展到分块矩阵上，也有交换、阵乘和倍加三种操作。由于矩阵乘法需要分清左右，所以阵乘和倍加操作实际上要分左乘和右乘两种情况，它们分别对应于行变换和列变换。具体来说，分块初等行变换包括以下三种操作：

- 行交换操作：交换两块行的位置；
- 行阵乘操作：使用某个可逆矩阵左乘某一块行；
- 行倍加操作：将某一矩阵左乘某块行后加到另一块行上。

对于分块初等列变换也包括以下三种操作：

- 列交换操作：交换两块列的位置；
- 列阵乘操作：使用某个可逆矩阵右乘某一块列；
- 列倍加操作：将某一矩阵右乘某块列后加到另一块列上。

下面以一个简单的分块矩阵 $\begin{bmatrix}\boldsymbol{A}&\boldsymbol{B}\\\boldsymbol{C}&\boldsymbol{D}\end{bmatrix}$ 为例说明。以下是三种初等行变换操作：

$$\begin{gathered}\begin{bmatrix}\boldsymbol{A}&\boldsymbol{B}\\\boldsymbol{C}&\boldsymbol{D}\end{bmatrix}\xrightarrow{r_1\leftrightarrow r_2}\begin{bmatrix}\boldsymbol{C}&\boldsymbol{D}\\\boldsymbol{A}&\boldsymbol{B}\end{bmatrix}\\ \begin{bmatrix}\boldsymbol{A}&\boldsymbol{B}\\\boldsymbol{C}&\boldsymbol{D}\end{bmatrix}\xrightarrow{\boldsymbol{P}r_1}\begin{bmatrix}\boldsymbol{PA}&\boldsymbol{PB}\\\boldsymbol{C}&\boldsymbol{D}\end{bmatrix},\quad |\boldsymbol{P}|\neq0\\ \begin{bmatrix}\boldsymbol{A}&\boldsymbol{B}\\\boldsymbol{C}&\boldsymbol{D}\end{bmatrix}\xrightarrow{\boldsymbol{P}r_1+r_2}\begin{bmatrix}\boldsymbol{A}&\boldsymbol{B}\\\boldsymbol{PA}+\boldsymbol{C}&\boldsymbol{PB}+\boldsymbol{D}\end{bmatrix}\end{gathered} \tag{8.61}$$

以下是三种初等列变换操作：

$$\begin{bmatrix}\boldsymbol{A}&\boldsymbol{B}\\\boldsymbol{C}&\boldsymbol{D}\end{bmatrix}\xrightarrow{c_1\leftrightarrow c_2}\begin{bmatrix}\boldsymbol{B}&\boldsymbol{A}\\\boldsymbol{D}&\boldsymbol{C}\end{bmatrix}$$

$$\begin{bmatrix} A & B \\ C & D \end{bmatrix} \xrightarrow{c_1 P} \begin{bmatrix} AP & B \\ CP & D \end{bmatrix}, \quad |P| \neq 0$$
$$\begin{bmatrix} A & B \\ C & D \end{bmatrix} \xrightarrow{c_1 P + c_2} \begin{bmatrix} A & B+AP \\ C & D+CP \end{bmatrix} \tag{8.62}$$

这里需要特别注意阵乘和倍加两种操作，初等行变换对应的是左乘，而初等列变换对应的是右乘，这是和普通矩阵初等变换不同的地方。

例 8-15：已知 A、B、C 和 D 均为 n 阶方阵，$|A| \neq 0$。

（1）求证：

$$\begin{vmatrix} A & B \\ C & D \end{vmatrix} = |A||D - CA^{-1}B| \tag{8.63}$$

（2）若 $AC = CA$，求证：

$$\begin{vmatrix} A & B \\ C & D \end{vmatrix} = |AD - CB| \tag{8.64}$$

证明：证明这两个结论之前，首先观察式(8.63)和式(8.64)，它们可以被认为是 2 阶分块矩阵行列式的计算法则，其中式(8.64)和对角线法则颇为相似。我们的思路是先通过初等变换法证明式(8.63)，然后利用 $AC = CA$ 这个附加条件证明式(8.64)。

（1）对分块矩阵的行列式做初等行变换，给第 1 行左乘 $-CA^{-1}$ 再加到第 2 行上，这样就可以让 C 变成 O：

$$\begin{vmatrix} A & B \\ C & D \end{vmatrix} \overset{-CA^{-1}r_1 + r_2}{=\!=\!=\!=} \begin{vmatrix} A & B \\ -CA^{-1}A + C & -CA^{-1}B + D \end{vmatrix} = \begin{vmatrix} A & B \\ O & -CA^{-1}B + D \end{vmatrix}$$
$$= |A||D - CA^{-1}B| \tag{8.65}$$

（2）在 $AC = CA$ 时，有

$$\begin{vmatrix} A & B \\ C & D \end{vmatrix} = |A||D - CA^{-1}B| = |A(D - CA^{-1}B)| = |AD - ACA^{-1}B|$$
$$= |AD - CAA^{-1}B| = |AD - CB| \tag{8.66}$$

上例中，我们能明显体会到分块矩阵的倍加操作较为复杂且不易理解。比如如何通过子矩阵 A 消掉 C，此时先思考如何把 A 变成 $-C$，于是思路就是先把 A 通过逆矩阵 A^{-1} 变成 E，然后再乘以 $-C$ 即可。由于是初等行变换，所以是不断左乘的，因此最终表现出倍加"系数"就是 $-CA^{-1}$。请读者仔细体会其中的方法技巧。

8.3.2 分块初等矩阵

和普通的初等矩阵定义类似，对单位阵做一次分块初等变换就能得到**分块初等矩阵**(block elementary matrix)。下面以比较常见的 2 阶分块矩阵为例说明。一个 n 阶单位阵 E 可以分成以下 2 阶分块矩阵：

$$E_{n\times n} = \begin{bmatrix} E_{a\times a} & O_{a\times b} \\ O_{b\times a} & E_{b\times b} \end{bmatrix} = \begin{bmatrix} E_a & O \\ O & E_b \end{bmatrix} \tag{8.67}$$

上式中有 $a+b=n$ 这个式子成立，并且将 $E_{a\times a}$ 和 $E_{b\times b}$ 分别简写为 E_a 和 E_b，可见单位阵分块以后的子矩阵是两个单位阵和两个零矩阵。用这种方式对单位阵进行分块，然后做一次分块初等变换就能得到分块初等矩阵。六种分块初等矩阵(包括三种行分块初等矩阵和三种列分块初等矩阵)如下：

$$\begin{bmatrix}\boldsymbol{E}_a & \boldsymbol{O}\\ \boldsymbol{O} & \boldsymbol{E}_b\end{bmatrix}\xrightarrow{r_1\leftrightarrow r_2}\begin{bmatrix}\boldsymbol{O} & \boldsymbol{E}_b\\ \boldsymbol{E}_a & \boldsymbol{O}\end{bmatrix},\quad \begin{bmatrix}\boldsymbol{E}_a & \boldsymbol{O}\\ \boldsymbol{O} & \boldsymbol{E}_b\end{bmatrix}\xrightarrow{c_1\leftrightarrow c_2}\begin{bmatrix}\boldsymbol{O} & \boldsymbol{E}_a\\ \boldsymbol{E}_b & \boldsymbol{O}\end{bmatrix}$$

$$\begin{bmatrix}\boldsymbol{E}_a & \boldsymbol{O}\\ \boldsymbol{O} & \boldsymbol{E}_b\end{bmatrix}\xrightarrow{\boldsymbol{P}r_1}\begin{bmatrix}\boldsymbol{P} & \boldsymbol{O}\\ \boldsymbol{O} & \boldsymbol{E}_b\end{bmatrix},\quad \begin{bmatrix}\boldsymbol{E}_a & \boldsymbol{O}\\ \boldsymbol{O} & \boldsymbol{E}_b\end{bmatrix}\xrightarrow{c_1\boldsymbol{P}}\begin{bmatrix}\boldsymbol{P} & \boldsymbol{O}\\ \boldsymbol{O} & \boldsymbol{E}_b\end{bmatrix},\quad |\boldsymbol{P}|\neq 0 \tag{8.68}$$

$$\begin{bmatrix}\boldsymbol{E}_a & \boldsymbol{O}\\ \boldsymbol{O} & \boldsymbol{E}_b\end{bmatrix}\xrightarrow{\boldsymbol{P}r_1+r_2}\begin{bmatrix}\boldsymbol{E}_a & \boldsymbol{O}\\ \boldsymbol{P} & \boldsymbol{E}_b\end{bmatrix},\quad \begin{bmatrix}\boldsymbol{E}_a & \boldsymbol{O}\\ \boldsymbol{O} & \boldsymbol{E}_b\end{bmatrix}\xrightarrow{c_1\boldsymbol{P}+c_2}\begin{bmatrix}\boldsymbol{E}_a & \boldsymbol{P}\\ \boldsymbol{O} & \boldsymbol{E}_b\end{bmatrix}$$

矩阵进行一次分块初等行变换，相当于给矩阵左乘一个对应的分块行初等矩阵；矩阵进行一次分块初等列变换，相当于给矩阵右乘一个对应的分块列初等矩阵。这一点和普通矩阵的性质完全一致。因此要研究分块矩阵在初等变换中的性质，可以化为矩阵的乘法运算研究。

例 8-16：已知分块矩阵 $\begin{bmatrix}\boldsymbol{A} & \boldsymbol{B}\\ \boldsymbol{C} & \boldsymbol{D}\end{bmatrix}$ 中，$\boldsymbol{A}$、$\boldsymbol{B}$、$\boldsymbol{C}$ 和 $\boldsymbol{D}$ 均为 n 阶方阵。请证明以下经过初等行变换后的矩阵行列式：

(1) $\begin{vmatrix}\boldsymbol{C} & \boldsymbol{D}\\ \boldsymbol{A} & \boldsymbol{B}\end{vmatrix}=(-1)^n\begin{vmatrix}\boldsymbol{A} & \boldsymbol{B}\\ \boldsymbol{C} & \boldsymbol{D}\end{vmatrix}$；

(2) $\begin{vmatrix}\boldsymbol{PA} & \boldsymbol{PB}\\ \boldsymbol{C} & \boldsymbol{D}\end{vmatrix}=|\boldsymbol{P}|\begin{vmatrix}\boldsymbol{A} & \boldsymbol{B}\\ \boldsymbol{C} & \boldsymbol{D}\end{vmatrix}$，其中 $\boldsymbol{P}$ 是 n 阶可逆矩阵；

(3) $\begin{vmatrix}\boldsymbol{A} & \boldsymbol{B}\\ \boldsymbol{PA}+\boldsymbol{C} & \boldsymbol{PB}+\boldsymbol{D}\end{vmatrix}=\begin{vmatrix}\boldsymbol{A} & \boldsymbol{B}\\ \boldsymbol{C} & \boldsymbol{D}\end{vmatrix}$。

证明：(1) 两个块行交换，相当于将对应行交换 n 次，故有 n 次行交换操作，于是结果就是原先行列式乘以$(-1)^n$。

(2) 根据分块初等矩阵的性质，有以下式子成立：

$$\begin{bmatrix}\boldsymbol{PA} & \boldsymbol{PB}\\ \boldsymbol{C} & \boldsymbol{D}\end{bmatrix}=\begin{bmatrix}\boldsymbol{P} & \boldsymbol{O}\\ \boldsymbol{O} & \boldsymbol{E}\end{bmatrix}\begin{bmatrix}\boldsymbol{A} & \boldsymbol{B}\\ \boldsymbol{C} & \boldsymbol{D}\end{bmatrix} \tag{8.69}$$

给上式两端取行列式就有

$$\begin{vmatrix}\boldsymbol{PA} & \boldsymbol{PB}\\ \boldsymbol{C} & \boldsymbol{D}\end{vmatrix}=\begin{vmatrix}\boldsymbol{P} & \boldsymbol{O}\\ \boldsymbol{O} & \boldsymbol{E}\end{vmatrix}\begin{vmatrix}\boldsymbol{A} & \boldsymbol{B}\\ \boldsymbol{C} & \boldsymbol{D}\end{vmatrix}=|\boldsymbol{P}||\boldsymbol{E}|\begin{vmatrix}\boldsymbol{A} & \boldsymbol{B}\\ \boldsymbol{C} & \boldsymbol{D}\end{vmatrix}=|\boldsymbol{P}|\begin{vmatrix}\boldsymbol{A} & \boldsymbol{B}\\ \boldsymbol{C} & \boldsymbol{D}\end{vmatrix} \tag{8.70}$$

(3) 同样，构造分块初等矩阵，有以下式子成立：

$$\begin{bmatrix}\boldsymbol{A} & \boldsymbol{B}\\ \boldsymbol{PA}+\boldsymbol{C} & \boldsymbol{PB}+\boldsymbol{D}\end{bmatrix}=\begin{bmatrix}\boldsymbol{E} & \boldsymbol{O}\\ \boldsymbol{P} & \boldsymbol{E}\end{bmatrix}\begin{bmatrix}\boldsymbol{A} & \boldsymbol{B}\\ \boldsymbol{C} & \boldsymbol{D}\end{bmatrix} \tag{8.71}$$

取行列式得

$$\begin{vmatrix}\boldsymbol{A} & \boldsymbol{B}\\ \boldsymbol{PA}+\boldsymbol{C} & \boldsymbol{PB}+\boldsymbol{D}\end{vmatrix}=\begin{vmatrix}\boldsymbol{E} & \boldsymbol{O}\\ \boldsymbol{P} & \boldsymbol{E}\end{vmatrix}\begin{vmatrix}\boldsymbol{A} & \boldsymbol{B}\\ \boldsymbol{C} & \boldsymbol{D}\end{vmatrix}=|\boldsymbol{E}||\boldsymbol{E}|\begin{vmatrix}\boldsymbol{A} & \boldsymbol{B}\\ \boldsymbol{C} & \boldsymbol{D}\end{vmatrix}=\begin{vmatrix}\boldsymbol{A} & \boldsymbol{B}\\ \boldsymbol{C} & \boldsymbol{D}\end{vmatrix} \tag{8.72}$$

以上结论对于初等列变换也是成立的，请读者自行写出。

例 8-17：求以下矩阵 $\boldsymbol{X}$，并将完整的矩阵表达式写出(每个子矩阵尺寸均合适)。

(1) $(\boldsymbol{A}+\boldsymbol{B}\quad \boldsymbol{A})=(\boldsymbol{B}\quad \boldsymbol{A})\boldsymbol{X}$

(2) $(\boldsymbol{AB} \quad \boldsymbol{A})=(\boldsymbol{O} \quad \boldsymbol{A})\boldsymbol{X}$

(3) $\begin{bmatrix}\boldsymbol{A}-\boldsymbol{B}\\ \boldsymbol{B}\end{bmatrix}=\boldsymbol{X}\begin{bmatrix}\boldsymbol{A}\\ \boldsymbol{B}\end{bmatrix}$

(4) $\begin{bmatrix}\boldsymbol{E} & \boldsymbol{B}\\ \boldsymbol{A} & \boldsymbol{AB}\end{bmatrix}=\begin{bmatrix}\boldsymbol{E} & \boldsymbol{O}\\ \boldsymbol{A} & \boldsymbol{O}\end{bmatrix}\boldsymbol{X}$

解：(1) 从$(\boldsymbol{B} \quad \boldsymbol{A})$到$(\boldsymbol{A}+\boldsymbol{B} \quad \boldsymbol{A})$是把第 2 块列右乘 $\boldsymbol{E}$ 倍(不能理解成 1 倍)加到第 1 块列上，相当于给它右乘相应的分块初等矩阵，所以 $\boldsymbol{X}=\begin{bmatrix}\boldsymbol{E} & \boldsymbol{O}\\ \boldsymbol{E} & \boldsymbol{E}\end{bmatrix}$时，下式正好成立：

$$(\boldsymbol{A}+\boldsymbol{B} \quad \boldsymbol{A})=(\boldsymbol{B} \quad \boldsymbol{A})\begin{bmatrix}\boldsymbol{E} & \boldsymbol{O}\\ \boldsymbol{E} & \boldsymbol{E}\end{bmatrix} \tag{8.73}$$

(2) 从$(\boldsymbol{O} \quad \boldsymbol{A})$到$(\boldsymbol{AB} \quad \boldsymbol{A})$是把第 2 块列右乘 $\boldsymbol{B}$ 倍加到第 1 块列上，相当于给它右乘相应的分块初等矩阵，所以 $\boldsymbol{X}=\begin{bmatrix}\boldsymbol{E} & \boldsymbol{O}\\ \boldsymbol{B} & \boldsymbol{E}\end{bmatrix}$时，下式正好成立：

$$(\boldsymbol{AB} \quad \boldsymbol{A})=(\boldsymbol{O} \quad \boldsymbol{A})\begin{bmatrix}\boldsymbol{E} & \boldsymbol{O}\\ \boldsymbol{B} & \boldsymbol{E}\end{bmatrix} \tag{8.74}$$

(3) 从$\begin{bmatrix}\boldsymbol{A}\\ \boldsymbol{B}\end{bmatrix}$到$\begin{bmatrix}\boldsymbol{A}-\boldsymbol{B}\\ \boldsymbol{B}\end{bmatrix}$是把第 2 块行左乘$-\boldsymbol{E}$ 倍加到第 1 块行上，相当于给它左乘相应的分块初等矩阵，所以 $\boldsymbol{X}=\begin{bmatrix}\boldsymbol{E} & -\boldsymbol{E}\\ \boldsymbol{O} & \boldsymbol{E}\end{bmatrix}$时，下式正好成立：

$$\begin{bmatrix}\boldsymbol{A}-\boldsymbol{B}\\ \boldsymbol{B}\end{bmatrix}=\begin{bmatrix}\boldsymbol{E} & -\boldsymbol{E}\\ \boldsymbol{O} & \boldsymbol{E}\end{bmatrix}\begin{bmatrix}\boldsymbol{A}\\ \boldsymbol{B}\end{bmatrix} \tag{8.75}$$

(4) 从$\begin{bmatrix}\boldsymbol{E} & \boldsymbol{O}\\ \boldsymbol{A} & \boldsymbol{O}\end{bmatrix}$到$\begin{bmatrix}\boldsymbol{E} & \boldsymbol{B}\\ \boldsymbol{A} & \boldsymbol{AB}\end{bmatrix}$是把第 1 块列右乘 $\boldsymbol{B}$ 倍加到第 2 块列上，相当于给它右乘相应的分块初等矩阵，所以 $\boldsymbol{X}=\begin{bmatrix}\boldsymbol{E} & \boldsymbol{B}\\ \boldsymbol{O} & \boldsymbol{E}\end{bmatrix}$时，下式正好成立：

$$\begin{bmatrix}\boldsymbol{E} & \boldsymbol{B}\\ \boldsymbol{A} & \boldsymbol{AB}\end{bmatrix}=\begin{bmatrix}\boldsymbol{E} & \boldsymbol{O}\\ \boldsymbol{A} & \boldsymbol{O}\end{bmatrix}\begin{bmatrix}\boldsymbol{E} & \boldsymbol{B}\\ \boldsymbol{O} & \boldsymbol{E}\end{bmatrix} \tag{8.76}$$

以上使用初等矩阵将分块矩阵拆解成两个矩阵相乘的形式是非常重要的，在后续介绍矩阵秩的性质时起着关键的作用。

8.4 编程实践：MATLAB 实现矩阵的分块与合并

对矩阵的分块操作可以使用函数 mat2cell。比如使用 round 和 rand 函数生成一个 10×10 的自然数矩阵 $\boldsymbol{A}$。

```
>> A = round(9 * rand(10,10),0);
```

比如某次随机得到的矩阵如下：

```
A =
     6     7     7     4     1     1     6     1     1     5
     1     2     3     1     7     8     4     0     1     2
     7     7     2     7     3     2     4     4     2     2
     1     9     1     1     5     2     5     6     2     1
```

```
     1     8     7     3     9     7     1     7     3     8
     6     1     2     2     4     4     3     5     3     6
     3     3     3     5     6     7     7     1     2     5
     6     3     5     1     7     4     6     6     2     3
     7     6     2     4     4     2     1     1     8     1
     5     5     6     1     6     0     1     1     6     6
```

然后输入以下语句：

```
>> B = mat2cell(A,[3,3,4],[5,5]);
```

查看变量区，变量 B 就变成了 cell 格式的变量了。上述语句的[3,3,4]表示将 10 行按照 3 行、3 行和 4 行划分，[5,5]表示将 10 列按照 5 列和 5 列划分，从而实现了对应的分块操作。查看变量 B，显示如下：

```
B =
  3×2 cell array
    {3×5 double}    {3×5 double}
    {3×5 double}    {3×5 double}
    {4×5 double}    {4×5 double}
```

如果要查看对应的子矩阵，需要使用大括号（花括号）。例如要输出变量 B 的第 1 行第 2 列对应的分块，需要输入以下语句：

```
>> B{1,2}
ans =
     1     6     1     1     5
     8     4     0     1     2
     2     4     4     2     2
```

除了将矩阵分块成为各个子矩阵以外，有时候还需要将一系列小矩阵合并成为一个大的矩阵，此时可以直接将这几个矩阵按照元素一样合并。例如先用 round 和 rand 函数生成 4 个随机的小矩阵：

```
>> A = round(9 * rand(2,3),0);
>> B = round(9 * rand(2,2),0);
>> C = round(9 * rand(3,3),0);
>> D = round(9 * rand(3,2),0);
```

查看变量，4 个矩阵如下：

```
A =
     3     7     4
     5     4     1

>> B
B =
     0     3
     3     6

>> C
C =
     9     2     7
     8     7     7
     4     7     1

>> D
D =
```

```
    6     1
    4     7
    2     2
```

此时如果需要让它们组成 2×2 分块矩阵 $\boldsymbol{P}=\begin{bmatrix}\boldsymbol{A} & \boldsymbol{B}\\ \boldsymbol{C} & \boldsymbol{D}\end{bmatrix}$，只需输入以下语句：

```
>> P = [A,B;C,D];
```

查看变量就可以看到结果：

```
>> P
P =
    3     7     4     0     3
    5     4     1     3     6
    9     2     7     6     1
    8     7     7     4     7
    4     7     1     2     2
```

当然矩阵合并的方式不止这一种，读者可以自行查阅其他的矩阵拼接、合并函数，并比较几种方法的特点。

习题 8

1. 已知 $\boldsymbol{A}$ 是 m 阶可逆矩阵，$\boldsymbol{B}$ 是 $m\times n$ 矩阵，$\boldsymbol{C}$ 是 $n\times m$ 矩阵。请使用分块矩阵乘法和逆矩阵的定义、性质验证以下结论成立（不需要证明）。

$$\begin{bmatrix}\boldsymbol{A} & \boldsymbol{B}\\ \boldsymbol{C} & \boldsymbol{O}\end{bmatrix}^{-1}=\begin{bmatrix}\boldsymbol{A}^{-1}-\boldsymbol{A}^{-1}\boldsymbol{B}(\boldsymbol{C}\boldsymbol{A}^{-1}\boldsymbol{B})^{-1}\boldsymbol{C}\boldsymbol{A}^{-1} & \boldsymbol{A}^{-1}\boldsymbol{B}(\boldsymbol{C}\boldsymbol{A}^{-1}\boldsymbol{B})^{-1}\\ (\boldsymbol{C}\boldsymbol{A}^{-1}\boldsymbol{B})^{-1}\boldsymbol{C}\boldsymbol{A}^{-1} & -(\boldsymbol{C}\boldsymbol{A}^{-1}\boldsymbol{B})^{-1}\end{bmatrix}$$

2. 利用第 1 题的结论，求分块矩阵 $\boldsymbol{A}=\begin{bmatrix}\boldsymbol{E} & \boldsymbol{P}\\ \boldsymbol{Q} & \boldsymbol{O}\end{bmatrix}$ 的逆矩阵（$\boldsymbol{A}$ 是方阵）。

3. 已知 $\boldsymbol{A}$ 是 $m\times n$ 矩阵，$\boldsymbol{B}$ 是 $n\times m$ 矩阵，求证：

$$\begin{vmatrix}\boldsymbol{E} & \boldsymbol{B}\\ \boldsymbol{A} & \boldsymbol{E}\end{vmatrix}=|\boldsymbol{E}-\boldsymbol{A}\boldsymbol{B}|=|\boldsymbol{E}-\boldsymbol{B}\boldsymbol{A}|\text{（}\boldsymbol{E}\text{ 是适合阶数的单位阵）}$$

4. 已知 $\boldsymbol{A}$、$\boldsymbol{B}$、$\boldsymbol{C}$ 和 $\boldsymbol{D}$ 均为 n 阶可逆方阵。求证：

(1) 如果 $\boldsymbol{A}$ 和 $\boldsymbol{B}$ 可交换，则有

$$\begin{vmatrix}\boldsymbol{A} & \boldsymbol{B}\\ \boldsymbol{C} & \boldsymbol{D}\end{vmatrix}=|\boldsymbol{D}\boldsymbol{A}-\boldsymbol{B}\boldsymbol{C}|$$

(2) 如果 $\boldsymbol{C}$ 和 $\boldsymbol{D}$ 可交换，则有

$$\begin{vmatrix}\boldsymbol{A} & \boldsymbol{B}\\ \boldsymbol{C} & \boldsymbol{D}\end{vmatrix}=|\boldsymbol{A}\boldsymbol{D}-\boldsymbol{B}\boldsymbol{C}|$$

5. 已知 $\boldsymbol{A}$ 和 $\boldsymbol{B}$ 是 n 阶方阵，求证：

$$\begin{vmatrix}\boldsymbol{A} & \boldsymbol{B}\\ \boldsymbol{B} & \boldsymbol{A}\end{vmatrix}=|\boldsymbol{A}+\boldsymbol{B}||\boldsymbol{A}-\boldsymbol{B}|$$

6. 如何使用连续的初等变换实现以下转变？

$$\begin{bmatrix}-\boldsymbol{E} & \boldsymbol{B}\\ \boldsymbol{A} & \boldsymbol{O}\end{bmatrix}\rightarrow\begin{bmatrix}\boldsymbol{E} & \boldsymbol{O}\\ \boldsymbol{O} & \boldsymbol{A}\boldsymbol{B}\end{bmatrix}$$

第9章 矩阵的秩

矩阵的秩是在介绍线性方程组时引入的一个重要概念。一个矩阵经初等变换化为阶梯矩阵后,对应非零行数就是它的秩。前面的章节对矩阵的秩以及矩阵对应的线性变换进行了讨论和研究,进一步得出了矩阵的秩和矩阵可逆性以及行列式的关系。但仍然有两个问题没有解决:第一,矩阵的秩究竟有什么深刻的本质含义呢?第二,矩阵的各种运算过程中,秩会有怎样的规律变化?在这一章,我们将对矩阵的秩进行更加本质的刻画,然后使用分块矩阵的知识介绍常用的秩等式和秩不等式,揭示出矩阵运算过程中秩的各种规律表达。

9.1 矩阵的秩:深度刻画

9.1.1 由线性映射刻画矩阵的秩

矩阵的本质是一种线性映射,一个 $m\times n$ 的矩阵实现了从一个 n 维空间到 m 维空间的映射。为了简明起见,设 $m=n=3$,对应的矩阵就是一个 3 阶方阵,它实现了两个 3 维空间之间的线性变换。设有 3 阶方阵 $\boldsymbol{A}$,对应的映射是 $\boldsymbol{y}=\boldsymbol{Ax}$:

$$\boldsymbol{A}=\begin{bmatrix}1&1&2\\1&2&3\\2&4&5\end{bmatrix}\tag{9.1}$$

3 维空间的任意一个点 $\boldsymbol{x}$ 都能在 $\boldsymbol{A}$ 的作用下映射成为另一个 3 维空间的点 $\boldsymbol{y}$。可以求出 $r(\boldsymbol{A})=3$,那么线性方程组 $\boldsymbol{Ax}=\boldsymbol{y}$ 就具有唯一解,即对于任意的 3 维空间点 $\boldsymbol{y}$ 可以在 3 维空间里找到唯一一个点 $\boldsymbol{x}$ 与之对应,这样 $\boldsymbol{A}$ 就实现了一一映射。原先能够充满整个 3 维空间的点 $\boldsymbol{x}$ 在映射后成为 $\boldsymbol{y}$,它依旧可以充满另一个 3 维空间,如图 9-1 所示。

再看 3 阶方阵 $\boldsymbol{B}$,对应的映射是 $\boldsymbol{y}=\boldsymbol{Bx}$:

$$\boldsymbol{B}=\begin{bmatrix}1&1&2\\1&2&3\\2&3&5\end{bmatrix}\tag{9.2}$$

可以求出 $r(\boldsymbol{B})=2$。尽管 $\boldsymbol{B}$ 也能将 3 维空间的点 $\boldsymbol{x}$ 映射成另一个 3 维空间的点 $\boldsymbol{y}$,但线性方程组 $\boldsymbol{Bx}=\boldsymbol{y}$ 要么有无穷解要么无解,即 $\boldsymbol{B}$ 既不是单射也不是满射,它将全体 3 维空

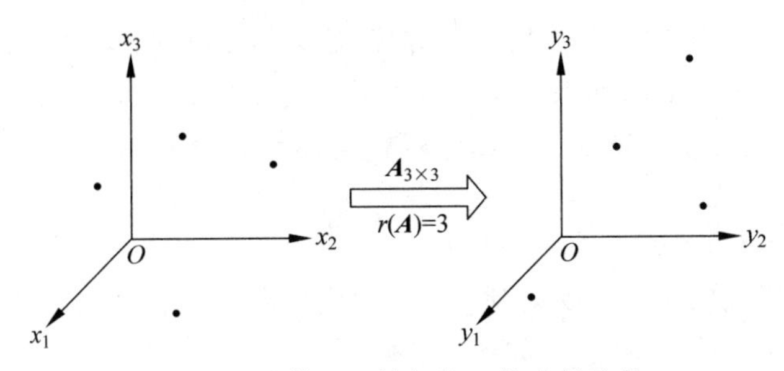

图 9-1　秩等于 3 的方阵 **A** 的映射示意

间的点映射到了另一个 3 维空间的一部分区域(子集)。那么究竟是另一个 3 维空间的怎样一部分区域呢？设 $\boldsymbol{x}=(x_1,x_2,x_3)^{\mathrm{T}}$，$\boldsymbol{y}=(y_1,y_2,y_3)^{\mathrm{T}}$，则：

$$\boldsymbol{y}=\boldsymbol{B}\boldsymbol{x}=\begin{bmatrix}1&1&2\\1&2&3\\2&3&5\end{bmatrix}\begin{bmatrix}x_1\\x_2\\x_3\end{bmatrix}=\begin{bmatrix}x_1+x_2+2x_3\\x_1+2x_2+3x_3\\2x_1+3x_2+5x_3\end{bmatrix}=\begin{bmatrix}y_1\\y_2\\y_3\end{bmatrix}\tag{9.3}$$

由于 **B** 的前两行相加就是第 3 行，所以有 $y_3=y_1+y_2$ 即 $y_1+y_2-y_3=0$，所以经过 **B** 映射后的所有点都集中在 $y_1+y_2-y_3=0$ 这个方程所代表的 2 维空间(平面)上。可见 $r(\boldsymbol{B})=2$ 意味着这个线性变换将 3 维空间的全体点映射到了 3 维空间的某一个 2 维空间(平面)上，如图 9-2 所示。

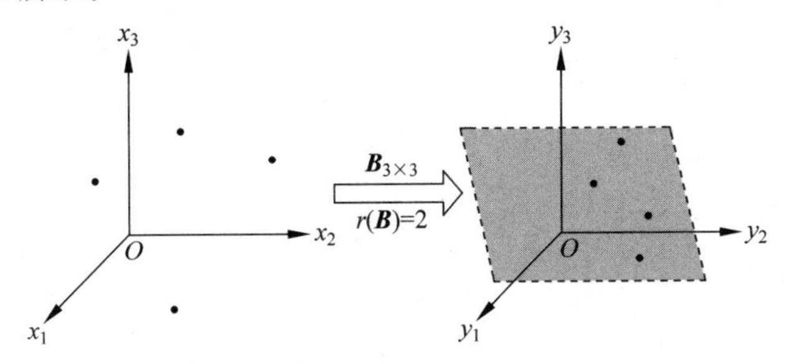

图 9-2　秩等于 2 的方阵 **B** 的映射示意

再看 3 阶方阵 **C**，对应的映射是 $\boldsymbol{y}=\boldsymbol{C}\boldsymbol{x}$：

$$\boldsymbol{C}=\begin{bmatrix}1&1&2\\2&2&4\\3&3&6\end{bmatrix}\tag{9.4}$$

可以求出 $r(\boldsymbol{C})=1$。类似地可以分析出，3 维空间的全体点被映射到另一个 3 维空间内的某个 1 维空间(直线)上，如图 9-3 所示。

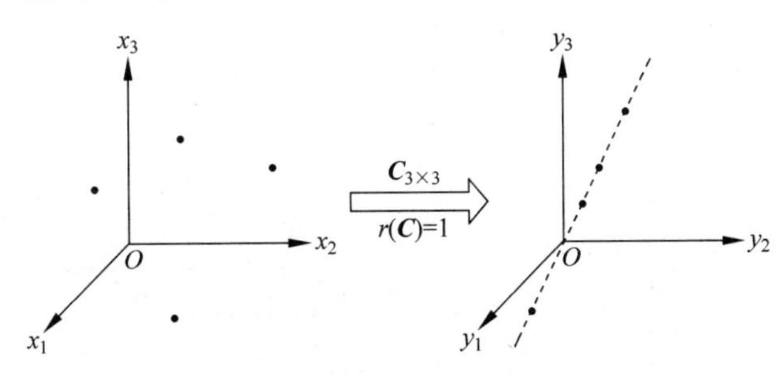

图 9-3　秩等于 1 的方阵 **C** 的映射示意

以上分析是基于方阵的，如果矩阵不是方阵，那么就是两个不同维度空间之间的映射，而矩阵的秩同样决定了原空间的点在映射后组成的空间维度。比如说 $\boldsymbol{J}$ 和 $\boldsymbol{K}$ 是两个 2×3 的矩阵，对应映射分别为 $\boldsymbol{y}=\boldsymbol{J}\boldsymbol{x}$ 和 $\boldsymbol{y}=\boldsymbol{K}\boldsymbol{x}$，其中 $r(\boldsymbol{J})=2$，$r(\boldsymbol{K})=1$：

$$\boldsymbol{J}=\begin{bmatrix}1 & 1 & 1\\1 & 1 & 2\end{bmatrix}\quad \boldsymbol{K}=\begin{bmatrix}1 & 1 & 1\\2 & 2 & 2\end{bmatrix} \tag{9.5}$$

$\boldsymbol{J}$ 和 $\boldsymbol{K}$ 将 3 维空间的全体点映射到 2 维空间内。由于 $r(\boldsymbol{J})=2$，所以 $\boldsymbol{J}$ 将 3 维空间的全体点都映射满了对应的 2 维空间，如图 9-4 所示。

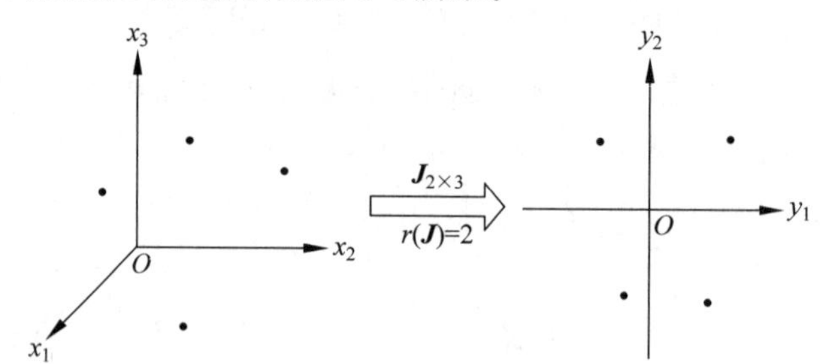

图 9-4　秩等于 2 的矩阵 $\boldsymbol{J}$ 的映射示意

而 $r(\boldsymbol{K})=1$，所以 $\boldsymbol{K}$ 将 3 维空间的全体点都映射到了 2 维空间的某个 1 维空间上（即平面内的某条直线上），如图 9-5 所示。

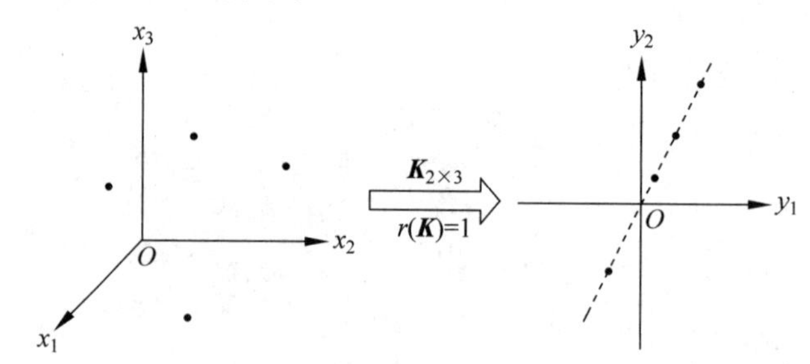

图 9-5　秩等于 1 的矩阵 $\boldsymbol{K}$ 的映射示意

再看矩阵 $\boldsymbol{P}$ 和 $\boldsymbol{Q}$，它们是 3×2 的矩阵，对应映射分别为 $\boldsymbol{y}=\boldsymbol{P}\boldsymbol{x}$ 和 $\boldsymbol{y}=\boldsymbol{Q}\boldsymbol{x}$，其中 $r(\boldsymbol{P})=2$，$r(\boldsymbol{Q})=1$：

$$\boldsymbol{P}=\begin{bmatrix}1 & 1\\2 & 3\\4 & 5\end{bmatrix},\quad \boldsymbol{Q}=\begin{bmatrix}1 & 1\\2 & 2\\3 & 3\end{bmatrix} \tag{9.6}$$

$\boldsymbol{P}$ 和 $\boldsymbol{Q}$ 将 2 维空间的全体点映射到 3 维空间内。由于 $r(\boldsymbol{P})=2$，所以 $\boldsymbol{P}$ 将 2 维空间的全体点都映射到了对应的 3 维空间的某一个 2 维空间（平面）上，如图 9-6 所示。

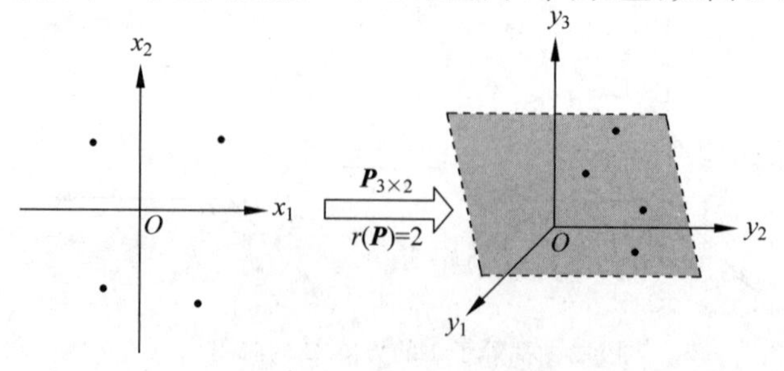

图 9-6　秩等于 2 的矩阵 $\boldsymbol{P}$ 的映射示意

而 $r(\boldsymbol{Q})=1$，所以 $\boldsymbol{Q}$ 将 2 维空间的全体点都映射到了对应的 3 维空间的某一个 1 维空间(直线)上，如图 9-7 所示。

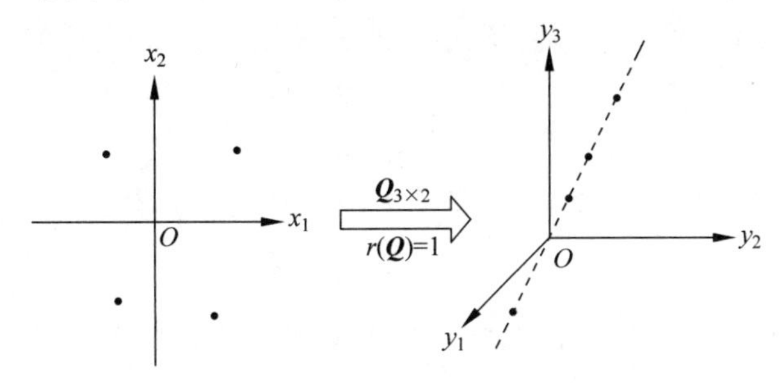

图 9-7　秩等于 1 的矩阵 $\boldsymbol{Q}$ 的映射示意

从以上分析和讨论可以看出，如果将矩阵视为一个线性映射，则矩阵的列数代表了自变量所在空间的维数，矩阵的行数代表了因变量所在空间的维数，而矩阵的秩则代表了映射后因变量的集合表征的空间维数。将上述 7 个矩阵所代表的线性映射情况列为表 9-1。

表 9-1　7 个矩阵代表的线性映射情况

矩　阵	列　数	行　数	秩	映射内容含义
$\boldsymbol{A}=\begin{bmatrix}1&1&2\\1&2&3\\2&4&5\end{bmatrix}$	3	3	3	将 3 维空间的点映射到 3 维空间，映射后的点的集合就是这个 3 维空间
$\boldsymbol{B}=\begin{bmatrix}1&1&2\\1&2&3\\2&3&5\end{bmatrix}$	3	3	2	将 3 维空间的点映射到 3 维空间，映射后的点的集合是 3 维空间里的某个 2 维空间(平面)
$\boldsymbol{C}=\begin{bmatrix}1&1&2\\2&2&4\\3&3&6\end{bmatrix}$	3	3	1	将 3 维空间的点映射到 3 维空间，映射后的点的集合是 3 维空间里的某个 1 维空间(直线)
$\boldsymbol{J}=\begin{bmatrix}1&1&1\\1&1&2\end{bmatrix}$	3	2	2	将 3 维空间的点映射到 2 维空间，映射后的点的集合就是这个 2 维空间
$\boldsymbol{K}=\begin{bmatrix}1&1&1\\2&2&2\end{bmatrix}$	3	2	1	将 3 维空间的点映射到 2 维空间，映射后的点的集合是 2 维空间里的某个 1 维空间(直线)
$\boldsymbol{P}=\begin{bmatrix}1&1\\2&3\\4&5\end{bmatrix}$	2	3	2	将 2 维空间的点映射到 3 维空间，映射后的点的集合是 3 维空间里的某个 2 维空间(平面)
$\boldsymbol{Q}=\begin{bmatrix}1&1\\2&2\\3&3\end{bmatrix}$	2	3	1	将 2 维空间的点映射到 3 维空间，映射后的点的集合是 3 维空间里的某个 1 维空间(直线)

9.1.2　由行列式刻画矩阵的秩

以上对矩阵的秩从线性映射的角度进行了刻画，如果要更深入了解矩阵的秩，还需要使用行列式作为代数工具进一步刻画。

我们知道，方阵可以取行列式，而非方阵不能取行列式。但是不论方阵还是非方阵，总可以在其中选取若干行和若干列按照原来的位置排成一个方阵。设有一个 $m\times n$ 的矩阵 $\boldsymbol{A}$,其中任选 k 行和 k 列,然后找到交叉的元素并按原来的位置排列成一个 k 阶的行列式,这个行列式的值就称为 $\boldsymbol{A}$ 的一个 k **阶子式**(minor of kth order)。比如 4×4 矩阵 $\boldsymbol{A}$ 如下:

$$\boldsymbol{A}=\begin{bmatrix}1&2&3&4\\3&4&5&6\\5&6&7&8\\7&8&9&0\end{bmatrix}\tag{9.7}$$

比如取 $\boldsymbol{A}$ 的第1、2行和第2、3列,就得到了 $\boldsymbol{A}$ 的一个2阶子式 $\begin{vmatrix}2&3\\4&5\end{vmatrix}=-2$;再如取 $\boldsymbol{A}$ 的第2、4行和第1、4列,就得到了 $\boldsymbol{A}$ 的另一个2阶子式 $\begin{vmatrix}3&6\\7&0\end{vmatrix}=-42$。需要注意,子式是一个行列式,即一个数,并不是矩阵。

同样,还可以取 $\boldsymbol{A}$ 的第1、2、4行和第2、3、4列,构成 $\boldsymbol{A}$ 的一个3阶子式:

$$\begin{vmatrix}2&3&4\\4&5&6\\8&9&0\end{vmatrix}=\begin{vmatrix}2&3&4\\0&-1&-2\\0&-3&-16\end{vmatrix}=2\begin{vmatrix}1&2\\3&16\end{vmatrix}=20\tag{9.8}$$

$\boldsymbol{A}$ 有两种特殊的子式:1阶子式和4阶子式。按照子式的定义,1阶子式就是 $\boldsymbol{A}$ 任取某一行和某一列得到的交叉元素构成的1阶行列式,实际上就是 $\boldsymbol{A}$ 中的任一元素。而4阶子式则是取 $\boldsymbol{A}$ 的4行和4列构成的行列式,实际上就是 $\boldsymbol{A}$ 自身的行列式 $|\boldsymbol{A}|$。

例 9-1:已知 $\boldsymbol{A}$ 是一个 $m\times n$ 的矩阵,现在需要求其 k 阶子式。(其中 $m,n,k\in\mathbf{N}^+$)

(1) 求 k 的取值范围;

(2) 求一共可以取多少个 k 阶子式;

(3) 若 $m=n$,则 $\boldsymbol{A}$ 中某个元素的余子式是几阶子式?

解:(1) 根据子式的定义,k 阶子式是从 m 行中任取 k 行、从 n 列中任取 k 列的结果,所以子式阶数既不能超过矩阵的行数也不能超过矩阵的列数,故有 $k\leqslant\min\{m,n\}$。

(2) 根据子式定义和相关排列组合知识,k 阶子式的总数是 $\mathrm{C}_m^k\mathrm{C}_n^k$ 个。

(3) $m=n$ 时,$\boldsymbol{A}$ 是 n 阶方阵,其某元素的余子式是划去这一行和这一列留下的行列式,所以可以认为是从 $\boldsymbol{A}$ 中取了对应的 $n-1$ 行和 $n-1$ 列得到的行列式,故这个余子式是 $\boldsymbol{A}$ 的一个 $n-1$ 阶子式。

行列式的意义是某个线性变换的比例系数。1阶行列式对应于长度信息(1维超体积),2阶行列式对应于面积信息(2维超体积),3阶行列式对应于体积信息(3维超体积),更高阶的行列式也对应相应维度的超体积信息。所以某个矩阵的 k 阶子式反映了这个矩阵代表的线性映射里是否包含(即是否可测量)对应的 k 维超体积信息。比如直线是一个1维空间,在直线上可以测量长度,但无法测量面积和体积,即对应面积、体积值是0;平面是一个2维空间,在平面上可以测量长度,也可以测量面积,但无法测量体积,即对应体积值是0。同理,在3维空间可以测量长度、面积和体积,但无法测量更高维度的超体积,即对应高维超体积值是0。

那么矩阵的秩和子式之间有什么联系呢?以 4×5 的矩阵 $\boldsymbol{A}$ 为例:

$$A=\begin{bmatrix}1&1&1&1&1\\1&2&3&4&5\\1&3&5&7&9\\2&3&4&5&6\end{bmatrix} \tag{9.9}$$

$\boldsymbol{A}$ 将 5 维空间里的点映射到了 4 维空间里。现在任取 $\boldsymbol{A}$ 的一个 2 阶子式，比如取 $\boldsymbol{A}$ 的第 1、2 行和第 1、2 列，有 $\begin{vmatrix}1&1\\1&2\end{vmatrix}=1$，说明 $\boldsymbol{A}$ 至少存在一个不等于 0 的 2 阶子式，即 $\boldsymbol{A}$ 代表的线性映射包含了 2 维空间的超体积信息（即面积信息是可测量的）。

再取 $\boldsymbol{A}$ 的一个 3 阶子式，比如取 $\boldsymbol{A}$ 的第 1、2、3 行和第 1、2、3 列，有 $\begin{vmatrix}1&1&1\\1&2&3\\1&3&5\end{vmatrix}=0$，说明 $\boldsymbol{A}$ 至少存在一个等于 0 的 3 阶子式。但进一步验证就会发现，不光是上述 3 阶子式等于 0，$\boldsymbol{A}$ 中全体（即任意一个）3 阶子式均为 0。这就说明 $\boldsymbol{A}$ 代表的映射无法包含 3 维空间的超体积信息（即体积信息不论如何测量都是 0）。根据行列式的展开定理可知，$\boldsymbol{A}$ 中全体 4 阶子式也必等于 0，所以 $\boldsymbol{A}$ 代表的线性映射就“止步于”2 维空间上。因此 $\boldsymbol{A}$ 将 5 维空间里的点映射到了 4 维空间的某个 2 维空间上，这正是上面说的矩阵的秩从线性映射角度的刻画。

于是矩阵的秩可以从行列式的角度这样描述：矩阵 $\boldsymbol{A}$ 的秩 $r(\boldsymbol{A})=k$ 等价于同时满足以下两个条件：

- $\boldsymbol{A}$ 存在一个不等于 0 的 k 阶子式；
- $\boldsymbol{A}$ 的全部 $k+1$ 阶子式均等于 0（如果存在）。

这就是从行列式的角度刻画的秩的含义，这也是矩阵的秩的本质定义。这个定义利用了不同阶数的行列式所包含的不同维度的信息，诠释了线性映射中的维度特点。从这个定义易知矩阵的秩不超过矩阵的行数和列数，这和前面得出的结论一致。

例 9-2：使用秩的定义求以下矩阵 $\boldsymbol{A}$ 的秩 $r(\boldsymbol{A})$，并说明 $\boldsymbol{A}$ 代表的线性映射的特点。

$$A=\begin{bmatrix}1&1&1&1\\2&3&4&5\\4&5&6&7\end{bmatrix} \tag{9.10}$$

解：由于 $\boldsymbol{A}$ 中存在不等于 0 的元素，即存在不为 0 的 1 阶子式，故线性映射 $\boldsymbol{A}$ 在因变量所在的空间上可以度量 1 维超体积（即长度），于是 $r(\boldsymbol{A})$ 至少是 1。

现在计算 $\boldsymbol{A}$ 的 2 阶子式，比如取 $\boldsymbol{A}$ 的第 1、2 行和第 1、2 列，有 $\begin{vmatrix}1&1\\2&3\end{vmatrix}\neq 0$，说明 $\boldsymbol{A}$ 至少存在一个不等于 0 的 2 阶子式，故线性映射 $\boldsymbol{A}$ 在因变量所在的空间上可以度量 2 维超体积（即面积），于是 $r(\boldsymbol{A})$ 至少是 2。

再计算 $\boldsymbol{A}$ 的 3 阶子式，将其全部的四个 3 阶子式计算如下：

$$\begin{vmatrix}1&1&1\\3&4&5\\5&6&7\end{vmatrix}=0,\quad \begin{vmatrix}1&1&1\\2&4&5\\4&6&7\end{vmatrix}=0,\quad \begin{vmatrix}1&1&1\\2&3&5\\4&5&7\end{vmatrix}=0,\quad \begin{vmatrix}1&1&1\\2&3&4\\4&5&6\end{vmatrix}=0 \tag{9.11}$$

可见 $\boldsymbol{A}$ 的全体 3 阶子式均为 0，故线性映射 $\boldsymbol{A}$ 在因变量所在的空间上不可度量 3 维超体积（即体积），这样 $r(\boldsymbol{A})$ 就无法取到 3，故 $r(\boldsymbol{A})=2$。因此线性映射 $\boldsymbol{A}$ 将 4 维空间的点映

射到了 3 维空间的某个 2 维空间上。

例 9-3：现有矩阵 $\boldsymbol{A}_{m\times n}$ 和自然数 k，已知 $m\geqslant n\geqslant k$。请回答以下问题：

(1) 如果 $\boldsymbol{A}$ 存在一个不等于 0 的 k 阶子式，$r(\boldsymbol{A})$取值有什么特点？

(2) 如果 $\boldsymbol{A}$ 的全部 k 阶子式均等于 0，$r(\boldsymbol{A})$取值有什么特点？

(3) 如果 $\boldsymbol{A}$ 存在一个不等于 0 的 n 阶子式，$r(\boldsymbol{A})$取值有什么特点？

解：(1) $\boldsymbol{A}$ 存在一个不等于 0 的 k 阶子式，意味着线性映射 $\boldsymbol{A}$ 至少包含了 k 维度的超体积信息，则 $r(\boldsymbol{A})$至少是 k；又因为 $r(\boldsymbol{A})$不超过 m、n 的较小值，根据题目已知 $m\geqslant n$，所以 $\min\{m,n\}=n$，故有 $k\leqslant r(\boldsymbol{A})\leqslant n$。

(2) $\boldsymbol{A}$ 的全部 k 阶子式均等于 0，意味着线性映射 $\boldsymbol{A}$ 不包含 k 维的超体积信息，所以更不可能包含高于 k 维度的超体积信息，故 $r(\boldsymbol{A})$至多是 $k-1$，所以有 $0\leqslant r(\boldsymbol{A})\leqslant k-1$(或写成 $0\leqslant r(\boldsymbol{A})<k$)。

(3) $\boldsymbol{A}$ 存在一个不等于 0 的 n 阶子式，根据(1)的结论有 $n\leqslant r(\boldsymbol{A})\leqslant n$，即 $r(\boldsymbol{A})$至多且至少是 n，故只能 $r(\boldsymbol{A})=n$。

上例的(1)和(2)分别是矩阵的秩定义里的两个不同的条件，两个条件要同时满足才能确定矩阵的秩；但如果只满足其中的一个条件，得出的就是对应的秩不等式，它们也是矩阵的秩很重要的性质。

例 9-4：现有矩阵 $\boldsymbol{A}$，请使用初等变换法将 $\boldsymbol{A}$ 化为以下分块矩阵的形式，然后求出其中每一个子矩阵的行列数(或方阵的阶数)。

$$\boldsymbol{A}=\begin{bmatrix}1&1&1&1&1\\1&2&3&4&5\\1&3&5&7&9\\2&3&4&5&6\end{bmatrix}\rightarrow\begin{bmatrix}\boldsymbol{E}&\boldsymbol{O}\\\boldsymbol{O}&\boldsymbol{O}\end{bmatrix}\tag{9.12}$$

解：只需要对 $\boldsymbol{A}$ 进行初等变换即可：

$$\boldsymbol{A}=\begin{bmatrix}1&1&1&1&1\\1&2&3&4&5\\1&3&5&7&9\\2&3&4&5&6\end{bmatrix}\rightarrow\begin{bmatrix}1&1&1&1&1\\0&1&2&3&4\\0&2&4&6&8\\0&1&2&3&4\end{bmatrix}\rightarrow\begin{bmatrix}1&1&1&1&1\\0&1&2&3&4\\0&0&0&0&0\\0&0&0&0&0\end{bmatrix}\rightarrow\begin{bmatrix}1&1&-1&-2&-3\\0&1&0&0&0\\0&0&0&0&0\\0&0&0&0&0\end{bmatrix}$$

$$\rightarrow\left[\begin{array}{cc:ccc}1&0&0&0&0\\0&1&0&0&0\\\hdashline 0&0&0&0&0\\0&0&0&0&0\end{array}\right]=\begin{bmatrix}\boldsymbol{E}_{2\times2}&\boldsymbol{O}_{2\times3}\\\boldsymbol{O}_{2\times2}&\boldsymbol{O}_{2\times3}\end{bmatrix}\tag{9.13}$$

上例中，矩阵经过初等变换成为一个单位阵加若干零矩阵分块的形式，称为**标准形**。由于初等变换不改变矩阵的秩，所以最后的这个分块矩阵的秩就等于原来矩阵的秩。换句话说，标准形里的单位阵 $\boldsymbol{E}$ 的阶数就是矩阵的秩。设 $\boldsymbol{A}$ 是 $m\times n$ 矩阵，且 $r(\boldsymbol{A})<\min\{m,n\}$。而对矩阵 $\boldsymbol{A}$ 的初等变换相当于左乘或右乘一系列初等矩阵，设左乘的初等矩阵可以合并为可逆矩阵 $\boldsymbol{P}$，右乘的初等矩阵可以合并为可逆矩阵 $\boldsymbol{Q}$，$r(\boldsymbol{A})=k$，则有

$$\begin{bmatrix}\boldsymbol{E}_k&\boldsymbol{O}\\\boldsymbol{O}&\boldsymbol{O}\end{bmatrix}=\boldsymbol{PAQ}\tag{9.14}$$

同理，存在可逆矩阵 $\boldsymbol{J}=\boldsymbol{P}^{-1}$ 和 $\boldsymbol{K}=\boldsymbol{Q}^{-1}$，使得

$$A = J\begin{bmatrix} E_k & O \\ O & O \end{bmatrix}K \tag{9.15}$$

上述情况是针对 $r(\boldsymbol{A})<\min\{m,n\}$ 这种情况的，对于 $r(\boldsymbol{A})=\min\{m,n\}$，则只有右侧或下侧有零矩阵，这时也可以得出类似的结论。

9.2 矩阵秩的性质

在初次接触矩阵的秩时，我们总结了以下三条矩阵秩的基本性质：

- 矩阵的秩是一个自然数；
- 矩阵的秩不超过矩阵的行数也不超过矩阵的列数；
- 初等变换不改变矩阵的秩。

在上一节，对于矩阵的秩从线性映射和行列式的角度进行了更加深度的刻画，从而得出了以下重要的不等式性质：

- 如果矩阵存在一个不等于 0 的 k 阶子式，则它的秩大于或等于 k；
- 如果矩阵全体 k 阶子式均等于 0，则它的秩小于 k（即小于或等于 $k-1$）。

这一节将利用这些基本性质和分块矩阵的知识，进一步了解矩阵运算中的各种深层的性质规律。

例 9-5：求证：转置运算不改变矩阵的秩。

证明：设矩阵 $\boldsymbol{A}$ 的秩 $r(\boldsymbol{A})=k$，根据题意，需证明 $r(\boldsymbol{A}^{\mathrm{T}})=r(\boldsymbol{A})=k$ 成立。

$r(\boldsymbol{A})=k$ 意味着 $\boldsymbol{A}$ 至少存在一个不等于 0 的 k 阶子式，且全体 $k+1$ 阶子式都等于 0。对于 $\boldsymbol{A}^{\mathrm{T}}$ 来说，可以取 $\boldsymbol{A}$ 某个不等于 0 的 k 阶子式，然后交换行列即可。由于行列式转置后值不变，所以这个从 $\boldsymbol{A}^{\mathrm{T}}$ 里取出的 k 阶子式也不等于 0。同理，$\boldsymbol{A}^{\mathrm{T}}$ 的全体 $k+1$ 阶子式和 $\boldsymbol{A}$ 的全体 $k+1$ 阶子式是转置关系，其值相等，均为 0。因此可知，$\boldsymbol{A}^{\mathrm{T}}$ 和 $\boldsymbol{A}$ 的子式性质完全相同，故有 $r(\boldsymbol{A}^{\mathrm{T}})=r(\boldsymbol{A})=k$。

上例的结论是容易理解的，这是由于矩阵的行和列具有等价性，故有 $r(\boldsymbol{A})=r(\boldsymbol{A}^{\mathrm{T}})$。对于需要使用初等列变换的矩阵来说，可以转而对其转置，然后使用我们更熟悉的初等行变换化为阶梯矩阵，方便后续秩的运算。

例 9-6：求证：矩阵乘以一个非零常数，秩不变。

证明：设矩阵 $\boldsymbol{A}$ 的秩 $r(\boldsymbol{A})=k$，根据题意，需证明 $r(\lambda\boldsymbol{A})=k(\lambda\neq 0)$。由于 $r(\boldsymbol{A})=k$，则 $\boldsymbol{A}$ 至少存在一个不等于 0 的 k 阶子式，设这个子式是 D。根据矩阵的数乘运算，$\lambda\boldsymbol{A}$ 是 $\boldsymbol{A}$ 全体元素都乘以非零常数 λ。因此，对 $\lambda\boldsymbol{A}$ 取和刚才同样位置的 k 阶子式里的每一个元素也都变为 λ 倍，所以对应子式就是 $\lambda^k D$。由于 $\lambda\neq 0$ 且 $D\neq 0$，因此 $\lambda^k D\neq 0$。这说明 $\lambda\boldsymbol{A}$ 也存在一个不等于 0 的 k 阶子式。

同理，$\boldsymbol{A}$ 的全体 $k+1$ 阶子式都等于 0，那么 $\lambda\boldsymbol{A}$ 的全体 $k+1$ 阶子式也都等于 0。综合以上两点，$r(\lambda\boldsymbol{A})=r(\boldsymbol{A})=k$。

例 9-7：求证：矩阵被可逆矩阵左乘或右乘不改变秩。

证明：设有 $m\times n$ 的矩阵 $\boldsymbol{A}$，另外有 m 阶可逆矩阵 $\boldsymbol{P}$ 和 n 阶可逆矩阵 $\boldsymbol{Q}$，可知 $\boldsymbol{PA}$，$\boldsymbol{AQ}$，$\boldsymbol{PAQ}$ 三者都是有意义的。根据题意需证明 $r(\boldsymbol{PA})=r(\boldsymbol{AQ})=r(\boldsymbol{PAQ})=r(\boldsymbol{A})$ 成立。

先证明 $r(\boldsymbol{PA})=r(\boldsymbol{A})$。根据可逆矩阵的性质，$\boldsymbol{P}$ 可以写成一系列初等矩阵的乘积，设

$\boldsymbol{P}$ 等于 k 个初等矩阵之积，即 $\boldsymbol{P}=\boldsymbol{F}_1\boldsymbol{F}_2\cdots\boldsymbol{F}_k$，于是 $\boldsymbol{PA}=\boldsymbol{F}_1\boldsymbol{F}_2\cdots\boldsymbol{F}_k\boldsymbol{A}$。由于给 $\boldsymbol{A}$ 左乘一个初等矩阵等价于对 $\boldsymbol{A}$ 做一次相应的初等行变换，而初等变换并不改变矩阵的秩，所以有 $r(\boldsymbol{F}_1\boldsymbol{F}_2\cdots\boldsymbol{F}_k\boldsymbol{A})=r(\boldsymbol{A})$，即 $r(\boldsymbol{PA})=r(\boldsymbol{A})$。同理可证 $r(\boldsymbol{AQ})=r(\boldsymbol{A})$ 和 $r(\boldsymbol{PAQ})=r(\boldsymbol{A})$，故有 $r(\boldsymbol{PA})=r(\boldsymbol{AQ})=r(\boldsymbol{PAQ})=r(\boldsymbol{A})$。

例 9-8：已知矩阵 $\boldsymbol{A}$、$\boldsymbol{B}$、$\boldsymbol{C}$ 和 $\boldsymbol{D}$ 如下：

$$\boldsymbol{A}=\begin{bmatrix}1&1&1\\1&4&3\\1&7&5\end{bmatrix},\quad \boldsymbol{B}=\begin{bmatrix}1&1&1&1\\1&1&2&3\\1&2&3&4\\1&0&2&4\end{bmatrix},\quad \boldsymbol{C}=\begin{bmatrix}1&0&3&2\\1&3&5&4\\1&6&7&6\end{bmatrix},\quad \boldsymbol{D}=\begin{bmatrix}1&1&1&1\\1&1&2&3\\1&3&4&5\end{bmatrix} \tag{9.16}$$

现有矩阵 $\boldsymbol{J}$、$\boldsymbol{K}$ 和 $\boldsymbol{L}$ 写成以下分块矩阵的形式：

$$\boldsymbol{J}=\begin{bmatrix}\boldsymbol{A}&\boldsymbol{O}\\\boldsymbol{O}&\boldsymbol{B}\end{bmatrix},\quad \boldsymbol{K}=\begin{bmatrix}\boldsymbol{A}&\boldsymbol{C}\\\boldsymbol{O}&\boldsymbol{B}\end{bmatrix},\quad \boldsymbol{L}=\begin{bmatrix}\boldsymbol{A}&\boldsymbol{D}\\\boldsymbol{O}&\boldsymbol{B}\end{bmatrix} \tag{9.17}$$

求 $r(\boldsymbol{J})$、$r(\boldsymbol{K})$ 和 $r(\boldsymbol{L})$，并探寻它们和 $r(\boldsymbol{A})$、$r(\boldsymbol{B})$ 的关系。

解：通过矩阵的初等变换，可知 $r(\boldsymbol{A})=2$，$r(\boldsymbol{B})=3$。于是将两者化为对应的标准形：

$$\boldsymbol{A}\to\begin{bmatrix}\boldsymbol{E}_2&\boldsymbol{O}\\\boldsymbol{O}&\boldsymbol{O}\end{bmatrix}=\begin{bmatrix}1&0&0\\0&1&0\\0&0&0\end{bmatrix},\quad \boldsymbol{B}\to\begin{bmatrix}\boldsymbol{E}_3&\boldsymbol{O}\\\boldsymbol{O}&\boldsymbol{O}\end{bmatrix}=\begin{bmatrix}1&0&0&0\\0&1&0&0\\0&0&1&0\\0&0&0&0\end{bmatrix} \tag{9.18}$$

由于 $\boldsymbol{J}$ 是分块对角阵，除了 $\boldsymbol{A}$ 和 $\boldsymbol{B}$ 两个子矩阵以外，其余部分的元素均为 0，故对 $\boldsymbol{J}$ 中的 $\boldsymbol{A}$ 和 $\boldsymbol{B}$ 进行初等变换时，零矩阵 $\boldsymbol{O}$ 始终保持不变，故 $\boldsymbol{J}$ 就可以经过初等变换成为以下形式：

$$\boldsymbol{J}\to\left[\begin{array}{ccc:cccc}1&0&0&0&0&0&0\\0&1&0&0&0&0&0\\0&0&0&0&0&0&0\\\hdashline 0&0&0&1&0&0&0\\0&0&0&0&1&0&0\\0&0&0&0&0&1&0\\0&0&0&0&0&0&0\end{array}\right] \tag{9.19}$$

于是 $r(\boldsymbol{J})=5$，刚好是 $r(\boldsymbol{A})$ 和 $r(\boldsymbol{B})$ 之和。对于 $\boldsymbol{K}$ 来说，对子矩阵 $\boldsymbol{A}$ 进行初等行变换和对子矩阵 $\boldsymbol{B}$ 进行初等列变换时，$\boldsymbol{C}$ 也会发生变化。为了简便起见只考虑初等行变换，于是先把 $\boldsymbol{A}$ 和 $\boldsymbol{C}$ 并列形成增广矩阵 $(\boldsymbol{A},\boldsymbol{C})$，然后对 $(\boldsymbol{A},\boldsymbol{C})$ 和 $\boldsymbol{B}$ 分别进行初等行变换：

$$(\boldsymbol{A},\boldsymbol{C})=\left[\begin{array}{ccc:cccc}1&1&1&1&0&3&2\\1&4&3&1&3&5&4\\1&7&5&1&6&7&6\end{array}\right]\to\left[\begin{array}{ccc:cccc}1&1&1&1&0&3&2\\0&3&2&0&3&2&2\\0&0&0&0&0&0&0\end{array}\right]$$

$$\boldsymbol{B}=\begin{bmatrix}1&1&1&1\\1&1&2&3\\1&2&3&4\\1&0&2&4\end{bmatrix}\to\begin{bmatrix}1&1&1&1\\0&1&2&3\\0&0&1&2\\0&0&0&0\end{bmatrix} \tag{9.20}$$

注意到 $\boldsymbol{C}$ 的最后一行被清空，所以 $r(\boldsymbol{A},\boldsymbol{C})=r(\boldsymbol{A})=2$，故 $\boldsymbol{K}$ 仅经过初等行变换成为以下形式：

$$\boldsymbol{K} \rightarrow \left[\begin{array}{ccc:cccc} 1 & 1 & 1 & 1 & 0 & 3 & 2 \\ 0 & 3 & 2 & 0 & 3 & 2 & 2 \\ 0 & 0 & 0 & 0 & 0 & 0 & 0 \\ \hdashline 0 & 0 & 0 & 1 & 1 & 1 & 1 \\ 0 & 0 & 0 & 0 & 1 & 2 & 3 \\ 0 & 0 & 0 & 0 & 0 & 1 & 2 \\ 0 & 0 & 0 & 0 & 0 & 0 & 0 \end{array}\right] \tag{9.21}$$

故 $r(\boldsymbol{K})=5$，也是 $r(\boldsymbol{A})$ 和 $r(\boldsymbol{B})$ 之和。同理，对 $(\boldsymbol{A},\boldsymbol{D})$ 进行初等行变换：

$$(\boldsymbol{A},\boldsymbol{D})=\left[\begin{array}{ccc:cccc} 1 & 1 & 1 & 1 & 1 & 1 & 1 \\ 1 & 4 & 3 & 1 & 1 & 2 & 3 \\ 1 & 7 & 5 & 1 & 3 & 4 & 5 \end{array}\right] \rightarrow \left[\begin{array}{ccc:cccc} 1 & 1 & 1 & 1 & 1 & 1 & 1 \\ 0 & 3 & 2 & 0 & 0 & 1 & 2 \\ 0 & 0 & 0 & 0 & 2 & 1 & 0 \end{array}\right] \tag{9.22}$$

从而 $\boldsymbol{L}$ 经过初等行变换就可以成为以下形式：

$$\boldsymbol{L} \rightarrow \left[\begin{array}{ccc:cccc} 1 & 1 & 1 & 1 & 1 & 1 & 1 \\ 0 & 3 & 2 & 0 & 0 & 1 & 2 \\ 0 & 0 & 0 & 0 & 2 & 1 & 0 \\ \hdashline 0 & 0 & 0 & 1 & 1 & 1 & 1 \\ 0 & 0 & 0 & 0 & 1 & 2 & 3 \\ 0 & 0 & 0 & 0 & 0 & 1 & 2 \\ 0 & 0 & 0 & 0 & 0 & 0 & 0 \end{array}\right] \tag{9.23}$$

于是 $r(\boldsymbol{L})=6$，大于 $r(\boldsymbol{A})$ 和 $r(\boldsymbol{B})$ 之和。

将以上结论推广就能得出以下结论，这是分块矩阵的重要性质。这个性质可以通过使用子式严格说明。

$$r\begin{pmatrix} \boldsymbol{A} & \boldsymbol{O} \\ \boldsymbol{O} & \boldsymbol{B} \end{pmatrix}=r(\boldsymbol{A})+r(\boldsymbol{B}),\quad r\begin{pmatrix} \boldsymbol{A} & \boldsymbol{X} \\ \boldsymbol{O} & \boldsymbol{B} \end{pmatrix} \geqslant r(\boldsymbol{A})+r(\boldsymbol{B}),\quad r\begin{pmatrix} \boldsymbol{A} & \boldsymbol{O} \\ \boldsymbol{X} & \boldsymbol{B} \end{pmatrix} \geqslant r(\boldsymbol{A})+r(\boldsymbol{B}) \tag{9.24}$$

例 9-9：设 $\boldsymbol{A}$ 是 $m\times n$ 的矩阵，$\boldsymbol{B}$ 是 $m\times s$ 的矩阵，两者横向并列形成矩阵 $(\boldsymbol{A},\boldsymbol{B})$。求证：$r(\boldsymbol{A},\boldsymbol{B})\geqslant \max\{r(\boldsymbol{A}),r(\boldsymbol{B})\}$。

证明：设 $r(\boldsymbol{A})=a$，$r(\boldsymbol{B})=b$。不妨设 $a\geqslant b$，则 $\max\{r(\boldsymbol{A}),r(\boldsymbol{B})\}=a$，此时只需证明 $r(\boldsymbol{A},\boldsymbol{B})\geqslant a$。根据矩阵秩的含义，$\boldsymbol{A}$ 存在一个不等于 0 的 a 阶子式，这个不为 0 的子式也必为 $(\boldsymbol{A},\boldsymbol{B})$ 的一个 a 阶子式，而此时 $(\boldsymbol{A},\boldsymbol{B})$ 的任意 $a+1$ 阶子式不一定全为 0，故只能得出 $r(\boldsymbol{A},\boldsymbol{B})\geqslant a$。对于 $a\leqslant b$ 情形，证明与之类似。因此有 $r(\boldsymbol{A},\boldsymbol{B})\geqslant \max\{r(\boldsymbol{A}),r(\boldsymbol{B})\}$。

以上结论可以表述为：矩阵并列后的秩不小于每一个矩阵的秩，即不小于这些矩阵秩的最大值。

例 9-10：设 $\boldsymbol{A}$ 是 $m\times n$ 的矩阵，$\boldsymbol{B}$ 是 $m\times s$ 的矩阵，两者横向并列形成矩阵 $(\boldsymbol{A},\boldsymbol{B})$。求证：$r(\boldsymbol{A},\boldsymbol{B})\leqslant r(\boldsymbol{A})+r(\boldsymbol{B})$。

证明：设 $r(\boldsymbol{A})=a$，$r(\boldsymbol{B})=b$，要证明 $r(\boldsymbol{A},\boldsymbol{B})$ 和 a，b 的关系，可以从秩的初始求法入手。$r(\boldsymbol{A})=a$ 和 $r(\boldsymbol{B})=b$ 意味着 $\boldsymbol{A}$ 和 $\boldsymbol{B}$ 分别经过若干次初等行变换得到的两个阶梯矩阵

的非零行数分别是 a 和 b。但此时无法得知 $(\boldsymbol{A},\boldsymbol{B})$ 的非零行数是多少，因为 $(\boldsymbol{A},\boldsymbol{B})$ 是横向并列的，不能单独对 $\boldsymbol{A}$ 和 $\boldsymbol{B}$ 进行初等行变换，因此需要转换思路。

注意到，虽然对 $(\boldsymbol{A},\boldsymbol{B})$ 不能单独进行初等行变换，但是可以单独进行初等列变换。但阶梯矩阵是以行为基准定义的，并且矩阵的秩也是通过阶梯矩阵非零行数求得的。于是我们转换思路，将 $\boldsymbol{A}$ 和 $\boldsymbol{B}$ 转置成为 $\boldsymbol{A}^{\mathrm{T}}$ 和 $\boldsymbol{B}^{\mathrm{T}}$，于是对 $\boldsymbol{A}^{\mathrm{T}}$ 和 $\boldsymbol{B}^{\mathrm{T}}$ 的初等行变换就相当于对 $\boldsymbol{A}$ 和 $\boldsymbol{B}$ 的初等列变换。由于转置运算不改变矩阵的秩，故有 $r(\boldsymbol{A},\boldsymbol{B})=r(\boldsymbol{A},\boldsymbol{B})^{\mathrm{T}}$，再根据分块矩阵转置运算的“双转置”特性，有 $(\boldsymbol{A},\boldsymbol{B})^{\mathrm{T}}=\begin{bmatrix}\boldsymbol{A}^{\mathrm{T}}\\ \boldsymbol{B}^{\mathrm{T}}\end{bmatrix}$，故 $r(\boldsymbol{A},\boldsymbol{B})=r\begin{pmatrix}\boldsymbol{A}^{\mathrm{T}}\\ \boldsymbol{B}^{\mathrm{T}}\end{pmatrix}$。

设 $\boldsymbol{A}^{\mathrm{T}}$ 经 u 次初等行变换化为阶梯矩阵 $\boldsymbol{K}_1$，这个过程相当于给它不断左乘 u 个初等矩阵 $\boldsymbol{F}_1\sim\boldsymbol{F}_u$：

$$\boldsymbol{F}_1\cdots\boldsymbol{F}_u\boldsymbol{A}^{\mathrm{T}}=\boldsymbol{K}_1\Rightarrow\boldsymbol{A}^{\mathrm{T}}=(\boldsymbol{F}_1\cdots\boldsymbol{F}_u)^{-1}\boldsymbol{K}_1\xlongequal{(\boldsymbol{F}_1\cdots\boldsymbol{F}_u)^{-1}=\boldsymbol{P}_1}\boldsymbol{P}_1\boldsymbol{K}_1 \tag{9.25}$$

由初等矩阵性质可知 $\boldsymbol{P}_1$ 可逆。同理，设 $\boldsymbol{B}^{\mathrm{T}}$ 经 v 次初等行变换化为阶梯矩阵 $\boldsymbol{K}_2$，这个过程相当于给它不断左乘 v 个初等矩阵 $\boldsymbol{G}_1\sim\boldsymbol{G}_v$：

$$\boldsymbol{G}_1\cdots\boldsymbol{G}_v\boldsymbol{B}^{\mathrm{T}}=\boldsymbol{K}_2\Rightarrow\boldsymbol{B}^{\mathrm{T}}=(\boldsymbol{G}_1\cdots\boldsymbol{G}_v)^{-1}\boldsymbol{K}_2\xlongequal{(\boldsymbol{G}_1\cdots\boldsymbol{G}_v)^{-1}=\boldsymbol{P}_2}\boldsymbol{P}_2\boldsymbol{K}_2 \tag{9.26}$$

其中 $\boldsymbol{P}_2$ 也可逆。

由于可逆矩阵的相乘不会改变矩阵的秩，所以有 $r(\boldsymbol{K}_1)=r(\boldsymbol{A}^{\mathrm{T}})=r(\boldsymbol{A})=a$，$r(\boldsymbol{K}_2)=r(\boldsymbol{B}^{\mathrm{T}})=r(\boldsymbol{B})=b$。于是做以下运算：

$$(\boldsymbol{A},\boldsymbol{B})^{\mathrm{T}}=\begin{bmatrix}\boldsymbol{A}^{\mathrm{T}}\\ \boldsymbol{B}^{\mathrm{T}}\end{bmatrix}=\begin{bmatrix}\boldsymbol{P}_1\boldsymbol{K}_1\\ \boldsymbol{P}_2\boldsymbol{K}_2\end{bmatrix}=\begin{bmatrix}\boldsymbol{P}_1 & \boldsymbol{O}\\ \boldsymbol{O} & \boldsymbol{P}_2\end{bmatrix}\begin{bmatrix}\boldsymbol{K}_1\\ \boldsymbol{K}_2\end{bmatrix} \tag{9.27}$$

由于 $\boldsymbol{P}_1$ 和 $\boldsymbol{P}_2$ 都是可逆矩阵，所以根据分块对角阵的性质，$\begin{bmatrix}\boldsymbol{P}_1 & \boldsymbol{O}\\ \boldsymbol{O} & \boldsymbol{P}_2\end{bmatrix}$ 也是可逆矩阵，所以再次根据“可逆矩阵的相乘不会改变矩阵的秩”这一性质，有 $r(\boldsymbol{A},\boldsymbol{B})=r\begin{pmatrix}\boldsymbol{A}^{\mathrm{T}}\\ \boldsymbol{B}^{\mathrm{T}}\end{pmatrix}=r\begin{pmatrix}\boldsymbol{K}_1\\ \boldsymbol{K}_2\end{pmatrix}$。由于 $\boldsymbol{K}_1$ 和 $\boldsymbol{K}_2$ 都是阶梯矩阵以及 $r(\boldsymbol{K}_1)=a$ 且 $r(\boldsymbol{K}_2)=b$，所以如果取矩阵 $\begin{bmatrix}\boldsymbol{K}_1\\ \boldsymbol{K}_2\end{bmatrix}$ 的任意 $a+b+1$ 行和 $a+b+1$ 列（如果能取到的话），对应形成的子式必然会出现一个全零行，于是全体的 $a+b+1$ 阶的子式就是 0。根据矩阵的秩不等式性质 $r\begin{pmatrix}\boldsymbol{K}_1\\ \boldsymbol{K}_2\end{pmatrix}<a+b+1$，或者写成 $r\begin{pmatrix}\boldsymbol{K}_1\\ \boldsymbol{K}_2\end{pmatrix}\leqslant a+b$。又因为 $r(\boldsymbol{A},\boldsymbol{B})=r\begin{pmatrix}\boldsymbol{K}_1\\ \boldsymbol{K}_2\end{pmatrix}$，故 $r(\boldsymbol{A},\boldsymbol{B})\leqslant a+b=r(\boldsymbol{A})+r(\boldsymbol{B})$。

上例的结论可以记为：矩阵并列后的秩小于每个矩阵秩的和。其证明的难点在于不能直接通过初等行变换得出相关的结论，因为 $(\boldsymbol{A},\boldsymbol{B})$ 是横向并列得到的，故转而看其初等列变换，但阶梯矩阵看的是非零行数，所以为了把列变成行，采用了转置操作。这些思路都是在代数证明中值得注意的要点。此外，上例中对分块矩阵的代数变形 $\begin{bmatrix}\boldsymbol{P}_1\boldsymbol{K}_1\\ \boldsymbol{P}_2\boldsymbol{K}_2\end{bmatrix}=$

$\begin{bmatrix} \boldsymbol{P}_1 & \boldsymbol{O} \\ \boldsymbol{O} & \boldsymbol{P}_2 \end{bmatrix}\begin{bmatrix} \boldsymbol{K}_1 \\ \boldsymbol{K}_2 \end{bmatrix}$也是一个技巧，需要我们多加留意和总结。

实际上，在前面说到的“阶梯矩阵”这一术语的全称是**行阶梯矩阵**，相应地还有**列阶梯矩阵**。简单来说，如果一个矩阵的转置是行阶梯矩阵，那么它就是列阶梯矩阵。而一个矩阵经过初等列变换成为列阶梯矩阵以后，其非零列数也是矩阵的秩，这一点可以根据“矩阵转置后秩不变”这一性质得出。所以上例也可以从列阶梯矩阵的角度证明。

例 9-11：设 $\boldsymbol{A}$ 和 $\boldsymbol{B}$ 都是 $m\times n$ 的矩阵，求证：$r(\boldsymbol{A}+\boldsymbol{B})\leqslant r(\boldsymbol{A})+r(\boldsymbol{B})$。

证明：例 9-10 已经得出了结论 $r(\boldsymbol{A},\boldsymbol{B})\leqslant r(\boldsymbol{A})+r(\boldsymbol{B})$，因此只需找到 $r(\boldsymbol{A}+\boldsymbol{B})$ 和 $r(\boldsymbol{A},\boldsymbol{B})$ 的关系即可。为了让表达式里出现 $\boldsymbol{A}+\boldsymbol{B}$，可以使用分块矩阵的初等列变换，具体操作是将第 2 块列加到第 1 块列上，即 $(\boldsymbol{A},\boldsymbol{B})\to(\boldsymbol{A}+\boldsymbol{B},\boldsymbol{B})$，而分块矩阵的初等变换不改变矩阵秩，所以 $r(\boldsymbol{A}+\boldsymbol{B},\boldsymbol{B})=r(\boldsymbol{A},\boldsymbol{B})$。

根据例 9-9 的结论，$r(\boldsymbol{A}+\boldsymbol{B},\boldsymbol{B})\geqslant\max\{r(\boldsymbol{A}+\boldsymbol{B}),r(\boldsymbol{B})\}\geqslant r(\boldsymbol{A}+\boldsymbol{B})$，即有 $r(\boldsymbol{A}+\boldsymbol{B})\leqslant r(\boldsymbol{A}+\boldsymbol{B},\boldsymbol{B})$。于是根据上述结论，可以做以下不等关系推理：

$$r(\boldsymbol{A}+\boldsymbol{B})\leqslant r(\boldsymbol{A}+\boldsymbol{B},\boldsymbol{B})=r(\boldsymbol{A},\boldsymbol{B})\leqslant r(\boldsymbol{A})+r(\boldsymbol{B}) \tag{9.28}$$

即证明了 $r(\boldsymbol{A}+\boldsymbol{B})\leqslant r(\boldsymbol{A})+r(\boldsymbol{B})$。

上例的结论可以记为：矩阵相加后的秩不超过各个矩阵秩的和。此外，根据以上推导过程还可以得出 $r(\boldsymbol{A}+\boldsymbol{B})\leqslant r(\boldsymbol{A},\boldsymbol{B})\leqslant r(\boldsymbol{A})+r(\boldsymbol{B})$ 这个结论。可简记为：和秩小，秩和大，并秩夹中间。

例 9-12：设 $\boldsymbol{A}$ 是 $m\times n$ 的矩阵，$\boldsymbol{B}$ 是 $n\times s$ 的矩阵，求证：$r(\boldsymbol{AB})\leqslant\min\{r(\boldsymbol{A}),r(\boldsymbol{B})\}$。

证明：仿照前面的例子，构造一个含有 $\boldsymbol{AB}$ 的分块矩阵 $(\boldsymbol{AB},\boldsymbol{A})$ 或 $(\boldsymbol{A},\boldsymbol{AB})$，然后将其分解成一个可逆矩阵左乘或右乘另一个矩阵的形式。这里为了方便起见选用 $(\boldsymbol{A},\boldsymbol{AB})$，它可以被视为 $(\boldsymbol{A},\boldsymbol{O})$ 将第 1 块列右乘 $\boldsymbol{B}$ 后加到第 2 块列上的结果。根据分块初等矩阵和分块初等变换的性质，将 $(\boldsymbol{A},\boldsymbol{AB})$ 写成以下乘法的形式：

$$(\boldsymbol{A},\boldsymbol{AB})=(\boldsymbol{A},\boldsymbol{O})\begin{bmatrix} \boldsymbol{E}_n & \boldsymbol{B} \\ \boldsymbol{O} & \boldsymbol{E}_s \end{bmatrix} \tag{9.29}$$

由于 $\begin{vmatrix} \boldsymbol{E}_n & \boldsymbol{B} \\ \boldsymbol{O} & \boldsymbol{E}_s \end{vmatrix}=|\boldsymbol{E}_n||\boldsymbol{E}_s|=1\neq0$，故 $\begin{bmatrix} \boldsymbol{E}_n & \boldsymbol{B} \\ \boldsymbol{O} & \boldsymbol{E}_s \end{bmatrix}$ 是可逆矩阵，另根据矩阵的秩的性质，右乘可逆矩阵不改变矩阵的秩，故有 $r(\boldsymbol{A},\boldsymbol{AB})=r(\boldsymbol{A},\boldsymbol{O})$。再由前面得出的结论 $r(\boldsymbol{A})=r(\boldsymbol{A}+\boldsymbol{O})\leqslant r(\boldsymbol{A},\boldsymbol{O})\leqslant r(\boldsymbol{A})+r(\boldsymbol{O})=r(\boldsymbol{A})$，这说明 $r(\boldsymbol{A},\boldsymbol{O})=r(\boldsymbol{A})$。

现在研究矩阵 $(\boldsymbol{A},\boldsymbol{AB})$。由于矩阵并列后的秩不小于每一个矩阵的秩（即例 9-9 的结论），从而 $r(\boldsymbol{A},\boldsymbol{AB})\geqslant\max\{r(\boldsymbol{A}),r(\boldsymbol{AB})\}\geqslant r(\boldsymbol{AB})$。将以上这些等式和不等式综合，就有以下推导过程：

$$r(\boldsymbol{AB})\leqslant r(\boldsymbol{A},\boldsymbol{AB})=r(\boldsymbol{A},\boldsymbol{O})=r(\boldsymbol{A}) \tag{9.30}$$

这样就证明了 $r(\boldsymbol{AB})\leqslant r(\boldsymbol{A})$，这说明乘积矩阵的秩小于其左矩阵的秩。然后只需证明 $r(\boldsymbol{AB})\leqslant r(\boldsymbol{B})$ 即可。仿照上述过程，可以构造一个分块矩阵 $\begin{bmatrix} \boldsymbol{B} \\ \boldsymbol{AB} \end{bmatrix}$ 即可类似证明。不过也可以直接利用式(9.30)直接证明，这是因为对 $\begin{bmatrix} \boldsymbol{B} \\ \boldsymbol{AB} \end{bmatrix}$ 的操作可以转换为对应转置矩阵的操作。于是做转置操作，即 $r(\boldsymbol{AB})=r(\boldsymbol{AB})^{\mathrm{T}}=r(\boldsymbol{B}^{\mathrm{T}}\boldsymbol{A}^{\mathrm{T}})$，此时矩阵 $\boldsymbol{B}^{\mathrm{T}}$ 位于左边，所以有

$r(\boldsymbol{B}^{\mathrm{T}}\boldsymbol{A}^{\mathrm{T}}) \leqslant r(\boldsymbol{B}^{\mathrm{T}}) = r(\boldsymbol{B})$，故 $r(\boldsymbol{AB}) \leqslant r(\boldsymbol{B})$。

综上，$r(\boldsymbol{AB}) \leqslant r(\boldsymbol{A})$ 和 $r(\boldsymbol{AB}) \leqslant r(\boldsymbol{B})$ 同时成立，故 $r(\boldsymbol{AB}) \leqslant \min\{r(\boldsymbol{A}), r(\boldsymbol{B})\}$。

上述结论说明，乘积矩阵的秩不超过任何一个因数矩阵的秩，它也指出了乘积矩阵秩的最大可能数值，即矩阵相乘后，秩有变小的趋势。

例 9-13：设 $\boldsymbol{A}$ 是 $m \times n$ 的矩阵，$\boldsymbol{B}$ 是 $n \times s$ 的矩阵，求证：$r(\boldsymbol{AB}) \geqslant r(\boldsymbol{A}) + r(\boldsymbol{B}) - n$。

证明：在证明之前，先观察待证明不等式的结构。不等号右端出现了 $r(\boldsymbol{A}) + r(\boldsymbol{B})$，且不等号是"$\geqslant$"。而在前面几条性质的不等号右端出现 $r(\boldsymbol{A}) + r(\boldsymbol{B})$ 时，不等号一般都是"$\leqslant$"，只有式(9.24)中的不等号是"$\geqslant$"，这两个式子分别是 $r\begin{pmatrix} \boldsymbol{A} & \boldsymbol{X} \\ \boldsymbol{O} & \boldsymbol{B} \end{pmatrix} \geqslant r(\boldsymbol{A}) + r(\boldsymbol{B})$ 和 $r\begin{pmatrix} \boldsymbol{A} & \boldsymbol{O} \\ \boldsymbol{X} & \boldsymbol{B} \end{pmatrix} \geqslant r(\boldsymbol{A}) + r(\boldsymbol{B})$。因此只需要找到合适的矩阵 $\boldsymbol{X}$ 然后证明 $r(\boldsymbol{AB}) + n = r\begin{pmatrix} \boldsymbol{A} & \boldsymbol{X} \\ \boldsymbol{O} & \boldsymbol{B} \end{pmatrix}$ 或 $r(\boldsymbol{AB}) + n = r\begin{pmatrix} \boldsymbol{A} & \boldsymbol{O} \\ \boldsymbol{X} & \boldsymbol{B} \end{pmatrix}$ 即可。

根据式(9.24)的另一个等式，即 $r\begin{pmatrix} \boldsymbol{A} & \boldsymbol{O} \\ \boldsymbol{O} & \boldsymbol{B} \end{pmatrix} = r(\boldsymbol{A}) + r(\boldsymbol{B})$，可以得出等式 $r(\boldsymbol{AB}) + n = r\begin{pmatrix} \boldsymbol{E}_n & \boldsymbol{O} \\ \boldsymbol{O} & \boldsymbol{AB} \end{pmatrix}$，由于初等变换不改变矩阵的秩，故只需要证明 $\begin{bmatrix} \boldsymbol{E}_n & \boldsymbol{O} \\ \boldsymbol{O} & \boldsymbol{AB} \end{bmatrix}$ 可以经过若干次分块初等变换成为 $\begin{bmatrix} \boldsymbol{A} & \boldsymbol{X} \\ \boldsymbol{O} & \boldsymbol{B} \end{bmatrix}$ 或 $\begin{bmatrix} \boldsymbol{A} & \boldsymbol{O} \\ \boldsymbol{X} & \boldsymbol{B} \end{bmatrix}$ 这两种形式之一即可。

明确了这一目标，首先需要在 $\begin{bmatrix} \boldsymbol{E}_n & \boldsymbol{O} \\ \boldsymbol{O} & \boldsymbol{AB} \end{bmatrix}$ 里造出一个 $\boldsymbol{A}$，于是将第 1 块行左乘 $\boldsymbol{A}$ 倍加到第 2 块行上：

$$\begin{bmatrix} \boldsymbol{E}_n & \boldsymbol{O} \\ \boldsymbol{O} & \boldsymbol{AB} \end{bmatrix} \xrightarrow{\boldsymbol{A}r_1 + r_2} \begin{bmatrix} \boldsymbol{E}_n & \boldsymbol{O} \\ \boldsymbol{O} + \boldsymbol{AE}_n & \boldsymbol{AB} + \boldsymbol{AO} \end{bmatrix} = \begin{bmatrix} \boldsymbol{E}_n & \boldsymbol{O} \\ \boldsymbol{A} & \boldsymbol{AB} \end{bmatrix} \tag{9.31}$$

然后根据目标矩阵的特点，需要在 $\boldsymbol{A}$ 的对角位置造出 $\boldsymbol{B}$，同时要消除 $\boldsymbol{AB}$，于是考虑将第 1 块列右乘 $-\boldsymbol{B}$ 倍加到第 2 块列上：

$$\begin{bmatrix} \boldsymbol{E}_n & \boldsymbol{O} \\ \boldsymbol{A} & \boldsymbol{AB} \end{bmatrix} \xrightarrow{c_1(-\boldsymbol{B}) + c_2} \begin{bmatrix} \boldsymbol{E}_n & \boldsymbol{O} + \boldsymbol{E}_n(-\boldsymbol{B}) \\ \boldsymbol{A} & \boldsymbol{AB} + \boldsymbol{A}(-\boldsymbol{B}) \end{bmatrix} = \begin{bmatrix} \boldsymbol{E}_n & -\boldsymbol{B} \\ \boldsymbol{A} & \boldsymbol{O} \end{bmatrix} \tag{9.32}$$

此时已经出现了目标矩阵的雏形，但右上角子矩阵是 $-\boldsymbol{B}$ 而不是 $\boldsymbol{B}$，故使用阵乘初等行变换，即给第 1 块行统一左乘 $-\boldsymbol{E}_n$：

$$\begin{bmatrix} \boldsymbol{E}_n & -\boldsymbol{B} \\ \boldsymbol{A} & \boldsymbol{O} \end{bmatrix} \xrightarrow{(-\boldsymbol{E}_n)r_1} \begin{bmatrix} (-\boldsymbol{E}_n)\boldsymbol{E}_n & (-\boldsymbol{E}_n)(-\boldsymbol{B}) \\ \boldsymbol{A} & \boldsymbol{O} \end{bmatrix} = \begin{bmatrix} -\boldsymbol{E}_n & \boldsymbol{B} \\ \boldsymbol{A} & \boldsymbol{O} \end{bmatrix} \tag{9.33}$$

为了使 $\boldsymbol{A}$ 到达左上角且 $\boldsymbol{B}$ 到达右下角，只需交换第 1 块行和第 2 块行即可：

$$\begin{bmatrix} -\boldsymbol{E}_n & \boldsymbol{B} \\ \boldsymbol{A} & \boldsymbol{O} \end{bmatrix} \xrightarrow{r_1 \leftrightarrow r_2} \begin{bmatrix} \boldsymbol{A} & \boldsymbol{O} \\ -\boldsymbol{E}_n & \boldsymbol{B} \end{bmatrix} \tag{9.34}$$

可知在证明之前的分析中，矩阵 $\boldsymbol{X}$ 实际上就是 $-\boldsymbol{E}_n$，于是 $\begin{bmatrix} \boldsymbol{E}_n & \boldsymbol{O} \\ \boldsymbol{O} & \boldsymbol{AB} \end{bmatrix}$ 经过若干次初等

变换可以转换为$\begin{bmatrix} A & O \\ -E_n & B \end{bmatrix}$,因此$r\begin{pmatrix} E_n & O \\ O & AB \end{pmatrix}=r\begin{pmatrix} A & O \\ -E_n & B \end{pmatrix}$。于是证明推导如下：

$$r(AB)+n=r\begin{pmatrix} E_n & O \\ O & AB \end{pmatrix}=r\begin{pmatrix} A & O \\ -E_n & B \end{pmatrix}\geqslant r(A)+r(B)\Rightarrow r(AB)\geqslant r(A)+r(B)-n \tag{9.35}$$

上例的结论 $r(AB)\geqslant r(A)+r(B)-n$ 就是矩阵理论中著名的**西尔维斯特不等式**(Sylvester inequality),具有极其重要的理论意义。

例 9-14：设 A 是 $m\times n$ 的矩阵,B 是 $n\times s$ 的矩阵,且 $AB=O$。

(1) 求证：$r(A)+r(B)\leqslant n$；

(2) 如果 $r(A)=n$,求 B；

(3) 如果 $r(B)=n$,求 A。

证明和解：(1) 由于 $AB=O$,故 $r(AB)=r(O)=0$,进一步根据西尔维斯特不等式有 $r(AB)=0\geqslant r(A)+r(B)-n$,即 $r(A)+r(B)\leqslant n$。

(2) 将 $r(A)=n$ 代入 $r(A)+r(B)\leqslant n$ 中,有 $n+r(B)\leqslant n$ 即 $r(B)\leqslant 0$。又由于矩阵的秩是一个非负整数,故 $r(B)\geqslant 0$,因此只能有 $r(B)=0$。而一个矩阵的秩等于 0 和它为零矩阵互为充分必要条件,因此 $B=O$。

(3) 同(2),在 $r(B)=n$ 时,必有 $A=O$。

上例中(1)的结论称为**零积秩不等式**,它是西尔维斯特不等式在 $AB=O$ 时的特例,它表明如果 $AB=O$,则 $r(A)$和 $r(B)$之和不超过 A 的列数(或 B 的行数)。

此外,如果 $AB=O$,不一定有 $A=O$ 或 $B=O$ 成立。但上例中(2)和(3)表明,如果左矩阵的秩等于其列数或者右矩阵的秩等于其行数,那么就可以推出另一个矩阵一定是零矩阵。在(2)中,$r(A)$等于 A 的列数,这样的矩阵称作**列满秩矩阵**；在(3)中,$r(B)$等于 B 的行数,这样的矩阵称作**行满秩矩阵**。显然,可逆矩阵既是行满秩矩阵也是列满秩矩阵。

9.3 矩阵的秩性质应用

利用矩阵秩的定义、基本性质以及分块矩阵的初等变换法,我们已经推导出了一些矩阵秩的重要性质公式,现在将它们总结如下(以下矩阵尺寸默认均可实现相关运算)：

- $r(A^{\mathrm{T}})=r(A)$
- $r(\lambda A)=r(A)(\lambda\neq 0)$
- $r(PA)=r(AQ)=r(PAQ)=r(A)(|P|\neq 0,|Q|\neq 0)$
- $r\begin{pmatrix} A & O \\ O & B \end{pmatrix}=r(A)+r(B)$,$r\begin{pmatrix} A & X \\ O & B \end{pmatrix}\geqslant r(A)+r(B)$,$r\begin{pmatrix} A & O \\ X & B \end{pmatrix}\geqslant r(A)+r(B)$
- $\max\{r(A),r(B)\}\leqslant r(A,B)\leqslant r(A)+r(B)$
- $r(A+B)\leqslant r(A,B)\leqslant r(A)+r(B)$
- $r(AB)\leqslant \min\{r(A),r(B)\}$
- $r(A_{m\times n}B_{n\times s})\geqslant r(A)+r(B)-n$(西尔维斯特不等式)
- $A_{m\times n}B_{n\times s}=O_{m\times s}\Rightarrow r(A)+r(B)\leqslant n$(零积秩不等式)

在证明这些性质时，分块矩阵的运算起了很大的作用，尤其是分块矩阵初等变换能将矩阵从一种形式变为另一种形式同时保持秩不变，这为证明提供了重要的理论依据。这一节将通过一些例题进一步熟悉并应用这些性质。

例 9-15：设 $\boldsymbol{A}$ 是 $m\times n$ 矩阵，$\boldsymbol{B}$ 是 $n\times m$ 矩阵，已知 $\boldsymbol{AB}=\boldsymbol{E}$，求 $r(\boldsymbol{A})$ 和 $r(\boldsymbol{B})$。

解：根据矩阵乘积秩的性质有 $r(\boldsymbol{AB})\leqslant r(\boldsymbol{A})$ 且 $r(\boldsymbol{AB})\leqslant r(\boldsymbol{B})$，又因为 $\boldsymbol{AB}=\boldsymbol{E}$ 为 m 阶单位阵，故 $r(\boldsymbol{AB})=r(\boldsymbol{E})=m$。由于乘积矩阵的秩不超过每一个因数矩阵的秩，有 $r(\boldsymbol{AB})=m\leqslant r(\boldsymbol{A})$ 且 $r(\boldsymbol{AB})=m\leqslant r(\boldsymbol{B})$。又因为矩阵的秩不超过其行数也不超过其列数，故又有 $r(\boldsymbol{A})\leqslant m$ 且 $r(\boldsymbol{B})\leqslant m$。

综上，有 $m\leqslant r(\boldsymbol{A})\leqslant m$ 且 $m\leqslant r(\boldsymbol{B})\leqslant m$ 成立，于是只能有 $r(\boldsymbol{A})=r(\boldsymbol{B})=m$。

上例给出的条件十分有限，看似毫无头绪，但只要紧紧抓住“乘积矩阵的秩不超过每一个因数矩阵的秩”这一特点即可获得对应的秩不等式。此外，上例中证明一个秩的等式成立，使用了一种典型的“两边夹”技巧，即先证明不小于某值，再证明不大于这个值，从而就只能等于这个值。这是矩阵秩等式证明的重要思想，请各位读者注意体会和理解。

例 9-16：已知线性方程组 $\boldsymbol{Ax}=\boldsymbol{b}$。求证：

(1) 若 $\boldsymbol{b}=\boldsymbol{0}$，则必有 $r(\boldsymbol{A}|\boldsymbol{b})=r(\boldsymbol{A})$；

(2) 若方程组无解，则必有 $r(\boldsymbol{A}|\boldsymbol{b})=r(\boldsymbol{A})+1$。

证明：增广矩阵 $\boldsymbol{A}|\boldsymbol{b}$ 可以被看作是系数矩阵 $\boldsymbol{A}$ 右侧横向并列结果向量 $\boldsymbol{b}$ 得到的，即 $\boldsymbol{A}|\boldsymbol{b}=(\boldsymbol{A},\boldsymbol{b})$。根据矩阵秩的性质有 $\max\{r(\boldsymbol{A}),r(\boldsymbol{b})\}\leqslant r(\boldsymbol{A}|\boldsymbol{b})\leqslant r(\boldsymbol{A})+r(\boldsymbol{b})$。由于 $\max\{r(\boldsymbol{A}),r(\boldsymbol{b})\}\geqslant r(\boldsymbol{A})$，所以上述不等式还可以写作 $r(\boldsymbol{A})\leqslant r(\boldsymbol{A}|\boldsymbol{b})\leqslant r(\boldsymbol{A})+r(\boldsymbol{b})$。

(1) 若 $\boldsymbol{b}=\boldsymbol{0}$，则 $r(\boldsymbol{b})=0$，不等式变为 $r(\boldsymbol{A})\leqslant r(\boldsymbol{A}|\boldsymbol{b})\leqslant r(\boldsymbol{A})+0=r(\boldsymbol{A})$，故此时只能有 $r(\boldsymbol{A}|\boldsymbol{b})=r(\boldsymbol{A})$。

(2) 方程组无解必然对应于非齐次方程组，即 $\boldsymbol{b}\neq\boldsymbol{0}$，所以必有 $r(\boldsymbol{b})=1$，则上述不等式变为 $r(\boldsymbol{A})\leqslant r(\boldsymbol{A}|\boldsymbol{b})\leqslant r(\boldsymbol{A})+1$。由于非齐次方程组无解，所以 $r(\boldsymbol{A}|\boldsymbol{b})\neq r(\boldsymbol{A})$，即上述不等式第一个不等号“$\leqslant$”须变为“$<$”。而 $r(\boldsymbol{A})$ 和 $r(\boldsymbol{A})+1$ 是两个连续的自然数，中间不存在其他整数，所以只能有 $r(\boldsymbol{A}|\boldsymbol{b})=r(\boldsymbol{A})+1$。

上例说明，对于齐次方程组 $\boldsymbol{Ax}=\boldsymbol{0}$，$r(\boldsymbol{A}|\boldsymbol{0})$ 和 $r(\boldsymbol{A})$ 是恒相等的，这样只需通过 $r(\boldsymbol{A})$ 判断方程组的解即可；对非齐次方程组 $\boldsymbol{Ax}=\boldsymbol{b}$ 来说，$r(\boldsymbol{A}|\boldsymbol{b})$ 要么等于 $r(\boldsymbol{A})$，要么大于 $r(\boldsymbol{A})$ 且最多只大 1(即等于 $r(\boldsymbol{A})+1$)。读者可以回顾第 3 章的例题和习题验证这个结论。

例 9-17：已知 n 阶方阵 $\boldsymbol{A}$ 满足 $\boldsymbol{A}^2=\boldsymbol{E}$，求证：$r(\boldsymbol{E}+\boldsymbol{A})+r(\boldsymbol{E}-\boldsymbol{A})=n$。

证明：根据待证等式的形式特点，需要凑出 $\boldsymbol{E}+\boldsymbol{A}$ 和 $\boldsymbol{E}-\boldsymbol{A}$ 两部分。由于 $\boldsymbol{A}$ 和 $\boldsymbol{E}$ 是可交换矩阵，故可做以下推导：

$$\boldsymbol{A}^2=\boldsymbol{E}\Rightarrow\boldsymbol{E}-\boldsymbol{A}^2=\boldsymbol{O}\Rightarrow(\boldsymbol{E}+\boldsymbol{A})(\boldsymbol{E}-\boldsymbol{A})=\boldsymbol{O} \tag{9.36}$$

于是根据零积秩不等式 $r(\boldsymbol{E}+\boldsymbol{A})+r(\boldsymbol{E}-\boldsymbol{A})\leqslant n$。又由于矩阵和的秩小于每一个矩阵秩的和(即 $r(\boldsymbol{A}+\boldsymbol{B})\leqslant r(\boldsymbol{A})+r(\boldsymbol{B})$)，所以又可以做以下推导：

$$r(\boldsymbol{E}+\boldsymbol{A})+r(\boldsymbol{E}-\boldsymbol{A})\geqslant r(\boldsymbol{E}+\boldsymbol{A}+\boldsymbol{E}-\boldsymbol{A})=r(2\boldsymbol{E})=r(\boldsymbol{E})=n \tag{9.37}$$

从而有 $r(\boldsymbol{E}+\boldsymbol{A})+r(\boldsymbol{E}-\boldsymbol{A})\leqslant n$ 以及 $r(\boldsymbol{E}+\boldsymbol{A})+r(\boldsymbol{E}-\boldsymbol{A})\geqslant n$ 同时成立(“两边夹”证明思想)，故只能有 $r(\boldsymbol{E}+\boldsymbol{A})+r(\boldsymbol{E}-\boldsymbol{A})=n$。

例 9-18：已知 n 阶方阵 $\boldsymbol{A}$、$\boldsymbol{B}$ 和 $\boldsymbol{C}$ 满足 $\boldsymbol{ABC}=\boldsymbol{O}$。设 $r\begin{pmatrix}\boldsymbol{O} & \boldsymbol{A}\\ \boldsymbol{BC} & \boldsymbol{E}\end{pmatrix}=k_1$，$r\begin{pmatrix}\boldsymbol{AB} & \boldsymbol{C}\\ \boldsymbol{O} & \boldsymbol{E}\end{pmatrix}=k_2$，

$r\begin{pmatrix} E & AB \\ AB & O \end{pmatrix}=k_3$，求 k_1、k_2 和 k_3 的大小关系。

解：题目中相关矩阵均为分块矩阵，因此求它们的秩之间的关系需要使用分块矩阵秩的性质，而此时就需要使用分块初等变换法化其为标准形式。注意此处 $\boldsymbol{A}$、$\boldsymbol{B}$ 和 $\boldsymbol{C}$ 不一定是可逆矩阵，所以不能使用阵乘操作，只能使用倍加与交换操作。由于题目中给出了 $\boldsymbol{ABC}=\boldsymbol{O}$ 这个条件，所以可以尝试将里面的零矩阵 $\boldsymbol{O}$ 替换成 $\boldsymbol{ABC}$，或者也可以尽量凑出 $\boldsymbol{ABC}$ 然后将其变为 $\boldsymbol{O}$。对第一个分块矩阵做以下分块初等变换并求出 k_1 的值：

$$\begin{bmatrix} O & A \\ BC & E \end{bmatrix}=\begin{bmatrix} ABC & A \\ BC & E \end{bmatrix}\xrightarrow{c_2(-BC)+c_1}\begin{bmatrix} O & A \\ O & E \end{bmatrix}\xrightarrow{(-A)r_2+r_1}\begin{bmatrix} O & O \\ O & E \end{bmatrix}\Rightarrow k_1$$

$$=r\begin{pmatrix} O & A \\ BC & E \end{pmatrix}=r\begin{pmatrix} O & O \\ O & E \end{pmatrix}=n+0=n \tag{9.38}$$

对第二个分块矩阵做以下分块初等变换并求出 k_2 的值：

$$\begin{bmatrix} AB & C \\ O & E \end{bmatrix}\xrightarrow{(-C)r_2+r_1}\begin{bmatrix} AB & O \\ O & E \end{bmatrix}\Rightarrow k_2=r\begin{pmatrix} AB & C \\ O & E \end{pmatrix}=r\begin{pmatrix} AB & O \\ O & E \end{pmatrix}=r(AB)+n \tag{9.39}$$

对第三个分块矩阵做以下分块初等变换并求出 k_3 的值：

$$\begin{bmatrix} E & AB \\ AB & O \end{bmatrix}\xrightarrow{(-AB)r_1+r_2}\begin{bmatrix} E & AB \\ O & -ABAB \end{bmatrix}\xrightarrow{c_1(-AB)+c_2}\begin{bmatrix} E & O \\ O & -ABAB \end{bmatrix}\Rightarrow k_3$$

$$=r\begin{pmatrix} E & AB \\ AB & O \end{pmatrix}=r\begin{pmatrix} E & O \\ O & -ABAB \end{pmatrix}=r(ABAB)+n \tag{9.40}$$

由于 $r(\boldsymbol{AB})\geqslant 0$ 且 $r(\boldsymbol{ABAB})\geqslant 0$，所以 $k_1\leqslant k_2$ 且 $k_1\leqslant k_3$，即 k_1 是其中最小值。然后将 $\boldsymbol{AB}$ 视为一个整体，根据乘积秩不等式性质有 $r(\boldsymbol{ABAB})\leqslant \min\{r(\boldsymbol{AB}),r(\boldsymbol{AB})\}=r(\boldsymbol{AB})$，故 $k_2\geqslant k_3$。综上有 $k_1\leqslant k_3\leqslant k_2$。

上例中有一个细节需要说明。我们知道有不等式 $r\begin{pmatrix} A & X \\ O & B \end{pmatrix}\geqslant r(A)+r(B)$ 成立，那为什么上例可以得出等式 $k_2=r\begin{pmatrix} AB & C \\ O & E \end{pmatrix}=r(AB)+n$ 呢？这是由于矩阵 $\begin{bmatrix} A & X \\ O & B \end{bmatrix}$ 中 $\boldsymbol{A}$ 和 $\boldsymbol{B}$ 的秩是未知的，而在矩阵 $\begin{bmatrix} AB & C \\ O & E \end{bmatrix}$ 中，右下角的单位阵 $\boldsymbol{E}$ 是方阵且其秩是 n，此时完全可以通过分块初等变换将右上角的 $\boldsymbol{C}$ 变成 $\boldsymbol{O}$，从而变成分块对角阵。

事实上，$\begin{bmatrix} A & X \\ O & B \end{bmatrix}$ 如果要变换成为 $\begin{bmatrix} A & O \\ O & B \end{bmatrix}$，就需要将第 2 块行左乘 $-\boldsymbol{XB}^{-1}$ 后加到第 1 块行上，则此时 $\boldsymbol{B}$ 必须是可逆矩阵。如果 $\boldsymbol{B}$ 不可逆或者 $\boldsymbol{B}$ 不是方阵，那么 $\boldsymbol{X}$ 就不能变成 $\boldsymbol{O}$。可见上述性质需要深入理解并灵活变通，这样才有利于得出正确的结论。

此外，证明矩阵秩的某些性质还可以使用线性方程组理论，请看下面的例子。

例 9-19：已知 $m\times n$ 的实数矩阵 $\boldsymbol{A}$。求证：

(1) 线性方程组 $\boldsymbol{Ax}=\boldsymbol{0}$ 的解也是线性方程组 $\boldsymbol{A}^{\mathrm{T}}\boldsymbol{Ax}=\boldsymbol{0}$ 的解；

(2) 线性方程组 $\boldsymbol{A}^{\mathrm{T}}\boldsymbol{Ax}=\boldsymbol{0}$ 的解也是线性方程组 $\boldsymbol{Ax}=\boldsymbol{0}$ 的解；

(3) $r(\boldsymbol{A}^{\mathrm{T}}\boldsymbol{A})=r(\boldsymbol{AA}^{\mathrm{T}})=r(\boldsymbol{A})$。

证明：(1) 设向量 $\boldsymbol{p}_{n\times 1}$ 是 $\boldsymbol{Ax}=\boldsymbol{0}$ 的某一个解，则有 $\boldsymbol{Ap}=\boldsymbol{0}$。两边同时左乘 $\boldsymbol{A}^{\mathrm{T}}$，则有

$\boldsymbol{A}^{\mathrm{T}}\boldsymbol{A}\boldsymbol{p}=\boldsymbol{0}$，这说明 $\boldsymbol{p}$ 也是 $\boldsymbol{A}^{\mathrm{T}}\boldsymbol{A}\boldsymbol{x}=\boldsymbol{0}$ 的解。由于 $\boldsymbol{p}$ 的选取具有任意性，所以 $\boldsymbol{A}\boldsymbol{x}=\boldsymbol{0}$ 的解也是 $\boldsymbol{A}^{\mathrm{T}}\boldsymbol{A}\boldsymbol{x}=\boldsymbol{0}$ 的解。

（2）易知 $\boldsymbol{A}^{\mathrm{T}}\boldsymbol{A}$ 是一个 $n\times n$ 矩阵。设向量 $\boldsymbol{q}_{n\times 1}$ 是 $\boldsymbol{A}^{\mathrm{T}}\boldsymbol{A}\boldsymbol{x}=\boldsymbol{0}$ 的解，则有 $\boldsymbol{A}^{\mathrm{T}}\boldsymbol{A}\boldsymbol{q}=\boldsymbol{0}$。两边同时左乘 $\boldsymbol{q}^{\mathrm{T}}$，则有 $\boldsymbol{q}^{\mathrm{T}}\boldsymbol{A}^{\mathrm{T}}\boldsymbol{A}\boldsymbol{q}=0$。根据转置矩阵相乘的性质，$\boldsymbol{q}^{\mathrm{T}}\boldsymbol{A}^{\mathrm{T}}=(\boldsymbol{A}\boldsymbol{q})^{\mathrm{T}}$，也就是 $(\boldsymbol{A}\boldsymbol{q})^{\mathrm{T}}\boldsymbol{A}\boldsymbol{q}=0$。

注意此处 $\boldsymbol{A}\boldsymbol{q}$ 是一个 $m\times 1$ 的列向量，$(\boldsymbol{A}\boldsymbol{q})^{\mathrm{T}}$ 是 $1\times m$ 的行向量，所以 $(\boldsymbol{A}\boldsymbol{q})^{\mathrm{T}}\boldsymbol{A}\boldsymbol{q}$ 结果是数字 0。设 $\boldsymbol{A}\boldsymbol{q}=(k_1,k_2,\cdots,k_m)^{\mathrm{T}}$，则 $(\boldsymbol{A}\boldsymbol{q})^{\mathrm{T}}\boldsymbol{A}\boldsymbol{q}=k_1^2+k_2^2+\cdots+k_m^2=0$。由于 $\boldsymbol{A}$ 是实数矩阵，所以 $\boldsymbol{A}\boldsymbol{q}$ 也是实数向量，故每个分量 $k_1,k_2,\cdots,k_m$ 都是实数。这样只有当 $k_1=k_2=\cdots=k_m=0$ 即 $\boldsymbol{A}\boldsymbol{q}=\boldsymbol{0}$ 时才有 $(\boldsymbol{A}\boldsymbol{q})^{\mathrm{T}}\boldsymbol{A}\boldsymbol{q}=0$ 成立。因此，就由 $\boldsymbol{A}^{\mathrm{T}}\boldsymbol{A}\boldsymbol{q}=\boldsymbol{0}$ 推出了 $\boldsymbol{A}\boldsymbol{q}=\boldsymbol{0}$。由于 $\boldsymbol{q}$ 的选取具有任意性，所以 $\boldsymbol{A}^{\mathrm{T}}\boldsymbol{A}\boldsymbol{x}=\boldsymbol{0}$ 的解也是 $\boldsymbol{A}\boldsymbol{x}=\boldsymbol{0}$ 的解。

（3）由（1）和（2）的结论，可知 $\boldsymbol{A}^{\mathrm{T}}\boldsymbol{A}\boldsymbol{x}=\boldsymbol{0}$ 和 $\boldsymbol{A}\boldsymbol{x}=\boldsymbol{0}$ 的解集相同。如果两者只有零解，则有 $r(\boldsymbol{A}^{\mathrm{T}}\boldsymbol{A})=r(\boldsymbol{A})=n$。如果两者存在非零解，则基础解系内所包含的向量个数一致（解空间的维数相等），即 $n-r(\boldsymbol{A}^{\mathrm{T}}\boldsymbol{A})=n-r(\boldsymbol{A})$，故可以推出 $r(\boldsymbol{A}^{\mathrm{T}}\boldsymbol{A})=r(\boldsymbol{A})$。

在上述证明中，如果使用 $\boldsymbol{A}^{\mathrm{T}}$ 代替 $\boldsymbol{A}$，则可以用 $\boldsymbol{A}$ 代替 $\boldsymbol{A}^{\mathrm{T}}$（因为 $(\boldsymbol{A}^{\mathrm{T}})^{\mathrm{T}}=\boldsymbol{A}$），同理可以得出 $r(\boldsymbol{A}\boldsymbol{A}^{\mathrm{T}})=r(\boldsymbol{A}^{\mathrm{T}})=r(\boldsymbol{A})$。综上有 $r(\boldsymbol{A}^{\mathrm{T}}\boldsymbol{A})=r(\boldsymbol{A}\boldsymbol{A}^{\mathrm{T}})=r(\boldsymbol{A})$ 成立。

上例表明，一个矩阵和它的转置相乘（不论左右）秩不发生改变。而在以上证明中，$\boldsymbol{A}^{\mathrm{T}}\boldsymbol{A}\boldsymbol{x}=\boldsymbol{0}$ 和 $\boldsymbol{A}\boldsymbol{x}=\boldsymbol{0}$ 的解集完全一致，即任意一方的解也是另一方的解，此时称它们**同解**。同解的齐次方程组系数矩阵的秩必然相同。此外，上述推导中用到了实数的性质，即如果若干个实数的平方和等于 0，则每个实数一定都等于 0。

有些矩阵秩的性质证明，需要灵活地对含有矩阵的式子进行一些变形，这里看下面的例题。

例 9-20：已知 $\boldsymbol{A}$ 和 $\boldsymbol{B}$ 均为 n 阶方阵。求证：$r(\boldsymbol{A}\boldsymbol{B}-\boldsymbol{E})\leqslant r(\boldsymbol{A}-\boldsymbol{E})+r(\boldsymbol{B}-\boldsymbol{E})$。

证明：首先找到 $\boldsymbol{A}\boldsymbol{B}-\boldsymbol{E}$ 和 $\boldsymbol{A}-\boldsymbol{E}$、$\boldsymbol{B}-\boldsymbol{E}$ 之间的关系。先尝试相乘是否可行，即 $(\boldsymbol{A}-\boldsymbol{E})(\boldsymbol{B}-\boldsymbol{E})=\boldsymbol{A}\boldsymbol{B}-\boldsymbol{A}-\boldsymbol{B}+\boldsymbol{E}$，但没有出现单纯的 $\boldsymbol{A}\boldsymbol{B}-\boldsymbol{E}$ 表达式，所以需要转换思路，从 $\boldsymbol{A}\boldsymbol{B}-\boldsymbol{E}$ 入手看是否可以凑出类似的式子。

由于 $\boldsymbol{A}\boldsymbol{B}-\boldsymbol{E}$ 已经出现了 $-\boldsymbol{E}$ 这一项，故可以加一个 $\boldsymbol{B}$ 再减一个 $\boldsymbol{B}$ 从而得到 $\boldsymbol{B}-\boldsymbol{E}$：

$$\boldsymbol{A}\boldsymbol{B}-\boldsymbol{E}=\boldsymbol{A}\boldsymbol{B}-\boldsymbol{B}+\boldsymbol{B}-\boldsymbol{E}=(\boldsymbol{A}-\boldsymbol{E})\boldsymbol{B}+(\boldsymbol{B}-\boldsymbol{E}) \tag{9.41}$$

通过变形，表达式中出现了 $\boldsymbol{A}-\boldsymbol{E}$ 和 $\boldsymbol{B}-\boldsymbol{E}$ 两项，故有

$$r(\boldsymbol{A}\boldsymbol{B}-\boldsymbol{E})=r((\boldsymbol{A}-\boldsymbol{E})\boldsymbol{B}+(\boldsymbol{B}-\boldsymbol{E}))\leqslant r((\boldsymbol{A}-\boldsymbol{E})\boldsymbol{B})+r(\boldsymbol{B}-\boldsymbol{E})\leqslant r(\boldsymbol{A}-\boldsymbol{E})+r(\boldsymbol{B}-\boldsymbol{E}) \tag{9.42}$$

上例的式（9.42）中，第一个不等号利用了“和的秩不超过秩的和”，第二个不等号利用了“积的秩不超过每个因数矩阵的秩”。通过两次不等号缩放，最终证明了目标不等式。

9.4 编程实践：MATLAB 计算矩阵的秩

我们知道利用 MATLAB 里的 rank 函数可以求出矩阵的秩。比如以下矩阵 $\boldsymbol{A}$：

$$\boldsymbol{A}=\begin{bmatrix}1 & 2 & 3\\ 4 & 5 & 6\\ 7 & 8 & 9\end{bmatrix} \tag{9.43}$$

输入以下语句：

```
>> A = [1,2,3;4,5,6;7,8,9];
>> rank(A)
```

会得到以下结果：

```
ans =
     2
```

一般来讲，rank 函数比 det 函数精度高，因此有时不宜用 det 函数判断方阵是否可逆，而可以用 rank 函数判断。比如输入以下语句：

```
>> B = A^10;p = rank(B);q = det(B);
```

查看变量 p 和 q 的值：

```
>> p
p =
     2

>> q
q =
  -7.2641e+07
```

由于 $\boldsymbol{A}$ 不可逆，所以 $\boldsymbol{B}=\boldsymbol{A}^{10}$ 必为不可逆矩阵，并且可以计算出其秩和 $\boldsymbol{A}$ 一样是 2。而程序计算出的秩是 2，行列式的值却成了 -7.2641×10^7 这个绝对值很大的数。显然在判断方阵是否可逆上使用 rank 函数要更准确一些。

但有时也会因为精度误差而出现判断有误差的情况。比如输入以下语句：

```
>> U = [10,0,0,0;0,25,0,0;0,0,34,0;0,0,0,1e-15];rank(U)
```

结果显示如下：

```
ans =
     3
```

变量 $\boldsymbol{U}$ 代表一个对角阵 $\boldsymbol{U}=\text{diag}\{10,25,34,10^{-15}\}$，严格数学意义上一定是 $r(\boldsymbol{U})=4$。但由于精度误差所限，使用 rank 函数会忽略掉最后的 10^{-15}。此时可以改变对应的精度值（即所谓“秩容差”），也就是将语句修改如下：

```
>> U = [10,0,0,0;0,25,0,0;0,0,34,0;0,0,0,1e-15];rank(U,1e-16)
```

结果显示如下：

```
ans =
     4
```

这样，在精度更小的情况下就能得出正确的结果。在工程计算中，需要注意这些精度带来的误差，同时也要在允许一些误差存在的前提下尽量简化计算模型。实际上，MATLAB 里的 rank 函数是通过奇异值分解计算秩的，改变对应的精度值实际上就是改变了奇异值分解的精度值，使得浮点数计算的精确性得以灵活调整。

习题 9

1. 设 $\boldsymbol{A}$ 是一个 4×3 的矩阵，$r(\boldsymbol{A})=2$。矩阵 $\boldsymbol{B}$ 如下，求 $r(\boldsymbol{AB})$。

$$\boldsymbol{B}=\begin{bmatrix}1 & 1 & -1\\ 3 & 5 & 2\\ 7 & 2 & 1\end{bmatrix}$$

2. 已知 $\boldsymbol{A}$ 如下,若 $r(\boldsymbol{A})=2$,求参数 a 和 b 的值。

$$\boldsymbol{A}=\begin{bmatrix}1 & 2 & a & 1\\ 4 & 1 & a & b\\ 2 & -3 & 1 & 0\end{bmatrix}$$

3. 设 n 阶方阵 $\boldsymbol{A}$ 满足 $\boldsymbol{A}^2=\boldsymbol{A}$,求证:$r(\boldsymbol{A})+r(\boldsymbol{E}-\boldsymbol{A})=n$。

4. 已知矩阵 $\boldsymbol{A}_{m\times n}$、$\boldsymbol{B}_{n\times s}$ 和 $\boldsymbol{C}_{s\times t}$ 满足 $r(\boldsymbol{A})=n$ 且 $r(\boldsymbol{C})=s$。若 $\boldsymbol{ABC}=\boldsymbol{O}$,求证:$\boldsymbol{B}=\boldsymbol{O}$。

5. 已知 n 阶方阵 $\boldsymbol{A}$ 可逆,求证:$r\begin{pmatrix}\boldsymbol{A} & \boldsymbol{B}\\ \boldsymbol{C} & \boldsymbol{D}\end{pmatrix}=n+r(\boldsymbol{D}-\boldsymbol{C}\boldsymbol{A}^{-1}\boldsymbol{B})$。

6. 含参数 a 的矩阵 $\boldsymbol{A}$ 如下,已知存在 3 阶非零方阵 $\boldsymbol{X}$ 使得 $\boldsymbol{AX}=\boldsymbol{O}$ 时,求参数 a 的值并求出所有满足条件的方阵 $\boldsymbol{X}$。

$$\boldsymbol{A}=\begin{bmatrix}1 & 1 & 2\\ 1 & a & 3\\ 2 & 9 & 13\end{bmatrix}$$

7. 将西尔维斯特不等式进一步推广,就得到了和矩阵的秩相关的另一个重要的不等式:**弗罗贝尼乌斯不等式**(Frobenius inequality):

$$r(\boldsymbol{ABC})\geqslant r(\boldsymbol{AB})+r(\boldsymbol{BC})-r(\boldsymbol{B})$$

请使用分块矩阵证明这个不等式,并说明为什么西尔维斯特不等式是其特例。

伴随矩阵

2 阶方阵的逆矩阵有特殊的计算方法，即先将主对角线元素交换，再将副对角线元素取相反数，然后除以主对角线之积减去副对角线之积的差值。根据行列式的知识，我们已经知道主对角线之积减去副对角线之积就是 2 阶方阵的行列式的值。那么“主交换，副取反”操作得到的矩阵是什么呢？其他更高阶的方阵也有类似这种矩阵的存在吗？这就是这一章要讨论的伴随矩阵。

10.1 伴随矩阵及其构建

10.1.1 2 阶方阵的伴随矩阵

对于 2 阶方阵 $\boldsymbol{A}=\begin{bmatrix}a & b\\ c & d\end{bmatrix}$，在 $ad\neq bc$ 的情况下可以求出 $\boldsymbol{A}^{-1}$ 如下：

$$\boldsymbol{A}^{-1}=\begin{bmatrix}a & b\\ c & d\end{bmatrix}^{-1}=\frac{1}{ad-bc}\begin{bmatrix}d & -b\\ -c & a\end{bmatrix} \tag{10.1}$$

$ad-bc$ 就是 $\boldsymbol{A}$ 的行列式 $|\boldsymbol{A}|$，而后面的 $\begin{bmatrix}d & -b\\ -c & a\end{bmatrix}$ 是一个由 $\boldsymbol{A}$ 伴随而生的方阵，它和 $\boldsymbol{A}^{-1}$ 只差一个比例系数(即 $|\boldsymbol{A}|$)。此时将方阵 $\begin{bmatrix}d & -b\\ -c & a\end{bmatrix}$ 称作 2 阶方阵 $\boldsymbol{A}$ 的**伴随矩阵**(adjugate matrix)，用记号 $\boldsymbol{A}^*$ 表示(部分文献使用 adj($\boldsymbol{A}$)表示)，读作“$\boldsymbol{A}$ 的伴随”。所以求 2 阶方阵的伴随矩阵只需“主交换，副取反”即可，而对应逆矩阵可以写成以下形式：

$$\boldsymbol{A}^{-1}=\frac{1}{ad-bc}\begin{bmatrix}d & -b\\ -c & a\end{bmatrix}=\frac{1}{|\boldsymbol{A}|}\boldsymbol{A}^* \tag{10.2}$$

2 阶方阵 $\boldsymbol{A}$ 是否可逆的决定因素是 $|\boldsymbol{A}|$ 的值是否不为 0，和 $\boldsymbol{A}^*$ 是无关的。这表明一个 2 阶方阵不论逆矩阵是否存在，其伴随矩阵总是存在的。

例 10-1：已知 2 阶方阵 $\boldsymbol{A}=\begin{bmatrix}a & b\\ c & d\end{bmatrix}$，求 $\boldsymbol{A}\boldsymbol{A}^*$ 和 $\boldsymbol{A}^*\boldsymbol{A}$，并从中发现规律。

解：根据 2 阶方阵伴随矩阵的求法，可得 $\boldsymbol{A}^*=\begin{bmatrix}d & -b\\ -c & a\end{bmatrix}$，于是有

$$\boldsymbol{AA}^* = \begin{bmatrix} a & b \\ c & d \end{bmatrix} \begin{bmatrix} d & -b \\ -c & a \end{bmatrix} = \begin{bmatrix} ad-bc & 0 \\ 0 & ad-bc \end{bmatrix}$$

$$\boldsymbol{A}^*\boldsymbol{A} = \begin{bmatrix} d & -b \\ -c & a \end{bmatrix} \begin{bmatrix} a & b \\ c & d \end{bmatrix} = \begin{bmatrix} ad-bc & 0 \\ 0 & ad-bc \end{bmatrix} \tag{10.3}$$

可知 $\boldsymbol{AA}^*=\boldsymbol{A}^*\boldsymbol{A}$，即 $\boldsymbol{A}$ 和 $\boldsymbol{A}^*$ 是可交换矩阵。由于 $|\boldsymbol{A}|=ad-bc$，故上述乘积结果是一个以 $|\boldsymbol{A}|$ 为数量因子的纯量阵，即 $\boldsymbol{AA}^*=\boldsymbol{A}^*\boldsymbol{A}=|\boldsymbol{A}|\boldsymbol{E}$。

上例中的结论也可以这样推出：对于可逆的 2 阶方阵 $\boldsymbol{A}$ 来讲，有 $\boldsymbol{A}^{-1}=\frac{1}{|\boldsymbol{A}|}\boldsymbol{A}^*$ 成立，给两边同时乘以 $|\boldsymbol{A}|$ 就有 $\boldsymbol{A}^*=|\boldsymbol{A}|\boldsymbol{A}^{-1}$，此时不论两边左乘还是右乘 $\boldsymbol{A}$，由于 $\boldsymbol{A}$ 和 $\boldsymbol{A}^{-1}$ 可交换且乘积结果是 $\boldsymbol{E}$，所以 $\boldsymbol{AA}^*=\boldsymbol{A}^*\boldsymbol{A}=|\boldsymbol{A}|\boldsymbol{E}$。但如果 $\boldsymbol{A}$ 不可逆，就只能使用上例的方式推出，这个过程不涉及逆矩阵，同样有这个式子成立。可见 $\boldsymbol{AA}^*=\boldsymbol{A}^*\boldsymbol{A}=|\boldsymbol{A}|\boldsymbol{E}$ 这个式子适用范围比 $\boldsymbol{A}^{-1}=\frac{1}{|\boldsymbol{A}|}\boldsymbol{A}^*$ 以及 $\boldsymbol{A}^*=|\boldsymbol{A}|\boldsymbol{A}^{-1}$ 这两个式子更广泛，它不受方阵可逆的限制。

10.1.2 任意方阵伴随矩阵的构建

以上对 2 阶方阵的伴随矩阵进行了深入的讨论，那么对于任意 n 阶方阵 $\boldsymbol{A}$ 能否也构建对应的伴随矩阵 $\boldsymbol{A}^*$ 使得 $\boldsymbol{AA}^*=\boldsymbol{A}^*\boldsymbol{A}=|\boldsymbol{A}|\boldsymbol{E}$ 这个式子成立呢？这就需要对这个式子进行分析。首先关注 $|\boldsymbol{A}|\boldsymbol{E}$ 这一项，它是一个纯量阵，即对角线每个元素均为 $|\boldsymbol{A}|$ 的 n 阶对角阵。设 n 阶方阵 $\boldsymbol{A}$ 和 $\boldsymbol{A}^*$ 分别如下：

$$\boldsymbol{A} = \begin{bmatrix} a_{11} & a_{12} & \cdots & a_{1n} \\ a_{21} & a_{22} & \cdots & a_{2n} \\ \vdots & \vdots & \ddots & \vdots \\ a_{n1} & a_{n2} & \cdots & a_{nn} \end{bmatrix} \quad \boldsymbol{A}^* = \begin{bmatrix} b_{11} & b_{12} & \cdots & b_{1n} \\ b_{21} & b_{22} & \cdots & b_{2n} \\ \vdots & \vdots & \ddots & \vdots \\ b_{n1} & b_{n2} & \cdots & b_{nn} \end{bmatrix} \tag{10.4}$$

根据伴随矩阵的设定有 $\boldsymbol{AA}^*=|\boldsymbol{A}|\boldsymbol{E}$ 和 $\boldsymbol{A}^*\boldsymbol{A}=|\boldsymbol{A}|\boldsymbol{E}$ 同时成立。先研究前者，根据上式有

$$\boldsymbol{AA}^* = \begin{bmatrix} a_{11} & a_{12} & \cdots & a_{1n} \\ a_{21} & a_{22} & \cdots & a_{2n} \\ \vdots & \vdots & \ddots & \vdots \\ a_{n1} & a_{n2} & \cdots & a_{nn} \end{bmatrix} \begin{bmatrix} b_{11} & b_{12} & \cdots & b_{1n} \\ b_{21} & b_{22} & \cdots & b_{2n} \\ \vdots & \vdots & \ddots & \vdots \\ b_{n1} & b_{n2} & \cdots & b_{nn} \end{bmatrix} = |\boldsymbol{A}|\boldsymbol{E} = \begin{bmatrix} |\boldsymbol{A}| & 0 & \cdots & 0 \\ 0 & |\boldsymbol{A}| & \cdots & 0 \\ \vdots & \vdots & \ddots & \vdots \\ 0 & 0 & \cdots & |\boldsymbol{A}| \end{bmatrix} \tag{10.5}$$

根据矩阵乘法的运算法则，纯量阵 $|\boldsymbol{A}|\boldsymbol{E}$ 的第 i 行第 j 列的元素是由 $\boldsymbol{A}$ 的第 i 行和 $\boldsymbol{A}^*$ 的第 j 列对应相乘再相加的结果。$|\boldsymbol{A}|\boldsymbol{E}$ 主对角线元素为 $|\boldsymbol{A}|$，此时 $i=j$，于是 $\boldsymbol{A}$ 的第 i 行和 $\boldsymbol{A}^*$ 的第 i 列对应相乘再相加的结果是 $|\boldsymbol{A}|$；而 $|\boldsymbol{A}|\boldsymbol{E}$ 除了主对角线以外的元素均为 0，也就是说，在 $i\neq j$ 时，$\boldsymbol{A}$ 的第 i 行和 $\boldsymbol{A}^*$ 的第 j 列对应相乘再相加的结果是 0。将上述结论写成代数形式就是

$$a_{i1}b_{1j}+a_{i2}b_{2j}+\cdots+a_{in}b_{nj} = \begin{cases} |\boldsymbol{A}| & i=j \\ 0 & i\neq j \end{cases} \tag{10.6}$$

在学习行列式的展开定理时，我们知道行列式内的某行（或列）元素只有和本行（或列）的代数余子式对应相乘再相加才能得到行列式的值，如果和其他行（或列）的代数余子式对应相乘再相加结果就是0。而式(10.6)刚好符合代数余子式的“匹配”特性，于是 $\boldsymbol{A}^*$ 就可以使用代数余子式构建。

不过，在矩阵乘法运算中，$\boldsymbol{A}$ 取的是行，而 $\boldsymbol{A}^*$ 取的是列，这意味着 $\boldsymbol{A}^*$ 不能把所有的代数余子式按照位置关系直接排列，而是需要转置排列，即 $b_{ij}=A_{ji}$。于是构建出的伴随矩阵 $\boldsymbol{A}^*$ 如下：

$$\boldsymbol{A}^*=\begin{bmatrix} b_{11} & b_{12} & \cdots & b_{1n} \\ b_{21} & b_{22} & \cdots & b_{2n} \\ \vdots & \vdots & \ddots & \vdots \\ b_{n1} & b_{n2} & \cdots & b_{nn} \end{bmatrix}=\begin{bmatrix} A_{11} & A_{21} & \cdots & A_{n1} \\ A_{12} & A_{22} & \cdots & A_{n2} \\ \vdots & \vdots & \ddots & \vdots \\ A_{1n} & A_{2n} & \cdots & A_{nn} \end{bmatrix} \tag{10.7}$$

以上对代数余子式的构建依据的是 $\boldsymbol{AA}^*=|\boldsymbol{A}|\boldsymbol{E}$ 这个式子。而对 $\boldsymbol{A}^*\boldsymbol{A}=|\boldsymbol{A}|\boldsymbol{E}$ 这个式子也可以采用同样的分析方法，得到的结果完全一致。因此，方阵的伴随矩阵就可以定义为将该方阵的代数余子式按照转置的方式排列成的等阶方阵。它既是伴随矩阵的定义，也是伴随矩阵的求法。

例 10-2：已知方阵 $\boldsymbol{A}$ 如下，求伴随矩阵 $\boldsymbol{A}^*$。

$$\boldsymbol{A}=\begin{bmatrix} 1 & 1 & 1 \\ 1 & 5 & 3 \\ 2 & 5 & 4 \end{bmatrix} \tag{10.8}$$

解法一：伴随矩阵是由代数余子式构成的矩阵，因此先求出每个元素的代数余子式。

$$\begin{aligned} &A_{11}=(-1)^{1+1}\begin{vmatrix} 5 & 3 \\ 5 & 4 \end{vmatrix}=5,\quad A_{12}=(-1)^{1+2}\begin{vmatrix} 1 & 3 \\ 2 & 4 \end{vmatrix}=2,\quad A_{13}=(-1)^{1+3}\begin{vmatrix} 1 & 5 \\ 2 & 5 \end{vmatrix}=-5, \\ &A_{21}=(-1)^{2+1}\begin{vmatrix} 1 & 1 \\ 5 & 4 \end{vmatrix}=1,\quad A_{22}=(-1)^{2+2}\begin{vmatrix} 1 & 1 \\ 2 & 4 \end{vmatrix}=2,\quad A_{23}=(-1)^{2+3}\begin{vmatrix} 1 & 1 \\ 2 & 5 \end{vmatrix}=-3, \\ &A_{31}=(-1)^{3+1}\begin{vmatrix} 1 & 1 \\ 5 & 3 \end{vmatrix}=-2,\quad A_{32}=(-1)^{3+2}\begin{vmatrix} 1 & 1 \\ 1 & 3 \end{vmatrix}=-2,\quad A_{33}=(-1)^{3+3}\begin{vmatrix} 1 & 1 \\ 1 & 5 \end{vmatrix}=4 \end{aligned} \tag{10.9}$$

然后将它们转置排列就得到了 $\boldsymbol{A}^*$：

$$\boldsymbol{A}^*=\begin{bmatrix} 5 & 1 & -2 \\ 2 & 2 & -2 \\ -5 & -3 & 4 \end{bmatrix} \tag{10.10}$$

解法二：注意到伴随矩阵和逆矩阵只相差一个系数，这个系数是 $|\boldsymbol{A}|$，于是在 $|\boldsymbol{A}|\neq 0$（即 $\boldsymbol{A}$ 可逆）的条件下就可以使用公式 $\boldsymbol{A}^*=|\boldsymbol{A}|\boldsymbol{A}^{-1}$。于是先求 $|\boldsymbol{A}|$：

$$|\boldsymbol{A}|=\begin{vmatrix} 1 & 1 & 1 \\ 1 & 5 & 3 \\ 2 & 5 & 4 \end{vmatrix}=\begin{vmatrix} 1 & 1 & 1 \\ 0 & 4 & 2 \\ 0 & 3 & 2 \end{vmatrix}=\begin{vmatrix} 4 & 2 \\ 3 & 2 \end{vmatrix}=2 \tag{10.11}$$

由于 $|\boldsymbol{A}|=2\neq 0$，故 $\boldsymbol{A}$ 可逆。这样可以先使用增广矩阵的方法求出 $\boldsymbol{A}^{-1}$，然后乘以系数 $|\boldsymbol{A}|=2$ 即可得到 $\boldsymbol{A}^*$。请读者自行完成增广矩阵求解逆矩阵的中间步骤。

$$\boldsymbol{A}=\begin{bmatrix}1&1&1\\1&5&3\\2&5&4\end{bmatrix}\Rightarrow\boldsymbol{A}^{-1}=\begin{bmatrix}\frac{5}{2}&\frac{1}{2}&-1\\1&1&-1\\-\frac{5}{2}&-\frac{3}{2}&2\end{bmatrix}\Rightarrow\boldsymbol{A}^{*}=|\boldsymbol{A}|\boldsymbol{A}^{-1}=\begin{bmatrix}5&1&-2\\2&2&-2\\-5&-3&4\end{bmatrix}\tag{10.12}$$

由上例可知，可逆矩阵的伴随矩阵求法有两种，既可以按照伴随矩阵的定义求出每个矩阵的代数余子式然后转置排列，又可以先通过增广矩阵求出逆矩阵后乘以对应的行列式值，两种算法各有优势。按照定义求伴随矩阵需要注意两点：第一，求代数余子式需要根据行列编号添加对应的符号；第二，求出代数余子式后需转置排列，不能直接按原顺序排列。

例 10-3：已知方阵 $\boldsymbol{A}$ 如下，求伴随矩阵 $\boldsymbol{A}^{*}$。

$$\boldsymbol{A}=\begin{bmatrix}1&1&1\\1&2&3\\1&3&5\end{bmatrix}\tag{10.13}$$

解：求伴随矩阵有两种方法，其中方阵必须可逆才能使用 $\boldsymbol{A}^{*}=|\boldsymbol{A}|\boldsymbol{A}^{-1}$ 这个公式。因此先查看 $\boldsymbol{A}$ 是否可逆，这一点可以通过求 $\boldsymbol{A}$ 的秩 $r(\boldsymbol{A})$ 判断，也可以求 $\boldsymbol{A}$ 的行列式 $|\boldsymbol{A}|$ 判断。此处采用后者。

$$|\boldsymbol{A}|=\begin{vmatrix}1&1&1\\1&2&3\\1&3&5\end{vmatrix}=\begin{vmatrix}1&1&1\\0&1&2\\0&2&4\end{vmatrix}=\begin{vmatrix}1&2\\2&4\end{vmatrix}=0\tag{10.14}$$

由于 $|\boldsymbol{A}|=0$，故 $\boldsymbol{A}$ 不可逆，不能使用公式 $\boldsymbol{A}^{*}=|\boldsymbol{A}|\boldsymbol{A}^{-1}$ 求解，只能使用伴随矩阵的定义求解。首先求出各个元素代数余子式：

$$\begin{aligned}&A_{11}=(-1)^{1+1}\begin{vmatrix}2&3\\3&5\end{vmatrix}=1,\quad A_{12}=(-1)^{1+2}\begin{vmatrix}1&3\\1&5\end{vmatrix}=-2,\quad A_{13}=(-1)^{1+3}\begin{vmatrix}1&2\\1&3\end{vmatrix}=1\\&A_{21}=(-1)^{2+1}\begin{vmatrix}1&1\\3&5\end{vmatrix}=-2,\quad A_{22}=(-1)^{2+2}\begin{vmatrix}1&1\\1&5\end{vmatrix}=4,\quad A_{23}=(-1)^{2+3}\begin{vmatrix}1&1\\1&3\end{vmatrix}=-2\\&A_{31}=(-1)^{3+1}\begin{vmatrix}1&1\\2&3\end{vmatrix}=1,\quad A_{32}=(-1)^{3+2}\begin{vmatrix}1&1\\1&3\end{vmatrix}=-2,\quad A_{33}=(-1)^{3+3}\begin{vmatrix}1&1\\1&2\end{vmatrix}=1\end{aligned}\tag{10.15}$$

然后转置排列即得到 $\boldsymbol{A}^{*}$：

$$\boldsymbol{A}^{*}=\begin{bmatrix}1&-2&1\\-2&4&-2\\1&-2&1\end{bmatrix}\tag{10.16}$$

例 10-4：请说明：2 阶方阵的伴随矩阵求法符合伴随矩阵的定义。

解：设 2 阶方阵 $\boldsymbol{A}=\begin{bmatrix}a&b\\c&d\end{bmatrix}$，则四个代数余子式依次如下：

$$\begin{aligned}&A_{11}=(-1)^{1+1}d=d,\quad A_{12}=(-1)^{1+2}c=-c,\\&A_{21}=(-1)^{2+1}b=-b,\quad A_{22}=(-1)^{2+2}a=a\end{aligned}\tag{10.17}$$

把它们转置排列，就有 $A^* = \begin{bmatrix} d & -b \\ -c & a \end{bmatrix}$，符合“主交换，副取反”的法则。

例 10-5：设 λ 是常数，O 和 E 分别是 n 阶零矩阵和单位阵，求 O^*、E^* 和 $(\lambda E)^*$。

解：零矩阵 O 所有元素均为 0，故任意一个代数余子式也全都为 0，所以有 $O^* = O$。单位阵 E 是可逆矩阵，并且已知 $E^{-1} = E$ 和 $|E| = 1$，故 $E^* = |E| E^{-1} = E$。

若 $\lambda = 0$，则 $\lambda E = O$，此时 $(\lambda E)^* = O$；若 $\lambda \neq 0$，则 λE 可逆，由 $(\lambda E)^{-1} = \frac{1}{\lambda}E^{-1} = \frac{1}{\lambda}E$ 和 $|\lambda E| = \lambda^n |E| = \lambda^n$，有 $(\lambda E)^* = |\lambda E| (\lambda E)^{-1} = \lambda^{n-1} E$。而这个式子在 $\lambda = 0$ 时依旧成立，故对于任意的常数 λ 均有 $(\lambda E)^* = \lambda^{n-1} E$。

上例的结论可以总结为：n 阶零矩阵和单位阵的伴随矩阵都还是其本身；n 阶纯量阵的伴随矩阵依旧是纯量阵，数量因子是原数量因子的 $n-1$ 次方。

10.1.3　逆矩阵的另一种构建方式

在了解了伴随矩阵的构建、求法和相关公式后，读者可能会有疑问：伴随矩阵究竟有什么用处呢？实际上这涉及了逆矩阵的另一种构建方式。

在介绍逆矩阵时，我们使用初等变换和初等矩阵构建了逆矩阵。而实际上也可以利用矩阵乘法的法则构建逆矩阵。设有两个 n 阶方阵 A 和 P，两者如下：

$$A = \begin{bmatrix} a_{11} & a_{12} & \cdots & a_{1n} \\ a_{21} & a_{22} & \cdots & a_{2n} \\ \vdots & \vdots & \ddots & \vdots \\ a_{n1} & a_{n2} & \cdots & a_{nn} \end{bmatrix}, \quad P = \begin{bmatrix} p_{11} & p_{12} & \cdots & p_{1n} \\ p_{21} & p_{22} & \cdots & p_{2n} \\ \vdots & \vdots & \ddots & \vdots \\ p_{n1} & p_{n2} & \cdots & p_{nn} \end{bmatrix} \tag{10.18}$$

若 $P = A^{-1}$ 成立，根据逆矩阵定义式有 $AP = E$ 和 $PA = E$ 成立。先考虑 $AP = E$，有

$$AP = \begin{bmatrix} a_{11} & a_{12} & \cdots & a_{1n} \\ a_{21} & a_{22} & \cdots & a_{2n} \\ \vdots & \vdots & \ddots & \vdots \\ a_{n1} & a_{n2} & \cdots & a_{nn} \end{bmatrix} \begin{bmatrix} p_{11} & p_{12} & \cdots & p_{1n} \\ p_{21} & p_{22} & \cdots & p_{2n} \\ \vdots & \vdots & \ddots & \vdots \\ p_{n1} & p_{n2} & \cdots & p_{nn} \end{bmatrix} = \begin{bmatrix} 1 & 0 & \cdots & 0 \\ 0 & 1 & \cdots & 0 \\ \vdots & \vdots & \ddots & \vdots \\ 0 & 0 & \cdots & 1 \end{bmatrix} \tag{10.19}$$

根据矩阵乘法的法则和单位阵 E 的特点，有下式成立：

$$a_{i1}p_{1j} + a_{i2}p_{2j} + \cdots + a_{in}p_{nj} = \begin{cases} 1, & i = j \\ 0, & i \neq j \end{cases} \tag{10.20}$$

这样的结构表达式和行列式展开定理比较相似，但相差一个数量因子，它就是 A 的行列式 $|A|$，可以先给对应的矩阵 P 乘以 $|A|$，于是 $|A|P$ 的第 i 行第 j 列元素就是 A 中第 j 行第 i 列元素的代数余子式 A_{ji}，即把这个矩阵当作求逆矩阵的过渡，这个过渡的矩阵就是伴随矩阵。对 $PA = E$ 分析也有完全一致的结论。

通过以上分析，要构建逆矩阵就要先将方阵 A 的各个代数余子式按照转置排列形成伴随矩阵 A^*，再查看 $|A|$ 的值。如果 $|A| \neq 0$，则 A 可逆，此时只需要给 A^* 乘以常数 $\frac{1}{|A|}$ 就是 A^{-1}；如果 $|A| = 0$，则 A 不可逆，即求不出 A^{-1}。这一过程可以形象地用图 10-1 描述。

从图 10-1 中不仅可以明确看出 A^*、A^{-1} 和 $|A|$ 三者的关系，还可以看出 A 是否可逆的

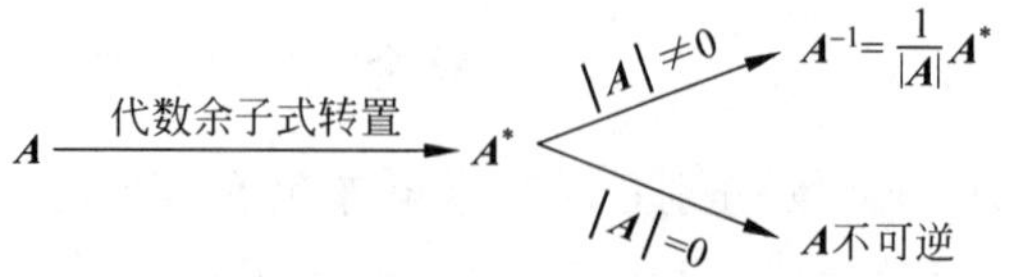

$A \xrightarrow{\text{代数余子式转置}} A^*$，$|A|\neq 0 \rightarrow A^{-1}=\frac{1}{|A|}A^*$；$|A|=0 \rightarrow A$不可逆

图 10-1　伴随矩阵构建逆矩阵的过程示意

决定性因素是$|\boldsymbol{A}|$的值，而和$\boldsymbol{A}^*$无关。换句话说，$\boldsymbol{A}^*$本身不受$\boldsymbol{A}$是否可逆的限制，它是求逆矩阵时的中间过渡产物。

10.1.4　关于伴随矩阵的术语说明

“伴随矩阵”这个术语在部分文献中会引起歧义，这里回归其英文术语说明这个问题。在本章和本书里所提到的“伴随矩阵”，指的是通过代数余子式转置后构建出的矩阵，它的英文名称有两个，一个是 adjugate matrix，另一个是 classical adjoint matrix，这两个术语是等价的。

注意第二个术语中的修饰词 classical 不可省略，因为 adjoint matrix 指的是对一个矩阵的伴随变换，即复共轭转置操作。对于实数矩阵来说，它的 adjoint matrix 实际上就是其转置矩阵。由此可知，adjugate matrix(classical adjoint matrix)和 adjoint matrix 是两种完全不同的矩阵。在平时阅读中文、英文文献时，一定要看清到底是哪种“伴随”。

本书中所述的所有“伴随矩阵”一律指的是 adjugate matrix(classical adjoint matrix)。

10.2　伴随矩阵十大公式

10.2.1　伴随矩阵公式推导

设有n阶方阵$\boldsymbol{A}(n\geqslant 2)$，则有伴随矩阵的基本公式：$\boldsymbol{A}\boldsymbol{A}^*=\boldsymbol{A}^*\boldsymbol{A}=|\boldsymbol{A}|\boldsymbol{E}$。它是伴随矩阵最核心的公式，也是推导其他公式的基础。对于n阶可逆矩阵$\boldsymbol{A}$，还有$\boldsymbol{A}^{-1}=\frac{1}{|\boldsymbol{A}|}\boldsymbol{A}^*$和$\boldsymbol{A}^*=|\boldsymbol{A}|\boldsymbol{A}^{-1}$两式成立，这组公式不仅指明了$\boldsymbol{A}^*$、$\boldsymbol{A}^{-1}$和$|\boldsymbol{A}|$三者的关系，还明确了$\boldsymbol{A}^*$和$\boldsymbol{A}^{-1}$的求法。下面以它们为基础推导其余的公式。

例 10-6：已知n阶可逆矩阵$\boldsymbol{A}(n\geqslant 2)$，求$(\boldsymbol{A}^*)^{-1}$和$(\boldsymbol{A}^{-1})^*$的表达式。

解：由于$\boldsymbol{A}$可逆，所以有$\boldsymbol{A}^*=|\boldsymbol{A}|\boldsymbol{A}^{-1}$成立且$|\boldsymbol{A}|\neq 0$，另外由于可逆矩阵乘以一个非零常数后也是可逆矩阵，从而$\boldsymbol{A}^*$也可逆。给$\boldsymbol{A}^*=|\boldsymbol{A}|\boldsymbol{A}^{-1}$两端同时求逆，并注意到$|\boldsymbol{A}|$是一个非零常数，于是就有

$$\boldsymbol{A}^*=|\boldsymbol{A}|\boldsymbol{A}^{-1}\Rightarrow(\boldsymbol{A}^*)^{-1}=(|\boldsymbol{A}|\boldsymbol{A}^{-1})^{-1}=\frac{1}{|\boldsymbol{A}|}(\boldsymbol{A}^{-1})^{-1}=\frac{1}{|\boldsymbol{A}|}\boldsymbol{A} \tag{10.21}$$

此外，将$\boldsymbol{A}^*=|\boldsymbol{A}|\boldsymbol{A}^{-1}$中的$\boldsymbol{A}$替换为$\boldsymbol{A}^{-1}$，并注意到逆矩阵的行列式就是原矩阵行列式的倒数，于是就有

$$\boldsymbol{A}^*=|\boldsymbol{A}|\boldsymbol{A}^{-1}\Rightarrow(\boldsymbol{A}^{-1})^*=|\boldsymbol{A}^{-1}|(\boldsymbol{A}^{-1})^{-1}=\frac{1}{|\boldsymbol{A}|}\boldsymbol{A} \tag{10.22}$$

由上例可知$(\boldsymbol{A}^*)^{-1}=(\boldsymbol{A}^{-1})^*=\frac{1}{|\boldsymbol{A}|}\boldsymbol{A}$，一个方阵求逆和求伴随的运算可以交换顺序

且结果都是该方阵除以其行列式的值。

例 10-7：已知 n 阶可逆方阵 $\boldsymbol{A}(n\geqslant 2)$，求证：$(\boldsymbol{A}^*)^{\mathrm{T}}=(\boldsymbol{A}^{\mathrm{T}})^*$。

证明：$\boldsymbol{A}^*$ 是 $\boldsymbol{A}$ 中元素的代数余子式按照转置顺序排列的，设 $\boldsymbol{A}$ 和 $\boldsymbol{A}^*$ 如下：

$$\boldsymbol{A}=\begin{bmatrix} a_{11} & a_{12} & \cdots & a_{1n} \\ a_{21} & a_{22} & \cdots & a_{2n} \\ \vdots & \vdots & \ddots & \vdots \\ a_{n1} & a_{n2} & \cdots & a_{nn} \end{bmatrix},\quad \boldsymbol{A}^*=\begin{bmatrix} A_{11} & A_{21} & \cdots & A_{n1} \\ A_{12} & A_{22} & \cdots & A_{n2} \\ \vdots & \vdots & \ddots & \vdots \\ A_{1n} & A_{2n} & \cdots & A_{nn} \end{bmatrix} \tag{10.23}$$

于是 $(\boldsymbol{A}^*)^{\mathrm{T}}$ 就是把 $\boldsymbol{A}^*$ 的行列互换得到的结果：

$$(\boldsymbol{A}^*)^{\mathrm{T}}=\begin{bmatrix} A_{11} & A_{12} & \cdots & A_{1n} \\ A_{21} & A_{22} & \cdots & A_{2n} \\ \vdots & \vdots & \ddots & \vdots \\ A_{n1} & A_{n2} & \cdots & A_{nn} \end{bmatrix} \tag{10.24}$$

同理，$(\boldsymbol{A}^{\mathrm{T}})^*$ 是把 $\boldsymbol{A}^{\mathrm{T}}$ 的各个元素代数余子式转置排列而成的，这些代数余子式是 $\boldsymbol{A}$ 中对应元素代数余子式的转置。根据行列式的性质，转置行列式等于原行列式，故有

$$\boldsymbol{A}^{\mathrm{T}}=\begin{bmatrix} a_{11} & a_{21} & \cdots & a_{n1} \\ a_{12} & a_{22} & \cdots & a_{n2} \\ \vdots & \vdots & \ddots & \vdots \\ a_{1n} & a_{2n} & \cdots & a_{nn} \end{bmatrix},\quad (\boldsymbol{A}^{\mathrm{T}})^*=\begin{bmatrix} A_{11}^{\mathrm{T}} & A_{12}^{\mathrm{T}} & \cdots & A_{1n}^{\mathrm{T}} \\ A_{21}^{\mathrm{T}} & A_{22}^{\mathrm{T}} & \cdots & A_{2n}^{\mathrm{T}} \\ \vdots & \vdots & \ddots & \vdots \\ A_{n1}^{\mathrm{T}} & A_{n2}^{\mathrm{T}} & \cdots & A_{nn}^{\mathrm{T}} \end{bmatrix}=\begin{bmatrix} A_{11} & A_{12} & \cdots & A_{1n} \\ A_{21} & A_{22} & \cdots & A_{2n} \\ \vdots & \vdots & \ddots & \vdots \\ A_{n1} & A_{n2} & \cdots & A_{nn} \end{bmatrix} \tag{10.25}$$

由式(10.24)和式(10.25)可得 $(\boldsymbol{A}^*)^{\mathrm{T}}=(\boldsymbol{A}^{\mathrm{T}})^*$。

上例表明，方阵的转置运算和求伴随运算也可以交换顺序。实际上对于可逆矩阵 $\boldsymbol{A}$ 来说，求逆、求伴随和转置三者可以任意交换顺序而保持结果不变，即有 $((\boldsymbol{A}^{-1})^*)^{\mathrm{T}}=((\boldsymbol{A}^*)^{\mathrm{T}})^{-1}=\cdots$ 成立。

例 10-8：已知 n 阶方阵 $\boldsymbol{A}$ 的行列式是 $|\boldsymbol{A}|(n\geqslant 2)$，求 $|\boldsymbol{A}^*|$。

解：还是从基本公式 $\boldsymbol{A}\boldsymbol{A}^*=\boldsymbol{A}^*\boldsymbol{A}=|\boldsymbol{A}|\boldsymbol{E}$ 出发，注意到 $|\boldsymbol{A}|\boldsymbol{E}$ 是一个以 $|\boldsymbol{A}|$ 为数量因子的纯量阵，于是两端取行列式就有

$$|\boldsymbol{A}\boldsymbol{A}^*|=|\boldsymbol{A}^*\boldsymbol{A}|=||\boldsymbol{A}|\boldsymbol{E}|\Rightarrow|\boldsymbol{A}||\boldsymbol{A}^*|=|\boldsymbol{A}|^n \tag{10.26}$$

当 $\boldsymbol{A}$ 可逆即 $|\boldsymbol{A}|\neq 0$ 时，两端约掉 $|\boldsymbol{A}|$ 就有 $|\boldsymbol{A}^*|=|\boldsymbol{A}|^{n-1}$。

当 $\boldsymbol{A}$ 不可逆即 $|\boldsymbol{A}|=0$ 时，$|\boldsymbol{A}^*|$ 可能是 0 也可能不是 0。假设 $|\boldsymbol{A}^*|\neq 0$，则 $\boldsymbol{A}^*$ 可逆，即 $\boldsymbol{A}^*(\boldsymbol{A}^*)^{-1}=\boldsymbol{E}$。为了凑出基本公式里的 $\boldsymbol{A}\boldsymbol{A}^*$ 这个乘积，给两边左乘 $\boldsymbol{A}$，就有

$$\boldsymbol{A}^*(\boldsymbol{A}^*)^{-1}=\boldsymbol{E}\Rightarrow\boldsymbol{A}\boldsymbol{A}^*(\boldsymbol{A}^*)^{-1}=\boldsymbol{A}\Rightarrow|\boldsymbol{A}|\boldsymbol{E}(\boldsymbol{A}^*)^{-1}=\boldsymbol{A}\Rightarrow\boldsymbol{O}(\boldsymbol{A}^*)^{-1}=\boldsymbol{A}\Rightarrow\boldsymbol{A}=\boldsymbol{O} \tag{10.27}$$

由于 $\boldsymbol{A}=\boldsymbol{O}$，所以 $\boldsymbol{A}$ 中的任意一个代数余子式也都等于 0，于是 $\boldsymbol{A}^*=\boldsymbol{O}$。这一点和 $|\boldsymbol{A}^*|\neq 0$ 矛盾，说明刚才的假设 $|\boldsymbol{A}^*|\neq 0$ 是错误的，即在 $|\boldsymbol{A}|=0$ 时，必有 $|\boldsymbol{A}^*|=0$。故 $|\boldsymbol{A}^*|=|\boldsymbol{A}|^{n-1}$ 在 $|\boldsymbol{A}|=0$ 时也是成立的。

以上结论 $|\boldsymbol{A}^*|=|\boldsymbol{A}|^{n-1}$ 不仅给出了伴随矩阵的行列式计算方法，而且还指出：一个方阵可逆和其伴随矩阵可逆互为充分必要条件。

例 10-9：已知 n 阶可逆矩阵 $\boldsymbol{A}$ 和 $\boldsymbol{B}(n\geqslant 2)$，求证：$(\boldsymbol{AB})^*=\boldsymbol{B}^*\boldsymbol{A}^*$。

证法一：在基本公式 $\boldsymbol{AA}^*=\boldsymbol{A}^*\boldsymbol{A}=|\boldsymbol{A}|\boldsymbol{E}$ 中，将 $\boldsymbol{A}$ 替换为 $\boldsymbol{AB}$，就有

$$\boldsymbol{AB}(\boldsymbol{AB})^*=(\boldsymbol{AB})^*\boldsymbol{AB}=|\boldsymbol{AB}|\boldsymbol{E}=|\boldsymbol{A}||\boldsymbol{B}|\boldsymbol{E} \tag{10.28}$$

考虑等式 $\boldsymbol{AB}(\boldsymbol{AB})^*=|\boldsymbol{A}||\boldsymbol{B}|\boldsymbol{E}$，给上式两端左乘 $\boldsymbol{B}^*\boldsymbol{A}^*$，注意到 $|\boldsymbol{A}||\boldsymbol{B}|$ 是一个数字，于是就有

$$\begin{aligned}\boldsymbol{AB}(\boldsymbol{AB})^*=|\boldsymbol{A}||\boldsymbol{B}|\boldsymbol{E}&\Rightarrow\boldsymbol{B}^*\boldsymbol{A}^*\boldsymbol{AB}(\boldsymbol{AB})^*=|\boldsymbol{A}||\boldsymbol{B}|\boldsymbol{B}^*\boldsymbol{A}^*\\&\Rightarrow\boldsymbol{B}^*(\boldsymbol{A}^*\boldsymbol{A})\boldsymbol{B}(\boldsymbol{AB})^*=|\boldsymbol{A}||\boldsymbol{B}|\boldsymbol{B}^*\boldsymbol{A}^*\\&\Rightarrow|\boldsymbol{A}|(\boldsymbol{B}^*\boldsymbol{B})(\boldsymbol{AB})^*=|\boldsymbol{A}||\boldsymbol{B}|\boldsymbol{B}^*\boldsymbol{A}^*\\&\Rightarrow|\boldsymbol{A}||\boldsymbol{B}|(\boldsymbol{AB})^*=|\boldsymbol{A}||\boldsymbol{B}|\boldsymbol{B}^*\boldsymbol{A}^*\end{aligned} \tag{10.29}$$

由于 $\boldsymbol{A}$ 和 $\boldsymbol{B}$ 可逆，故上式两边约去 $|\boldsymbol{A}||\boldsymbol{B}|$，就可以得出 $(\boldsymbol{AB})^*=\boldsymbol{B}^*\boldsymbol{A}^*$。

证法二：由于 $\boldsymbol{A}$ 和 $\boldsymbol{B}$ 可逆，故有 $(\boldsymbol{AB})^{-1}=\boldsymbol{B}^{-1}\boldsymbol{A}^{-1}$ 成立，给两边同时乘以 $|\boldsymbol{A}||\boldsymbol{B}|$，就有

$$\begin{aligned}(\boldsymbol{AB})^{-1}=\boldsymbol{B}^{-1}\boldsymbol{A}^{-1}&\Rightarrow|\boldsymbol{A}||\boldsymbol{B}|(\boldsymbol{AB})^{-1}=|\boldsymbol{A}||\boldsymbol{B}|\boldsymbol{B}^{-1}\boldsymbol{A}^{-1}\Rightarrow|\boldsymbol{AB}|(\boldsymbol{AB})^{-1}\\&=|\boldsymbol{B}|\boldsymbol{B}^{-1}\cdot|\boldsymbol{A}|\boldsymbol{A}^{-1}\Rightarrow(\boldsymbol{AB})^*=\boldsymbol{B}^*\boldsymbol{A}^*\end{aligned} \tag{10.30}$$

上例证法一使用了基本公式左右同乘矩阵的方式证明，证法二使用了逆矩阵的“穿脱原则”以及逆矩阵和伴随矩阵之间的关系（即 $\boldsymbol{A}^*=|\boldsymbol{A}|\boldsymbol{A}^{-1}$）证明，结果一致。

上例中在推导中要求 $\boldsymbol{A}$ 和 $\boldsymbol{B}$ 均可逆，不过事实上这个公式的成立并不受 $\boldsymbol{A}$ 和 $\boldsymbol{B}$ 是否可逆影响，即对于任意 n 阶方阵 $\boldsymbol{A}$ 和 $\boldsymbol{B}$ 均有 $(\boldsymbol{AB})^*=\boldsymbol{B}^*\boldsymbol{A}^*$ 成立。这表明求伴随的运算也和转置、求逆一样具有倒序相乘性。

例 10-10：设 λ 是常数，$\boldsymbol{A}$ 是 n 阶方阵，求 $(\lambda\boldsymbol{A})^*$。

解：注意到 $\lambda\boldsymbol{A}=\lambda\boldsymbol{EA}=(\lambda\boldsymbol{E})\boldsymbol{A}$，故有

$$(\lambda\boldsymbol{A})^*=((\lambda\boldsymbol{E})\boldsymbol{A})^*=\boldsymbol{A}^*(\lambda\boldsymbol{E})^*=\boldsymbol{A}^*\lambda^{n-1}\boldsymbol{E}=\lambda^{n-1}\boldsymbol{A}^* \tag{10.31}$$

上例结果说明，提出求伴随运算的数乘因子时需要将其变成 $n-1$ 次方，这一点可以结合前面的纯量阵伴随矩阵的结果记忆。

例 10-11：设 $\boldsymbol{A}$ 和 $\boldsymbol{B}$ 分别是 m 阶和 n 阶方阵 $(m,n\geqslant 2)$，求 $\begin{bmatrix}\boldsymbol{A}&\boldsymbol{O}\\\boldsymbol{O}&\boldsymbol{B}\end{bmatrix}^*$。

解：设 $\begin{bmatrix}\boldsymbol{A}&\boldsymbol{O}\\\boldsymbol{O}&\boldsymbol{B}\end{bmatrix}^*=\begin{bmatrix}\boldsymbol{J}&\boldsymbol{K}\\\boldsymbol{L}&\boldsymbol{M}\end{bmatrix}$，则根据伴随矩阵基本公式有

$$\begin{aligned}\begin{bmatrix}\boldsymbol{A}&\boldsymbol{O}\\\boldsymbol{O}&\boldsymbol{B}\end{bmatrix}\begin{bmatrix}\boldsymbol{J}&\boldsymbol{K}\\\boldsymbol{L}&\boldsymbol{M}\end{bmatrix}&=\begin{bmatrix}\boldsymbol{J}&\boldsymbol{K}\\\boldsymbol{L}&\boldsymbol{M}\end{bmatrix}\begin{bmatrix}\boldsymbol{A}&\boldsymbol{O}\\\boldsymbol{O}&\boldsymbol{B}\end{bmatrix}=\begin{vmatrix}\boldsymbol{A}&\boldsymbol{O}\\\boldsymbol{O}&\boldsymbol{B}\end{vmatrix}\boldsymbol{E}_{m+n}=|\boldsymbol{A}||\boldsymbol{B}|\begin{bmatrix}\boldsymbol{E}_m&\boldsymbol{O}\\\boldsymbol{O}&\boldsymbol{E}_n\end{bmatrix}\\&\Rightarrow\begin{bmatrix}\boldsymbol{AJ}&\boldsymbol{AK}\\\boldsymbol{BL}&\boldsymbol{BM}\end{bmatrix}=\begin{bmatrix}\boldsymbol{JA}&\boldsymbol{KB}\\\boldsymbol{LA}&\boldsymbol{MB}\end{bmatrix}=\begin{bmatrix}|\boldsymbol{A}||\boldsymbol{B}|\boldsymbol{E}_m&\boldsymbol{O}\\\boldsymbol{O}&|\boldsymbol{A}||\boldsymbol{B}|\boldsymbol{E}_n\end{bmatrix}\end{aligned} \tag{10.32}$$

注意上式，$\boldsymbol{K}$ 和 $\boldsymbol{L}$ 仅出现在副对角线上，为了使得任意 $\boldsymbol{A}$ 和 $\boldsymbol{B}$ 都有上式成立，可以取 $\boldsymbol{K}=\boldsymbol{O}$ 和 $\boldsymbol{L}=\boldsymbol{O}$。此外，主对角线上有 $\boldsymbol{AJ}=\boldsymbol{JA}=|\boldsymbol{A}||\boldsymbol{B}|\boldsymbol{E}$，而 $\boldsymbol{AA}^*=\boldsymbol{A}^*\boldsymbol{A}=|\boldsymbol{A}|\boldsymbol{E}$，故可以对比发现，$\boldsymbol{J}=|\boldsymbol{B}|\boldsymbol{A}^*$。同理，$\boldsymbol{M}=|\boldsymbol{A}|\boldsymbol{B}^*$，故有

$$\begin{bmatrix}\boldsymbol{A}&\boldsymbol{O}\\\boldsymbol{O}&\boldsymbol{B}\end{bmatrix}^*=\begin{bmatrix}|\boldsymbol{B}|\boldsymbol{A}^*&\boldsymbol{O}\\\boldsymbol{O}&|\boldsymbol{A}|\boldsymbol{B}^*\end{bmatrix} \tag{10.33}$$

例 10-12：设 $\boldsymbol{A}$ 是 n 阶方阵($n\geqslant 2$)，其秩为 $r(\boldsymbol{A})$，求 $r(\boldsymbol{A}^*)$。

解：由于 $\boldsymbol{A}$ 是 n 阶方阵，所以 $0\leqslant r(\boldsymbol{A})\leqslant n$。下面将 $r(\boldsymbol{A})$ 从 n 到 0 依次取值讨论。

(1) 当 $r(\boldsymbol{A})=n$ 时，$|\boldsymbol{A}|\neq 0$。由 $|\boldsymbol{A}^*|=|\boldsymbol{A}|^{n-1}$ 可知，$|\boldsymbol{A}^*|\neq 0$，故 $r(\boldsymbol{A}^*)=n$。

(2) 当 $r(\boldsymbol{A})=n-1$ 时，$|\boldsymbol{A}|=0$，所以 $\boldsymbol{A}\boldsymbol{A}^*=\boldsymbol{A}^*\boldsymbol{A}=|\boldsymbol{A}|\boldsymbol{E}=\boldsymbol{O}$，对 $\boldsymbol{A}$ 和 $\boldsymbol{A}^*$ 而言刚好符合零积秩不等式的使用条件，于是有 $r(\boldsymbol{A})+r(\boldsymbol{A}^*)\leqslant n$，即 $r(\boldsymbol{A}^*)\leqslant n-r(\boldsymbol{A})$。再将 $r(\boldsymbol{A})=n-1$ 代入，就有 $r(\boldsymbol{A}^*)\leqslant 1$。

下面从伴随矩阵的构建角度研究一下 $r(\boldsymbol{A})=n-1$ 时 $\boldsymbol{A}^*$ 的特点。根据矩阵秩的概念，$r(\boldsymbol{A})=n-1$ 意味着 $\boldsymbol{A}$ 中至少存在一个不等于 0 的 $n-1$ 阶子式。在 $\boldsymbol{A}$ 中，每一个 $n-1$ 阶子式实际上对应着某一个元素的余子式。例如第 i 行第 j 列元素对应的余子式是划去第 i 行和第 j 列元素后剩下的部分组成的行列式，它实际上就是一个 $n-1$ 阶的子式。又因为代数余子式是余子式添上正号或负号构成的，所以当余子式不等于 0 时，代数余子式也一定不等于 0。故 $r(\boldsymbol{A})=n-1$ 意味着 $\boldsymbol{A}$ 中至少存在一个不等于 0 的代数余子式。而 $\boldsymbol{A}^*$ 是由 $\boldsymbol{A}$ 对应的代数余子式构成的，因此 $\boldsymbol{A}^*$ 中至少存在一个不等于 0 的元素。于是 $\boldsymbol{A}^*\neq\boldsymbol{O}$，即 $r(\boldsymbol{A}^*)\geqslant 1$。

结合以上两点，$r(\boldsymbol{A})=n-1$ 时，有 $r(\boldsymbol{A}^*)\leqslant 1$ 且 $r(\boldsymbol{A}^*)\geqslant 1$，故只能有 $r(\boldsymbol{A}^*)=1$。

(3) 当 $r(\boldsymbol{A})=n-2$ 时，根据矩阵秩的概念，$\boldsymbol{A}$ 中任意一个 $n-1$ 阶子式都等于 0，即 $\boldsymbol{A}$ 中全体的代数余子式都等于 0，于是 $\boldsymbol{A}^*$ 中全体元素都是 0，故 $\boldsymbol{A}^*=\boldsymbol{O}$ 即 $r(\boldsymbol{A}^*)=0$。当 $r(\boldsymbol{A})=n-3$ 时，$\boldsymbol{A}$ 中任意一个 $n-2$ 阶子式都等于 0，那么更高阶的全体 $n-1$ 阶子式也都等于 0，同样有 $r(\boldsymbol{A}^*)=0$ 成立。事实上只要 $r(\boldsymbol{A})<n-1$，都有 $\boldsymbol{A}^*=\boldsymbol{O}$ 即 $r(\boldsymbol{A}^*)=0$ 成立。

综上所述，$r(\boldsymbol{A}^*)$ 可以总结如下：

$$r(\boldsymbol{A}^*)=\begin{cases} n & r(\boldsymbol{A})=n \\ 1 & r(\boldsymbol{A})=n-1 \\ 0 & r(\boldsymbol{A})<n-1 \end{cases} \tag{10.34}$$

上例的结论是极其重要的。根据原矩阵的秩的不同取值，伴随矩阵的秩有且只有三种情况，并且某些数值是取不到的。

例 10-13：设 $\boldsymbol{A}$ 是 n 阶方阵($n\geqslant 2$)，$|\boldsymbol{A}|$ 是其行列式，求 $(\boldsymbol{A}^*)^*$。

解：在基本公式 $\boldsymbol{A}\boldsymbol{A}^*=\boldsymbol{A}^*\boldsymbol{A}=|\boldsymbol{A}|\boldsymbol{E}$ 中，将 $\boldsymbol{A}$ 替换为 $\boldsymbol{A}^*$，就有

$$\boldsymbol{A}^*(\boldsymbol{A}^*)^*=(\boldsymbol{A}^*)^*\boldsymbol{A}^*=|\boldsymbol{A}^*|\boldsymbol{E}=|\boldsymbol{A}|^{n-1}\boldsymbol{E} \tag{10.35}$$

考虑 $\boldsymbol{A}^*(\boldsymbol{A}^*)^*=|\boldsymbol{A}|^{n-1}\boldsymbol{E}$ 这个式子，给两边左乘 $\boldsymbol{A}$，可以得到：

$$\boldsymbol{A}^*(\boldsymbol{A}^*)^*=|\boldsymbol{A}|^{n-1}\boldsymbol{E}\Rightarrow\boldsymbol{A}\boldsymbol{A}^*(\boldsymbol{A}^*)^*=|\boldsymbol{A}|^{n-1}\boldsymbol{A}\Rightarrow|\boldsymbol{A}|(\boldsymbol{A}^*)^*=|\boldsymbol{A}|^{n-1}\boldsymbol{A} \tag{10.36}$$

此时需要讨论 $\boldsymbol{A}$ 的可逆性以及 n 的取值。

(1) 如果 $\boldsymbol{A}$ 可逆，则 $|\boldsymbol{A}|\neq 0$，于是上式两端约去 $|\boldsymbol{A}|$ 就有 $(\boldsymbol{A}^*)^*=|\boldsymbol{A}|^{n-2}\boldsymbol{A}$。

(2) 如果 $\boldsymbol{A}$ 不可逆，则 $|\boldsymbol{A}|=0$，那么先看 $n=2$ 时的情形。事实上，2 阶方阵求伴随矩阵可以使用“主交换，副取反”法则，于是 $(\boldsymbol{A}^*)^*$ 相当于进行了两次这样的操作，结果自然又回到了 $\boldsymbol{A}$，即 $(\boldsymbol{A}^*)^*=\boldsymbol{A}$。不过 $n=2$ 且 $|\boldsymbol{A}|=0$ 时，会出现 0^0 这种不确定的式子，此时只需要临时补充规定 $0^0=1$ 即可，也就是 $(\boldsymbol{A}^*)^*=|\boldsymbol{A}|^{n-2}\boldsymbol{A}$ 同样成立。

(3) 如果 $\boldsymbol{A}$ 不可逆且 $n\geqslant 3$，则 $r(\boldsymbol{A}^*)$ 只能取 1 或 0 两个值，那么 $r((\boldsymbol{A}^*)^*)=0$。这是由于 $n\geqslant 3$ 即 $n-1>1$，故不论 $r(\boldsymbol{A}^*)$ 是 1 或 0，其值都一定小于 $n-1$，即 $r(\boldsymbol{A}^*)\leqslant 1<n-1$，于

是$r((\boldsymbol{A}^*)^*)$只能等于0,所以$(\boldsymbol{A}^*)^*=\boldsymbol{O}$,同样满足$(\boldsymbol{A}^*)^*=|\boldsymbol{A}|^{n-2}\boldsymbol{A}$。

故对于任意n阶方阵$\boldsymbol{A}(n\geqslant 2)$,有$(\boldsymbol{A}^*)^*=|\boldsymbol{A}|^{n-2}\boldsymbol{A}$。

10.2.2 伴随矩阵十大公式汇总

综上,我们将伴随矩阵的十大公式总结如下($\boldsymbol{A}$是n阶方阵且$n\geqslant 2$):

- $\boldsymbol{AA}^*=\boldsymbol{A}^*\boldsymbol{A}=|\boldsymbol{A}|\boldsymbol{E}$(基本公式)
- $\boldsymbol{A}^{-1}=\dfrac{1}{|\boldsymbol{A}|}\boldsymbol{A}^*\ (\boldsymbol{A}^*=|\boldsymbol{A}|\boldsymbol{A}^{-1})$
- $(\boldsymbol{A}^*)^{-1}=(\boldsymbol{A}^{-1})^*=\dfrac{1}{|\boldsymbol{A}|}\boldsymbol{A}$
- $(\boldsymbol{A}^*)^{\mathrm{T}}=(\boldsymbol{A}^{\mathrm{T}})^*$
- $|\boldsymbol{A}^*|=|\boldsymbol{A}|^{n-1}$
- $(\boldsymbol{AB})^*=\boldsymbol{B}^*\boldsymbol{A}^*$
- $(\lambda\boldsymbol{A})^*=\lambda^{n-1}\boldsymbol{A}^*$
- $(\boldsymbol{A}^*)^*=|\boldsymbol{A}|^{n-2}\boldsymbol{A}$
- $\begin{bmatrix}\boldsymbol{A} & \boldsymbol{O}\\ \boldsymbol{O} & \boldsymbol{B}\end{bmatrix}^*=\begin{bmatrix}|\boldsymbol{B}|\boldsymbol{A}^* & \boldsymbol{O}\\ \boldsymbol{O} & |\boldsymbol{A}|\boldsymbol{B}^*\end{bmatrix}$
- $r(\boldsymbol{A}^*)=\begin{cases}n, & r(\boldsymbol{A})=n\\ 1, & r(\boldsymbol{A})=n-1\\ 0, & r(\boldsymbol{A})<n-1\end{cases}$

这些公式需要在理解的基础上结合具体实例,并在运用中逐步牢牢掌握。

10.3 伴随矩阵公式应用

如果要解决和伴随矩阵相关的问题,就需要灵活、巧妙地使用伴随矩阵的各个公式。这里举几个比较典型的例子。

例 10-14:已知$\boldsymbol{A}$是4阶方阵,$|\boldsymbol{A}|=\dfrac{1}{64}$,求$|(4\boldsymbol{A})^{-1}-48\boldsymbol{A}^*|$。

解法一:由$|\boldsymbol{A}|\neq 0$可知$\boldsymbol{A}$可逆,故$\boldsymbol{A}^*=|\boldsymbol{A}|\boldsymbol{A}^{-1}=\dfrac{1}{64}\boldsymbol{A}^{-1}$,故将待求式统一化为含有$\boldsymbol{A}^{-1}$的式子即可。

$$\begin{aligned}|(4\boldsymbol{A})^{-1}-48\boldsymbol{A}^*|&=\left|\frac{1}{4}\boldsymbol{A}^{-1}-48\times\frac{1}{64}\boldsymbol{A}^{-1}\right|=\left|-\frac{1}{2}\boldsymbol{A}^{-1}\right|\\&=\left(-\frac{1}{2}\right)^4|\boldsymbol{A}^{-1}|=\frac{1}{16}\times 64=4\end{aligned}\tag{10.37}$$

解法二:也可以利用$\boldsymbol{A}^{-1}=\dfrac{1}{|\boldsymbol{A}|}\boldsymbol{A}^*=64\boldsymbol{A}^*$和$|\boldsymbol{A}^*|=|\boldsymbol{A}|^3=\dfrac{1}{64^3}=\dfrac{1}{2^{18}}$将待求式统一化为含有$\boldsymbol{A}^*$的式子:

$$|(4\boldsymbol{A})^{-1}-48\boldsymbol{A}^*|=\left|\frac{1}{4}\boldsymbol{A}^{-1}-48\boldsymbol{A}^*\right|=\left|\frac{1}{4}\times 64\boldsymbol{A}^*-48\boldsymbol{A}^*\right|$$

$$=|-32\boldsymbol{A}^*|=(-32)^4|\boldsymbol{A}^*|=2^{20}\times\frac{1}{2^{18}}=4 \tag{10.38}$$

例 10-15：已知 $\boldsymbol{A}$ 和 $\boldsymbol{B}$ 是 n 阶方阵($n\geqslant 2$)，$|\boldsymbol{A}|=2$，$|\boldsymbol{B}|=3$，求 $|\boldsymbol{A}^{-1}\boldsymbol{B}^*-\boldsymbol{A}^*\boldsymbol{B}^{-1}|$。

解：由题可知 $\boldsymbol{A}$ 和 $\boldsymbol{B}$ 可逆，于是根据逆矩阵和伴随矩阵的关系式有

$$\begin{aligned}|\boldsymbol{A}^{-1}\boldsymbol{B}^*-\boldsymbol{A}^*\boldsymbol{B}^{-1}|&=||\boldsymbol{B}|\boldsymbol{A}^{-1}\boldsymbol{B}^{-1}-|\boldsymbol{A}|\boldsymbol{A}^{-1}\boldsymbol{B}^{-1}|=|(|\boldsymbol{B}|-|\boldsymbol{A}|)\boldsymbol{A}^{-1}\boldsymbol{B}^{-1}|\\&=|(3-2)\boldsymbol{A}^{-1}\boldsymbol{B}^{-1}|=|\boldsymbol{A}^{-1}\boldsymbol{B}^{-1}|=|\boldsymbol{A}^{-1}||\boldsymbol{B}^{-1}|\\&=\frac{1}{2}\times\frac{1}{3}=\frac{1}{6}\end{aligned} \tag{10.39}$$

例 10-16：设 $\boldsymbol{A}$ 是 n 阶方阵($n\geqslant 2$)，其行列式是 $|\boldsymbol{A}|$，求 $|(\boldsymbol{A}^*)^*|$。

解法一：根据伴随矩阵的公式，有 $(\boldsymbol{A}^*)^*=|\boldsymbol{A}|^{n-2}\boldsymbol{A}$，两边同时取行列式，并注意到 $|\boldsymbol{A}|^{n-2}$ 是一个数，于是可得

$$\begin{aligned}(\boldsymbol{A}^*)^*=|\boldsymbol{A}|^{n-2}\boldsymbol{A}\Rightarrow|(\boldsymbol{A}^*)^*|&=||\boldsymbol{A}|^{n-2}\boldsymbol{A}|\\&=(|\boldsymbol{A}|^{n-2})^n|\boldsymbol{A}|=|\boldsymbol{A}|^{n^2-2n+1}=|\boldsymbol{A}|^{(n-1)^2}\end{aligned} \tag{10.40}$$

解法二：由伴随矩阵行列式的性质，有 $|\boldsymbol{A}^*|=|\boldsymbol{A}|^{n-1}$，将其中的 $\boldsymbol{A}$ 替换为 $\boldsymbol{A}^*$ 可得

$$|\boldsymbol{A}^*|=|\boldsymbol{A}|^{n-1}\Rightarrow|(\boldsymbol{A}^*)^*|=|\boldsymbol{A}^*|^{n-1}=(|\boldsymbol{A}|^{n-1})^{n-1}=|\boldsymbol{A}|^{(n-1)^2} \tag{10.41}$$

例 10-17：设 $\boldsymbol{A}$ 是 n 阶实数方阵($n\geqslant 3$)且 n 为奇数，且 $\boldsymbol{A}^*=\boldsymbol{A}^{\mathrm{T}}$。

(1) 若 $\boldsymbol{A}$ 可逆，求 $|\boldsymbol{A}|$；

(2) 若 $\boldsymbol{A}$ 不可逆，求 $\boldsymbol{A}$。

解：给 $\boldsymbol{A}^*=\boldsymbol{A}^{\mathrm{T}}$ 等式两边取行列式，并注意到 $|\boldsymbol{A}^*|=|\boldsymbol{A}|^{n-1}$ 以及 $|\boldsymbol{A}^{\mathrm{T}}|=|\boldsymbol{A}|$，就有

$$\boldsymbol{A}^*=\boldsymbol{A}^{\mathrm{T}}\Rightarrow|\boldsymbol{A}^*|=|\boldsymbol{A}^{\mathrm{T}}|\Rightarrow|\boldsymbol{A}|^{n-1}=|\boldsymbol{A}|\Rightarrow|\boldsymbol{A}|(|\boldsymbol{A}|^{n-2}-1)=0 \tag{10.42}$$

(1) 若 $\boldsymbol{A}$ 可逆，则 $|\boldsymbol{A}|\neq 0$；又因为 $n\geqslant 3$ 即 $n-2\geqslant 1$ 且 n 为奇数，故根据式(10.42)有 $|\boldsymbol{A}|=1$。

(2) 若 $\boldsymbol{A}$ 不可逆，则 $|\boldsymbol{A}|=0$。这里给出以下两种求解 $\boldsymbol{A}$ 的方法。

方法一：设 $\boldsymbol{A}(i,j)=a_{ij}$，对应的代数余子式是 $\boldsymbol{A}_{ij}$，由 $\boldsymbol{A}^*=\boldsymbol{A}^{\mathrm{T}}$ 可知 $(\boldsymbol{A}^*)^{\mathrm{T}}=\boldsymbol{A}$。由于 $\boldsymbol{A}^*$ 是 $\boldsymbol{A}$ 各个元素的代数余子式转置排列构成的，$(\boldsymbol{A}^*)^{\mathrm{T}}$ 就是 $\boldsymbol{A}$ 各个元素的代数余子式按照原位置排列的，故 $a_{ij}=\boldsymbol{A}_{ij}$，即 $\boldsymbol{A}$ 中任一元素和其对应的代数余子式相等。

现在将行列式 $|\boldsymbol{A}|$ 按照第 i 行展开如下：

$$\begin{aligned}a_{i1}A_{i1}+a_{i2}A_{i2}+\cdots+a_{in}A_{in}=|\boldsymbol{A}|=0&\Rightarrow a_{i1}\cdot a_{i1}+a_{i2}\cdot a_{i2}+\cdots+a_{in}\cdot a_{in}\\&=0\Rightarrow a_{i1}^2+a_{i2}^2+\cdots+a_{in}^2=0\end{aligned} \tag{10.43}$$

由此可知，第 i 行的全体元素平方和都等于 0，由于 $\boldsymbol{A}$ 中所有元素都是实数，故第 i 行的全体元素都是 0。又因为行编号 i 具有任意性(即可取 1 到 n 的任意整数)，故所有行的全体元素都是 0，这样 $\boldsymbol{A}$ 中所有元素都是 0，即 $\boldsymbol{A}=\boldsymbol{O}$。

方法二：由于 $\boldsymbol{A}^*=\boldsymbol{A}^{\mathrm{T}}$，故其秩相等，即 $r(\boldsymbol{A}^*)=r(\boldsymbol{A}^{\mathrm{T}})=r(\boldsymbol{A})$。$r(\boldsymbol{A}^*)$ 取值只有三种情况：n、1 和 0。在 $n\geqslant 3$ 时，如果 $r(\boldsymbol{A}^*)=r(\boldsymbol{A})$，只有 $r(\boldsymbol{A})=n$ 和 $r(\boldsymbol{A})=0$ 两种情形。又因为 $\boldsymbol{A}$ 不可逆，故 $r(\boldsymbol{A})<n$，于是只有 $r(\boldsymbol{A})=0$ 一种情形，此时 $\boldsymbol{A}=\boldsymbol{O}$。

例 10-17 第(2)问的方法一利用了伴随矩阵的代数余子式构建原理，从 $\boldsymbol{A}^*=\boldsymbol{A}^{\mathrm{T}}$ 推出了 $a_{ij}=A_{ij}$；方法二则借助秩的关系缩小 $r(\boldsymbol{A})$ 的取值可能。显然解法二更加巧妙而清晰。

例 10-18：求以下初等矩阵的伴随矩阵。

$$F_1=\begin{bmatrix}0&1&0\\1&0&0\\0&0&1\end{bmatrix},\quad F_2=\begin{bmatrix}1&0&0\\0&2&0\\0&0&1\end{bmatrix},\quad F_3=\begin{bmatrix}1&0&0\\3&1&0\\0&0&1\end{bmatrix} \tag{10.44}$$

解：初等矩阵一定都是可逆矩阵，故可以直接使用公式 $A^*=|A|A^{-1}$ 计算其伴随矩阵。读者可以自行回顾三种初等矩阵的行列式和逆矩阵的求法。

$$\begin{aligned}F_1^*&=|F_1|F_1^{-1}=-1\times\begin{bmatrix}0&1&0\\1&0&0\\0&0&1\end{bmatrix}=-\begin{bmatrix}0&1&0\\1&0&0\\0&0&1\end{bmatrix}\\F_2^*&=|F_2|F_2^{-1}=2\times\begin{bmatrix}1&0&0\\0&\frac{1}{2}&0\\0&0&1\end{bmatrix}=\begin{bmatrix}2&0&0\\0&1&0\\0&0&2\end{bmatrix}\\F_3^*&=|F_3|F_3^{-1}=1\times\begin{bmatrix}1&0&0\\-3&1&0\\0&0&1\end{bmatrix}=\begin{bmatrix}1&0&0\\-3&1&0\\0&0&1\end{bmatrix}\end{aligned} \tag{10.45}$$

以上初等矩阵的伴随矩阵结论有助于进一步探寻矩阵在初等变换时其伴随矩阵的变化。

例 10-19：已知 A 是 n 阶方阵($n\geqslant 2$)，其伴随矩阵是 A^*。现在交换 A 的第 1 行和第 2 行得到方阵 B，其伴随矩阵是 B^*。请问 B^* 是 A^* 通过怎样的变换后得到的？

解：交换 A 的第 1 行和第 2 行，相当于给 A 左乘一个交换阵。设这个交换阵是 F，它是 n 阶单位阵 E 交换第 1 行和第 2 行得到的初等矩阵，于是有 $B=FA$。

根据伴随矩阵乘积公式，有 $B^*=(FA)^*=A^*F^*$，而 F 是一个交换阵，故有 $|F|=-1$ 且 $F^{-1}=F$，因此 $F^*=|F|F^{-1}=-F$。于是 $B^*=A^*F^*=-A^*F$。

F 是 E 交换第 1 行和第 2 行得到的，它也可以被视为 E 交换第 1 列和第 2 列得到的，这取决于 F 的位置在左还是在右。由于 $B^*=-A^*F$，故 B^* 可以被视为 A^* 所有元素取相反数后交换第 1 列和第 2 列得到的。

例 10-20：已知 A 和 B 是 2 阶可逆方阵，求 $\begin{bmatrix}O&A\\B&O\end{bmatrix}$ 的伴随矩阵(使用 $|A|$、$|B|$ 和 A^*、B^* 表示)。

解：$\begin{bmatrix}O&A\\B&O\end{bmatrix}$ 不是分块对角阵，而是副对角线上的分块对角形式，因此可以先转化为 $\begin{bmatrix}A&O\\O&B\end{bmatrix}$ 这种主对角线分块对角阵，然后再说明它可逆。由题可知，A 和 B 是 2 阶可逆方阵，故 $|A|\neq 0$ 且 $|B|\neq 0$，并且 $r(A)=r(B)=2$。因此 4 阶分块矩阵 $\begin{bmatrix}A&O\\O&B\end{bmatrix}$ 的秩 $r\begin{pmatrix}A&O\\O&B\end{pmatrix}=2+2=4$，$\begin{bmatrix}A&O\\O&B\end{bmatrix}$ 也可逆。又由于 $\begin{bmatrix}O&A\\B&O\end{bmatrix}$ 是 $\begin{bmatrix}A&O\\O&B\end{bmatrix}$ 通过分块交换操作得到的，所以 $r\begin{pmatrix}O&A\\B&O\end{pmatrix}=r\begin{pmatrix}A&O\\O&B\end{pmatrix}=4$，即 $\begin{bmatrix}O&A\\B&O\end{bmatrix}$ 也可逆。故可以通过逆矩阵和伴随矩阵关系求得

$$\begin{bmatrix} O & A \\ B & O \end{bmatrix}^* = \begin{vmatrix} O & A \\ B & O \end{vmatrix} \begin{bmatrix} O & A \\ B & O \end{bmatrix}^{-1} = (-1)^2 \begin{vmatrix} A & O \\ O & B \end{vmatrix} \begin{bmatrix} O & A \\ B & O \end{bmatrix}^{-1}$$

$$= |A||B| \begin{bmatrix} O & B^{-1} \\ A^{-1} & O \end{bmatrix} = \begin{bmatrix} O & |A||B|B^{-1} \\ |A||B|A^{-1} & O \end{bmatrix}$$

$$= \begin{bmatrix} O & |A|B^* \\ |B|A^* & O \end{bmatrix} \tag{10.46}$$

上例先说明了分块矩阵的可逆性，然后使用分块矩阵的行列式和逆矩阵的计算方法得出了最后的结果。请各位读者及时回顾和分块矩阵相关的行列式和求逆运算规则与方法。

例 10-21：已知 A 和 B 是 n 阶可逆方阵($n \geqslant 2$)，求 $\begin{bmatrix} A & E \\ O & B \end{bmatrix}$ 的伴随矩阵(使用 $|A|$、$|B|$ 和 A^*、B^* 表示)。

解：设 $\begin{bmatrix} A & E \\ O & B \end{bmatrix}^* = \begin{bmatrix} J & K \\ L & M \end{bmatrix}$，则根据伴随矩阵基本公式，有

$$\begin{bmatrix} A & E \\ O & B \end{bmatrix} \begin{bmatrix} J & K \\ L & M \end{bmatrix} = \begin{vmatrix} A & E \\ O & B \end{vmatrix} E = |A||B|E = \begin{bmatrix} |A||B|E & O \\ O & |A||B|E \end{bmatrix} \tag{10.47}$$

于是根据矩阵乘法的规则可以写出以下四个等式：

$$\begin{cases} AJ + L = |A||B|E & ① \\ AK + M = O & ② \\ BL = O & ③ \\ BM = |A||B|E & ④ \end{cases} \tag{10.48}$$

由于 A 和 B 可逆，故给③两端同时左乘 B^{-1} 可得 $L=O$。将 $L=O$ 代入①中就有 $J=|A||B|A^{-1}=|B|A^*$。此外，由④可知，$M=|A||B|B^{-1}=|A|B^*$。将 M 的值代入②就有 $K=A^{-1}(-|A|B^*)=-A^*B^*$。于是可得 $\begin{bmatrix} A & E \\ O & B \end{bmatrix}$ 的伴随矩阵是

$$\begin{bmatrix} A & E \\ O & B \end{bmatrix}^* = \begin{bmatrix} |B|A^* & -A^*B^* \\ O & |A|B^* \end{bmatrix} \tag{10.49}$$

上例的过程和分块矩阵求逆类似，即设一个含有未知子矩阵的分块矩阵，根据矩阵乘法解出每一个子矩阵。

例 10-22：已知矩阵 A 如下，矩阵 B 满足等式 $ABA^* = 2BA^* + E$，求 B。

$$A = \begin{bmatrix} 2 & 1 & 0 \\ 1 & 2 & 0 \\ 0 & 0 & 1 \end{bmatrix} \tag{10.50}$$

解：易知 $A-2E$ 可逆，故对等式 $ABA^* = 2BA^* + E$ 变形，可得

$$ABA^* = 2BA^* + E \Rightarrow ABA^* - 2BA^* = E \Rightarrow (A-2E)BA^*$$
$$= E \Rightarrow B = (A-2E)^{-1}(A^*)^{-1} = \frac{1}{|A|}(A-2E)^{-1}A \tag{10.51}$$

当然也可以给等式两端同右乘 A，结果一致：

$$ABA^* = 2BA^* + E \Rightarrow ABA^*A = 2BA^*A + A \Rightarrow |A|AB$$
$$= 2|A|B + A \Rightarrow |A|(A-2E)B = A \Rightarrow B = \frac{1}{|A|}(A-2E)^{-1}A \tag{10.52}$$

由于 $\boldsymbol{A}$ 是已知的,故只要求出 $|\boldsymbol{A}|$ 和 $(\boldsymbol{A}-2\boldsymbol{E})^{-1}$ 即可求出 $\boldsymbol{B}$。先求 $|\boldsymbol{A}|$:

$$|\boldsymbol{A}|=\begin{vmatrix}2&1&0\\1&2&0\\0&0&1\end{vmatrix}=1\times(-1)^{3+3}\begin{vmatrix}2&1\\1&2\end{vmatrix}=3 \tag{10.53}$$

再求 $\boldsymbol{A}-2\boldsymbol{E}$ 以及 $(\boldsymbol{A}-2\boldsymbol{E})^{-1}$:

$$\boldsymbol{A}-2\boldsymbol{E}=\begin{bmatrix}0&1&0\\1&0&0\\0&0&-1\end{bmatrix}\Rightarrow(\boldsymbol{A}-2\boldsymbol{E})^{-1}=\begin{bmatrix}0&1&0\\1&0&0\\0&0&-1\end{bmatrix} \tag{10.54}$$

最后求出 $\boldsymbol{B}$:

$$\boldsymbol{B}=\frac{1}{|\boldsymbol{A}|}(\boldsymbol{A}-2\boldsymbol{E})^{-1}\boldsymbol{A}=\frac{1}{3}\begin{bmatrix}0&1&0\\1&0&0\\0&0&-1\end{bmatrix}\begin{bmatrix}2&1&0\\1&2&0\\0&0&1\end{bmatrix}=\frac{1}{3}\begin{bmatrix}1&2&0\\2&1&0\\0&0&-1\end{bmatrix} \tag{10.55}$$

上例中也可以先将 $\boldsymbol{A}^*$ 求出再计算,但这样显然不如先利用伴随矩阵的性质化简方便和快捷。一般来说遇到含有伴随矩阵的等式,先要利用公式化简,或者凑成公式的形式化简。

例 10-23:已知 $\boldsymbol{A}$ 是 4 阶方阵,$\boldsymbol{A}^*$ 如下。矩阵 $\boldsymbol{B}$ 满足等式 $\boldsymbol{ABA}^{-1}=\boldsymbol{BA}^{-1}+3\boldsymbol{E}$,求 $\boldsymbol{B}$。

$$\boldsymbol{A}^*=\begin{bmatrix}1&0&0&0\\0&1&0&0\\0&0&1&0\\0&-3&0&8\end{bmatrix} \tag{10.56}$$

解:题目已知的矩阵不是 $\boldsymbol{A}$ 而是 $\boldsymbol{A}^*$,因此需要尽量让等式中出现含有 $\boldsymbol{A}^*$ 的式子。注意到等式中出现了 $\boldsymbol{A}^{-1}$,于是先右乘 $\boldsymbol{A}$ 去掉 $\boldsymbol{A}^{-1}$,再左乘 $\boldsymbol{A}^*$ 使得等号左端出现 $\boldsymbol{A}^*\boldsymbol{A}$。

$$\begin{aligned}&\boldsymbol{ABA}^{-1}=\boldsymbol{BA}^{-1}+3\boldsymbol{E}\Rightarrow\boldsymbol{AB}=\boldsymbol{B}+3\boldsymbol{A}\Rightarrow\boldsymbol{A}^*\boldsymbol{AB}=\boldsymbol{A}^*\boldsymbol{B}+3\boldsymbol{A}^*\boldsymbol{A}\\&\Rightarrow|\boldsymbol{A}|\boldsymbol{B}=\boldsymbol{A}^*\boldsymbol{B}+3|\boldsymbol{A}|\boldsymbol{E}\Rightarrow(|\boldsymbol{A}|\boldsymbol{E}-\boldsymbol{A}^*)\boldsymbol{B}=3|\boldsymbol{A}|\boldsymbol{E}\\&\Rightarrow\boldsymbol{B}=3|\boldsymbol{A}|(|\boldsymbol{A}|\boldsymbol{E}-\boldsymbol{A}^*)^{-1}\end{aligned} \tag{10.57}$$

于是只需要求出 $|\boldsymbol{A}|$ 即可。根据已知条件,$|\boldsymbol{A}^*|$ 是一个下三角行列式,其值等于主对角线元素之积,即 $|\boldsymbol{A}^*|=1\times1\times1\times8=8$。又由于 $|\boldsymbol{A}^*|=|\boldsymbol{A}|^{4-1}=|\boldsymbol{A}|^3$,故 $|\boldsymbol{A}|=\sqrt[3]{|\boldsymbol{A}^*|}=2$。代入式(10.57)就有 $\boldsymbol{B}=6(2\boldsymbol{E}-\boldsymbol{A}^*)^{-1}$,故只需求出 $(2\boldsymbol{E}-\boldsymbol{A}^*)^{-1}$ 即可(请读者自行使用增广矩阵法完成求逆矩阵的过程)。

$$2\boldsymbol{E}-\boldsymbol{A}^*=\begin{bmatrix}1&0&0&0\\0&1&0&0\\0&0&1&0\\0&3&0&-6\end{bmatrix},\quad(2\boldsymbol{E}-\boldsymbol{A}^*)^{-1}=\begin{bmatrix}1&0&0&0\\0&1&0&0\\0&0&1&0\\0&\frac{1}{2}&0&-\frac{1}{6}\end{bmatrix} \tag{10.58}$$

最后根据 $\boldsymbol{B}=6(2\boldsymbol{E}-\boldsymbol{A}^*)^{-1}$ 求出 $\boldsymbol{B}$:

$$\boldsymbol{B}=6(2\boldsymbol{E}-\boldsymbol{A}^*)^{-1}=6\begin{bmatrix}1&0&0&0\\0&1&0&0\\0&0&1&0\\0&\frac{1}{2}&0&-\frac{1}{6}\end{bmatrix}=\begin{bmatrix}6&0&0&0\\0&6&0&0\\0&0&6&0\\0&3&0&-1\end{bmatrix} \tag{10.59}$$

例 10-24：已知 $\boldsymbol{A}$ 是 4 阶方阵，$\boldsymbol{A}^* \neq \boldsymbol{A}$，且 $\boldsymbol{A}(\boldsymbol{A}-\boldsymbol{A}^*)=\boldsymbol{O}$。求证：$r(\boldsymbol{A})=1$ 或 2。

证明：由 $\boldsymbol{A}(\boldsymbol{A}-\boldsymbol{A}^*)=\boldsymbol{O}$ 得

$$\boldsymbol{A}(\boldsymbol{A}-\boldsymbol{A}^*)=\boldsymbol{O} \Rightarrow \boldsymbol{A}^2=\boldsymbol{A}\boldsymbol{A}^*=|\boldsymbol{A}|\boldsymbol{E} \tag{10.60}$$

由 $\boldsymbol{A}^* \neq \boldsymbol{A}$ 可知 $\boldsymbol{A} \neq \boldsymbol{O}$，即 $r(\boldsymbol{A}) \geqslant 1$。另外将其展开还可以得出以下秩的条件：

$$\boldsymbol{A}^* \neq \boldsymbol{A} \Rightarrow \boldsymbol{A}-\boldsymbol{A}^* \neq \boldsymbol{O} \Rightarrow r(\boldsymbol{A}-\boldsymbol{A}^*) \geqslant 1 \tag{10.61}$$

此外 $\boldsymbol{A}(\boldsymbol{A}-\boldsymbol{A}^*)=\boldsymbol{O}$ 刚好满足零积秩不等式的条件，故有

$$\boldsymbol{A}(\boldsymbol{A}-\boldsymbol{A}^*)=\boldsymbol{O} \Rightarrow r(\boldsymbol{A})+r(\boldsymbol{A}-\boldsymbol{A}^*) \leqslant 4 \Rightarrow r(\boldsymbol{A}) \leqslant 4-r(\boldsymbol{A}-\boldsymbol{A}^*) \tag{10.62}$$

由式(10.61)和式(10.62)可知，$r(\boldsymbol{A}) \leqslant 4-1=3$，即 $r(\boldsymbol{A})<4$。故 $|\boldsymbol{A}|=0$，由式(10.60)可知 $\boldsymbol{A}^2=|\boldsymbol{A}|\boldsymbol{E}=\boldsymbol{O}$，由于 $\boldsymbol{A}^2$ 就是 $\boldsymbol{A}\cdot\boldsymbol{A}$，故根据零积秩不等式有

$$\boldsymbol{A}^2=\boldsymbol{O} \Rightarrow r(\boldsymbol{A})+r(\boldsymbol{A}) \leqslant 4 \Rightarrow r(\boldsymbol{A}) \leqslant 2 \tag{10.63}$$

综上所述，$1 \leqslant r(\boldsymbol{A}) \leqslant 2$，即 $r(\boldsymbol{A})=1$ 或 2。

上例看似简单，但里面的逻辑推理较为复杂，而且要综合考虑矩阵的秩不等式的应用。比如由 $\boldsymbol{A}^2=\boldsymbol{O}$ 推出 $r(\boldsymbol{A})+r(\boldsymbol{A}) \leqslant 4$ 就是容易被忽略的秩不等式应用。

10.4　克拉默法则

这一节我们利用伴随矩阵和行列式的性质证明线性方程组理论中一个重要的定理。线性方程组 $\boldsymbol{A}\boldsymbol{x}=\boldsymbol{b}$ 中的系数矩阵 $\boldsymbol{A}$ 如果是 n 阶方阵，那么它就是一个方程个数等于未知数个数的方程组。当 $\boldsymbol{A}$ 可逆时，可以得出其唯一解 $\boldsymbol{x}=\boldsymbol{A}^{-1}\boldsymbol{b}$，这是我们熟知的结论。由于 $\boldsymbol{A}$ 是 n 阶方阵，所以 $\boldsymbol{x}$ 是 n 维列向量。设 $\boldsymbol{x}=(x_1,x_2,\cdots,x_n)^{\mathrm{T}}$，那么其中的每一个分量如何使用 $\boldsymbol{A}$ 和 $\boldsymbol{b}$ 表示呢？首先根据伴随矩阵和逆矩阵的关系式，有 $\boldsymbol{x}=\boldsymbol{A}^{-1}\boldsymbol{b}=\frac{1}{|\boldsymbol{A}|}\boldsymbol{A}^*\boldsymbol{b}$。设 $\boldsymbol{A}(i,j)=a_{ij}$，$a_{ij}$ 的代数余子式是 A_{ij}，$\boldsymbol{b}(i)=b_i$，于是 $\boldsymbol{A}$、$\boldsymbol{A}^*$ 和 $\boldsymbol{b}$ 如下：

$$\boldsymbol{A}=\begin{bmatrix} a_{11} & a_{12} & \cdots & a_{1n} \\ a_{21} & a_{22} & \cdots & a_{2n} \\ \vdots & \vdots & \ddots & \vdots \\ a_{n1} & a_{n2} & \cdots & a_{nn} \end{bmatrix},\quad \boldsymbol{A}^*=\begin{bmatrix} A_{11} & A_{21} & \cdots & A_{n1} \\ A_{12} & A_{22} & \cdots & A_{n2} \\ \vdots & \vdots & \ddots & \vdots \\ A_{1n} & A_{2n} & \cdots & A_{nn} \end{bmatrix},\quad \boldsymbol{b}=\begin{bmatrix} b_1 \\ b_2 \\ \vdots \\ b_n \end{bmatrix} \tag{10.64}$$

在表达式 $\boldsymbol{x}=\frac{1}{|\boldsymbol{A}|}\boldsymbol{A}^*\boldsymbol{b}$ 中，$\frac{1}{|\boldsymbol{A}|}$ 是一个常数，故只需求出 $\boldsymbol{A}^*\boldsymbol{b}$ 的表达式即可。利用矩阵乘法，可以把 $\boldsymbol{A}^*\boldsymbol{b}$ 写成以下形式：

$$\boldsymbol{A}^*\boldsymbol{b}=\begin{bmatrix} A_{11} & A_{21} & \cdots & A_{n1} \\ A_{12} & A_{22} & \cdots & A_{n2} \\ \vdots & \vdots & \ddots & \vdots \\ A_{1n} & A_{2n} & \cdots & A_{nn} \end{bmatrix}\begin{bmatrix} b_1 \\ b_2 \\ \vdots \\ b_n \end{bmatrix}=\begin{bmatrix} b_1A_{11}+b_2A_{21}+\cdots+b_nA_{n1} \\ b_1A_{12}+b_2A_{22}+\cdots+b_nA_{n2} \\ \vdots \\ b_1A_{1n}+b_2A_{2n}+\cdots+b_nA_{nn} \end{bmatrix}=\begin{bmatrix} \sum_{i=1}^{n} b_iA_{i1} \\ \sum_{i=1}^{n} b_iA_{i2} \\ \vdots \\ \sum_{i=1}^{n} b_iA_{in} \end{bmatrix} \tag{10.65}$$

由此可知，$\boldsymbol{A}^*\boldsymbol{b}$ 的第k 个元素就是$\sum_{i=1}^{n} b_i A_{ik}$，即$\boldsymbol{A}^*$ 第k 行的元素和$\boldsymbol{b}$ 的元素对应相乘再相加($k=1,2,\cdots,n$)。由于$\boldsymbol{A}^*$ 是$\boldsymbol{A}$ 的代数余子式转置排列的，因此$\boldsymbol{A}^*\boldsymbol{b}$ 第k 个元素就是$\boldsymbol{A}$ 的第k 列元素对应代数余子式和$\boldsymbol{b}$ 的元素对应相乘再相加的结果。

根据行列式的展开定理可知，某一列元素和对应的代数余子式对应相乘再相加得到的结果是这个行列式本身。比如$\sum_{i=1}^{n} a_{ik} A_{ik}$ 就是$|\boldsymbol{A}|$ 按第k 列展开的结果，表示如下：

$$|\boldsymbol{A}|=\begin{vmatrix} a_{11} & a_{12} & \cdots & a_{1k} & \cdots & a_{1n} \\ a_{21} & a_{22} & \cdots & a_{2k} & \cdots & a_{2n} \\ \vdots & \vdots & \ddots & \vdots & \ddots & \vdots \\ a_{n1} & a_{n2} & \cdots & a_{nk} & \cdots & a_{nn} \end{vmatrix}=a_{1k}A_{1k}+a_{2k}A_{2k}+\cdots+a_{nk}A_{nk}=\sum_{i=1}^{n} a_{ik}A_{ik} \tag{10.66}$$

由于某个元素的代数余子式是划去这个元素所在的这一行和这一列后留下的其余部分构成的，因此和这个元素的取值本身无关。为了凑出$\sum_{i=1}^{n} b_i A_{ik}$，可以将第$k$ 列元素替换为向量$\boldsymbol{b}$ 的各个元素，于是就有

$$\sum_{i=1}^{n} b_i A_{ik}=b_1A_{1k}+b_2A_{2k}+\cdots+b_nA_{nk}=\begin{vmatrix} a_{11} & a_{12} & \cdots & b_1 & \cdots & a_{1n} \\ a_{21} & a_{22} & \cdots & b_2 & \cdots & a_{2n} \\ \vdots & \vdots & \ddots & \vdots & \ddots & \vdots \\ a_{n1} & a_{n2} & \cdots & b_n & \cdots & a_{nn} \end{vmatrix} \tag{10.67}$$

这样将$\boldsymbol{A}$ 的第k 列元素替换为向量$\boldsymbol{b}$ 的对应元素，得到了一个新的方阵，记这个方阵是$\boldsymbol{A}_k(\boldsymbol{b})$，则有$|\boldsymbol{A}_k(\boldsymbol{b})|=\sum_{i=1}^{n} b_i A_{ik}$，于是$\boldsymbol{A}^*\boldsymbol{b}$ 就可以写成：

$$\boldsymbol{A}^*\boldsymbol{b}=\begin{bmatrix} \sum_{i=1}^{n} b_i A_{i1} \\ \sum_{i=1}^{n} b_i A_{i2} \\ \vdots \\ \sum_{i=1}^{n} b_i A_{in} \end{bmatrix}=\begin{bmatrix} |\boldsymbol{A}_1(\boldsymbol{b})| \\ |\boldsymbol{A}_2(\boldsymbol{b})| \\ \vdots \\ |\boldsymbol{A}_n(\boldsymbol{b})| \end{bmatrix} \tag{10.68}$$

于是方程组的唯一解$\boldsymbol{x}=(x_1,x_2,\cdots,x_n)^{\mathrm{T}}=\frac{1}{|\boldsymbol{A}|}\boldsymbol{A}^*\boldsymbol{b}$ 就可以写为

$$\boldsymbol{x}=\begin{bmatrix} x_1 \\ x_2 \\ \vdots \\ x_n \end{bmatrix}=\frac{1}{|\boldsymbol{A}|}\boldsymbol{A}^*\boldsymbol{b}=\begin{bmatrix} \frac{|\boldsymbol{A}_1(\boldsymbol{b})|}{|\boldsymbol{A}|} \\ \frac{|\boldsymbol{A}_2(\boldsymbol{b})|}{|\boldsymbol{A}|} \\ \vdots \\ \frac{|\boldsymbol{A}_n(\boldsymbol{b})|}{|\boldsymbol{A}|} \end{bmatrix} \tag{10.69}$$

即方程组中第 k 个未知数 x_k 如下：

$$x_k = \frac{|\boldsymbol{A}_k(\boldsymbol{b})|}{|\boldsymbol{A}|} \tag{10.70}$$

这个结论最早由瑞士数学家加百列・克拉默(Gabriel Cramer)最先发现，因此被称作**克拉默法则**(Cramer's rule)，部分文献译为"克莱姆法则"。它指出未知数个数和方程个数相等的线性方程组中，如果系数行列式不等于0，那么每一个未知量就可以唯一表示为一个分数的形式，其分母是系数行列式，分子是将结果向量替换对应列后得到的行列式。此时方程组的解是唯一的，这一点和使用矩阵秩的判定方法具有一致性。

使用克拉默法则求解线性方程组需要注意它的两个重要使用条件：第一，系数矩阵必须是方阵，即方程组的方程个数必须等于未知数个数；第二，系数行列式必须不等于0，即系数矩阵必须是可逆矩阵。

例 10-25：请使用克拉默法则求解以下线性方程组：

$$\begin{cases} x_1 + 2x_2 + 3x_3 = 5 \\ x_1 + 6x_2 + 7x_3 = 9 \\ x_1 + 10x_2 + 6x_3 = 8 \end{cases} \tag{10.71}$$

解：设这个方程组是 $\boldsymbol{Ax}=\boldsymbol{b}$，由于方程个数等于未知数个数，因此系数矩阵 $\boldsymbol{A}$ 是方阵，可以求出对应行列式 $|\boldsymbol{A}|$：

$$|\boldsymbol{A}| = \begin{vmatrix} 1 & 2 & 3 \\ 1 & 6 & 7 \\ 1 & 10 & 6 \end{vmatrix} = -20 \tag{10.72}$$

可知 $|\boldsymbol{A}| \neq 0$，符合克拉默法则使用条件，因此方程组一定具有唯一解。于是使用结果向量 $\boldsymbol{b}=(5,9,8)^{\mathrm{T}}$ 分别替换 $\boldsymbol{A}$ 的3列并求出对应的行列式(外部加框表示强调替换)：

$$|\boldsymbol{A}_1(\boldsymbol{b})| = \begin{vmatrix} \boxed{5} & 2 & 3 \\ \boxed{9} & 6 & 7 \\ \boxed{8} & 10 & 6 \end{vmatrix} = -40, \quad |\boldsymbol{A}_2(\boldsymbol{b})| = \begin{vmatrix} 1 & \boxed{5} & 3 \\ 1 & \boxed{9} & 7 \\ 1 & \boxed{8} & 6 \end{vmatrix} = 0,$$
$$|\boldsymbol{A}_3(\boldsymbol{b})| = \begin{vmatrix} 1 & 2 & \boxed{5} \\ 1 & 6 & \boxed{9} \\ 1 & 10 & \boxed{8} \end{vmatrix} = -20 \tag{10.73}$$

于是可以根据克拉默法则求出方程组的唯一解。

$$\boldsymbol{x} = \begin{bmatrix} x_1 \\ x_2 \\ x_3 \end{bmatrix} = \begin{bmatrix} \dfrac{|\boldsymbol{A}_1(\boldsymbol{b})|}{|\boldsymbol{A}|} \\ \dfrac{|\boldsymbol{A}_2(\boldsymbol{b})|}{|\boldsymbol{A}|} \\ \dfrac{|\boldsymbol{A}_3(\boldsymbol{b})|}{|\boldsymbol{A}|} \end{bmatrix} = \begin{bmatrix} \dfrac{-40}{-20} \\ \dfrac{0}{-20} \\ \dfrac{-20}{-20} \end{bmatrix} = \begin{bmatrix} 2 \\ 0 \\ 1 \end{bmatrix} \tag{10.74}$$

从上例可见，使用克拉默法则不仅对方程组的结构有较高的要求，而且求解方程组时计算量是比较大的，在系数矩阵规模大于3阶时并不实用，不如使用增广矩阵的方法快捷。因此一般多用于理论分析。

10.5 编程实践：MATLAB 计算伴随矩阵

使用 MATLAB 计算伴随矩阵时，可以直接使用伴随矩阵的构建方法，即计算出每个元素的代数余子式，然后转置排列。为了计算代数余子式，可以将对应元素的行、列设置为空矩阵，即使用“[]”；此外计算行列式时，可以使用 7.5 节给出的函数 det1。于是计算伴随矩阵的子程序代码如下：

```
function A_adj = adjugate(A)
[m,n] = size(A);
if m~ = n
    error('Input matrix must be square.');              % 输入必须是方阵
elseif m == 1&&n == 1
    error('Inputs can not be scalars.');                % 输入不能是数字
else
    B = zeros(size(A));
    for i = 1:n
        for j = 1:n
            T = A;T(i,:) = [];T(:,j) = [];              % 删除第 i 行和第 j 列
            B(j,i) = ((-1)^(i+j)) * det1(T);            % 计算代数余子式
        end
    end
    A_adj = B;
end
```

将以上子程序保存为 adjugate.m 文件，并将其和 det1.m 文件放在同一文件夹内即可调用计算。比如以下三个 4 阶方阵：

$$\boldsymbol{A}=\begin{bmatrix}1&1&1&1\\1&1&2&3\\1&3&3&4\\2&3&4&5\end{bmatrix},\quad \boldsymbol{B}=\begin{bmatrix}1&1&1&1\\1&1&2&3\\1&3&3&4\\1&3&4&6\end{bmatrix},\quad \boldsymbol{C}=\begin{bmatrix}1&1&1&1\\1&1&2&3\\2&2&3&4\\3&3&5&7\end{bmatrix} \tag{10.75}$$

易知 $\mathrm{r}(\boldsymbol{A})=4$、$r(\boldsymbol{B})=3$ 且 $r(\boldsymbol{C})=2$，故 $r(\boldsymbol{A}^*)=4$、$r(\boldsymbol{B}^*)=1$ 且 $r(\boldsymbol{C}^*)=0$，即理论上 $\boldsymbol{A}^*$ 依旧是个可逆矩阵，$\boldsymbol{B}^*$ 的各行(或列)成比例，而 $\boldsymbol{C}^*=\boldsymbol{O}$。编写以下主程序计算三者，同时分别查看计算时间。

```
clc;clear all;close all;
A = [1,1,1,1;1,1,2,3;1,3,3,4;2,3,4,5];
B = [1,1,1,1;1,1,2,3;1,3,3,4;1,3,4,6];
C = [1,1,1,1;1,1,2,3;2,2,3,4;3,3,5,7];
tic;A_adj = adjugate(A);toc;
tic;B_adj = adjugate(B);toc;
tic;C_adj = adjugate(C);toc;
```

程序运行结束后会先给出运行时间：

```
Elapsed time is 0.013243 seconds.
Elapsed time is 0.001311 seconds.
Elapsed time is 0.000780 seconds.
```

然后查看程序计算出的三个伴随矩阵：

```
>> A_adj
A_adj =
     2     1     0    -1
     1     0     1    -1
    -3    -3    -2     4
     1     2     1    -2

>> B_adj
B_adj =
    -1     1     1    -1
    -1     1     1    -1
     4    -4    -4     4
    -2     2     2    -2

>> C_adj
C_adj =
     0     0     0     0
     0     0     0     0
     0     0     0     0
     0     0     0     0
```

其结果验证了编写的子函数 adjugate 和 det1 的正确性和有效性。

习题 10

1. 已知 $\boldsymbol{A}$ 是任意一个 n 阶不可逆的非零方阵，且$(\boldsymbol{A}^*)^*=\boldsymbol{O}$。求证：$n\geqslant 3$。

2. 已知方阵 $\boldsymbol{A}$ 有 $r(\boldsymbol{A}^*)=2$ 成立，求证：$|\boldsymbol{A}|\neq 0$。

3. 设 $\boldsymbol{A}$ 是 3 阶非零方阵，第 i 行第 j 列元素是 a_{ij}，对应的代数余子式是 $A_{ij}(i,j=1,2,3)$。若对任意 a_{ij} 均有 $a_{ij}+A_{ij}=0$，请使用伴随矩阵求$|\boldsymbol{A}|$，并任意给出一个满足题目要求的方阵。

4. 已知 $\boldsymbol{A}$ 是 n 阶可逆方阵($n\geqslant 2$)，请使用$|\boldsymbol{A}|$和 $\boldsymbol{A}^{-1}$ 表示$((\boldsymbol{A}^*)^*)^*$。

5. 已知 $\boldsymbol{A}$ 是 n 阶方阵($n\geqslant 2$)，$\boldsymbol{E}-\boldsymbol{A}$ 是可逆矩阵，求证：$\boldsymbol{E}+\boldsymbol{A}$ 和$(\boldsymbol{E}-\boldsymbol{A})^*$ 可交换(提示：采用分析法逆推)。

6. 已知方阵 $\boldsymbol{A}$ 的逆矩阵 $\boldsymbol{A}^{-1}$ 如下，求$\left(\dfrac{\boldsymbol{A}^*}{3}\right)^{-1}$。

$$\boldsymbol{A}^{-1}=\begin{bmatrix}0&0&2\\3&1&0\\5&2&0\end{bmatrix}$$

7. 已知矩阵 $\boldsymbol{A}=\mathrm{diag}\{1,-2,1\}$，矩阵 $\boldsymbol{B}$ 满足等式 $\boldsymbol{A}^*\boldsymbol{B}\boldsymbol{A}=2\boldsymbol{B}\boldsymbol{A}-8\boldsymbol{E}$，求 $\boldsymbol{B}$。

8. 已知矩阵 $\boldsymbol{A}$ 如下，矩阵 $\boldsymbol{B}$ 满足等式 $\boldsymbol{A}^*\boldsymbol{B}=\boldsymbol{A}^{-1}-2\boldsymbol{A}^{-2}$，求 $\boldsymbol{B}$。

$$\boldsymbol{A}=\begin{bmatrix}2&1&3\\1&-1&1\\1&4&-2\end{bmatrix}$$

9. 对于 n 阶方阵 $\boldsymbol{A}$ 来说，有基本公式 $\boldsymbol{A}\boldsymbol{A}^*=\boldsymbol{A}^*\boldsymbol{A}=|\boldsymbol{A}|\boldsymbol{E}$ 成立。那么如果有 n 阶方阵 $\boldsymbol{B}$ 满足 $\boldsymbol{A}\boldsymbol{B}=\boldsymbol{B}\boldsymbol{A}=|\boldsymbol{A}|\boldsymbol{E}$，能否判定 $\boldsymbol{B}=\boldsymbol{A}^*$？如果不行，请举出反例。

矩阵、向量和空间

初等数学里学过，平面上的任何一个点都可以被视为一个平面向量，它可以用2个有序数对表示。同样，用3个有序数对可以表示空间上的一个点，每个点也对应于一个空间向量。一般来说，n维空间的向量可以用n个有序数对表示，可以说n维空间就是n维向量的集合，而要研究空间的性质，就要利用矩阵研究这个空间上向量之间的关系。

11.1 多维空间向量基本定理

11.1.1 平面向量基本定理的矩阵分析

初等数学中介绍过平面向量基本定理，即不共线的两个向量$\boldsymbol{a}_1,\boldsymbol{a}_2$可以被视为平面上的一组基向量，并可以用唯一一组系数以对应相乘再相加的方式表示平面上任意向量$\boldsymbol{b}$。写成代数形式就是

$$\boldsymbol{b}=k_1\boldsymbol{a}_1+k_2\boldsymbol{a}_2 \tag{11.1}$$

此处k_1,k_2是两个常数，而系数和向量对应相乘再相加的形式被称作**线性表示**。这个定理中关键的要素是$\boldsymbol{a}_1,\boldsymbol{a}_2$不能共线，否则就不能唯一表示平面内的任意向量。所以定理中不是只对$\boldsymbol{a}_1$或$\boldsymbol{a}_2$某一个向量有要求，而是对两个向量整体的关系有要求。如果将$\boldsymbol{a}_1$，$\boldsymbol{a}_2$横向并列，就能够形成一个2阶方阵，于是可以利用矩阵乘法将定理表达式(11.1)写成以下形式：

$$\boldsymbol{b}=k_1\boldsymbol{a}_1+k_2\boldsymbol{a}_2=(\boldsymbol{a}_1,\boldsymbol{a}_2)\begin{bmatrix}k_1\\k_2\end{bmatrix}=\boldsymbol{A}\boldsymbol{x} \tag{11.2}$$

其中，$\boldsymbol{A}=(\boldsymbol{a}_1,\boldsymbol{a}_2)$，它是基向量$\boldsymbol{a}_1,\boldsymbol{a}_2$横向并列的矩阵；而$\boldsymbol{x}=(k_1,k_2)^{\mathrm{T}}$，它是线性组合系数构成的列向量。于是从矩阵的观点看，平面向量基本定理就是$\boldsymbol{A}\boldsymbol{x}=\boldsymbol{b}$这个表达式。如果要求出常数$k_1$和$k_2$，实际上就是求解线性方程组$\boldsymbol{A}\boldsymbol{x}=\boldsymbol{b}$的过程。

例 11-1：现有平面向量$\boldsymbol{a}_1=(2,1)^{\mathrm{T}}$和$\boldsymbol{a}_2=(1,1)^{\mathrm{T}}$，请说明它们可以作为平面上的一组基向量，并且用它们线性表示平面向量$\boldsymbol{b}=(5,6)^{\mathrm{T}}$。

解：判断$\boldsymbol{a}_1,\boldsymbol{a}_2$是不是平面上的一组基向量，只需要看它们是否共线即可。在平面直角坐标系里画出$\boldsymbol{a}_1,\boldsymbol{a}_2$(见图 11-1)，显然是不共线的，故可以作为平面上的一组基向量。

设 $\boldsymbol{A}=(\boldsymbol{a}_1,\boldsymbol{a}_2)=\begin{bmatrix}2 & 1\\1 & 1\end{bmatrix}$，由组合系数构成的向量 $\boldsymbol{x}=(k_1,k_2)^{\mathrm{T}}$，于是求 $\boldsymbol{b}=(5,6)^{\mathrm{T}}$ 使用 $\boldsymbol{a}_1,\boldsymbol{a}_2$ 的线性表示，只需要求解线性方程组 $\boldsymbol{Ax}=\boldsymbol{b}$ 即可。由于 $r(\boldsymbol{A})=2$（或 $|\boldsymbol{A}|=1\neq 0$），故 $\boldsymbol{A}$ 可逆，于是此处采用较为快捷的逆矩阵法求解：

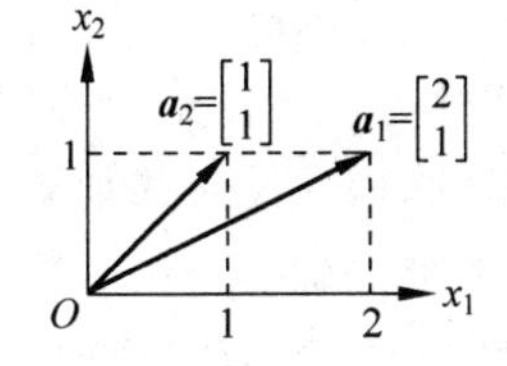

图 11-1　平面向量 $\boldsymbol{a}_1=(2,1)^{\mathrm{T}}$ 和 $\boldsymbol{a}_2=(1,1)^{\mathrm{T}}$ 不共线示意

$$\boldsymbol{Ax}=\boldsymbol{b}\Rightarrow \boldsymbol{x}=\boldsymbol{A}^{-1}\boldsymbol{b}=\frac{1}{|\boldsymbol{A}|}\boldsymbol{A}^{*}\boldsymbol{b}=\frac{1}{1}\begin{bmatrix}1 & -1\\-1 & 2\end{bmatrix}\begin{bmatrix}5\\6\end{bmatrix}=\begin{bmatrix}-1\\7\end{bmatrix} \tag{11.3}$$

故有唯一的线性表示式 $\boldsymbol{b}=-\boldsymbol{a}_1+7\boldsymbol{a}_2$。当然还可以采用增广矩阵法以及克拉默法则求解，结果一致。

例 11-2：平面向量 $\boldsymbol{a}_1=(1,1)^{\mathrm{T}}$ 和 $\boldsymbol{a}_2=(2,2)^{\mathrm{T}}$ 可以作为平面上的一组基向量吗？它们能否唯一线性表示向量 $\boldsymbol{b}=(5,6)^{\mathrm{T}}$ 和 $\boldsymbol{c}=(5,5)^{\mathrm{T}}$？

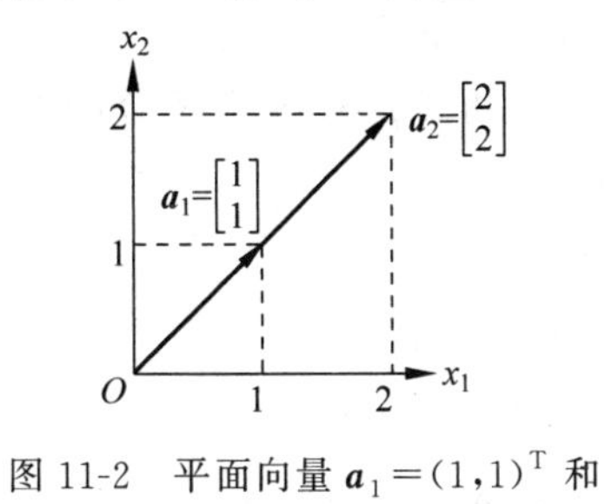

图 11-2　平面向量 $\boldsymbol{a}_1=(1,1)^{\mathrm{T}}$ 和 $\boldsymbol{a}_2=(2,2)^{\mathrm{T}}$ 共线示意

解：在平面直角坐标系里画出 $\boldsymbol{a}_1,\boldsymbol{a}_2$（见图 11-2），可以知道它们共线，所以不能作为平面上的一组基向量。

设 $\boldsymbol{A}=(\boldsymbol{a}_1,\boldsymbol{a}_2)=\begin{bmatrix}1 & 2\\1 & 2\end{bmatrix}$，如果用其线性表示 $\boldsymbol{b}=(5,6)^{\mathrm{T}}$ 和 $\boldsymbol{c}=(5,5)^{\mathrm{T}}$，则分别研究方程组 $\boldsymbol{Ax}=\boldsymbol{b}$ 和 $\boldsymbol{Ax}=\boldsymbol{c}$。设 $\boldsymbol{x}=\begin{bmatrix}k_1\\k_2\end{bmatrix}$，由于 $r(\boldsymbol{A})=1<2$（或 $|\boldsymbol{A}|=0$），故 $\boldsymbol{A}$ 不可逆，此时只能借助增广矩阵求解方程组 $\boldsymbol{Ax}=\boldsymbol{b}$。写出增广矩阵 $\boldsymbol{A}|\boldsymbol{b}$ 进行初等行变换如下：

$$\boldsymbol{A}\mid\boldsymbol{b}=\left[\begin{array}{cc:c}1 & 2 & 5\\1 & 2 & 6\end{array}\right]\rightarrow\left[\begin{array}{cc:c}1 & 2 & 5\\0 & 0 & 1\end{array}\right] \tag{11.4}$$

由于 $r(\boldsymbol{A}|\boldsymbol{b})\neq r(\boldsymbol{A})$，所以方程组无解，即无法找到常数 k_1,k_2 使得 $\boldsymbol{b}=k_1\boldsymbol{a}_1+k_2\boldsymbol{a}_2$ 成立。再看 $\boldsymbol{Ax}=\boldsymbol{c}$，写出增广矩阵 $\boldsymbol{A}|\boldsymbol{c}$ 进行初等行变换如下：

$$\boldsymbol{A}\mid\boldsymbol{c}=\left[\begin{array}{cc:c}1 & 2 & 5\\1 & 2 & 5\end{array}\right]\rightarrow\left[\begin{array}{cc:c}1 & 2 & 5\\0 & 0 & 0\end{array}\right] \tag{11.5}$$

由于 $r(\boldsymbol{A}|\boldsymbol{c})=r(\boldsymbol{A})=1<2$，所以方程组有无穷解，即可以找到无穷组常数 k_1 和 k_2 使得 $\boldsymbol{c}=k_1\boldsymbol{a}_1+k_2\boldsymbol{a}_2$ 成立。

综上所述，向量 $\boldsymbol{a}_1,\boldsymbol{a}_2$ 不能唯一线性表示 $\boldsymbol{b}$ 和 $\boldsymbol{c}$。

以上从矩阵和线性方程组的角度初步研究了平面向量基本定理。而以上两个例题说明，如果平面内的两个不共线的向量横向并列，对应的 2 阶方阵是可逆的；而两个共线的向量横向并列，对应的 2 阶方阵是不可逆的。那么为什么 2 个共线的向量对应的 2 阶方阵不可逆呢？这是因为如果 $\boldsymbol{a}_1,\boldsymbol{a}_2$ 共线，一定有 $\boldsymbol{a}_2=\lambda\boldsymbol{a}_1$ 成立（其中 $\boldsymbol{a}_1\neq\boldsymbol{0}$ 且 λ 是常数），如果 $\boldsymbol{A}=(\boldsymbol{a}_1,\boldsymbol{a}_2)$，那么就可以对 $\boldsymbol{A}$ 做以下初等列变换：

$$\boldsymbol{A}=(\boldsymbol{a}_1,\boldsymbol{a}_2)=(\boldsymbol{a}_1,\lambda\boldsymbol{a}_1)\xrightarrow{-\lambda c_1+c_2}(\boldsymbol{a}_1,\boldsymbol{0}) \tag{11.6}$$

在 $\boldsymbol{a}_1\neq\boldsymbol{0}$ 时，$\boldsymbol{A}$ 经过初等变换后出现全零列，从而 $|\boldsymbol{A}|=0$，因此 $\boldsymbol{A}$ 不可逆。如果 $\boldsymbol{a}_1=$

$\mathbf{0}$，那么 $\boldsymbol{A}=(\mathbf{0},\boldsymbol{a}_2)$，同样有 $\boldsymbol{A}$ 不可逆。总之如果 $\boldsymbol{a}_1,\boldsymbol{a}_2$ 共线，一定有 $\boldsymbol{A}=(\boldsymbol{a}_1,\boldsymbol{a}_2)$不可逆，此时线性方程组的解不确定(无解或无穷解)，即不能唯一确定对应的系数。这个条件是充分必要的，因此反过来如果 $\boldsymbol{a}_1,\boldsymbol{a}_2$ 不共线，一定有 $\boldsymbol{A}=(\boldsymbol{a}_1,\boldsymbol{a}_2)$可逆，线性方程组具有唯一解，即能唯一确定一组系数。

例 11-3：现有平面向量 $\boldsymbol{a}_1=(43,25)^{\mathrm{T}}$ 和 $\boldsymbol{a}_2=(12,7)^{\mathrm{T}}$，它们可以作为平面上的一组基向量吗？为什么？

解：由于数字相对较大，不方便通过几何画图的方式判断两者是否共线，因此转而看两者横向并列后对应的矩阵，即运用代数的方式考察。设 $\boldsymbol{A}=(\boldsymbol{a}_1,\boldsymbol{a}_2)=\begin{bmatrix}43 & 12\\ 25 & 7\end{bmatrix}$，则可以使用行列式判断 $\boldsymbol{A}$ 是否可逆。通过计算，$|\boldsymbol{A}|=43\times 7-25\times 12=1\neq 0$，因此 $\boldsymbol{A}$ 可逆，进一步 $\boldsymbol{a}_1,\boldsymbol{a}_2$ 可以作为平面内的一组基向量。

11.1.2 更高维度空间向量的基本定理

平面是一个 2 维空间，因此平面向量基本定理也就是 2 维空间向量基本定理。同样对于 3 维空间向量也有基本定理，即 3 个不共面的向量 $\boldsymbol{a}_1,\boldsymbol{a}_2,\boldsymbol{a}_3$ 可以通过线性组合的方式唯一表示 3 维空间内的任何一个向量 $\boldsymbol{b}$：

$$\boldsymbol{b}=k_1\boldsymbol{a}_1+k_2\boldsymbol{a}_2+k_3\boldsymbol{a}_3=(\boldsymbol{a}_1,\boldsymbol{a}_2,\boldsymbol{a}_3)\begin{bmatrix}k_1\\ k_2\\ k_3\end{bmatrix}=\boldsymbol{A}\boldsymbol{x} \tag{11.7}$$

其中，$\boldsymbol{A}=(\boldsymbol{a}_1,\boldsymbol{a}_2,\boldsymbol{a}_3)$为一个 3 阶方阵，$\boldsymbol{x}=(k_1,k_2,k_3)^{\mathrm{T}}$。在 $r(\boldsymbol{A})=3$(或$|\boldsymbol{A}|\neq 0$)时有 $\boldsymbol{A}$ 可逆，故根据逆矩阵的性质组合系数唯一确定。因此判断 3 维空间内的 3 个 3 维向量是否可以构成一组基，也可以使用矩阵的秩或者行列式判定。

将这个结论进一步维数拓展，如果 n 维空间中有 n 个 n 维向量 $\boldsymbol{a}_1,\boldsymbol{a}_2,\cdots,\boldsymbol{a}_n$，它们横向并列的方阵 $\boldsymbol{A}=(\boldsymbol{a}_1,\boldsymbol{a}_2,\cdots,\boldsymbol{a}_n)$有 $r(\boldsymbol{A})=n$(或$|\boldsymbol{A}|\neq 0$)，则 $\boldsymbol{A}$ 可逆，此时 $\boldsymbol{a}_1,\boldsymbol{a}_2,\cdots,\boldsymbol{a}_n$ 能构成 n 维空间的一组基向量，于是 n 维空间的任一向量 $\boldsymbol{b}$ 都可以唯一表示为它们的线性组合形式，即能够唯一确定一组系数 $k_1,k_2,\cdots,k_n$ 使得 $\boldsymbol{b}=k_1\boldsymbol{a}_1+k_2\boldsymbol{a}_2+\cdots+k_n\boldsymbol{a}_n$ 成立。这就是多维空间向量基本定理，它是平面向量基本定理的推广和拓展。那么此时这些基向量又有什么具体的特征呢？这就需要研究向量的线性无关和线性相关特性了。

11.2 线性无关和线性相关

11.2.1 线性无关和线性相关的概念和意义

在 n 维空间向量基本定理中，如果让 n 个向量 $\boldsymbol{a}_1,\boldsymbol{a}_2,\cdots,\boldsymbol{a}_n$ 线性表示向量 $\boldsymbol{b}$，那么就是求 $k_1\boldsymbol{a}_1+k_2\boldsymbol{a}_2+\cdots+k_n\boldsymbol{a}_n=\boldsymbol{b}$ 的各个系数。如果令 $\boldsymbol{A}=(\boldsymbol{a}_1,\boldsymbol{a}_2,\cdots,\boldsymbol{a}_n)$，那么这个问题就等价于求解线性方程组 $\boldsymbol{A}\boldsymbol{x}=\boldsymbol{b}$。特殊令 $\boldsymbol{b}=\mathbf{0}$，即让这 n 个向量线性表示零向量 $\mathbf{0}$，那么就相当于求解齐次方程组 $\boldsymbol{A}\boldsymbol{x}=\mathbf{0}$。由线性方程组理论可知，齐次方程组 $\boldsymbol{A}\boldsymbol{x}=\mathbf{0}$ 是否只有零解完全取决于系数矩阵 $\boldsymbol{A}$，如果 $r(\boldsymbol{A})=n$，那么 $\boldsymbol{A}\boldsymbol{x}=\mathbf{0}$ 只有零解，所以组合系数 $k_1,k_2,\cdots,k_n$ 只能全为 0，此时称这 n 个向量**线性无关**(linear independent)；如果 $r(\boldsymbol{A})<n$，那么 $\boldsymbol{A}\boldsymbol{x}=\mathbf{0}$

存在非零解，所以组合系数 $k_1,k_2,\cdots,k_n$ 可以不全为 0，此时称这 n 个向量**线性相关**(linear dependent)。

需要注意的是，在介绍线性无关和线性相关的概念里，对向量的维数(也是空间的维数)并没有要求，这是由于判断齐次方程组是否有解依据的是系数矩阵的秩和向量的个数之间的对比，而与向量的维数无关。因此在线性无关和线性相关的概念里，向量的个数不一定等于向量的维数，两者不等时对应的矩阵不是方阵。

线性无关和线性相关是两个不容易理解的概念，可以先从比较低的维度直观理解。

例 11-4：4 个 2 维向量(平面向量)如下：

$$\boldsymbol{a}_1=\begin{bmatrix}2\\1\end{bmatrix},\quad \boldsymbol{a}_2=\begin{bmatrix}1\\2\end{bmatrix},\quad \boldsymbol{a}_3=\begin{bmatrix}4\\2\end{bmatrix},\quad \boldsymbol{a}_4=\begin{bmatrix}5\\1\end{bmatrix} \tag{11.8}$$

请判断以下各组向量是线性相关还是线性无关。

(1) $\boldsymbol{a}_1,\boldsymbol{a}_2$；(2)$\boldsymbol{a}_1,\boldsymbol{a}_3$；(3)$\boldsymbol{a}_1,\boldsymbol{a}_2,\boldsymbol{a}_4$。

解：(1) 将 $\boldsymbol{a}_1,\boldsymbol{a}_2$ 横向并列成为$(\boldsymbol{a}_1,\boldsymbol{a}_2)=\begin{bmatrix}2 & 1\\1 & 2\end{bmatrix}$。由于 $r(\boldsymbol{a}_1,\boldsymbol{a}_2)=2$(或$|\boldsymbol{a}_1,\boldsymbol{a}_2|=3\neq0$)，所以方程组$(\boldsymbol{a}_1,\boldsymbol{a}_2)\begin{bmatrix}k_1\\k_2\end{bmatrix}=\boldsymbol{0}$ 只有零解，即组合系数只有当 $k_1=k_2=0$ 时才有 $k_1\boldsymbol{a}_1+k_2\boldsymbol{a}_2=\boldsymbol{0}$ 成立，故两者线性无关。在直角坐标系里画出 $\boldsymbol{a}_1,\boldsymbol{a}_2$(见图 11-3)，可见它们不共线。

(2) 将 $\boldsymbol{a}_1,\boldsymbol{a}_3$ 横向并列成为$(\boldsymbol{a}_1,\boldsymbol{a}_3)=\begin{bmatrix}2 & 4\\1 & 2\end{bmatrix}$。由于 $r(\boldsymbol{a}_1,\boldsymbol{a}_3)=1$(或$|\boldsymbol{a}_1,\boldsymbol{a}_3|=0$)，所以方程组$(\boldsymbol{a}_1,\boldsymbol{a}_3)\begin{bmatrix}k_1\\k_2\end{bmatrix}=\boldsymbol{0}$ 存在非零解，即存在不全为 0 的组合系数 k_1 和 k_2 使得 $k_1\boldsymbol{a}_1+k_2\boldsymbol{a}_3=\boldsymbol{0}$ 成立，故两者线性相关。在直角坐标系里画出 $\boldsymbol{a}_1,\boldsymbol{a}_3$(见图 11-4)，可见它们共线。

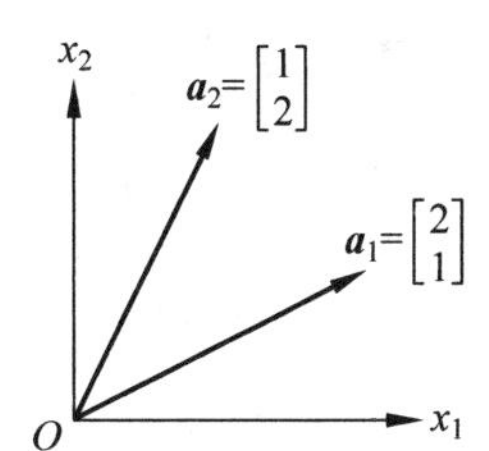

图 11-3　向量 $\boldsymbol{a}_1=(2,1)^{\mathrm{T}}$ 和 $\boldsymbol{a}_2=(1,2)^{\mathrm{T}}$ 线性无关示意

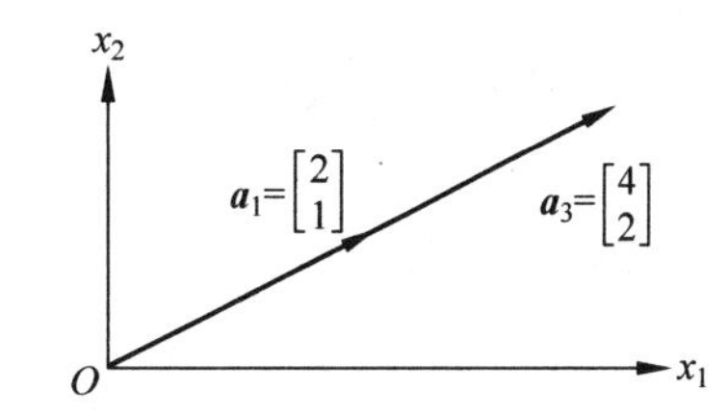

图 11-4　向量 $\boldsymbol{a}_1=(2,1)^{\mathrm{T}}$ 和 $\boldsymbol{a}_3=(4,2)^{\mathrm{T}}$ 线性相关示意

(3) 将 $\boldsymbol{a}_1,\boldsymbol{a}_2,\boldsymbol{a}_4$ 横向并列成为$(\boldsymbol{a}_1,\boldsymbol{a}_2,\boldsymbol{a}_4)=\begin{bmatrix}2 & 1 & 5\\1 & 2 & 1\end{bmatrix}$。由于 $r(\boldsymbol{a}_1,\boldsymbol{a}_2,\boldsymbol{a}_4)=2<3$，所以方程组$(\boldsymbol{a}_1,\boldsymbol{a}_2,\boldsymbol{a}_4)\begin{bmatrix}k_1\\k_2\\k_3\end{bmatrix}=\boldsymbol{0}$ 存在非零解，即存在不全为 0 的组合系数 k_1、k_2 和 k_3 使得 $k_1\boldsymbol{a}_1+k_2\boldsymbol{a}_2+k_3\boldsymbol{a}_4=\boldsymbol{0}$ 成立，故三者线性相关。在直角坐标系里画出 $\boldsymbol{a}_1,\boldsymbol{a}_2,\boldsymbol{a}_4$(见

图 11-5)，可见它们虽然不共线，但由于都是 2 维向量，因而共面。

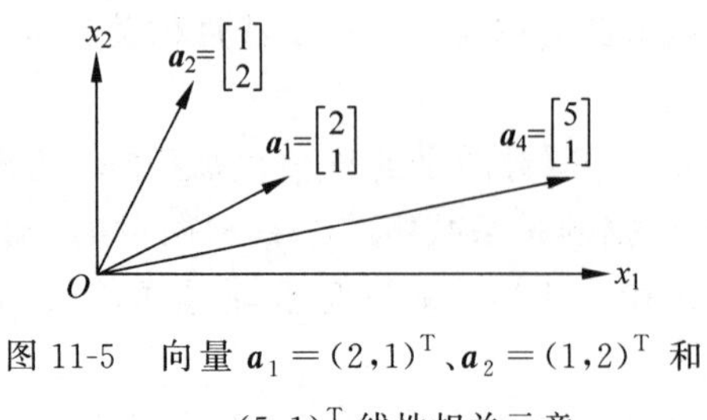

图 11-5　向量 $\boldsymbol{a}_1=(2,1)^{\mathrm{T}}$、$\boldsymbol{a}_2=(1,2)^{\mathrm{T}}$ 和 $\boldsymbol{a}_4=(5,1)^{\mathrm{T}}$ 线性相关示意

例 11-5：4 个 3 维向量(空间向量)如下：

$$\boldsymbol{a}_1=\begin{bmatrix}2\\0\\1\end{bmatrix},\quad \boldsymbol{a}_2=\begin{bmatrix}1\\1\\0\end{bmatrix},\quad \boldsymbol{a}_3=\begin{bmatrix}0\\1\\1\end{bmatrix},\quad \boldsymbol{a}_4=\begin{bmatrix}3\\1\\1\end{bmatrix} \tag{11.9}$$

请判断以下各组向量是线性相关还是线性无关，并说明它们是否可以作为某个空间的一组基向量。

(1) $\boldsymbol{a}_1,\boldsymbol{a}_2,\boldsymbol{a}_3$；(2)$\boldsymbol{a}_1,\boldsymbol{a}_2,\boldsymbol{a}_4$；(3)$\boldsymbol{a}_2,\boldsymbol{a}_3$。

解：(1) 将 $\boldsymbol{a}_1,\boldsymbol{a}_2,\boldsymbol{a}_3$ 横向并列成为$(\boldsymbol{a}_1,\boldsymbol{a}_2,\boldsymbol{a}_3)=\begin{bmatrix}2&1&0\\0&1&1\\1&0&1\end{bmatrix}$，由于 $r(\boldsymbol{a}_1,\boldsymbol{a}_2,\boldsymbol{a}_3)=3$，故组合系数只有当 $k_1=k_2=k_3=0$ 时才有 $k_1\boldsymbol{a}_1+k_2\boldsymbol{a}_2+k_3\boldsymbol{a}_3=\mathbf{0}$ 成立，所以它们线性无关。在空间直角坐标系里画出这 3 个向量(见图 11-6)，可知它们不共面。根据多维空间向量基本定理，它们可以作为 3 维空间的一组基向量。

(2) 将 $\boldsymbol{a}_1,\boldsymbol{a}_2,\boldsymbol{a}_4$ 横向并列成为$(\boldsymbol{a}_1,\boldsymbol{a}_2,\boldsymbol{a}_4)=\begin{bmatrix}2&1&3\\0&1&1\\1&0&1\end{bmatrix}$，由于 $r(\boldsymbol{a}_1,\boldsymbol{a}_2,\boldsymbol{a}_4)=2<3$，故存在不全为 0 的组合系数 k_1、k_2 和 k_3 使得 $k_1\boldsymbol{a}_1+k_2\boldsymbol{a}_2+k_3\boldsymbol{a}_4=\mathbf{0}$ 成立，所以三者线性相关。在空间直角坐标系里画出这 3 个向量(见图 11-7)，可知它们共面。根据多维空间向量基本定理，它们不能作为 3 维空间的一组基向量。

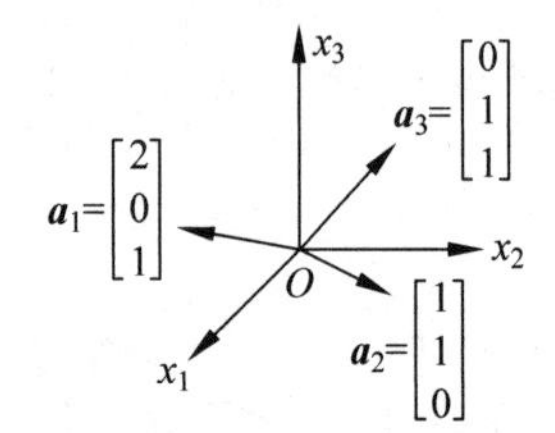

图 11-6　向量 $\boldsymbol{a}_1=(2,0,1)^{\mathrm{T}}$、$\boldsymbol{a}_2=(1,1,0)^{\mathrm{T}}$ 和 $\boldsymbol{a}_3=(0,1,1)^{\mathrm{T}}$ 线性无关示意

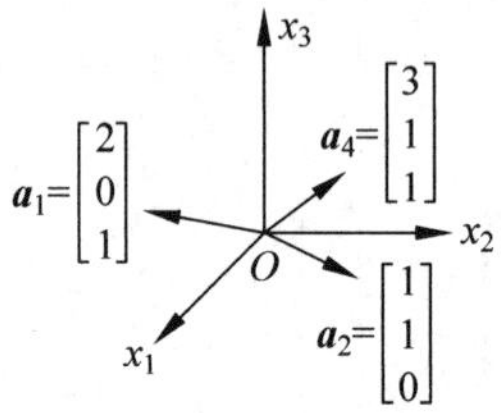

图 11-7　向量 $\boldsymbol{a}_1=(2,0,1)^{\mathrm{T}}$、$\boldsymbol{a}_2=(1,1,0)^{\mathrm{T}}$ 和 $\boldsymbol{a}_4=(3,1,1)^{\mathrm{T}}$ 线性相关示意

(3) 将 $\boldsymbol{a}_2,\boldsymbol{a}_3$ 横向并列成为$(\boldsymbol{a}_2,\boldsymbol{a}_3)=\begin{bmatrix}1&0\\1&1\\0&1\end{bmatrix}$，由于 $r(\boldsymbol{a}_2,\boldsymbol{a}_3)=2$，故组合系数只有当 $k_1=k_2=0$ 时才有 $k_1\boldsymbol{a}_2+k_2\boldsymbol{a}_3=\mathbf{0}$ 成立，所以两者线性无关。在空间直角坐标系里画出这两个向量(见图 11-8)，可知它们不共线。由于只有两个向量，因此显然不能作为 3 维空间的一组基向量；不过由于两者都是 3 维向量，所以它们实际上可以作为这个 3 维空间里的某个 2 维空间(平面)的一组基向量。图 11-8 所示的灰色区域就是这个 2 维空间(平面)，这个 2 维空间(平面)上任意一个向量都可以使用 $\boldsymbol{a}_2,\boldsymbol{a}_3$ 的线性组合表示。

从以上两个例子可以看出，如果有 n 个 m 维向量线性无关，那么它们就可以作为某个

n 维空间的一组基向量，即此时这个 n 维空间任一向量都可以使用它们表示。由于空间是点(向量)的集合，所以这 n 个线性无关向量就可以表示这个 n 维空间。因此多维空间向量基本定理可以进一步拓展为：n 个线性无关的向量可以以线性组合的方式表示某个 n 维空间的任一向量，进一步表示对应 n 维空间。

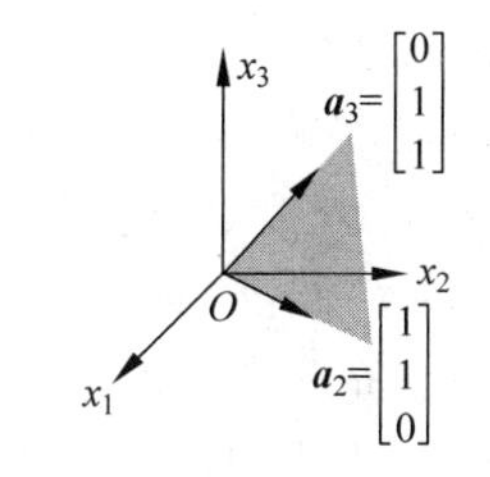

图 11-8 向量 $\boldsymbol{a}_2=(1,1,0)^{\mathrm{T}}$ 和 $\boldsymbol{a}_3=(0,1,1)^{\mathrm{T}}$ 线性无关示意

需要注意，向量的维数 m 指的是这个向量所属的背景空间维数。比如例 11-5 中，$\boldsymbol{a}_1,\boldsymbol{a}_2,\boldsymbol{a}_3$ 所在的背景是 3 维的，因此它们都是 3 维向量。其中 $\boldsymbol{a}_1,\boldsymbol{a}_2,\boldsymbol{a}_3$ 三者线性无关，所以它们可以作为这个 3 维空间中的一组基向量，即可以表示整个 3 维空间；$\boldsymbol{a}_2,\boldsymbol{a}_3$ 两者也线性无关，所以它们可以作为这个 3 维空间中某个 2 维空间的一组基向量，即可以表示某个 2 维空间。

由此可见，研究向量的线性无关和线性相关是很重要的，因为 n 个线性无关的向量可以通过线性组合的方式表示某个 n 维空间内的每一个向量，进一步表示这个特定的 n 维空间。当 $n=2$ 时，2 个向量线性无关体现为它们不共线；当 $n=3$ 时，3 个向量线性无关体现为它们不共面。这是线性无关在低维度空间上的直观体现，而对于更高维度的空间，可以通过上述方式类比。

例 11-6：已知 6 个 5 维向量：$\boldsymbol{a}_1,\boldsymbol{a}_2,\boldsymbol{a}_3,\boldsymbol{a}_4,\boldsymbol{a}_5,\boldsymbol{a}_6$。

(1) 如果 $\boldsymbol{a}_1,\boldsymbol{a}_2,\boldsymbol{a}_3,\boldsymbol{a}_4$ 线性无关，则它们能表示怎样的空间？

(2) 如果 $\boldsymbol{a}_1,\boldsymbol{a}_2,\boldsymbol{a}_3,\boldsymbol{a}_4,\boldsymbol{a}_5$ 线性无关，则它们能表示怎样的空间？

(3) 这 6 个向量可能线性无关吗？为什么？

解：(1) 如果 5 维向量 $\boldsymbol{a}_1,\boldsymbol{a}_2,\boldsymbol{a}_3,\boldsymbol{a}_4$ 线性无关，则它们可以通过线性组合的方式表示某个 4 维空间的全体向量，进一步可以表示对应的这个 4 维空间。由于 5 维空间中包含有无数个 4 维空间，所以 $\boldsymbol{a}_1,\boldsymbol{a}_2,\boldsymbol{a}_3,\boldsymbol{a}_4$ 表示的是这个 5 维空间内的某一个 4 维空间。

(2) 如果 5 维向量 $\boldsymbol{a}_1,\boldsymbol{a}_2,\boldsymbol{a}_3,\boldsymbol{a}_4,\boldsymbol{a}_5$ 线性无关，则它们可以通过线性组合的方式表示 5 维空间中的全体向量，进一步可以表示这个 5 维空间。此处这个 5 维空间既是向量的背景空间，又是这些线性无关的向量所能表示的空间。

(3) 设将这 6 个 5 维向量横向并列形成一个 5×6 的矩阵 $\boldsymbol{A}$，则根据矩阵秩的性质有 $r(\boldsymbol{A})\leqslant 5<6$，故存在不全为 0 的组合系数 k_i 使得 $\sum_{i=1}^{6}k_i\boldsymbol{a}_i=\boldsymbol{0}$ 成立，于是它们不可能线性无关。事实上，假设 6 个 5 维向量线性无关，那么就需要在 5 维空间中找到一个 6 维空间使得这些向量作为对应空间的基向量。但 5 维空间中不可能找到 6 维空间(类比于一个平面上不可能找到一个 3 维空间)，所以之前的假设是错误的，即 6 个 5 维向量必然线性相关。

11.2.2 线性无关和线性相关的拓展与应用

n 个线性无关的向量对应于某个 n 维空间上的一组基向量，进一步可以表示这个 n 维空间，因此线性无关的向量在理论上具有重要的意义。设有一组向量 $\boldsymbol{a}_1,\boldsymbol{a}_2,\cdots,\boldsymbol{a}_n$，则它们线性无关的充分必要条件是以下两者之一：

➢ 定义：仅当常数 $k_1=k_2=\cdots=k_n=0$ 时才有 $k_1\boldsymbol{a}_1+k_2\boldsymbol{a}_2+\cdots+k_n\boldsymbol{a}_n=\boldsymbol{0}$ 成立；

➢ 秩条件：$r(\boldsymbol{a}_1,\boldsymbol{a}_2,\cdots,\boldsymbol{a}_n)=n$。

同理，它们线性相关的充分必要条件是以下两者之一：

➢ 定义：存在不全为 0 的常数 $k_1,k_2,\cdots,k_n$ 使得 $k_1\boldsymbol{a}_1+k_2\boldsymbol{a}_2+\cdots+k_n\boldsymbol{a}_n=\boldsymbol{0}$ 成立；

➢ 秩条件：$r(\boldsymbol{a}_1,\boldsymbol{a}_2,\cdots,\boldsymbol{a}_n)<n$。

由于充分必要条件关系，它们既是线性无关（相关）的性质，又是线性无关（相关）的判定方法。此外，上述向量都默认为列向量，如果所涉及的向量是行向量，需要转置成为列向量再按照上述方式判定。

下面通过一些例子来看如何应用以上两个充分必要条件证明线性无关或线性相关。

例 11-7：现有一个 n 维向量 $\boldsymbol{a}$，请说明它线性无关和线性相关的充分必要条件。

解：在前面的讨论中，一般涉及的向量的个数不少于两个，但在线性无关和线性相关概念中并没有规定向量的个数，也就是说仅有一个向量也可以讨论。

（1）$\boldsymbol{a}$ 线性无关的充分必要条件可以选择秩的性质，即 $r(\boldsymbol{a})=1\neq 0$，从而 $\boldsymbol{a}\neq\boldsymbol{0}$。因此 $\boldsymbol{a}$ 线性无关的充分必要条件是 $\boldsymbol{a}$ 不是零向量；

（2）$\boldsymbol{a}$ 线性相关的充分必要条件是 $r(\boldsymbol{a})=\boldsymbol{0}$，从而 $\boldsymbol{a}=\boldsymbol{0}$。因此 $\boldsymbol{a}$ 线性相关的充分必要条件是 $\boldsymbol{a}$ 为零向量。

上例的结论还可以拓展为：线性无关的一组向量中必然不含零向量，含有零向量的任何一组向量必然线性相关。

例 11-8：求证：（1）列满秩矩阵按列分块得到的列向量线性无关；

（2）行满秩矩阵按行分块得到的行向量线性无关；

（3）可逆矩阵按列（或行）分块得到的列/行向量线性无关。

证明：（1）设 $\boldsymbol{A}$ 是 $m\times n$ 的矩阵，如果 $\boldsymbol{A}$ 是列满秩矩阵，则 $r(\boldsymbol{A})=n$。设 $\boldsymbol{A}$ 按列分块成为 $\boldsymbol{A}=(\boldsymbol{a}_1,\boldsymbol{a}_2,\cdots,\boldsymbol{a}_n)$，则根据线性无关秩的充分必要条件，$\boldsymbol{a}_1,\boldsymbol{a}_2,\cdots,\boldsymbol{a}_n$ 线性无关。

（2）此处涉及了行向量，故应考虑转置后判定。如果 $\boldsymbol{A}$ 是行满秩矩阵，则 $\boldsymbol{A}^{\mathrm{T}}$ 就是列满秩矩阵，$\boldsymbol{A}$ 按行分块的各个行向量就是 $\boldsymbol{A}^{\mathrm{T}}$ 按列分块的各个列向量转置。由于 $r(\boldsymbol{A})=r(\boldsymbol{A}^{\mathrm{T}})$，故可以按照(1)的证明方式对 $\boldsymbol{A}^{\mathrm{T}}$ 按列分块，即得证。

（3）可逆矩阵是行列数相等的列（或行）满秩矩阵，所以同时满足(1)和(2)的条件，故得证。

在 7.4 节总结了零值行列式的诸多充分必要条件，通过上例的结论可以补充一个条件，那就是方阵可逆（或行列式等于 0）的充分必要条件之一是其按列（或行）分块后对应的列（或行）向量线性无关。

例 11-9：求证：n 维空间的一组自然基向量 $\boldsymbol{e}_1,\boldsymbol{e}_2,\cdots,\boldsymbol{e}_n$ 线性无关。

证明：仍然考虑是用秩的条件。这些自然基向量 $\boldsymbol{e}_1,\boldsymbol{e}_2,\cdots,\boldsymbol{e}_n$ 如下：

$$\boldsymbol{e}_1=\begin{bmatrix}1\\0\\\vdots\\0\end{bmatrix},\quad \boldsymbol{e}_2=\begin{bmatrix}0\\1\\\vdots\\0\end{bmatrix}\cdots\quad \boldsymbol{e}_n=\begin{bmatrix}0\\0\\\vdots\\1\end{bmatrix}\tag{11.10}$$

于是将它们横向并列得到的就是 n 阶单位阵 $\boldsymbol{E}_n$，即$(\boldsymbol{e}_1,\boldsymbol{e}_2,\cdots,\boldsymbol{e}_n)=\boldsymbol{E}_n$。由于 $r(\boldsymbol{E}_n)=n$，所以 $\boldsymbol{e}_1,\boldsymbol{e}_2,\cdots,\boldsymbol{e}_n$ 线性无关。

例 11-10：已知向量 $\boldsymbol{a}_1,\boldsymbol{a}_2,\cdots,\boldsymbol{a}_n$ 线性无关，现在另有两组向量 $\boldsymbol{b}_1,\boldsymbol{b}_2,\cdots,\boldsymbol{b}_n$ 和 $\boldsymbol{c}_1$，

$c_2,\cdots,c_n$，三组向量满足 $c_i=\begin{bmatrix}a_i\\b_i\end{bmatrix}(i=1,2,\cdots,n)$。求证：$c_1,c_2,\cdots,c_n$ 线性无关。

证明：使用定义法。由于 $a_1,a_2,\cdots,a_n$ 线性无关，故仅当 $k_1=k_2=\cdots=k_n=0$ 时才有 $k_1a_1+k_2a_2+\cdots+k_na_n=\mathbf{0}$ 成立。

现在考察表达式 $k_1c_1+k_2c_2+\cdots+k_nc_n=\mathbf{0}$，使用分块矩阵展开并推导如下：

$$k_1c_1+k_2c_2+\cdots+k_nc_n=k_1\begin{bmatrix}a_1\\b_1\end{bmatrix}+k_2\begin{bmatrix}a_2\\b_2\end{bmatrix}+\cdots+k_n\begin{bmatrix}a_n\\b_n\end{bmatrix}=\mathbf{0}$$

$$\Leftrightarrow\begin{cases}k_1a_1+k_2a_2+\cdots+k_na_n=\mathbf{0}\\k_1b_1+k_2b_2+\cdots+k_nb_n=\mathbf{0}\end{cases}\Rightarrow k_1a_1+k_2a_2+\cdots+k_na_n=0 \tag{11.11}$$

上述推导中的"⇔"代表等价推出；"⇒"代表前者是后者的充分条件，或后者是前者的必要条件，也就是说如果前者要成立，后者必须要成立。具体来说，就是如果 $k_1c_1+k_2c_2+\cdots+k_nc_n=\mathbf{0}$，必须有 $k_1a_1+k_2a_2+\cdots+k_na_n=\mathbf{0}$ 先成立，根据前面的分析有 $k_1=k_2=\cdots=k_n=0$。所以想要 $k_1c_1+k_2c_2+\cdots+k_nc_n=\mathbf{0}$，只能 $k_1=k_2=\cdots=k_n=0$。这刚好符合线性无关的定义，因此 $c_1,c_2,\cdots,c_n$ 线性无关。

上例是向量的一个重要结论，那就是如果有若干向量线性无关，给它们统一扩充若干维度后一定也是线性无关的。比如平面向量 $a_1=(1,1)^T$ 和 $a_2=(1,2)^T$ 是线性无关的，将它们扩充一个维度成为 $a_1'=(1,1,p)^T$ 和 $a_2'=(1,2,q)^T$ 两个空间向量（p 和 q 可以是任意常数）一定也线性无关。这个结论可以简记为：低维无关则扩充至高维也无关。

例 11-11：已知齐次方程组 $Ax=\mathbf{0}$ 存在非零解，求证：通过正交赋值得到的基础解系向量是线性无关的。

证明：先简单回顾一下基础解系的求法。设 $Ax=\mathbf{0}$ 未知数个数是 n，则主变量的个数是 $r=r(A)$，自由变量的个数是 $t=n-r$，根据基础解系的求法，需要轮番令每个自由变量 1 而将其他自由变量置 0，然后解出主变量，这样就对自由变量进行了 t 次正交赋值。

设基础解系包含的向量是 $c_1,c_2,\cdots,c_t$，为了方便说明，先设 $x_{r+1}\sim x_n$ 这 t 个变量是自由变量，则 $c_i=\begin{bmatrix}u_i\\e_i\end{bmatrix}(i=1,2,\cdots,t)$。其中 $e_1,e_2,\cdots,e_t$ 是 t 维空间下的自然基向量，根据例 11-9 的结论可知它们线性无关；$u_1,u_2,\cdots,u_t$ 是通过正交赋值后解出的主变量部分构成的向量。可见，$c_1,c_2,\cdots,c_t$ 是在一组线性无关的向量上增加了若干维度构成的，因此由例 11-10 的结论可知它们是线性无关的。如果自由变量不是 $x_{r+1}\sim x_n$，只需要把变量顺序交换一下成上述形式即可，结果一致。

上例说明，具有非零解的齐次方程组 $Ax=\mathbf{0}$ 如果具有 t 个自由变量，那么基础解系就包含 t 个线性无关的向量 $c_1,c_2,\cdots,c_t$，因此方程组对应的解空间就是 t 维的，其通解就是基础解系向量的线性组合，即 $x=k_1c_1+k_2c_2+\cdots+k_tc_t$。反过来，如果能找到 $Ax=\mathbf{0}$ 的 t 个线性无关的向量 $c_1,c_2,\cdots,c_t$，那么它们就可以构成方程组的基础解系，而通过正交赋值得到的基础解系是其中最方便求出的一组。这是对第 3 章线性方程组理论的补充。

例 11-12：已知 $A=(a_1,a_2,a_3,a_4)$ 是 4 阶方阵，线性方程组 $Ax=\mathbf{0}$ 的基础解系向量是 $(1,0,1,0)^T$。求证：a_1,a_2,a_4 是方程组 $A^*x=\mathbf{0}$ 的一组基础解系。

证明：根据线性方程组的知识可知，如果齐次方程组具有非零解，则其基础解系一定是方程组的解，且包含线性无关向量的个数等于未知数个数(系数矩阵列数)减去系数矩阵的秩。所以此处需要说明三个问题：第一，$\boldsymbol{A}^*\boldsymbol{x}=\boldsymbol{0}$ 的基础解系包含 3 个线性无关的向量；第二，$\boldsymbol{a}_1,\boldsymbol{a}_2,\boldsymbol{a}_4$ 是 $\boldsymbol{A}^*\boldsymbol{x}=\boldsymbol{0}$ 的解；第三，$\boldsymbol{a}_1,\boldsymbol{a}_2,\boldsymbol{a}_4$ 线性无关。

由于 $\boldsymbol{Ax}=\boldsymbol{0}$ 基础解系包含 1 个向量，说明其自由变量只有 1 个，主变量有 $4-1=3$ 个，因此 $r(\boldsymbol{A})=3$。又因为 $\boldsymbol{A}$ 是 4 阶方阵，故 $r(\boldsymbol{A}^*)=1$，即 $\boldsymbol{A}^*\boldsymbol{x}=\boldsymbol{0}$ 基础解系包含 $4-1=3$ 个线性无关的向量。

由 $r(\boldsymbol{A})=3<4$，故 $|\boldsymbol{A}|=0$，于是 $\boldsymbol{A}^*\boldsymbol{A}=\boldsymbol{O}$，故可以做以下推导：

$$\begin{aligned}\boldsymbol{A}^*\boldsymbol{A}=\boldsymbol{O}&\Rightarrow\boldsymbol{A}^*(\boldsymbol{a}_1,\boldsymbol{a}_2,\boldsymbol{a}_3,\boldsymbol{a}_4)=(\boldsymbol{0},\boldsymbol{0},\boldsymbol{0},\boldsymbol{0})\\&\Rightarrow(\boldsymbol{A}^*\boldsymbol{a}_1,\boldsymbol{A}^*\boldsymbol{a}_2,\boldsymbol{A}^*\boldsymbol{a}_3,\boldsymbol{A}^*\boldsymbol{a}_4)=(\boldsymbol{0},\boldsymbol{0},\boldsymbol{0},\boldsymbol{0})\\&\Rightarrow\boldsymbol{A}^*\boldsymbol{a}_1=\boldsymbol{0},\boldsymbol{A}^*\boldsymbol{a}_2=\boldsymbol{0},\boldsymbol{A}^*\boldsymbol{a}_3=\boldsymbol{0},\boldsymbol{A}^*\boldsymbol{a}_4=\boldsymbol{0}\end{aligned}\tag{11.12}$$

于是 $\boldsymbol{a}_1,\boldsymbol{a}_2,\boldsymbol{a}_4$ 是 $\boldsymbol{A}^*\boldsymbol{x}=\boldsymbol{0}$ 的解。此外 $(1,0,1,0)^{\mathrm{T}}$ 是 $\boldsymbol{Ax}=\boldsymbol{0}$ 的一个解，故有

$$\boldsymbol{Ax}=\boldsymbol{0}\Rightarrow(\boldsymbol{a}_1,\boldsymbol{a}_2,\boldsymbol{a}_3,\boldsymbol{a}_4)\begin{bmatrix}1\\0\\1\\0\end{bmatrix}=\boldsymbol{0}\Rightarrow\boldsymbol{a}_1+\boldsymbol{a}_3=\boldsymbol{0}\Rightarrow\boldsymbol{a}_3=-\boldsymbol{a}_1\tag{11.13}$$

仍从 $r(\boldsymbol{A})=3$ 出发，对 $\boldsymbol{A}$ 进行初等列变换：

$$\boldsymbol{A}=(\boldsymbol{a}_1,\boldsymbol{a}_2,\boldsymbol{a}_3,\boldsymbol{a}_4)=(\boldsymbol{a}_1,\boldsymbol{a}_2,-\boldsymbol{a}_1,\boldsymbol{a}_4)\xrightarrow{c_1+c_3}(\boldsymbol{a}_1,\boldsymbol{a}_2,\boldsymbol{0},\boldsymbol{a}_4)\xrightarrow{c_3\leftrightarrow c_4}(\boldsymbol{a}_1,\boldsymbol{a}_2,\boldsymbol{a}_4,\boldsymbol{0})\tag{11.14}$$

根据矩阵秩的性质，有 $r(\boldsymbol{a}_1,\boldsymbol{a}_2,\boldsymbol{a}_4)\leqslant r(\boldsymbol{a}_1,\boldsymbol{a}_2,\boldsymbol{a}_4,\boldsymbol{0})\leqslant r(\boldsymbol{a}_1,\boldsymbol{a}_2,\boldsymbol{a}_4)+r(\boldsymbol{0})=r(\boldsymbol{a}_1,\boldsymbol{a}_2,\boldsymbol{a}_4)$，因此 $r(\boldsymbol{a}_1,\boldsymbol{a}_2,\boldsymbol{a}_4)=r(\boldsymbol{a}_1,\boldsymbol{a}_2,\boldsymbol{a}_4,\boldsymbol{0})$，由于 $r(\boldsymbol{a}_1,\boldsymbol{a}_2,\boldsymbol{a}_4,\boldsymbol{0})=r(\boldsymbol{A})=3$，故 $r(\boldsymbol{a}_1,\boldsymbol{a}_2,\boldsymbol{a}_4)=3$，因此 $\boldsymbol{a}_1$、$\boldsymbol{a}_2$ 和 $\boldsymbol{a}_4$ 线性无关。

综上，$\boldsymbol{a}_1,\boldsymbol{a}_2,\boldsymbol{a}_4$ 是方程组 $\boldsymbol{A}^*\boldsymbol{x}=\boldsymbol{0}$ 的一组基础解系。

由上例可知，证明一组向量能否构成 n 元线性方程组 $\boldsymbol{Ax}=\boldsymbol{0}$ 的基础解系，需要考虑三个基本要素：第一，向量的个数是否为 $n-r(\boldsymbol{A})$；第二，这组向量是否为方程组的解；第三，这组向量是否线性无关。只要满足以上三个条件，这组向量就可以构成 $\boldsymbol{Ax}=\boldsymbol{0}$ 的基础解系。

例 11-13：已知一组向量 $\boldsymbol{a}_1,\cdots,\boldsymbol{a}_n$。求证：

(1) 如果 $\boldsymbol{a}_1,\cdots,\boldsymbol{a}_n$ 线性无关，去掉 1 个向量后依旧线性无关；

(2) 如果 $\boldsymbol{a}_1,\cdots,\boldsymbol{a}_n$ 线性相关，加上 1 个同维度的向量后依旧线性相关。

证明：(1) 若 $\boldsymbol{a}_1,\cdots,\boldsymbol{a}_n$ 线性无关，则仅当 $k_1=\cdots=k_n=0$ 时才有 $k_1\boldsymbol{a}_1+\cdots+k_n\boldsymbol{a}_n=\boldsymbol{0}$ 成立。设去掉的向量是 $\boldsymbol{a}_i$，则只需证等式 $\lambda_1\boldsymbol{a}_1+\cdots+\lambda_{i-1}\boldsymbol{a}_{i-1}+\lambda_{i+1}\boldsymbol{a}_{i+1}+\cdots+\lambda_n\boldsymbol{a}_n=\boldsymbol{0}$ 中的 $\lambda_1,\cdots,\lambda_{i-1},\lambda_{i+1},\cdots,\lambda_n$ 全为 0 即可。可以使用反证法说明。

假设 $\boldsymbol{a}_1,\cdots,\boldsymbol{a}_{i-1},\boldsymbol{a}_{i+1},\cdots,\boldsymbol{a}_n$ 线性相关，$\lambda_1\boldsymbol{a}_1+\cdots+\lambda_{i-1}\boldsymbol{a}_{i-1}+\lambda_{i+1}\boldsymbol{a}_{i+1}+\cdots+\lambda_n\boldsymbol{a}_n=\boldsymbol{0}$ 这个等式中可以找到常数 $\lambda_1,\cdots,\lambda_{i-1},\lambda_{i+1},\cdots,\lambda_n$ 不全为 0，给其补上 $0\cdot\boldsymbol{a}_i$ 这一项，就有 $\lambda_1\boldsymbol{a}_1+\cdots+\lambda_{i-1}\boldsymbol{a}_{i-1}+0\cdot\boldsymbol{a}_i+\lambda_{i+1}\boldsymbol{a}_{i+1}+\cdots+\lambda_n\boldsymbol{a}_n=\boldsymbol{0}$ 这个等式成立。这样 $\boldsymbol{a}_1,\cdots,\boldsymbol{a}_n$ 的线性组合系数就可以不全为 0，这一点和已知条件 $\boldsymbol{a}_1,\cdots,\boldsymbol{a}_n$ 线性无关矛盾，因此假设 $\boldsymbol{a}_1,\cdots,\boldsymbol{a}_{i-1},\boldsymbol{a}_{i+1},\cdots,\boldsymbol{a}_n$ 线性相关错误，故它们线性无关。

(2) 若 $\boldsymbol{a}_1,\cdots,\boldsymbol{a}_n$ 线性相关，存在不全为 0 的常数 $k_1,\cdots,k_n$ 使得 $k_1\boldsymbol{a}_1+\cdots+k_n\boldsymbol{a}_n=\boldsymbol{0}$ 成立。设增加的向量是 $\boldsymbol{a}_{n+1}$，只需证等式 $k_1\boldsymbol{a}_1+\cdots+k_n\boldsymbol{a}_n+k_{n+1}\boldsymbol{a}_{n+1}=\boldsymbol{0}$ 中 $k_1,\cdots,k_n$，

k_{n+1} 不全为 0。事实上，$k_1,\cdots,k_n$ 不全为 0，则 $k_1,\cdots,k_n,k_{n+1}$ 一定不全为 0，故 $\boldsymbol{a}_1,\cdots,\boldsymbol{a}_n,\boldsymbol{a}_{n+1}$ 线性相关。

上例从向量数量的角度说明了线性无关和线性相关的性质。进一步可以得出结论：给线性无关的一组向量去掉任意一个向量后依旧线性无关，给线性相关的一组向量添加任意一个向量后依旧线性相关。这个结论可以简记为：整体无关则部分无关，部分相关则整体相关。

例 11-14：求证：一组向量线性相关的充分必要条件是至少存在一个向量可以表示为其余向量的线性组合形式（向量个数不少于 2 个）。

证明：设有一组向量 $\boldsymbol{a}_1,\cdots,\boldsymbol{a}_n(n\geqslant 2)$，根据题意需要说明两点：第一，证明必要性，即如果 $\boldsymbol{a}_1,\cdots,\boldsymbol{a}_n$ 线性相关，则存在一个向量可以表示为其余向量的线性组合形式；第二，证明充分性，如果 $\boldsymbol{a}_1,\cdots,\boldsymbol{a}_n$ 的某一个向量可以表示为其余向量的线性组合形式，则 $\boldsymbol{a}_1,\cdots,\boldsymbol{a}_n$ 线性相关。

（1）若 $\boldsymbol{a}_1,\cdots,\boldsymbol{a}_n$ 线性相关，存在不全为 0 的常数 $k_1,\cdots,k_n$ 使得 $k_1\boldsymbol{a}_1+\cdots+k_n\boldsymbol{a}_n=\boldsymbol{0}$ 成立。假设其中 $\boldsymbol{a}_i$ 的系数 $k_i\neq 0$，则做以下推导：

$$k_1\boldsymbol{a}_1+\cdots+k_{i-1}\boldsymbol{a}_{i-1}+k_i\boldsymbol{a}_i+k_{i+1}\boldsymbol{a}_{i+1}+\cdots+k_n\boldsymbol{a}_n=\boldsymbol{0}$$
$$\Rightarrow k_i\boldsymbol{a}_i=-k_1\boldsymbol{a}_1-\cdots-k_{i-1}\boldsymbol{a}_{i-1}-k_{i+1}\boldsymbol{a}_{i+1}-\cdots-k_n\boldsymbol{a}_n$$
$$\Rightarrow \boldsymbol{a}_i=-\frac{k_1}{k_i}\boldsymbol{a}_1-\cdots-\frac{k_{i-1}}{k_i}\boldsymbol{a}_{i-1}-\frac{k_{i+1}}{k_i}\boldsymbol{a}_{i+1}-\cdots-\frac{k_n}{k_i}\boldsymbol{a}_n \tag{11.15}$$

即说明 $\boldsymbol{a}_i$ 可以被其余向量线性表示。

（2）设 $\boldsymbol{a}_1,\cdots,\boldsymbol{a}_n$ 中，$\boldsymbol{a}_i$ 能被其他向量线性表示，则做以下推导：

$$\boldsymbol{a}_i=\lambda_1\boldsymbol{a}_1+\cdots+\lambda_{i-1}\boldsymbol{a}_{i-1}+\lambda_{i+1}\boldsymbol{a}_{i+1}+\cdots+\lambda_n\boldsymbol{a}_n$$
$$\Rightarrow \lambda_1\boldsymbol{a}_1+\cdots+\lambda_{i-1}\boldsymbol{a}_{i-1}+(-1)\boldsymbol{a}_i+\lambda_{i+1}\boldsymbol{a}_{i+1}+\cdots+\lambda_n\boldsymbol{a}_n=\boldsymbol{0} \tag{11.16}$$

由于 $\boldsymbol{a}_i$ 的系数 -1 不等于 0，所以 $\boldsymbol{a}_1,\cdots,\boldsymbol{a}_n$ 线性相关。

上例的结论是充分必要条件关系，因此还可以得出：一组向量线性无关的充分必要条件是其中任何一个向量都不能表示为其他向量的线性组合形式。但需要特别注意的是，上例结论只说明了存在性，这并不意味着一组线性相关的向量中每个向量都可以表示为其他向量的线性组合，即不一定有任意性的结论成立。

例 11-15：已知一组向量 $\boldsymbol{a}_1,\boldsymbol{a}_2,\boldsymbol{a}_3,\boldsymbol{a}_4$，其中 $\boldsymbol{a}_1,\boldsymbol{a}_2,\boldsymbol{a}_3$ 线性相关，$\boldsymbol{a}_2,\boldsymbol{a}_3,\boldsymbol{a}_4$ 线性无关，求证：

（1）$\boldsymbol{a}_1$ 可以由 $\boldsymbol{a}_2,\boldsymbol{a}_3$ 线性表示；

（2）$\boldsymbol{a}_4$ 不能由 $\boldsymbol{a}_1,\boldsymbol{a}_2,\boldsymbol{a}_3$ 线性表示。

证明：（1）由 $\boldsymbol{a}_2,\boldsymbol{a}_3,\boldsymbol{a}_4$ 线性无关可知，去掉 $\boldsymbol{a}_4$ 留下的 $\boldsymbol{a}_2,\boldsymbol{a}_3$ 是线性无关的（整体无关则部分无关）。由 $\boldsymbol{a}_1,\boldsymbol{a}_2,\boldsymbol{a}_3$ 线性相关可知，等式 $k_1\boldsymbol{a}_1+k_2\boldsymbol{a}_2+k_3\boldsymbol{a}_3=\boldsymbol{0}$ 中的 k_1,k_2,k_3 不全为 0。如果 $k_1=0$，则 k_2 和 k_3 不全为 0，那么此时有 $k_2\boldsymbol{a}_2+k_3\boldsymbol{a}_3=\boldsymbol{0}$，这一点和 $\boldsymbol{a}_2,\boldsymbol{a}_3$ 线性无关矛盾，因此 $k_1\neq 0$。从而有 $\boldsymbol{a}_1=-\dfrac{k_2}{k_1}\boldsymbol{a}_2-\dfrac{k_3}{k_1}\boldsymbol{a}_3=\lambda_1\boldsymbol{a}_2+\lambda_2\boldsymbol{a}_3$。因此 $\boldsymbol{a}_1$ 可以由 $\boldsymbol{a}_2,\boldsymbol{a}_3$ 线性表示。

（2）题目要求证明不能线性表示，于是可以使用反证法。假设 $\boldsymbol{a}_4$ 可以使用 $\boldsymbol{a}_1,\boldsymbol{a}_2,\boldsymbol{a}_3$ 线性表示，则有 $\boldsymbol{a}_4=p_1\boldsymbol{a}_1+p_2\boldsymbol{a}_2+p_3\boldsymbol{a}_3$。代入 $\boldsymbol{a}_1=\lambda_1\boldsymbol{a}_2+\lambda_2\boldsymbol{a}_3$，可得

$$\left.\begin{aligned}\boldsymbol{a}_4&=p_1\boldsymbol{a}_1+p_2\boldsymbol{a}_2+p_3\boldsymbol{a}_3\\\boldsymbol{a}_1&=\lambda_1\boldsymbol{a}_2+\lambda_2\boldsymbol{a}_3\end{aligned}\right\}\Rightarrow\boldsymbol{a}_4=p_1(\lambda_1\boldsymbol{a}_2+\lambda_2\boldsymbol{a}_3)+p_2\boldsymbol{a}_2+p_3\boldsymbol{a}_3$$

$$\Rightarrow(p_1\lambda_1+p_2)\boldsymbol{a}_2+(p_1\lambda_2+p_3)\boldsymbol{a}_3+(-1)\boldsymbol{a}_4=\boldsymbol{0} \tag{11.17}$$

由于 $\boldsymbol{a}_4$ 的系数是-1,所以 $\boldsymbol{a}_2,\boldsymbol{a}_3,\boldsymbol{a}_4$ 线性相关,这和它们线性无关相矛盾,因此 $\boldsymbol{a}_4$ 不能由 $\boldsymbol{a}_1,\boldsymbol{a}_2,\boldsymbol{a}_3$ 线性表示。

上例综合运用了线性无关和线性相关的性质,属于比较抽象的问题,需要紧扣线性无关和线性相关的定义和性质。事实上,上例中的 $\boldsymbol{a}_2$ 和 $\boldsymbol{a}_3$ 线性无关,而增加 $\boldsymbol{a}_1$ 后就线性相关,说明 $\boldsymbol{a}_1$ 在 $\boldsymbol{a}_2,\boldsymbol{a}_3$ 表示的 2 维空间上,根据空间向量基本定理,$\boldsymbol{a}_1$ 一定可以由 $\boldsymbol{a}_2,\boldsymbol{a}_3$ 线性表示。

例 11-16:已知向量 $\boldsymbol{a}_1,\boldsymbol{a}_2,\boldsymbol{a}_3$ 线性无关,$\boldsymbol{b}_1=\boldsymbol{a}_1+\boldsymbol{a}_2,\boldsymbol{b}_2=\boldsymbol{a}_2+\boldsymbol{a}_3,\boldsymbol{b}_3=\boldsymbol{a}_3+\boldsymbol{a}_1$。求证:$\boldsymbol{b}_1,\boldsymbol{b}_2,\boldsymbol{b}_3$ 线性无关。

证法一:可以使用线性无关的定义证明。设 $k_1\boldsymbol{b}_1+k_2\boldsymbol{b}_2+k_3\boldsymbol{b}_3=\boldsymbol{0}$,则有

$$k_1\boldsymbol{b}_1+k_2\boldsymbol{b}_2+k_3\boldsymbol{b}_3=\boldsymbol{0}\Rightarrow k_1(\boldsymbol{a}_1+\boldsymbol{a}_2)+k_2(\boldsymbol{a}_2+\boldsymbol{a}_3)+k_3(\boldsymbol{a}_3+\boldsymbol{a}_1)=\boldsymbol{0}$$

$$\Rightarrow(k_1+k_3)\boldsymbol{a}_1+(k_1+k_2)\boldsymbol{a}_2+(k_2+k_3)\boldsymbol{a}_3=\boldsymbol{0} \tag{11.18}$$

由于 $\boldsymbol{a}_1,\boldsymbol{a}_2,\boldsymbol{a}_3$ 线性无关,所以其线性组合等于 **0** 时,其组合系数必然全为 0。这其实就是求解一个齐次方程组的过程,可以通过对应系数矩阵的秩判断出它只有非零解。

$$\begin{cases}k_1+k_3=0\\k_1+k_2=0\\k_2+k_3=0\end{cases}\Rightarrow\begin{cases}k_1=0\\k_2=0\\k_3=0\end{cases} \tag{11.19}$$

故使等式 $k_1\boldsymbol{b}_1+k_2\boldsymbol{b}_2+k_3\boldsymbol{b}_3=\boldsymbol{0}$ 成立只能 $k_1=k_2=k_3=0$,于是 $\boldsymbol{b}_1,\boldsymbol{b}_2,\boldsymbol{b}_3$ 线性无关。

证法二:还可以使用秩证明。设 $\boldsymbol{A}=(\boldsymbol{a}_1,\boldsymbol{a}_2,\boldsymbol{a}_3),\boldsymbol{B}=(\boldsymbol{b}_1,\boldsymbol{b}_2,\boldsymbol{b}_3)$,由于 $\boldsymbol{a}_1,\boldsymbol{a}_2,\boldsymbol{a}_3$ 线性无关,故 $r(\boldsymbol{A})=3$,此时只需证 $r(\boldsymbol{B})=3$ 即可。由于 $\boldsymbol{b}_1,\boldsymbol{b}_2,\boldsymbol{b}_3$ 是 $\boldsymbol{a}_1,\boldsymbol{a}_2,\boldsymbol{a}_3$ 的线性组合形式,所以可以将关系式写成以下矩阵乘法的形式:

$$\begin{aligned}\boldsymbol{b}_1&=\boldsymbol{a}_1+\boldsymbol{a}_2=(\boldsymbol{a}_1,\boldsymbol{a}_2,\boldsymbol{a}_3)\begin{bmatrix}1\\1\\0\end{bmatrix}=\boldsymbol{A}\begin{bmatrix}1\\1\\0\end{bmatrix}\\\boldsymbol{b}_2&=\boldsymbol{a}_2+\boldsymbol{a}_3=(\boldsymbol{a}_1,\boldsymbol{a}_2,\boldsymbol{a}_3)\begin{bmatrix}0\\1\\1\end{bmatrix}=\boldsymbol{A}\begin{bmatrix}0\\1\\1\end{bmatrix}\\\boldsymbol{b}_2&=\boldsymbol{a}_3+\boldsymbol{a}_1=(\boldsymbol{a}_1,\boldsymbol{a}_2,\boldsymbol{a}_3)\begin{bmatrix}1\\0\\1\end{bmatrix}=\boldsymbol{A}\begin{bmatrix}1\\0\\1\end{bmatrix}\end{aligned} \tag{11.20}$$

于是 $\boldsymbol{B}=(\boldsymbol{b}_1,\boldsymbol{b}_2,\boldsymbol{b}_3)$ 可以写成以下形式:

$$\boldsymbol{B}=(\boldsymbol{b}_1,\boldsymbol{b}_2,\boldsymbol{b}_3)=(\boldsymbol{a}_1,\boldsymbol{a}_2,\boldsymbol{a}_3)\begin{bmatrix}1&0&1\\1&1&0\\0&1&1\end{bmatrix}=\boldsymbol{AP} \tag{11.21}$$

其中,$\boldsymbol{P}=\begin{bmatrix}1&0&1\\1&1&0\\0&1&1\end{bmatrix}$,易知 $r(\boldsymbol{P})=3$,故 $\boldsymbol{P}$ 可逆。由于一个矩阵被可逆矩阵乘后不改变其

秩，故 $r(\boldsymbol{B})=r(\boldsymbol{AP})=r(\boldsymbol{A})=3$。因此 $\boldsymbol{b}_1,\boldsymbol{b}_2,\boldsymbol{b}_3$ 线性无关。

上例中使用了两种不同的方法证明一组向量的线性无关，两种方法都不复杂。不过有的问题使用定义更容易说明，有的问题则使用秩更容易说明，具体选用哪一种需要视具体问题而定。

例 11-17：设 $\boldsymbol{a}_1,\boldsymbol{a}_2,\boldsymbol{a}_3$ 是 3 维向量，求证：$\boldsymbol{a}_1,\boldsymbol{a}_2,\boldsymbol{a}_3$ 线性无关是 $\boldsymbol{a}_1+p\boldsymbol{a}_3,\boldsymbol{a}_2+q\boldsymbol{a}_3$ 线性无关的充分非必要条件(其中 p 和 q 是任意常数)。

证明：根据题意，需要说明两个问题：第一，如果 $\boldsymbol{a}_1,\boldsymbol{a}_2,\boldsymbol{a}_3$ 线性无关，那么一定有 $\boldsymbol{a}_1+p\boldsymbol{a}_3,\boldsymbol{a}_2+q\boldsymbol{a}_3$ 线性无关；第二，如果 $\boldsymbol{a}_1+p\boldsymbol{a}_3,\boldsymbol{a}_2+q\boldsymbol{a}_3$ 线性无关，不一定有 $\boldsymbol{a}_1,\boldsymbol{a}_2,\boldsymbol{a}_3$ 线性无关。这里依次说明。

(1) 如果 $\boldsymbol{a}_1,\boldsymbol{a}_2,\boldsymbol{a}_3$ 线性无关，那么只需考察等式 $k_1(\boldsymbol{a}_1+p\boldsymbol{a}_3)+k_2(\boldsymbol{a}_2+q\boldsymbol{a}_3)=\boldsymbol{0}$。于是做以下推导：

$$k_1(\boldsymbol{a}_1+p\boldsymbol{a}_3)+k_2(\boldsymbol{a}_2+q\boldsymbol{a}_3)=\boldsymbol{0}\Leftrightarrow k_1\boldsymbol{a}_1+k_2\boldsymbol{a}_2+(k_1p+k_2q)\boldsymbol{a}_3=\boldsymbol{0} \tag{11.22}$$

由于 $\boldsymbol{a}_1,\boldsymbol{a}_2,\boldsymbol{a}_3$ 线性无关，所以三者前面的系数必须全都等于 0 才行，因此只能 $k_1=0$ 且 $k_2=0$。这说明只有 $k_1=0$ 和 $k_2=0$ 时，才有 $k_1(\boldsymbol{a}_1+p\boldsymbol{a}_3)+k_2(\boldsymbol{a}_2+q\boldsymbol{a}_3)=\boldsymbol{0}$ 成立，故 $\boldsymbol{a}_1+p\boldsymbol{a}_3,\boldsymbol{a}_2+q\boldsymbol{a}_3$ 线性无关。这样就说明了充分性。

(2) 如果 $\boldsymbol{a}_1+p\boldsymbol{a}_3$ 和 $\boldsymbol{a}_2+q\boldsymbol{a}_3$ 线性无关，则有 $r(\boldsymbol{a}_1+p\boldsymbol{a}_3,\boldsymbol{a}_2+q\boldsymbol{a}_3)=2$。将两者表示为矩阵乘法就有

$$\boldsymbol{a}_1+p\boldsymbol{a}_3=(\boldsymbol{a}_1,\boldsymbol{a}_2,\boldsymbol{a}_3)\begin{bmatrix}1\\0\\p\end{bmatrix}\quad \boldsymbol{a}_2+q\boldsymbol{a}_3=(\boldsymbol{a}_1,\boldsymbol{a}_2,\boldsymbol{a}_3)\begin{bmatrix}0\\1\\q\end{bmatrix} \tag{11.23}$$

$\boldsymbol{a}_1+p\boldsymbol{a}_3$ 和 $\boldsymbol{a}_2+q\boldsymbol{a}_3$ 线性无关的判定方法是将两者并列并求秩判断，受到这一点的启发，此处将两者用矩阵乘法表达的式子并列如下：

$$(\boldsymbol{a}_1+p\boldsymbol{a}_3,\boldsymbol{a}_2+q\boldsymbol{a}_3)=(\boldsymbol{a}_1,\boldsymbol{a}_2,\boldsymbol{a}_3)\begin{bmatrix}1&0\\0&1\\p&q\end{bmatrix} \tag{11.24}$$

于是可以找到$(\boldsymbol{a}_1+p\boldsymbol{a}_3,\boldsymbol{a}_2+q\boldsymbol{a}_3)$和$(\boldsymbol{a}_1,\boldsymbol{a}_2,\boldsymbol{a}_3)$这两个矩阵之间的乘法关系。和矩阵乘法秩相关的性质可以联想到西尔维斯特不等式，进一步将已知矩阵的秩代入有

$$\begin{aligned}&r(\boldsymbol{a}_1+p\boldsymbol{a}_3,\boldsymbol{a}_2+q\boldsymbol{a}_3)\geqslant r(\boldsymbol{a}_1,\boldsymbol{a}_2,\boldsymbol{a}_3)+r\begin{pmatrix}1&0\\0&1\\p&q\end{pmatrix}-3\\&\Rightarrow 2\geqslant r(\boldsymbol{a}_1,\boldsymbol{a}_2,\boldsymbol{a}_3)+2-3\Rightarrow r(\boldsymbol{a}_1,\boldsymbol{a}_2,\boldsymbol{a}_3)\leqslant 3\end{aligned} \tag{11.25}$$

由于只能推出 $r(\boldsymbol{a}_1,\boldsymbol{a}_2,\boldsymbol{a}_3)\leqslant 3$，所以 $\boldsymbol{a}_1,\boldsymbol{a}_2,\boldsymbol{a}_3$ 可能线性无关也可能线性相关。这就说明了非必要性。当然通过反例也可以简单说明非必要性，例如令 $\boldsymbol{a}_3=\boldsymbol{0}$ 且 $\boldsymbol{a}_1$ 和 $\boldsymbol{a}_2$ 线性无关(即 3 维空间内不共线)，那么 $\boldsymbol{a}_1+p\boldsymbol{a}_3,\boldsymbol{a}_2+q\boldsymbol{a}_3$ 就线性无关；但由于 $\boldsymbol{a}_1,\boldsymbol{a}_2,\boldsymbol{a}_3$ 中包含了零向量，所以必然线性相关。

上例的充分性使用线性无关的定义比较容易说明，但是非必要性还使用定义说明就不容易了，此时要使用秩说明。而使用秩说明时，将向量的线性组合表示为矩阵乘法并且将其并列是最为关键的步骤，这种方法和技巧是我们需要留意和掌握的。这里通过下面这个例子进一步体会上述技巧。

例 11-18：设 $\boldsymbol{p}_1,\boldsymbol{p}_2,\boldsymbol{p}_3$ 是 3 维线性无关的向量，$\boldsymbol{P}=(\boldsymbol{p}_1,\boldsymbol{p}_2,\boldsymbol{p}_3)$。已知 $\boldsymbol{A}$ 是 3 阶方阵，$\boldsymbol{A}\boldsymbol{p}_1=2\boldsymbol{p}_1+\boldsymbol{p}_2+\boldsymbol{p}_3$，$\boldsymbol{A}\boldsymbol{p}_2=\boldsymbol{p}_2+2\boldsymbol{p}_3$，$\boldsymbol{A}\boldsymbol{p}_3=-\boldsymbol{p}_2+\boldsymbol{p}_3$。求 $\boldsymbol{P}^{-1}\boldsymbol{A}\boldsymbol{P}$。

解：首先将已知条件写成矩阵乘法的形式：

$$\begin{aligned}\boldsymbol{A}\boldsymbol{p}_1&=2\boldsymbol{p}_1+\boldsymbol{p}_2+\boldsymbol{p}_3=(\boldsymbol{p}_1,\boldsymbol{p}_2,\boldsymbol{p}_3)\begin{bmatrix}2\\1\\1\end{bmatrix}\\ \boldsymbol{A}\boldsymbol{p}_2&=\boldsymbol{p}_2+2\boldsymbol{p}_3=(\boldsymbol{p}_1,\boldsymbol{p}_2,\boldsymbol{p}_3)\begin{bmatrix}0\\1\\2\end{bmatrix}\\ \boldsymbol{A}\boldsymbol{p}_3&=-\boldsymbol{p}_2+\boldsymbol{p}_3=(\boldsymbol{p}_1,\boldsymbol{p}_2,\boldsymbol{p}_3)\begin{bmatrix}0\\-1\\1\end{bmatrix}\end{aligned}\tag{11.26}$$

然后采用并列的策略：

$$\begin{aligned}&(\boldsymbol{A}\boldsymbol{p}_1,\boldsymbol{A}\boldsymbol{p}_2,\boldsymbol{A}\boldsymbol{p}_3)=(\boldsymbol{p}_1,\boldsymbol{p}_2,\boldsymbol{p}_3)\begin{bmatrix}2&0&0\\1&1&-1\\1&2&1\end{bmatrix}\\ &\Rightarrow\boldsymbol{A}(\boldsymbol{p}_1,\boldsymbol{p}_2,\boldsymbol{p}_3)=(\boldsymbol{p}_1,\boldsymbol{p}_2,\boldsymbol{p}_3)\begin{bmatrix}2&0&0\\1&1&-1\\1&2&1\end{bmatrix}\Rightarrow\boldsymbol{A}\boldsymbol{P}=\boldsymbol{P}\begin{bmatrix}2&0&0\\1&1&-1\\1&2&1\end{bmatrix}\end{aligned}\tag{11.27}$$

由于 $\boldsymbol{p}_1,\boldsymbol{p}_2,\boldsymbol{p}_3$ 线性无关，因此 $\boldsymbol{P}=(\boldsymbol{p}_1,\boldsymbol{p}_2,\boldsymbol{p}_3)$ 可逆，给上式两端同时左乘 $\boldsymbol{P}^{-1}$ 即可：

$$\boldsymbol{A}\boldsymbol{P}=\boldsymbol{P}\begin{bmatrix}2&0&0\\1&1&-1\\1&2&1\end{bmatrix}\Rightarrow\boldsymbol{P}^{-1}\boldsymbol{A}\boldsymbol{P}=\begin{bmatrix}2&0&0\\1&1&-1\\1&2&1\end{bmatrix}\tag{11.28}$$

11.2.3 线性无关和线性相关的性质总结

由以上例题可知，线性无关和线性相关的证明问题因为其抽象的思维方式而显得比较困难，这需要我们先对其概念有一个感性的认识（可以从低维度感性认识），然后逐渐利用定义或秩的关系对其进行理论分析，从而得出结论。这里将上述例题中涉及的常用性质结论以文字形式总结如下，请各位读者在理解的基础上灵活运用。

- 一组向量整体线性无关则部分线性无关，部分线性相关则整体线性相关；
- 一组线性无关的向量扩充维度以后依旧线性无关；
- 对于 n 个 m 维向量，当 $n>m$ 时，这 n 个向量一定线性相关；
- 一组线性无关的向量中任何向量都不能表示为其余向量的线性组合形式；
- 一组线性相关的向量中存在某个向量可以表示为其余向量的线性组合形式；
- 一组线性无关的向量增加了一个新向量后线性相关，则这个新向量可以由原来这组向量唯一地线性组合表示。

11.3 向量组及其表示空间

11.3.1 向量组的秩和极大线性无关组

上一节介绍了一组向量线性无关和线性相关的概念。为了方便描述，通常会把一组向量视为一个整体进行研究，这个整体就叫**向量组**(vector set)，因此可以说一个向量组是线性无关或是线性相关的。

研究线性无关和线性相关的最终目的是了解这个向量组最多能表示多少维度的空间。例如，同样是包含了 n 个向量的向量组，有的向量组因为线性无关从而可以表示 n 维空间，有的向量组因为线性相关就只能表示小于 n 维的空间。但即使是线性相关，向量组能表示的空间维数也不一定相同，那么如何表示这种维数的差异呢？

一种直观的方式就是将这些向量横向并列形成矩阵，然后使用矩阵的秩表示这个向量组能表示的空间维数。这是一种直观而明确的方式，于是可以初步定义向量组能表示的空间维数为**向量组的秩**，它等于这组向量横向并列后形成的矩阵的秩。设有向量组 $\boldsymbol{a}_1,\boldsymbol{a}_2,\cdots,\boldsymbol{a}_n$，若 $\boldsymbol{A}=(\boldsymbol{a}_1,\boldsymbol{a}_2,\cdots,\boldsymbol{a}_n)$，则 $\boldsymbol{a}_1,\boldsymbol{a}_2,\cdots,\boldsymbol{a}_n$ 的秩使用 $r(\boldsymbol{a}_1,\boldsymbol{a}_2,\cdots,\boldsymbol{a}_n)$ 表示，并且根据向量组秩的定义有 $r(\boldsymbol{a}_1,\boldsymbol{a}_2,\cdots,\boldsymbol{a}_n)=r(\boldsymbol{A})$。

例 11-19：已知两个向量组(Ⅰ)和(Ⅱ)如下，求两者的秩，并说明两者秩的意义。

$$
\begin{aligned}
&(\text{Ⅰ}):\boldsymbol{a}_1=\begin{bmatrix}1\\0\\2\end{bmatrix},\quad \boldsymbol{a}_2=\begin{bmatrix}1\\2\\0\end{bmatrix},\quad \boldsymbol{a}_3=\begin{bmatrix}1\\1\\1\end{bmatrix}\\
&(\text{Ⅱ}):\boldsymbol{b}_1=\begin{bmatrix}1\\0\\2\end{bmatrix},\quad \boldsymbol{b}_2=\begin{bmatrix}1\\2\\0\end{bmatrix},\quad \boldsymbol{b}_3=\begin{bmatrix}1\\1\\2\end{bmatrix}
\end{aligned}
\tag{11.29}
$$

解：设 $\boldsymbol{A}=(\boldsymbol{a}_1,\boldsymbol{a}_2,\boldsymbol{a}_3)$，则有

$$
\boldsymbol{A}=(\boldsymbol{a}_1,\boldsymbol{a}_2,\boldsymbol{a}_3)=\begin{bmatrix}1&1&1\\0&2&1\\2&0&1\end{bmatrix}\to\begin{bmatrix}1&1&1\\0&2&1\\0&0&0\end{bmatrix}\Rightarrow r(\boldsymbol{a}_1,\boldsymbol{a}_2,\boldsymbol{a}_3)=r(\boldsymbol{A})=2 \tag{11.30}
$$

将向量组(Ⅰ)画在空间直角坐标系里，其秩等于 2 意味着向量组(Ⅰ)所能表示的是一个 2 维空间(平面)，如图 11-9 所示，其阴影区域就是对应的平面。显然它们是线性相关的。

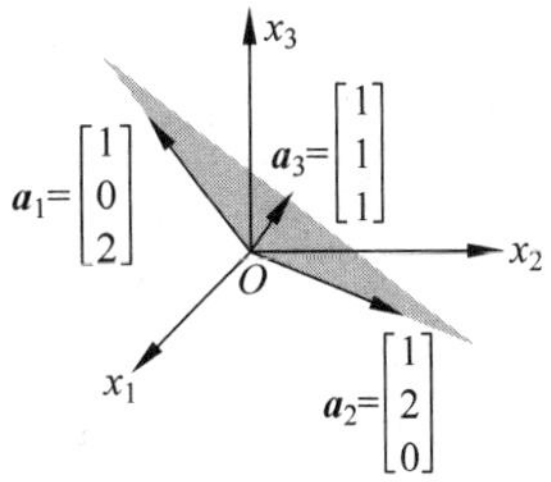

图 11-9 向量组(Ⅰ)所表示的 2 维空间(平面)

设 $\boldsymbol{B}=(\boldsymbol{b}_1,\boldsymbol{b}_2,\boldsymbol{b}_3)$，则有

$$
\boldsymbol{B}=(\boldsymbol{b}_1,\boldsymbol{b}_2,\boldsymbol{b}_3)=\begin{bmatrix}1&1&1\\0&2&1\\2&0&2\end{bmatrix}\to\begin{bmatrix}1&1&1\\0&2&1\\0&0&1\end{bmatrix}
$$

$$
\Rightarrow r(\boldsymbol{b}_1,\boldsymbol{b}_2,\boldsymbol{b}_3)=r(\boldsymbol{B})=3 \tag{11.31}
$$

将向量组(Ⅱ)画在空间直角坐标系里，其秩等于 3 意味着向量组(Ⅱ)所能表示的是 3 维空间，如图 11-10 所示。显然它们是线性无关的。

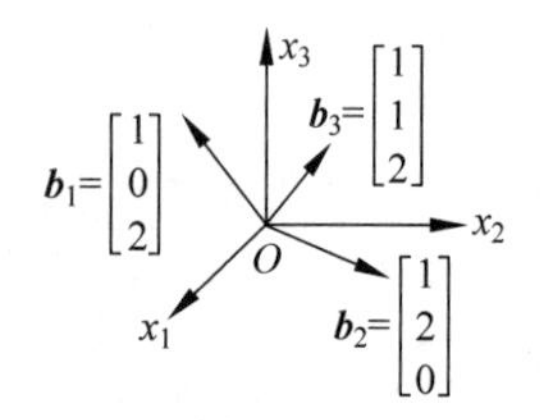

图 11-10 向量组（Ⅱ）所表示的3维空间

现在继续研究上例中的向量组。首先观察向量组（Ⅰ）：$\boldsymbol{a}_1,\boldsymbol{a}_2,\boldsymbol{a}_3$，它可以表示3维空间里的某一个2维空间，但是实际上表示这个2维空间并不需要3个向量，只需要2个线性无关的向量即可。比如选取$\boldsymbol{a}_1,\boldsymbol{a}_2$，可以验证两者线性无关，因此它们可以表示这个2维空间。换句话说，向量组$\boldsymbol{a}_1,\boldsymbol{a}_2,\boldsymbol{a}_3$只需要使用它的一个线性无关的子集$\boldsymbol{a}_1,\boldsymbol{a}_2$就可以表示对应的2维空间。而在向量组（Ⅰ）内，如果给$\boldsymbol{a}_1,\boldsymbol{a}_2$添加一个向量（此处是$\boldsymbol{a}_3$），那么就会线性相关，这是由于这个新添加的向量$\boldsymbol{a}_3$在$\boldsymbol{a}_1,\boldsymbol{a}_2$所表示的2维空间内，即提供不了"新的维度信息"。

再看向量组（Ⅱ）：$\boldsymbol{b}_1,\boldsymbol{b}_2,\boldsymbol{b}_3$，它可以表示整个3维空间，因此它们本身就是线性无关的，如果减少任意一个向量，那就没法表示3维空间。换句话说，$\boldsymbol{b}_1,\boldsymbol{b}_2,\boldsymbol{b}_3$已经是表示3维空间的"底线"了。

因此可以总结出，如果一个含有n个向量的向量组能够表示k维空间($k\leqslant n$)，则意味着一定能从这n个向量中找出k个线性无关的向量，并且任意的$k+1$个向量（如果存在的话）一定线性相关。此时这k个线性无关的向量构成的子集就被称作这个向量组的一个**极大线性无关组**(maximal linearly independent system)。

根据上述概念，要使一个向量组中的k个向量能构成极大线性无关组，当且仅当同时满足以下两个条件：

➢ 这k个向量线性无关；

➢ 任意$k+1$个向量（如果存在的话）线性相关。

极大线性无关组用最精炼的信息表征了向量组所能表示的最高的空间维度信息，它可以构成对应空间内的一组基向量，而向量组中的其余向量都可以表示为它们的线性组合形式。因此一个向量组表示的空间就可以完全用极大线性无关组表示。同时根据以上分析，向量组的秩就是其极大线性无关组中所包含向量个数k，它反映了向量组所能表示空间的维数。

需要注意的是，上述极大线性无关组的定义中，并没有说一个向量组的极大线性无关组是唯一确定的。还是以例11-19的向量组（Ⅰ）：$\boldsymbol{a}_1,\boldsymbol{a}_2,\boldsymbol{a}_3$为例说明，根据上述分析，我们已经知道了$r(\boldsymbol{a}_1,\boldsymbol{a}_2,\boldsymbol{a}_3)=2$，并且它的一个极大线性无关组是$\boldsymbol{a}_1,\boldsymbol{a}_2$。事实上，这3个向量中的任意2个向量都是线性无关的，所以如果取$\boldsymbol{a}_1,\boldsymbol{a}_3$或者$\boldsymbol{a}_2,\boldsymbol{a}_3$，它们也可以构成向量组（Ⅰ）的极大线性无关组。但不论哪种选取方法，每一种极大线性无关组内包含的向量数量一定是相等的。

而例11-19的向量组（Ⅱ）：$\boldsymbol{b}_1,\boldsymbol{b}_2,\boldsymbol{b}_3$的极大线性无关组则是唯一的，这是由于$\boldsymbol{b}_1,\boldsymbol{b}_2,\boldsymbol{b}_3$本身就是线性无关的，也就是最多可以找到3个线性无关的向量，所以对应的极大线性无关组就是向量组（Ⅱ）本身。

例11-20：已知向量组$\boldsymbol{a}_1,\boldsymbol{a}_2,\boldsymbol{a}_3,\boldsymbol{a}_4,\boldsymbol{a}_5$如下，求该向量组的一个极大线性无关组，并使用这个极大线性无关组内的向量线性表示其余向量。

$$\boldsymbol{a}_1=\begin{bmatrix}1\\0\\0\\0\end{bmatrix},\quad \boldsymbol{a}_2=\begin{bmatrix}1\\0\\1\\0\end{bmatrix},\quad \boldsymbol{a}_3=\begin{bmatrix}0\\1\\0\\1\end{bmatrix},\quad \boldsymbol{a}_4=\begin{bmatrix}1\\1\\0\\1\end{bmatrix},\quad \boldsymbol{a}_5=\begin{bmatrix}1\\0\\1\\1\end{bmatrix} \tag{11.32}$$

解：首先需要将它们横向并列，通过矩阵的初等行变换求出对应的秩，即求出向量组的秩，这也是对应极大线性无关组所包含的向量数量。设 $\boldsymbol{A}=(\boldsymbol{a}_1,\boldsymbol{a}_2,\boldsymbol{a}_3,\boldsymbol{a}_4,\boldsymbol{a}_5)$，经过初等行变换形成的阶梯矩阵是 $\boldsymbol{B}$。

$$(\boldsymbol{a}_1,\boldsymbol{a}_2,\boldsymbol{a}_3,\boldsymbol{a}_4,\boldsymbol{a}_5)=\boldsymbol{A}=\begin{bmatrix}1&1&0&1&1\\0&0&1&1&0\\0&1&0&0&1\\0&0&1&1&1\end{bmatrix}\rightarrow\begin{bmatrix}1&1&0&1&1\\0&1&0&0&1\\0&0&1&1&0\\0&0&0&0&1\end{bmatrix}=\boldsymbol{B}$$

$$\Rightarrow r(\boldsymbol{a}_1,\boldsymbol{a}_2,\boldsymbol{a}_3,\boldsymbol{a}_4,\boldsymbol{a}_5)=4 \tag{11.33}$$

因此可知向量组的秩是 4，即这个向量组最多能表示 4 维空间，所以只需要找到 4 个线性无关的向量就可以构成一个极大线性无关组。根据矩阵秩的求法，只需要在阶梯矩阵 $\boldsymbol{B}$ 找到对应 4 列，查看它们并列后构成的矩阵对应非零行数是否为 4 即可。

比如说，选取 $\boldsymbol{a}_1,\boldsymbol{a}_2,\boldsymbol{a}_3,\boldsymbol{a}_4$，对应到 $\boldsymbol{B}$ 中就是选出第 1、2、3 和 4 列，设构成的矩阵是 $\boldsymbol{C}_1$，则有

$$\boldsymbol{C}_1=\begin{bmatrix}1&1&0&1\\0&1&0&0\\0&0&1&1\\0&0&0&0\end{bmatrix}\Rightarrow r(\boldsymbol{C}_1)=3 \tag{11.34}$$

由于 $r(\boldsymbol{C}_1)=3\neq4$，因此 $\boldsymbol{a}_1,\boldsymbol{a}_2,\boldsymbol{a}_3,\boldsymbol{a}_4$ 最多只能表示 3 维空间，不能表示整个向量组所能表示的 4 维空间，故 $\boldsymbol{a}_1,\boldsymbol{a}_2,\boldsymbol{a}_3,\boldsymbol{a}_4$ 并不是一个极大线性无关组。

为了出现 4 个非零行，就得在 $\boldsymbol{B}$ 里找到第 4 行也有非零元素的列，于是选取 $\boldsymbol{a}_1,\boldsymbol{a}_2,\boldsymbol{a}_3,\boldsymbol{a}_5$，对应到 $\boldsymbol{B}$ 中就是选出第 1、2、3 和 5 列，设构成的矩阵是 $\boldsymbol{C}_2$，则有

$$\boldsymbol{C}_2=\begin{bmatrix}1&1&0&1\\0&1&0&1\\0&0&1&0\\0&0&0&1\end{bmatrix}\Rightarrow r(\boldsymbol{C}_2)=4 \tag{11.35}$$

由于 $r(\boldsymbol{C}_2)=4$，因此 $\boldsymbol{a}_1,\boldsymbol{a}_2,\boldsymbol{a}_3,\boldsymbol{a}_5$ 可以表示 4 维空间，故 $\boldsymbol{a}_1,\boldsymbol{a}_2,\boldsymbol{a}_3,\boldsymbol{a}_5$ 是一个极大线性无关组。现在用 $\boldsymbol{a}_1,\boldsymbol{a}_2,\boldsymbol{a}_3,\boldsymbol{a}_5$ 表示 $\boldsymbol{a}_4$，相当于求解非齐次方程组 $(\boldsymbol{a}_1,\boldsymbol{a}_2,\boldsymbol{a}_3,\boldsymbol{a}_5)\boldsymbol{x}=\boldsymbol{a}_4$，此时需要将增广矩阵 $(\boldsymbol{a}_1,\boldsymbol{a}_2,\boldsymbol{a}_3,\boldsymbol{a}_5,\boldsymbol{a}_4)$ 进行初等行变换化为阶梯矩阵。而 $\boldsymbol{B}$ 是将 $(\boldsymbol{a}_1,\boldsymbol{a}_2,\boldsymbol{a}_3,\boldsymbol{a}_4,\boldsymbol{a}_5)$ 进行初等行变换得到的阶梯矩阵，所以对 $(\boldsymbol{a}_1,\boldsymbol{a}_2,\boldsymbol{a}_3,\boldsymbol{a}_5,\boldsymbol{a}_4)$ 进行初等行变换化为阶梯矩阵相当于交换了 $\boldsymbol{B}$ 的第 4 列和第 5 列，如下：

$$(\boldsymbol{a}_1,\boldsymbol{a}_2,\boldsymbol{a}_3,\boldsymbol{a}_5,\boldsymbol{a}_4)=\left[\begin{array}{cccc:c}1&1&0&1&1\\0&0&1&0&1\\0&1&0&1&0\\0&0&1&1&1\end{array}\right]\rightarrow\left[\begin{array}{cccc:c}1&1&0&1&1\\0&1&0&1&0\\0&0&1&0&1\\0&0&0&1&0\end{array}\right] \tag{11.36}$$

通过增广矩阵求解非齐次方程组，可得 $\boldsymbol{x}=(1,0,1,0)^{\mathrm{T}}$，即 $\boldsymbol{a}_4=\boldsymbol{a}_1+\boldsymbol{a}_3$（此处 $\boldsymbol{a}_2$ 和 $\boldsymbol{a}_5$ 的系数是 0，故省略不写）。

上例中的极大线性无关组还有其他的选择，比如 $\boldsymbol{a}_1,\boldsymbol{a}_2,\boldsymbol{a}_4,\boldsymbol{a}_5$ 也是一个极大线性无关组，请读者自行证明这一点，并用它们线性表示 $\boldsymbol{a}_3$。

例 11-21：已知某向量组包含有 n 个向量，求证：向量组线性相关的充分必要条件是其

极大线性无关组为向量组的真子集。

证明：先回顾初等数学里真子集的概念。如果集合 P 的真子集是 Q，则有 $Q\subseteq P$ 且 $Q\neq P$（记为 $Q\subsetneqq P$）。一个向量组包含有 n 个向量，它的真子集包含的向量个数一定少于 n 个。

(1) 说明充分性，即已知向量组的极大线性无关组为其真子集，需要说明向量组线性相关。设极大线性无关组中包含的向量个数是 k 个，由于它是向量组的真子集，故 $k<n$。而 k 就是向量组的秩，所以根据判定条件向量组就是线性相关的。

(2) 说明必要性，即已知向量组线性相关，需要说明其极大线性无关组为其真子集。向量组线性相关意味着其秩小于 n，故其极大线性无关组的向量个数小于 n。由于极大线性无关组一定是向量组的子集，其向量个数又小于 n，所以它是向量组的真子集。

上例中的条件是充分必要的，所以又可以得出以下结论：向量组线性无关的充分必要条件是其极大线性无关组为向量组本身。

11.3.2 等价向量组

一个向量组不论是线性无关还是线性相关的，总能表示某一个维度的空间，这个维度可以通过向量组的秩描述。由此可知，如果两个向量组的秩相同，则它们所能表示的空间维度也一定是相同的。那么此时可以说它们表示的是同一个空间吗？先看一个例子。

例 11-22：已知两个 3 维的向量组（Ⅰ）和（Ⅱ）如下，求两者的秩，并在直角坐标系里画出两者所表示的空间示意图。

$$
\begin{aligned}
&(\text{Ⅰ}):\boldsymbol{a}_1=\begin{bmatrix}1\\2\\1\end{bmatrix},\quad \boldsymbol{a}_2=\begin{bmatrix}0\\1\\2\end{bmatrix},\quad \boldsymbol{a}_3=\begin{bmatrix}2\\3\\0\end{bmatrix}\\
&(\text{Ⅱ}):\boldsymbol{b}_1=\begin{bmatrix}1\\1\\2\end{bmatrix},\quad \boldsymbol{b}_2=\begin{bmatrix}2\\0\\2\end{bmatrix}
\end{aligned}
\tag{11.37}
$$

解：向量组（Ⅰ）的秩求解如下：

$$
(\boldsymbol{a}_1,\boldsymbol{a}_2,\boldsymbol{a}_3)=\begin{bmatrix}1&0&2\\2&1&3\\1&2&0\end{bmatrix}\rightarrow\begin{bmatrix}1&0&2\\0&1&-1\\0&0&0\end{bmatrix}\Rightarrow r(\boldsymbol{a}_1,\boldsymbol{a}_2,\boldsymbol{a}_3)=2 \tag{11.38}
$$

说明向量组（Ⅰ）所表示的是 3 维空间中的一个 2 维空间（平面），如图 11-11 所示。

向量组（Ⅱ）的秩求解如下：

$$
(\boldsymbol{b}_1,\boldsymbol{b}_2)=\begin{bmatrix}1&2\\1&0\\2&2\end{bmatrix}\rightarrow\begin{bmatrix}1&2\\0&1\\0&0\end{bmatrix}\Rightarrow r(\boldsymbol{b}_1,\boldsymbol{b}_2)=2 \tag{11.39}
$$

说明向量组（Ⅱ）所表示的也是 3 维空间中的一个 2 维空间（平面），如图 11-12 所示。

上例中的 3 维向量组（Ⅰ）和（Ⅱ）的秩都是 2，说明它们都能表示 3 维空间里的某一个 2 维空间，但是从图中可以很明显地看出，两个向量组所表示的并不是同一个 2 维空间。事实上，由几何学的知识可知，平面内有无数条直线，空间内也有无数个平面与无数条直线。用代数语言讲就是 2 维空间内包含无数个 1 维空间，3 维空间内包含无数个 2 维空间和 1 维空

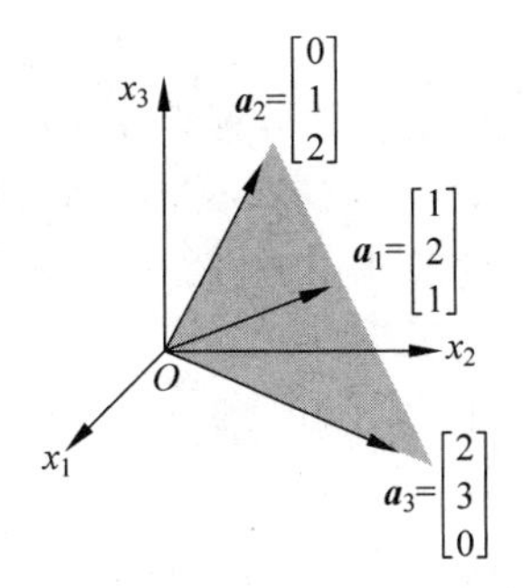

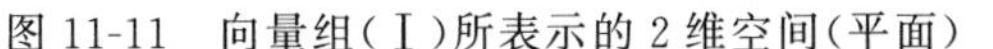

图 11-11　向量组(Ⅰ)所表示的 2 维空间(平面)

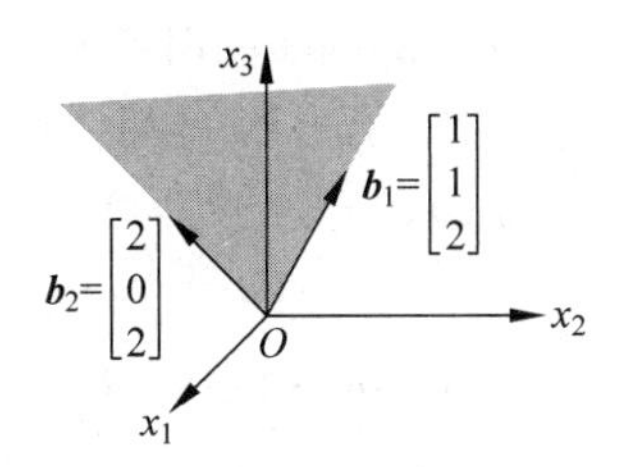

图 11-12　向量组(Ⅱ)所表示的 2 维空间(平面)

间。因此 n 维空间内就包含无数个小于 n 维的空间。所以两个 n 维的向量组如果秩相等，只能说它们表示的空间维数相同，但表示的不一定是同一个空间。

那么什么时候两个向量组就可以表示同一个空间呢？还是以 3 维空间的向量为例说明这个问题。在图 11-13 中，向量组(Ⅰ)和(Ⅱ)表示的是同一个 2 维空间(即平面，用灰色平行四边形表示)，那么它们之间有什么关系呢？

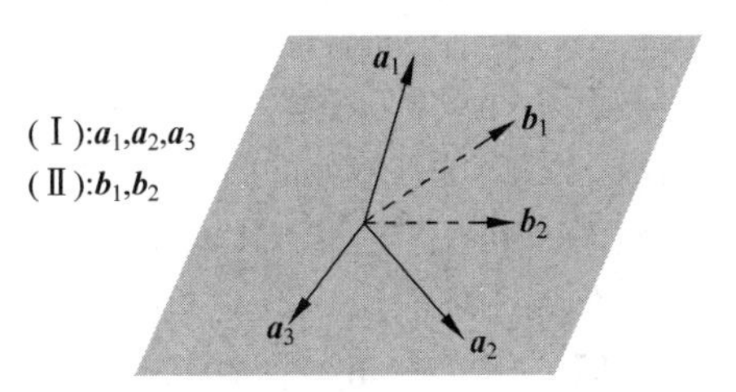

图 11-13　两个表示同一 2 维空间的向量组(Ⅰ)和(Ⅱ)

由于向量组(Ⅰ)的 $\boldsymbol{a}_1,\boldsymbol{a}_2,\boldsymbol{a}_3$ 在同一个平面上，所以它们线性相关。我们可以很容易找到向量组(Ⅰ)的一个极大线性无关组是 $\boldsymbol{a}_1,\boldsymbol{a}_2$，这是由于 $\boldsymbol{a}_1,\boldsymbol{a}_2$ 线性无关(即不共线)且 $r(\boldsymbol{a}_1,\boldsymbol{a}_2)=2$。而向量组(Ⅱ)的 $\boldsymbol{b}_1,\boldsymbol{b}_2$ 是线性无关的，所以其极大线性无关组就是 $\boldsymbol{b}_1,\boldsymbol{b}_2$ 本身。于是 $\boldsymbol{a}_1,\boldsymbol{a}_2$ 以及 $\boldsymbol{b}_1,\boldsymbol{b}_2$ 就分别都是这个平面上的两组不同的基向量。

根据多维空间向量的基本定理(此处是平面向量基本定理)，向量组(Ⅱ)的 $\boldsymbol{b}_1,\boldsymbol{b}_2$ 两者都可以由 $\boldsymbol{a}_1,\boldsymbol{a}_2$ 这组基向量线性表示，此时只需要加上 $0\cdot\boldsymbol{a}_3$ 这一项，向量组(Ⅱ)就完全可以由向量组(Ⅰ)线性表示。同理，向量组(Ⅰ)的 $\boldsymbol{a}_1,\boldsymbol{a}_2,\boldsymbol{a}_3$ 三者也可以由 $\boldsymbol{b}_1,\boldsymbol{b}_2$ 这组基向量线性表示，即向量组(Ⅰ)也可以完全由向量组(Ⅱ)线性表示。

根据以上结论，两个向量组如果表示的是同一个空间，不仅要求两者秩相等，同时还必须能够互相线性表示。由于两者可以表示同一个空间，从基向量的角度讲两者是等价的，此时称它们为**等价向量组**(equivalent vector sets)。从以上分析可知，两个向量组等价的一个必要不充分条件是两者秩相等，所以秩相等的两个向量组不一定等价，但秩不相等的两个向量组一定不等价；而两个向量组等价的充分必要条件是两者可以互相线性表示。

例 11-23：求证：以下向量组(Ⅰ)和(Ⅱ)是等价向量组。

$$(\text{Ⅰ}):\boldsymbol{a}_1=\begin{bmatrix}1\\0\\2\end{bmatrix},\quad \boldsymbol{a}_2=\begin{bmatrix}1\\2\\0\end{bmatrix},\quad \boldsymbol{a}_3=\begin{bmatrix}1\\1\\1\end{bmatrix}$$

$$(\text{Ⅱ}):\boldsymbol{b}_1=\begin{bmatrix}4\\5\\3\end{bmatrix},\quad \boldsymbol{b}_2=\begin{bmatrix}3\\2\\4\end{bmatrix}\tag{11.40}$$

解：根据向量组等价的充分必要条件，需要说明向量组(Ⅱ)可以由向量组(Ⅰ)线性表示，且向量组（Ⅰ）也可以由向量组（Ⅱ）线性表示即可。

首先说明 $\boldsymbol{b}_1,\boldsymbol{b}_2$ 可以被 $\boldsymbol{a}_1,\boldsymbol{a}_2,\boldsymbol{a}_3$ 线性表示，这相当于说明线性方程组 $(\boldsymbol{a}_1,\boldsymbol{a}_2,\boldsymbol{a}_3)\boldsymbol{x}=\boldsymbol{b}_1$ 和 $(\boldsymbol{a}_1,\boldsymbol{a}_2,\boldsymbol{a}_3)\boldsymbol{x}=\boldsymbol{b}_2$ 同时有解，也就是说明 $r(\boldsymbol{a}_1,\boldsymbol{a}_2,\boldsymbol{a}_3,\boldsymbol{b}_1)$、$r(\boldsymbol{a}_1,\boldsymbol{a}_2,\boldsymbol{a}_3,\boldsymbol{b}_2)$ 和 $r(\boldsymbol{a}_1,\boldsymbol{a}_2,\boldsymbol{a}_3)$ 相等。实际操作时将两个增广矩阵合二为一，这样只需使用判断 $r(\boldsymbol{a}_1,\boldsymbol{a}_2,\boldsymbol{a}_3,\boldsymbol{b}_1,\boldsymbol{b}_2)$ 是否等于 $r(\boldsymbol{a}_1,\boldsymbol{a}_2,\boldsymbol{a}_3)$ 即可：

$$(\boldsymbol{a}_1,\boldsymbol{a}_2,\boldsymbol{a}_3,\boldsymbol{b}_1,\boldsymbol{b}_2)=\left[\begin{array}{ccc:cc}1&1&1&4&3\\0&2&1&5&2\\2&0&1&3&4\end{array}\right]\to\left[\begin{array}{ccc:cc}1&1&1&4&3\\0&2&1&5&2\\0&0&0&0&0\end{array}\right] \tag{11.41}$$

由上式可知，$r(\boldsymbol{a}_1,\boldsymbol{a}_2,\boldsymbol{a}_3,\boldsymbol{b}_1,\boldsymbol{b}_2)=r(\boldsymbol{a}_1,\boldsymbol{a}_2,\boldsymbol{a}_3)=2$，所以方程组 $(\boldsymbol{a}_1,\boldsymbol{a}_2,\boldsymbol{a}_3)\boldsymbol{x}=\boldsymbol{b}_1$ 和 $(\boldsymbol{a}_1,\boldsymbol{a}_2,\boldsymbol{a}_3)\boldsymbol{x}=\boldsymbol{b}_2$ 同时有解，即 $\boldsymbol{b}_1,\boldsymbol{b}_2$ 可以被 $\boldsymbol{a}_1,\boldsymbol{a}_2,\boldsymbol{a}_3$ 线性表示。然后用同样的方式说明 $\boldsymbol{a}_1,\boldsymbol{a}_2,\boldsymbol{a}_3$ 可以使用 $\boldsymbol{b}_1,\boldsymbol{b}_2$ 线性表示，于是构建增广矩阵并判定 $r(\boldsymbol{b}_1,\boldsymbol{b}_2,\boldsymbol{a}_1,\boldsymbol{a}_2,\boldsymbol{a}_3)$ 是否等于 $r(\boldsymbol{b}_1,\boldsymbol{b}_2)$ 即可：

$$(\boldsymbol{b}_1,\boldsymbol{b}_2,\boldsymbol{a}_1,\boldsymbol{a}_2,\boldsymbol{a}_3)=\left[\begin{array}{cc:ccc}4&3&1&1&1\\5&2&0&2&1\\3&4&2&0&1\end{array}\right]\to\left[\begin{array}{cc:ccc}4&3&1&1&1\\0&7&5&-3&1\\0&0&0&0&0\end{array}\right] \tag{11.42}$$

由上式可知，$r(\boldsymbol{b}_1,\boldsymbol{b}_2,\boldsymbol{a}_1,\boldsymbol{a}_2,\boldsymbol{a}_3)=r(\boldsymbol{b}_1,\boldsymbol{b}_2)=2$，所以 $\boldsymbol{a}_1,\boldsymbol{a}_2,\boldsymbol{a}_3$ 可以使用 $\boldsymbol{b}_1,\boldsymbol{b}_2$ 线性表示。因此两者是等价向量组，它们表示的是3维空间内的同一个2维空间。

例 11-24：设向量组（Ⅰ）：$\boldsymbol{a}_1,\cdots,\boldsymbol{a}_r$ 和向量组（Ⅱ）：$\boldsymbol{b}_1,\cdots,\boldsymbol{b}_s$。求证：（Ⅰ）和（Ⅱ）等价的充分必要条件是 $r(\boldsymbol{a}_1,\cdots,\boldsymbol{a}_r)=r(\boldsymbol{b}_1,\cdots,\boldsymbol{b}_s)=r(\boldsymbol{a}_1,\cdots,\boldsymbol{a}_r,\boldsymbol{b}_1,\cdots,\boldsymbol{b}_s)$。

证明：（Ⅰ）和（Ⅱ）等价的充分必要条件是两者能够相互线性表示，根据线性方程组理论有以下两式成立：

$$\begin{aligned}r(\boldsymbol{a}_1,\cdots,\boldsymbol{a}_r)&=r(\boldsymbol{a}_1,\cdots,\boldsymbol{a}_r,\boldsymbol{b}_1,\cdots,\boldsymbol{b}_s)\\r(\boldsymbol{b}_1,\cdots,\boldsymbol{b}_s)&=r(\boldsymbol{b}_1,\cdots,\boldsymbol{b}_s,\boldsymbol{a}_1,\cdots,\boldsymbol{a}_r)\end{aligned} \tag{11.43}$$

观察 $(\boldsymbol{a}_1,\cdots,\boldsymbol{a}_r,\boldsymbol{b}_1,\cdots,\boldsymbol{b}_s)$ 和 $(\boldsymbol{b}_1,\cdots,\boldsymbol{b}_s,\boldsymbol{a}_1,\cdots,\boldsymbol{a}_r)$，前者可以经过若干次初等列变换成为后者，由于初等变换不改变秩的大小，所以一定有 $r(\boldsymbol{a}_1,\cdots,\boldsymbol{a}_r,\boldsymbol{b}_1,\cdots,\boldsymbol{b}_s)=r(\boldsymbol{b}_1,\cdots,\boldsymbol{b}_s,\boldsymbol{a}_1,\cdots,\boldsymbol{a}_r)$。故两者等价的充分必要条件是 $r(\boldsymbol{a}_1,\cdots,\boldsymbol{a}_r)=r(\boldsymbol{b}_1,\cdots,\boldsymbol{b}_s)=r(\boldsymbol{a}_1,\cdots,\boldsymbol{a}_r,\boldsymbol{b}_1,\cdots,\boldsymbol{b}_s)$。

从上例中可以明显看出，两个向量组秩相等仅仅是其等价的必要不充分条件。刚才我们从几何的角度分析了这一点，而上例则从代数的角度进一步明确了这个问题。

例 11-25：求证以下等价向量组的性质：

(1) 如果向量组（Ⅰ）和（Ⅱ）等价，且向量组（Ⅱ）和（Ⅲ）等价，则向量组（Ⅰ）和（Ⅲ）等价（等价向量组的传递性）；

(2) 一个向量组和它的极大线性无关组相互等价；

(3) 一个向量组如果有不同的极大线性无关组，则它们等价；

(4) 两个等价的向量组各自的极大线性无关组也等价。

(5) 两个线性无关的向量组如果等价，则两者一定包含有相同的向量个数。

证明：(1) 向量组（Ⅰ）和（Ⅱ）等价，说明（Ⅰ）和（Ⅱ）表示的是同一个空间；向量组（Ⅱ）和（Ⅲ）等价，说明（Ⅱ）和（Ⅲ）表示的也是同一个空间。因此向量组（Ⅰ）和（Ⅲ）表示的也是同一个空间，故它们等价。

(2) 可以直接使用等价向量组和极大线性无关组的意义说明。设一个向量组里含有 n 个向量,其极大线性无关组中包含有 k 个向量($k\leqslant n$),因此这个向量组就可以表示某一个 k 维空间。这 k 个向量是这个 k 维空间的一组基向量,其余 $n-k$ 个向量(如果存在)也能使用这 k 个向量线性组合表示。因此这 k 个向量和向量组的全体 n 个向量表示的是同一个 k 维空间,故两者一定等价。

(3) 由(2)知,一个向量组不同的极大线性无关组分别和这个向量组等价,根据(1)的传递性结论,这些极大线性无关组也是等价的。事实上,向量组里的任何一个极大线性无关组都表示的是同一个空间,所以一定是等价的。

(4) 设有两个等价向量组(Ⅰ)和(Ⅱ)。由(2)可知,向量组(Ⅰ)和它的极大线性无关组是等价的,向量组(Ⅱ)和它的极大线性无关组也是等价的。又因为向量组(Ⅰ)和(Ⅱ)等价,所以根据(1)的传递性结论,两者的极大线性无关组也是等价的。

(5) 设有两个等价且线性无关的向量组(Ⅰ)和(Ⅱ),其中(Ⅰ)包含有 n_1 个向量,(Ⅱ)包含有 n_2 个向量。由于两者线性无关,所以有 $r(\text{Ⅰ})=n_1$,$r(\text{Ⅱ})=n_2$。又因为两者等价,所以 $r(\text{Ⅰ})=r(\text{Ⅱ})$,即 $n_1=n_2$。

上述证明过程使用了等价向量组的本质意义,从这个角度可以更深刻地理解极大线性无关组和等价向量组。

11.4 单位正交基向量组

一个包含有 n 个线性无关的向量组可以表示一个 n 维空间,即这 n 个向量构成了该空间的一组基向量。当然这个 n 维空间不止一组基向量,基向量的选择其实有很多种,每一组基向量都可以表达这个 n 维空间,所以它们一定等价。实际运用中,我们当然希望选取一组具有优良特性的基向量组,从而简化线性表示或者有利于后续的有关运算。这种具有优良特性的基向量组就是单位正交基向量组。

11.4.1 复习与延伸:数量积、正交与单位向量

在初等数学里学过,两个平面向量**数量积**(scalar product)等于两者坐标对应相乘再相加的结果。比如 $\boldsymbol{a}=(a_1,a_2)^{\mathrm{T}}$ 和 $\boldsymbol{b}=(b_1,b_2)^{\mathrm{T}}$,其数量积 $\boldsymbol{a}\cdot\boldsymbol{b}=\boldsymbol{b}\cdot\boldsymbol{a}=a_1b_1+a_2b_2$,显然平面向量的数量积具有交换律。平面向量数量积的运算法则可以拓展到 n 维向量,即两个 n 维向量 $\boldsymbol{a}=(a_1,\cdots,a_n)^{\mathrm{T}}$ 和 $\boldsymbol{b}=(b_1,\cdots,b_n)^{\mathrm{T}}$,则有 $\boldsymbol{a}\cdot\boldsymbol{b}=\boldsymbol{b}\cdot\boldsymbol{a}=a_1b_1+\cdots+a_nb_n=\sum\limits_{i=1}^{n}a_ib_i$。

数量积在一些文献里也叫内积或点积。数量积 $\boldsymbol{a}\cdot\boldsymbol{b}$ 使用矩阵乘法也可以表示为 $\boldsymbol{a}^{\mathrm{T}}\boldsymbol{b}$ 或 $\boldsymbol{b}^{\mathrm{T}}\boldsymbol{a}$。在不同的文献中数量积还有不同的表示方法,比如 $(\boldsymbol{a},\boldsymbol{b})$ 或 $[\boldsymbol{a},\boldsymbol{b}]$ 或 $\langle\boldsymbol{a},\boldsymbol{b}\rangle$,不过这些符号容易和其他符号相混淆,故本书中一律采用 $\boldsymbol{a}^{\mathrm{T}}\boldsymbol{b}$ 这种矩阵乘法的方式表示。

向量 $\boldsymbol{a}=(a_1,\cdots,a_n)^{\mathrm{T}}$ 也可以和自身做数量积运算,即 $\boldsymbol{a}^{\mathrm{T}}\boldsymbol{a}=a_1^2+\cdots+a_n^2$。如果 $\boldsymbol{a}$ 是一个实数向量,显然有 $\boldsymbol{a}^{\mathrm{T}}\boldsymbol{a}\geqslant 0$,并且 $\boldsymbol{a}\neq\boldsymbol{0}$ 等价于 $\boldsymbol{a}^{\mathrm{T}}\boldsymbol{a}>0$,$\boldsymbol{a}=\boldsymbol{0}$ 等价于 $\boldsymbol{a}^{\mathrm{T}}\boldsymbol{a}=0$。根据空间内两点之间距离公式可知,$\boldsymbol{a}^{\mathrm{T}}\boldsymbol{a}$ 的算术平方根 $\sqrt{\boldsymbol{a}^{\mathrm{T}}\boldsymbol{a}}$ 实际上就是向量 $\boldsymbol{a}$ 的**长度**(length),或者 $\boldsymbol{a}$ 的**模**(norm),记作 $\|\boldsymbol{a}\|=\sqrt{\boldsymbol{a}^{\mathrm{T}}\boldsymbol{a}}$。

长度(模)等于1的向量叫作**单位向量**(unit vector)。根据上述定义，判断一个向量是否为单位向量，只需将其各个分量平方后相加再开根号看结果是否为1即可。比如说 $\boldsymbol{a}=(1,2,3)^{\mathrm{T}}$，$\boldsymbol{b}=(0,0.6,0.8)^{\mathrm{T}}$，则有 $\|\boldsymbol{a}\|=\sqrt{\boldsymbol{a}^{\mathrm{T}}\boldsymbol{a}}=\sqrt{1^2+2^2+3^2}=\sqrt{14}\neq 1$，$\|\boldsymbol{b}\|=\sqrt{\boldsymbol{b}^{\mathrm{T}}\boldsymbol{b}}=\sqrt{0^2+0.6^2+0.8^2}=1$，所以 $\boldsymbol{a}$ 不是单位向量，而 $\boldsymbol{b}$ 是单位向量。不过如果将 $\boldsymbol{a}$ 的各个分量都除以对应的模长，那么就可以将 $\boldsymbol{a}$ 变为单位向量，也就是将 $\boldsymbol{a}$ 单位化。设和 $\boldsymbol{a}$ 方向相同的单位向量是 $\boldsymbol{e}_a$，则 $\boldsymbol{e}_a=\dfrac{\boldsymbol{a}}{\|\boldsymbol{a}\|}=\left(\dfrac{1}{\sqrt{14}},\dfrac{2}{\sqrt{14}},\dfrac{3}{\sqrt{14}}\right)^{\mathrm{T}}$。

例 11-26：设和向量 $\boldsymbol{a}$ 同方向的单位向量是 $\boldsymbol{e}_a$，求证：当 $k>0$ 时，$\boldsymbol{e}_a=\dfrac{k\boldsymbol{a}}{\|k\boldsymbol{a}\|}$。

证明：只需使用向量长度的定义即可：

$$\boldsymbol{e}_a=\frac{\boldsymbol{a}}{\|\boldsymbol{a}\|}=\frac{\boldsymbol{a}}{\sqrt{\boldsymbol{a}^{\mathrm{T}}\boldsymbol{a}}}=\frac{k\boldsymbol{a}}{k\sqrt{\boldsymbol{a}^{\mathrm{T}}\boldsymbol{a}}}=\frac{k\boldsymbol{a}}{\sqrt{(k\boldsymbol{a})^{\mathrm{T}}(k\boldsymbol{a})}}=\frac{k\boldsymbol{a}}{\|k\boldsymbol{a}\|}\tag{11.44}$$

上例的结论从直观上看也是显然的，即一个向量同方向上的单位向量是一定的，因此和其共线的向量不管长度如何，统一单位化后都能得到对应的单位向量。此外，还可以推出在 $k<0$ 时，同方向上的单位向量就是 $\boldsymbol{e}_a=-\dfrac{k\boldsymbol{a}}{\|k\boldsymbol{a}\|}$。将这两个结论结合，只需 $k\neq 0$，则和 $\boldsymbol{a}$ 共线的单位向量(同向或反向)就是 $\boldsymbol{e}_a=\dfrac{k\boldsymbol{a}}{\|k\boldsymbol{a}\|}$。利用这个性质，我们可以对一些不易计算的向量进行单位化处理。

例 11-27：已知 $\boldsymbol{a}=(33,66,132)^{\mathrm{T}}$，$\boldsymbol{b}=\left(\dfrac{2}{7},\dfrac{8}{7},\dfrac{6}{7}\right)^{\mathrm{T}}$，分别求与 $\boldsymbol{a}$、$\boldsymbol{b}$ 共线的单位向量 $\boldsymbol{e}_a$ 和 $\boldsymbol{e}_b$。

解：$\boldsymbol{a}$ 中涉及了比较大的数值，$\boldsymbol{b}$ 中涉及了分数，如果直接进行单位化计算比较繁杂，因此可以先对两个向量同乘以一个非零常数简化处理。$\boldsymbol{a}$ 可以约去公因数33后单位化：

$$\begin{aligned}&\boldsymbol{a}=(33,66,132)^{\mathrm{T}}\xrightarrow{\times\frac{1}{33}}\boldsymbol{a}'=(1,2,4)^{\mathrm{T}}\Rightarrow\|\boldsymbol{a}'\|=\sqrt{1^2+2^2+4^2}=\sqrt{21}\\&\boldsymbol{e}_a=\frac{\boldsymbol{a}}{\|\boldsymbol{a}\|}=\frac{\boldsymbol{a}'}{\|\boldsymbol{a}'\|}=\left(\frac{1}{\sqrt{21}},\frac{2}{\sqrt{21}},\frac{4}{\sqrt{21}}\right)^{\mathrm{T}}\end{aligned}\tag{11.45}$$

$\boldsymbol{b}$ 可以同时乘以 $\dfrac{7}{2}$ 去掉分母，然后单位化：

$$\begin{aligned}&\boldsymbol{b}=\left(\frac{2}{7},\frac{8}{7},\frac{6}{7}\right)^{\mathrm{T}}\xrightarrow{\times\frac{7}{2}}\boldsymbol{b}'=(1,4,3)^{\mathrm{T}}\Rightarrow\|\boldsymbol{b}'\|=\sqrt{1^2+4^2+3^2}=\sqrt{26}\\&\boldsymbol{e}_b=\frac{\boldsymbol{b}}{\|\boldsymbol{b}\|}=\frac{\boldsymbol{b}'}{\|\boldsymbol{b}'\|}=\left(\frac{1}{\sqrt{26}},\frac{4}{\sqrt{26}},\frac{3}{\sqrt{26}}\right)^{\mathrm{T}}\end{aligned}\tag{11.46}$$

利用长度的概念，$\boldsymbol{a}$ 和 $\boldsymbol{b}$ 的数量积 $\boldsymbol{a}^{\mathrm{T}}\boldsymbol{b}$ 可以表示为 $\boldsymbol{a}^{\mathrm{T}}\boldsymbol{b}=\|\boldsymbol{a}\|\|\boldsymbol{b}\|\cos\theta$，此处 $\theta\in[0,\pi]$ 是 $\boldsymbol{a}$ 和 $\boldsymbol{b}$ 在空间上的夹角。如果 $\boldsymbol{a}^{\mathrm{T}}\boldsymbol{b}=0$ 且 $\boldsymbol{a}$ 和 $\boldsymbol{b}$ 均不为零向量，则有 $\cos\theta=0$，进而有 $\theta=\dfrac{\pi}{2}$，此时 $\boldsymbol{a}$ 和 $\boldsymbol{b}$ 是垂直关系，即两者**正交**(orthogonal)。在求齐次方程组基础解系时，用到的就是正交赋值法。

例 11-28：设一个向量组包含 n 个非零向量($n\geqslant 2$)，如果这些向量两两正交，则称之为**正交向量组**(orthogonal vector set)。求证：正交向量组必线性无关。

证明：设向量组的 n 个向量是 $\boldsymbol{a}_1,\boldsymbol{a}_2,\cdots,\boldsymbol{a}_n$，由于它们均不为零向量，因此每一个向量和自身的数量积都不为 0。故正交向量组的向量一定满足以下两个条件：

$$\begin{cases}\boldsymbol{a}_i^{\mathrm{T}}\boldsymbol{a}_i\neq 0\\ \boldsymbol{a}_i^{\mathrm{T}}\boldsymbol{a}_j=0\end{cases},\quad 1\leqslant i,j\leqslant n,i\neq j \tag{11.47}$$

假设它们线性相关，则至少存在一个向量可以写成其余向量的线性组合形式，设这个向量是 $\boldsymbol{a}_i$，则有 $\boldsymbol{a}_i=k_1\boldsymbol{a}_1+\cdots+k_{i-1}\boldsymbol{a}_{i-1}+k_{i+1}\boldsymbol{a}_{i+1}+\cdots+k_n\boldsymbol{a}_n$。现在计算 $\boldsymbol{a}_i$ 和自身的数量积：

$$\begin{aligned}\boldsymbol{a}_i^{\mathrm{T}}\boldsymbol{a}_i&=\boldsymbol{a}_i^{\mathrm{T}}(k_1\boldsymbol{a}_1+\cdots+k_{i-1}\boldsymbol{a}_{i-1}+k_{i+1}\boldsymbol{a}_{i+1}+\cdots+k_n\boldsymbol{a}_n)\\&=k_1\boldsymbol{a}_i^{\mathrm{T}}\boldsymbol{a}_1+\cdots+k_{i-1}\boldsymbol{a}_i^{\mathrm{T}}\boldsymbol{a}_{i-1}+k_{i+1}\boldsymbol{a}_i^{\mathrm{T}}\boldsymbol{a}_{i+1}+\cdots+k_n\boldsymbol{a}_i^{\mathrm{T}}\boldsymbol{a}_n\\&=k_1\cdot 0+\cdots+k_{i-1}\cdot 0+k_{i+1}\cdot 0+\cdots+k_n\cdot 0=0\end{aligned} \tag{11.48}$$

这一点和 $\boldsymbol{a}_i^{\mathrm{T}}\boldsymbol{a}_i\neq 0$ 矛盾，因此向量组线性相关的假设是错误的，故向量组线性无关。

上例的结论是一个充分条件，即正交向量组必线性无关，但是线性无关的向量组不一定是正交向量组，可见正交向量组是对线性无关这个条件的进一步加强。

11.4.2　单位正交基向量组

一个包含 n 个非零向量($n\geqslant 2$)的向量组，如果每个向量都是单位向量且它们两两正交，则称之为**单位正交向量组**(orthonormal vector set)。设单位正交向量组的 n 个向量是 $\boldsymbol{q}_1,\boldsymbol{q}_2,\cdots,\boldsymbol{q}_n$，则根据定义有

$$\boldsymbol{q}_i^{\mathrm{T}}\boldsymbol{q}_j=\begin{cases}1,& i=j\\ 0,& i\neq j\end{cases}\quad 1\leqslant i,j\leqslant n \tag{11.49}$$

单位正交向量组 $\boldsymbol{q}_1,\boldsymbol{q}_2,\cdots,\boldsymbol{q}_n$ 是一种特殊的正交向量组，这些向量一定线性无关，因此一定可以作为 n 维空间的一组基向量，因此也叫作单位正交基向量组(有的文献称之为"标准正交基向量组")。

例 11-29：求证：n 维空间($n\geqslant 2$)直角坐标系的自然基向量 $\boldsymbol{e}_1,\boldsymbol{e}_2,\cdots,\boldsymbol{e}_n$ 是一组单位正交基向量组。

$$\boldsymbol{e}_1=\begin{bmatrix}1\\0\\\vdots\\0\end{bmatrix},\quad \boldsymbol{e}_2=\begin{bmatrix}0\\1\\\vdots\\0\end{bmatrix}\quad\cdots\quad \boldsymbol{e}_n=\begin{bmatrix}0\\0\\\vdots\\1\end{bmatrix} \tag{11.50}$$

证明：任取向量 $\boldsymbol{e}_i$，它的第 i 个分量是 1，其余分量都是 0。于是有

$$\boldsymbol{e}_i^{\mathrm{T}}\boldsymbol{e}_i=0^2+\cdots+1^2+\cdots+0^2=1 \tag{11.51}$$

故 $\boldsymbol{e}_i$ 是单位向量。再取向量 $\boldsymbol{e}_j$，其中 $i\neq j$，则有

$$\boldsymbol{e}_i^{\mathrm{T}}\boldsymbol{e}_j=0\times 0+\cdots+\underbrace{1\times 0}_{\text{第}i\text{项}}+\cdots+\underbrace{0\times 1}_{\text{第}j\text{项}}+\cdots+0\times 0=0 \tag{11.52}$$

故 $\boldsymbol{e}_i$ 和 $\boldsymbol{e}_j$ 正交。由于 $\boldsymbol{e}_i$ 和 $\boldsymbol{e}_j$ 具有任意性，故 $\boldsymbol{e}_1,\boldsymbol{e}_2,\cdots,\boldsymbol{e}_n$ 是单位正交基向量组。

例 11-30：已知向量组 $\boldsymbol{q}_1,\boldsymbol{q}_2$ 如下，请证明它们是平面上的单位正交基向量组，并在平

面直角坐标系里画出两者，并说明参数 θ 的意义。

$$\boldsymbol{q}_1=\begin{bmatrix}\cos\theta\\ \sin\theta\end{bmatrix},\quad \boldsymbol{q}_2=\begin{bmatrix}-\sin\theta\\ \cos\theta\end{bmatrix} \tag{11.53}$$

证明：先利用三角公式求出两者和自身的数量积：

$$\boldsymbol{q}_1^{\mathrm{T}}\boldsymbol{q}_1=(\cos\theta,\sin\theta)\begin{bmatrix}\cos\theta\\ \sin\theta\end{bmatrix}=\cos^2\theta+\sin^2\theta=1$$

$$\boldsymbol{q}_2^{\mathrm{T}}\boldsymbol{q}_2=(-\sin\theta,\cos\theta)\begin{bmatrix}-\sin\theta\\ \cos\theta\end{bmatrix}=(-\sin\theta)^2+\cos^2\theta=1 \tag{11.54}$$

说明 $\boldsymbol{q}_1,\boldsymbol{q}_2$ 是平面上的单位向量。再求两者的数量积。

$$\boldsymbol{q}_1^{\mathrm{T}}\boldsymbol{q}_2=(\cos\theta,\sin\theta)\begin{bmatrix}-\sin\theta\\ \cos\theta\end{bmatrix}=\cos\theta(-\sin\theta)+\sin\theta\cos\theta=0 \tag{11.55}$$

说明 $\boldsymbol{q}_1,\boldsymbol{q}_2$ 正交。因此两者是平面上的单位正交基向量组。在平面直角坐标系里画出两者如图 11-14 所示，实际上 $\boldsymbol{q}_1$ 和 $\boldsymbol{q}_2$ 分别是两个自然基向量 $\boldsymbol{e}_1=(1,0)^{\mathrm{T}}$ 和 $\boldsymbol{e}_2=(0,1)^{\mathrm{T}}$ 沿逆时针方向旋转了 θ 角度得到的。

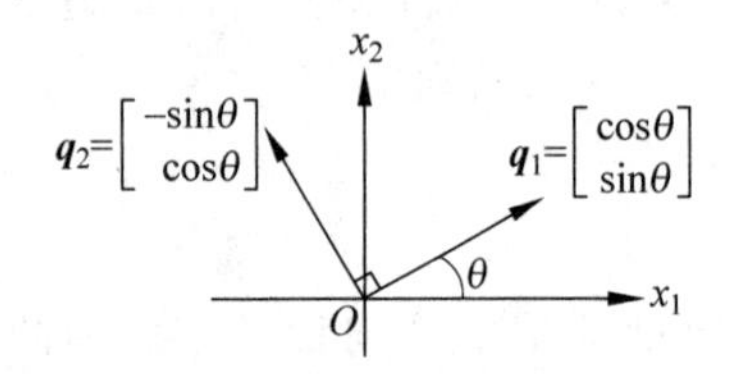

图 11-14 平面上单位正交基向量组 $\boldsymbol{q}_1=(\cos\theta,\sin\theta)^{\mathrm{T}}$ 和 $\boldsymbol{q}_2=(-\sin\theta,\cos\theta)^{\mathrm{T}}$ 示意

现在我们知道，一组具有 n 个向量的单位正交基向量组一定是线性无关的，它必然可以表示 n 维空间。但实际上只要 n 个向量线性无关就可以作为基向量表示对应的 n 维空间，不需要单位正交这样加强的条件。那么为什么还要研究具有这样加强条件的基向量组呢？这里看一个例子。

例 11-31：已知 $\boldsymbol{q}_1,\boldsymbol{q}_2,\boldsymbol{q}_3$ 是一组 3 维线性无关的向量，现有 3 维向量 $\boldsymbol{a}=a_1\boldsymbol{q}_1+a_2\boldsymbol{q}_2+a_3\boldsymbol{q}_3$ 以及 $\boldsymbol{b}=b_1\boldsymbol{q}_1+b_2\boldsymbol{q}_2+b_3\boldsymbol{q}_3$。已知数量积 $\boldsymbol{a}^{\mathrm{T}}\boldsymbol{b}=a_1b_1+a_2b_2+a_3b_3$。

(1) 请任意给出一组满足条件的 $\boldsymbol{q}_1,\boldsymbol{q}_2,\boldsymbol{q}_3$；

(2) 请根据(1)，猜想 $\boldsymbol{q}_1,\boldsymbol{q}_2,\boldsymbol{q}_3$ 需要满足怎样的条件，然后加以论证。

解：(1) 观察 $\boldsymbol{a}^{\mathrm{T}}\boldsymbol{b}=a_1b_1+a_2b_2+a_3b_3$ 这个式子，是基向量线性组合系数对应相乘再相加，可以联想到数量积的坐标运算，于是可以令 $\boldsymbol{q}_1=\boldsymbol{e}_1=(1,0,0)^{\mathrm{T}},\boldsymbol{q}_2=\boldsymbol{e}_2=(0,1,0)^{\mathrm{T}},\boldsymbol{q}_3=\boldsymbol{e}_3=(0,0,1)^{\mathrm{T}}$，即使用自然基向量组这就可以把 $\boldsymbol{a}$ 和 $\boldsymbol{b}$ 的坐标写作 $\boldsymbol{a}=(a_1,a_2,a_3)^{\mathrm{T}}$，$\boldsymbol{b}=(b_1,b_2,b_3)^{\mathrm{T}}$。此时就有 $\boldsymbol{a}^{\mathrm{T}}\boldsymbol{b}=a_1b_1+a_2b_2+a_3b_3$ 成立。

(2) 我们已经知道，自然基向量组是单位正交基向量组，但单位正交基向量组并不只有自然基向量组一种情况。于是猜想：是否 $\boldsymbol{q}_1,\boldsymbol{q}_2,\boldsymbol{q}_3$ 只要是一组单位正交基向量就可以满足 $\boldsymbol{a}^{\mathrm{T}}\boldsymbol{b}=a_1b_1+a_2b_2+a_3b_3$ 这个式子呢？

为了验证这个猜想，首先将 $\boldsymbol{a}$ 和 $\boldsymbol{b}$ 写成矩阵乘法的形式：

$$\boldsymbol{a}=a_1\boldsymbol{q}_1+a_2\boldsymbol{q}_2+a_3\boldsymbol{q}_3=(\boldsymbol{q}_1,\boldsymbol{q}_2,\boldsymbol{q}_3)\begin{bmatrix}a_1\\ a_2\\ a_3\end{bmatrix}$$

$$\boldsymbol{b}=b_1\boldsymbol{q}_1+b_2\boldsymbol{q}_2+b_3\boldsymbol{q}_3=(\boldsymbol{q}_1,\boldsymbol{q}_2,\boldsymbol{q}_3)\begin{bmatrix}b_1\\b_2\\b_3\end{bmatrix} \tag{11.56}$$

然后利用矩阵乘法展开 $\boldsymbol{a}^{\mathrm{T}}\boldsymbol{b}$，注意利用矩阵乘法和分块矩阵的转置法则。

$$\begin{aligned}\boldsymbol{a}^{\mathrm{T}}\boldsymbol{b}&=\left((\boldsymbol{q}_1,\boldsymbol{q}_2,\boldsymbol{q}_3)\begin{bmatrix}a_1\\a_2\\a_3\end{bmatrix}\right)^{\mathrm{T}}(\boldsymbol{q}_1,\boldsymbol{q}_2,\boldsymbol{q}_3)\begin{bmatrix}b_1\\b_2\\b_3\end{bmatrix}=\begin{bmatrix}a_1\\a_2\\a_3\end{bmatrix}^{\mathrm{T}}(\boldsymbol{q}_1,\boldsymbol{q}_2,\boldsymbol{q}_3)^{\mathrm{T}}(\boldsymbol{q}_1,\boldsymbol{q}_2,\boldsymbol{q}_3)\begin{bmatrix}b_1\\b_2\\b_3\end{bmatrix}\\&=(a_1,a_2,a_3)\begin{bmatrix}\boldsymbol{q}_1^{\mathrm{T}}\\\boldsymbol{q}_2^{\mathrm{T}}\\\boldsymbol{q}_3^{\mathrm{T}}\end{bmatrix}(\boldsymbol{q}_1,\boldsymbol{q}_2,\boldsymbol{q}_3)\begin{bmatrix}b_1\\b_2\\b_3\end{bmatrix}=(a_1,a_2,a_3)\begin{bmatrix}\boldsymbol{q}_1^{\mathrm{T}}\boldsymbol{q}_1&\boldsymbol{q}_1^{\mathrm{T}}\boldsymbol{q}_2&\boldsymbol{q}_1^{\mathrm{T}}\boldsymbol{q}_3\\\boldsymbol{q}_2^{\mathrm{T}}\boldsymbol{q}_1&\boldsymbol{q}_2^{\mathrm{T}}\boldsymbol{q}_2&\boldsymbol{q}_2^{\mathrm{T}}\boldsymbol{q}_3\\\boldsymbol{q}_3^{\mathrm{T}}\boldsymbol{q}_1&\boldsymbol{q}_3^{\mathrm{T}}\boldsymbol{q}_2&\boldsymbol{q}_3^{\mathrm{T}}\boldsymbol{q}_3\end{bmatrix}\begin{bmatrix}b_1\\b_2\\b_3\end{bmatrix}\end{aligned} \tag{11.57}$$

可以看出，若要让 $\boldsymbol{a}^{\mathrm{T}}\boldsymbol{b}=a_1b_1+a_2b_2+a_3b_3$，其中间的矩阵只能是单位阵 $\boldsymbol{E}$，因为 $\boldsymbol{E}$ 和对应矩阵相乘值不变。根据单位阵 $\boldsymbol{E}$ 的特点有

$$\begin{bmatrix}\boldsymbol{q}_1^{\mathrm{T}}\boldsymbol{q}_1&\boldsymbol{q}_1^{\mathrm{T}}\boldsymbol{q}_2&\boldsymbol{q}_1^{\mathrm{T}}\boldsymbol{q}_3\\\boldsymbol{q}_2^{\mathrm{T}}\boldsymbol{q}_1&\boldsymbol{q}_2^{\mathrm{T}}\boldsymbol{q}_2&\boldsymbol{q}_2^{\mathrm{T}}\boldsymbol{q}_3\\\boldsymbol{q}_3^{\mathrm{T}}\boldsymbol{q}_1&\boldsymbol{q}_3^{\mathrm{T}}\boldsymbol{q}_2&\boldsymbol{q}_3^{\mathrm{T}}\boldsymbol{q}_3\end{bmatrix}=\boldsymbol{E}=\begin{bmatrix}1&0&0\\0&1&0\\0&0&1\end{bmatrix}\Leftrightarrow\boldsymbol{q}_i^{\mathrm{T}}\boldsymbol{q}_j=\begin{cases}1, & i=j\\0, & i\neq j\end{cases}\quad i,j=1,2,3 \tag{11.58}$$

可见，中间的矩阵如果等于 $\boldsymbol{E}$，就表明 $\boldsymbol{q}_1,\boldsymbol{q}_2,\boldsymbol{q}_3$ 是一组单位正交基向量。由于推导过程都是等价关系，因此一开始的猜想得到了验证。

上例的结论可以拓展到 n 维空间，即如果在 n 维空间中找到 n 个单位正交基向量，那么数量积运算就可以只使用对应的系数按照“对应相乘再相加”的法则运算即可，这一点和直角坐标系里的坐标运算具有一致性。单位正交基向量组也因为数量积等运算的简化而广受青睐。

11.4.3　格拉姆-施密特正交化

在某个 n 维空间中，有时候需要将已知的线性无关向量组改造为等价的单位正交基向量组，从而利用其优良的特性来简化问题和计算。这里的重点是要进行等价改造，其目的是保持向量组在改造前后所表示的空间不变。

先考虑最简单的情况，即某一平面上 2 个线性无关的向量的改造。如图 11-15 所示，在某个平面上(灰色平行四边形所示)存在 2 个向量 $\boldsymbol{a}_1,\boldsymbol{a}_2$。此处两者线性无关，直观表现就是不共线；同时两者不正交，直观表现为不垂直(夹角不是$\frac{\pi}{2}$)。

改造时为了保证等价，整个过程都要发生在对应的平面内。于是我们的策略是先以一个向量为基准，然后构建一个在平面内和该基准向量垂直的向量，最后将这 2 个垂直的向量单位化即可。整个过程如图 11-16 所示。

具体来看，首先的目标是将非正交的 $\boldsymbol{a}_1,\boldsymbol{a}_2$ 改造成为正交(垂直)的 $\boldsymbol{p}_1,\boldsymbol{p}_2$。可以首先选定一个基准向量，即令 $\boldsymbol{p}_1=\boldsymbol{a}_1$。设 $\boldsymbol{a}_1,\boldsymbol{a}_2$ 共同的起点是 A，$\boldsymbol{a}_2$ 的终点是 B，于是向量 $\boldsymbol{AB}=$

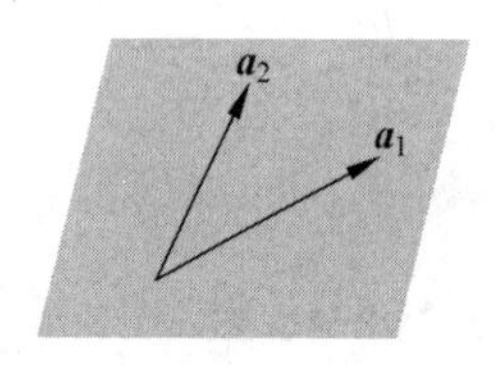

图 11-15　平面上一组非正交线性无关向量 $\boldsymbol{a}_1,\boldsymbol{a}_2$

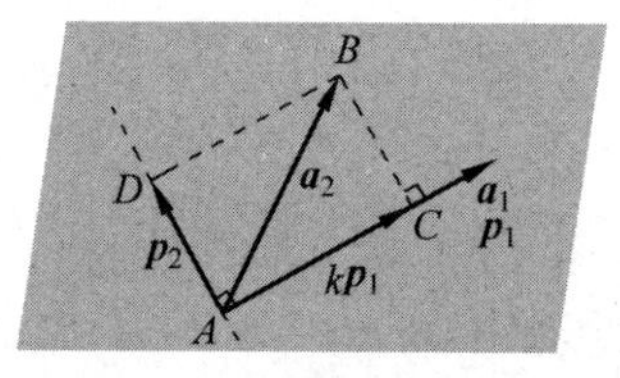

图 11-16　线性无关向量组 $\boldsymbol{a}_1,\boldsymbol{a}_2$ 的正交化改造

$\boldsymbol{a}_2$。于是从 B 向 $\boldsymbol{p}_1$（即 $\boldsymbol{a}_1$）所在的直线作垂线，垂足是 C；再从 B 向 $\boldsymbol{p}_1$ 的垂直方向作垂线，垂足是 D。于是向量 $\boldsymbol{AC}$ 和 $\boldsymbol{p}_1$ 共线，即 $\boldsymbol{AC}=k\boldsymbol{p}_1$；而向量 $\boldsymbol{AD}$ 就是待求的垂直向量 $\boldsymbol{p}_2$。根据向量的平行四边形法则有

$$\boldsymbol{AC}+\boldsymbol{AD}=\boldsymbol{AB}\Rightarrow k\boldsymbol{p}_1+\boldsymbol{p}_2=\boldsymbol{a}_2\Rightarrow \boldsymbol{p}_2=\boldsymbol{a}_2-k\boldsymbol{p}_1 \tag{11.59}$$

但这并不是最终 $\boldsymbol{p}_2$ 的表达式，因为其中含有一个未知参数 k，要求出 k 就得利用 $\boldsymbol{p}_2$ 和 $\boldsymbol{p}_1$ 正交这一特性。给式 $\boldsymbol{p}_2=\boldsymbol{a}_2-k\boldsymbol{p}_1$ 两端同时左乘 $\boldsymbol{p}_1^{\mathrm{T}}$，由于 $\boldsymbol{p}_2$ 和 $\boldsymbol{p}_1$ 正交，故 $\boldsymbol{p}_1^{\mathrm{T}}\boldsymbol{p}_2=0$。

$$\boldsymbol{p}_2=\boldsymbol{a}_2-k\boldsymbol{p}_1\Rightarrow \boldsymbol{p}_1^{\mathrm{T}}\boldsymbol{p}_2=\boldsymbol{p}_1^{\mathrm{T}}(\boldsymbol{a}_2-k\boldsymbol{p}_1)=\boldsymbol{p}_1^{\mathrm{T}}\boldsymbol{a}_2-k\boldsymbol{p}_1^{\mathrm{T}}\boldsymbol{p}_1=0\Rightarrow k=\frac{\boldsymbol{p}_1^{\mathrm{T}}\boldsymbol{a}_2}{\boldsymbol{p}_1^{\mathrm{T}}\boldsymbol{p}_1} \tag{11.60}$$

将 $k=\dfrac{\boldsymbol{p}_1^{\mathrm{T}}\boldsymbol{a}_2}{\boldsymbol{p}_1^{\mathrm{T}}\boldsymbol{p}_1}$代回 $\boldsymbol{p}_2=\boldsymbol{a}_2-k\boldsymbol{p}_1$ 就有 $\boldsymbol{p}_2=\boldsymbol{a}_2-\dfrac{\boldsymbol{p}_1^{\mathrm{T}}\boldsymbol{a}_2}{\boldsymbol{p}_1^{\mathrm{T}}\boldsymbol{p}_1}\boldsymbol{p}_1$。这样就得到了平面上两个向量的正交化改造公式：

$$\begin{cases}\boldsymbol{p}_1=\boldsymbol{a}_1\\[2ex] \boldsymbol{p}_2=\boldsymbol{a}_2-\dfrac{\boldsymbol{p}_1^{\mathrm{T}}\boldsymbol{a}_2}{\boldsymbol{p}_1^{\mathrm{T}}\boldsymbol{p}_1}\boldsymbol{p}_1\end{cases} \tag{11.61}$$

最后对正交的 $\boldsymbol{p}_1,\boldsymbol{p}_2$ 进行单位化改造成为 $\boldsymbol{q}_1,\boldsymbol{q}_2$，从而形成平面上的单位正交基向量组：

$$\boldsymbol{q}_1=\frac{\boldsymbol{p}_1}{\|\boldsymbol{p}_1\|},\quad \boldsymbol{q}_2=\frac{\boldsymbol{p}_2}{\|\boldsymbol{p}_2\|} \tag{11.62}$$

如果是空间上的一组线性无关的基向量 $\boldsymbol{a}_1,\boldsymbol{a}_2,\boldsymbol{a}_3$，也是采用同样的方法进行改造，先把 $\boldsymbol{a}_1,\boldsymbol{a}_2$ 按照式(11.61)改造为正交的 $\boldsymbol{p}_1,\boldsymbol{p}_2$，如图 11-17 所示，其中虚线表示两个垂直的方向。

下面要把 $\boldsymbol{a}_3$ 改造为 $\boldsymbol{p}_3$，注意到 $\boldsymbol{p}_3$ 必须同时与 $\boldsymbol{p}_1,\boldsymbol{p}_2$ 正交，也就是垂直于 $\boldsymbol{p}_1,\boldsymbol{p}_2$ 所确定的平面。根据立体几何的知识，垂直于一个平面意味着垂直于这个平面上任意一个向量。于是设 3 个向量起点是 A，$\boldsymbol{a}_3$ 终点是 B。从 B 向这个平面作垂线，垂足是 C；从 B 向平面的法线方向作垂线，垂足是 D，如图 11-18 所示。

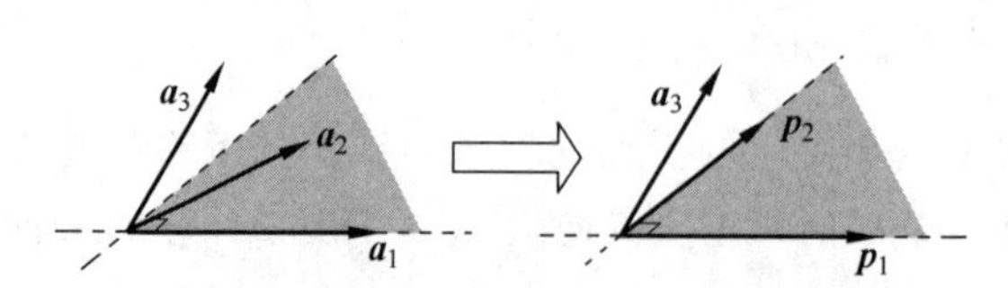

图 11-17　先对 $\boldsymbol{a}_1,\boldsymbol{a}_2$ 进行正交化改造

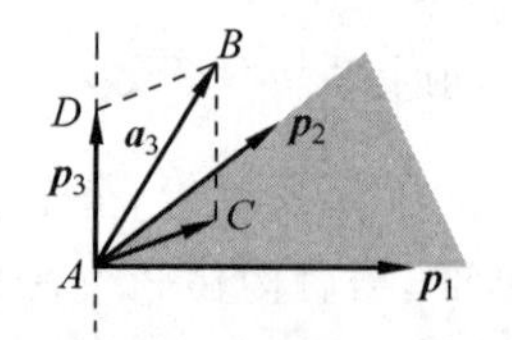

图 11-18　把 $\boldsymbol{a}_3$ 改造为 $\boldsymbol{p}_3$ 的过程

根据平面向量基本定理，$\boldsymbol{AC}=k_1\boldsymbol{p}_1+k_2\boldsymbol{p}_2$，故根据平行四边形法则有

$$\boldsymbol{AC}+\boldsymbol{AD}=\boldsymbol{AB}\Rightarrow k_1\boldsymbol{p}_1+k_2\boldsymbol{p}_2+\boldsymbol{p}_3=\boldsymbol{a}_3\Rightarrow\boldsymbol{p}_3=\boldsymbol{a}_3-k_1\boldsymbol{p}_1-k_2\boldsymbol{p}_2 \tag{11.63}$$

再分别给等式两端左乘 $\boldsymbol{p}_1^{\mathrm{T}}$ 和 $\boldsymbol{p}_2^{\mathrm{T}}$，利用正交特性求出参数 k_1 和 k_2，进一步得到 $\boldsymbol{p}_3$ 的表达式：

$$\boldsymbol{p}_3=\boldsymbol{a}_3-k_1\boldsymbol{p}_1-k_2\boldsymbol{p}_2\Rightarrow\begin{cases}\boldsymbol{p}_1^{\mathrm{T}}\boldsymbol{p}_3=\boldsymbol{p}_1^{\mathrm{T}}\boldsymbol{a}_3-k_1\boldsymbol{p}_1^{\mathrm{T}}\boldsymbol{p}_1-k_2\boldsymbol{p}_1^{\mathrm{T}}\boldsymbol{p}_2=0\\\boldsymbol{p}_2^{\mathrm{T}}\boldsymbol{p}_3=\boldsymbol{p}_2^{\mathrm{T}}\boldsymbol{a}_3-k_1\boldsymbol{p}_2^{\mathrm{T}}\boldsymbol{p}_1-k_2\boldsymbol{p}_2^{\mathrm{T}}\boldsymbol{p}_2=0\end{cases}$$

$$\Rightarrow\begin{cases}\boldsymbol{p}_1^{\mathrm{T}}\boldsymbol{a}_3-k_1\boldsymbol{p}_1^{\mathrm{T}}\boldsymbol{p}_1=0\\\boldsymbol{p}_2^{\mathrm{T}}\boldsymbol{a}_3-k_2\boldsymbol{p}_2^{\mathrm{T}}\boldsymbol{p}_2=0\end{cases}\Rightarrow\begin{cases}k_1=\dfrac{\boldsymbol{p}_1^{\mathrm{T}}\boldsymbol{a}_3}{\boldsymbol{p}_1^{\mathrm{T}}\boldsymbol{p}_1}\\k_2=\dfrac{\boldsymbol{p}_2^{\mathrm{T}}\boldsymbol{a}_3}{\boldsymbol{p}_2^{\mathrm{T}}\boldsymbol{p}_2}\end{cases} \tag{11.64}$$

$$\Rightarrow\boldsymbol{p}_3=\boldsymbol{a}_3-\frac{\boldsymbol{p}_1^{\mathrm{T}}\boldsymbol{a}_3}{\boldsymbol{p}_1^{\mathrm{T}}\boldsymbol{p}_1}\boldsymbol{p}_1-\frac{\boldsymbol{p}_2^{\mathrm{T}}\boldsymbol{a}_3}{\boldsymbol{p}_2^{\mathrm{T}}\boldsymbol{p}_2}\boldsymbol{p}_2$$

然后将正交的 $\boldsymbol{p}_1,\boldsymbol{p}_2,\boldsymbol{p}_3$ 除以各自的长度即可单位化成为 $\boldsymbol{q}_1,\boldsymbol{q}_2,\boldsymbol{q}_3$。于是空间内 3 个向量的单位正交化改造公式就是

$$\begin{cases}\boldsymbol{p}_1=\boldsymbol{a}_1\\\boldsymbol{p}_2=\boldsymbol{a}_2-\dfrac{\boldsymbol{p}_1^{\mathrm{T}}\boldsymbol{a}_2}{\boldsymbol{p}_1^{\mathrm{T}}\boldsymbol{p}_1}\boldsymbol{p}_1\\\boldsymbol{p}_3=\boldsymbol{a}_3-\dfrac{\boldsymbol{p}_1^{\mathrm{T}}\boldsymbol{a}_3}{\boldsymbol{p}_1^{\mathrm{T}}\boldsymbol{p}_1}\boldsymbol{p}_1-\dfrac{\boldsymbol{p}_2^{\mathrm{T}}\boldsymbol{a}_3}{\boldsymbol{p}_2^{\mathrm{T}}\boldsymbol{p}_2}\boldsymbol{p}_2\end{cases}\qquad\begin{cases}\boldsymbol{q}_1=\dfrac{\boldsymbol{p}_1}{\|\boldsymbol{p}_1\|}\\\boldsymbol{q}_2=\dfrac{\boldsymbol{p}_2}{\|\boldsymbol{p}_2\|}\\\boldsymbol{q}_3=\dfrac{\boldsymbol{p}_3}{\|\boldsymbol{p}_3\|}\end{cases} \tag{11.65}$$

以此类推，n 维空间($n\geqslant4$)内线性无关的基向量组 $\boldsymbol{a}_1,\cdots,\boldsymbol{a}_n$ 改造成为单位正交基向量组 $\boldsymbol{q}_1,\cdots,\boldsymbol{q}_n$ 的公式就是

$$\begin{cases}\boldsymbol{p}_1=\boldsymbol{a}_1\\\boldsymbol{p}_2=\boldsymbol{a}_2-\dfrac{\boldsymbol{p}_1^{\mathrm{T}}\boldsymbol{a}_2}{\boldsymbol{p}_1^{\mathrm{T}}\boldsymbol{p}_1}\boldsymbol{p}_1\\\boldsymbol{p}_3=\boldsymbol{a}_3-\dfrac{\boldsymbol{p}_1^{\mathrm{T}}\boldsymbol{a}_3}{\boldsymbol{p}_1^{\mathrm{T}}\boldsymbol{p}_1}\boldsymbol{p}_1-\dfrac{\boldsymbol{p}_2^{\mathrm{T}}\boldsymbol{a}_3}{\boldsymbol{p}_2^{\mathrm{T}}\boldsymbol{p}_2}\boldsymbol{p}_2\\\boldsymbol{p}_4=\boldsymbol{a}_4-\dfrac{\boldsymbol{p}_1^{\mathrm{T}}\boldsymbol{a}_4}{\boldsymbol{p}_1^{\mathrm{T}}\boldsymbol{p}_1}\boldsymbol{p}_1-\dfrac{\boldsymbol{p}_2^{\mathrm{T}}\boldsymbol{a}_4}{\boldsymbol{p}_2^{\mathrm{T}}\boldsymbol{p}_2}\boldsymbol{p}_2-\dfrac{\boldsymbol{p}_3^{\mathrm{T}}\boldsymbol{a}_4}{\boldsymbol{p}_3^{\mathrm{T}}\boldsymbol{p}_3}\boldsymbol{p}_3\\\cdots\end{cases}\qquad\begin{cases}\boldsymbol{q}_1=\dfrac{\boldsymbol{p}_1}{\|\boldsymbol{p}_1\|}\\\boldsymbol{q}_2=\dfrac{\boldsymbol{p}_2}{\|\boldsymbol{p}_2\|}\\\boldsymbol{q}_3=\dfrac{\boldsymbol{p}_3}{\|\boldsymbol{p}_3\|}\\\boldsymbol{q}_4=\dfrac{\boldsymbol{p}_4}{\|\boldsymbol{p}_4\|}\\\cdots\end{cases} \tag{11.66}$$

这组公式是由数学家格拉姆(Gram)和施密特(Schmidt)正式提出的，所以被称作**格拉姆-施密特正交化**(Gram-Schmidt orthogonalization)，一般简称施密特正交化。使用这种方法可以将任意一组线性无关的向量组改造成为等价的单位正交基向量组。显然向量数量越多，公式就越复杂，因此需要在实践中熟悉公式。

例 11-32：已知向量组 $\boldsymbol{a}_1,\boldsymbol{a}_2$ 如下，请说明它们可以作为某个空间上的一组基向量，然后将它们改造成为等价的单位正交基向量组。

$$\boldsymbol{a}_1=\begin{bmatrix}1\\1\\0\end{bmatrix},\quad \boldsymbol{a}_2=\begin{bmatrix}0\\1\\1\end{bmatrix} \tag{11.67}$$

解：利用秩先说明 $\boldsymbol{a}_1,\boldsymbol{a}_2$ 线性无关：

$$(\boldsymbol{a}_1,\boldsymbol{a}_2)=\begin{bmatrix}1&0\\1&1\\0&1\end{bmatrix}\to\begin{bmatrix}1&0\\0&1\\0&0\end{bmatrix}\Rightarrow r(\boldsymbol{a}_1,\boldsymbol{a}_2)=2 \tag{11.68}$$

因此 $\boldsymbol{a}_1,\boldsymbol{a}_2$ 线性无关，它们可以作为某一个 2 维空间的一组基向量。现在使用施密特正交化将其改造成为等价的单位正交基向量组。首先选定基准向量，令 $\boldsymbol{p}_1=\boldsymbol{a}_1=(1,1,0)^{\mathrm{T}}$。然后根据相应公式，$\boldsymbol{p}_2$ 是 $\boldsymbol{a}_2$ 减去若干倍的 $\boldsymbol{p}_1$，于是就需要先计算两个数量积作为系数的分子和分母。其中，将 $\boldsymbol{p}_1$ 和 $\boldsymbol{a}_2$ 的数量积当作分子，$\boldsymbol{p}_1$ 和自身的数量积当作分母：

$$\boldsymbol{p}_1^{\mathrm{T}}\boldsymbol{a}_2=(1,1,0)\begin{bmatrix}0\\1\\1\end{bmatrix}=1,\quad \boldsymbol{p}_1^{\mathrm{T}}\boldsymbol{p}_1=(1,1,0)\begin{bmatrix}1\\1\\0\end{bmatrix}=2,\quad k=\frac{\boldsymbol{p}_1^{\mathrm{T}}\boldsymbol{a}_2}{\boldsymbol{p}_1^{\mathrm{T}}\boldsymbol{p}_1}=\frac{1}{2} \tag{11.69}$$

依照公式计算出 $\boldsymbol{p}_2$：

$$\boldsymbol{p}_2=\boldsymbol{a}_2-k\boldsymbol{p}_1=\begin{bmatrix}0\\1\\1\end{bmatrix}-\frac{1}{2}\begin{bmatrix}1\\1\\0\end{bmatrix}=\begin{bmatrix}-\frac{1}{2}\\\frac{1}{2}\\1\end{bmatrix}=\frac{1}{2}\begin{bmatrix}-1\\1\\2\end{bmatrix} \tag{11.70}$$

最后将 $\boldsymbol{p}_1,\boldsymbol{p}_2$ 单位化成为 $\boldsymbol{q}_1,\boldsymbol{q}_2$ 即可：

$$\begin{aligned}&\boldsymbol{p}_1=\begin{bmatrix}1\\1\\0\end{bmatrix}\Rightarrow\|\boldsymbol{p}_1\|=\sqrt{2}\Rightarrow\boldsymbol{q}_1=\frac{\boldsymbol{p}_1}{\|\boldsymbol{p}_1\|}=\frac{1}{\sqrt{2}}\begin{bmatrix}1\\1\\0\end{bmatrix}\\&\boldsymbol{p}_2=\frac{1}{2}\begin{bmatrix}-1\\1\\2\end{bmatrix}\to\boldsymbol{p}_2'=\begin{bmatrix}-1\\1\\2\end{bmatrix}\Rightarrow\|\boldsymbol{p}_2'\|=\sqrt{6}\Rightarrow\boldsymbol{q}_2=\frac{\boldsymbol{p}_2'}{\|\boldsymbol{p}_2'\|}=\frac{1}{\sqrt{6}}\begin{bmatrix}-1\\1\\2\end{bmatrix}\end{aligned} \tag{11.71}$$

上例中求 $\boldsymbol{p}_2$ 时，将公共系数$\frac{1}{2}$提到了向量外，使得向量内部是比较简单的整数。这样做的目的是方便后续单位化，因为单位化时可以只使用整数部分计算。在单位化后往往会出现一些带根号的无理数，此时也可以将其统一提出放在向量前。

例 11-33：已知向量组 $\boldsymbol{a}_1,\boldsymbol{a}_2,\boldsymbol{a}_3,\boldsymbol{a}_4$ 如下，请说明它们线性相关，然后将它们改造成为等价的单位正交基向量组。

$$\boldsymbol{a}_1=\begin{bmatrix}1\\2\\1\\0\end{bmatrix},\quad \boldsymbol{a}_2=\begin{bmatrix}0\\1\\1\\0\end{bmatrix},\quad \boldsymbol{a}_3=\begin{bmatrix}2\\1\\0\\1\end{bmatrix},\quad \boldsymbol{a}_4=\begin{bmatrix}1\\4\\2\\-1\end{bmatrix} \tag{11.72}$$

解：使用秩说明：

$$(\boldsymbol{a}_1,\boldsymbol{a}_2,\boldsymbol{a}_3,\boldsymbol{a}_4)=\begin{bmatrix}1&0&2&1\\2&1&1&4\\1&1&0&2\\0&0&1&-1\end{bmatrix}\rightarrow\begin{bmatrix}1&0&2&1\\0&1&-3&2\\0&0&1&-1\\0&0&0&0\end{bmatrix}\Rightarrow r(\boldsymbol{a}_1,\boldsymbol{a}_2,\boldsymbol{a}_3,\boldsymbol{a}_4)=3 \tag{11.73}$$

由于 $r(\boldsymbol{a}_1,\boldsymbol{a}_2,\boldsymbol{a}_3,\boldsymbol{a}_4)=3<4$，所以 $\boldsymbol{a}_1,\boldsymbol{a}_2,\boldsymbol{a}_3,\boldsymbol{a}_4$ 线性相关，并且它们表示的是某个 3 维空间。于是需要找到 3 个线性无关的向量作为等价改造的基础，即寻找向量组的一个极大线性无关组。这里如果将$(\boldsymbol{a}_1,\boldsymbol{a}_2,\boldsymbol{a}_3,\boldsymbol{a}_4)$视为一个增广矩阵，由式(11.73)可知 $r(\boldsymbol{a}_1,\boldsymbol{a}_2,\boldsymbol{a}_3,\boldsymbol{a}_4)=r(\boldsymbol{a}_1,\boldsymbol{a}_2,\boldsymbol{a}_3)=3$，因此线性方程组$(\boldsymbol{a}_1,\boldsymbol{a}_2,\boldsymbol{a}_3)\boldsymbol{x}=\boldsymbol{a}_4$ 有解(而且是唯一解)，即 $\boldsymbol{a}_4$ 可以表示为 $\boldsymbol{a}_1,\boldsymbol{a}_2,\boldsymbol{a}_3$ 的线性组合形式。由于已经知道了向量组的秩是 3，所以 $\boldsymbol{a}_1,\boldsymbol{a}_2,\boldsymbol{a}_3$ 就是要找的极大线性无关组，此时只需要对它们改造即可。

选定基准向量 $\boldsymbol{p}_1=\boldsymbol{a}_1=(1,2,1,0)^{\mathrm{T}}$，则欲求 $\boldsymbol{p}_2$ 需要计算 $\boldsymbol{p}_1^{\mathrm{T}}\boldsymbol{a}_2$ 和 $\boldsymbol{p}_1^{\mathrm{T}}\boldsymbol{p}_1$ 这两个数量积：

$$\boldsymbol{p}_1^{\mathrm{T}}\boldsymbol{a}_2=3,\quad \boldsymbol{p}_1^{\mathrm{T}}\boldsymbol{p}_1=6,\quad \boldsymbol{p}_2=\boldsymbol{a}_2-\frac{\boldsymbol{p}_1^{\mathrm{T}}\boldsymbol{a}_2}{\boldsymbol{p}_1^{\mathrm{T}}\boldsymbol{p}_1}\boldsymbol{p}_1=\begin{bmatrix}0\\1\\1\\0\end{bmatrix}-\frac{3}{6}\begin{bmatrix}1\\2\\1\\0\end{bmatrix}=\frac{1}{2}\begin{bmatrix}-1\\0\\1\\0\end{bmatrix} \tag{11.74}$$

欲求 $\boldsymbol{p}_3$ 则需要计算 $\boldsymbol{p}_1^{\mathrm{T}}\boldsymbol{a}_3$、$\boldsymbol{p}_1^{\mathrm{T}}\boldsymbol{p}_1$、$\boldsymbol{p}_2^{\mathrm{T}}\boldsymbol{a}_3$、$\boldsymbol{p}_2^{\mathrm{T}}\boldsymbol{p}_2$ 这四个数量积：

$$\boldsymbol{p}_1^{\mathrm{T}}\boldsymbol{a}_3=4,\quad \boldsymbol{p}_1^{\mathrm{T}}\boldsymbol{p}_1=6,\quad \boldsymbol{p}_2^{\mathrm{T}}\boldsymbol{a}_3=-1,\quad \boldsymbol{p}_2^{\mathrm{T}}\boldsymbol{p}_2=\frac{1}{2}$$

$$\begin{aligned}\boldsymbol{p}_3&=\boldsymbol{a}_3-\frac{\boldsymbol{p}_1^{\mathrm{T}}\boldsymbol{a}_3}{\boldsymbol{p}_1^{\mathrm{T}}\boldsymbol{p}_1}\boldsymbol{p}_1-\frac{\boldsymbol{p}_2^{\mathrm{T}}\boldsymbol{a}_3}{\boldsymbol{p}_2^{\mathrm{T}}\boldsymbol{p}_2}\boldsymbol{p}_2\\&=\begin{bmatrix}2\\1\\0\\1\end{bmatrix}-\frac{4}{6}\begin{bmatrix}1\\2\\1\\0\end{bmatrix}-\frac{-1}{\frac{1}{2}}\cdot\frac{1}{2}\begin{bmatrix}-1\\0\\1\\0\end{bmatrix}=\frac{1}{3}\begin{bmatrix}1\\-1\\1\\3\end{bmatrix}\end{aligned} \tag{11.75}$$

然后将 $\boldsymbol{p}_1,\boldsymbol{p}_2,\boldsymbol{p}_3$ 单位化成为 $\boldsymbol{q}_1,\boldsymbol{q}_2,\boldsymbol{q}_3$ 即可：

$$\boldsymbol{q}_1=\frac{1}{\sqrt{6}}\begin{bmatrix}1\\2\\1\\0\end{bmatrix},\quad \boldsymbol{q}_2=\frac{1}{\sqrt{2}}\begin{bmatrix}-1\\0\\1\\0\end{bmatrix},\quad \boldsymbol{q}_3=\frac{1}{2\sqrt{3}}\begin{bmatrix}1\\-1\\1\\3\end{bmatrix} \tag{11.76}$$

例 11-34：已知向量组 $\boldsymbol{a}_1,\boldsymbol{a}_2,\boldsymbol{a}_3$ 如下，请说明它们线性无关，然后将它们改造成为等价的单位正交基向量组。

$$\boldsymbol{a}_1=\begin{bmatrix}1\\2\\-1\\1\end{bmatrix},\quad \boldsymbol{a}_2=\begin{bmatrix}1\\0\\2\\1\end{bmatrix},\quad \boldsymbol{a}_3=\begin{bmatrix}0\\1\\2\\0\end{bmatrix} \tag{11.77}$$

解：采用秩的方法判断，$r(\boldsymbol{a}_1,\boldsymbol{a}_2,\boldsymbol{a}_3)=3$，故它们线性无关(请读者自行完成判断过程)。下面使用施密特正交化将其改造。不过首先可以观察发现，$\boldsymbol{a}_1$ 和 $\boldsymbol{a}_2$、$\boldsymbol{a}_1$ 和 $\boldsymbol{a}_3$ 本身就是正交的，即 $\boldsymbol{a}_1^{\mathrm{T}}\boldsymbol{a}_2=\boldsymbol{a}_1^{\mathrm{T}}\boldsymbol{a}_3=0$；而 $\boldsymbol{a}_2^{\mathrm{T}}\boldsymbol{a}_3=4\neq0$，故 $\boldsymbol{a}_2$ 和 $\boldsymbol{a}_3$ 不正交。因此 $\boldsymbol{a}_1$ 不需要改变，

只需要对 $\boldsymbol{a}_2$ 和 $\boldsymbol{a}_3$ 进行正交化改造即可。这种情形的示意图如图 11-19 所示（虚线代表垂直的方向）。

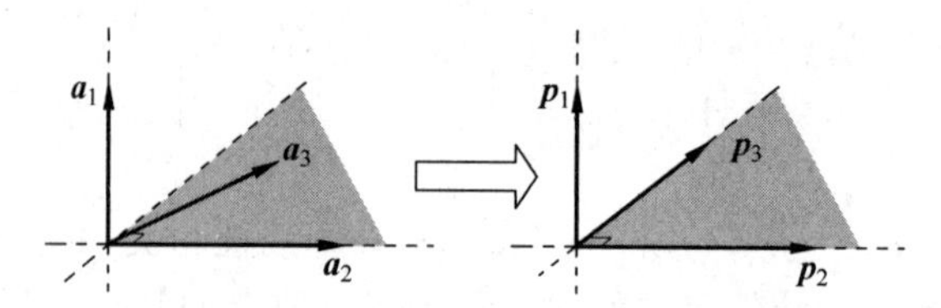

图 11-19　$\boldsymbol{a}_1$ 和 $\boldsymbol{a}_2$、$\boldsymbol{a}_3$ 同时正交且 $\boldsymbol{a}_2$ 和 $\boldsymbol{a}_3$ 不正交时的改造

令 $\boldsymbol{p}_1=\boldsymbol{a}_1$，即 $\boldsymbol{a}_1$ 保持不变，不参与改造。然后找到基准向量 $\boldsymbol{p}_2=\boldsymbol{a}_2$，再利用施密特正交化公式求出 $\boldsymbol{p}_3$，注意此时各个变量的角标：

$$\boldsymbol{p}_2^{\mathrm{T}}\boldsymbol{a}_3=4,\quad \boldsymbol{p}_2^{\mathrm{T}}\boldsymbol{p}_2=6,\quad \boldsymbol{p}_3=\boldsymbol{a}_3-\frac{\boldsymbol{p}_2^{\mathrm{T}}\boldsymbol{a}_3}{\boldsymbol{p}_2^{\mathrm{T}}\boldsymbol{p}_2}\boldsymbol{p}_2=\begin{bmatrix}0\\1\\2\\0\end{bmatrix}-\frac{4}{6}\begin{bmatrix}1\\0\\2\\1\end{bmatrix}=\frac{1}{3}\begin{bmatrix}-2\\3\\2\\-2\end{bmatrix} \tag{11.78}$$

接着将 $\boldsymbol{p}_1,\boldsymbol{p}_2,\boldsymbol{p}_3$ 单位化成为 $\boldsymbol{q}_1,\boldsymbol{q}_2,\boldsymbol{q}_3$ 即可：

$$\boldsymbol{q}_1=\frac{1}{\sqrt{7}}\begin{bmatrix}1\\2\\-1\\1\end{bmatrix},\quad \boldsymbol{q}_2=\frac{1}{\sqrt{6}}\begin{bmatrix}1\\0\\2\\1\end{bmatrix},\quad \boldsymbol{q}_3=\frac{1}{\sqrt{21}}\begin{bmatrix}-2\\3\\2\\-2\end{bmatrix} \tag{11.79}$$

11.4.4　正交矩阵

如果将 n 个 n 维单位正交基向量横向并列，就得到了一个**正交矩阵**（orthogonal matrix）。正交矩阵可以被视为单位正交基向量组的集合形式，它具有很多良好的性质。

例 11-35：设 $\boldsymbol{Q}=(\boldsymbol{q}_1,\boldsymbol{q}_2,\cdots,\boldsymbol{q}_n)$ 是一个正交矩阵，其中 $\boldsymbol{q}_1,\boldsymbol{q}_2,\cdots,\boldsymbol{q}_n$ 是单位正交基向量组，求证：$\boldsymbol{Q}^{\mathrm{T}}\boldsymbol{Q}=\boldsymbol{Q}\boldsymbol{Q}^{\mathrm{T}}=\boldsymbol{E}$。

证明：利用单位正交基向量组的性质，先求出 $\boldsymbol{Q}^{\mathrm{T}}\boldsymbol{Q}$ 的结果：

$$\boldsymbol{Q}^{\mathrm{T}}\boldsymbol{Q}=\begin{bmatrix}\boldsymbol{q}_1^{\mathrm{T}}\\\boldsymbol{q}_2^{\mathrm{T}}\\\vdots\\\boldsymbol{q}_n^{\mathrm{T}}\end{bmatrix}(\boldsymbol{q}_1,\boldsymbol{q}_2,\cdots,\boldsymbol{q}_n)=\begin{bmatrix}\boldsymbol{q}_1^{\mathrm{T}}\boldsymbol{q}_1 & \boldsymbol{q}_1^{\mathrm{T}}\boldsymbol{q}_2 & \cdots & \boldsymbol{q}_1^{\mathrm{T}}\boldsymbol{q}_n\\\boldsymbol{q}_2^{\mathrm{T}}\boldsymbol{q}_1 & \boldsymbol{q}_2^{\mathrm{T}}\boldsymbol{q}_2 & \cdots & \boldsymbol{q}_2^{\mathrm{T}}\boldsymbol{q}_n\\\vdots & \vdots & \ddots & \vdots\\\boldsymbol{q}_n^{\mathrm{T}}\boldsymbol{q}_1 & \boldsymbol{q}_n^{\mathrm{T}}\boldsymbol{q}_2 & \cdots & \boldsymbol{q}_n^{\mathrm{T}}\boldsymbol{q}_n\end{bmatrix}=\begin{bmatrix}1 & 0 & \cdots & 0\\0 & 1 & \cdots & 0\\\vdots & \vdots & \ddots & \vdots\\0 & 0 & \cdots & 1\end{bmatrix}=\boldsymbol{E} \tag{11.80}$$

这样就证明了 $\boldsymbol{Q}^{\mathrm{T}}\boldsymbol{Q}=\boldsymbol{E}$。由于 $\boldsymbol{Q}$ 和 $\boldsymbol{Q}^{\mathrm{T}}$ 都是方阵，所以可以判断出 $\boldsymbol{Q}^{\mathrm{T}}=\boldsymbol{Q}^{-1}$。又因为 $\boldsymbol{Q}\boldsymbol{Q}^{-1}=\boldsymbol{E}$，所以 $\boldsymbol{Q}\boldsymbol{Q}^{\mathrm{T}}=\boldsymbol{E}$。故有 $\boldsymbol{Q}^{\mathrm{T}}\boldsymbol{Q}=\boldsymbol{Q}\boldsymbol{Q}^{\mathrm{T}}=\boldsymbol{E}$。

上例中推导出的 $\boldsymbol{Q}^{\mathrm{T}}\boldsymbol{Q}=\boldsymbol{Q}\boldsymbol{Q}^{\mathrm{T}}=\boldsymbol{E}$ 是一个充分必要条件，因此很多文献中直接使用这个式子作为正交矩阵的定义式。由上述推导过程还可以知道，对于正交矩阵 $\boldsymbol{Q}$ 来说还有 $\boldsymbol{Q}^{\mathrm{T}}=\boldsymbol{Q}^{-1}$ 成立，即正交矩阵的转置就是其逆矩阵，这也是一个重要的性质。

例 11-36：求证：正交矩阵的行列式是 1 或 −1。

证明：设 $\boldsymbol{Q}$ 是正交矩阵，则有 $\boldsymbol{Q}^{\mathrm{T}}\boldsymbol{Q}=\boldsymbol{E}$，两端取行列式有

$$Q^{T}Q=E\Rightarrow|Q^{T}Q|=|E|=1\Rightarrow|Q^{T}||Q|=1\Rightarrow|Q|^{2}=1\Rightarrow|Q|=\pm1 \tag{11.81}$$

例 11-37：求证：正交矩阵的行向量也可以构成单位正交基向量组。

证明：设 Q 是正交矩阵，现将 Q 按行分块如下：

$$Q=\begin{bmatrix}\boldsymbol{\alpha}_1^{T}\\ \boldsymbol{\alpha}_2^{T}\\ \vdots\\ \boldsymbol{\alpha}_n^{T}\end{bmatrix} \tag{11.82}$$

其中，$\boldsymbol{\alpha}_1,\boldsymbol{\alpha}_2,\cdots,\boldsymbol{\alpha}_n$ 均为列向量，则它们的转置$\boldsymbol{\alpha}_1^{T},\boldsymbol{\alpha}_2^{T},\cdots,\boldsymbol{\alpha}_n^{T}$ 都是行向量，于是根据 $QQ^{T}=E$ 有

$$QQ^{T}=E\Rightarrow\begin{bmatrix}\boldsymbol{\alpha}_1^{T}\\ \boldsymbol{\alpha}_2^{T}\\ \vdots\\ \boldsymbol{\alpha}_n^{T}\end{bmatrix}(\boldsymbol{\alpha}_1,\boldsymbol{\alpha}_2,\cdots,\boldsymbol{\alpha}_n)=\begin{bmatrix}\boldsymbol{\alpha}_1^{T}\boldsymbol{\alpha}_1 & \boldsymbol{\alpha}_1^{T}\boldsymbol{\alpha}_2 & \cdots & \boldsymbol{\alpha}_1^{T}\boldsymbol{\alpha}_n\\ \boldsymbol{\alpha}_2^{T}\boldsymbol{\alpha}_1 & \boldsymbol{\alpha}_2^{T}\boldsymbol{\alpha}_2 & \cdots & \boldsymbol{\alpha}_2^{T}\alpha_n\\ \vdots & \vdots & \ddots & \vdots\\ \boldsymbol{\alpha}_n^{T}\boldsymbol{\alpha}_1 & \boldsymbol{\alpha}_n^{T}\boldsymbol{\alpha}_2 & \cdots & \boldsymbol{\alpha}_n^{T}\boldsymbol{\alpha}_n\end{bmatrix}=E \tag{11.83}$$

可见如果 $QQ^{T}=E$，则$\boldsymbol{\alpha}_1,\boldsymbol{\alpha}_2,\cdots,\boldsymbol{\alpha}_n$ 必须满足以下式子：

$$\boldsymbol{\alpha}_i^{T}\boldsymbol{\alpha}_j=\begin{cases}1, & i=j\\ 0, & i\neq j\end{cases}\quad 1\leqslant i,j\leqslant n \tag{11.84}$$

因此 Q 的行向量$\boldsymbol{\alpha}_1^{T},\boldsymbol{\alpha}_2^{T},\cdots,\boldsymbol{\alpha}_n^{T}$ 也是一组单位正交基向量组。

例 11-38：请验证矩阵 Q 是正交矩阵，并使用图示画出它表示的线性变换。

$$Q=\begin{bmatrix}\frac{1}{2} & -\frac{\sqrt{3}}{2}\\ \frac{\sqrt{3}}{2} & \frac{1}{2}\end{bmatrix} \tag{11.85}$$

解：只需验证 $Q^{T}Q=E$ 即可：

$$Q^{T}Q=\begin{bmatrix}\frac{1}{2} & \frac{\sqrt{3}}{2}\\ -\frac{\sqrt{3}}{2} & \frac{1}{2}\end{bmatrix}\begin{bmatrix}\frac{1}{2} & -\frac{\sqrt{3}}{2}\\ \frac{\sqrt{3}}{2} & \frac{1}{2}\end{bmatrix}=\begin{bmatrix}1 & 0\\ 0 & 1\end{bmatrix}=E \tag{11.86}$$

故 Q 是正交矩阵。它代表的线性变换是平面上纯粹的旋转变换，即将自然基向量组 $\boldsymbol{e}_1,\boldsymbol{e}_2$ 以及整个平面的点全部逆时针旋转了$\frac{\pi}{3}$(即 60°)，如图 11-20 所示。

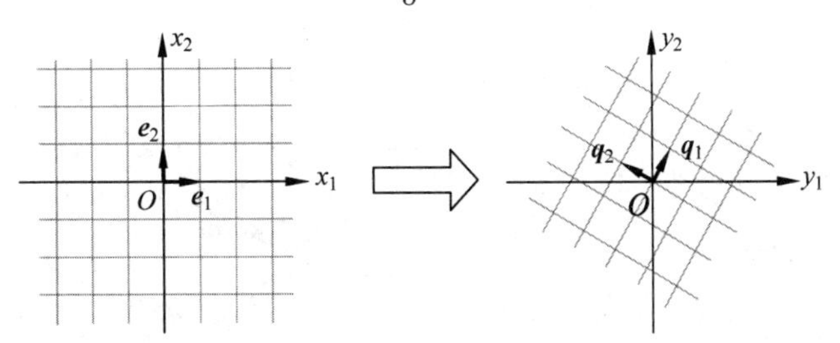

图 11-20 平面上两组基向量组下的坐标示意图

由上例可知，正交矩阵代表的线性变换就是单纯的旋转变换，旋转的中心就是坐标系原点，因此任何一个图形在正交矩阵代表的线性变换前后保持全等，并且各个点到原点的距离保持不变。这个性质在化简二次型以及矩阵分解等领域十分有用。

11.5 空间的基变换和坐标变换

从前面几节内容可知，研究向量组的性质实际上就是研究对应空间的各种性质。一个 n 维空间里如果找到了 n 个线性无关的向量，那么这些向量就可以构成 n 维空间的一个基向量组。事实上，这个 n 维空间里任何一个线性无关的向量组都可以是对应的基向量组，它们都是等价的。那么这些等价的基向量组之间又有什么联系呢？这就需要了解基变换和坐标变换的知识了。

11.5.1 基向量和坐标

设 n 个线性无关的向量 $\boldsymbol{a}_1,\cdots,\boldsymbol{a}_n$ 构成一个 n 维空间里的一组基向量，根据多维空间向量基本定理，同在这个 n 维空间里的向量 $\boldsymbol{b}$ 可以表示为 $\boldsymbol{a}_1,\cdots,\boldsymbol{a}_n$ 的线性组合形式，对应的组合系数是 $k_1,\cdots,k_n$，这个线性组合也可以写成以下矩阵乘法形式：

$$\boldsymbol{b}=k_1\boldsymbol{a}_1+\cdots+k_n\boldsymbol{a}_n=(\boldsymbol{a}_1,\cdots,\boldsymbol{a}_n)\begin{bmatrix}k_1\\\vdots\\k_n\end{bmatrix}=\boldsymbol{Ax} \tag{11.87}$$

其中，$\boldsymbol{A}=(\boldsymbol{a}_1,\cdots,\boldsymbol{a}_n)$，$\boldsymbol{x}=(k_1,\cdots,k_n)^{\mathrm{T}}$。由于基向量组 $\boldsymbol{a}_1,\cdots,\boldsymbol{a}_n$ 和矩阵 $\boldsymbol{A}$ 具有等价性，因此可以直接说 $\boldsymbol{A}$ 就是这个 n 维空间上的一个基向量组，简称“基向量组 $\boldsymbol{A}$”或“基 $\boldsymbol{A}$”；而这组系数 $k_1,\cdots,k_n$ 构成的列向量 $\boldsymbol{x}$ 被称为基向量组 $\boldsymbol{A}$ 下的**坐标**(coordinate)，它是对直角坐标系里坐标概念的进一步推广。

n 维空间中已知基向量组 $\boldsymbol{A}$ 和向量 $\boldsymbol{b}$，如果要求出 $\boldsymbol{b}$ 在 $\boldsymbol{A}$ 下的坐标 $\boldsymbol{x}$，本质上就是求解线性方程组 $\boldsymbol{Ax}=\boldsymbol{b}$。由于基向量组一定是线性无关的，因此 $r(\boldsymbol{A})=n$；而 $\boldsymbol{b}$ 由于也在这个 n 维空间中，因此组合系数一定是唯一确定的，即坐标 $\boldsymbol{x}$ 是唯一确定的，故 $\boldsymbol{Ax}=\boldsymbol{b}$ 必然有唯一解。

坐标这个概念可以通过一个平面向量的例子直观理解。在平面上有两组不同的基向量组，第一组是自然基向量组 $\boldsymbol{e}_1=(1,0)^{\mathrm{T}}$ 和 $\boldsymbol{e}_2=(0,1)^{\mathrm{T}}$，第二组是基向量组 $\boldsymbol{d}_1=(2,1)^{\mathrm{T}}$ 和 $\boldsymbol{d}_2=(-1,1)^{\mathrm{T}}$。设有向量 $\boldsymbol{a}$，它在基$(\boldsymbol{e}_1,\boldsymbol{e}_2)$下的坐标是$(7,5)^{\mathrm{T}}$，在基$(\boldsymbol{d}_1,\boldsymbol{d}_2)$下的坐标就是$(4,1)^{\mathrm{T}}$。如图 11-21 所示，实际上坐标就是两个基向量方向上的“格数”。如果从一组基向量变到另一组基向量，相当于建立了一套新的坐标系。

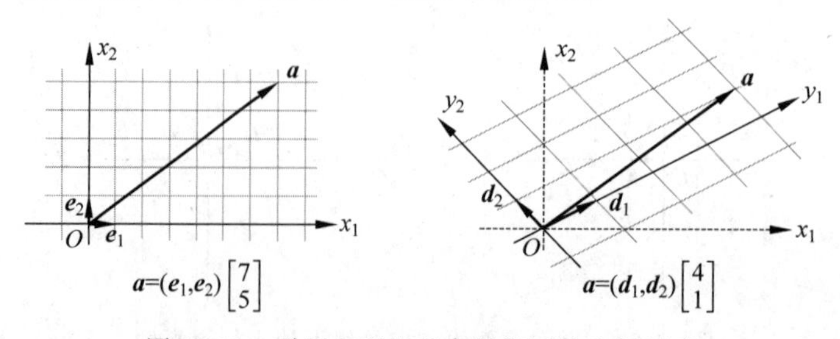

图 11-21 平面上两组基向量组下的坐标示意

例 11-39：已知 3 维空间的两个基向量组 $\boldsymbol{E}$ 和 $\boldsymbol{A}$ 以及向量 $\boldsymbol{b}$ 如下，求 $\boldsymbol{b}$ 分别在基 $\boldsymbol{E}$ 和 $\boldsymbol{A}$ 下的坐标。

$$\boldsymbol{E}=(\boldsymbol{e}_1,\boldsymbol{e}_2,\boldsymbol{e}_3)=\begin{bmatrix}1&0&0\\0&1&0\\0&0&1\end{bmatrix},\quad \boldsymbol{A}=(\boldsymbol{a}_1,\boldsymbol{a}_2,\boldsymbol{a}_3)=\begin{bmatrix}1&0&1\\1&1&0\\0&1&1\end{bmatrix},\quad \boldsymbol{b}=\begin{bmatrix}1\\3\\0\end{bmatrix} \tag{11.88}$$

解：先求方程组 $\boldsymbol{Ex}=\boldsymbol{b}$ 的解，根据单位阵的性质显然有

$$\boldsymbol{Ex}=\boldsymbol{b}\Rightarrow\boldsymbol{x}=\boldsymbol{b}=\begin{bmatrix}1\\3\\0\end{bmatrix} \tag{11.89}$$

事实上基 $\boldsymbol{E}$ 就是自然基向量组，对应的坐标显然就是向量本身。再求方程组 $\boldsymbol{Ax}=\boldsymbol{b}$ 的解，此处采用逆矩阵法：

$$\begin{aligned}&\boldsymbol{A}=\begin{bmatrix}1&0&1\\1&1&0\\0&1&1\end{bmatrix}\Rightarrow\boldsymbol{A}^{-1}=\frac{1}{2}\begin{bmatrix}1&1&-1\\-1&1&1\\1&-1&1\end{bmatrix}\\&\boldsymbol{Ax}=\boldsymbol{b}\Rightarrow\boldsymbol{x}=\boldsymbol{A}^{-1}\boldsymbol{b}=\frac{1}{2}\begin{bmatrix}1&1&-1\\-1&1&1\\1&-1&1\end{bmatrix}\begin{bmatrix}1\\3\\0\end{bmatrix}=\begin{bmatrix}2\\1\\-1\end{bmatrix}\end{aligned} \tag{11.90}$$

所以 $\boldsymbol{b}$ 在基 $\boldsymbol{A}$ 下的坐标是 $(2,-1,1)^{\mathrm{T}}$。

11.5.2 基变换和坐标变换

先看一个平面向量的例子。

例 11-40：平面网格纸相邻平行网格线的间距为 1。在网格纸上画出了两组平面基向量 $\boldsymbol{C}=(\boldsymbol{c}_1,\boldsymbol{c}_2)$ 以及 $\boldsymbol{D}=(\boldsymbol{d}_1,\boldsymbol{d}_2)$，另外还有平面向量 $\boldsymbol{s}$（见图 11-22），请通过观察网格纸写出 $\boldsymbol{s}$ 在基 $\boldsymbol{C}$ 下的坐标 $\boldsymbol{x}$ 和基 $\boldsymbol{D}$ 下的坐标 $\boldsymbol{y}$，然后探寻基 $\boldsymbol{C}$，$\boldsymbol{D}$ 之间的关系以及两套坐标之间的关系。

解：向量的加法遵循平行四边形法则，因此可以很容易将 $\boldsymbol{s}$ 表示为每一组基向量的线性组合形式。以 $\boldsymbol{C}$ 为基向量组，画出平行四边形如图 11-23 所示。

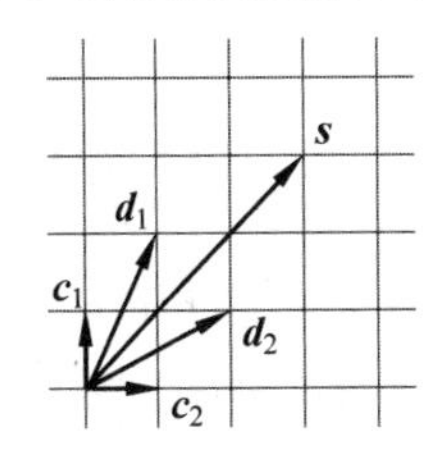

图 11-22　平面网格纸上的基 $\boldsymbol{C}=(\boldsymbol{c}_1,\boldsymbol{c}_2)$ 和基 $\boldsymbol{D}=(\boldsymbol{d}_1,\boldsymbol{d}_2)$ 以及向量 $\boldsymbol{s}$

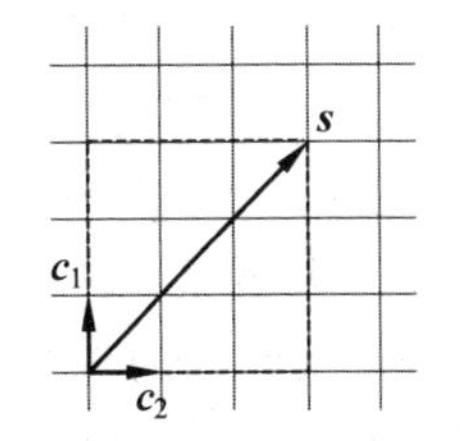

图 11-23　向量 $\boldsymbol{s}$ 使用基 $\boldsymbol{C}$ 线性组合表示示意

可知 $\boldsymbol{s}=3\boldsymbol{c}_1+3\boldsymbol{c}_2=(\boldsymbol{c}_1,\boldsymbol{c}_2)\begin{bmatrix}3\\3\end{bmatrix}=\boldsymbol{Cx}$，即 $\boldsymbol{s}$ 在基 $\boldsymbol{C}$ 下的坐标是 $\boldsymbol{x}=(3,3)^{\mathrm{T}}$。以 $\boldsymbol{D}$ 为基向量组，画出平行四边形如图 11-24 所示。

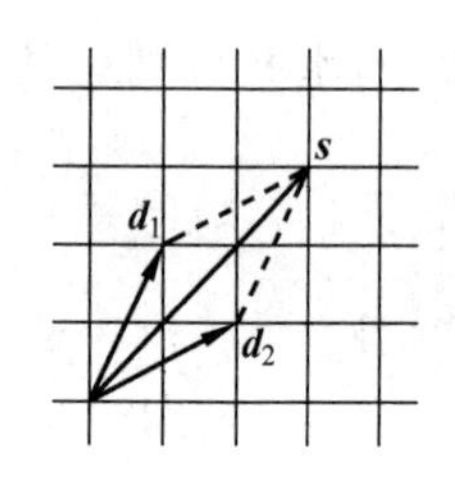

图 11-24 向量 $\boldsymbol{s}$ 使用基 $\boldsymbol{D}$ 线性组合表示示意

可知 $\boldsymbol{s}=\boldsymbol{d}_1+\boldsymbol{d}_2=(\boldsymbol{d}_1,\boldsymbol{d}_2)\begin{bmatrix}1\\1\end{bmatrix}=\boldsymbol{Dy}$，即 $\boldsymbol{s}$ 在基 $\boldsymbol{D}$ 下的坐标是 $\boldsymbol{y}=(1,1)^{\mathrm{T}}$。如果要从基 $\boldsymbol{C}$ 过渡到基 $\boldsymbol{D}$，可以先根据图 11-22 将 $\boldsymbol{d}_1$ 和 $\boldsymbol{d}_2$ 分别使用 $\boldsymbol{c}_1,\boldsymbol{c}_2$ 线性表示，然后表示为矩阵乘法形式：

$$\begin{cases}\boldsymbol{d}_1=2\boldsymbol{c}_1+\boldsymbol{c}_2=(\boldsymbol{c}_1,\boldsymbol{c}_2)\begin{bmatrix}2\\1\end{bmatrix}=\boldsymbol{C}\begin{bmatrix}2\\1\end{bmatrix}\\ \boldsymbol{d}_2=\boldsymbol{c}_1+2\boldsymbol{c}_2=(\boldsymbol{c}_1,\boldsymbol{c}_2)\begin{bmatrix}1\\2\end{bmatrix}=\boldsymbol{C}\begin{bmatrix}1\\2\end{bmatrix}\end{cases}\tag{11.91}$$

为了找到基 $\boldsymbol{D}$ 和基 $\boldsymbol{C}$ 之间的关系，只需将 $\boldsymbol{d}_1,\boldsymbol{d}_2$ 的表达式横向并列即可：

$$\boldsymbol{D}=(\boldsymbol{d}_1,\boldsymbol{d}_2)=\boldsymbol{C}\begin{bmatrix}2&1\\1&2\end{bmatrix}\tag{11.92}$$

令 $\boldsymbol{P}=\begin{bmatrix}2&1\\1&2\end{bmatrix}$，则上式就是 $\boldsymbol{D}=\boldsymbol{CP}$，这就是从基 $\boldsymbol{C}$ 到基 $\boldsymbol{D}$ 的变换式。将 $\boldsymbol{D}=\boldsymbol{CP}$ 代入 $\boldsymbol{s}$ 的坐标表达式：

$$\left.\begin{aligned}\boldsymbol{s}=\boldsymbol{Cx}=\boldsymbol{Dy}\\ \boldsymbol{D}=\boldsymbol{CP}\end{aligned}\right\}\Rightarrow\boldsymbol{Cx}=\boldsymbol{CPy}\Rightarrow\boldsymbol{x}=\boldsymbol{Py}\tag{11.93}$$

$\boldsymbol{x}=\boldsymbol{Py}$ 就是对应的坐标变换式。

将上例的结论推广到 n 维空间也同样成立，即 n 维空间的基 $\boldsymbol{C}$ 到基 $\boldsymbol{D}$ 的变换过程可以使用 $\boldsymbol{D}=\boldsymbol{CP}$ 表示。如果某向量在基 $\boldsymbol{C}$ 下的坐标是 $\boldsymbol{x}$，基 $\boldsymbol{D}$ 下的坐标是 $\boldsymbol{y}$，则坐标变换过程可以使用 $\boldsymbol{x}=\boldsymbol{Py}$ 表示。这里的 $\boldsymbol{P}$ 被称作**过渡矩阵**(transition matrix)。

基变换和坐标变换公式是不容易理解和记忆的。事实上，如果是从基 $\boldsymbol{C}$ 到基 $\boldsymbol{D}$ 的变换，那么就是以 $\boldsymbol{C}$ 为基准去寻找 $\boldsymbol{D}$ 和 $\boldsymbol{C}$ 之间的关系，但由于 $\boldsymbol{C}$ 到 $\boldsymbol{D}$ 都是基向量横向并列形成的矩阵(类似于行向量形式)，因此是用过渡矩阵 $\boldsymbol{P}$ 右乘 $\boldsymbol{C}$。坐标变换则刚好相反，因为坐标是列向量，所以使用的是过渡矩阵 $\boldsymbol{P}$ 左乘。

为了进一步方便理解和记忆，这里使用更简单的方式归纳总结。设有基向量组(Ⅰ)和基向量组(Ⅱ)，则基变换和坐标变换包含以下三项内容：

- 某向量＝基(Ⅰ)×坐标(Ⅰ)＝基(Ⅱ)×坐标(Ⅱ)；
- 基(Ⅱ)＝基(Ⅰ)×基(Ⅰ)到基(Ⅱ)的过渡矩阵；
- 坐标(Ⅰ)＝基(Ⅰ)到基(Ⅱ)的过渡矩阵×坐标(Ⅱ)。

例 11-41：求证：基变换和坐标变换公式中的过渡矩阵是可逆矩阵。

证明：设 $\boldsymbol{P}$ 是 n 维空间的基 $\boldsymbol{C}$ 到基 $\boldsymbol{D}$ 的过渡矩阵，首先说明 $\boldsymbol{P}$ 是方阵。易知 $\boldsymbol{C}$ 和 $\boldsymbol{D}$ 的列数都是 n，这是由于 n 维空间的基向量个数一定是 n。设 $\boldsymbol{C}$ 和 $\boldsymbol{D}$ 的尺寸都是 $m\times n$，则根据基变换公式 $\boldsymbol{D}=\boldsymbol{CP}$，$\boldsymbol{P}$ 必须是 $n\times n$ 的方阵。

由于 $\boldsymbol{C}$ 和 $\boldsymbol{D}$ 都是基向量组，因此 $r(\boldsymbol{C})=r(\boldsymbol{D})=n$。根据矩阵乘法秩的性质有 $r(\boldsymbol{D})=r(\boldsymbol{CP})\leqslant r(\boldsymbol{P})$，即 $r(\boldsymbol{P})\geqslant r(\boldsymbol{D})=n$。但由于 $\boldsymbol{P}$ 是 n 阶方阵，故 $r(\boldsymbol{P})\leqslant n$。综合以上两点，只能有 $r(\boldsymbol{P})=n$，故 $\boldsymbol{P}$ 是可逆矩阵。

上例的结论表明，基变换、坐标变换中的过渡矩阵必然是可逆的，换句话说，一个不可逆的矩阵是没有“资格”作为两组基之间的过渡矩阵的。设 $\boldsymbol{P}$ 是基 $\boldsymbol{C}$ 到基 $\boldsymbol{D}$ 的过渡矩阵，则

通过 $\boldsymbol{D}=\boldsymbol{CP}$ 可以推出 $\boldsymbol{C}=\boldsymbol{DP}^{-1}$，即基 $\boldsymbol{D}$ 到基 $\boldsymbol{C}$ 的过渡矩阵就是 $\boldsymbol{P}^{-1}$。

例 11-42：已知向量组（Ⅰ）和向量组（Ⅱ）如下，向量 $\boldsymbol{s}=(4,3,6)^{\mathrm{T}}$。

$$
\begin{aligned}
&(\text{Ⅰ}):\boldsymbol{a}_1=\begin{bmatrix}1\\0\\2\end{bmatrix},\quad \boldsymbol{a}_2=\begin{bmatrix}1\\2\\0\end{bmatrix},\quad \boldsymbol{a}_3=\begin{bmatrix}1\\1\\2\end{bmatrix}\\
&(\text{Ⅱ}):\boldsymbol{b}_1=\begin{bmatrix}1\\0\\1\end{bmatrix},\quad \boldsymbol{b}_2=\begin{bmatrix}0\\1\\1\end{bmatrix},\quad \boldsymbol{b}_3=\begin{bmatrix}1\\1\\0\end{bmatrix}
\end{aligned}
\tag{11.94}
$$

(1) 请说明向量组（Ⅰ）和向量组（Ⅱ）是 3 维空间的两组基向量；

(2) 分别求 $\boldsymbol{s}$ 在基（Ⅰ）和基（Ⅱ）下的坐标 $\boldsymbol{x}$ 和 $\boldsymbol{y}$；

(3) 求基（Ⅰ）到基（Ⅱ）的过渡矩阵 $\boldsymbol{P}$；

(4) 求基（Ⅱ）到基（Ⅰ）的过渡矩阵 $\boldsymbol{K}$；

(5) 使用 $\boldsymbol{s}$ 的坐标验证过渡矩阵的正确性。

解：(1) 设 $\boldsymbol{A}=(\boldsymbol{a}_1,\boldsymbol{a}_2,\boldsymbol{a}_3)$，$\boldsymbol{B}=(\boldsymbol{b}_1,\boldsymbol{b}_2,\boldsymbol{b}_3)$，此处可以使用矩阵的秩判断。不过由于向量组（Ⅰ）和向量组（Ⅱ）是两组 3 维向量，所以 $\boldsymbol{A}$ 和 $\boldsymbol{B}$ 都是方阵，因此也可以使用行列式判断。此处使用后一种方法（读者可以自行使用秩判断）。

$$
|\boldsymbol{A}|=\begin{vmatrix}1&1&1\\0&2&1\\2&0&2\end{vmatrix}=2\neq 0,\quad |\boldsymbol{B}|=\begin{vmatrix}1&0&1\\0&1&1\\1&1&0\end{vmatrix}=-2\neq 0 \tag{11.95}
$$

由于 $|\boldsymbol{A}|\neq 0$ 且 $|\boldsymbol{B}|\neq 0$，所以向量组（Ⅰ）和向量组（Ⅱ）都是 3 维空间的两组基向量。

(2) 求 $\boldsymbol{s}$ 在基（Ⅰ）和基（Ⅱ）下的坐标 $\boldsymbol{x}$ 和 $\boldsymbol{y}$，相当于分别求解线性方程组 $\boldsymbol{Ax}=\boldsymbol{s}$ 和 $\boldsymbol{By}=\boldsymbol{s}$，可以使用增广矩阵的方法，也可以使用逆矩阵的方法。此处使用后者，先求出逆矩阵：

$$
\begin{aligned}
\boldsymbol{A}&=\begin{bmatrix}1&1&1\\0&2&1\\2&0&2\end{bmatrix}\Rightarrow \boldsymbol{A}^{-1}=\frac{1}{2}\begin{bmatrix}4&-2&-1\\2&0&-1\\-4&2&2\end{bmatrix}\\
\boldsymbol{B}&=\begin{bmatrix}1&0&1\\0&1&1\\1&1&0\end{bmatrix}\Rightarrow \boldsymbol{B}^{-1}=\frac{1}{2}\begin{bmatrix}1&-1&1\\-1&1&1\\1&1&-1\end{bmatrix}
\end{aligned}
\tag{11.96}
$$

然后左乘逆矩阵求出坐标 $\boldsymbol{x}$ 和 $\boldsymbol{y}$：

$$
\begin{aligned}
&\boldsymbol{Ax}=\boldsymbol{s}\Rightarrow \boldsymbol{x}=\boldsymbol{A}^{-1}\boldsymbol{s}=\frac{1}{2}\begin{bmatrix}4&-2&-1\\2&0&-1\\-4&2&2\end{bmatrix}\begin{bmatrix}4\\3\\6\end{bmatrix}=\begin{bmatrix}2\\1\\1\end{bmatrix}\\
&\boldsymbol{By}=\boldsymbol{s}\Rightarrow \boldsymbol{y}=\boldsymbol{B}^{-1}\boldsymbol{s}=\frac{1}{2}\begin{bmatrix}1&-1&1\\-1&1&1\\1&1&-1\end{bmatrix}\begin{bmatrix}4\\3\\6\end{bmatrix}=\frac{1}{2}\begin{bmatrix}7\\5\\1\end{bmatrix}=\begin{bmatrix}\frac{7}{2}\\\frac{5}{2}\\\frac{1}{2}\end{bmatrix}
\end{aligned}
\tag{11.97}
$$

(3) 根据“基(Ⅱ)=基(Ⅰ)×基(Ⅰ)到基(Ⅱ)的过渡矩阵”这个规则，有 $\boldsymbol{B}=\boldsymbol{AP}$，由于 $\boldsymbol{A}$ 和 $\boldsymbol{B}$ 都是方阵，故也可以使用逆矩阵求出：

$$\boldsymbol{B}=\boldsymbol{AP}\Rightarrow\boldsymbol{P}=\boldsymbol{A}^{-1}\boldsymbol{B}=\frac{1}{2}\begin{bmatrix}4&-2&-1\\2&0&-1\\-4&2&2\end{bmatrix}\begin{bmatrix}1&0&1\\0&1&1\\1&1&0\end{bmatrix}=\frac{1}{2}\begin{bmatrix}3&-3&2\\1&-1&2\\-2&4&-2\end{bmatrix}\tag{11.98}$$

(4) 可以根据“基(Ⅰ)=基(Ⅱ)×基(Ⅱ)到基(Ⅰ)的过渡矩阵”这个规则，使用 $\boldsymbol{K}=\boldsymbol{B}^{-1}\boldsymbol{A}$ 计算，但也可以使用 $\boldsymbol{K}=\boldsymbol{P}^{-1}$ 这个关系式计算。这里使用后者：

$$\boldsymbol{P}=\frac{1}{2}\begin{bmatrix}3&-3&2\\1&-1&2\\-2&4&-2\end{bmatrix}\Rightarrow\boldsymbol{K}=\boldsymbol{P}^{-1}=\frac{1}{2}\begin{bmatrix}3&-1&2\\1&1&2\\-1&3&0\end{bmatrix}\tag{11.99}$$

请读者自行使用 $\boldsymbol{K}=\boldsymbol{B}^{-1}\boldsymbol{A}$ 计算并验证两者相等。

(5) 使用“坐标(Ⅰ)=基(Ⅰ)到基(Ⅱ)的过渡矩阵×坐标(Ⅱ)”以及“坐标(Ⅱ)=基(Ⅱ)到基(Ⅰ)的过渡矩阵×坐标(Ⅰ)”法则验证 $\boldsymbol{P}$ 和 $\boldsymbol{K}$ 的正确性，即验证 $\boldsymbol{x}=\boldsymbol{Py}$ 和 $\boldsymbol{y}=\boldsymbol{Kx}$。

$$\begin{aligned}\boldsymbol{Py}&=\frac{1}{2}\begin{bmatrix}3&-3&2\\1&-1&2\\-2&4&-2\end{bmatrix}\frac{1}{2}\begin{bmatrix}7\\5\\1\end{bmatrix}=\begin{bmatrix}2\\1\\1\end{bmatrix}=\boldsymbol{x}\\\boldsymbol{Kx}&=\frac{1}{2}\begin{bmatrix}3&-1&2\\1&1&2\\-1&3&0\end{bmatrix}\begin{bmatrix}2\\1\\1\end{bmatrix}=\frac{1}{2}\begin{bmatrix}7\\5\\1\end{bmatrix}=\boldsymbol{y}\end{aligned}\tag{11.100}$$

上式说明了过渡矩阵的正确性。

上例中基向量组成的矩阵 $\boldsymbol{A}$ 和 $\boldsymbol{B}$ 都是方阵，所以可以使用行列式、逆矩阵等方式求解。如果它们不是方阵，那么就只能使用其他方式。比如下面这个例子。

例 11-43：已知向量组(Ⅰ)和向量组(Ⅱ)如下：

$$(\text{Ⅰ}):\boldsymbol{a}_1=\begin{bmatrix}1\\1\\1\end{bmatrix},\quad\boldsymbol{a}_2=\begin{bmatrix}1\\0\\1\end{bmatrix}\quad(\text{Ⅱ}):\boldsymbol{b}_1=\begin{bmatrix}2\\1\\2\end{bmatrix},\quad\boldsymbol{b}_2=\begin{bmatrix}0\\1\\0\end{bmatrix}\tag{11.101}$$

请说明向量组(Ⅰ)和向量组(Ⅱ)是某个 2 维空间的两组基向量，再求从基(Ⅰ)到基(Ⅱ)的过渡矩阵。

解：要说明向量组(Ⅰ)和向量组(Ⅱ)是某个 2 维空间的两组基向量，其实就是说明向量组(Ⅰ)和向量组(Ⅱ)都线性无关且两者等价。由等价向量组的知识只需说明 $r(\boldsymbol{a}_1,\boldsymbol{a}_2)=r(\boldsymbol{b}_1,\boldsymbol{b}_2)=r(\boldsymbol{a}_1,\boldsymbol{a}_2,\boldsymbol{b}_1,\boldsymbol{b}_2)=2$ 即可。

$$(\boldsymbol{a}_1,\boldsymbol{a}_2)=\begin{bmatrix}1&1\\1&0\\1&1\end{bmatrix}\to\begin{bmatrix}1&1\\0&1\\0&0\end{bmatrix}\Rightarrow r(\boldsymbol{a}_1,\boldsymbol{a}_2)=2$$

$$(\boldsymbol{b}_1,\boldsymbol{b}_2)=\begin{bmatrix}2&0\\1&1\\2&0\end{bmatrix}\to\begin{bmatrix}1&1\\0&1\\0&0\end{bmatrix}\Rightarrow r(\boldsymbol{b}_1,\boldsymbol{b}_2)=2$$

$$(\boldsymbol{a}_1,\boldsymbol{a}_2,\boldsymbol{b}_1,\boldsymbol{b}_2)=\begin{bmatrix}1&1&2&0\\1&0&1&1\\1&1&2&0\end{bmatrix}\rightarrow\begin{bmatrix}1&1&2&0\\0&1&1&-1\\0&0&0&0\end{bmatrix}\Rightarrow r(\boldsymbol{a}_1,\boldsymbol{a}_2,\boldsymbol{b}_1,\boldsymbol{b}_2)=2 \quad (11.102)$$

这说明向量组(Ⅰ)和向量组(Ⅱ)都是3维空间内的某个2维空间的两组基向量。设基(Ⅰ)到基(Ⅱ)的过渡矩阵是$\boldsymbol{P}$,根据"基(Ⅱ)＝基(Ⅰ)×基(Ⅰ)到基(Ⅱ)的过渡矩阵"这一法则,有下式成立:

$$(\boldsymbol{b}_1,\boldsymbol{b}_2)=(\boldsymbol{a}_1,\boldsymbol{a}_2)\boldsymbol{P} \quad (11.103)$$

此时不能使用逆矩阵求解,因为$(\boldsymbol{a}_1,\boldsymbol{a}_2)$不是方阵,故使用其他方法。设$(\boldsymbol{a}_1,\boldsymbol{a}_2)=\boldsymbol{A}$,然后将$\boldsymbol{P}$按列分块成为$\boldsymbol{P}=(\boldsymbol{p}_1,\boldsymbol{p}_2)$,则有

$$(\boldsymbol{b}_1,\boldsymbol{b}_2)=(\boldsymbol{a}_1,\boldsymbol{a}_2)\boldsymbol{P}\Leftrightarrow\boldsymbol{A}(\boldsymbol{p}_1,\boldsymbol{p}_2)=(\boldsymbol{b}_1,\boldsymbol{b}_2)\Leftrightarrow\begin{cases}\boldsymbol{A}\boldsymbol{p}_1=\boldsymbol{b}_1\\\boldsymbol{A}\boldsymbol{p}_2=\boldsymbol{b}_2\end{cases} \quad (11.104)$$

可见要求出$\boldsymbol{P}$,只需求解两个线性方程组即可,使用增广矩阵的方法如下:

$$\begin{aligned}\boldsymbol{A}\mid\boldsymbol{b}_1&=\left[\begin{array}{cc:c}1&1&2\\1&0&1\\1&1&2\end{array}\right]\rightarrow\left[\begin{array}{cc:c}1&1&2\\0&1&1\\0&0&0\end{array}\right]\Rightarrow\boldsymbol{p}_1=\begin{bmatrix}1\\1\end{bmatrix}\\\boldsymbol{A}\mid\boldsymbol{b}_2&=\left[\begin{array}{cc:c}1&1&0\\1&0&1\\1&1&0\end{array}\right]\rightarrow\left[\begin{array}{cc:c}1&1&0\\0&1&-1\\0&0&0\end{array}\right]\Rightarrow\boldsymbol{p}_2=\begin{bmatrix}1\\-1\end{bmatrix}\end{aligned} \quad (11.105)$$

故$\boldsymbol{P}=(\boldsymbol{p}_1,\boldsymbol{p}_2)=\begin{bmatrix}1&1\\1&-1\end{bmatrix}$。

11.6　编程实践:有关向量组的综合任务

这一节我们将通过MATLAB编程完成一个综合任务。设有两个分别包含n个m维向量的向量组(Ⅰ):$\boldsymbol{a}_1,\cdots,\boldsymbol{a}_n$和向量组(Ⅱ):$\boldsymbol{b}_1,\cdots,\boldsymbol{b}_n$,使用MATLAB解决以下问题:

- 判断它们是线性无关还是线性相关;
- 判断它们是否等价;
- 使用施密特正交化对两者分别化为等价的单位正交基向量组;
- 当向量组(Ⅰ)和向量组(Ⅱ)线性无关时,求从向量组(Ⅰ)到向量组(Ⅱ)的过渡矩阵。

第一,判断它们是否线性无关,使用矩阵的秩即可:

```
function flag_independent = linear_dependency(A, i)
% A: 横向并列的矩阵, i: 向量组的名称, flag_independent: 线性无关则为 1
[~, n] = size(A);
if rank(A) == n
    fprintf('Vector Set %s is linearly independent.\n', i);
    flag_independent = 1;
else
    fprintf('Vector Set %s is linearly dependent.\n', i);
    flag_independent = 0;
end
```

第二,判断它们是否等价,也使用矩阵的秩:

```
function equivalent(A,B,i,j)
% 判断向量组 i(用 A 表示)和向量组 j(用 B 表示)是否等效
C = [A,B];
if rank(A) == rank(B)&&rank(A) == rank(C)
    fprintf('Sets %s and %s are equivalent.\n',i,j);
else
    fprintf('Sets %s and %s are not equivalent.\n',i,j);
end
```

第三,使用施密特正交化对两者分别化为等价的单位正交基向量组,注意需要使用两个 for 循环操作:

```
function Q = Gram_Schmidt(A)
% 使用施密特正交化将向量组 A 转化为单位正交基向量组
[m,n] = size(A);P = zeros(m,n);Q = zeros(m,n);
P(:,1) = A(:,1);
if size(A,2)> 1
    for i = 1:n
        % 正交化
        p = zeros(m,1);
        for j = 1:i - 1
            p = p - dot(A(:,i),P(:,j))/dot(P(:,j),P(:,j)) * P(:,j);
        end
        P(:,i) = p + A(:,i);
        % 单位化
        Q(:,i) = P(:,i)/norm(P(:,i));
    end
end
```

第四,求从向量组(Ⅰ)到向量组(Ⅱ)的过渡矩阵,可以通过求解线性方程组实现,实际上由于一定是唯一解,因此只需要考虑一种情况即可:

```
function P = transition_matrix(A,B)
% 求解基 A 到基 B 的过渡矩阵 P
[m,n] = size(A); % m 必须不小于 n
P = rref([A,B]);
P(:,1:n) = [];
if m > n
    P(n + 1:m,:) = [];
end
```

使用例 11-43 的向量组为例:

$$(\text{Ⅰ}):\boldsymbol{a}_1=\begin{bmatrix}1\\1\\1\end{bmatrix},\quad \boldsymbol{a}_2=\begin{bmatrix}1\\0\\1\end{bmatrix}\quad (\text{Ⅱ}):\boldsymbol{b}_1=\begin{bmatrix}2\\1\\2\end{bmatrix},\quad \boldsymbol{b}_2=\begin{bmatrix}0\\1\\0\end{bmatrix} \tag{11.106}$$

编写主程序如下:

```
clc;clear all;close all;
tic;
% 输入向量组并横向并列为矩阵
a1 = [1;1;1];a2 = [1;0;1];A = [a1,a2]; % 向量组(I)
b1 = [2;1;2];b2 = [0;1;0];B = [b1,b2]; % 向量组(II)

% 任务 1:判断它们是线性无关还是线性相关
```

```
flag_independent1 = linear_dependency(A,'(I)');
flag_independent2 = linear_dependency(B,'(II)');

%任务 2:判断它们是否等价
equivalent(A,B,'(I)','(II)');

%任务 3:使用施密特正交化对两者分别化为等价的单位正交基向量组
QA = Gram_Schmidt(A);QB = Gram_Schmidt(B);

%任务 4:求从向量组(I)到向量组(II)的过渡矩阵
if flag_independent1 == 1&&flag_independent2 == 1
    P = transition_matrix(A,B);
end
toc;
```

运行这个程序，输出如下：

```
Vector Set (I) is linearly independent.
Vector Set (II) is linearly independent.
Sets (I) and (II) are equivalent.
Elapsed time is 0.050068 seconds.
```

对于第三个和第四个任务，分别查看其计算结果。首先查看变量 QA 和 QB，它们分别是向量组(Ⅰ)和向量组(Ⅱ)的施密特正交化结果：

```
>> QA
QA =
    0.5774    0.4082
    0.5774   -0.8165
    0.5774    0.4082

>> QB
QB =
    0.6667   -0.2357
    0.3333    0.9428
    0.6667   -0.2357
```

再查看从向量组(Ⅰ)到向量组(Ⅱ)的过渡矩阵，此处是变量 P：

```
>> P
P =
     1     1
     1    -1
```

和理论计算结果一致，说明了程序的正确性。读者可以使用这套程序对本章的各个例题进行验证，也可以将其应用在任意任务场合。

习题 11

1. 请说明以下每组向量是线性无关还是线性相关。

(1) $\boldsymbol{a}_1=\begin{bmatrix}1\\2\\1\end{bmatrix}$， $\boldsymbol{a}_2=\begin{bmatrix}2\\0\\1\end{bmatrix}$， $\boldsymbol{a}_3=\begin{bmatrix}1\\3\\2\end{bmatrix}$

（2）$\boldsymbol{a}_1=\begin{bmatrix}5\\0\\2\end{bmatrix}$，$\boldsymbol{a}_2=\begin{bmatrix}3\\1\\7\end{bmatrix}$

（3）$\boldsymbol{a}_1=\begin{bmatrix}1\\1\\1\\1\end{bmatrix}$，$\boldsymbol{a}_2=\begin{bmatrix}1\\2\\4\\3\end{bmatrix}$，$\boldsymbol{a}_3=\begin{bmatrix}1\\3\\7\\5\end{bmatrix}$

（4）$\boldsymbol{a}_1=\begin{bmatrix}1\\3\\1\\1\end{bmatrix}$，$\boldsymbol{a}_2=\begin{bmatrix}2\\4\\5\\3\end{bmatrix}$，$\boldsymbol{a}_3=\begin{bmatrix}1\\2\\1\\0\end{bmatrix}$，$\boldsymbol{a}_4=\begin{bmatrix}2\\3\\5\\2\end{bmatrix}$

2. 以下含参数 t 的向量组什么时候线性无关？什么时候线性相关？求出对应的参数值或范围。

（1）$\boldsymbol{a}_1=\begin{bmatrix}1\\1\\2\end{bmatrix}$，$\boldsymbol{a}_2=\begin{bmatrix}2\\t\\4\end{bmatrix}$，$\boldsymbol{a}_3=\begin{bmatrix}t\\3\\6\end{bmatrix}$

（2）$\boldsymbol{a}_1=\begin{bmatrix}1\\1\end{bmatrix}$，$\boldsymbol{a}_2=\begin{bmatrix}\sin t\\\cos t\end{bmatrix}$

3.（单项选择题）$\boldsymbol{A}$ 是 $m\times n$ 矩阵，齐次方程组 $\boldsymbol{Ax}=\boldsymbol{0}$ 只有零解的充分必要条件是(　　)。

A. $\boldsymbol{A}$ 的列向量组线性无关

B. $\boldsymbol{A}$ 的列向量组线性相关

C. $\boldsymbol{A}$ 的行向量组线性无关

D. $\boldsymbol{A}$ 的行向量组线性相关

4.（单项选择题）$\boldsymbol{A}$ 和 $\boldsymbol{B}$ 是满足 $\boldsymbol{AB}=\boldsymbol{O}$ 的任意两个非零矩阵，则必有(　　)。

A. $\boldsymbol{A}$ 的列向量组线性相关，$\boldsymbol{B}$ 的列向量组线性相关

B. $\boldsymbol{A}$ 的列向量组线性相关，$\boldsymbol{B}$ 的行向量组线性相关

C. $\boldsymbol{A}$ 的行向量组线性相关，$\boldsymbol{B}$ 的行向量组线性相关

D. $\boldsymbol{A}$ 的行向量组线性相关，$\boldsymbol{B}$ 的列向量组线性相关

5. 设有以下四个向量：

$$\boldsymbol{a}_1=\begin{bmatrix}t+3\\t\\3t+3\end{bmatrix},\quad \boldsymbol{a}_2=\begin{bmatrix}1\\t-1\\t\end{bmatrix},\quad \boldsymbol{a}_3=\begin{bmatrix}2\\t+1\\t+3\end{bmatrix},\quad \boldsymbol{b}=\begin{bmatrix}t\\2t\\0\end{bmatrix}$$

请讨论参数 t 的取值，分别使得：(1)$\boldsymbol{b}$ 可以由 $\boldsymbol{a}_1,\boldsymbol{a}_2,\boldsymbol{a}_3$ 唯一线性表示；(2)$\boldsymbol{b}$ 可以由 $\boldsymbol{a}_1,\boldsymbol{a}_2,\boldsymbol{a}_3$ 不唯一线性表示；(3)$\boldsymbol{b}$ 不可以由 $\boldsymbol{a}_1,\boldsymbol{a}_2,\boldsymbol{a}_3$ 线性表示。

6. 现有 n 元具有无穷解的非齐次方程组 $\boldsymbol{Ax}=\boldsymbol{b}$，对应齐次方程组 $\boldsymbol{Ax}=\boldsymbol{0}$ 的基础解系是 $\boldsymbol{c}_1,\boldsymbol{c}_2,\cdots,\boldsymbol{c}_t$，其中 $t=n-r(\boldsymbol{A})$。设 $\boldsymbol{Ax}=\boldsymbol{b}$ 的一个特解是 $\boldsymbol{d}$，求证：$\boldsymbol{c}_1,\boldsymbol{c}_2,\cdots,\boldsymbol{c}_t,\boldsymbol{d}$ 线性无关。

7. 已知 4 阶方阵 $\boldsymbol{A}=(\boldsymbol{\alpha}_1,\boldsymbol{\alpha}_2,\boldsymbol{\alpha}_3,\boldsymbol{\alpha}_4)$不可逆，$\boldsymbol{a}_{ij}$ 表示 $\boldsymbol{A}$ 第 i 行第 j 列的元素，A_{ij} 是 $\boldsymbol{a}_{ij}$ 对应的代数余子式。已知 $A_{12}\neq 0$，求证：$\boldsymbol{\alpha}_1$、$\boldsymbol{\alpha}_3$ 和$\boldsymbol{\alpha}_4$ 是线性方程组 $\boldsymbol{A}^*\boldsymbol{x}=\boldsymbol{0}$ 的基础

解系。

8. 使用施密特正交化将以下两组向量化为单位正交基向量组：

(1) $\boldsymbol{a}_1=\begin{bmatrix}1\\1\\1\end{bmatrix}$，$\boldsymbol{a}_2=\begin{bmatrix}1\\2\\3\end{bmatrix}$，$\boldsymbol{a}_3=\begin{bmatrix}1\\4\\9\end{bmatrix}$

(2) $\boldsymbol{a}_1=\begin{bmatrix}1\\0\\-1\\1\end{bmatrix}$，$\boldsymbol{a}_2=\begin{bmatrix}1\\-1\\0\\1\end{bmatrix}$，$\boldsymbol{a}_3=\begin{bmatrix}-1\\1\\1\\0\end{bmatrix}$

9. 求证：以下向量组(Ⅰ)和向量组(Ⅱ)等价。

$$(\text{Ⅰ}):\boldsymbol{a}_1=\begin{bmatrix}1\\0\\4\\2\end{bmatrix},\quad \boldsymbol{a}_2=\begin{bmatrix}1\\2\\0\\2\end{bmatrix},\quad \boldsymbol{a}_3=\begin{bmatrix}2\\5\\-2\\8\end{bmatrix},\quad \boldsymbol{a}_3=\begin{bmatrix}2\\1\\6\\4\end{bmatrix}$$

$$(\text{Ⅱ}):\boldsymbol{b}_1=\begin{bmatrix}1\\-1\\6\\2\end{bmatrix},\quad \boldsymbol{b}_2=\begin{bmatrix}0\\-1\\2\\8\end{bmatrix},\quad \boldsymbol{b}_3=\begin{bmatrix}0\\1\\-2\\6\end{bmatrix},\quad \boldsymbol{b}_4=\begin{bmatrix}1\\0\\4\\22\end{bmatrix}$$

10. 3维空间中有基向量组(Ⅰ)和基向量组(Ⅱ)。

$$(\text{Ⅰ}):\boldsymbol{a}_1=\begin{bmatrix}1\\1\\1\end{bmatrix},\quad \boldsymbol{a}_2=\begin{bmatrix}1\\0\\-1\end{bmatrix},\quad \boldsymbol{a}_3=\begin{bmatrix}1\\0\\1\end{bmatrix}$$

$$(\text{Ⅱ}):\boldsymbol{b}_1=\begin{bmatrix}1\\2\\1\end{bmatrix},\quad \boldsymbol{b}_2=\begin{bmatrix}2\\3\\4\end{bmatrix},\quad \boldsymbol{b}_3=\begin{bmatrix}3\\4\\3\end{bmatrix}$$

求基向量组(Ⅰ)到基向量组(Ⅱ)的过渡矩阵 $\boldsymbol{P}$。

11. 已知矩阵 $\boldsymbol{Q}=\begin{bmatrix}0.6 & b\\a & 0.6\end{bmatrix}$是正交矩阵，且 $a>0$。求参数 a 和 b 的值。

第12章

特征值和特征向量

一个 n 阶方阵对应 n 维空间内发生的线性变换，这些线性变换有的简单，有的复杂。我们希望能够提取出一个比较复杂的线性变换的本质特征，因为这样就可以通过分析其本质将其转化为比较简单的线性变换。而这就需要学习方阵的特征值和特征向量的知识了。

12.1 特征值和特征向量的概念

12.1.1 对角阵的特征值和特征向量

首先看一个简单的2阶对角阵 $\boldsymbol{U}$：

$$\boldsymbol{U}=\begin{bmatrix}4 & 0\\0 & 1\end{bmatrix} \tag{12.1}$$

平面直角坐标系的2个自然基向量是 $\boldsymbol{e}_1=(1,0)^{\mathrm{T}}$ 和 $\boldsymbol{e}_2=(0,1)^{\mathrm{T}}$，$\boldsymbol{U}$ 将两者分别映射成了 $\boldsymbol{u}_1=(4,0)^{\mathrm{T}}$ 和 $\boldsymbol{u}_2=(0,1)^{\mathrm{T}}$。这相当于横轴坐标伸长成为原先的4倍，纵轴坐标保持不变，或者说纵轴坐标变为原先的1倍。这个过程如图12-1所示。

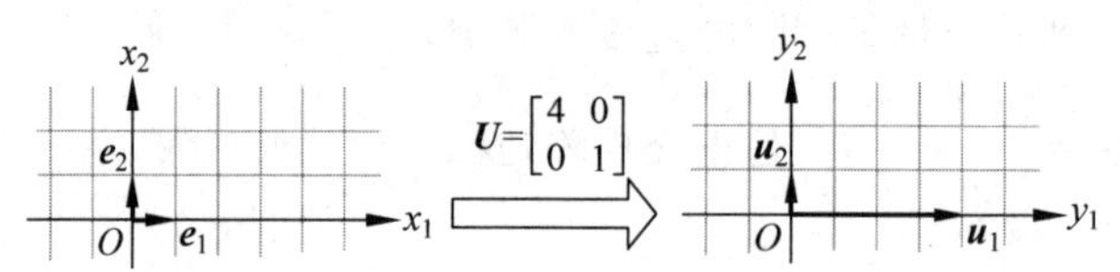

图12-1 对角阵 $\boldsymbol{U}$ 对自然基向量 $\boldsymbol{e}_1$ 和 $\boldsymbol{e}_2$ 的映射

注意到在自然基向量 $\boldsymbol{e}_1$ 和 $\boldsymbol{e}_2$ 分别变成 $\boldsymbol{u}_1$ 和 $\boldsymbol{u}_2$ 的过程中，两者并没有偏离各自所在的直线，它们只是在原先所在直线上发生了伸缩，从某种程度上反映了 $\boldsymbol{U}$ 的线性变换特性，因此被称作 $\boldsymbol{U}$ 的**特征向量**（eigenvector），而伸缩因子4和1被称作 $\boldsymbol{U}$ 的**特征值**（eigenvalue）。对于 $\boldsymbol{U}$ 这样的对角阵，它的一组特征向量就是直角坐标系的自然基，而特征值就是其主对角线各个元素。以上概念可以使用代数表达如下：

$$\boldsymbol{U}\boldsymbol{e}_1=4\boldsymbol{e}_1 \Leftrightarrow \begin{bmatrix}4 & 0\\0 & 1\end{bmatrix}\begin{bmatrix}1\\0\end{bmatrix}=4\begin{bmatrix}1\\0\end{bmatrix}$$

$$\boldsymbol{U}\boldsymbol{e}_2 = 1\boldsymbol{e}_2 \Leftrightarrow \begin{bmatrix} 4 & 0 \\ 0 & 1 \end{bmatrix} \begin{bmatrix} 0 \\ 1 \end{bmatrix} = 1 \begin{bmatrix} 0 \\ 1 \end{bmatrix} \tag{12.2}$$

事实上 $\boldsymbol{U}$ 的特征向量不止 $\boldsymbol{e}_1$ 和 $\boldsymbol{e}_2$ 这一组，任何和 $\boldsymbol{e}_1$ 和 $\boldsymbol{e}_2$ 共线的非零向量 $k_1\boldsymbol{e}_1$ 和 $k_2\boldsymbol{e}_2$ 都可以作为 $\boldsymbol{U}$ 的特征向量，因为它们在变换过程中，$k_1\boldsymbol{e}_1$ 和 $k_2\boldsymbol{e}_2$ 也会分别成为原先的 4 倍和 1 倍而不偏离原先的直线，即 $\boldsymbol{U}(k_1\boldsymbol{e}_1)=4(k_1\boldsymbol{e}_1)$ 和 $\boldsymbol{U}(k_2\boldsymbol{e}_2)=1(k_2\boldsymbol{e}_2)$。因此，可以说特征值 4 对应的特征向量是 $k_1\boldsymbol{e}_1$，而特征值 1 对应的特征向量是 $k_2\boldsymbol{e}_2$。此处要求 $k_1, k_2 \neq 0$，即特征向量不能是零向量，这是由于零向量没有确定的方向，没有研究的意义。

对于平面上的任意一个向量，映射后其横坐标会变为原先的 4 倍，纵坐标会变为原先的 1 倍。比如说 $\boldsymbol{s}=(3,2)^{\mathrm{T}}$ 这个向量，经过 $\boldsymbol{U}$ 映射后就会成为 $\boldsymbol{s}'=\boldsymbol{U}\boldsymbol{s}=(12,2)^{\mathrm{T}}$。其实不论 $(3,2)^{\mathrm{T}}$ 还是 $(12,2)^{\mathrm{T}}$，它们都是在 $\boldsymbol{e}_1, \boldsymbol{e}_2$ 下的坐标，也就是以 2 个特征向量为基向量组时，其坐标的变化可以表示为特征值对应的倍数运算。比如 $\boldsymbol{s}$ 的横坐标是 3，对应的是特征向量 $\boldsymbol{e}_1$，而 $\boldsymbol{e}_1$ 对应的特征值是 4，所以变换后 $\boldsymbol{s}'$ 的横坐标就是 $3\times4=12$；$\boldsymbol{s}$ 的纵坐标是 2，对应的是特征向量 $\boldsymbol{e}_2$，而 $\boldsymbol{e}_2$ 对应的特征值是 1，所以变换后 $\boldsymbol{s}'$ 的纵坐标就是 $2\times1=2$。

12.1.2　一般方阵的特征值和特征向量

我们从对角阵初步认识了特征值和特征向量的概念，现在进一步研究一般方阵的特征值和特征向量。下面以这样一个简单的 2 阶方阵 $\boldsymbol{A}$ 为例：

$$\boldsymbol{A} = \begin{bmatrix} 3 & 2 \\ 1 & 2 \end{bmatrix} \tag{12.3}$$

方阵 $\boldsymbol{A}$ 将 2 个自然基 $\boldsymbol{e}_1=(1,0)^{\mathrm{T}}$ 和 $\boldsymbol{e}_2=(0,1)^{\mathrm{T}}$ 分别映射成了它的两列 $\boldsymbol{a}_1=(3,1)^{\mathrm{T}}$ 和 $\boldsymbol{a}_2=(2,2)^{\mathrm{T}}$，如图 12-2 所示。

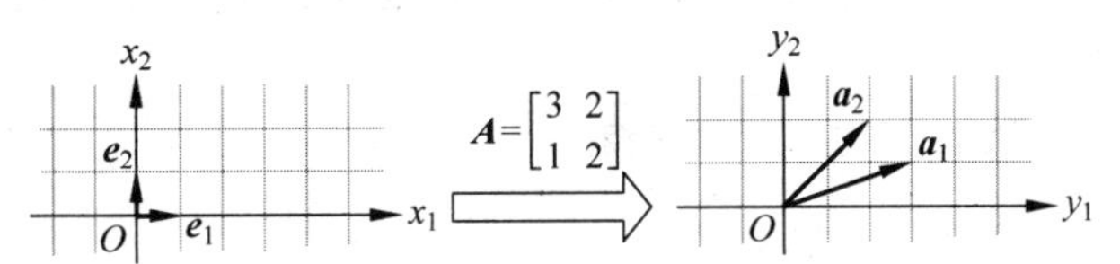

图 12-2　方阵 $\boldsymbol{A}$ 对自然基向量 $\boldsymbol{e}_1$ 和 $\boldsymbol{e}_2$ 的映射

可见，自然基向量 $\boldsymbol{e}_1$ 和 $\boldsymbol{e}_2$ 在映射后同时发生了伸缩和旋转，偏离了原先所在的直线，因此两者不是 $\boldsymbol{A}$ 的特征向量。那么什么样的向量才是 $\boldsymbol{A}$ 的特征向量呢？第一，这个向量不能是零向量，否则线性变换将没有意义。第二，这个向量经过 $\boldsymbol{A}$ 的映射后（即 $\boldsymbol{A}$ 左乘这个向量后）得到的新向量不能偏离原先向量所在的直线。第三，如果在平面上能找出 2 个这样线性无关（即不共线）的向量，那么它们就可以作为平面上的一组基向量，这样只需将基向量变换到这组向量上就可以让对应的坐标在 $\boldsymbol{A}$ 的映射下只发生简单的倍数伸缩。

这里给出了四个向量：$\boldsymbol{p}$、$\boldsymbol{q}$、$\boldsymbol{x}_1$ 和 $\boldsymbol{x}_2$，如下：

$$\boldsymbol{p} = \begin{bmatrix} 1 \\ 1 \end{bmatrix}, \quad \boldsymbol{q} = \begin{bmatrix} 1 \\ 2 \end{bmatrix}, \quad \boldsymbol{x}_1 = \begin{bmatrix} 2 \\ 1 \end{bmatrix}, \quad \boldsymbol{x}_2 = \begin{bmatrix} -1 \\ 1 \end{bmatrix} \tag{12.4}$$

显然它们都不是零向量。现在一一验证它们是否在 $\boldsymbol{A}$ 的作用下不偏离原先所在的直线。$\boldsymbol{p}$ 在 $\boldsymbol{A}$ 的映射下成为 $\boldsymbol{p}'$，如式(12.5)和图 12-3 所示（为了方便对比映射前后，将 $\boldsymbol{p}'$ 和 $\boldsymbol{p}$ 画在了同一个直角坐标系里，后面相同）：

$$\boldsymbol{p}'=\boldsymbol{A}\boldsymbol{p}=\begin{bmatrix}3 & 2\\1 & 2\end{bmatrix}\begin{bmatrix}1\\1\end{bmatrix}=\begin{bmatrix}5\\3\end{bmatrix} \tag{12.5}$$

可以看出 $\boldsymbol{p}'$和 $\boldsymbol{p}$ 不共线，即 $\boldsymbol{p}$ 在 $\boldsymbol{A}$ 映射下偏离了原先所在的直线，因此 $\boldsymbol{p}$ 不是 $\boldsymbol{A}$ 的特征向量。

$\boldsymbol{q}$ 在 $\boldsymbol{A}$ 的映射下成为 $\boldsymbol{q}'$，如式(12.6)和图 12-4 所示。

$$\boldsymbol{q}'=\boldsymbol{A}\boldsymbol{q}=\begin{bmatrix}3 & 2\\1 & 2\end{bmatrix}\begin{bmatrix}1\\2\end{bmatrix}=\begin{bmatrix}7\\5\end{bmatrix} \tag{12.6}$$

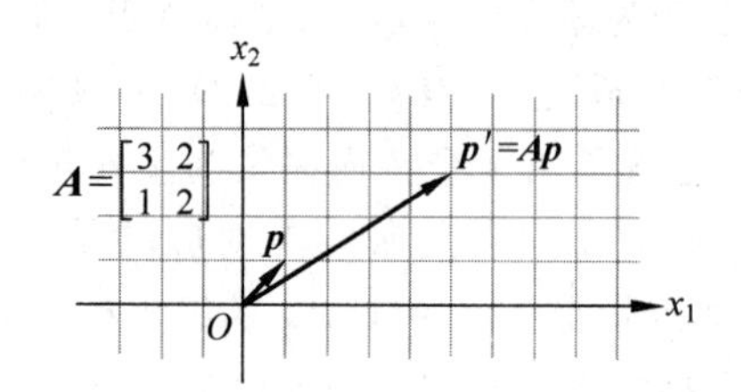

图 12-3 方阵 $\boldsymbol{A}$ 将向量 $\boldsymbol{p}$ 映射为 $\boldsymbol{p}'$

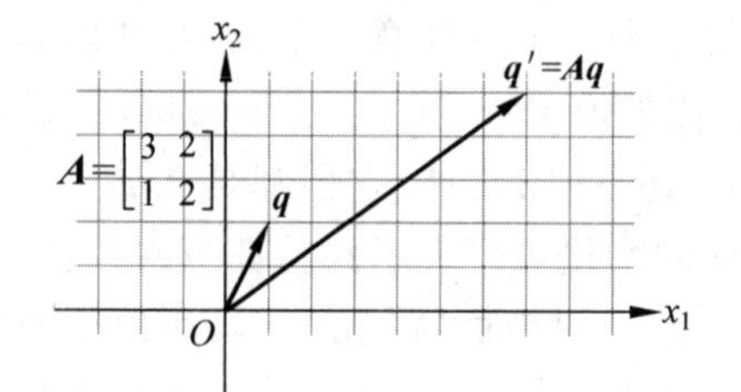

图 12-4 方阵 $\boldsymbol{A}$ 将向量 $\boldsymbol{q}$ 映射为 $\boldsymbol{q}'$

可以看出 $\boldsymbol{q}'$和 $\boldsymbol{q}$ 不共线，即 $\boldsymbol{q}$ 在 $\boldsymbol{A}$ 映射下偏离了原先所在的直线，因此 $\boldsymbol{q}$ 也不是 $\boldsymbol{A}$ 的特征向量。

$\boldsymbol{x}_1$ 在 $\boldsymbol{A}$ 的映射下成为 $\boldsymbol{x}_1'$，如式(12.7)和图 12-5 所示。

$$\boldsymbol{x}_1'=\boldsymbol{A}\boldsymbol{x}_1=\begin{bmatrix}3 & 2\\1 & 2\end{bmatrix}\begin{bmatrix}2\\1\end{bmatrix}=\begin{bmatrix}8\\4\end{bmatrix} \tag{12.7}$$

可见 $\boldsymbol{x}_1'$和 $\boldsymbol{x}_1$ 共线，即 $\boldsymbol{x}_1$ 在 $\boldsymbol{A}$ 的映射下没有偏离原先所在的直线，而且在原方向上伸长为原先的 4 倍，即 $\boldsymbol{A}\boldsymbol{x}_1=4\boldsymbol{x}_1$，因此与 $\boldsymbol{x}_1$ 共线的所有非零向量 $k_1\boldsymbol{x}_1$ 都是 $\boldsymbol{A}$ 的特征向量，而对应的特征值是 4。

$\boldsymbol{x}_2$ 在 $\boldsymbol{A}$ 的映射下成为 $\boldsymbol{x}_2'$，如式(12.8)和图 12-6 所示。

$$\boldsymbol{x}_2'=\boldsymbol{A}\boldsymbol{x}_2=\begin{bmatrix}3 & 2\\1 & 2\end{bmatrix}\begin{bmatrix}-1\\1\end{bmatrix}=\begin{bmatrix}-1\\1\end{bmatrix} \tag{12.8}$$

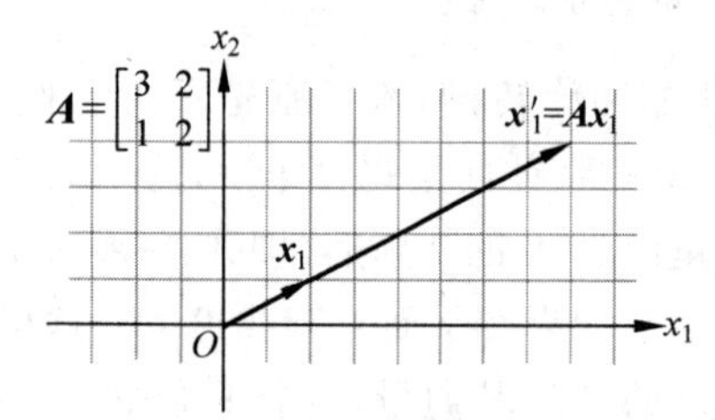

图 12-5 方阵 $\boldsymbol{A}$ 将向量 $\boldsymbol{x}_1$ 映射为 $\boldsymbol{x}_1'$

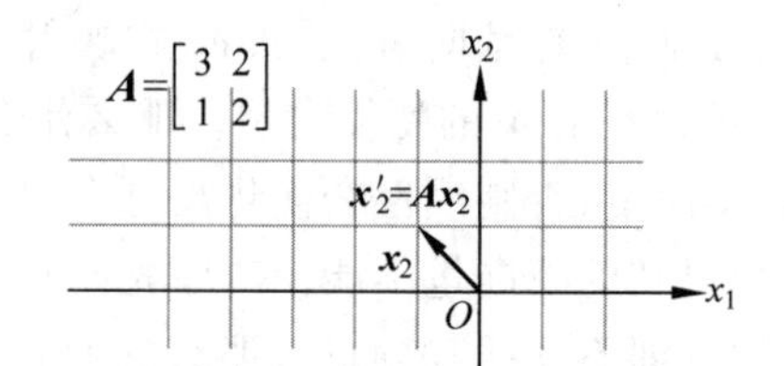

图 12-6 方阵 $\boldsymbol{A}$ 将向量 $\boldsymbol{x}_2$ 映射为 $\boldsymbol{x}_2'$

可见 $\boldsymbol{x}_2'$就等于 $\boldsymbol{x}_2$，两者自然是共线。$\boldsymbol{A}$ 将 $\boldsymbol{x}_2$ 映射后没有让其发生变化，或者说伸长为原来的 1 倍，即 $\boldsymbol{A}\boldsymbol{x}_2=1\boldsymbol{x}_2$，因此与 $\boldsymbol{x}_2$ 共线的所有非零向量 $k_2\boldsymbol{x}_2$ 都是 $\boldsymbol{A}$ 的特征向量，而对应的特征值是 1。

综上分析，我们找到了属于 $\boldsymbol{A}$ 的两类特征向量：一类特征向量和 $\boldsymbol{x}_1$ 共线，映射后在对应的直线上会被伸长为原先的 4 倍；另一类特征向量和 $\boldsymbol{x}_2$ 共线，映射后在对应的直线上会被伸长为原先的 1 倍。将 $\boldsymbol{x}_1$ 和 $\boldsymbol{x}_2$ 画在平面直角坐标系里(见图 12-7)，可以看出两者不共线，即它们线性无关，因此可以作为平面上的一组基向量。

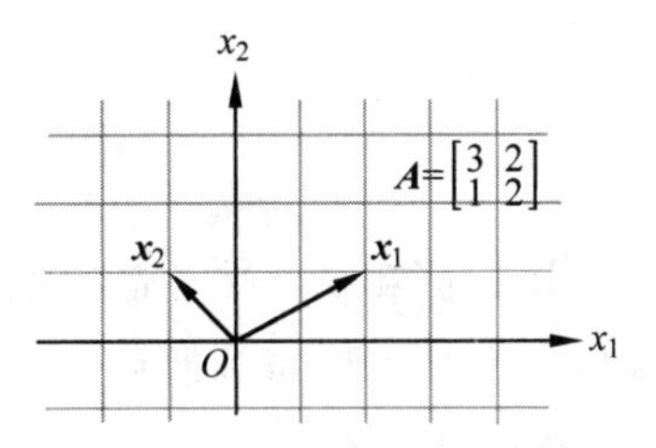

图 12-7 方阵 $\boldsymbol{A}$ 的 2 个线性无关的特征向量 $\boldsymbol{x}_1$ 和 $\boldsymbol{x}_2$

现在不仅找到了 $\boldsymbol{A}$ 的特征值和特征向量，还确认了找到的两类特征向量可以构成平面内的一组基向量。现在设有一个平面向量 $\boldsymbol{s}=(4,5)^{\mathrm{T}}$，它在 $\boldsymbol{A}$ 的映射下成为另一个向量 $\boldsymbol{s}'=\boldsymbol{As}=(22,14)^{\mathrm{T}}$。从表面看 $\boldsymbol{s}$ 和 $\boldsymbol{s}'$ 的坐标似乎毫无关系，这是因为表示两者坐标时默认选用的是自然基向量 $\boldsymbol{e}_1$ 和 $\boldsymbol{e}_2$。那么如果选用 $\boldsymbol{x}_1$ 和 $\boldsymbol{x}_2$ 作为基向量又会如何呢？首先求出 $\boldsymbol{s}$ 在基 $\boldsymbol{X}=(\boldsymbol{x}_1,\boldsymbol{x}_2)$ 下的坐标 $\boldsymbol{z}=(z_1,z_2)^{\mathrm{T}}$，相当于求解线性方程组 $\boldsymbol{Xz}=\boldsymbol{s}$：

$$\boldsymbol{X}=\begin{bmatrix}2&-1\\1&1\end{bmatrix},\quad \boldsymbol{X}^{-1}=\frac{1}{3}\begin{bmatrix}1&1\\-1&2\end{bmatrix}$$

$$\boldsymbol{Xz}=\boldsymbol{s}\Rightarrow\boldsymbol{z}=\boldsymbol{X}^{-1}\boldsymbol{s}=\frac{1}{3}\begin{bmatrix}1&1\\-1&2\end{bmatrix}\begin{bmatrix}4\\5\end{bmatrix}=\begin{bmatrix}3\\2\end{bmatrix}\tag{12.9}$$

再求出 $\boldsymbol{s}'$ 在 $\boldsymbol{X}=(\boldsymbol{x}_1,\boldsymbol{x}_2)$ 下的坐标 $\boldsymbol{z}'=(z_1',z_2')^{\mathrm{T}}$，相当于求解线性方程组 $\boldsymbol{Xz}'=\boldsymbol{s}'$：

$$\boldsymbol{Xz}'=\boldsymbol{s}'\Rightarrow\boldsymbol{z}'=\boldsymbol{X}^{-1}\boldsymbol{s}'=\frac{1}{3}\begin{bmatrix}1&1\\-1&2\end{bmatrix}\begin{bmatrix}22\\14\end{bmatrix}=\begin{bmatrix}12\\2\end{bmatrix}\tag{12.10}$$

对比 $\boldsymbol{s}$ 和 $\boldsymbol{s}'$ 在基 $\boldsymbol{X}=(\boldsymbol{x}_1,\boldsymbol{x}_2)$ 下的坐标 $\boldsymbol{z}=(3,2)^{\mathrm{T}}$ 和 $\boldsymbol{z}'=(12,2)^{\mathrm{T}}$，正好是第 1 个分量变为 4 倍，而第 2 个分量变为 1 倍。这说明如果从特征向量的角度去看待 $\boldsymbol{s}$ 和 $\boldsymbol{s}'$，那么对应的坐标也有这样的数乘伸缩性质。于是 $\boldsymbol{A}$ 看似在平面上实现了伸缩和旋转这样比较复杂的变换，但如果以其特征向量 $\boldsymbol{x}_1$ 和 $\boldsymbol{x}_2$ 为基向量，这个线性变换就可以转化成为简单的伸缩变换，类似于对角阵，有利于简化研究线性变换的性质。这就是研究特征值和特征向量的重要意义。

12.1.3 特征值和特征向量的代数定义

将以上特征值和特征向量的概念推广到 n 阶方阵 $\boldsymbol{A}$，即在 n 维空间内的某非零向量 $\boldsymbol{x}$ 经过 $\boldsymbol{A}$ 的映射后只发生共线的伸缩变换，那么就说 $\boldsymbol{x}$ 是 $\boldsymbol{A}$ 的一个特征向量，对应伸缩因子 λ 就是 $\boldsymbol{A}$ 的属于 $\boldsymbol{x}$ 的特征值。以上概念用代数表达就是

$$\boldsymbol{Ax}=\lambda\boldsymbol{x}\,(\boldsymbol{x}\neq\boldsymbol{0})\tag{12.11}$$

这个定义式可以用于判断一个向量是否为某个方阵的特征向量，而且还能确定对应的特征值。

例 12-1：已知 3 阶方阵 $\boldsymbol{A}$ 和 $\boldsymbol{p}$、$\boldsymbol{q}$、$\boldsymbol{r}$ 三个 3 维向量如下所示，请判断 $\boldsymbol{p}$、$\boldsymbol{q}$ 和 $\boldsymbol{r}$ 是不是 $\boldsymbol{A}$ 的特征向量。如果是特征向量，求出对应的特征值。

$$\boldsymbol{A}=\begin{bmatrix}6&-4&0\\2&0&0\\11&-10&1\end{bmatrix},\quad \boldsymbol{p}=\begin{bmatrix}1\\2\\1\end{bmatrix},\quad \boldsymbol{q}=\begin{bmatrix}2\\1\\4\end{bmatrix},\quad \boldsymbol{r}=\begin{bmatrix}1\\1\\1\end{bmatrix}\tag{12.12}$$

解：根据定义，只需要看向量经过 $\boldsymbol{A}$ 的映射后是否保持共线即可。共线的向量各个分量是成比例的，这个比值就是对应的特征值。首先看 $\boldsymbol{p}$：

$$p'=Ap=\begin{bmatrix}6&-4&0\\2&0&0\\11&-10&1\end{bmatrix}\begin{bmatrix}1\\2\\1\end{bmatrix}=\begin{bmatrix}-2\\2\\-8\end{bmatrix} \tag{12.13}$$

由于 $\boldsymbol{p}'$ 和 $\boldsymbol{p}$ 各个分量不成比例，故两者不共线，即 $\boldsymbol{p}$ 在映射后偏离了原先所在的直线，因此 $\boldsymbol{p}$ 不是 $\boldsymbol{A}$ 的特征向量。

再看 $\boldsymbol{q}$：

$$q'=Aq=\begin{bmatrix}6&-4&0\\2&0&0\\11&-10&1\end{bmatrix}\begin{bmatrix}2\\1\\4\end{bmatrix}=\begin{bmatrix}8\\4\\16\end{bmatrix}=4\begin{bmatrix}2\\1\\4\end{bmatrix}=4q \tag{12.14}$$

可见 $\boldsymbol{q}'$ 和 $\boldsymbol{q}$ 各个分量成比例，即两者共线且伸缩因子是 4，故 $\boldsymbol{q}$ 是 $\boldsymbol{A}$ 的特征向量，对应特征值是 4。并且和 $\boldsymbol{q}$ 共线的全体非零向量 $k_1\boldsymbol{q}(k_1\neq 0)$ 也都是 4 这个特征值对应的特征向量。

最后看 $\boldsymbol{r}$：

$$r'=Ar=\begin{bmatrix}6&-4&0\\2&0&0\\11&-10&1\end{bmatrix}\begin{bmatrix}1\\1\\1\end{bmatrix}=\begin{bmatrix}2\\2\\2\end{bmatrix}=2\begin{bmatrix}1\\1\\1\end{bmatrix}=2r \tag{12.15}$$

可见 $\boldsymbol{r}'$ 和 $\boldsymbol{r}$ 各个分量成比例，即两者共线且伸缩因子是 2，故 $\boldsymbol{r}$ 是 $\boldsymbol{A}$ 的特征向量，对应特征值是 2。和 $\boldsymbol{r}$ 共线的全体非零向量 $k_2\boldsymbol{r}(k_2\neq 0)$ 都是 2 这个特征值对应的特征向量。

例 12-2：已知 4 阶方阵 $\boldsymbol{A}$ 和向量 $\boldsymbol{p}$ 如下，请说明 $\boldsymbol{p}$ 是 $\boldsymbol{A}$ 的一个特征向量，并求出对应的特征值。

$$A=\begin{bmatrix}1&1&0&1\\1&2&1&1\\2&2&0&3\\0&1&1&-1\end{bmatrix},\quad p=\begin{bmatrix}1\\-1\\1\\0\end{bmatrix} \tag{12.16}$$

解：判断如下：

$$Ap=\begin{bmatrix}1&1&0&1\\1&2&1&1\\2&2&0&3\\0&1&1&-1\end{bmatrix}\begin{bmatrix}1\\-1\\1\\0\end{bmatrix}=\begin{bmatrix}0\\0\\0\\0\end{bmatrix} \tag{12.17}$$

此处 $\boldsymbol{Ap}=\boldsymbol{0}$，那么是否就意味着 $\boldsymbol{p}$ 不是 $\boldsymbol{A}$ 的特征向量呢？答案是否定的。事实上，零向量和任何向量都是共线关系，因此虽然特征向量不能是零向量，但是经过方阵映射后的结果却可以是零向量。因此可以将上式写成 $\boldsymbol{Ap}=0\boldsymbol{p}$ 这种形式，它依旧是符合特征值和特征向量的定义式的。故 $\boldsymbol{p}$ 是 $\boldsymbol{A}$ 的特征向量，对应的特征值是 0。

由上例可知，虽然方阵的特征向量不能是零向量，但特征值却可以是 0，此时方阵将对应的特征向量映射成为零向量。

通过上述分析，我们已经对特征值和特征向量的基本概念有了比较深入的了解。但仍然有两个问题没有解决：第一，对于给定的方阵，如何求出对应的特征值和特征向量呢？第二，一个 n 阶方阵特征向量能否构成 n 维空间的一组基向量呢？如果这些特征向量可以构成 n 维空间的一组基向量，方阵代表的线性变换就可以转化为坐标独立变化的伸缩变换；

如果这些特征向量不能构成 n 维空间的一组基向量，n 阶方阵代表的线性变换就不能转化为这样简单的伸缩变换。因此我们需要了解特征值和特征向量的求法以及对应的性质。

12.2 特征值和特征向量的计算

对于给定的方阵，要求出对应的特征值和特征向量就需要研究定义式。设 $\boldsymbol{A}$ 是 n 阶方阵，则对 $\boldsymbol{Ax}=\lambda\boldsymbol{x}$ 移项和变形如下：

$$\boldsymbol{Ax}=\lambda\boldsymbol{x}\Rightarrow\lambda\boldsymbol{x}-\boldsymbol{Ax}=\boldsymbol{0}\Rightarrow\lambda\boldsymbol{Ex}-\boldsymbol{Ax}=\boldsymbol{0}\Rightarrow(\lambda\boldsymbol{E}-\boldsymbol{A})\boldsymbol{x}=\boldsymbol{0} \tag{12.18}$$

可见要求出特征向量，就相当于求解齐次方程组 $(\lambda\boldsymbol{E}-\boldsymbol{A})\boldsymbol{x}=\boldsymbol{0}$。由于特征向量不能是零向量，即 $\boldsymbol{x}\neq\boldsymbol{0}$，因此方程组 $(\lambda\boldsymbol{E}-\boldsymbol{A})\boldsymbol{x}=\boldsymbol{0}$ 具有非零解，故 $r(\lambda\boldsymbol{E}-\boldsymbol{A})<n$，因此理论上只需要找到全体满足 $r(\lambda\boldsymbol{E}-\boldsymbol{A})<n$ 的 λ 值即为 $\boldsymbol{A}$ 的特征值，对应 $(\lambda\boldsymbol{E}-\boldsymbol{A})\boldsymbol{x}=\boldsymbol{0}$ 的解就是特征向量。由于 $\boldsymbol{A}$ 是方阵，因此 $\lambda\boldsymbol{E}-\boldsymbol{A}$ 也是方阵，所以 $r(\lambda\boldsymbol{E}-\boldsymbol{A})<n$ 等价于 $|\lambda\boldsymbol{E}-\boldsymbol{A}|=0$，这是一个关于 λ 的方程，解这个方程就可以得到全体的特征值，进一步得到对应的特征向量。

例 12-3：求 $\boldsymbol{A}=\begin{bmatrix}3 & 2\\1 & 2\end{bmatrix}$ 的特征值和特征向量。

解：首先写出 $|\lambda\boldsymbol{E}-\boldsymbol{A}|$ 并令其等于 0，得到一个含有 λ 的方程，解这个方程就可以得到全部的特征值。

$$|\lambda\boldsymbol{E}-\boldsymbol{A}|=\begin{vmatrix}\lambda-3 & -2\\-1 & \lambda-2\end{vmatrix}=(\lambda-3)(\lambda-2)-2=\lambda^2-5\lambda+4=0$$
$$\Rightarrow(\lambda-4)(\lambda-1)=0\Rightarrow\lambda_1=4,\quad\lambda_2=1 \tag{12.19}$$

于是得到了 2 个特征值 $\lambda_1=4$ 和 $\lambda_2=1$。要求出对应的特征向量，就要分别求解 2 个齐次方程组 $(4\boldsymbol{E}-\boldsymbol{A})\boldsymbol{x}=\boldsymbol{0}$ 和 $(\boldsymbol{E}-\boldsymbol{A})\boldsymbol{x}=\boldsymbol{0}$。可以通过系数矩阵的初等行变换法求得 2 个方程组的基础解系 $\boldsymbol{c}_1$ 和 $\boldsymbol{c}_2$：

$$\begin{aligned}4\boldsymbol{E}-\boldsymbol{A}&=\begin{bmatrix}4-3 & -2\\-1 & 4-2\end{bmatrix}=\begin{bmatrix}1 & -2\\-1 & 2\end{bmatrix}\to\begin{bmatrix}1 & -2\\0 & 0\end{bmatrix}\Rightarrow\boldsymbol{c}_1=\begin{bmatrix}2\\1\end{bmatrix}\\ \boldsymbol{E}-\boldsymbol{A}&=\begin{bmatrix}1-3 & -2\\-1 & 1-2\end{bmatrix}=\begin{bmatrix}-2 & -2\\-1 & -1\end{bmatrix}\to\begin{bmatrix}1 & 1\\0 & 0\end{bmatrix}\Rightarrow\boldsymbol{c}_2=\begin{bmatrix}-1\\1\end{bmatrix}\end{aligned} \tag{12.20}$$

所以 $(4\boldsymbol{E}-\boldsymbol{A})\boldsymbol{x}=\boldsymbol{0}$ 对应的非零解是 $k_1\boldsymbol{c}_1(k_1\neq0)$，故特征值 4 对应的特征向量就是 $k_1\boldsymbol{c}_1$；$(\boldsymbol{E}-\boldsymbol{A})\boldsymbol{x}=\boldsymbol{0}$ 对应的非零解是 $k_2\boldsymbol{c}_2(k_2\neq0)$，故特征值 1 对应的特征向量就是 $k_2\boldsymbol{c}_2$。

例 12-4：求方阵 $\boldsymbol{A}$ 的特征值和特征向量。

$$\boldsymbol{A}=\begin{bmatrix}2 & -3 & 2\\0 & -1 & 2\\1 & -5 & 5\end{bmatrix} \tag{12.21}$$

解：首先解方程 $|\lambda\boldsymbol{E}-\boldsymbol{A}|=0$，即 $\boldsymbol{A}$ 所有元素取相反数，再给主对角线元素添上 3 个 λ：

$$|\lambda\boldsymbol{E}-\boldsymbol{A}|=\begin{vmatrix}\lambda-2 & 3 & -2\\0 & \lambda+1 & -2\\-1 & 5 & \lambda-5\end{vmatrix}\overset{\text{CE}(c_1)}{=\!=\!=\!=}(\lambda-2)\begin{vmatrix}\lambda+1 & -2\\5 & \lambda-5\end{vmatrix}-\begin{vmatrix}3 & -2\\\lambda+1 & -2\end{vmatrix}$$
$$=(\lambda-2)(\lambda^2-4\lambda+5)-2(\lambda-2)=(\lambda-2)(\lambda^2-4\lambda+3)$$
$$=(\lambda-1)(\lambda-2)(\lambda-3)=0\Rightarrow\lambda_1=1,\lambda_2=2,\lambda_3=3 \tag{12.22}$$

可知 $\boldsymbol{A}$ 具有 3 个不同的特征值 1、2 和 3,因此需要求解 3 个齐次方程组 $(\boldsymbol{E}-\boldsymbol{A})\boldsymbol{x}=\boldsymbol{0}$、$(2\boldsymbol{E}-\boldsymbol{A})\boldsymbol{x}=\boldsymbol{0}$ 和 $(3\boldsymbol{E}-\boldsymbol{A})\boldsymbol{x}=\boldsymbol{0}$。通过系数矩阵的初等行变换法求得三个方程组的基础解系 $\boldsymbol{c}_1$、$\boldsymbol{c}_2$ 和 $\boldsymbol{c}_3$。

$$\begin{aligned}
\boldsymbol{E}-\boldsymbol{A}&=\begin{bmatrix}-1&3&-2\\0&2&-2\\-1&5&-4\end{bmatrix}\rightarrow\begin{bmatrix}1&-3&2\\0&1&-1\\0&0&0\end{bmatrix}\Rightarrow\boldsymbol{c}_1=\begin{bmatrix}1\\1\\1\end{bmatrix}\\
2\boldsymbol{E}-\boldsymbol{A}&=\begin{bmatrix}0&3&-2\\0&3&-2\\-1&5&-3\end{bmatrix}\rightarrow\begin{bmatrix}1&-5&3\\0&3&-2\\0&0&0\end{bmatrix}\Rightarrow\boldsymbol{c}_2=\begin{bmatrix}1\\2\\3\end{bmatrix}\\
3\boldsymbol{E}-\boldsymbol{A}&=\begin{bmatrix}1&3&-2\\0&4&-2\\-1&5&-2\end{bmatrix}\rightarrow\begin{bmatrix}1&3&-2\\0&2&-1\\0&0&0\end{bmatrix}\Rightarrow\boldsymbol{c}_3=\begin{bmatrix}1\\1\\2\end{bmatrix}
\end{aligned}\tag{12.23}$$

由此可知,特征值 1 对应的特征向量是 $k_1\boldsymbol{c}_1$,特征值 2 对应的特征向量是 $k_2\boldsymbol{c}_2$,特征值 3 对应的特征向量是 $k_3\boldsymbol{c}_2$,其中 $k_1,k_2,k_3\neq0$。

例 12-5:求方阵 $\boldsymbol{B}$ 的特征值和特征向量。

$$\boldsymbol{B}=\begin{bmatrix}-1&1&0\\-4&3&0\\1&0&2\end{bmatrix}\tag{12.24}$$

解:解方程 $|\lambda\boldsymbol{E}-\boldsymbol{B}|=0$:

$$\begin{aligned}
|\lambda\boldsymbol{E}-\boldsymbol{B}|&=\begin{vmatrix}\lambda+1&-1&0\\4&\lambda-3&0\\-1&0&\lambda-2\end{vmatrix}\xlongequal{\mathrm{OR}(3,3)}(\lambda-2)\begin{vmatrix}\lambda+1&-1\\4&\lambda-3\end{vmatrix}\\
&=(\lambda-2)(\lambda^2-2\lambda-3+4)=(\lambda-1)^2(\lambda-2)=0\\
&\Rightarrow\lambda_1=\lambda_2=1,\quad\lambda_3=2
\end{aligned}\tag{12.25}$$

这里特征值是 1 和 2,那么 $\boldsymbol{B}$ 就只有 2 个特征值吗?答案是否定的,因为 $|\lambda\boldsymbol{E}-\boldsymbol{B}|$ 是一个关于 λ 的 3 次多项式,即 $|\lambda\boldsymbol{E}-\boldsymbol{B}|=0$ 是一个 3 次方程,所以根据代数学理论它必有 3 个复数根。故此处的特征值仍然是 3 个,只不过出现了 2 个相等的特征值。

现在分别求解齐次方程组 $(\boldsymbol{E}-\boldsymbol{B})\boldsymbol{x}=\boldsymbol{0}$ 和 $(2\boldsymbol{E}-\boldsymbol{B})\boldsymbol{x}=\boldsymbol{0}$,先求出基础解系:

$$\begin{aligned}
\boldsymbol{E}-\boldsymbol{B}&=\begin{bmatrix}2&-1&0\\4&-2&0\\-1&0&-1\end{bmatrix}\rightarrow\begin{bmatrix}1&0&1\\0&1&2\\0&0&0\end{bmatrix}\Rightarrow\boldsymbol{c}_1=\begin{bmatrix}1\\2\\-1\end{bmatrix}\\
2\boldsymbol{E}-\boldsymbol{B}&=\begin{bmatrix}3&-1&0\\4&-1&0\\-1&0&0\end{bmatrix}\rightarrow\begin{bmatrix}1&0&0\\0&1&0\\0&0&0\end{bmatrix}\Rightarrow\boldsymbol{c}_2=\begin{bmatrix}0\\0\\1\end{bmatrix}
\end{aligned}\tag{12.26}$$

所以 2 个相等的特征值 1 对应的特征向量是 $k_1\boldsymbol{c}_1$,特征值 2 对应的特征向量是 $k_2\boldsymbol{c}_2$,其中 $k_1,k_2\neq0$。

例 12-6:求方阵 $\boldsymbol{C}$ 的特征值和特征向量。

$$C=\begin{bmatrix}1 & -4 & 8\\0 & -4 & 10\\0 & -3 & 7\end{bmatrix} \tag{12.27}$$

解：解方程$|\lambda E-C|=0$：

$$|\lambda E-C|=\begin{vmatrix}\lambda-1 & 4 & -8\\0 & \lambda+4 & -10\\0 & 3 & \lambda-7\end{vmatrix}\xlongequal{\text{OR}(1,1)}(\lambda-1)\begin{vmatrix}\lambda+4 & -10\\3 & \lambda-7\end{vmatrix}$$

$$=(\lambda-1)(\lambda^2-3\lambda-28+30)=(\lambda-1)^2(\lambda-2)$$

$$=0\Rightarrow\lambda_1=\lambda_2=1,\quad \lambda_3=2 \tag{12.28}$$

故C有2个相等的特征值1和1个特征值2。分别求出齐次方程组$(E-C)x=0$和$(2E-C)x=0$的基础解系：

$$E-C=\begin{bmatrix}0 & 4 & -8\\0 & 5 & -10\\0 & 3 & -6\end{bmatrix}\to\begin{bmatrix}0 & 1 & -2\\0 & 0 & 0\\0 & 0 & 0\end{bmatrix}\Rightarrow c_1=\begin{bmatrix}1\\0\\0\end{bmatrix},\quad c_2=\begin{bmatrix}0\\2\\1\end{bmatrix}$$

$$2E-C=\begin{bmatrix}1 & 4 & -8\\0 & 6 & -10\\0 & 3 & -5\end{bmatrix}\to\begin{bmatrix}1 & 4 & -8\\0 & 3 & -5\\0 & 0 & 0\end{bmatrix}\Rightarrow c_3=\begin{bmatrix}4\\5\\3\end{bmatrix} \tag{12.29}$$

此处特征值1对应的方程组基础解系向量有c_1和c_2，两者线性无关，所以对应方程组的全体非零解$k_1c_1+k_2c_2$都是属于特征值1的特征向量，其中k_1和k_2不全为0（亦可写作$k_1^2+k_2^2\neq0$）；而特征值2对应的特征向量是k_3c_3，其中$k_3\neq0$。

通过以上例题，求一个方阵特征值和特征向量的基本步骤可以总结如下：

1. 求特征值：设有n阶方阵A，首先化简行列式$|\lambda E-A|$成为含有λ的n次多项式，然后解方程$|\lambda E-A|=0$并求出n个根$\lambda_1,\cdots,\lambda_n$，得到了$A$的特征值；

2. 求特征向量：每一个特征值都对应一个齐次方程组，设λ_i对应$(\lambda_iE-A)x=0(1\leqslant i\leqslant n)$，则将系数矩阵$\lambda_iE-A$进行初等行变换以后求出对应的基础解系，并进一步求出对应的通解就是特征值λ_i对应的特征向量。

最后还需要说明一个小问题。$|\lambda E-A|=0$是关于λ的n次方程，它一定有n个复数根，但是这n个复数根不一定都是实数，即一个方阵的特征值还有可能是虚数。本书如无特别说明均只讨论特征值为实数的情形。

12.3　特征值和特征向量的性质

12.3.1　单根、重根特征值的性质

在求一个n阶方阵的特征值和特征向量时需要用到$|\lambda E-A|$这个行列式，将这个行列式展开就是一个关于λ的n次多项式，它被称作A的**特征多项式**（characteristic polynomial），对应的$|\lambda E-A|=0$被称作A的**特征方程**（characteristic equation）。

在上一节的例12-4、12-5和12-6中，矩阵A、B和C虽然都是3阶方阵，但它们的特征值和特征向量的情形是完全不同的。A的特征值以及对应的特征向量如下：

$$
\boldsymbol{A}=\begin{bmatrix}2&-3&2\\0&-1&2\\1&-5&5\end{bmatrix}\quad
\begin{aligned}
&\lambda_1=1, k_1\boldsymbol{c}_1=k_1\begin{bmatrix}1\\1\\1\end{bmatrix}, k_1\neq 0\\
&\lambda_2=2, k_2\boldsymbol{c}_2=k_2\begin{bmatrix}1\\2\\3\end{bmatrix}, k_2\neq 0\\
&\lambda_3=3, k_3\boldsymbol{c}_3=k_3\begin{bmatrix}1\\1\\2\end{bmatrix}, k_3\neq 0
\end{aligned}
\tag{12.30}
$$

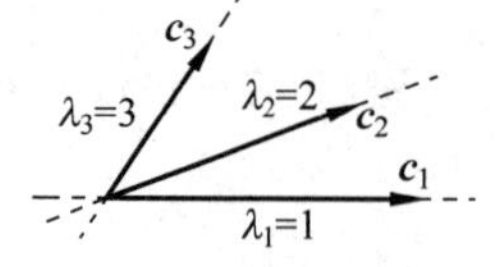

图 12-8 **A** 的特征值和特征向量之间的关系

$\boldsymbol{A}$ 的特征多项式是$(\lambda-1)(\lambda-2)(\lambda-3)$，因此它的 3 个特征值都是不同的，每个特征值都只对应一组共线的特征向量。进一步观察可知，不同的特征值对应的特征向量都是线性无关的，如图 12-8 所示。

$\boldsymbol{B}$ 的特征值以及对应的特征向量如下：

$$
\boldsymbol{B}=\begin{bmatrix}-1&1&0\\-4&3&0\\1&0&2\end{bmatrix}\quad
\begin{aligned}
&\lambda_1=\lambda_2=1, k_1\boldsymbol{c}_1=k_1\begin{bmatrix}1\\2\\-1\end{bmatrix}, k_1\neq 0\\
&\lambda_3=2, k_2\boldsymbol{c}_2=k_2\begin{bmatrix}0\\0\\1\end{bmatrix}, k_2\neq 0
\end{aligned}
\tag{12.31}
$$

$\boldsymbol{B}$ 的特征多项式是$(\lambda-1)^2(\lambda-2)$，它具有 2 个相等的特征值 1，称作**重根特征值**。此处特征多项式的 $\lambda-1$ 的指数是 2，所以特征值 1 就叫作 2 重特征值，这个指数 2 叫作特征值 1 的**代数重数**(algebraic multiplicity)。相应的，特征值 2 叫作**单根特征值**，它的代数重数是 1。代数重数这个概念是容易理解的，因为它是通过代数多项式直接得出的。

重根特征值 1 对应的特征向量都是和 $\boldsymbol{c}_1$ 共线的，也就是说它对应的特征向量全都是线性相关的；而 1 和 2 这 2 个不同的特征值对应的特征向量 $k_1\boldsymbol{c}_1$ 和 $k_2\boldsymbol{c}_2$ 是线性无关的，这一点和刚才 $\boldsymbol{A}$ 的情形一致。有关 $\boldsymbol{B}$ 的特征值和特征向量之间的关系如图 12-9 所示。

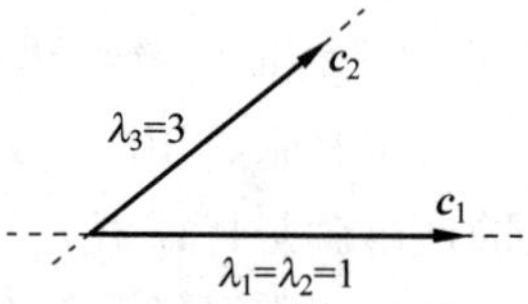

λ_3=3 c_2 c_1 λ_1=λ_2=1

图 12-9 **B** 的特征值和特征向量之间的关系

$\boldsymbol{C}$ 的特征值以及对应的特征向量如下：

$$
\boldsymbol{C}=\begin{bmatrix}1&-4&8\\0&-4&10\\0&-3&7\end{bmatrix}\quad
\begin{aligned}
&\lambda_1=\lambda_2=1, k_1\boldsymbol{c}_1+k_2\boldsymbol{c}_2=k_1\begin{bmatrix}1\\0\\0\end{bmatrix}+k_2\begin{bmatrix}0\\2\\1\end{bmatrix}, (k_1^2+k_2^2\neq 0)\\
&\lambda_3=2, k_3\boldsymbol{c}_3=k_3\begin{bmatrix}4\\5\\6\end{bmatrix}, (k_3\neq 0)
\end{aligned}
\tag{12.32}
$$

$\boldsymbol{C}$ 的特征值情形和 $\boldsymbol{B}$ 一模一样，也是存在 2 重特征值 1 和单根特征值 2，但对应的特征向量的情形却是不同的。具体来看，特征值 1 对应的齐次方程组的秩是 1，说明其基础解系内存在 2 个线性无关的向量，即它们可以表示一个 2 维空间，这个 2 维空间内的所有非零向量都是方程组的解，也是特征值 1 对应的特征向量。而单根特征值 2 仍然只对应一组线性相关的特征向量，但和特征值 1 对应的特征向量都是线性无关的。有关 $\boldsymbol{C}$ 的特征值和特征向量之间的关系如图 12-10 所示。

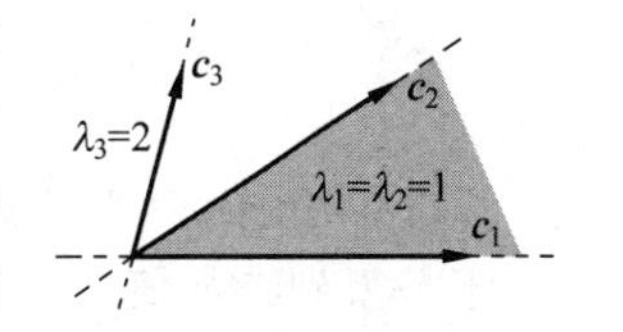

图 12-10　$\boldsymbol{C}$ 的特征值和特征向量之间的关系

从以上分析可以得出结论，单根特征值对应的特征向量所在的空间是 1 维的，所有特征向量都在一个 1 维空间（直线）内，即只能找到 1 个线性无关的特征向量。2 重根特征值对应特征向量所在的空间可能是 1 维也可能是 2 维的，当所有特征向量在某个 1 维空间（直线）内时，只能找到 1 个线性无关的特征向量；当所有特征向量在某个 2 维空间（平面）内时，就可以找到 2 个线性无关的特征向量。

某个特征值对应的特征向量所在的空间维数叫作这个特征值的**几何重数**（geometric multiplicity），它表示这个特征值在空间上的几何特性。由以上分析可知，单根特征值的代数重数是 1，其几何重数也是 1；2 重特征值的代数重数是 2，其几何重数可能是 1 也可能是 2。这个结论可以推广到 k 重特征值，其代数重数是 k，几何重数则可能是不超过 k 的任何正整数。因此一个特征值的几何重数不超过对应的代数重数，或者说代数重数提供了几何重数的“上限”。

将以上结论归纳总结如下：

- 一个 n 阶方阵必有 n 个特征值；
- 不同特征值对应的特征向量一定线性无关；
- 代数重数等于 k 的特征值 λ_i 在特征多项式因式分解后，$\lambda-\lambda_i$ 这一项的指数是 k；
- 几何重数等于 m 的特征值对应特征向量所表示的空间维数是 m，对应齐次方程组中基础解系所包含的线性无关的向量个数也是 m；
- 某个特征值的几何重数 m 不超过其代数重数 k，即 $1\leqslant m\leqslant k$。

下面看几个比较复杂的例子。

例 12-7：求方阵 $\boldsymbol{A}$ 的特征值和特征向量，然后说明每个特征值的代数重数和几何重数。

$$\boldsymbol{A}=\begin{bmatrix}3 & -2 & 2 & 0\\ 1 & 5 & 1 & -1\\ 1 & 0 & 6 & -1\\ 0 & -2 & 4 & 3\end{bmatrix}\tag{12.33}$$

解：解方程 $|\lambda\boldsymbol{E}-\boldsymbol{A}|=0$，请读者自行指出每一步行列式化简的依据：

$$|\lambda\boldsymbol{E}-\boldsymbol{A}|=\begin{vmatrix}\lambda-3 & 2 & -2 & 0\\ -1 & \lambda-5 & -1 & 1\\ -1 & 0 & \lambda-6 & 1\\ 0 & 2 & -4 & \lambda-3\end{vmatrix}=\begin{vmatrix}\lambda-3 & 2 & -2 & 0\\ -1 & \lambda-5 & -1 & 1\\ 0 & 5-\lambda & \lambda-5 & 0\\ \lambda-3 & -\lambda^2+8\lambda-13 & \lambda-7 & 0\end{vmatrix}$$

$$=\begin{vmatrix}\lambda-3 & 2 & -2\\ 0 & 5-\lambda & \lambda-5\\ \lambda-3 & -\lambda^2+8\lambda-13 & \lambda-7\end{vmatrix}=(\lambda-3)\begin{vmatrix}1 & 0 & -2\\ 0 & 0 & \lambda-5\\ 1 & -\lambda^2+9\lambda-20 & \lambda-7\end{vmatrix}$$

$$=-(\lambda-3)(\lambda-5)\begin{vmatrix}1 & 0\\ 1 & -(\lambda-4)(\lambda-5)\end{vmatrix}=(\lambda-3)(\lambda-4)(\lambda-5)^2$$

$$=0\Rightarrow\lambda_1=3,\quad \lambda_2=4,\quad \lambda_3=\lambda_4=5 \tag{12.34}$$

于是得到特征值 3、4 和 5。其中 3 和 4 是单根特征值，代数重数是 1；5 是重根特征值，代数重数是 2。现在依次求解齐次方程组$(3\boldsymbol{E}-\boldsymbol{A})\boldsymbol{x}=\boldsymbol{0}$、$(4\boldsymbol{E}-\boldsymbol{A})\boldsymbol{x}=\boldsymbol{0}$ 和$(5\boldsymbol{E}-\boldsymbol{A})\boldsymbol{x}=\boldsymbol{0}$，从而通过其基础解系得到对应的特征向量。

$$3\boldsymbol{E}-\boldsymbol{A}=\begin{bmatrix}0 & 2 & -2 & 0\\ -1 & -2 & -1 & 1\\ -1 & 0 & -3 & 1\\ 0 & 2 & -4 & 0\end{bmatrix}\rightarrow\begin{bmatrix}1 & 2 & 1 & -1\\ 0 & 1 & -1 & 0\\ 0 & 0 & 1 & 0\\ 0 & 0 & 0 & 0\end{bmatrix}\Rightarrow\boldsymbol{c}_1=\begin{bmatrix}1\\0\\0\\1\end{bmatrix}$$

$$4\boldsymbol{E}-\boldsymbol{A}=\begin{bmatrix}1 & 2 & -2 & 0\\ -1 & -1 & -1 & 1\\ -1 & 0 & -2 & 1\\ 0 & 2 & -4 & 1\end{bmatrix}\rightarrow\begin{bmatrix}1 & 2 & -2 & 0\\ 0 & 1 & -3 & 1\\ 0 & 0 & 2 & -1\\ 0 & 0 & 0 & 0\end{bmatrix}\Rightarrow\boldsymbol{c}_2=\begin{bmatrix}0\\1\\1\\2\end{bmatrix}$$

$$5\boldsymbol{E}-\boldsymbol{A}=\begin{bmatrix}2 & 2 & -2 & 0\\ -1 & 0 & -1 & 1\\ -1 & 0 & -1 & 1\\ 0 & 2 & -4 & 2\end{bmatrix}\rightarrow\begin{bmatrix}1 & 1 & -1 & 0\\ 0 & 1 & -2 & 1\\ 0 & 0 & 0 & 0\\ 0 & 0 & 0 & 0\end{bmatrix}\Rightarrow\boldsymbol{c}_3=\begin{bmatrix}-1\\2\\1\\0\end{bmatrix},\quad \boldsymbol{c}_4=\begin{bmatrix}1\\-1\\0\\1\end{bmatrix} \tag{12.35}$$

由于$r(3\boldsymbol{E}-\boldsymbol{A})=3$，因此$(3\boldsymbol{E}-\boldsymbol{A})\boldsymbol{x}=\boldsymbol{0}$ 的基础解系里只有 $4-3=1$ 个线性无关的向量 $\boldsymbol{c}_1$，对应特征向量都在这个 1 维空间内。故特征值 3 对应的特征向量是 $k_1\boldsymbol{c}_1(k_1\neq 0)$，其几何重数是 1。同理，特征值 4 对应的特征向量是 $k_2\boldsymbol{c}_2(k_2\neq 0)$，其几何重数是 1。

而 $r(5\boldsymbol{E}-\boldsymbol{A})=2$，因此$(5\boldsymbol{E}-\boldsymbol{A})\boldsymbol{x}=\boldsymbol{0}$ 基础解系里有 $4-2=2$ 个线性无关的向量 $\boldsymbol{c}_3$ 和 $\boldsymbol{c}_4$，它们可以作为某个 2 维空间的一组基向量，因此对应特征向量都在基向量 $\boldsymbol{c}_3$，$\boldsymbol{c}_4$ 表示的这个 2 维空间内。故 5 对应的特征向量是 $k_3\boldsymbol{c}_3+k_4\boldsymbol{c}_4(k_3^2+k_4^2\neq 0)$，其几何重数是 2。

上例的特征值 3 和 4 的几何重数实际上也可以直接说出。这是由于两者都是单根，代数重数是 1，而几何重数是不超过对应的代数重数的正整数，因此几何重数必然也是 1。

例 12-8：求方阵 $\boldsymbol{A}$ 的特征值和特征向量，然后说明每个特征值的代数重数和几何重数。

$$\boldsymbol{A}=\begin{bmatrix}0 & -3 & 3 & 0\\ 3 & 2 & 4 & -3\\ 3 & -1 & 7 & -3\\ 3 & -4 & 10 & -3\end{bmatrix} \tag{12.36}$$

解：解方程$|\lambda\boldsymbol{E}-\boldsymbol{A}|=0$：

$$|\lambda\boldsymbol{E}-\boldsymbol{A}|=\begin{vmatrix}\lambda & 3 & -3 & 0\\ -3 & \lambda-2 & -4 & 3\\ -3 & 1 & \lambda-7 & 3\\ -3 & 4 & -10 & \lambda+3\end{vmatrix}=\begin{vmatrix}\lambda & 3 & -3 & 0\\ 0 & \lambda-2 & -4 & 3\\ 0 & 1 & \lambda-7 & 3\\ \lambda & 4 & -10 & \lambda+3\end{vmatrix}$$

$$=\begin{vmatrix}\lambda & 3 & -3 & 0\\ 0 & \lambda-2 & -4 & 3\\ 0 & 1 & \lambda-7 & 3\\ 0 & 1 & -7 & \lambda+3\end{vmatrix}=\lambda\begin{vmatrix}\lambda-2 & -4 & 3\\ 1 & \lambda-7 & 3\\ 1 & -7 & \lambda+3\end{vmatrix}=\lambda\begin{vmatrix}\lambda-2 & -4 & 3\\ 0 & \lambda & -\lambda\\ 1 & -7 & \lambda+3\end{vmatrix}$$

$$=\lambda\begin{vmatrix}\lambda-2 & -4 & -1\\ 0 & \lambda & 0\\ 1 & -7 & \lambda-4\end{vmatrix}=\lambda^2\begin{vmatrix}\lambda-2 & -1\\ 1 & \lambda-4\end{vmatrix}=\lambda^2(\lambda-3)^2=0$$

$$\Rightarrow\lambda_1=\lambda_2=0,\quad \lambda_3=\lambda_4=3 \tag{12.37}$$

于是得到特征值 0 和 3，两者的代数重数都是 2。现在求出齐次方程组$(-\boldsymbol{A})\boldsymbol{x}=\boldsymbol{0}$ 和$(3\boldsymbol{E}-\boldsymbol{A})\boldsymbol{x}=\boldsymbol{0}$ 的基础解系。不过由于$(-\boldsymbol{A})\boldsymbol{x}=\boldsymbol{0}$ 和 $\boldsymbol{A}\boldsymbol{x}=\boldsymbol{0}$ 是同解的，所以这里只需要求 $\boldsymbol{A}\boldsymbol{x}=\boldsymbol{0}$ 的基础解系即可。

$$\boldsymbol{A}=\begin{bmatrix}0 & -3 & 3 & 0\\ 3 & 2 & 4 & -3\\ 3 & -1 & 7 & -3\\ 3 & -4 & 10 & -3\end{bmatrix}\to\begin{bmatrix}3 & 2 & 4 & -3\\ 0 & 1 & -1 & 0\\ 0 & 0 & 0 & 0\\ 0 & 0 & 0 & 0\end{bmatrix}\Rightarrow\boldsymbol{c}_1=\begin{bmatrix}-2\\ 1\\ 1\\ 0\end{bmatrix},\quad \boldsymbol{c}_2=\begin{bmatrix}1\\ 0\\ 0\\ 1\end{bmatrix}$$

$$3\boldsymbol{E}-\boldsymbol{A}=\begin{bmatrix}3 & 3 & -3 & 0\\ -3 & 1 & -4 & 3\\ -3 & 1 & -4 & 3\\ -3 & 4 & -10 & 6\end{bmatrix}\to\begin{bmatrix}1 & 1 & -1 & 0\\ 0 & 1 & -2 & 1\\ 0 & 0 & 1 & -1\\ 0 & 0 & 0 & 0\end{bmatrix}\Rightarrow\boldsymbol{c}_3=\begin{bmatrix}0\\ 1\\ 1\\ 1\end{bmatrix} \tag{12.38}$$

可见，特征值 0 对应的特征向量是 $k_1\boldsymbol{c}_1+k_2\boldsymbol{c}_2(k_1^2+k_2^2\neq0)$，其几何重数是 2；特征值 3 对应的特征向量是 $k_3\boldsymbol{c}_3(k_3\neq0)$，其几何重数是 1。

例 12-9：已知齐次方程组 $\boldsymbol{A}\boldsymbol{x}=\boldsymbol{0}$ 存在非零解，其中 $\boldsymbol{A}$ 是 n 阶方阵，$r(\boldsymbol{A})=k$。请说明 $\boldsymbol{A}$ 必有特征值 0，并求出特征值 0 对应代数重数的最小值。

解：由于 $\boldsymbol{A}\boldsymbol{x}=\boldsymbol{0}$ 存在非零解，所以必有$|\boldsymbol{A}|=0$，于是做以下推导：

$$|\boldsymbol{A}|=0\Rightarrow|-\boldsymbol{A}|=0\Rightarrow|0\boldsymbol{E}-\boldsymbol{A}|=0 \tag{12.39}$$

这说明 0 是特征方程$|\lambda\boldsymbol{E}-\boldsymbol{A}|=0$ 的一个根，因此 0 是 $\boldsymbol{A}$ 的特征值。另外从 $\boldsymbol{A}\boldsymbol{x}=\boldsymbol{0}$ 存在非零解也可以推出 $r(\boldsymbol{A})=k<n$，所以 $\boldsymbol{A}\boldsymbol{x}=\boldsymbol{0}$ 的基础解系(同样也是$(0\boldsymbol{E}-\boldsymbol{A})\boldsymbol{x}=\boldsymbol{0}$ 的基础解系)里包含有 $n-k$ 个线性无关的向量，它们可以表示一个 $n-k$ 维的空间，即特征值 0 对应的几何重数是 $n-k$。又因为几何重数一定不超过代数重数，即代数重数一定不小于几何重数，故代数重数的最小值就是 $n-k$。

上例的结论是很重要的，即如果 n 阶方阵 $\boldsymbol{A}$ 满足$|\boldsymbol{A}|=0$ 或 $r(\boldsymbol{A})<n$ 或 $\boldsymbol{A}$ 不可逆，那么 $\boldsymbol{A}$ 必有特征值 0，且其几何重数是 $n-r(\boldsymbol{A})$。

12.3.2 特征值的和与积

方阵的特征值之和与积和方阵本身有很强的关联性，先看一个例子。

例 12-10：已知 3 阶方阵 $\boldsymbol{A}$ 如下，3 个特征值是 $\lambda_1,\lambda_2,\lambda_3$，求 $\lambda_1+\lambda_2+\lambda_3$ 和 $\lambda_1\lambda_2\lambda_3$。

$$\boldsymbol{A}=\begin{bmatrix}a_{11} & a_{12} & a_{13}\\ a_{21} & a_{22} & a_{23}\\ a_{31} & a_{32} & a_{33}\end{bmatrix} \tag{12.40}$$

解：为了求出方阵的元素和特征值的关系，先观察特征多项式。根据代数学的因式分解定理可知，特征多项式一定可以写成以下形式：

$$|\lambda\boldsymbol{E}-\boldsymbol{A}|=\begin{vmatrix}\lambda-a_{11} & -a_{12} & -a_{13}\\ -a_{21} & \lambda-a_{22} & -a_{23}\\ -a_{31} & -a_{32} & \lambda-a_{33}\end{vmatrix}=(\lambda-\lambda_1)(\lambda-\lambda_2)(\lambda-\lambda_3) \tag{12.41}$$

观察$(\lambda-\lambda_1)(\lambda-\lambda_2)(\lambda-\lambda_3)$这个式子，其中刚好出现了$\lambda_1+\lambda_2+\lambda_3$和$\lambda_1\lambda_2\lambda_3$这两项内容。其中$-(\lambda_1+\lambda_2+\lambda_3)$是$\lambda^2$的系数，$-\lambda_1\lambda_2\lambda_3$刚好是常数项。因此只需要将行列式展开对比$\lambda^2$的系数以及常数项即可。

用对角线法则展开3阶，正三项之和是$(\lambda-a_{11})(\lambda-a_{22})(\lambda-a_{33})-a_{12}a_{23}a_{31}-a_{13}a_{21}a_{32}$，负三项之和是$-a_{23}a_{32}(\lambda-a_{11})-a_{13}a_{31}(\lambda-a_{22})-a_{12}a_{21}(\lambda-a_{33})$，可见只有正三项里包含$\lambda^2$。将$(\lambda-a_{11})(\lambda-a_{22})(\lambda-a_{33})$展开后$\lambda^2$的系数是$-(a_{11}+a_{22}+a_{33})$，通过对比系数可知$\lambda_1+\lambda_2+\lambda_3=a_{11}+a_{22}+a_{33}$。

要求出常数项，只需令式子两边$\lambda=0$，则等式左边是$|-\boldsymbol{A}|=(-1)^3|\boldsymbol{A}|=-|\boldsymbol{A}|$，右边是$-\lambda_1\lambda_2\lambda_3$，故有$\lambda_1\lambda_2\lambda_3=|\boldsymbol{A}|$。

以上结论可以拓展到任意方阵，即方阵的全体特征值之和等于方阵主对角线元素之和，全体特征值之积等于其行列式。设n阶方阵$\boldsymbol{A}$第i行第j列元素是a_{ij}，n个特征值是$\lambda_1,\lambda_2,\cdots,\lambda_n$，则有

$$\begin{aligned}&\lambda_1+\lambda_2+\cdots+\lambda_n=a_{11}+a_{22}+\cdots+a_{nn}=\mathrm{tr}(\boldsymbol{A})\\&\lambda_1\lambda_2\cdots\lambda_n=|\boldsymbol{A}|\end{aligned} \tag{12.42}$$

此处$\mathrm{tr}(\boldsymbol{A})$就是$\boldsymbol{A}$的主对角线元素之和，即$\boldsymbol{A}$的迹（参见4.5节Kappa系数公式）。

在前面讲过一个结论，即如果$|\boldsymbol{A}|=0$或$r(\boldsymbol{A})<n$或$\boldsymbol{A}$不可逆，则$\boldsymbol{A}$必有特征值0，此处通过特征值之积的性质$\lambda_1\lambda_2\cdots\lambda_n=|\boldsymbol{A}|$可以显然看出这个结论。同时也可以得到方阵可逆的另一个重要的充分必要条件，那就是方阵的任何一个特征值都不为0。

例12-11：已知4阶方阵$\boldsymbol{A}$如下，求其特征值和特征向量，并说明每个特征值的代数重数和几何重数。

$$\boldsymbol{A}=\begin{bmatrix}1 & 1 & 1 & 1\\ 2 & 2 & 2 & 2\\ 3 & 3 & 3 & 3\\ 4 & 4 & 4 & 4\end{bmatrix} \tag{12.43}$$

解：按照标准的求解步骤，首先要解方程$|\lambda\boldsymbol{E}-\boldsymbol{A}|=0$，但4阶行列式求解并不算简单，所以考虑从特征值的特点入手求解。仔细观察可知，$\boldsymbol{A}$是每一行成比例，是一个秩1矩阵。由于$r(\boldsymbol{A})=1<4$，所以$\boldsymbol{A}$一定有特征值0。于是$\boldsymbol{Ax}=\boldsymbol{0}$的基础解系里就包含$4-1=3$个线性无关的向量，故特征值0所对应的特征向量就在一个3维空间内，所以其几何重数是3，对应代数重数则不少于3，故$\boldsymbol{A}$的4个特征值中至少有3个是0。

$\boldsymbol{A}$的4个特征值之和是$\boldsymbol{A}$主对角线元素之和，即$\mathrm{tr}(\boldsymbol{A})=1+2+3+4=10$，现在至少有

3个特征值是0,那么第4个特征值一定就是10－0－0－0＝10。因此$\boldsymbol{A}$的特征值有3个0和1个10,即0的代数重数是3,10的代数重数是1。然后只需求出$\boldsymbol{A}\boldsymbol{x}=\boldsymbol{0}$和$(10\boldsymbol{E}-\boldsymbol{A})\boldsymbol{x}=\boldsymbol{0}$基础解系即可：

$$\boldsymbol{A}=\begin{bmatrix}1&1&1&1\\2&2&2&2\\3&3&3&3\\4&4&4&4\end{bmatrix}\rightarrow\begin{bmatrix}1&1&1&1\\0&0&0&0\\0&0&0&0\\0&0&0&0\end{bmatrix}\Rightarrow\boldsymbol{c}_1=\begin{bmatrix}-1\\1\\0\\0\end{bmatrix},\quad\boldsymbol{c}_2=\begin{bmatrix}-1\\0\\1\\0\end{bmatrix},\quad\boldsymbol{c}_3=\begin{bmatrix}-1\\0\\0\\1\end{bmatrix}$$

$$10\boldsymbol{E}-\boldsymbol{A}=\begin{bmatrix}9&-1&-1&-1\\-2&8&-2&-2\\-3&-3&7&-3\\-4&-4&-4&6\end{bmatrix}\rightarrow\begin{bmatrix}1&-4&1&1\\0&2&0&-1\\0&0&4&-3\\0&0&0&0\end{bmatrix}\Rightarrow\boldsymbol{c}_4=\begin{bmatrix}1\\2\\3\\4\end{bmatrix}\tag{12.44}$$

故0对应的特征向量是$k_1\boldsymbol{c}_1+k_2\boldsymbol{c}_2+k_3\boldsymbol{c}_3(k_1^2+k_2^2+k_3^2\neq0)$,10对应的特征向量是$k_4\boldsymbol{c}_4(k_4\neq0)$。

由上例可知,n阶方阵$\boldsymbol{A}$如果满足$r(\boldsymbol{A})=1$,则其特征值是0和$\mathrm{tr}(\boldsymbol{A})$。如果$\mathrm{tr}(\boldsymbol{A})=0$,则0的代数重数是$n$；如果$\mathrm{tr}(\boldsymbol{A})\neq0$,则0的代数重数是$n-1$。这是特征值的和与积的一个典型应用。

12.3.3　关联矩阵的特征值和特征向量

如果已知一个方阵的特征值和特征向量,那么它的转置矩阵、伴随矩阵、逆矩阵、幂次矩阵以及矩阵多项式的特征值和特征向量又是如何的呢？设n阶方阵$\boldsymbol{A}$的特征值是λ,特征向量是$\boldsymbol{x}$,则根据定义有$\boldsymbol{A}\boldsymbol{x}=\lambda\boldsymbol{x}$成立,这是一个充分必要的条件,既可以视为性质定理也可以视为判定定理。而λ是$\boldsymbol{A}$的特征值也意味着$|\lambda\boldsymbol{E}-\boldsymbol{A}|=0$,两者同样是充分必要条件关系。下面利用这些性质推导出其余诸关联矩阵的特征值和特征向量。

首先看转置矩阵$\boldsymbol{A}^{\mathrm{T}}$的特征值和特征向量。由于转置矩阵的很多特性和原矩阵是相同的,所以我们猜想$\boldsymbol{A}^{\mathrm{T}}$的特征值也是$\lambda$。为了验证这一点,可以查看$|\lambda\boldsymbol{E}-\boldsymbol{A}^{\mathrm{T}}|$的值是不是0。于是做以下推导：

$$|\lambda\boldsymbol{E}-\boldsymbol{A}^{\mathrm{T}}|=|\lambda\boldsymbol{E}^{\mathrm{T}}-\boldsymbol{A}^{\mathrm{T}}|=|(\lambda\boldsymbol{E})^{\mathrm{T}}-\boldsymbol{A}^{\mathrm{T}}|=|(\lambda\boldsymbol{E}-\boldsymbol{A})^{\mathrm{T}}|=|\lambda\boldsymbol{E}-\boldsymbol{A}|=0\tag{12.45}$$

可见$|\lambda\boldsymbol{E}-\boldsymbol{A}^{\mathrm{T}}|=0$,故$\lambda$也是$\boldsymbol{A}^{\mathrm{T}}$的特征值。上述推导过程中利用了转置的数乘特性、加减法特性以及行列式特性,请读者注意体会其中的运用。

那么对于$\boldsymbol{A}^{\mathrm{T}}$来说,$\lambda$对应的特征向量也是$\boldsymbol{x}$吗？答案是否定的,这是由于$\boldsymbol{A}^{\mathrm{T}}$的属于$\lambda$的特征向量是通过解方程组$(\lambda\boldsymbol{E}-\boldsymbol{A}^{\mathrm{T}})\boldsymbol{x}=0$求得的,即需要对$\lambda\boldsymbol{E}-\boldsymbol{A}^{\mathrm{T}}$进行初等行变换,这个过程相当于$\lambda\boldsymbol{E}-\boldsymbol{A}$的初等列变换。由于求解方程组只能使用初等行变换,所以$(\lambda\boldsymbol{E}-\boldsymbol{A}^{\mathrm{T}})\boldsymbol{x}=0$和$(\lambda\boldsymbol{E}-\boldsymbol{A})\boldsymbol{x}=0$的解没有必然联系,故无法判定$\boldsymbol{A}^{\mathrm{T}}$对应的特征向量。

再看伴随矩阵$\boldsymbol{A}^*$对应的特征值和特征向量。这里需要用到伴随矩阵基本公式$\boldsymbol{A}\boldsymbol{A}^*=\boldsymbol{A}^*\boldsymbol{A}=|\boldsymbol{A}|\boldsymbol{E}$,故给$\boldsymbol{A}\boldsymbol{x}=\lambda\boldsymbol{x}$两边左乘$\boldsymbol{A}^*$,推导如下：

$$\boldsymbol{A}\boldsymbol{x}=\lambda\boldsymbol{x}\Rightarrow\boldsymbol{A}^*\boldsymbol{A}\boldsymbol{x}=(\boldsymbol{A}^*)\lambda\boldsymbol{x}\Rightarrow|\boldsymbol{A}|\boldsymbol{x}=\lambda\boldsymbol{A}^*\boldsymbol{x}\overset{\lambda\neq0}{\Rightarrow}\boldsymbol{A}^*\boldsymbol{x}=\frac{|\boldsymbol{A}|}{\lambda}\boldsymbol{x}\tag{12.46}$$

可见在$\lambda\neq0$时,$\boldsymbol{x}$也是$\boldsymbol{A}^*$的特征向量,其对应特征值是$\frac{|\boldsymbol{A}|}{\lambda}$。而根据特征值积的性

质,$|\boldsymbol{A}|$是$\boldsymbol{A}$各个特征值之积,因此$\boldsymbol{A}^*$对应$\boldsymbol{x}$的特征值是$\boldsymbol{A}$的其余特征值之积。注意此处必须有$\lambda\neq 0$这个前提条件成立,否则不能使用上述结论。

根据伴随矩阵相关公式,对可逆矩阵$\boldsymbol{A}$有公式$\boldsymbol{A}^{-1}=\frac{1}{|\boldsymbol{A}|}\boldsymbol{A}^*$成立;此外对于可逆矩阵$\boldsymbol{A}$有$|\boldsymbol{A}|\neq 0$,故$\lambda\neq 0$。于是利用上述伴随矩阵的结论做以下推导:

$$\boldsymbol{A}^*\boldsymbol{x}=\frac{|\boldsymbol{A}|}{\lambda}\boldsymbol{x}\Rightarrow\frac{1}{|\boldsymbol{A}|}\boldsymbol{A}^*\boldsymbol{x}=\frac{1}{\lambda}\boldsymbol{x}\Rightarrow\boldsymbol{A}^{-1}\boldsymbol{x}=\frac{1}{\lambda}\boldsymbol{x} \tag{12.47}$$

可知$\boldsymbol{x}$也是$\boldsymbol{A}^{-1}$的特征向量,对应特征值是$\frac{1}{\lambda}$,这是一个容易理解和记忆的结论。

下面研究幂次矩阵$\boldsymbol{A}^k$对应的特征值和特征向量(其中$k\in\mathbf{N}^+$),给$\boldsymbol{A}\boldsymbol{x}=\lambda\boldsymbol{x}$两边连续左乘$\boldsymbol{A}$,就有

$$\begin{aligned}\boldsymbol{A}\boldsymbol{x}=\lambda\boldsymbol{x}&\Rightarrow\boldsymbol{A}^2\boldsymbol{x}=\boldsymbol{A}(\lambda\boldsymbol{x})=\lambda(\boldsymbol{A}\boldsymbol{x})=\lambda\cdot\lambda\boldsymbol{x}=\lambda^2\boldsymbol{x}\\&\Rightarrow\boldsymbol{A}^3\boldsymbol{x}=\boldsymbol{A}(\lambda^2\boldsymbol{x})=\lambda^2(\boldsymbol{A}\boldsymbol{x})=\lambda^2\cdot\lambda\boldsymbol{x}=\lambda^3\boldsymbol{x}\\&\Rightarrow\cdots\Rightarrow\boldsymbol{A}^k\boldsymbol{x}=\lambda^k\boldsymbol{x}\end{aligned} \tag{12.48}$$

可知$\boldsymbol{x}$也是$\boldsymbol{A}^k$的特征向量,对应特征值是λ^k。

设某个$\boldsymbol{A}$的多项式矩阵$f(\boldsymbol{A})=a_k\boldsymbol{A}^k+a_{k-1}\boldsymbol{A}^{k-1}+\cdots+a_1\boldsymbol{A}+a_0\boldsymbol{E}$,给它右乘$\boldsymbol{x}$就有

$$\begin{aligned}f(\boldsymbol{A})\boldsymbol{x}&=(a_k\boldsymbol{A}^k+a_{k-1}\boldsymbol{A}^{k-1}+\cdots+a_1\boldsymbol{A}+a_0\boldsymbol{E})\boldsymbol{x}\\&=a_k\boldsymbol{A}^k\boldsymbol{x}+a_{k-1}\boldsymbol{A}^{k-1}\boldsymbol{x}+\cdots+a_1\boldsymbol{A}\boldsymbol{x}+a_0\boldsymbol{x}\\&=a_k\lambda^k\boldsymbol{x}+a_{k-1}\lambda^{k-1}\boldsymbol{x}+\cdots+a_1\lambda\boldsymbol{x}+a_0\boldsymbol{x}\\&=(a_k\lambda^k+a_{k-1}\lambda^{k-1}+\cdots+a_1\lambda+a_0)\boldsymbol{x}=f(\lambda)\boldsymbol{x}\end{aligned} \tag{12.49}$$

可知$\boldsymbol{x}$是$f(\boldsymbol{A})$的特征向量,对应特征值是$f(\lambda)$,只需把$f(\boldsymbol{A})$中的$\boldsymbol{A}$替换为数λ即可。

以上推导出了各个关联矩阵的特征值和特征向量,总结如表12-1所示。

表12-1 关联矩阵的特征值和特征向量

矩阵	$\boldsymbol{A}$	$\boldsymbol{A}^{\mathrm{T}}$	$\boldsymbol{A}^*$	$\boldsymbol{A}^{-1}$	$\boldsymbol{A}^k$	$f(\boldsymbol{A})$
特征值	λ	λ	$\frac{\lvert\boldsymbol{A}\rvert}{\lambda}$	$\frac{1}{\lambda}$	λ^k	$f(\lambda)$
特征向量	$\boldsymbol{x}$	—	$\boldsymbol{x}$	$\boldsymbol{x}$	$\boldsymbol{x}$	$\boldsymbol{x}$

上述结论是容易记忆的,特征向量$\boldsymbol{x}$除了$\boldsymbol{A}^{\mathrm{T}}$以外均保持一致,而特征值$\lambda$和$\boldsymbol{A}$是一种"如影随形"的关系,即关联矩阵特征值和$\boldsymbol{A}$的变化保持一致。实际上,之所以$\lambda$被称作"特征值",正是因为它反映了$\boldsymbol{A}$的本质数值特征。这个概念我们将在后续学习中不断深化。

例12-12:已知5阶方阵$\boldsymbol{A}$的特征值是2、3和4,其中2的代数重数是3,3和4的代数重数是1。求$|\boldsymbol{A}^2-3\boldsymbol{A}+\boldsymbol{E}|$。

解:行列式$|\boldsymbol{A}^2-3\boldsymbol{A}+\boldsymbol{E}|$就是$\boldsymbol{A}^2-3\boldsymbol{A}+\boldsymbol{E}$各个特征值之积,因此先分别计算$f(\lambda)=\lambda^2-3\lambda+1$在$\lambda$取2、3和4时的值。

$$f(\lambda)=\lambda^2-3\lambda+1\Rightarrow\begin{cases}f(2)=2^2-3\times 2+1=-1\\f(3)=3^2-3\times 3+1=1\\f(4)=4^2-3\times 4+1=5\end{cases} \tag{12.50}$$

然后根据题中所给出的代数重数信息即可计算：

$$|A^2-3A+E|=(f(2))^3f(3)f(4)=(-1)^3\times1\times5=-5 \tag{12.51}$$

例 12-13：已知 3 阶方阵 $\boldsymbol{A}$ 满足 $\boldsymbol{A}^3-5\boldsymbol{A}^2+6\boldsymbol{A}=\boldsymbol{O}$，求 $\boldsymbol{A}$ 的特征值。

解：设特征值是 λ，对应特征向量是 $\boldsymbol{x}$，则给上述等式两边同右乘 $\boldsymbol{x}$，就有

$$\begin{aligned}&\boldsymbol{A}^3-5\boldsymbol{A}^2+6\boldsymbol{A}=\boldsymbol{O}\Rightarrow\boldsymbol{A}^3\boldsymbol{x}-5\boldsymbol{A}^2\boldsymbol{x}+6\boldsymbol{A}\boldsymbol{x}=\boldsymbol{0}\\&\Rightarrow\lambda^3\boldsymbol{x}-5\lambda^2\boldsymbol{x}+6\lambda\boldsymbol{x}=\boldsymbol{0}\\&\Rightarrow(\lambda^3-5\lambda^2+6\lambda)\boldsymbol{x}=\boldsymbol{0}\end{aligned} \tag{12.52}$$

由于 $\boldsymbol{x}\neq\boldsymbol{0}$，所以只能有 $\lambda^3-5\lambda^2+6\lambda=0$，解方程可得 $\lambda_1=0,\lambda_2=2,\lambda_3=3$。

上例中的 $\lambda^3-5\lambda^2+6\lambda$ 实际上就是 3 阶方阵 $\boldsymbol{A}$ 的特征多项式，而将 $\boldsymbol{A}$ 代入特征多项式后，结果是零矩阵 $\boldsymbol{O}$。这不是巧合，而是矩阵理论中一个重要的定理。

12.3.4 凯莱-哈密尔顿定理

设 n 阶方阵 $\boldsymbol{A}$ 的特征多项式是 $|\lambda\boldsymbol{E}-\boldsymbol{A}|=f(\lambda)$，将 $\boldsymbol{A}$ 代入 $f(\lambda)$ 中成为多项式矩阵 $f(\boldsymbol{A})$，则有 $f(\boldsymbol{A})=\boldsymbol{O}$。这就是矩阵理论中重要的**凯莱-哈密尔顿定理**(Cayley-Hamilton theorem)，它可以简单表述为：一个方阵代入自身的特征多项式后，结果为零矩阵。

例 12-14：已知矩阵 $\boldsymbol{A}$ 如下，求证：在 $k\geqslant3$ 时，有 $\boldsymbol{A}^k=\boldsymbol{A}^{k-2}+\boldsymbol{A}^2-\boldsymbol{E}$ 成立。

$$\boldsymbol{A}=\begin{bmatrix}1&0&0\\1&0&1\\0&1&0\end{bmatrix} \tag{12.53}$$

证明：根据题意，只需证明 $\boldsymbol{A}^k-\boldsymbol{A}^{k-2}-\boldsymbol{A}^2+\boldsymbol{E}=\boldsymbol{O}$ 即可，那么可以构造一个多项式函数 $g(\lambda)=\lambda^k-\lambda^{k-2}-\lambda^2+1$，看它是否可以写成 $\boldsymbol{A}$ 的特征多项式的倍数即可。于是先求 $\boldsymbol{A}$ 的特征多项式 $f(\lambda)=|\lambda\boldsymbol{E}-\boldsymbol{A}|$。

$$f(\lambda)=|\lambda\boldsymbol{E}-\boldsymbol{A}|=\begin{vmatrix}\lambda-1&0&0\\-1&\lambda&-1\\0&-1&\lambda\end{vmatrix}=(\lambda-1)\begin{vmatrix}\lambda&-1\\-1&\lambda\end{vmatrix}=(\lambda-1)^2(\lambda+1) \tag{12.54}$$

根据凯莱-哈密尔顿定理可知，$f(\boldsymbol{A})=\boldsymbol{O}$。观察 $g(\lambda)=\lambda^k-\lambda^{k-2}-\lambda^2+1$，只需在前两项中提出 λ^{k-2} 即可出现 λ^2-1 这个因子，而 λ^2-1 可以分解为 $(\lambda-1)(\lambda+1)$，故因式分解如下：

$$\begin{aligned}g(\lambda)&=\lambda^k-\lambda^{k-2}-\lambda^2+1=\lambda^{k-2}(\lambda^2-1)-(\lambda^2-1)\\&=(\lambda-1)(\lambda+1)(\lambda^{k-2}-1)\end{aligned} \tag{12.55}$$

$\lambda^{k-2}-1$ 在 $k\geqslant3$ 时可以逆用等比数列求和公式，分解如下：

$$\lambda^{k-2}-1=(\lambda-1)(\lambda^{k-3}+\lambda^{k-4}+\cdots+\lambda+1) \tag{12.56}$$

故将 $g(\lambda)$ 分解如下：

$$\begin{aligned}g(\lambda)&=(\lambda-1)(\lambda+1)(\lambda-1)(\lambda^{k-3}+\lambda^{k-4}+\cdots+\lambda+1)\\&=(\lambda-1)^2(\lambda+1)(\lambda^{k-3}+\lambda^{k-4}+\cdots+\lambda+1)\\&=f(\lambda)(\lambda^{k-3}+\lambda^{k-4}+\cdots+\lambda+1)\end{aligned} \tag{12.57}$$

由于 $f(\boldsymbol{A})=\boldsymbol{O}$，所以 $g(\boldsymbol{A})=\boldsymbol{O}$，即 $g(\boldsymbol{A})=\boldsymbol{A}^k-\boldsymbol{A}^{k-2}-\boldsymbol{A}^2+\boldsymbol{E}=\boldsymbol{O}$。移项后就可以证明 $\boldsymbol{A}^k=\boldsymbol{A}^{k-2}+\boldsymbol{A}^2-\boldsymbol{E}$ 成立。

上例只是凯莱-哈密尔顿定理的一个简单应用，实际上这个定理不仅具有理论上的价值，在实际工程运用中（如控制理论的系统稳定性分析）也有着广泛的应用。感兴趣的读者可以阅读相关专业的文献。

12.4 特征值和特征向量举例应用

在了解了特征值和特征向量的概念、计算和性质后，这一节将进一步通过一些例题看它们在数学上的应用。

例 12-15：已知 $\boldsymbol{A}$ 是 2 阶方阵，$\boldsymbol{\alpha}$ 是 2 维非零向量且不是 $\boldsymbol{A}$ 的特征向量，方阵 $\boldsymbol{P}=(\boldsymbol{A\alpha},\boldsymbol{\alpha})$。求证：$\boldsymbol{P}$ 是可逆矩阵。

证明：可以使用特征向量的概念说明。由于$\boldsymbol{\alpha}$ 不是 $\boldsymbol{A}$ 的特征向量，所以$\boldsymbol{\alpha}$ 经过 $\boldsymbol{A}$ 映射后就偏离了原先所在的直线，即 $\boldsymbol{A\alpha}$ 和 $\boldsymbol{\alpha}$ 不共线，因此两者线性无关，$r(\boldsymbol{P})=r(\boldsymbol{A\alpha},\boldsymbol{\alpha})=2$，所以 $\boldsymbol{P}$ 就是可逆矩阵。当然这只是一个形象化说明，下面使用代数方法证明。

假设 $\boldsymbol{P}$ 不可逆，则 $\boldsymbol{A\alpha}$ 和 $\boldsymbol{\alpha}$ 一定线性相关，因此存在不全为 0 的 k_1 和 k_2 使得等式 $k_1\boldsymbol{A\alpha}+k_2\boldsymbol{\alpha}=\boldsymbol{0}$ 成立。如果 $k_1=0$，则 $k_2\neq0$，于是 $k_1\boldsymbol{A\alpha}+k_2\boldsymbol{\alpha}=\boldsymbol{0}$ 就成了 $k_2\boldsymbol{\alpha}=\boldsymbol{0}$，此时只能有$\boldsymbol{\alpha}=\boldsymbol{0}$，而和题设$\boldsymbol{\alpha}$ 是非零向量矛盾，因此 $k_1\neq0$。

给 $k_1\boldsymbol{A\alpha}+k_2\boldsymbol{\alpha}=\boldsymbol{0}$ 两端同时除以 k_1，然后移项得到 $\boldsymbol{A\alpha}=-\dfrac{k_2}{k_1}\boldsymbol{\alpha}$，符合特征向量的定义，说明$\boldsymbol{\alpha}$ 是 $\boldsymbol{A}$ 的特征向量，这一点和题设$\boldsymbol{\alpha}$ 不是 $\boldsymbol{A}$ 的特征向量矛盾。由于不论 k_1 是否为 0 都和题设矛盾，说明一开始假设 $\boldsymbol{P}$ 不可逆是错误的，故 $\boldsymbol{P}$ 可逆。

例 12-16：2 阶方阵 $\boldsymbol{A}$ 具有 2 个不同的特征值，$\boldsymbol{x}_1$ 和 $\boldsymbol{x}_2$ 是 $\boldsymbol{A}$ 的 2 个线性无关的特征向量，且有 $\boldsymbol{A}^2(\boldsymbol{x}_1+\boldsymbol{x}_2)=\boldsymbol{x}_1+\boldsymbol{x}_2$，求$|\boldsymbol{A}|$。

解：设 $\boldsymbol{A}$ 的 2 个不同的特征值是 λ_1 和 λ_2，而不同特征值对应的特征向量线性无关，因此 $\boldsymbol{x}_1$ 和 $\boldsymbol{x}_2$ 恰好就分别对应 λ_1 和 λ_2，即 $\boldsymbol{Ax}_1=\lambda_1\boldsymbol{x}_1$，$\boldsymbol{Ax}_2=\lambda_2\boldsymbol{x}_2$。再根据特征值的性质有 $|\boldsymbol{A}|=\lambda_1\lambda_2$，因此只需要根据条件求出 λ_1 和 λ_2 即可。

由于 $\boldsymbol{x}_1$ 和 $\boldsymbol{x}_2$ 线性无关，因此形如 $k_1\boldsymbol{x}_1+k_2\boldsymbol{x}_2=\boldsymbol{0}$ 的式子中只有当 $k_1=k_2=0$ 时才成立。于是对 $\boldsymbol{A}^2(\boldsymbol{x}_1+\boldsymbol{x}_2)=\boldsymbol{x}_1+\boldsymbol{x}_2$ 变形如下：

$$\begin{aligned}\boldsymbol{A}^2(\boldsymbol{x}_1+\boldsymbol{x}_2)=\boldsymbol{x}_1+\boldsymbol{x}_2&\Rightarrow\boldsymbol{A}^2\boldsymbol{x}_1+\boldsymbol{A}^2\boldsymbol{x}_2=\boldsymbol{x}_1+\boldsymbol{x}_2\\&\Rightarrow\lambda_1^2\boldsymbol{x}_1+\lambda_2^2\boldsymbol{x}_2=\boldsymbol{x}_1+\boldsymbol{x}_2\Rightarrow(\lambda_1^2-1)\boldsymbol{x}_1+(\lambda_2^2-1)\boldsymbol{x}_2=\boldsymbol{0}\end{aligned}\tag{12.58}$$

故有两者系数 $\lambda_1^2-1=\lambda_2^2-1=0$，即 $\lambda_1^2=\lambda_2^2=1$。又因为 $\lambda_1\neq\lambda_2$，所以 $\lambda_1=\pm1$ 时 $\lambda_2=\mp1$，不管哪种情况都有$|\boldsymbol{A}|=\lambda_1\lambda_2=-1$。

例 12-17：已知 n 维列向量 $\boldsymbol{a}$ 和 $\boldsymbol{b}$，$\boldsymbol{A}=\boldsymbol{ab}^{\mathrm{T}}\neq\boldsymbol{O}$，求证：$\boldsymbol{A}$ 有特征值 $\boldsymbol{a}^{\mathrm{T}}\boldsymbol{b}$，对应特征向量是 $k\boldsymbol{a}(k\neq0)$。

证明：由于 $\boldsymbol{A}=\boldsymbol{ab}^{\mathrm{T}}\neq\boldsymbol{O}$，所以 $\boldsymbol{A}$ 是秩 1 矩阵。根据前面得出的结论，有 $n-1$ 个特征值都是 0，最后一个特征值是 $\mathrm{tr}(\boldsymbol{A})$。根据题意，由于 $\boldsymbol{a}$ 和 $\boldsymbol{b}$ 具有任意性，故只需证 $\mathrm{tr}(\boldsymbol{A})=\boldsymbol{a}^{\mathrm{T}}\boldsymbol{b}$ 即可。

设 $\boldsymbol{a}=(a_1,a_2,\cdots,a_n)^{\mathrm{T}}$，$\boldsymbol{b}=(b_1,b_2,\cdots,b_n)^{\mathrm{T}}$，则根据矩阵乘法 $\boldsymbol{A}$ 第 i 行第 i 列元素（即 $\boldsymbol{A}$ 主对角线的第 i 个元素）$\boldsymbol{A}(i,i)=a_ib_i$，故有

$$\operatorname{tr}(\boldsymbol{A})=a_1b_1+a_2b_2+\cdots+a_nb_n=(a_1,a_2,\cdots,a_n)\begin{bmatrix}b_1\\b_2\\\vdots\\b_n\end{bmatrix}=\boldsymbol{a}^{\mathrm{T}}\boldsymbol{b} \tag{12.59}$$

下面证明特征值 $\boldsymbol{a}^{\mathrm{T}}\boldsymbol{b}$ 对应的特征向量是 $k\boldsymbol{a}$。首先根据向量数量积的交换律有 $\boldsymbol{a}^{\mathrm{T}}\boldsymbol{b}=\boldsymbol{b}^{\mathrm{T}}\boldsymbol{a}$ 成立，于是利用特征向量的定义做以下推导：

$$\boldsymbol{A}\boldsymbol{a}=(\boldsymbol{a}\boldsymbol{b}^{\mathrm{T}})\boldsymbol{a}=\boldsymbol{a}(\boldsymbol{b}^{\mathrm{T}}\boldsymbol{a})=\boldsymbol{a}(\boldsymbol{a}^{\mathrm{T}}\boldsymbol{b})=(\boldsymbol{a}^{\mathrm{T}}\boldsymbol{b})\boldsymbol{a} \tag{12.60}$$

这说明 $\boldsymbol{a}$ 是 $\boldsymbol{a}^{\mathrm{T}}\boldsymbol{b}$ 对应的特征向量，即 $\boldsymbol{a}^{\mathrm{T}}\boldsymbol{b}$ 对应的特征向量是 $k\boldsymbol{a}(k\neq0)$。

例 12-18：求矩阵 $\boldsymbol{A}$ 的单根特征值及其对应的特征向量。

$$\boldsymbol{A}=\begin{bmatrix}8&4&-6&-2&6\\12&6&-9&-3&9\\8&4&-6&-2&6\\-8&-4&6&2&-6\\-16&-8&12&4&-12\end{bmatrix} \tag{12.61}$$

解法一：$\boldsymbol{A}$ 各行成比例，故 $r(\boldsymbol{A})=1$。根据例 12-17 的结论，$\boldsymbol{A}$ 有 4 个特征值是 0，另一个特征值是 $\operatorname{tr}(\boldsymbol{A})=8+6+(-6)+2+(-12)=-2$，故 -2 就是其单根特征值。现在只需要将 $\boldsymbol{A}$ 写成列向量左乘行向量的形式即可。观察可知，每一列分别是向量 $(-2,-3,-2,2,4)^{\mathrm{T}}$ 分别乘以比例系数 $-4,-2,3,1,-3$ 得到的，于是可以写成以下形式：

$$\boldsymbol{A}=\begin{bmatrix}8&4&-6&-2&6\\12&6&-9&-3&9\\8&4&-6&-2&6\\-8&-4&6&2&-6\\-16&-8&12&4&-12\end{bmatrix}=\begin{bmatrix}-2\\-3\\-2\\2\\4\end{bmatrix}(-4,-2,3,1,-3) \tag{12.62}$$

故特征值 -2 对应的特征向量是 $k(-2,-3,-2,2,4)^{\mathrm{T}}(k\neq0)$。

解法二：由于秩 1 矩阵 $\boldsymbol{A}$ 的每一列也是成比例的，比例系数组成了一个行向量，因此 $\boldsymbol{A}$ 的每一非零列都是 $\boldsymbol{A}$ 的特征向量，故可直接选取一组比较简单的非零列即可。于是 -2 对应的特征向量就是 $k(-2,-3,-2,2,4)^{\mathrm{T}}(k\neq0)$。

例 12-19：已知 n 阶方阵 $\boldsymbol{A}$ 满足 $\boldsymbol{A}^2=\boldsymbol{A}$，求 $\boldsymbol{A}$ 的特征值，并判断 $\boldsymbol{E}+\boldsymbol{A}$ 的可逆性。

解：由 $\boldsymbol{A}^2=\boldsymbol{A}$ 得 $\boldsymbol{A}^2-\boldsymbol{A}=\boldsymbol{O}$。设 $\boldsymbol{A}$ 的特征值是 λ，对应特征向量是 $\boldsymbol{x}$，则给上式两边同右乘 $\boldsymbol{x}$：

$$\boldsymbol{A}^2-\boldsymbol{A}=\boldsymbol{O}\Rightarrow(\boldsymbol{A}^2-\boldsymbol{A})\boldsymbol{x}=\boldsymbol{0}\Rightarrow(\lambda^2-\lambda)\boldsymbol{x}=\boldsymbol{0} \tag{12.63}$$

由于特征向量 $\boldsymbol{x}\neq\boldsymbol{0}$，故 $\lambda^2-\lambda=0$，因此 $\lambda=0$ 或 1。根据矩阵特征值的充要条件，$|\boldsymbol{E}-\boldsymbol{A}|$ 和 $|-\boldsymbol{A}|$ 为 0，取负矩阵即 $|-\boldsymbol{E}+\boldsymbol{A}|$ 和 $|\boldsymbol{A}|$ 为 0。换句话说，$|-\lambda\boldsymbol{E}+\boldsymbol{A}|$ 在 $\lambda\neq0$ 且 $\lambda\neq1$ 时一定不等于 0。故取 $\lambda=-1$，则 $|\boldsymbol{E}+\boldsymbol{A}|\neq0$，故 $\boldsymbol{E}+\boldsymbol{A}$ 可逆。

上例中的矩阵 $\boldsymbol{A}$ 满足 $\boldsymbol{A}^2=\boldsymbol{A}$，可以推出它的各个幂次都是相等的，即 $\boldsymbol{A}^k=\boldsymbol{A}(k\in\mathbb{N}^+)$，这样的方阵叫作**幂等矩阵**(idempotent matrix)。由上例可知，幂等矩阵的特征值一定只有 0 或 1。不过这并不意味着任意一个幂等矩阵的特征值一定都有 0 和 1。比如 n 阶单位阵 $\boldsymbol{E}$ 就是最典型的幂等矩阵，它的特征值只有 1 而没有 0；再如 n 阶零矩阵 $\boldsymbol{O}$ 也是幂等矩阵，它的特征值就只有 0 而没有 1。因此需要正确理解“幂等矩阵特征值只有 0 或 1 两种可能”这个结论。

例 12-20：已知 $\boldsymbol{A}$ 如下，$\boldsymbol{x}=(1,1,-1)^{\mathrm{T}}$ 是 $\boldsymbol{A}$ 的一个特征向量，求参数 a 和 b 的值以及 $\boldsymbol{x}$ 对应的特征值。

$$\boldsymbol{A}=\begin{bmatrix}2 & -1 & 2\\ 5 & a & 3\\ -1 & b & -2\end{bmatrix} \tag{12.64}$$

解：设特征向量 $\boldsymbol{x}$ 对应的特征值是 λ，则根据特征值和特征向量的定义可以构建如下方程组：

$$\boldsymbol{Ax}=\lambda\boldsymbol{x}\Rightarrow\begin{bmatrix}2 & -1 & 2\\ 5 & a & 3\\ -1 & b & -2\end{bmatrix}\begin{bmatrix}1\\ 1\\ -1\end{bmatrix}=\lambda\begin{bmatrix}1\\ 1\\ -1\end{bmatrix}$$

$$\Rightarrow\begin{cases}2\times1+(-1)\times1+2\times(-1)=\lambda\\ 5\times1+a\times1+3\times(-1)=\lambda\\ -1\times1+b\times1+(-2)(-1)=-\lambda\end{cases}\Rightarrow\begin{cases}\lambda=-1\\ a=-3\\ b=0\end{cases} \tag{12.65}$$

例 12-21：设 $\boldsymbol{A}$ 的两个不同特征值是 λ_1 和 λ_2，对应的特征向量分别是 $\boldsymbol{x}_1$ 和 $\boldsymbol{x}_2$，求证：$\boldsymbol{x}_1+\boldsymbol{x}_2$ 不是 $\boldsymbol{A}$ 的特征向量。

证明：说明 $\boldsymbol{x}_1+\boldsymbol{x}_2$ 不是 $\boldsymbol{A}$ 的特征向量比较困难，因此可以使用反证法。假设 $\boldsymbol{x}_1+\boldsymbol{x}_2$ 是 $\boldsymbol{A}$ 的特征向量，那么存在一个数 λ 使得 $\boldsymbol{A}(\boldsymbol{x}_1+\boldsymbol{x}_2)=\lambda(\boldsymbol{x}_1+\boldsymbol{x}_2)$ 成立。由条件可知，$\boldsymbol{Ax}_1=\lambda_1\boldsymbol{x}_1$，$\boldsymbol{Ax}_2=\lambda_2\boldsymbol{x}_2$，于是做以下推导：

$$\begin{aligned}&\boldsymbol{A}(\boldsymbol{x}_1+\boldsymbol{x}_2)=\lambda(\boldsymbol{x}_1+\boldsymbol{x}_2)\Rightarrow\boldsymbol{Ax}_1+\boldsymbol{Ax}_2=\lambda\boldsymbol{x}_1+\lambda\boldsymbol{x}_2\Rightarrow\lambda_1\boldsymbol{x}_1+\lambda_2\boldsymbol{x}_2=\lambda\boldsymbol{x}_1+\lambda\boldsymbol{x}_2\\ &\qquad\Rightarrow(\lambda-\lambda_1)\boldsymbol{x}_1+(\lambda-\lambda_2)\boldsymbol{x}_2=\boldsymbol{0}\end{aligned} \tag{12.66}$$

由于不同特征值对应的特征向量线性无关，因此上式中 $\boldsymbol{x}_1$ 和 $\boldsymbol{x}_2$ 的线性组合系数只能全为 0，即 $\lambda-\lambda_1=\lambda-\lambda_2=0$，故有 $\lambda_1=\lambda_2$，和题设条件 $\lambda_1\neq\lambda_2$ 矛盾。这说明最初的假设是错误的，故 $\boldsymbol{x}_1+\boldsymbol{x}_2$ 不是 $\boldsymbol{A}$ 的特征向量。

12.5 编程实践：MATLAB 计算特征值和特征向量

使用 MATLAB 计算方阵的特征值和特征向量时，可以使用函数 eig，它有多种调用格式，本节介绍其基础用法。第一种调用格式是：lambda＝eig(**A**)。其中变量 **A** 是一个方阵，变量 lambda 是 A 的特征值组成的一个列向量。

比如求 $\boldsymbol{A}=\begin{bmatrix}3 & 2\\ 1 & 2\end{bmatrix}$ 这个方阵的特征值，可以输入以下语句：

```
A = [3,2;1,2];lambda = eig(A);
```

程序运行后查看变量 lambda 的值如下：

```
>> lambda
lambda =
     4
     1
```

eig 函数的第二种调用方式是：$[\boldsymbol{P},\boldsymbol{U}]=\mathrm{eig}(\boldsymbol{A})$。其中变量 $\boldsymbol{U}$ 是由特征值构成的对角阵，$\boldsymbol{P}$ 是对应的特征向量单位化后横向并列得到的矩阵。例如输入以下语句：

```
A = [3,2;1,2];[P,U] = eig(A);
```

查看变量 $\boldsymbol{U}$ 和 $\boldsymbol{P}$：

```
>> U
U =
      4     0
      0     1

>> P
P =
    0.8944   -0.7071
    0.4472    0.7071
```

这里需要强调，变量 $\boldsymbol{P}$ 将特征向量单位化处理了，即每一列都是相应的单位向量。现在考虑以下 3 阶方阵，在前面的例题中可知它们的特征值具有不同的类型：

$$\boldsymbol{A}=\begin{bmatrix}2 & -3 & 2\\ 0 & -1 & 2\\ 1 & -5 & 5\end{bmatrix}\quad \boldsymbol{B}=\begin{bmatrix}-1 & 1 & 0\\ -4 & 3 & 0\\ 1 & 0 & 2\end{bmatrix}\quad \boldsymbol{C}=\begin{bmatrix}1 & -4 & 8\\ 0 & -4 & 10\\ 0 & -3 & 7\end{bmatrix}\tag{12.67}$$

对它们使用 eig 函数，编写以下语句：

```
A = [2, - 3,2;0, - 1,2;1, - 5,5];[PA,UA] = eig(A);
B = [ - 1,1,0; - 4,3,0;1,0,2];[PB,UB] = eig(B);
C = [1, - 4,8;0, - 4,10;0, - 3,7];[PC,UC] = eig(C);
```

执行这些语句，查看输出的六个变量：

```
>> UA
UA =
    3.0000         0         0
         0    1.0000         0
         0         0    2.0000

>> PA
PA =
    0.4082    0.5774   -0.2673
    0.4082    0.5774   -0.5345
    0.8165    0.5774   -0.8018

>> UB
UB =
      2     0     0
      0     1     0
      0     0     1

>> PB
PB =
         0    0.4082    0.4082
         0    0.8165    0.8165
    1.0000   -0.4082   -0.4082

>> UC
UC =
```

```
    1.0000         0         0
         0    1.0000         0
         0         0    2.0000

>> PC
PC =
    1.0000   - 0.4472   - 0.5657
         0   - 0.8000   - 0.7071
         0   - 0.4000   - 0.4243
```

注意方阵 $\boldsymbol{B}$ 的 2 重特征值 1 对应特征向量的几何重数是 1，即所有特征向量都在 1 维空间上，所以此处变量 PB 对应显示了 2 个相同的特征向量。

当然使用 MATLAB 求特征值和特征向量时，也会因为浮点数计算产生一定的误差，所以在高阶方阵求解时也会有一定的误差，这一点需要在实践中留意。

习题 12

1. 求以下方阵的特征值和特征向量，并说明每个特征值的代数重数和几何重数。

(1) $\begin{bmatrix}3 & 4\\2 & 5\end{bmatrix}$　　(2) $\begin{bmatrix}10 & -6\\12 & -7\end{bmatrix}$　　(3) $\begin{bmatrix}1 & 7 & -3\\-5 & 13 & -3\\-9 & 15 & -1\end{bmatrix}$

(4) $\begin{bmatrix}-3 & 0 & 1\\-12 & 1 & 3\\-20 & 0 & 6\end{bmatrix}$　　(5) $\begin{bmatrix}-11 & 5 & 1\\-22 & 10 & 2\\-22 & 10 & 2\end{bmatrix}$　　(6) $\begin{bmatrix}5 & 1 & -2\\3 & 3 & -2\\4 & 0 & 0\end{bmatrix}$

(7) $\begin{bmatrix}2 & 0 & -1 & 0\\1 & 1 & -1 & 0\\9 & -2 & -3 & -1\\-6 & 2 & 1 & 2\end{bmatrix}$　　(8) $\begin{bmatrix}9 & -3 & -2 & -1\\9 & -3 & -2 & -1\\15 & -5 & -3 & -2\\-8 & -3 & -2 & 0\end{bmatrix}$

2. 已知方阵 $\begin{bmatrix}1 & b\\3 & a\end{bmatrix}$ 和 $\begin{bmatrix}2 & a\\5 & b\end{bmatrix}$ 有完全一样的特征值，求参数 a 和 b。

3. 设 $\boldsymbol{A}$ 的两个不同特征值是 λ_1 和 λ_2，对应的特征向量分别是 $\boldsymbol{x}_1$ 和 $\boldsymbol{x}_2$，求证：$\boldsymbol{x}_1$ 和 $\boldsymbol{A}(\boldsymbol{x}_1+\boldsymbol{x}_2)$ 线性无关的充分必要条件是 $\lambda_2 \neq 0$。

4. 设 3 阶方阵 $\boldsymbol{A}$ 的 3 个特征值是 $\frac{1}{2}$、1 和 3，求 $|2\boldsymbol{A}^*|$。

5. 已知一个 2 阶方阵的各个元素都是非负数，求证：该方阵的特征值均为实数。

6. 设不可逆的 n 阶方阵 $\boldsymbol{A}$ 具有 n 个互不相同的特征值，求证：$r(\boldsymbol{A}^*)=1$。

7. 已知含有未知数 x 的方阵 $\boldsymbol{A}$ 如下，已知 $\boldsymbol{A}^*$ 具有特征值 -2，求 x 的值。

$$\boldsymbol{A}=\begin{bmatrix}2 & 0 & 0\\0 & 1 & 1\\0 & 0 & x\end{bmatrix}$$

8. 设 $\boldsymbol{A}$ 是 4 阶方阵，且 $r(3\boldsymbol{E}-\boldsymbol{A})=2$，因此 $\lambda=3$ 是 $\boldsymbol{A}$ 的 2 重特征值。以上结论是否正确？如果有错误，请指出其中的错误并改正。

第13章

相似矩阵与相似对角化

特征值和特征向量最重要的应用就是简化一个方阵对应的线性变换，也就是使以复杂形式呈现出的线性变换转化为比较简单的方式。那么为什么一个线性变换可以实现这样的转化呢？怎样利用特征值和特征向量实现转化？是不是所有的线性变换都能被这样简化？这一章就来研究和解决这些问题。

13.1 相似矩阵

13.1.1 相似矩阵的概念和意义

现有方阵 $\boldsymbol{A}$ 和平面向量 $\boldsymbol{s}$ 如下：

$$\boldsymbol{A}=\begin{bmatrix}1 & 4\\3 & 2\end{bmatrix}\quad \boldsymbol{s}=\begin{bmatrix}2\\1\end{bmatrix} \tag{13.1}$$

在 $\boldsymbol{A}$ 的映射下 $\boldsymbol{s}$ 成为了 $\boldsymbol{s}'=\boldsymbol{As}$，如下：

$$\boldsymbol{s}'=\boldsymbol{As}=\begin{bmatrix}1 & 4\\3 & 2\end{bmatrix}\begin{bmatrix}2\\1\end{bmatrix}=\begin{bmatrix}6\\8\end{bmatrix} \tag{13.2}$$

注意到，上述线性变换过程都是以平面上的 $\boldsymbol{e}_1=(1,0)^{\mathrm{T}}$ 和 $\boldsymbol{e}_2=(0,1)^{\mathrm{T}}$ 作为基向量的，即 $(2,1)^{\mathrm{T}}$ 和 $(6,8)^{\mathrm{T}}$ 分别是 $\boldsymbol{s}$ 和 $\boldsymbol{s}'$ 在 $\boldsymbol{e}_1,\boldsymbol{e}_2$ 这组基向量下的坐标，于是两者可以表示如下：

$$\begin{aligned}\boldsymbol{s}&=(\boldsymbol{e}_1,\boldsymbol{e}_2)\begin{bmatrix}2\\1\end{bmatrix}\\ \boldsymbol{s}'&=(\boldsymbol{e}_1,\boldsymbol{e}_2)\begin{bmatrix}6\\8\end{bmatrix}=(\boldsymbol{e}_1,\boldsymbol{e}_2)\begin{bmatrix}1 & 4\\3 & 2\end{bmatrix}\begin{bmatrix}2\\1\end{bmatrix}=(\boldsymbol{e}_1,\boldsymbol{e}_2)\boldsymbol{A}\begin{bmatrix}2\\1\end{bmatrix}\end{aligned} \tag{13.3}$$

可见不论是 $\boldsymbol{s}$ 还是 $\boldsymbol{s}'$，基 $(\boldsymbol{e}_1,\boldsymbol{e}_2)$ 始终在最左侧保持不变，而方阵 $\boldsymbol{A}$ 是直接作用在坐标上，于是这个线性变换如果在基 $(\boldsymbol{e}_1,\boldsymbol{e}_2)$ 下就可以使用 $\boldsymbol{A}$ 描述，具体到某个向量，就是 $\boldsymbol{A}$ 直接左乘该向量在基 $(\boldsymbol{e}_1,\boldsymbol{e}_2)$ 下的坐标。

现有另一个向量组 $\boldsymbol{d}_1,\boldsymbol{d}_2$，其中 $\boldsymbol{d}_1=(1,2)^{\mathrm{T}}$，$\boldsymbol{d}_2=(1,-1)^{\mathrm{T}}$，可以验证它们是线性无关的，所以 $\boldsymbol{d}_1,\boldsymbol{d}_2$ 也可以成为平面上的一组基向量。易知在基 $(\boldsymbol{d}_1,\boldsymbol{d}_2)$ 下 $\boldsymbol{s}$ 的坐标是 $(1,1)^{\mathrm{T}}$，

则可以找到一个矩阵 $\boldsymbol{B}$ 直接作用在 $\boldsymbol{s}$ 的坐标 $(1,1)^{\mathrm{T}}$ 上并将其变为类似于式(13.3)的形式，如下：

$$\boldsymbol{s}'=(\boldsymbol{d}_1,\boldsymbol{d}_2)\boldsymbol{B}\begin{bmatrix}1\\1\end{bmatrix} \tag{13.4}$$

这里的 $\boldsymbol{B}$ 显然不是 $\boldsymbol{A}$，因为基向量组和坐标都发生了变化，那么如何找到 $\boldsymbol{B}$ 和 $\boldsymbol{A}$ 之间的关系呢？这就要用到基变换的知识了。这里复习一下基变换和坐标变换公式，如下：

➢ 基(Ⅱ)＝基(Ⅰ)×基(Ⅰ)到基(Ⅱ)的过渡矩阵；

➢ 坐标(Ⅰ)＝坐标(Ⅰ)到坐标(Ⅱ)的过渡矩阵×坐标(Ⅱ)。

设从基 $(\boldsymbol{e}_1,\boldsymbol{e}_2)$ 到基 $(\boldsymbol{d}_1,\boldsymbol{d}_2)$ 的过渡矩阵是 $\boldsymbol{P}$，则 $\boldsymbol{P}$ 一定可逆，于是基变换如下：

$$(\boldsymbol{d}_1,\boldsymbol{d}_2)=(\boldsymbol{e}_1,\boldsymbol{e}_2)\boldsymbol{P}\Rightarrow(\boldsymbol{e}_1,\boldsymbol{e}_2)=(\boldsymbol{d}_1,\boldsymbol{d}_2)\boldsymbol{P}^{-1} \tag{13.5}$$

坐标变换如下：

$$\begin{bmatrix}2\\1\end{bmatrix}=\boldsymbol{P}\begin{bmatrix}1\\1\end{bmatrix} \tag{13.6}$$

将式(13.5)和式(13.6)代入式(13.3)的表达式 $\boldsymbol{s}'=(\boldsymbol{e}_1,\boldsymbol{e}_2)\boldsymbol{A}\begin{bmatrix}2\\1\end{bmatrix}$ 中就有

$$\boldsymbol{s}'=(\boldsymbol{e}_1,\boldsymbol{e}_2)\boldsymbol{A}\begin{bmatrix}2\\1\end{bmatrix}=((\boldsymbol{d}_1,\boldsymbol{d}_2)\boldsymbol{P}^{-1})\boldsymbol{A}\left(\boldsymbol{P}\begin{bmatrix}1\\1\end{bmatrix}\right)=(\boldsymbol{d}_1,\boldsymbol{d}_2)\boldsymbol{P}^{-1}\boldsymbol{A}\boldsymbol{P}\begin{bmatrix}1\\1\end{bmatrix} \tag{13.7}$$

再和式(13.4)对比就有

$$\boldsymbol{s}'=(\boldsymbol{d}_1,\boldsymbol{d}_2)\boldsymbol{P}^{-1}\boldsymbol{A}\boldsymbol{P}\begin{bmatrix}1\\1\end{bmatrix}=(\boldsymbol{d}_1,\boldsymbol{d}_2)\boldsymbol{B}\begin{bmatrix}1\\1\end{bmatrix}\Rightarrow\boldsymbol{B}=\boldsymbol{P}^{-1}\boldsymbol{A}\boldsymbol{P} \tag{13.8}$$

这样就得到了 $\boldsymbol{B}$ 和 $\boldsymbol{A}$ 之间使用过渡矩阵 $\boldsymbol{P}$ 表示的关系，因此只需要求出 $\boldsymbol{P}$ 就可以得到这个线性变换在基 $(\boldsymbol{d}_1,\boldsymbol{d}_2)$ 下的矩阵 $\boldsymbol{B}$。根据基变换公式可以推出：

$$\boldsymbol{P}=(\boldsymbol{e}_1,\boldsymbol{e}_2)^{-1}(\boldsymbol{d}_1,\boldsymbol{d}_2)=\begin{bmatrix}1&0\\0&1\end{bmatrix}^{-1}\begin{bmatrix}1&1\\2&-1\end{bmatrix}=\begin{bmatrix}1&1\\2&-1\end{bmatrix}\Rightarrow\boldsymbol{P}^{-1}=\frac{1}{3}\begin{bmatrix}1&1\\2&-1\end{bmatrix} \tag{13.9}$$

故有

$$\boldsymbol{B}=\boldsymbol{P}^{-1}\boldsymbol{A}\boldsymbol{P}=\frac{1}{3}\begin{bmatrix}1&1\\2&-1\end{bmatrix}\begin{bmatrix}1&4\\3&2\end{bmatrix}\begin{bmatrix}1&1\\2&-1\end{bmatrix}=\frac{1}{3}\begin{bmatrix}16&-2\\11&-7\end{bmatrix} \tag{13.10}$$

在平面上，$\boldsymbol{s}$ 到 $\boldsymbol{s}'$ 这个变换是客观存在的，即不论是 $\boldsymbol{A}$ 还是 $\boldsymbol{B}$ 反映的都是同一个线性变换，但由于基向量组不同，所以对应的矩阵也不同。

以上平面线性变换可以推广到 n 维空间的线性变换。设 n 维空间中有两个 n 维基向量组 $\boldsymbol{C}=(\boldsymbol{c}_1,\cdots,\boldsymbol{c}_n)$ 和 $\boldsymbol{D}=(\boldsymbol{d}_1,\cdots,\boldsymbol{d}_n)$，设某一向量 $\boldsymbol{s}$ 在基 $\boldsymbol{C}$ 下的坐标是 $\boldsymbol{x}=(x_1,\cdots,x_n)^{\mathrm{T}}$，在基 $\boldsymbol{D}$ 下的坐标是 $\boldsymbol{y}=(y_1,\cdots,y_n)^{\mathrm{T}}$，则有

$$\begin{aligned}\boldsymbol{s}&=(\boldsymbol{c}_1,\cdots,\boldsymbol{c}_n)\begin{bmatrix}x_1\\\vdots\\x_n\end{bmatrix}=\boldsymbol{C}\boldsymbol{x}\\&=(\boldsymbol{d}_1,\cdots,\boldsymbol{d}_n)\begin{bmatrix}y_1\\\vdots\\y_n\end{bmatrix}=\boldsymbol{D}\boldsymbol{y}\end{aligned} \tag{13.11}$$

在平面上存在一个线性变换，该线性变换在基 $\boldsymbol{C}$ 下的矩阵是 $\boldsymbol{A}$，在基 $\boldsymbol{D}$ 下的矩阵是 $\boldsymbol{B}$，两者分别直接作用于坐标 $\boldsymbol{x}$ 和 $\boldsymbol{y}$ 上，得到了映射后的向量 $\boldsymbol{s}'$ 在两组基向量下的坐标 $\boldsymbol{x}'$ 和 $\boldsymbol{y}'$：

$$\boldsymbol{x}'=\boldsymbol{A}\boldsymbol{x}\quad \boldsymbol{y}'=\boldsymbol{B}\boldsymbol{y} \tag{13.12}$$

于是 $\boldsymbol{s}'$ 分别使用基 $\boldsymbol{C}$ 和基 $\boldsymbol{D}$ 以及在两者坐标下的表示就是

$$\boldsymbol{s}'=\boldsymbol{C}\boldsymbol{x}'=\boldsymbol{C}\boldsymbol{A}\boldsymbol{x}=\boldsymbol{D}\boldsymbol{y}'=\boldsymbol{D}\boldsymbol{B}\boldsymbol{y} \tag{13.13}$$

设从基 $\boldsymbol{C}$ 到基 $\boldsymbol{D}$ 的过渡矩阵是 $\boldsymbol{P}$，则根据基变换和坐标变换的公式有

$$\begin{cases}\boldsymbol{D}=\boldsymbol{C}\boldsymbol{P}\Rightarrow\boldsymbol{C}=\boldsymbol{D}\boldsymbol{P}^{-1}\\ \boldsymbol{x}=\boldsymbol{P}\boldsymbol{y}\end{cases} \tag{13.14}$$

由式(13.13)可知 $\boldsymbol{CAx}=\boldsymbol{DBy}$，将式(13.14)代入可得

$$\left.\begin{aligned}\boldsymbol{CAx}&=\boldsymbol{DBy}\\ \boldsymbol{C}&=\boldsymbol{D}\boldsymbol{P}^{-1}\\ \boldsymbol{x}&=\boldsymbol{P}\boldsymbol{y}\end{aligned}\right\}\Rightarrow\boldsymbol{CAx}=(\boldsymbol{D}\boldsymbol{P}^{-1})\boldsymbol{A}(\boldsymbol{P}\boldsymbol{y})=\boldsymbol{D}(\boldsymbol{P}^{-1}\boldsymbol{A}\boldsymbol{P})\boldsymbol{y}=\boldsymbol{DBy} \tag{13.15}$$

对比等式两端可以推出一个重要的表达式：

$$\boldsymbol{B}=\boldsymbol{P}^{-1}\boldsymbol{A}\boldsymbol{P} \tag{13.16}$$

此时称 $\boldsymbol{A}$ 和 $\boldsymbol{B}$ 是一组**相似矩阵**(similar matrices)，或者说 $\boldsymbol{A}$ 相似于 $\boldsymbol{B}$，记为 $\boldsymbol{A}\sim\boldsymbol{B}$。可逆矩阵 $\boldsymbol{P}$ 对应相似变换矩阵。如果 $\boldsymbol{A}$ 和 $\boldsymbol{B}$ 不相似，则记为 $\boldsymbol{A}\nsim\boldsymbol{B}$。

以上推导可以让我们对相似矩阵的含义有比较深刻的理解。简单来说，相似矩阵在不同基向量组下描述了同一个线性变换。这就好比表达某一个事物，可以使用汉语，也可以使用英语，还可以使用其他不同的语言，但不论使用哪种语言，所要表达的事物是客观存在的，因此为了能够顺利沟通，就需要媒介作为翻译。线性变换也是如此，在不同基向量组下描述同一个线性变换的矩阵不同，但本质是一样的，而相似变换矩阵正是起到了“翻译”的作用。

例 13-1：已知基 $\boldsymbol{C}=(\boldsymbol{c}_1,\boldsymbol{c}_2,\boldsymbol{c}_3)$ 和基 $\boldsymbol{D}=(\boldsymbol{d}_1,\boldsymbol{d}_2,\boldsymbol{d}_3)$ 如下：

$$\boldsymbol{c}_1=\begin{bmatrix}1\\1\\2\end{bmatrix},\quad \boldsymbol{c}_2=\begin{bmatrix}1\\2\\4\end{bmatrix},\quad \boldsymbol{c}_3=\begin{bmatrix}2\\3\\5\end{bmatrix},\quad \boldsymbol{d}_1=\begin{bmatrix}0\\1\\1\end{bmatrix},\quad \boldsymbol{d}_2=\begin{bmatrix}1\\1\\1\end{bmatrix},\quad \boldsymbol{d}_3=\begin{bmatrix}3\\0\\1\end{bmatrix} \tag{13.17}$$

某线性变换在基 $\boldsymbol{C}$ 下的矩阵 $\boldsymbol{A}$ 如下，求该线性变换在基 $\boldsymbol{D}$ 下的矩阵 $\boldsymbol{B}$。

$$\boldsymbol{A}=\begin{bmatrix}1&2&3\\1&3&4\\2&3&0\end{bmatrix} \tag{13.18}$$

解：$\boldsymbol{A}$ 和 $\boldsymbol{B}$ 反映了在不同基向量下的同一个线性变换，因此是相似矩阵关系，对应的相似变换矩阵就是从基 $\boldsymbol{C}$ 到基 $\boldsymbol{D}$ 的过渡矩阵 $\boldsymbol{P}$。故使用相似矩阵定义式 $\boldsymbol{B}=\boldsymbol{P}^{-1}\boldsymbol{A}\boldsymbol{P}$ 就可以计算出 $\boldsymbol{B}$，现在只需通过 $\boldsymbol{C}$ 和 $\boldsymbol{D}$ 求出 $\boldsymbol{P}$ 即可。

根据基变换公式有 $\boldsymbol{D}=\boldsymbol{C}\boldsymbol{P}$，故有 $\boldsymbol{P}=\boldsymbol{C}^{-1}\boldsymbol{D}$，$\boldsymbol{P}^{-1}=\boldsymbol{D}^{-1}\boldsymbol{C}$，因此需要先求出 $\boldsymbol{C}^{-1}$ 和 $\boldsymbol{D}^{-1}$：

$$\boldsymbol{C}=\begin{bmatrix}1&1&2\\1&2&3\\2&4&5\end{bmatrix}\Rightarrow\boldsymbol{C}^{-1}=\begin{bmatrix}2&-3&1\\-1&-1&1\\0&2&-1\end{bmatrix}$$

$$D=\begin{bmatrix}0&1&3\\1&1&0\\1&1&1\end{bmatrix}\Rightarrow D^{-1}=\begin{bmatrix}-1&2&3\\1&3&-3\\0&-1&1\end{bmatrix} \tag{13.19}$$

然后将上面这些矩阵依次相乘即可：

$$\begin{aligned}B&=P^{-1}AP=D^{-1}CAC^{-1}D\\&=\begin{bmatrix}-1&2&3\\1&3&-3\\0&-1&1\end{bmatrix}\begin{bmatrix}1&1&2\\1&2&3\\2&4&5\end{bmatrix}\begin{bmatrix}1&2&3\\1&3&4\\2&3&0\end{bmatrix}\begin{bmatrix}2&-3&1\\-1&-1&1\\0&2&-1\end{bmatrix}\begin{bmatrix}0&1&3\\1&1&0\\1&1&1\end{bmatrix}\\&=\begin{bmatrix}-11&-11&35\\4&5&-17\\-3&-3&10\end{bmatrix}\end{aligned} \tag{13.20}$$

13.1.2 相似矩阵的性质

例 13-2：已知 $\boldsymbol{A}$、$\boldsymbol{B}$ 和 $\boldsymbol{C}$ 都是 n 阶方阵，$\boldsymbol{E}$ 是 n 阶单位阵，请证明以下性质：

(1) 反身性：$\boldsymbol{A}\sim\boldsymbol{A}$；

(2) 对称性：若 $\boldsymbol{A}\sim\boldsymbol{B}$，则 $\boldsymbol{B}\sim\boldsymbol{A}$；

(3) 传递性(其一)：若 $\boldsymbol{A}\sim\boldsymbol{B}$ 且 $\boldsymbol{B}\sim\boldsymbol{C}$，则 $\boldsymbol{A}\sim\boldsymbol{C}$；

(4) 传递性(其二)若 $\boldsymbol{A}\sim\boldsymbol{C}$ 且 $\boldsymbol{B}\sim\boldsymbol{C}$，则 $\boldsymbol{A}\sim\boldsymbol{B}$；

(5) 单位阵相似唯一性：$\boldsymbol{E}$ 只和自身相似。

证明：要证明这五个结论成立，只需要紧紧抓住相似矩阵的定义式，然后选择合适的相似变换矩阵凑成定义式的形式即可。

(1) 选择相似变换矩阵为单位阵 $\boldsymbol{E}$，则 $\boldsymbol{E}^{-1}=\boldsymbol{E}$，故 $\boldsymbol{E}^{-1}\boldsymbol{A}\boldsymbol{E}=\boldsymbol{A}$，符合相似矩阵的定义，故有 $\boldsymbol{A}\sim\boldsymbol{A}$。

(2) 若 $\boldsymbol{A}\sim\boldsymbol{B}$，则存在可逆矩阵 $\boldsymbol{P}$ 使得 $\boldsymbol{B}=\boldsymbol{P}^{-1}\boldsymbol{A}\boldsymbol{P}$，于是可以推出 $\boldsymbol{A}=\boldsymbol{P}\boldsymbol{B}\boldsymbol{P}^{-1}$。令矩阵 $\boldsymbol{Q}=\boldsymbol{P}^{-1}$，则 $\boldsymbol{P}=\boldsymbol{Q}^{-1}$，于是 $\boldsymbol{A}=\boldsymbol{Q}^{-1}\boldsymbol{B}\boldsymbol{Q}$，也符合相似矩阵定义，故 $\boldsymbol{B}\sim\boldsymbol{A}$。

(3) 若 $\boldsymbol{A}\sim\boldsymbol{B}$，则存在可逆矩阵 $\boldsymbol{P}$ 使得 $\boldsymbol{B}=\boldsymbol{P}^{-1}\boldsymbol{A}\boldsymbol{P}$；若 $\boldsymbol{B}\sim\boldsymbol{C}$，则存在可逆矩阵 $\boldsymbol{Q}$ 使得 $\boldsymbol{C}=\boldsymbol{Q}^{-1}\boldsymbol{B}\boldsymbol{Q}$。结合这两个式子做以下推导：

$$\left.\begin{aligned}B&=P^{-1}AP\\C&=Q^{-1}BQ\end{aligned}\right\}\Rightarrow C=Q^{-1}P^{-1}APQ=(PQ)^{-1}A(PQ) \tag{13.21}$$

令 $\boldsymbol{W}=\boldsymbol{P}\boldsymbol{Q}$，则 $\boldsymbol{C}=\boldsymbol{W}^{-1}\boldsymbol{A}\boldsymbol{W}$，符合相似矩阵的定义，故 $\boldsymbol{A}\sim\boldsymbol{C}$。

(4) 若 $\boldsymbol{B}\sim\boldsymbol{C}$，则根据对称性 $\boldsymbol{C}\sim\boldsymbol{B}$，所以 $\boldsymbol{A}\sim\boldsymbol{C}$ 且 $\boldsymbol{B}\sim\boldsymbol{C}$ 等价于 $\boldsymbol{A}\sim\boldsymbol{C}$ 且 $\boldsymbol{C}\sim\boldsymbol{B}$。根据传递性(其一)可知 $\boldsymbol{A}\sim\boldsymbol{B}$。

(5) 设 $\boldsymbol{E}\sim\boldsymbol{A}$，则存在可逆矩阵 $\boldsymbol{P}$ 使得 $\boldsymbol{A}=\boldsymbol{P}^{-1}\boldsymbol{E}\boldsymbol{P}=\boldsymbol{P}^{-1}\boldsymbol{P}=\boldsymbol{E}$，故单位阵只和自身相似。

以上是相似矩阵的基本性质，这些性质比较直观，容易理解和记忆。

例 13-3：求证：相似矩阵具有相同的特征多项式和特征值。

证明：设方阵 $\boldsymbol{A}\sim\boldsymbol{B}$，则存在可逆矩阵 $\boldsymbol{P}$ 使得 $\boldsymbol{B}=\boldsymbol{P}^{-1}\boldsymbol{A}\boldsymbol{P}$。$\boldsymbol{A}$ 和 $\boldsymbol{B}$ 对应的特征多项式分别是 $|\lambda\boldsymbol{E}-\boldsymbol{A}|$ 和 $|\lambda\boldsymbol{E}-\boldsymbol{B}|$。使用上式做以下推导：

$$|\lambda E-B|=|P^{-1}\lambda EP-P^{-1}AP|=|P^{-1}(\lambda EP-AP)|$$

$$=|P^{-1}(\lambda E-A)P|=|P^{-1}||\lambda E-A||P|$$

$$=\frac{1}{|P|}|\lambda E-A||P|=|\lambda E-A| \tag{13.22}$$

即证明了两者的特征多项式相等，进一步可得两者特征方程的根是相等的。由于特征方程的根就是方阵的特征值，因此 $\boldsymbol{A}$ 和 $\boldsymbol{B}$ 具有完全一致的特征值。

需要特别注意，相似矩阵虽然有完全相同的特征值，但却不一定有相同的特征向量，这是由于通过 $|\lambda E-A|=|\lambda E-B|$ 不一定能推出 $\lambda E-A=\lambda E-B$，故对应齐次方程组对应基础解系也未必相等，即不一定有相同的特征向量。

例 13-4：求证：相似矩阵具有相同的主对角线元素之和以及行列式(等迹性和等行列式性)。

证明：设方阵 $\boldsymbol{A}\sim\boldsymbol{B}$，则 $\boldsymbol{A}$ 和 $\boldsymbol{B}$ 的特征值一致，所以特征值之和以及之积也一致。由于特征值之和是方阵主对角线元素之和，特征值之积是方阵的行列式，因此可知有 $\mathrm{tr}(\boldsymbol{A})=\mathrm{tr}(\boldsymbol{B})$ 以及 $|\boldsymbol{A}|=|\boldsymbol{B}|$ 成立。

需要注意，上面两例结论是必要条件而不是充分条件。比如说方阵 $\begin{bmatrix}1&0\\0&1\end{bmatrix}$ 和 $\begin{bmatrix}1&1\\0&1\end{bmatrix}$ 具有相同的特征多项式，因此有相同的特征值，但两者并不相似。这是由于前者是单位阵，它只和自身相似。这就说明了这些性质是必要不充分条件。不过如果其中某个条件不满足，则一定可以判定两个方阵不相似。

例 13-5：已知矩阵 $\boldsymbol{A}$、$\boldsymbol{B}$ 和 $\boldsymbol{C}$ 如下，已知 $\boldsymbol{A}\sim\boldsymbol{B}$，求 x 和 y 的值，并判断 $\boldsymbol{A}$、$\boldsymbol{B}$ 是否和 $\boldsymbol{C}$ 相似。

$$\boldsymbol{A}=\begin{bmatrix}2&0&0\\0&0&1\\0&1&x\end{bmatrix},\quad \boldsymbol{B}=\begin{bmatrix}2&0&0\\0&3&4\\0&-2&y\end{bmatrix},\quad \boldsymbol{C}=\begin{bmatrix}2&0&0\\0&1&3\\0&1&0\end{bmatrix} \tag{13.23}$$

解：根据矩阵相似的必要条件，如果 $\boldsymbol{A}\sim\boldsymbol{B}$ 则必有 $\mathrm{tr}(\boldsymbol{A})=\mathrm{tr}(\boldsymbol{B})$ 以及 $|\boldsymbol{A}|=|\boldsymbol{B}|$。于是可以列出以下两个方程求解出 x 和 y 的值：

$$\begin{cases}2+0+x=2+3+y\\-2=2\times 3y-2\times(-2)\times 4\end{cases}\Rightarrow\begin{cases}x=0\\y=-3\end{cases} \tag{13.24}$$

要判断 $\boldsymbol{A}$、$\boldsymbol{B}$ 是否和 $\boldsymbol{C}$ 相似，首先看某个必要条件是否满足，最方便的当然是看主对角线元素之和。由于 $\mathrm{tr}(\boldsymbol{A})=\mathrm{tr}(\boldsymbol{B})=2$，$\mathrm{tr}(\boldsymbol{C})=2+1+0=3$，不满足对应的必要条件，故 $\boldsymbol{A}$、$\boldsymbol{B}$ 必然不和 $\boldsymbol{C}$ 相似。

由上例可知，判断两个矩阵是否相似，首先要利用两个最方便的条件，即看主对角线元素之和以及行列式是否相等。如果这两个条件中某一个不满足，则两个矩阵一定不相似；如果这两个条件都满足，则可以进一步使用其他方法判断。

例 13-6：求证：相似矩阵具有相同的秩(等秩性)。

证明：设方阵 $\boldsymbol{A}\sim\boldsymbol{B}$，则存在可逆矩阵 $\boldsymbol{P}$ 使得 $\boldsymbol{B}=\boldsymbol{P}^{-1}\boldsymbol{A}\boldsymbol{P}$。根据矩阵秩的性质，一个矩阵左乘或右乘可逆矩阵后秩不变，所以 $r(\boldsymbol{A})=r(\boldsymbol{B})$。

以上“等秩性”也是一个必要不充分条件，可以用于矩阵是否相似的初步判断。

例 13-7：已知 $\boldsymbol{A}\sim\boldsymbol{B}$，求证：

(1) $\boldsymbol{A}^{\mathrm{T}}\sim\boldsymbol{B}^{\mathrm{T}}$；(2) $\boldsymbol{A}^{*}\sim\boldsymbol{B}^{*}$；(3) $\boldsymbol{A}^{-1}\sim\boldsymbol{B}^{-1}$($\boldsymbol{A}$ 和 $\boldsymbol{B}$ 可逆)；(4) $k\boldsymbol{A}\sim k\boldsymbol{B}$；

(5) $\boldsymbol{A}^k \sim \boldsymbol{B}^k (k \in \mathbb{N})$；(6) $f(\boldsymbol{A}) \sim f(\boldsymbol{B})$（$f$ 是多项式函数）。

证明：由于 $\boldsymbol{A} \sim \boldsymbol{B}$，故存在可逆矩阵 $\boldsymbol{P}$ 使得 $\boldsymbol{B}=\boldsymbol{P}^{-1}\boldsymbol{AP}$。此处分别使用矩阵的诸性质证明（请读者自行指出其中用到了哪些性质）。

(1) 对 $\boldsymbol{B}$ 取转置得到 $\boldsymbol{B}^{\mathrm{T}}$，利用转置运算的性质如下：

$$\boldsymbol{B}^{\mathrm{T}}=(\boldsymbol{P}^{-1}\boldsymbol{AP})^{\mathrm{T}}=\boldsymbol{P}^{\mathrm{T}}\boldsymbol{A}^{\mathrm{T}}(\boldsymbol{P}^{-1})^{\mathrm{T}}=\boldsymbol{P}^{\mathrm{T}}\boldsymbol{A}^{\mathrm{T}}(\boldsymbol{P}^{\mathrm{T}})^{-1} \tag{13.25}$$

令 $\boldsymbol{Q}=(\boldsymbol{P}^{\mathrm{T}})^{-1}$，则 $\boldsymbol{P}^{\mathrm{T}}=\boldsymbol{Q}^{-1}$，于是 $\boldsymbol{B}^{\mathrm{T}}=\boldsymbol{P}^{\mathrm{T}}\boldsymbol{A}^{\mathrm{T}}(\boldsymbol{P}^{\mathrm{T}})^{-1}=\boldsymbol{Q}^{-1}\boldsymbol{A}^{\mathrm{T}}\boldsymbol{Q}$，故 $\boldsymbol{A}^{\mathrm{T}} \sim \boldsymbol{B}^{\mathrm{T}}$。

(2) 对 $\boldsymbol{B}$ 取伴随矩阵得到 $\boldsymbol{B}^*$，利用伴随运算的倒序相乘性推导如下：

$$\boldsymbol{B}^*=(\boldsymbol{P}^{-1}\boldsymbol{AP})^*=\boldsymbol{P}^*\boldsymbol{A}^*(\boldsymbol{P}^{-1})^*=|\boldsymbol{P}|\boldsymbol{P}^{-1}\boldsymbol{A}^*\frac{\boldsymbol{P}}{|\boldsymbol{P}|}=\boldsymbol{P}^{-1}\boldsymbol{A}^*\boldsymbol{P} \tag{13.26}$$

故 $\boldsymbol{A}^* \sim \boldsymbol{B}^*$。

(3) 由于伴随矩阵和逆矩阵只差一个系数，即方阵的行列式，而相似矩阵的行列式相等，因此有：

$$\left.\begin{aligned}\boldsymbol{B}^*=\boldsymbol{P}^{-1}\boldsymbol{A}^*\boldsymbol{P} \Rightarrow |\boldsymbol{B}|\boldsymbol{B}^{-1}=\boldsymbol{P}^{-1}|\boldsymbol{A}|\boldsymbol{A}^{-1}\boldsymbol{P}\\ |\boldsymbol{A}|=|\boldsymbol{B}|\end{aligned}\right\} \Rightarrow \boldsymbol{B}^{-1}=\boldsymbol{P}^{-1}\boldsymbol{A}^{-1}\boldsymbol{P} \tag{13.27}$$

故 $\boldsymbol{A}$ 和 $\boldsymbol{B}$ 可逆时有 $\boldsymbol{A}^{-1} \sim \boldsymbol{B}^{-1}$。

(4) 推导如下：

$$k\boldsymbol{B}=k\boldsymbol{P}^{-1}\boldsymbol{AP}=\boldsymbol{P}^{-1}(k\boldsymbol{A})\boldsymbol{P} \tag{13.28}$$

故 $k\boldsymbol{A} \sim k\boldsymbol{B}$。

(5) 对 $\boldsymbol{B}$ 求幂次得到 $\boldsymbol{B}^k$，则有

$$\boldsymbol{B}^k=\underbrace{\boldsymbol{B}\cdot\boldsymbol{B}\cdots\boldsymbol{B}}_{k}=\boldsymbol{P}^{-1}\boldsymbol{APP}^{-1}\boldsymbol{AP}\cdots\boldsymbol{P}^{-1}\boldsymbol{AP}=\boldsymbol{P}^{-1}\boldsymbol{A}^k\boldsymbol{P} \tag{13.29}$$

故 $\boldsymbol{A}^k \sim \boldsymbol{B}^k$。

(6) 设 $f(x)=a_n x^n+a_{n-1}x^{n-1}+\cdots+a_1 x+a_0$，则有

$$\begin{aligned}f(\boldsymbol{B})&=a_n\boldsymbol{B}^n+a_{n-1}\boldsymbol{B}^{n-1}+\cdots+a_1\boldsymbol{B}+a_0\boldsymbol{E}\\&=a_n(\boldsymbol{P}^{-1}\boldsymbol{AP})^n+a_{n-1}(\boldsymbol{P}^{-1}\boldsymbol{AP})^{n-1}+\cdots+a_1(\boldsymbol{P}^{-1}\boldsymbol{AP})+a_0\boldsymbol{E}\\&=\boldsymbol{P}^{-1}(a_n\boldsymbol{A}^n+a_{n-1}\boldsymbol{A}^{n-1}+\cdots+a_1\boldsymbol{A}+a_0\boldsymbol{E})\boldsymbol{P}\\&=\boldsymbol{P}^{-1}f(\boldsymbol{A})\boldsymbol{P}\end{aligned} \tag{13.30}$$

故 $f(\boldsymbol{A}) \sim f(\boldsymbol{B})$。

由上例可知，相似矩阵之所以“相似”，是因为它们具有很多共同的特性，更是因为它们反映的是同一个线性变换。而这些共同的特性与其说是相似矩阵的性质，不如说是线性变换的性质。这个角度有利于我们理解相似矩阵的本质及其性质特点。

13.2 相似对角化

13.2.1 相似对角化的概念和意义

先看一个例子。

例 13-8：已知方阵 $\boldsymbol{A}$ 以及可逆矩阵 $\boldsymbol{X}$，$\boldsymbol{Y}$ 如下，分别求 $\boldsymbol{A}$ 在 $\boldsymbol{X}$ 和 $\boldsymbol{Y}$ 下相似变换结果 $\boldsymbol{U}=\boldsymbol{X}^{-1}\boldsymbol{AX}$ 和 $\boldsymbol{T}=\boldsymbol{Y}^{-1}\boldsymbol{AY}$。

$$A=\begin{bmatrix}3 & 2\\1 & 2\end{bmatrix},\quad X=\begin{bmatrix}2 & -1\\1 & 1\end{bmatrix},\quad Y=\begin{bmatrix}1 & 5\\1 & 6\end{bmatrix} \tag{13.31}$$

解：先求出 X^{-1} 和 Y^{-1}：

$$\begin{aligned}X&=\begin{bmatrix}2 & -1\\1 & 1\end{bmatrix}\Rightarrow X^{-1}=\frac{1}{3}\begin{bmatrix}1 & 1\\-1 & 2\end{bmatrix}\\ Y&=\begin{bmatrix}1 & 5\\1 & 6\end{bmatrix}\Rightarrow Y^{-1}=\begin{bmatrix}6 & -5\\-1 & 1\end{bmatrix}\end{aligned} \tag{13.32}$$

故有

$$\begin{aligned}U&=X^{-1}AX=\frac{1}{3}\begin{bmatrix}1 & 1\\-1 & 2\end{bmatrix}\begin{bmatrix}3 & 2\\1 & 2\end{bmatrix}\begin{bmatrix}2 & -1\\1 & 1\end{bmatrix}=\begin{bmatrix}4 & 0\\0 & 1\end{bmatrix}\\ T&=Y^{-1}AY=\begin{bmatrix}6 & -5\\-1 & 1\end{bmatrix}\begin{bmatrix}3 & 2\\1 & 2\end{bmatrix}\begin{bmatrix}1 & 5\\1 & 6\end{bmatrix}=\begin{bmatrix}15 & 77\\-2 & -10\end{bmatrix}\end{aligned} \tag{13.33}$$

在上例中，由于 $A\sim U$ 且 $A\sim T$，因此三者反映了平面上的同一个线性变换，但显然用矩阵 U 表示更加简洁，这是因为 U 是一个对角阵，线性变换可以简化成为伸缩变换。相反，如果使用 T 这样的矩阵，线性变换就会以很复杂的形态呈现，不利于了解线性变换的本质。因此在实际研究中，总是会将一个矩阵通过相似变换化为一个对角阵，从而让对应的线性变换表现为伸缩变换的形式，这个过程就叫作矩阵的**相似对角化**（similarity diagonalization）。

比如上述方阵 A 经过相似变换成为对角阵 U 就是对 A 的相似对角化，这里以一个具体的向量为例说明这个过程。设有向量 $s=(1,2)^{\mathrm{T}}$，则 s 在自然基向量组 e_1,e_2 下的坐标就是 $(1,2)^{\mathrm{T}}$，在 A 的映射下变为 $s'=As=(7,5)^{\mathrm{T}}$，如图 13-1 所示。

现在另有一组基向量 $x_1=(2,1)^{\mathrm{T}}$ 和 $x_2=(-1,1)^{\mathrm{T}}$，以它们重新建立一个坐标系，如图 13-2 所示，可知 s 在 x_1,x_2 下的坐标是 $(1,1)^{\mathrm{T}}$，s' 在 x_1,x_2 下的坐标是 $(4,1)^{\mathrm{T}}$，即第 1 个坐标分量变为原先的 4 倍，第 2 个坐标分量变为原先的 1 倍，即发生了单纯的伸缩变换。

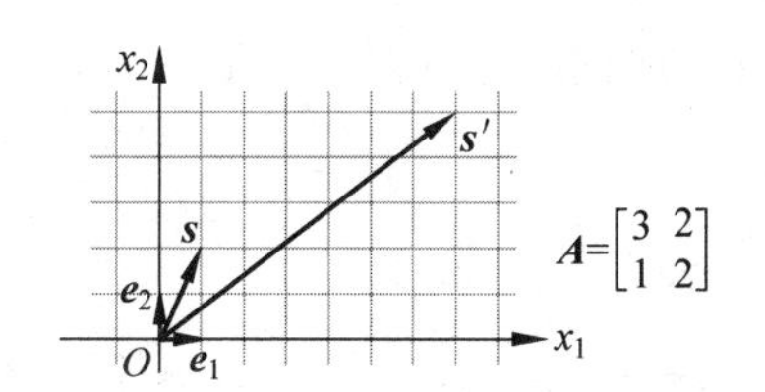

图 13-1 自然基向量组 e_1,e_2 下的线性变换以及对应矩阵 A

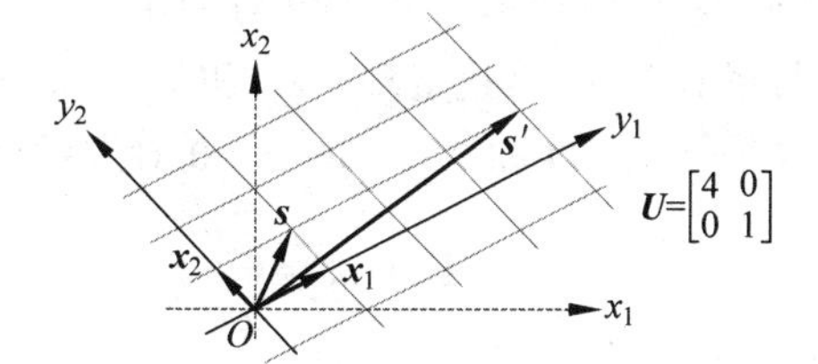

图 13-2 基向量组 x_1,x_2 下的线性变换以及对应矩阵 U

可见，选择合适的基向量组，可以让一个看似复杂的线性变换在一组合适的方向上转化为简单而独立的坐标伸缩变换，方便研究线性变换的各种性质。这就是相似对角化的意义。

13.2.2 相似对角化的条件和计算

在了解了相似对角化的意义和概念后，我们看如何对一个矩阵进行相似对角化操作。设 n 阶方阵 A 在可逆矩阵 X 的相似变换下成为对角阵 U，则有 $X^{-1}AX=U$，两边左乘 X 则

有 $\boldsymbol{AX}=\boldsymbol{XU}$。将 $\boldsymbol{X}$ 按列分块，即 $\boldsymbol{X}=(\boldsymbol{x}_1,\boldsymbol{x}_2,\cdots,\boldsymbol{x}_n)$，再设 $\boldsymbol{U}=\mathrm{diag}\{\lambda_1,\lambda_2,\cdots,\lambda_n\}$，则做以下推导：

$$\begin{aligned}\boldsymbol{AX}=\boldsymbol{XU}&\Rightarrow\boldsymbol{A}(\boldsymbol{x}_1,\boldsymbol{x}_2,\cdots,\boldsymbol{x}_n)=(\boldsymbol{x}_1,\boldsymbol{x}_2,\cdots,\boldsymbol{x}_n)\begin{bmatrix}\lambda_1&&&\\&\lambda_2&&\\&&\ddots&\\&&&\lambda_n\end{bmatrix}\\&\Rightarrow(\boldsymbol{Ax}_1,\boldsymbol{Ax}_2,\cdots,\boldsymbol{Ax}_n)=(\lambda_1\boldsymbol{x}_1,\lambda_2\boldsymbol{x}_2,\cdots,\lambda_n\boldsymbol{x}_n)\\&\Rightarrow\boldsymbol{Ax}_1=\lambda_1\boldsymbol{x}_1,\boldsymbol{Ax}_2=\lambda_2\boldsymbol{x}_2,\cdots,\boldsymbol{Ax}_n=\lambda_n\boldsymbol{x}_n\end{aligned}\tag{13.34}$$

可以发现，对于 $\boldsymbol{X}$ 的第 i 列 $\boldsymbol{x}_i$ 来说，有 $\boldsymbol{Ax}_i=\lambda_i\boldsymbol{x}_i$ 成立（$i=1,2,\cdots,n$），这说明 $\boldsymbol{X}$ 的每一列都是 $\boldsymbol{A}$ 的特征向量，$\boldsymbol{U}$ 主对角线上的每一个元素都是对应的 $\boldsymbol{A}$ 的特征值，于是只需要求出 $\boldsymbol{A}$ 的特征值和特征向量即可满足等式 $\boldsymbol{AX}=\boldsymbol{XU}$。

那么此时可以说 $\boldsymbol{A}$ 经过相似对角化成为对角阵 $\boldsymbol{U}$ 吗？答案是否定的。这是因为从 $\boldsymbol{AX}=\boldsymbol{XU}$ 推出 $\boldsymbol{X}^{-1}\boldsymbol{AX}=\boldsymbol{U}$ 的条件是 $\boldsymbol{X}$ 为可逆矩阵，若 $\boldsymbol{X}$ 不可逆就不能推出上述相似矩阵的定义式。由于 $\boldsymbol{X}=(\boldsymbol{x}_1,\boldsymbol{x}_2,\cdots,\boldsymbol{x}_n)$ 可逆的充分必要条件之一是列向量组 $\boldsymbol{x}_1,\boldsymbol{x}_2,\cdots,\boldsymbol{x}_n$ 线性无关，因此只要 $\boldsymbol{A}$ 可以找到 n 个线性无关的特征向量就可以保证 $\boldsymbol{X}$ 是可逆矩阵，进一步可以由 $\boldsymbol{AX}=\boldsymbol{XU}$ 推出相似矩阵的定义式 $\boldsymbol{X}^{-1}\boldsymbol{AX}=\boldsymbol{U}$，此时 $\boldsymbol{A}$ 就可以相似对角化了。

例 13-9：请判断以下两个 2 阶方阵是否可以相似对角化，如果可以请将其通过相似变换化为对角阵。

$$\boldsymbol{A}=\begin{bmatrix}4&6\\2&5\end{bmatrix},\quad\boldsymbol{B}=\begin{bmatrix}3&2\\0&3\end{bmatrix}\tag{13.35}$$

解：根据相似对角化的步骤，先求出方阵的特征值，然后看能否找到 2 个线性无关的特征向量即可。2 阶方阵求特征值可以采用常规的方法，但也可以利用特征值的性质快速求出其特征值。此处采用后一种方法求解。

(1) 设 $\boldsymbol{A}$ 特征值是 λ_1 和 λ_2，则 $\lambda_1+\lambda_2=\mathrm{tr}(\boldsymbol{A})=9$，$\lambda_1\lambda_2=|\boldsymbol{A}|=8$，故根据一元二次方程根与系数关系（韦达定理），$\lambda_1$ 和 λ_2 是 $\lambda^2-9\lambda+8=0$ 的两根，故可得 $\lambda_1=1$，$\lambda_2=8$。然后求出 $(\boldsymbol{E}-\boldsymbol{A})\boldsymbol{x}=\boldsymbol{0}$ 和 $(8\boldsymbol{E}-\boldsymbol{A})\boldsymbol{x}=\boldsymbol{0}$ 对应的基础解系：

$$\begin{aligned}\boldsymbol{E}-\boldsymbol{A}&=\begin{bmatrix}-3&-6\\-2&-4\end{bmatrix}\to\begin{bmatrix}1&2\\0&0\end{bmatrix}\Rightarrow\boldsymbol{c}_1=\begin{bmatrix}2\\-1\end{bmatrix}\\8\boldsymbol{E}-\boldsymbol{A}&=\begin{bmatrix}4&-6\\-2&3\end{bmatrix}\to\begin{bmatrix}2&-3\\0&0\end{bmatrix}\Rightarrow\boldsymbol{c}_2=\begin{bmatrix}3\\2\end{bmatrix}\end{aligned}\tag{13.36}$$

由于不同特征值对应的特征向量一定是线性无关的，因此 $\boldsymbol{A}$ 就一定可以找到两个线性无关的特征向量，只需令 $\boldsymbol{X}=(\boldsymbol{c}_1,\boldsymbol{c}_2)$ 和 $\boldsymbol{U}=\mathrm{diag}\{1,8\}$，即可实现以下相似对角化：

$$\boldsymbol{X}^{-1}\boldsymbol{AX}=\boldsymbol{U}\Rightarrow\begin{bmatrix}2&3\\-1&2\end{bmatrix}^{-1}\begin{bmatrix}4&6\\2&5\end{bmatrix}\begin{bmatrix}2&3\\-1&2\end{bmatrix}=\begin{bmatrix}1&0\\0&8\end{bmatrix}\tag{13.37}$$

这里注意特征向量和特征值的对应顺序，即 $\boldsymbol{X}$ 的列序号要对应 $\boldsymbol{U}$ 的元素序号。比如说再令 $\boldsymbol{X}=(\boldsymbol{c}_2,\boldsymbol{c}_1)$，$\boldsymbol{U}=\mathrm{diag}\{8,1\}$，于是就有另一种相似对角化方式：

$$\boldsymbol{X}^{-1}\boldsymbol{AX}=\boldsymbol{U}\Rightarrow\begin{bmatrix}3&2\\2&-1\end{bmatrix}^{-1}\begin{bmatrix}4&6\\2&5\end{bmatrix}\begin{bmatrix}3&2\\2&-1\end{bmatrix}=\begin{bmatrix}8&0\\0&1\end{bmatrix}\tag{13.38}$$

两种方式本质上是一致的，只是在相似变换时序号顺序不同而已。

(2) 易知 $\boldsymbol{B}$ 具有 2 个相等的特征值 3，即代数重数是 2。现在求 $(3\boldsymbol{E}-\boldsymbol{B})\boldsymbol{x}=\boldsymbol{0}$ 对应的基础解系：

$$3\boldsymbol{E}-\boldsymbol{B}=\begin{bmatrix}0 & -2\\0 & 0\end{bmatrix}\rightarrow\begin{bmatrix}0 & -1\\0 & 0\end{bmatrix}\Rightarrow\boldsymbol{c}=\begin{bmatrix}1\\0\end{bmatrix}\tag{13.39}$$

可知 $\boldsymbol{B}$ 的所有特征向量都在 $\boldsymbol{c}$ 所在的直线上，即几何重数是 1，或者说特征向量所在的空间是 1 维的。在这个 1 维空间内找不出 2 个线性无关的向量，或者说任意 2 个向量一定是线性相关的，因此 $\boldsymbol{B}$ 不可相似对角化。

例 13-10：3 阶方阵 $\boldsymbol{A}$ 的特征值和特征向量如下所示，请判断 $\boldsymbol{A}$ 是否可以相似对角化，如果可以请将其通过相似变换化为对角阵。

$$\boldsymbol{A}=\begin{bmatrix}2 & -3 & 2\\0 & -1 & 2\\1 & -5 & 5\end{bmatrix}\quad\begin{aligned}&\lambda_1=1,k_1\boldsymbol{c}_1=k_1\begin{bmatrix}1\\1\\1\end{bmatrix},k_1\neq 0\\&\lambda_2=2,k_2\boldsymbol{c}_2=k_2\begin{bmatrix}1\\2\\3\end{bmatrix},k_2\neq 0\\&\lambda_3=3,k_3\boldsymbol{c}_3=k_3\begin{bmatrix}1\\1\\2\end{bmatrix},k_3\neq 0\end{aligned}\tag{13.40}$$

解：$\boldsymbol{A}$ 具有 3 个不同的特征值，而不同特征值对应的特征向量一定是线性无关的，所以 $\boldsymbol{A}$ 就可以找到 3 个线性无关的特征向量，此处刚好可以取对应齐次方程组的基础解系 $\boldsymbol{c}_1$、$\boldsymbol{c}_2$ 和 $\boldsymbol{c}_3$。令 $\boldsymbol{X}=(\boldsymbol{c}_1,\boldsymbol{c}_2,\boldsymbol{c}_3)$ 以及 $\boldsymbol{U}=\mathrm{diag}\{1,2,3\}$，就有以下相似对角化结果：

$$\boldsymbol{X}^{-1}\boldsymbol{A}\boldsymbol{X}=\boldsymbol{U}\Rightarrow\begin{bmatrix}1 & 1 & 1\\1 & 2 & 1\\1 & 3 & 2\end{bmatrix}^{-1}\begin{bmatrix}2 & -3 & 2\\0 & -1 & 2\\1 & -5 & 5\end{bmatrix}\begin{bmatrix}1 & 1 & 1\\1 & 2 & 1\\1 & 3 & 2\end{bmatrix}=\begin{bmatrix}1 & & \\ & 2 & \\ & & 3\end{bmatrix}\tag{13.41}$$

例 13-11：3 阶方阵 $\boldsymbol{B}$ 的特征值和特征向量如下所示，请判断 $\boldsymbol{B}$ 是否可以相似对角化，如果可以请将其通过相似变换化为对角阵。

$$\boldsymbol{B}=\begin{bmatrix}-1 & 1 & 0\\-4 & 3 & 0\\1 & 0 & 2\end{bmatrix}\quad\begin{aligned}&\lambda_1=\lambda_2=1,k_1\boldsymbol{c}_1=k_1,\begin{bmatrix}1\\2\\-1\end{bmatrix},k_1\neq 0\\&\lambda_3=2,k_2\boldsymbol{c}_2=k_2,\begin{bmatrix}0\\0\\1\end{bmatrix},k_2\neq 0\end{aligned}\tag{13.42}$$

解：$\boldsymbol{B}$ 的特征值中，1 是 2 重特征值，即它的代数重数是 2；它对应的特征向量都和 $\boldsymbol{c}_1$ 共线，也就是它的几何重数是 1。故特征值 1 只能找到 1 个线性无关的特征向量。而 2 是单根特征值，它的代数重数和几何重数都是 1，并且特征值 2 对应的特征向量一定和特征值 1 对应的特征向量线性无关。这样总体来看，$\boldsymbol{B}$ 只能找到 2 个线性无关的特征向量，即它全部特征向量表示的是 2 维空间，在这个 2 维空间上找不到 3 个线性无关的向量，因此任意 3 个特征向量横向并列的矩阵 $\boldsymbol{X}$ 一定不可逆。设 $\boldsymbol{U}=\mathrm{diag}\{1,1,2\}$，则 $\boldsymbol{B}\boldsymbol{X}=\boldsymbol{X}\boldsymbol{U}$ 推不出

$X^{-1}BX=U$，故 $B \nsim U$，即 B 不可相似对角化。

例 13-12：3 阶方阵 C 的特征值和特征向量如下所示，请判断 C 是否可以相似对角化，如果可以请将其通过相似变换化为对角阵。

$$C=\begin{bmatrix}1&-4&8\\0&-4&10\\0&-3&7\end{bmatrix}\quad \begin{matrix}\lambda_1=\lambda_2=1, k_1\boldsymbol{c}_1+k_2\boldsymbol{c}_2=k_1\begin{bmatrix}1\\0\\0\end{bmatrix}+k_2\begin{bmatrix}0\\2\\1\end{bmatrix}, (k_1^2+k_2^2\neq 0)\\ \lambda_3=2, k_3\boldsymbol{c}_3=k_3\begin{bmatrix}4\\5\\6\end{bmatrix}, (k_3\neq 0)\end{matrix} \tag{13.43}$$

解：C 的特征值中，1 是 2 重特征值，即它的代数重数是 2；它对应的特征向量都在 2 个线性无关的向量 $\boldsymbol{c}_1$ 和 $\boldsymbol{c}_2$ 所表示的 2 维空间上，即它的几何重数是 2。也就是说，特征值 1 可以对应 2 个线性无关的特征向量。而 2 是单根特征值，它的代数重数和几何重数都是 1，并且特征值 2 对应的特征向量一定和特征值 1 对应的所有特征向量都线性无关。因此总体来看，C 就可以找到 3 个线性无关的特征向量，令 $X=(\boldsymbol{c}_1,\boldsymbol{c}_2,\boldsymbol{c}_3)$ 以及 $U=\mathrm{diag}\{1,1,2\}$，就有以下相似对角化结果：

$$X^{-1}CX=U\Rightarrow\begin{bmatrix}1&0&4\\0&2&5\\0&1&6\end{bmatrix}^{-1}\begin{bmatrix}1&-4&8\\0&-4&10\\0&-3&7\end{bmatrix}\begin{bmatrix}1&0&4\\0&2&5\\0&1&6\end{bmatrix}=\begin{bmatrix}1&&\\&1&\\&&2\end{bmatrix} \tag{13.44}$$

通过以上几个例子，我们可以总结出一个 n 阶方阵可以相似对角化的条件。有的方阵具有 n 个不同的特征值，即每个特征值都是特征多项式的单根，那么每个特征值对应的特征向量就都是线性无关的，于是这些特征向量横向并列组成的矩阵一定可逆，从而这个方阵就一定可以相似对角化。这样就得出了一个充分条件：若 n 阶方阵存在 n 个不同的特征值，则必可以相似对角化。

以上条件仅仅为充分条件，也就是说即使方阵存在重根特征值也是有可能相似对角化的。一个 k 重特征值 λ 的代数重数是 k，如果对应几何重数小于 k，则说明 λ 对应的特征向量在一个小于 k 维的空间里，这样就无法找到 k 个线性无关的向量。只有当其几何重数也是 k 时，λ 才能对应 k 个线性无关的特征向量。因此得出了一个充分必要条件：全体 k 重特征值必须对应 k 个线性无关的特征向量，即每个特征值的几何重数必须等于其代数重数。

例 13-13：6 阶方阵 A 对应的特征多项式经过因式分解后为 $(\lambda-a)(\lambda-b)^2(\lambda-c)^3$，请列举出其特征值的全部的几何重数可能性，并说明哪些情况下 A 可以相似对角化。

解：从特征多项式可知，a、b 和 c 是 A 的特征值，三者的代数重数分别是 1、2 和 3。由于一个特征值的几何重数必不超过其代数重数，因此 a 的几何重数必为 1，b 的几何重数可能是 1 或 2，c 的几何重数可能是 1、2 或 3。

于是列举出以下六种几何重数可能的组合，其中 GM 是 Geometric Multiplicity 的缩写，用于表示对应特征值的几何重数：

➢ $\mathrm{GM}(a)=1, \mathrm{GM}(b)=1, \mathrm{GM}(c)=1$

➢ $\mathrm{GM}(a)=1, \mathrm{GM}(b)=1, \mathrm{GM}(c)=2$

➢ $\mathrm{GM}(a)=1, \mathrm{GM}(b)=1, \mathrm{GM}(c)=3$

➢ $\mathrm{GM}(a)=1, \mathrm{GM}(b)=2, \mathrm{GM}(c)=1$

➢ $\text{GM}(a)=1, \text{GM}(b)=2, \text{GM}(c)=2$

➢ $\text{GM}(a)=1, \text{GM}(b)=2, \text{GM}(c)=3$

根据充分必要条件,每个特征值的几何重数都等于其代数重数时才能相似对角化,因此只有最后一种情形($\text{GM}(a)=1, \text{GM}(b)=2, \text{GM}(c)=3$)时,$\boldsymbol{A}$ 才可以相似对角化。这个条件是比较严格的,要求全体特征值都满足才行。

13.2.3 相似对角化的应用

相似对角化的第一个应用是判断矩阵是否相似,这里举一个例子说明判断方法。

例 13-14:请判断以下方阵 $\boldsymbol{A}$ 和 $\boldsymbol{B}$ 是否相似。

$$\boldsymbol{A}=\begin{bmatrix}3 & -1 & 1\\ -1 & 3 & 1\\ -1 & -1 & 5\end{bmatrix},\quad \boldsymbol{B}=\begin{bmatrix}4 & 2 & -2\\ 0 & 5 & -1\\ 0 & 2 & 2\end{bmatrix} \tag{13.45}$$

解:在上一节,我们学习过判断矩阵是否相似的几个必要条件,即可以先看两者主对角线元素之和以及行列式等要素是否相等。只有这些必要条件满足了才可能相似。此处可以计算出 $\text{tr}(\boldsymbol{A})=\text{tr}(\boldsymbol{B})=11, |\boldsymbol{A}|=|\boldsymbol{B}|=48$,说明它们可能相似。再看对应的特征多项式 $|\lambda\boldsymbol{E}-\boldsymbol{A}|$ 和 $|\lambda\boldsymbol{E}-\boldsymbol{B}|$,计算如下:

$$\begin{aligned}|\lambda\boldsymbol{E}-\boldsymbol{A}|&=\begin{vmatrix}\lambda-3 & 1 & -1\\ 1 & \lambda-3 & -1\\ 1 & 1 & \lambda-5\end{vmatrix}=(\lambda-3)(\lambda-4)^2\\ |\lambda\boldsymbol{E}-\boldsymbol{B}|&=\begin{vmatrix}\lambda-4 & -2 & 2\\ 0 & \lambda-5 & 1\\ 0 & -2 & \lambda-2\end{vmatrix}=(\lambda-3)(\lambda-4)^2\end{aligned} \tag{13.46}$$

可见两者特征多项式也是一致的,进一步它们都具有单根特征值 3 以及 2 重特征值 4,因此只需关注两者能否都能和对角阵 $\boldsymbol{U}=\text{diag}\{3,4,4\}$ 相似即可,即转化为两者能否都能相似对角化的问题。

由于单根特征值 3 的代数重数和几何重数必然都是 1,因此只需关注特征值 4 的几何重数,即齐次方程组 $(4\boldsymbol{E}-\boldsymbol{A})\boldsymbol{x}=\boldsymbol{0}$ 和 $(4\boldsymbol{E}-\boldsymbol{B})\boldsymbol{x}=\boldsymbol{0}$ 的基础解系包含几个线性无关的向量。根据线性方程组的知识可知,基础解系包含的线性无关向量个数等于未知数个数减去系数矩阵的秩。因此只需求出 $r(4\boldsymbol{E}-\boldsymbol{A})$ 和 $r(4\boldsymbol{E}-\boldsymbol{B})$ 即可。

$$\begin{aligned}4\boldsymbol{E}-\boldsymbol{A}&=\begin{bmatrix}1 & 1 & -1\\ 1 & 1 & -1\\ 1 & 1 & -1\end{bmatrix}\to\begin{bmatrix}1 & 1 & -1\\ 0 & 0 & 0\\ 0 & 0 & 0\end{bmatrix}\Rightarrow r(4\boldsymbol{E}-\boldsymbol{A})=1\\ 4\boldsymbol{E}-\boldsymbol{B}&=\begin{bmatrix}0 & -2 & 2\\ 0 & -1 & 1\\ 0 & -2 & 2\end{bmatrix}\to\begin{bmatrix}0 & -1 & 1\\ 0 & 0 & 0\\ 0 & 0 & 0\end{bmatrix}\Rightarrow r(4\boldsymbol{E}-\boldsymbol{B})=1\end{aligned} \tag{13.47}$$

由于 $r(4\boldsymbol{E}-\boldsymbol{A})=r(4\boldsymbol{E}-\boldsymbol{B})=1$,故两个齐次方程组的基础解系都含有 $3-1=2$ 个线性无关的向量,也就是特征值 4 可以找到 2 个线性无关的特征向量。因此不论 $\boldsymbol{A}$ 还是 $\boldsymbol{B}$,特征值 4 的几何重数都等于其代数重数,故 $\boldsymbol{A}$ 和 $\boldsymbol{B}$ 都相似于对角阵 $\boldsymbol{U}=\text{diag}\{3,4,4\}$,因此 $\boldsymbol{A}\sim\boldsymbol{B}$。

从上例可知，两个均可相似对角化的方阵相似的充分必要条件是它们都相似于同一个对角阵。此外，相似矩阵的几个必要条件可以用作初步的判断，只有满足了这几个必要条件才有可能相似。但如果进一步要判断或证明两个矩阵是否相似，就要使用上述充分必要条件了。

例 13-15：矩阵 $\boldsymbol{A}$、$\boldsymbol{B}$ 和 $\boldsymbol{C}$ 如下，求证：$\boldsymbol{A}\sim\boldsymbol{B}$ 且 $\boldsymbol{A}\nsim\boldsymbol{C}$。

$$\boldsymbol{A}=\begin{bmatrix}1&1&1&1\\1&1&1&1\\1&1&1&1\\1&1&1&1\end{bmatrix},\quad \boldsymbol{B}=\begin{bmatrix}0&0&0&1\\0&0&0&2\\0&0&0&3\\0&0&0&4\end{bmatrix},\quad \boldsymbol{C}=\begin{bmatrix}1&1&2&3\\0&1&1&2\\0&0&1&1\\0&0&0&1\end{bmatrix} \tag{13.48}$$

证明：易知 $r(\boldsymbol{A})=r(\boldsymbol{B})=1, r(\boldsymbol{C})=4$，因此根据必要条件一定有 $\boldsymbol{A}\nsim\boldsymbol{C}$，而 $\boldsymbol{A}$ 和 $\boldsymbol{B}$ 则是有可能相似的。

由于 $\boldsymbol{A}$ 和 $\boldsymbol{B}$ 是秩 1 矩阵，因此它们的特征值都是 0 或 4，且 0 是 3 重特征值，4 是单根特征值。现在只需查看特征值 0 对应的几何重数，也就是齐次方程组 $(0\boldsymbol{E}-\boldsymbol{A})\boldsymbol{x}=\boldsymbol{0}$ 和 $(0\boldsymbol{E}-\boldsymbol{B})\boldsymbol{x}=\boldsymbol{0}$ 即 $\boldsymbol{Ax}=\boldsymbol{0}$ 和 $\boldsymbol{Bx}=\boldsymbol{0}$ 的基础解系里包含多少线性无关的向量。由于 $r(\boldsymbol{A})=r(\boldsymbol{B})=1$，因此 $\boldsymbol{Ax}=\boldsymbol{0}$ 和 $\boldsymbol{Bx}=\boldsymbol{0}$ 的基础解系均包含有 $4-1=3$ 个线性无关的向量，也就是特征值 0 对应的几何重数是 3，等于其代数重数，故两者都可以相似对角化为同一个矩阵 $\boldsymbol{U}=\mathrm{diag}\{0,0,0,4\}$。因此 $\boldsymbol{A}\sim\boldsymbol{B}$。

需要说明的是，这种方法只适合于两个均可相似对角化的矩阵。如果两个矩阵仅有一方可以相似对角化，则可以直接判定不相似；如果两者都不能相似对角化，就需要使用若尔当标准形(Jordan normal form)判断。有关若尔当标准形的讨论相对比较复杂，感兴趣的读者可以查阅相关文献。

相似对角化的第二个应用是计算方阵的高次幂。对于可以相似对角化的方阵 $\boldsymbol{A}$，一定有 $\boldsymbol{X}^{-1}\boldsymbol{AX}=\boldsymbol{U}$（$\boldsymbol{X}$ 是可逆矩阵，$\boldsymbol{U}$ 是对角阵），则 $\boldsymbol{A}=\boldsymbol{XUX}^{-1}$，于是 $\boldsymbol{A}^k$ 计算如下：

$$\boldsymbol{A}^k=\boldsymbol{XUX}^{-1}\boldsymbol{XUX}^{-1}\cdots\boldsymbol{XUX}^{-1}=\boldsymbol{XU}^k\boldsymbol{X}^{-1} \tag{13.49}$$

由于计算对角阵的幂比较容易，所以就可以将计算 $\boldsymbol{A}^k$ 转化为计算 3 个矩阵相乘的运算，从而达到简化计算的目的。

例 13-16：矩阵 $\boldsymbol{A}$ 如下，请计算 $\boldsymbol{A}^{99}$。

$$\boldsymbol{A}=\begin{bmatrix}0&-1&1\\2&-3&0\\0&0&0\end{bmatrix} \tag{13.50}$$

解：显然无法直接计算矩阵的幂次，因此考虑相似对角化的方法。首先求出 $\boldsymbol{A}$ 的特征值：

$$|\lambda\boldsymbol{E}-\boldsymbol{A}|=\begin{vmatrix}\lambda&1&-1\\-2&\lambda+3&0\\0&0&\lambda\end{vmatrix}=\lambda\begin{vmatrix}\lambda&1\\-2&\lambda+3\end{vmatrix}=\lambda(\lambda+1)(\lambda+2) \tag{13.51}$$

故可知 $\boldsymbol{A}$ 的 3 个特征值是 0、-1 和 -2。由于 3 阶方阵 $\boldsymbol{A}$ 具有 3 个不同的特征值，所以它必然可以相似对角化，并且相似变换矩阵由每个特征值对应的特征向量横向并列而成。因此只需要求解 $-\boldsymbol{Ax}=\boldsymbol{0}$、$(-\boldsymbol{E}-\boldsymbol{A})\boldsymbol{x}=\boldsymbol{0}$ 以及 $(-2\boldsymbol{E}-\boldsymbol{A})\boldsymbol{x}=\boldsymbol{0}$ 的基础解系即可。为了方便起见去掉负号成为 $\boldsymbol{Ax}=\boldsymbol{0}$、$(\boldsymbol{E}+\boldsymbol{A})\boldsymbol{x}=\boldsymbol{0}$ 以及 $(2\boldsymbol{E}+\boldsymbol{A})\boldsymbol{x}=\boldsymbol{0}$，于是有

$$\boldsymbol{A}=\begin{bmatrix}0&-1&1\\2&-3&0\\0&0&0\end{bmatrix}\to\begin{bmatrix}2&-3&0\\0&1&-1\\0&0&0\end{bmatrix}\Rightarrow\boldsymbol{c}_1=\begin{bmatrix}3\\2\\2\end{bmatrix}$$

$$\boldsymbol{E}+\boldsymbol{A}=\begin{bmatrix}1&-1&1\\2&-2&0\\0&0&1\end{bmatrix}\to\begin{bmatrix}1&-1&1\\0&0&1\\0&0&0\end{bmatrix}\Rightarrow\boldsymbol{c}_2=\begin{bmatrix}1\\1\\0\end{bmatrix}\tag{13.52}$$

$$2\boldsymbol{E}+\boldsymbol{A}=\begin{bmatrix}2&-1&1\\2&-1&0\\0&0&2\end{bmatrix}\to\begin{bmatrix}2&-1&1\\0&0&1\\0&0&0\end{bmatrix}\Rightarrow\boldsymbol{c}_3=\begin{bmatrix}1\\2\\0\end{bmatrix}$$

令 $\boldsymbol{X}=(\boldsymbol{c}_1,\boldsymbol{c}_2,\boldsymbol{c}_3)$，$\boldsymbol{U}=\mathrm{diag}\{0,-1,-2\}$，则有 $\boldsymbol{X}^{-1}\boldsymbol{A}\boldsymbol{X}=\boldsymbol{U}$，故 $\boldsymbol{A}=\boldsymbol{X}\boldsymbol{U}\boldsymbol{X}^{-1}$，进一步有 $\boldsymbol{A}^{99}=\boldsymbol{X}\boldsymbol{U}^{99}\boldsymbol{X}^{-1}$。易知 $\boldsymbol{U}^{99}=\mathrm{diag}\{0^{99},(-1)^{99},(-2)^{99}\}=\mathrm{diag}\{0,-1,-2^{99}\}$，故只需求出 $\boldsymbol{X}^{-1}$ 即可。

$$\boldsymbol{X}=\begin{bmatrix}3&1&1\\2&1&2\\2&0&0\end{bmatrix}\Rightarrow\boldsymbol{X}^{-1}=\frac{1}{2}\begin{bmatrix}0&0&1\\4&-2&-4\\-2&2&1\end{bmatrix}\tag{13.53}$$

从而有

$$\begin{aligned}\boldsymbol{A}^{99}=\boldsymbol{X}\boldsymbol{U}^{99}\boldsymbol{X}^{-1}&=\begin{bmatrix}3&1&1\\2&1&2\\2&0&0\end{bmatrix}\begin{bmatrix}0&&\\&-1&\\&&-2^{99}\end{bmatrix}\frac{1}{2}\begin{bmatrix}0&0&1\\4&-2&-4\\-2&2&1\end{bmatrix}\\&=\begin{bmatrix}2^{99}-2&1-2^{99}&2-2^{98}\\2^{100}-2&1-2^{100}&2-2^{99}\\0&0&0\end{bmatrix}\end{aligned}\tag{13.54}$$

除此之外，矩阵的相似对角化还可以解决一些初等数学中比较困难的问题，比如通过数列的递推公式求通项公式。

例 13-17：已知数列$\{a_n\}$满足 $a_1=1$ 和 $a_2=1$，递推公式是 $a_n=a_{n-1}+2a_{n-2}(n\geqslant3)$，求$\{a_n\}$的通项公式。

解：由于递推公式中 a_n 和 a_{n-1}，a_{n-2} 都有关，因此无法使用等差或等比数列的公式求解。但递推公式是齐次的(即不含常数项)，因此可以把 $a_n=a_{n-1}+2a_{n-2}$ 写成矩阵的形式：

$$\begin{cases}a_n=a_{n-1}+2a_{n-2}\\a_{n-1}=a_{n-1}\end{cases}\Rightarrow\begin{bmatrix}a_n\\a_{n-1}\end{bmatrix}=\begin{bmatrix}1&2\\1&0\end{bmatrix}\begin{bmatrix}a_{n-1}\\a_{n-2}\end{bmatrix}\tag{13.55}$$

这类似于向量和矩阵意义下的“等比数列”，于是当 $n\geqslant3$ 时，就可以递推如下：

$$\begin{aligned}\begin{bmatrix}a_n\\a_{n-1}\end{bmatrix}&=\begin{bmatrix}1&2\\1&0\end{bmatrix}\begin{bmatrix}a_{n-1}\\a_{n-2}\end{bmatrix}=\begin{bmatrix}1&2\\1&0\end{bmatrix}\begin{bmatrix}1&2\\1&0\end{bmatrix}\begin{bmatrix}a_{n-2}\\a_{n-3}\end{bmatrix}=\begin{bmatrix}1&2\\1&0\end{bmatrix}^2\begin{bmatrix}a_{n-2}\\a_{n-3}\end{bmatrix}\\&=\begin{bmatrix}1&2\\1&0\end{bmatrix}^3\begin{bmatrix}a_{n-3}\\a_{n-4}\end{bmatrix}=\cdots=\begin{bmatrix}1&2\\1&0\end{bmatrix}^{n-2}\begin{bmatrix}a_2\\a_1\end{bmatrix}=\begin{bmatrix}1&2\\1&0\end{bmatrix}^{n-2}\begin{bmatrix}1\\1\end{bmatrix}\end{aligned}\tag{13.56}$$

因此这个问题实际上等价于求矩阵的幂次问题，这里就可以使用相似对角化做。令

$\boldsymbol{A}=\begin{bmatrix}1 & 2\\1 & 0\end{bmatrix}$，它的 2 个特征值之和是 $\operatorname{tr}(\boldsymbol{A})=1$，之积是 $|\boldsymbol{A}|=-2$，故 2 个特征值是方程 $\lambda^2-\lambda-2=0$ 的根，解方程得特征值是 -1 和 2。这样 $\boldsymbol{A}$ 对应两个不同的特征值，它必然可以相似对角化。再求出方程组 $(\boldsymbol{E}+\boldsymbol{A})\boldsymbol{x}=\boldsymbol{0}$ 和 $(2\boldsymbol{E}-\boldsymbol{A})\boldsymbol{x}=\boldsymbol{0}$ 的基础解系（请思考为什么求 $(\boldsymbol{E}+\boldsymbol{A})\boldsymbol{x}=\boldsymbol{0}$ 的基础解系）：

$$\begin{aligned}\boldsymbol{E}+\boldsymbol{A}&=\begin{bmatrix}2 & 2\\1 & 1\end{bmatrix}\to\begin{bmatrix}1 & 1\\0 & 0\end{bmatrix}\Rightarrow\boldsymbol{c}_1=\begin{bmatrix}1\\-1\end{bmatrix}\\2\boldsymbol{E}-\boldsymbol{A}&=\begin{bmatrix}1 & -2\\-1 & 2\end{bmatrix}\to\begin{bmatrix}1 & -2\\0 & 0\end{bmatrix}\Rightarrow\boldsymbol{c}_2=\begin{bmatrix}2\\1\end{bmatrix}\end{aligned}\tag{13.57}$$

令 $\boldsymbol{X}=(\boldsymbol{c}_1,\boldsymbol{c}_2)$，则求出 $\boldsymbol{X}^{-1}$ 如下：

$$\boldsymbol{X}=(\boldsymbol{c}_1,\boldsymbol{c}_2)=\begin{bmatrix}1 & 2\\-1 & 1\end{bmatrix}\Rightarrow\boldsymbol{X}^{-1}=\frac{1}{3}\begin{bmatrix}1 & -2\\1 & 1\end{bmatrix}\tag{13.58}$$

于是 $\boldsymbol{A}$ 的相似对角化的结果就是 $\boldsymbol{X}^{-1}\boldsymbol{A}\boldsymbol{X}=\boldsymbol{U}$，其中 $\boldsymbol{U}=\operatorname{diag}\{-1,2\}$，进一步可以推出 $\boldsymbol{A}=\boldsymbol{X}\boldsymbol{U}\boldsymbol{X}^{-1}$，从而有

$$\begin{aligned}\boldsymbol{A}^{n-2}=\boldsymbol{X}\boldsymbol{U}^{n-2}\boldsymbol{X}^{-1}&=\begin{bmatrix}1 & 2\\-1 & 1\end{bmatrix}\begin{bmatrix}(-1)^{n-2} & \\ & 2^{n-2}\end{bmatrix}\frac{1}{3}\begin{bmatrix}1 & -2\\1 & 1\end{bmatrix}\\&=\frac{1}{3}\begin{bmatrix}(-1)^n+2^{n-1} & -2(-1)^n+2^{n-1}\\-(-1)^n+2^{n-2} & 2(-1)^n+2^{n-2}\end{bmatrix}\end{aligned}\tag{13.59}$$

故有

$$\begin{aligned}&\begin{bmatrix}a_n\\a_{n-1}\end{bmatrix}=\boldsymbol{A}^{n-2}\begin{bmatrix}1\\1\end{bmatrix}=\frac{1}{3}\begin{bmatrix}(-1)^n+2^{n-1} & -2(-1)^n+2^{n-1}\\-(-1)^n+2^{n-2} & 2(-1)^n+2^{n-2}\end{bmatrix}\begin{bmatrix}1\\1\end{bmatrix}\\&\Rightarrow a_n=\frac{1}{3}[(-1)^n+2^{n-1}-2(-1)^n+2^{n-1}]=\frac{1}{3}[2^n-(-1)^n]\end{aligned}\tag{13.60}$$

由上例可知，类似于 $a_n=pa_{n-1}+qa_{n-2}$（p 和 q 是常数，$n\geqslant 3$）这种数列都可以使用上述矩阵相似对角化的方法求解通项公式。而由数列的递推公式求通项公式的过程，在数学上也被称作求解差分方程，以上述方法求解差分方程在人口调查、金融分析、人力资源和工农业发展等领域有着重要的应用。

13.3 实对称矩阵

我们知道，如果方阵 $\boldsymbol{A}$ 满足 $\boldsymbol{A}^{\mathrm{T}}=\boldsymbol{A}$，则 $\boldsymbol{A}$ 是对称矩阵。进一步如果对称矩阵 $\boldsymbol{A}$ 的各个元素都是实数，则 $\boldsymbol{A}$ 就是**实对称矩阵**（real symmetric matrix）。实对称矩阵具有非常良好的性质，这一节将研究实对称矩阵的性质及其相似对角化的应用。

13.3.1 实对称矩阵的特征值和特征向量

对于矩阵 $\boldsymbol{A}$，引入 $\bar{\boldsymbol{A}}$ 这个符号表示 $\boldsymbol{A}$ 中全体元素取共轭复数操作。一个复数的共轭复数指的是它的实部不变而虚部取相反数，比如 $3+2\mathrm{i}$ 这个复数的共轭复数就是 $3-2\mathrm{i}$。显然实数的共轭复数还是它本身不变，这是实数的一个重要性质。因此实对称矩阵有连等式

$\boldsymbol{A}=\boldsymbol{A}^{\mathrm{T}}=\overline{\boldsymbol{A}}$ 成立。

在了解实对称矩阵的性质前，先回顾一下复数的运算。对于复数 z_1 和 z_2，有以下两条重要的运算法则：

➢ $\overline{z_1+z_2}=\bar{z}_1+\bar{z}_2$

➢ $\overline{z_1 z_2}=\bar{z}_1\bar{z}_2$

这两条法则表明复数加法和乘法的共轭可拆分性，使用复数的运算可以很容易证明。由于矩阵的加法、数乘和乘法运算里只涉及数的加法和乘法运算，因此也满足共轭拆分的性质，即对于复数矩阵 $\boldsymbol{A}$ 和 $\boldsymbol{B}$ 以及复数 λ 有

➢ $\overline{\boldsymbol{A}+\boldsymbol{B}}=\overline{\boldsymbol{A}}+\overline{\boldsymbol{B}}$

➢ $\overline{\lambda\boldsymbol{A}}=\bar{\lambda}\overline{\boldsymbol{A}}$

➢ $\overline{\boldsymbol{A}\boldsymbol{B}}=\overline{\boldsymbol{A}}\overline{\boldsymbol{B}}$

另外设复数向量 $\boldsymbol{x}=(a_1+b_1\mathrm{i},a_2+b_2\mathrm{i},\cdots,a_n+b_n\mathrm{i})^{\mathrm{T}}$，做数量积 $\bar{\boldsymbol{x}}^{\mathrm{T}}\boldsymbol{x}$ 有

$$\bar{\boldsymbol{x}}^{\mathrm{T}}\boldsymbol{x}=(a_1-b_1\mathrm{i},a_2-b_2\mathrm{i},\cdots,a_n-b_n\mathrm{i})\begin{bmatrix}a_1+b_1\mathrm{i}\\a_2+b_2\mathrm{i}\\\vdots\\a_n+b_n\mathrm{i}\end{bmatrix}$$
$$=a_1^2+b_1^2+a_2^2+b_2^2+\cdots+a_n^2+b_n^2\geqslant 0 \tag{13.61}$$

于是 $\bar{\boldsymbol{x}}^{\mathrm{T}}\boldsymbol{x}\geqslant 0$，当且仅当 $\boldsymbol{x}=\boldsymbol{0}$ 时取等号，故当 $\boldsymbol{x}\neq\boldsymbol{0}$ 时必有 $\bar{\boldsymbol{x}}^{\mathrm{T}}\boldsymbol{x}>0$。这是复数向量数量积的重要性质。下面利用这些复数矩阵的性质证明实对称矩阵的几个重要性质。

例 13-18：求证：实对称矩阵所有的特征值都是实数。

证明：实数的最大特点就是它和其共轭复数是相等的。设实对称矩阵 $\boldsymbol{A}$ 的特征值是 λ，对应的特征向量是 $\boldsymbol{x}(\boldsymbol{x}\neq\boldsymbol{0})$，因此只需证明 $\bar{\lambda}=\lambda$ 即可。做数量积 $\bar{\boldsymbol{x}}^{\mathrm{T}}\boldsymbol{x}$，并给其前面乘以 $\bar{\lambda}$，注意利用特征值的定义以及上述性质，有以下推导：

$$\bar{\lambda}\bar{\boldsymbol{x}}^{\mathrm{T}}\boldsymbol{x}=(\overline{\lambda\boldsymbol{x}})^{\mathrm{T}}\boldsymbol{x}=(\overline{\boldsymbol{A}\boldsymbol{x}})^{\mathrm{T}}\boldsymbol{x}=(\overline{\boldsymbol{A}}\bar{\boldsymbol{x}})^{\mathrm{T}}\boldsymbol{x}=(\boldsymbol{A}\bar{\boldsymbol{x}})^{\mathrm{T}}\boldsymbol{x}$$
$$=\bar{\boldsymbol{x}}^{\mathrm{T}}\boldsymbol{A}^{\mathrm{T}}\boldsymbol{x}=\bar{\boldsymbol{x}}^{\mathrm{T}}\boldsymbol{A}\boldsymbol{x}=\bar{\boldsymbol{x}}^{\mathrm{T}}(\lambda\boldsymbol{x})=\lambda\bar{\boldsymbol{x}}^{\mathrm{T}}\boldsymbol{x} \tag{13.62}$$

可知 $\bar{\lambda}\bar{\boldsymbol{x}}^{\mathrm{T}}\boldsymbol{x}=\lambda\bar{\boldsymbol{x}}^{\mathrm{T}}\boldsymbol{x}$ 即 $(\bar{\lambda}-\lambda)\bar{\boldsymbol{x}}^{\mathrm{T}}\boldsymbol{x}=0$。由于 $\boldsymbol{x}\neq\boldsymbol{0}$，故 $\bar{\boldsymbol{x}}^{\mathrm{T}}\boldsymbol{x}>0$，此时只能 $\bar{\lambda}-\lambda=0$ 即 $\bar{\lambda}=\lambda$，故 λ 是实数。

例 13-19：求证：实对称矩阵属于不同特征值的特征向量彼此正交。

证明：设实对称矩阵 $\boldsymbol{A}$ 的两个不同的特征值是 λ_1 和 λ_2，两者分别对应特征向量 $\boldsymbol{x}_1$ 和 $\boldsymbol{x}_2$，现在需要证明 $\boldsymbol{x}_1^{\mathrm{T}}\boldsymbol{x}_2=0$。于是先给 $\boldsymbol{x}_1^{\mathrm{T}}\boldsymbol{x}_2$ 前面乘以 λ_1，然后推导如下：

$$\lambda_1\boldsymbol{x}_1^{\mathrm{T}}\boldsymbol{x}_2=(\lambda_1\boldsymbol{x}_1)^{\mathrm{T}}\boldsymbol{x}_2=(\boldsymbol{A}\boldsymbol{x}_1)^{\mathrm{T}}\boldsymbol{x}_2=\boldsymbol{x}_1^{\mathrm{T}}\boldsymbol{A}^{\mathrm{T}}\boldsymbol{x}_2=x_1^{\mathrm{T}}\boldsymbol{A}\boldsymbol{x}_2$$
$$=\boldsymbol{x}_1^{\mathrm{T}}(\boldsymbol{A}\boldsymbol{x}_2)=\boldsymbol{x}_1^{\mathrm{T}}(\lambda_2\boldsymbol{x}_2)=\lambda_2\boldsymbol{x}_1^{\mathrm{T}}\boldsymbol{x}_2 \tag{13.63}$$

故 $\lambda_1\boldsymbol{x}_1^{\mathrm{T}}\boldsymbol{x}_2=\lambda_2\boldsymbol{x}_1^{\mathrm{T}}\boldsymbol{x}_2$，即 $(\lambda_1-\lambda_2)\boldsymbol{x}_1^{\mathrm{T}}\boldsymbol{x}_2=0$。由于 $\lambda_1\neq\lambda_2$，所以只能 $\boldsymbol{x}_1^{\mathrm{T}}\boldsymbol{x}_2=0$。

对于一般方阵，不同特征值对应的特征向量彼此线性无关。而从上例可知，实对称矩阵的不同特征值对应特征向量彼此正交，这是一个比线性无关更强的条件。

不过如果实对称矩阵中出现了重根特征值，那么它对应的特征向量就不一定是正交的。这一点我们看下面的例子。

例 13-20:实对称矩阵 $\boldsymbol{A}$ 如下,请验证上述实对称矩阵特征值、特征向量的性质,并判断 $\boldsymbol{A}$ 是否可以相似对角化。

$$\boldsymbol{A}=\begin{bmatrix}3&2&4\\2&0&2\\4&2&3\end{bmatrix} \tag{13.64}$$

解:通过特征多项式求出其特征值:

$$|\lambda\boldsymbol{E}-\boldsymbol{A}|=\begin{vmatrix}\lambda-3&-2&-4\\-2&\lambda&-2\\-4&-2&\lambda-3\end{vmatrix}=(\lambda-8)(\lambda+1)^2 \tag{13.65}$$

故 $\boldsymbol{A}$ 的特征值是 8 和 -1,均为实数。其中 8 是单根特征值,-1 是 2 重特征值。现在需要求出齐次方程组 $(8\boldsymbol{E}-\boldsymbol{A})\boldsymbol{x}=0$ 和 $(\boldsymbol{E}+\boldsymbol{A})\boldsymbol{x}=0$ 的基础解系:

$$\begin{aligned}8\boldsymbol{E}-\boldsymbol{A}&=\begin{bmatrix}5&-2&-4\\-2&8&-2\\-4&-2&5\end{bmatrix}\rightarrow\begin{bmatrix}5&-2&-4\\0&2&-1\\0&0&0\end{bmatrix}\Rightarrow\boldsymbol{c}_1=\begin{bmatrix}2\\1\\2\end{bmatrix}\\ \boldsymbol{E}+\boldsymbol{A}&=\begin{bmatrix}4&2&4\\2&1&2\\4&2&4\end{bmatrix}\rightarrow\begin{bmatrix}2&1&2\\0&0&0\\0&0&0\end{bmatrix}\Rightarrow\boldsymbol{c}_2=\begin{bmatrix}-1\\2\\0\end{bmatrix},\quad\boldsymbol{c}_3=\begin{bmatrix}-1\\0\\1\end{bmatrix}\end{aligned} \tag{13.66}$$

易知 $\boldsymbol{c}_1^{\mathrm{T}}\boldsymbol{c}_2=\boldsymbol{c}_1^{\mathrm{T}}\boldsymbol{c}_3=0$,可见属于特征值 8 和 -1 的特征向量彼此正交。不过 $\boldsymbol{c}_2^{\mathrm{T}}\boldsymbol{c}_3=1\neq 0$,这说明属于特征值 -1 的两个特征向量并不一定正交。

由于 $(\boldsymbol{E}+\boldsymbol{A})\boldsymbol{x}=0$ 的基础解系里包含 2 个线性无关的向量,这就意味着特征值 -1 的几何重数是 2,刚好和其代数重数相等,因此 $\boldsymbol{A}$ 可以相似对角化。

13.3.2 实对称矩阵的相似对角化

例 13-20 的实对称矩阵由于每个特征值的几何重数都等于对应的代数重数,因此一定可以相似对角化。这不是个例,因为所有的实对称矩阵都一定可以相似对角化,这也是实对称矩阵最重要的性质。下面使用数学归纳法证明这个重要的结论。

这里设有 n 阶实对称矩阵 $\boldsymbol{A}$,如果 $n=1$,矩阵 $\boldsymbol{A}$ 就退化成为一个数,对应的对角阵也是这个数本身。设 $\boldsymbol{A}=\boldsymbol{U}=a$,那么只需令 $\boldsymbol{P}=1$,就有 $\boldsymbol{P}^{-1}\boldsymbol{A}\boldsymbol{P}=1^{-1}\cdot a\cdot 1=a=\boldsymbol{U}$,故很容易验证 1 阶实对称矩阵(即一个数)可以相似对角化。

现在使用数学归纳法,假设任意一个 $n-1$ 阶矩阵均可相似对角化。再设 $\boldsymbol{A}$ 的某一个特征值是 λ_1,对应的特征向量是 $\boldsymbol{x}_1(\boldsymbol{x}_1\neq\boldsymbol{0})$,于是 $\boldsymbol{A}\boldsymbol{x}_1=\lambda_1\boldsymbol{x}_1$。根据特征向量的性质,和 $\boldsymbol{x}_1$ 共线的全体非零向量都是 $\boldsymbol{A}$ 的特征向量,于是设 $\boldsymbol{y}_1$ 是和 $\boldsymbol{x}_1$ 共线的单位向量,则有 $\boldsymbol{y}_1=\dfrac{\boldsymbol{x}_1}{\|\boldsymbol{x}_1\|}$ 且 $\boldsymbol{y}_1$ 也是 $\boldsymbol{A}$ 属于 λ_1 的特征向量,即 $\boldsymbol{A}\boldsymbol{y}_1=\lambda_1\boldsymbol{y}_1$。

$\boldsymbol{y}_1$ 是一个单位向量,于是做单位向量 $\boldsymbol{y}_2$ 使 $\boldsymbol{y}_2$ 和 $\boldsymbol{y}_1$ 正交,再做单位向量 $\boldsymbol{y}_3$ 使 $\boldsymbol{y}_3$ 和 $\boldsymbol{y}_2$、$\boldsymbol{y}_1$ 都正交……依次下去得到了 n 维空间内的一组单位正交基向量 $\boldsymbol{y}_1,\boldsymbol{y}_2,\cdots,\boldsymbol{y}_n$,将它们并列就得到了一个正交矩阵 $\boldsymbol{Y}=(\boldsymbol{y}_1,\boldsymbol{y}_2,\cdots,\boldsymbol{y}_n)$。将 $\boldsymbol{Y}$ 视为一个相似变换矩阵并对 $\boldsymbol{A}$ 做相似变换,注意利用正交矩阵的重要性质 $\boldsymbol{Y}^{-1}=\boldsymbol{Y}^{\mathrm{T}}$ 以及 $\boldsymbol{A}\boldsymbol{y}_1=\lambda_1\boldsymbol{y}_1$ 两者,推导如下:

$$\boldsymbol{Y}^{-1}\boldsymbol{A}\boldsymbol{Y}=\boldsymbol{Y}^{\mathrm{T}}\boldsymbol{A}(\boldsymbol{y}_1,\boldsymbol{y}_2,\cdots,\boldsymbol{y}_n)=\begin{bmatrix}\boldsymbol{y}_1^{\mathrm{T}}\\\boldsymbol{y}_2^{\mathrm{T}}\\\vdots\\\boldsymbol{y}_n^{\mathrm{T}}\end{bmatrix}(\boldsymbol{A}\boldsymbol{y}_1,\boldsymbol{A}\boldsymbol{y}_2,\cdots,\boldsymbol{A}\boldsymbol{y}_n)$$

$$=\begin{bmatrix}\boldsymbol{y}_1^{\mathrm{T}}\\\boldsymbol{y}_2^{\mathrm{T}}\\\vdots\\\boldsymbol{y}_n^{\mathrm{T}}\end{bmatrix}(\lambda_1\boldsymbol{y}_1,\boldsymbol{A}\boldsymbol{y}_2,\cdots,\boldsymbol{A}\boldsymbol{y}_n)=\begin{bmatrix}\lambda_1\boldsymbol{y}_1^{\mathrm{T}}\boldsymbol{y}_1 & \boldsymbol{y}_1^{\mathrm{T}}\boldsymbol{A}\boldsymbol{y}_2 & \cdots & \boldsymbol{y}_1^{\mathrm{T}}\boldsymbol{A}\boldsymbol{y}_n\\\lambda_1\boldsymbol{y}_2^{\mathrm{T}}\boldsymbol{y}_1 & \boldsymbol{y}_2^{\mathrm{T}}\boldsymbol{A}\boldsymbol{y}_2 & \cdots & \boldsymbol{y}_2^{\mathrm{T}}\boldsymbol{A}\boldsymbol{y}_n\\\vdots & \vdots & \ddots & \vdots\\\lambda_1\boldsymbol{y}_n^{\mathrm{T}}\boldsymbol{y}_1 & \boldsymbol{y}_n^{\mathrm{T}}\boldsymbol{A}\boldsymbol{y}_2 & \cdots & \boldsymbol{y}_n^{\mathrm{T}}\boldsymbol{A}\boldsymbol{y}_n\end{bmatrix} \tag{13.67}$$

根据单位正交基向量组的性质，$\boldsymbol{y}_1^{\mathrm{T}}\boldsymbol{y}_1=1,\boldsymbol{y}_1^{\mathrm{T}}\boldsymbol{y}_i=0(i=2,3,\cdots,n)$，因此 $\boldsymbol{Y}^{-1}\boldsymbol{A}\boldsymbol{Y}$ 第 1 列除了左上角元素是 λ_1 以外，其余元素都是 0。于是可以写成以下形式：

$$\boldsymbol{Y}^{-1}\boldsymbol{A}\boldsymbol{Y}=\begin{bmatrix}\lambda_1 & \boldsymbol{y}_1^{\mathrm{T}}\boldsymbol{A}\boldsymbol{y}_2 & \cdots & \boldsymbol{y}_1^{\mathrm{T}}\boldsymbol{A}\boldsymbol{y}_n\\0 & \boldsymbol{y}_2^{\mathrm{T}}\boldsymbol{A}\boldsymbol{y}_2 & \cdots & \boldsymbol{y}_2^{\mathrm{T}}\boldsymbol{A}\boldsymbol{y}_n\\\vdots & \vdots & \ddots & \vdots\\0 & \boldsymbol{y}_n^{\mathrm{T}}\boldsymbol{A}\boldsymbol{y}_2 & \cdots & \boldsymbol{y}_n^{\mathrm{T}}\boldsymbol{A}\boldsymbol{y}_n\end{bmatrix} \tag{13.68}$$

得到这个结果以后，下面从宏观的角度考察 $\boldsymbol{Y}^{-1}\boldsymbol{A}\boldsymbol{Y}$ 这个矩阵。尝试求 $\boldsymbol{Y}^{-1}\boldsymbol{A}\boldsymbol{Y}$ 的转置，注意使用 $\boldsymbol{Y}^{-1}=\boldsymbol{Y}^{\mathrm{T}}$ 和 $\boldsymbol{A}^{\mathrm{T}}=\boldsymbol{A}$ 这两个式子：

$$(\boldsymbol{Y}^{-1}\boldsymbol{A}\boldsymbol{Y})^{\mathrm{T}}=(\boldsymbol{Y}^{\mathrm{T}}\boldsymbol{A}\boldsymbol{Y})^{\mathrm{T}}=\boldsymbol{Y}^{\mathrm{T}}\boldsymbol{A}^{\mathrm{T}}(\boldsymbol{Y}^{\mathrm{T}})^{\mathrm{T}}=\boldsymbol{Y}^{\mathrm{T}}\boldsymbol{A}\boldsymbol{Y}=\boldsymbol{Y}^{-1}\boldsymbol{A}\boldsymbol{Y} \tag{13.69}$$

可以发现，$(\boldsymbol{Y}^{-1}\boldsymbol{A}\boldsymbol{Y})^{\mathrm{T}}=\boldsymbol{Y}^{-1}\boldsymbol{A}\boldsymbol{Y}$，这说明 $\boldsymbol{Y}^{-1}\boldsymbol{A}\boldsymbol{Y}$ 也是一个实对称矩阵。由于 $\boldsymbol{Y}^{-1}\boldsymbol{A}\boldsymbol{Y}$ 第 1 列的第 2 行到第 n 行元素都是 0，根据其对称性可知，它的第 1 行的第 2 列到第 n 列元素也都是 0，即第 1 行除了左上角元素是 λ_1 以外，其余元素也都是 0。而剩下的 $(n-1)\times(n-1)$ 个元素可以被视为组成了一个 $n-1$ 阶的方阵 $\boldsymbol{B}$，于是 $\boldsymbol{Y}^{-1}\boldsymbol{A}\boldsymbol{Y}$ 可以写为以下分块矩阵的形式：

$$\boldsymbol{Y}^{-1}\boldsymbol{A}\boldsymbol{Y}=\begin{bmatrix}\lambda_1 & 0 & \cdots & 0\\0 & \boldsymbol{y}_2^{\mathrm{T}}\boldsymbol{A}\boldsymbol{y}_2 & \cdots & \boldsymbol{y}_2^{\mathrm{T}}\boldsymbol{A}\boldsymbol{y}_n\\\vdots & \vdots & \ddots & \vdots\\0 & \boldsymbol{y}_n^{\mathrm{T}}\boldsymbol{A}\boldsymbol{y}_2 & \cdots & \boldsymbol{y}_n^{\mathrm{T}}\boldsymbol{A}\boldsymbol{y}_n\end{bmatrix}=\begin{bmatrix}\lambda_1 & 0 \ \cdots \ 0\\\begin{matrix}0\\\vdots\\0\end{matrix} & \boldsymbol{B}\end{bmatrix}=\begin{bmatrix}\lambda_1 & \boldsymbol{0}\\\boldsymbol{0} & \boldsymbol{B}\end{bmatrix} \tag{13.70}$$

由于 $\boldsymbol{Y}^{-1}\boldsymbol{A}\boldsymbol{Y}$ 是实对称矩阵，所以方阵 $\boldsymbol{B}$ 也是一个实对称矩阵。根据数学归纳法假设条件，$n-1$ 阶的方阵 $\boldsymbol{B}$ 可以相似对角化成为 $n-1$ 阶对角阵 $\boldsymbol{V}$，即存在 $n-1$ 阶可逆矩阵 $\boldsymbol{K}$ 使得 $\boldsymbol{K}^{-1}\boldsymbol{B}\boldsymbol{K}=\boldsymbol{V}$。为了能让 $\boldsymbol{A}$ 和 $\boldsymbol{B}$ 产生联系，令 $\boldsymbol{P}=\boldsymbol{Y}\begin{bmatrix}1 & \boldsymbol{0}\\\boldsymbol{0} & \boldsymbol{K}\end{bmatrix}$，那么这个 $\boldsymbol{P}$ 是否就是使 $\boldsymbol{A}$ 能够相似对角化的矩阵呢？先考察 $\boldsymbol{P}$ 的可逆性，这里使用行列式判断，注意 $|\boldsymbol{Y}|=\pm1$，故：

$$|\boldsymbol{P}|=|\boldsymbol{Y}|\begin{vmatrix}1 & \boldsymbol{0}\\\boldsymbol{0} & \boldsymbol{K}\end{vmatrix}\xlongequal{\mathrm{OR}(1,1)}|\boldsymbol{Y}||\boldsymbol{K}|=\pm|\boldsymbol{K}| \tag{13.71}$$

由于 $\boldsymbol{K}$ 可逆，因此 $|\boldsymbol{K}|\neq0$，进一步 $|\boldsymbol{P}|\neq0$，故 $\boldsymbol{P}$ 可逆。利用分块矩阵的运算法则求出

$\boldsymbol{P}^{-1}$ 如下：

$$\boldsymbol{P}^{-1}=\left(\boldsymbol{Y}\begin{bmatrix}1 & \mathbf{0}\\ \mathbf{0} & \boldsymbol{K}\end{bmatrix}\right)^{-1}=\begin{bmatrix}1 & \mathbf{0}\\ \mathbf{0} & \boldsymbol{K}\end{bmatrix}^{-1}\boldsymbol{Y}^{-1}=\begin{bmatrix}1 & \mathbf{0}\\ \mathbf{0} & \boldsymbol{K}^{-1}\end{bmatrix}\boldsymbol{Y}^{-1} \tag{13.72}$$

现在计算 $\boldsymbol{P}^{-1}\boldsymbol{AP}$，并代入 $\boldsymbol{Y}^{-1}\boldsymbol{AY}=\begin{bmatrix}\lambda_1 & \mathbf{0}\\ \mathbf{0} & \boldsymbol{B}\end{bmatrix}$ 和 $\boldsymbol{K}^{-1}\boldsymbol{BK}=\boldsymbol{V}$ 两式，如下：

$$\begin{aligned}\boldsymbol{P}^{-1}\boldsymbol{AP}&=\begin{bmatrix}1 & \mathbf{0}\\ \mathbf{0} & \boldsymbol{K}^{-1}\end{bmatrix}\boldsymbol{Y}^{-1}\boldsymbol{AY}\begin{bmatrix}1 & \mathbf{0}\\ \mathbf{0} & \boldsymbol{K}\end{bmatrix}=\begin{bmatrix}1 & \mathbf{0}\\ \mathbf{0} & \boldsymbol{K}^{-1}\end{bmatrix}\begin{bmatrix}\lambda_1 & \mathbf{0}\\ \mathbf{0} & \boldsymbol{B}\end{bmatrix}\begin{bmatrix}1 & \mathbf{0}\\ \mathbf{0} & \boldsymbol{K}\end{bmatrix}\\&=\begin{bmatrix}\lambda_1 & \mathbf{0}\\ \mathbf{0} & \boldsymbol{K}^{-1}\boldsymbol{BK}\end{bmatrix}=\begin{bmatrix}\lambda_1 & \mathbf{0}\\ \mathbf{0} & \boldsymbol{V}\end{bmatrix}\end{aligned} \tag{13.73}$$

令 $\boldsymbol{P}^{-1}\boldsymbol{AP}=\boldsymbol{U}=\begin{bmatrix}\lambda_1 & \mathbf{0}\\ \mathbf{0} & \boldsymbol{V}\end{bmatrix}$，由于 $\boldsymbol{V}$ 是 $n-1$ 阶对角阵，所以 $\boldsymbol{U}$ 就是 n 阶对角阵。这样就由 $n-1$ 阶实对称矩阵可以相似对角化推出了 n 阶实对称矩阵也可以相似对角化。根据数学归纳法原理，任意实对称矩阵都必然可以相似对角化。

上述证明中除了使用数学归纳法思想以外，还涉及了正交矩阵的性质以及分块矩阵的诸运算法则。当然更重要的是对矩阵的创新性构造，比如想到使用正交矩阵 $\boldsymbol{Y}$ 对 $\boldsymbol{A}$ 进行相似变换，以及构造 $\boldsymbol{P}=\boldsymbol{Y}\begin{bmatrix}1 & \mathbf{0}\\ \mathbf{0} & \boldsymbol{K}\end{bmatrix}$ 这个矩阵，都是这个过程中创新思维的体现。

由于实对称矩阵必可以相似对角化，所以它的任何一个特征值的几何重数必然等于其代数重数。设某个特征值是 λ 且它的代数重数是 k，则其几何重数也是 k，这就意味着 λ 可以对应 k 个线性无关的特征向量，即对应 k 维空间里任何一个非零向量都是属于 λ 的特征向量。因此在这个 k 维空间里就可以找到一组单位正交基向量，它们也是属于 λ 的特征向量，且具有比线性无关更强的单位正交性。另外，由于实对称矩阵属于不同特征值的特征向量本来就是正交的，因此 n 阶实对称矩阵必然可以找到 n 个正交的特征向量，将这些正交的特征向量单位化，这些特征向量就成为一组单位正交基向量，它们构成的矩阵就是正交矩阵。因此得出了一个更强的结论：实对称矩阵必可以被正交矩阵相似对角化。

我们通过下面这个例子体会这个重要的结论。

例 13-21：实对称矩阵 $\boldsymbol{A}$ 及其特征值和特征向量如下，请使用正交矩阵 $\boldsymbol{Q}$ 将 $\boldsymbol{A}$ 相似对角化成为对角阵 $\boldsymbol{U}=\boldsymbol{Q}^{-1}\boldsymbol{AQ}$。

$$\boldsymbol{A}=\begin{bmatrix}3 & 2 & 4\\ 2 & 0 & 2\\ 4 & 2 & 3\end{bmatrix}\quad \begin{aligned}&\lambda_1=8,k_1\boldsymbol{c}_1=k_1\begin{bmatrix}2\\1\\2\end{bmatrix},(k_1\neq 0)\\&\lambda_2=\lambda_3=-1,k_2\boldsymbol{c}_2+k_3\boldsymbol{c}_3=k_2\begin{bmatrix}-1\\2\\0\end{bmatrix}+k_3\begin{bmatrix}-1\\0\\1\end{bmatrix},(k_2^2+k_3^2\neq 0)\end{aligned} \tag{13.74}$$

解：设正交矩阵 $\boldsymbol{Q}=(\boldsymbol{q}_1,\boldsymbol{q}_2,\boldsymbol{q}_3)$，则 $\boldsymbol{q}_1,\boldsymbol{q}_2,\boldsymbol{q}_3$ 是一组单位正交基向量。特征值 8 对应的特征向量 $\boldsymbol{c}_1$ 和特征值 -1 对应的特征向量 $\boldsymbol{c}_2,\boldsymbol{c}_3$ 本身就是正交的，所以只需要将 $\boldsymbol{c}_1$ 单位化就可以得到 $\boldsymbol{q}_1$。特征值 -1 的几何重数是 2，它对应的 2 个线性无关的特征向量 $\boldsymbol{c}_2$ 和 $\boldsymbol{c}_3$

可以作为一个 2 维空间的一组基向量。而这个 2 维空间内的全部非零向量都是 $\boldsymbol{A}$ 的特征向量,因此可以在该空间内寻找一组和 $\boldsymbol{c}_2,\boldsymbol{c}_3$ 等价的单位正交基向量 $\boldsymbol{q}_2,\boldsymbol{q}_3$,这可以使用施密特正交化实现。这样 $\boldsymbol{q}_1,\boldsymbol{q}_2,\boldsymbol{q}_3$ 就是 3 维空间上的单位正交基向量组了。

令 $\boldsymbol{p}_1=\boldsymbol{c}_1$,它不参与施密特正交化改造。再选取基准向量 $\boldsymbol{p}_2=\boldsymbol{c}_2$,根据施密特正交化公式计算出 $\boldsymbol{p}_3$:

$$\boldsymbol{p}_2^{\mathrm{T}}\boldsymbol{c}_3=1\quad \boldsymbol{p}_2^{\mathrm{T}}\boldsymbol{p}_2=5\quad \boldsymbol{p}_3=\boldsymbol{c}_3-\frac{\boldsymbol{p}_2^{\mathrm{T}}\boldsymbol{c}_3}{\boldsymbol{p}_2^{\mathrm{T}}\boldsymbol{p}_2}\boldsymbol{p}_2=\begin{bmatrix}-1\\0\\1\end{bmatrix}-\frac{1}{5}\begin{bmatrix}-1\\2\\0\end{bmatrix}=-\frac{1}{5}\begin{bmatrix}4\\2\\-5\end{bmatrix} \tag{13.75}$$

然后将 $\boldsymbol{p}_1,\boldsymbol{p}_2,\boldsymbol{p}_3$ 单位化就得到了 $\boldsymbol{q}_1,\boldsymbol{q}_2,\boldsymbol{q}_3$:

$$\boldsymbol{q}_1=\begin{bmatrix}\frac{2}{3}\\ \frac{1}{3}\\ \frac{2}{3}\end{bmatrix},\quad \boldsymbol{q}_2=\begin{bmatrix}-\frac{1}{\sqrt{5}}\\ \frac{2}{\sqrt{5}}\\ 0\end{bmatrix},\quad \boldsymbol{q}_3=\begin{bmatrix}\frac{4}{3\sqrt{5}}\\ \frac{2}{3\sqrt{5}}\\ -\frac{\sqrt{5}}{3}\end{bmatrix} \tag{13.76}$$

故对应的正交矩阵 $\boldsymbol{Q}$ 如下:

$$\boldsymbol{Q}=(\boldsymbol{q}_1,\boldsymbol{q}_2,\boldsymbol{q}_3)=\begin{bmatrix}\frac{2}{3} & -\frac{1}{\sqrt{5}} & \frac{4}{3\sqrt{5}}\\ \frac{1}{3} & \frac{2}{\sqrt{5}} & \frac{2}{3\sqrt{5}}\\ \frac{2}{3} & 0 & -\frac{\sqrt{5}}{3}\end{bmatrix} \tag{13.77}$$

于是相似对角化过程如下:

$$\boldsymbol{Q}^{-1}\boldsymbol{A}\boldsymbol{Q}=\boldsymbol{Q}^{\mathrm{T}}\boldsymbol{A}\boldsymbol{Q}=\boldsymbol{U}$$

$$\Rightarrow\begin{bmatrix}\frac{2}{3} & \frac{1}{3} & \frac{2}{3}\\ -\frac{1}{\sqrt{5}} & \frac{2}{\sqrt{5}} & 0\\ \frac{4}{3\sqrt{5}} & \frac{2}{3\sqrt{5}} & -\frac{\sqrt{5}}{3}\end{bmatrix}\begin{bmatrix}3 & 2 & 4\\2 & 0 & 2\\4 & 2 & 3\end{bmatrix}\begin{bmatrix}\frac{2}{3} & -\frac{1}{\sqrt{5}} & \frac{4}{3\sqrt{5}}\\ \frac{1}{3} & \frac{2}{\sqrt{5}} & \frac{2}{3\sqrt{5}}\\ \frac{2}{3} & 0 & -\frac{\sqrt{5}}{3}\end{bmatrix}=\begin{bmatrix}8 & & \\ & -1 & \\ & & -1\end{bmatrix} \tag{13.78}$$

在上例中,如果直接构造非正交矩阵 $\boldsymbol{X}=(\boldsymbol{c}_1,\boldsymbol{c}_2,\boldsymbol{c}_3)$,则同样有以下相似对角化结果:

$$\boldsymbol{X}^{-1}\boldsymbol{A}\boldsymbol{X}=\boldsymbol{U}\Rightarrow$$

$$\begin{bmatrix}2 & -1 & -1\\1 & 2 & 0\\2 & 0 & 1\end{bmatrix}^{-1}\begin{bmatrix}3 & 2 & 4\\2 & 0 & 2\\4 & 2 & 3\end{bmatrix}\begin{bmatrix}2 & -1 & -1\\1 & 2 & 0\\2 & 0 & 1\end{bmatrix}=\begin{bmatrix}8 & & \\ & -1 & \\ & & -1\end{bmatrix} \tag{13.79}$$

显然使用 $\boldsymbol{X}=(\boldsymbol{c}_1,\boldsymbol{c}_2,\boldsymbol{c}_3)$ 对 $\boldsymbol{A}$ 相似对角化从表面看会更简单,但为什么还要研究基于正交矩阵的相似对角化呢?这是因为使用正交矩阵对实对称矩阵相似对角化有很多优良的特点,在第 14 章介绍二次型时将看到正交矩阵的作用。

13.3.3 实对称矩阵综合举例

设 $\boldsymbol{A}$ 是一实对称矩阵，将其性质列举如下：

➢ $\boldsymbol{A}=\boldsymbol{A}^{\mathrm{T}}=\bar{\boldsymbol{A}}$；

➢ $\boldsymbol{A}$ 的全体特征值都是实数；

➢ $\boldsymbol{A}$ 的属于不同特征值的特征向量彼此正交；

➢ $\boldsymbol{A}$ 一定可以相似对角化，并且一定可以被正交矩阵相似对角化。

这里看这些性质在实际题目中的应用。

例 13-22：已知两个实对称矩阵 $\boldsymbol{A}$ 和 $\boldsymbol{B}$ 具有相同的特征多项式，求证：$\boldsymbol{A}\sim\boldsymbol{B}$。

证明：实对称矩阵一定可以相似对角化，且对角阵的主对角线为依次排列的矩阵的特征值。如果 $\boldsymbol{A}$ 和 $\boldsymbol{B}$ 特征多项式相同，则它们具有相同的特征值，并且特征值的代数重数相同。又因为 $\boldsymbol{A}$ 和 $\boldsymbol{B}$ 均可相似对角化，所以特征值的几何重数都严格等于其代数重数，因此两者均相似于同一个对角阵，故 $\boldsymbol{A}\sim\boldsymbol{B}$。

例 13-23：已知 $\boldsymbol{A}$ 是 3 阶实对称矩阵，$r(\boldsymbol{A})=2$，且有下式成立：

$$\boldsymbol{A}\begin{bmatrix}1&1\\0&0\\-1&1\end{bmatrix}=\begin{bmatrix}-1&1\\0&0\\1&1\end{bmatrix}\tag{13.80}$$

（1）求 $\boldsymbol{A}$ 的所有特征值和特征向量；

（2）求正交矩阵 $\boldsymbol{Q}$ 和对角阵 $\boldsymbol{U}$，使 $\boldsymbol{Q}^{-1}\boldsymbol{A}\boldsymbol{Q}=\boldsymbol{U}$；

（3）求矩阵 $\boldsymbol{A}$。

解：（1）设 $\boldsymbol{x}_1=(1,0,-1)^{\mathrm{T}}$ 以及 $\boldsymbol{x}_2=(1,0,1)^{\mathrm{T}}$，则有

$$\boldsymbol{A}\begin{bmatrix}1&1\\0&0\\-1&1\end{bmatrix}=\begin{bmatrix}-1&1\\0&0\\1&1\end{bmatrix}\Rightarrow\boldsymbol{A}(\boldsymbol{x}_1,\boldsymbol{x}_2)=(-\boldsymbol{x}_1,\boldsymbol{x}_2)\Rightarrow\begin{cases}\boldsymbol{A}\boldsymbol{x}_1=(-1)\boldsymbol{x}_1\\\boldsymbol{A}\boldsymbol{x}_2=1\boldsymbol{x}_2\end{cases}\tag{13.81}$$

故可知 $\boldsymbol{A}$ 的特征值有 -1 和 1，其中 -1 对应的特征向量是 $k_1\boldsymbol{x}_1=k_1(1,0,-1)^{\mathrm{T}}$，1 对应的特征向量是 $k_2\boldsymbol{x}_2=k_2(1,0,1)^{\mathrm{T}}(k_1,k_2\neq0)$。

又因为 $r(\boldsymbol{A})=2$，所以 $|\boldsymbol{A}|=0$，故 $\boldsymbol{A}$ 必有特征值 0。设 0 对应的一个特征向量是 $\boldsymbol{x}_3=(a,b,c)^{\mathrm{T}}(\boldsymbol{x}_3\neq\boldsymbol{0})$，则根据不同特征值对应的特征向量彼此正交这个特性，有

$$\left.\begin{aligned}\boldsymbol{x}_3^{\mathrm{T}}\boldsymbol{x}_1&=(a,b,c)\begin{bmatrix}1\\0\\-1\end{bmatrix}=a-c=0\\\boldsymbol{x}_3^{\mathrm{T}}\boldsymbol{x}_2&=(a,b,c)\begin{bmatrix}1\\0\\1\end{bmatrix}=a+c=0\end{aligned}\right\}\Rightarrow a=0,\quad c=0\tag{13.82}$$

因此 $\boldsymbol{x}_3=(0,b,0)^{\mathrm{T}}$，由于 $\boldsymbol{x}_3\neq\boldsymbol{0}$，所以 b 可以取任何非零常数。于是令 $b=1$，则 $\boldsymbol{x}_3=(0,1,0)^{\mathrm{T}}$，这样 0 对应的特征向量就是 $k_3\boldsymbol{x}_3=k_3(0,1,0)^{\mathrm{T}}(k_3\neq0)$。

（2）只需将特征向量改造为对应的单位正交基向量组即可，由于每个特征值都是单根，因此它们本身就是正交的，只需单位化即可：

$$q_1=\frac{x_1}{\|x_1\|}=\begin{bmatrix}\frac{1}{\sqrt{2}}\\0\\-\frac{1}{\sqrt{2}}\end{bmatrix},\quad q_2=\frac{x_2}{\|x_2\|}=\begin{bmatrix}\frac{1}{\sqrt{2}}\\0\\\frac{1}{\sqrt{2}}\end{bmatrix},\quad q_3=\frac{x_3}{\|x_3\|}=\begin{bmatrix}0\\1\\0\end{bmatrix} \tag{13.83}$$

于是正交矩阵 $Q=(q_1,q_2,q_3)$ 和 $U=\mathrm{diag}\{-1,1,0\}$ 即为所求，相似对角化过程如下：

$$Q^{-1}AQ=U\Rightarrow\begin{bmatrix}\frac{1}{\sqrt{2}}&0&-\frac{1}{\sqrt{2}}\\\frac{1}{\sqrt{2}}&0&\frac{1}{\sqrt{2}}\\0&1&0\end{bmatrix}A\begin{bmatrix}\frac{1}{\sqrt{2}}&\frac{1}{\sqrt{2}}&0\\0&0&1\\-\frac{1}{\sqrt{2}}&\frac{1}{\sqrt{2}}&0\end{bmatrix}=\begin{bmatrix}-1&&\\&1&\\&&0\end{bmatrix} \tag{13.84}$$

(3) 根据 $Q^{-1}AQ=U$ 可得 $A=QUQ^{-1}=QUQ^{\mathrm{T}}$：

$$A=QUQ^{\mathrm{T}}=\begin{bmatrix}\frac{1}{\sqrt{2}}&\frac{1}{\sqrt{2}}&0\\0&0&1\\-\frac{1}{\sqrt{2}}&\frac{1}{\sqrt{2}}&0\end{bmatrix}\begin{bmatrix}-1&&\\&1&\\&&0\end{bmatrix}\begin{bmatrix}\frac{1}{\sqrt{2}}&0&-\frac{1}{\sqrt{2}}\\\frac{1}{\sqrt{2}}&0&\frac{1}{\sqrt{2}}\\0&1&0\end{bmatrix}=\begin{bmatrix}0&0&1\\0&0&0\\1&0&0\end{bmatrix} \tag{13.85}$$

例 13-24：已知以下含有实数参数 t 的矩阵 A：

$$A=\begin{bmatrix}t&1&-1\\1&t&-1\\-1&-1&t\end{bmatrix} \tag{13.86}$$

(1) 请说明 A 可以被正交矩阵相似对角化，并求出这个正交矩阵 Q；

(2) 已知矩阵 B 各个特征值都是正数，且满足 $B^2=(t+3)E-A$，求矩阵 B。

解：(1) A 是实对称矩阵，所以可以被正交矩阵相似对角化。先求出 A 的特征值：

$$|\lambda E-A|=\begin{vmatrix}\lambda-t&-1&1\\-1&\lambda-t&1\\1&1&\lambda-t\end{vmatrix}=[\lambda-(t-1)]^2[\lambda-(t+2)] \tag{13.87}$$

因此 A 的特征值是 $t-1$ 和 $t+2$，它们的代数重数分别是 2 和 1。再求出对应齐次方程组 $[(t-1)E-A]x=0$ 和 $[(t+2)E-A]x=0$ 的基础解系：

$$(t-1)E-A=\begin{bmatrix}-1&-1&1\\-1&-1&1\\1&1&-1\end{bmatrix}\to\begin{bmatrix}1&1&-1\\0&0&0\\0&0&0\end{bmatrix}\Rightarrow c_1=\begin{bmatrix}1\\-1\\0\end{bmatrix},\quad c_2=\begin{bmatrix}1\\0\\1\end{bmatrix}$$

$$(t+2)E-A=\begin{bmatrix}2&-1&1\\-1&2&1\\1&1&2\end{bmatrix}\to\begin{bmatrix}1&1&2\\0&1&1\\0&0&0\end{bmatrix}\Rightarrow c_3=\begin{bmatrix}1\\1\\-1\end{bmatrix} \tag{13.88}$$

由于 c_3 和 c_1、c_2 均正交，故只需使用施密特正交化将 c_1 和 c_2 正交化改造即可。令 $p_3=c_3$，它不参与正交化改造。再令 $p_1=c_1$ 作为基准向量，然后求出 p_2 如下：

$$\boldsymbol{p}_1^{\mathrm{T}}\boldsymbol{c}_2=1,\boldsymbol{p}_1^{\mathrm{T}}\boldsymbol{p}_1=2,\quad \boldsymbol{p}_2=\boldsymbol{c}_2-\frac{\boldsymbol{p}_1^{\mathrm{T}}\boldsymbol{c}_2}{\boldsymbol{p}_1^{\mathrm{T}}\boldsymbol{p}_1}\boldsymbol{p}_1=\begin{bmatrix}1\\0\\1\end{bmatrix}-\frac{1}{2}\begin{bmatrix}1\\-1\\0\end{bmatrix}=\frac{1}{2}\begin{bmatrix}1\\1\\2\end{bmatrix} \tag{13.89}$$

然后将 $\boldsymbol{p}_1,\boldsymbol{p}_2,\boldsymbol{p}_3$ 单位化就得到了 $\boldsymbol{q}_1,\boldsymbol{q}_2,\boldsymbol{q}_3$：

$$\boldsymbol{q}_1=\begin{bmatrix}\frac{1}{\sqrt{2}}\\-\frac{1}{\sqrt{2}}\\0\end{bmatrix},\quad \boldsymbol{q}_2=\begin{bmatrix}\frac{1}{\sqrt{2}}\\0\\\frac{1}{\sqrt{2}}\end{bmatrix},\quad \boldsymbol{q}_3=\begin{bmatrix}\frac{1}{\sqrt{6}}\\\frac{1}{\sqrt{6}}\\\frac{2}{\sqrt{6}}\end{bmatrix} \tag{13.90}$$

令 $\boldsymbol{Q}=(\boldsymbol{q}_1,\boldsymbol{q}_2,\boldsymbol{q}_3)$，则 $\boldsymbol{Q}^{-1}\boldsymbol{A}\boldsymbol{Q}=\boldsymbol{Q}^{\mathrm{T}}\boldsymbol{A}\boldsymbol{Q}=\boldsymbol{U}=\mathrm{diag}\{t-1,t-1,t+2\}$，$\boldsymbol{Q}$ 如下：

$$\boldsymbol{Q}=\begin{bmatrix}\frac{1}{\sqrt{2}}&\frac{1}{\sqrt{2}}&\frac{1}{\sqrt{6}}\\-\frac{1}{\sqrt{2}}&0&\frac{1}{\sqrt{6}}\\0&\frac{1}{\sqrt{2}}&\frac{2}{\sqrt{6}}\end{bmatrix} \tag{13.91}$$

(2) 由于 $\boldsymbol{B}^2$ 表示为 $\boldsymbol{A}$ 的多项式形式，因此 $\boldsymbol{B}^2$ 亦可被 $\boldsymbol{Q}$ 相似对角化成为对角阵 $\boldsymbol{V}$，于是做以下推导：

$$\begin{aligned}\boldsymbol{V}&=\boldsymbol{Q}^{-1}\boldsymbol{B}^2\boldsymbol{Q}=\boldsymbol{Q}^{-1}[(t+3)\boldsymbol{E}-\boldsymbol{A}]\boldsymbol{Q}=\boldsymbol{Q}^{-1}(t+3)\boldsymbol{E}\boldsymbol{Q}-\boldsymbol{Q}^{-1}\boldsymbol{A}\boldsymbol{Q}=(t+3)\boldsymbol{E}-\boldsymbol{U}\\&=\begin{bmatrix}t+3&&\\&t+3&\\&&t+3\end{bmatrix}-\begin{bmatrix}t-1&&\\&t-1&\\&&t+2\end{bmatrix}=\begin{bmatrix}4&&\\&4&\\&&1\end{bmatrix}\end{aligned} \tag{13.92}$$

可知 $\boldsymbol{B}^2$ 的特征值是 4、4 和 1，由于 $\boldsymbol{B}$ 的各个特征值都是正数，故 $\boldsymbol{B}$ 的特征值是 2、2 和 1。因此 $\boldsymbol{B}$ 可以被 $\boldsymbol{Q}$ 相似对角化成为 $\boldsymbol{Q}^{-1}\boldsymbol{B}\boldsymbol{Q}=\boldsymbol{W}=\mathrm{diag}\{2,2,1\}$，即 $\boldsymbol{B}=\boldsymbol{Q}\boldsymbol{W}\boldsymbol{Q}^{-1}=\boldsymbol{Q}\boldsymbol{W}\boldsymbol{Q}^{\mathrm{T}}$，故有

$$\begin{aligned}\boldsymbol{B}=\boldsymbol{Q}\boldsymbol{W}\boldsymbol{Q}^{\mathrm{T}}&=\begin{bmatrix}\frac{1}{\sqrt{2}}&\frac{1}{\sqrt{2}}&\frac{1}{\sqrt{6}}\\-\frac{1}{\sqrt{2}}&0&\frac{1}{\sqrt{6}}\\0&\frac{1}{\sqrt{2}}&\frac{2}{\sqrt{6}}\end{bmatrix}\begin{bmatrix}2&&\\&2&\\&&1\end{bmatrix}\begin{bmatrix}\frac{1}{\sqrt{2}}&-\frac{1}{\sqrt{2}}&0\\\frac{1}{\sqrt{2}}&0&\frac{1}{\sqrt{2}}\\\frac{1}{\sqrt{6}}&\frac{1}{\sqrt{6}}&\frac{2}{\sqrt{6}}\end{bmatrix}\\&=\begin{bmatrix}\frac{5}{3}&-1&-1\\-1&\frac{5}{3}&\frac{1}{3}\\-1&\frac{1}{3}&\frac{5}{3}\end{bmatrix}\end{aligned} \tag{13.93}$$

由以上两例可知，根据一个方阵相似对角化的结果以及对应的相似变换矩阵，可以反

过来求出这个方阵。此外，以上两例综合了前面学习的各类知识，包括特征值和特征向量的计算、方程组的求解、行列式的求解、矩阵乘法运算还有施密特正交化等，请各位读者注意综合运用已掌握的知识。

13.4　编程实践：MATLAB 实现相似对角化

12.5 节介绍了 eig 函数求 n 阶方阵 $\boldsymbol{A}$ 的特征值和特征向量方法，其中有一种函数调用方式是[$\boldsymbol{P}$,$\boldsymbol{U}$]=eig($\boldsymbol{A}$)。实际上返回的变量 P 和 U 对应的矩阵 $\boldsymbol{P}$ 和 $\boldsymbol{U}$ 满足 $\boldsymbol{PU}=\boldsymbol{AP}$，只有在 $\boldsymbol{P}$ 可逆时才可以相似对角化成为 $\boldsymbol{U}=\boldsymbol{P}^{-1}\boldsymbol{AP}$。$\boldsymbol{P}$ 可逆时，$r(\boldsymbol{P})=n$；$\boldsymbol{P}$ 不可逆时，$r(\boldsymbol{P})<n$。故利用这一点可以判断方阵 $\boldsymbol{A}$ 是否可以相似对角化。如果 $\boldsymbol{A}$ 是实对称矩阵，则输出变量 $\boldsymbol{P}$ 就是一个正交矩阵。

于是编写以下子程序：

```
function [P,U] = similar_diag(A)
% 对方阵 A 相似对角化
[m,n] = size(A);
if m~ = n
    error('Input matrix must be square.'); % 输入必须是方阵
else
    [P,U] = eig(A);
    if rank(P)~ = n % 不可相似对角化
        P = [];U = [];
        fprintf('Input matrix cannot be diagonalized through similar transformation.\n');
    end
end
```

将这个子程序保存成 similar_diag.m 文件，然后就可以调用了。我们这里使用前面例题给出的矩阵 $\boldsymbol{A}$、$\boldsymbol{B}$ 和 $\boldsymbol{C}$ 以及一个非方阵 $\boldsymbol{D}$ 验证上述子程序的使用。

$$\boldsymbol{A}=\begin{bmatrix}2&-3&2\\0&-1&2\\1&-5&5\end{bmatrix},\quad \boldsymbol{B}=\begin{bmatrix}-1&1&0\\-4&3&0\\1&0&2\end{bmatrix},\quad \boldsymbol{C}=\begin{bmatrix}1&-4&8\\0&-4&10\\0&-3&7\end{bmatrix},\quad \boldsymbol{D}=\begin{bmatrix}1&2&3\\4&5&6\end{bmatrix} \tag{13.94}$$

首先输入这四个矩阵：

```
A = [2, - 3,2;0, - 1,2;1, - 5,5];
B = [ - 1,1,0; - 4,3,0;1,0,2];
C = [1, - 4,8;0, - 4,10;0, - 3,7];
D = [1,2,3;4,5,6];
```

求矩阵 $\boldsymbol{A}$ 的相似对角化结果，结果正常：

```
>> [PA,UA] = similar_diag(A)
PA =
    0.4082    0.5774    - 0.2673
    0.4082    0.5774    - 0.5345
    0.8165    0.5774    - 0.8018

UA =
```

```
    3.0000         0         0
         0    1.0000         0
         0         0    2.0000
```

再求矩阵 $\boldsymbol{B}$ 的相似对角化结果，结果表明 $\boldsymbol{B}$ 不能相似对角化，因为其中某重根特征值的几何重数不等于其代数重数。这里让返回的变量 PB 和 UB 均为空。

```
>> [PB,UB] = similar_diag(B)
Input matrix cannot be diagonalized through similar transformation.
PB =
     []

UB =
     []
```

再求矩阵 $\boldsymbol{C}$ 的相似对角化结果，结果也正常：

```
>> [PC,UC] = similar_diag(C)
PC =
    1.0000   -0.4472   -0.5657
         0   -0.8000   -0.7071
         0   -0.4000   -0.4243

UC =
    1.0000         0         0
         0    1.0000         0
         0         0    2.0000
```

再求矩阵 $\boldsymbol{D}$ 的相似对角化结果，结果会报错，因为 $\boldsymbol{D}$ 不是方阵：

```
>> [PD,UD] = similar_diag(D)
Error using similar_diag
Input matrix must be square.
```

最后仍然需要强调的是，程序运算时（尤其是浮点数运算）会产生误差，在实践中需要注意这些误差带来的影响。

习题 13

1. 以下方阵哪些可以相似对角化？哪些不能相似对角化？请将可以相似对角化的矩阵通过相似变换化为对角阵。

（1）$\begin{bmatrix}1 & 1\\0 & 1\end{bmatrix}$　　（2）$\begin{bmatrix}3 & 2\\9 & 10\end{bmatrix}$　　（3）$\begin{bmatrix}-2 & -2 & 1\\0 & 1 & 0\\-2 & 0 & 1\end{bmatrix}$

（4）$\begin{bmatrix}5 & 4 & -3\\0 & 2 & 0\\6 & 7 & -4\end{bmatrix}$　　（5）$\begin{bmatrix}-7 & -8 & 4\\0 & 1 & 0\\-8 & -8 & 5\end{bmatrix}$

2. 已知平面上的两组基 $\boldsymbol{C}=\begin{bmatrix}1 & 2\\3 & 5\end{bmatrix}$ 和 $\boldsymbol{D}=\begin{bmatrix}5 & 2\\7 & 3\end{bmatrix}$，平面上的一个线性变换在基 $\boldsymbol{C}$ 下的矩阵是 $\boldsymbol{A}=\begin{bmatrix}1 & 3\\4 & 2\end{bmatrix}$，求该线性变换在基 $\boldsymbol{D}$ 下的矩阵 $\boldsymbol{B}$。

3. 设矩阵 $\boldsymbol{A}$ 和 $\boldsymbol{U}$ 如下，且 $\boldsymbol{A}\sim\boldsymbol{U}$。

$$\boldsymbol{A}=\begin{bmatrix}1 & a & 1\\ a & 1 & b\\ 1 & b & 1\end{bmatrix},\quad \boldsymbol{U}=\begin{bmatrix}0 & & \\ & 1 & \\ & & 2\end{bmatrix}$$

(1) 求参数 a 和 b 的值；(2) 求正交矩阵 $\boldsymbol{Q}$，使 $\boldsymbol{Q}^{\mathrm{T}}\boldsymbol{A}\boldsymbol{Q}=\boldsymbol{U}$。

4. 已知 $\boldsymbol{A}$ 和 $\boldsymbol{B}$ 是 n 阶方阵，$\boldsymbol{A}$ 具有 n 个不同的特征值，求证：$\boldsymbol{A}$ 和 $\boldsymbol{B}$ 可交换的充分必要条件是两者均可以被同一个可逆矩阵相似对角化(提示：必要性证明可以先设出 $\boldsymbol{A}$ 的某个特征值 λ 以及对应特征向量 $\boldsymbol{x}$，然后给 $\boldsymbol{AB}$ 右乘 $\boldsymbol{x}$ 再推导)。

5. 设矩阵 $\boldsymbol{A}$ 如下：

$$\boldsymbol{A}=\begin{bmatrix}2 & 1 & 0\\ 1 & 2 & 0\\ 1 & p & q\end{bmatrix}$$

已知 $\boldsymbol{A}$ 仅有 2 个不同的特征值，且 $\boldsymbol{A}$ 和某对角阵相似。

(1) 求参数 p 和 q 的值；(2) 求可逆矩阵 $\boldsymbol{X}$ 使得 $\boldsymbol{X}^{-1}\boldsymbol{A}\boldsymbol{X}$ 为对角阵。

6. 已知 $\boldsymbol{A}$ 如下，求 $\boldsymbol{A}^{100}$。

$$\boldsymbol{A}=\begin{bmatrix}1 & 4 & 2\\ 0 & -3 & 4\\ 0 & 4 & 3\end{bmatrix}$$

7. 以下三个矩阵中，哪些矩阵是相似的？

$$\boldsymbol{A}=\begin{bmatrix}3 & 0 & 0\\ 3 & -3 & 15\\ 1 & -2 & 8\end{bmatrix},\quad \boldsymbol{B}=\begin{bmatrix}0 & 0 & 1\\ -11 & 3 & 4\\ -6 & 0 & 5\end{bmatrix},\quad \boldsymbol{C}=\begin{bmatrix}-1 & 0 & 1\\ -12 & 3 & 3\\ -12 & 0 & 6\end{bmatrix}$$

8. 3 阶实对称矩阵 $\boldsymbol{A}$ 的特征值是 1、-1 和 0，其中特征值 1 对应特征向量 $(1,a,1)^{\mathrm{T}}$，特征值 0 对应的特征向量是 $(a,a+1,1)^{\mathrm{T}}$，求参数 a 和矩阵 $\boldsymbol{A}$。

9. 3 阶方阵 $\boldsymbol{A}$ 和 $\boldsymbol{B}$ 相似，$\boldsymbol{A}$ 具有特征值 $\frac{1}{3}$、$\frac{1}{4}$ 和 $\frac{1}{5}$，求行列式 $\begin{vmatrix}\boldsymbol{B}^{-1}-\boldsymbol{E} & \boldsymbol{E}\\ \boldsymbol{O} & \boldsymbol{A}\end{vmatrix}$ 的值。

10. 已知 n 阶实对称矩阵 $\boldsymbol{A}$ 和 $\boldsymbol{B}$ 具有相同的特征多项式，求证：存在正交矩阵 $\boldsymbol{Q}$ 使 $\boldsymbol{Q}^{-1}\boldsymbol{A}\boldsymbol{Q}=\boldsymbol{Q}^{\mathrm{T}}\boldsymbol{A}\boldsymbol{Q}=\boldsymbol{B}$。

二 次 型

初等数学里介绍过椭圆、双曲线等平面二次曲线，而空间中也有各式各样的二次曲面。到了更高的维度，还会出现理论上存在的各种超曲面模型，它们都可以用二次方程刻画。那么如何利用矩阵研究这些二次几何模型的性质呢？这就要学习二次型的知识了。

14.1 二次型及其矩阵表示

14.1.1 多元二次函数和二次型

二次函数是我们熟知的函数类型之一。对于 $f=ax^2+bx+c(a\neq 0)$ 这个二次函数来说，可以将其配方成为 $f=a(x-h)^2+k$ 这种形式，再将对应抛物线顶点平移到坐标原点就可以成为 $f=ax^2$ 这个只含有二次项的函数。对于任何一个包含二次项、一次项和常数项的二次函数，总可以通过平移将其化为只含有二次项的形式。

以上二次函数只有一个变量 x，实际上还会遇到含有多个变量的二次函数。比如 $f=x_1^2+x_1x_2+x_2^2$ 就是含有两个变量的二次函数，它只包含某个变量的平方项和两个变量的交叉项，因此每一项的总次数也是 2。像这种仅由二次项的代数和构成的多元二次函数就叫作**二次型**(quadratic form)。每一个二次项的系数都是实数的二次型叫作实二次型，本书仅讨论实二次型。

例 14-1：以下各个多元函数是二次型吗？为什么？

$$
\begin{aligned}
&f_1=x_1^2+2x_2^2+3x_3^2+4x_1x_2+2x_2x_3+6x_1x_3\\
&f_2=x_1^2+2x_2^2+3x_3^2\\
&f_3=4x_1x_2+2x_2x_3+6x_1x_3\\
&f_4=x_1^3+2x_2^2+3x_3^2\\
&f_5=x_1^2+2x_2^2+3x_3^2+4x_1x_2x_3\\
&f_6=x_1^2+2x_2^2+3x_3^2+4x_1\\
&f_7=x_1^2+2x_2^2+3x_3^2+4x_1x_2+2x_2x_3+6
\end{aligned}
\tag{14.1}
$$

解：判断一个多元函数是不是二次型，只需查看表达式里是否只包含某个变量的平方项以及某两个变量的交叉乘积项,如果还有其他非二次项,就不是二次型。

f_1、f_2 和 f_3 都是二次型,因为其中除了平方项和某两个变量的交叉项以外,不含有其他非二次项。其中 f_1 既含有平方项又含有某两个变量的交叉项,f_2 只含有平方项,f_3 只含有某两个变量的交叉项。

f_4、f_5、f_6 和 f_7 都不是二次型,因为其中含有非二次项。f_4 的 x_1^3 是三次项;f_5 的 $4x_1x_2x_3$ 是三项交叉乘积,不是某两个变量的交叉乘积,因此属于三次项;f_6 的 $4x_1$ 是一次项;f_7 的 6 是常数项(即零次项)。

14.1.2　二次型的矩阵表示

二次型和矩阵有什么联系呢?这里以下面这个二次型为例说明如何将二次型表示成矩阵形式。

$$f=x_1^2+2x_2^2+3x_3^2+4x_1x_2+2x_2x_3+6x_1x_3 \tag{14.2}$$

交叉项含有两个变量,故将这些交叉项全部折半拆分,然后分别和平方项结合并因式分解,就有

$$\begin{aligned}f&=x_1^2+2x_2^2+3x_3^2+2x_1x_2+x_2x_3+3x_1x_3+2x_1x_2+x_2x_3+3x_1x_3\\&=(x_1^2+2x_1x_2+3x_1x_3)+(2x_2^2+2x_1x_2+x_2x_3)+(3x_3^2+3x_1x_3+x_2x_3)\\&=x_1(x_1+2x_2+3x_3)+x_2(2x_1+2x_2+x_3)+x_3(3x_1+x_2+3x_3)\end{aligned} \tag{14.3}$$

此处 f 表示成 3 项乘积之和,即出现了"对应相乘再相加"的法则,这是我们熟悉的向量数量积运算;而括号内的每一个多项式也是"对应相乘再相加"的结果,因此可以表示为一个矩阵和向量的乘法运算。具体如下:

$$\begin{aligned}f&=x_1(x_1+2x_2+3x_3)+x_2(2x_1+2x_2+x_3)+x_3(3x_1+x_2+3x_3)\\&=(x_1,x_2,x_3)\begin{bmatrix}x_1+2x_2+3x_3\\2x_1+2x_2+x_3\\3x_1+x_2+3x_3\end{bmatrix}=(x_1,x_2,x_3)\begin{bmatrix}1&2&3\\2&2&1\\3&1&3\end{bmatrix}\begin{bmatrix}x_1\\x_2\\x_3\end{bmatrix}=\boldsymbol{x}^{\mathrm{T}}\boldsymbol{A}\boldsymbol{x}\end{aligned} \tag{14.4}$$

于是二次型 f 的矩阵表示就是 $f=\boldsymbol{x}^{\mathrm{T}}\boldsymbol{A}\boldsymbol{x}$,其中 $\boldsymbol{x}$ 是各个变量构成的列向量,$\boldsymbol{A}$ 是一个实对称矩阵。这样对二次型的研究就可以转化为对实对称矩阵的研究,从而得出二次型的各种性质。

需要注意的是,刚才将二次型 f 转换为矩阵表示时,对交叉项折半拆分,即把所有的交叉项系数都除以 2,此时才可以得到实对称矩阵。如果不折半拆分,也可以得到一个类似于 $\boldsymbol{x}^{\mathrm{T}}\boldsymbol{A}\boldsymbol{x}$ 的表示形式,但中间的矩阵就不是实对称矩阵了,比如下面这种形式:

$$\begin{aligned}f&=x_1^2+2x_2^2+3x_3^2+2x_1x_2+x_2x_3+3x_1x_3+2x_1x_2+x_2x_3+3x_1x_3\\&=(x_1^2+x_1x_2+2x_1x_3)+(2x_2^2+3x_1x_2)+(3x_3^2+4x_1x_3+2x_2x_3)\\&=x_1(x_1+x_2+2x_3)+x_2(3x_1+2x_2)+x_3(4x_1+2x_2+3x_3)\\&=(x_1,x_2,x_3)\begin{bmatrix}x_1+x_2+2x_3\\3x_1+2x_2\\4x_1+2x_2+3x_3\end{bmatrix}=(x_1,x_2,x_3)\begin{bmatrix}1&1&2\\3&2&0\\4&2&3\end{bmatrix}\begin{bmatrix}x_1\\x_2\\x_3\end{bmatrix}\end{aligned} \tag{14.5}$$

由于交叉项拆分的任意性,二次型的矩阵表示有无数种方式;但折半拆分是唯一的,因此二次型表示成实对称矩阵也是唯一的,所以可以说每一个二次型和实对称矩阵是一一对应的关系。

实际上,二次型对应的实对称矩阵可以直接写出,还是以式(14.2)表示的二次型为例说明,首先将平方项系数依次写在主对角线上,如下:

$$f=\boxed{x_1^2}\boxed{+2x_2^2}\boxed{+3x_3^2}+4x_1x_2+2x_2x_3+6x_1x_3\Rightarrow\begin{bmatrix}\boxed{1} & & \\ & \boxed{2} & \\ & & \boxed{3}\end{bmatrix}\tag{14.6}$$

再将交叉项折半后依变量的角标写在矩阵对应的位置:

$$f=x_1^2+2x_2^2+3x_3^2\boxed{+4x_1x_2}\boxed{+2x_2x_3}\boxed{+6x_1x_3}\Rightarrow\begin{bmatrix}1 & \boxed{2} & \boxed{3}\\ \boxed{2} & 2 & \boxed{1}\\ \boxed{3} & \boxed{1} & 3\end{bmatrix}\tag{14.7}$$

例如 $4x_1x_2$ 这一项,系数折半后就是两个 2,而变量 x_1 和 x_2 的角标是 1 和 2,因此将这两个 2 分别放在第 1 行第 2 列和第 2 行第 1 列的位置。其他两个交叉项同理。

例 14-2:请将以下三个二次型表示为矩阵形式,并写出对应的实对称矩阵。

$$\begin{aligned}f_1&=x_1^2+x_2^2+4x_3^2+2x_1x_2+5x_2x_3+8x_1x_3\\ f_2&=2x_1^2+5x_2^2+3x_3^2\\ f_3&=4x_1x_2+2x_2x_3+2x_1x_3\end{aligned}\tag{14.8}$$

解:根据二次型和实对称矩阵的转换方法即可转换:

$$f_1=x_1^2+x_2^2+4x_3^2+2x_1x_2+5x_2x_3+8x_1x_3=(x_1,x_2,x_3)\begin{bmatrix}1 & 1 & 4\\ 1 & 1 & \frac{5}{2}\\ 4 & \frac{5}{2} & 4\end{bmatrix}\begin{bmatrix}x_1\\ x_2\\ x_3\end{bmatrix}$$

$$f_2=2x_1^2+5x_2^2+3x_3^2=(x_1,x_2,x_3)\begin{bmatrix}2 & 0 & 0\\ 0 & 5 & 0\\ 0 & 0 & 3\end{bmatrix}\begin{bmatrix}x_1\\ x_2\\ x_3\end{bmatrix}$$

$$f_3=4x_1x_2+2x_2x_3+2x_1x_3=(x_1,x_2,x_3)\begin{bmatrix}0 & 2 & 1\\ 2 & 0 & 1\\ 1 & 1 & 0\end{bmatrix}\begin{bmatrix}x_1\\ x_2\\ x_3\end{bmatrix}\tag{14.9}$$

由上例可知,只含有平方项的二次型对应一个对角阵,这种二次型具有非常良好的性质,称作**标准形**(standard form)。

此外,二次型也有对应的秩,它等于对应实对称矩阵的秩。这里需要注意,由于一个二次型有无数种矩阵表示方式,这其中只有对应实对称矩阵的秩才对应二次型的秩。

例 14-3:已知二次型 f 表示如下,求其秩 $r(f)$。

$$f=(x_1,x_2,x_3)\begin{bmatrix}1&1&2\\1&3&4\\0&0&0\end{bmatrix}\begin{bmatrix}x_1\\x_2\\x_3\end{bmatrix} \tag{14.10}$$

解：二次型的秩等于对应实对称矩阵的秩，此处的矩阵不是实对称矩阵，因此需要转化为实对称矩阵才能求秩：

$$f=(x_1,x_2,x_3)\begin{bmatrix}1&1&2\\1&3&4\\0&0&0\end{bmatrix}\begin{bmatrix}x_1\\x_2\\x_3\end{bmatrix}=(x_1,x_2,x_3)\begin{bmatrix}1&1&1\\1&3&2\\1&2&0\end{bmatrix}\begin{bmatrix}x_1\\x_2\\x_3\end{bmatrix}=\boldsymbol{x}^{\mathrm{T}}\boldsymbol{A}\boldsymbol{x} \tag{14.11}$$

此处 $\boldsymbol{A}=\boldsymbol{A}^{\mathrm{T}}$ 为实对称矩阵，现在求 $r(\boldsymbol{A})$：

$$\boldsymbol{A}=\begin{bmatrix}1&1&1\\1&3&2\\1&2&0\end{bmatrix}\to\begin{bmatrix}1&1&1\\0&1&-1\\0&0&1\end{bmatrix} \tag{14.12}$$

故 $r(f)=r(\boldsymbol{A})=3$。

14.2 合同变换化二次型为标准形

14.2.1 合同变换与合同对角化

上一节将 n 元二次型化为矩阵形式 $f=\boldsymbol{x}^{\mathrm{T}}\boldsymbol{A}\boldsymbol{x}$ 时，$\boldsymbol{x}=(x_1,x_2,\cdots,x_n)^{\mathrm{T}}$ 默认的是自然基向量组 $\boldsymbol{E}=(\boldsymbol{e}_1,\boldsymbol{e}_2,\cdots,\boldsymbol{e}_n)$下的坐标，$\boldsymbol{A}$ 是这个二次型 f 在基 $\boldsymbol{E}$ 下的矩阵。那么同一个二次型使用不同基向量组对应的矩阵之间有什么关系呢？

设 n 元二次型 f 在基 $\boldsymbol{C}=(\boldsymbol{c}_1,\boldsymbol{c}_2,\cdots,\boldsymbol{c}_n)$下的坐标是 $\boldsymbol{x}=(x_1,x_2,\cdots,x_n)^{\mathrm{T}}$，对应的实对称矩阵是 $\boldsymbol{A}$；而在基 $\boldsymbol{D}=(\boldsymbol{d}_1,\boldsymbol{d}_2,\cdots,\boldsymbol{d}_n)$下的坐标是 $\boldsymbol{y}=(y_1,y_2,\cdots,y_n)^{\mathrm{T}}$，对应的实对称矩阵是 $\boldsymbol{B}$。由于两者表示的是同一个二次型，故有

$$f=\boldsymbol{x}^{\mathrm{T}}\boldsymbol{A}\boldsymbol{x}=\boldsymbol{y}^{\mathrm{T}}\boldsymbol{B}\boldsymbol{y} \tag{14.13}$$

设从基 $\boldsymbol{C}$ 到基 $\boldsymbol{D}$ 的过渡矩阵是可逆矩阵 $\boldsymbol{P}$，则根据坐标变换公式有 $\boldsymbol{x}=\boldsymbol{P}\boldsymbol{y}$，将它代入式(14.13)，有

$$\boldsymbol{x}^{\mathrm{T}}\boldsymbol{A}\boldsymbol{x}=(\boldsymbol{P}\boldsymbol{y})^{\mathrm{T}}\boldsymbol{A}\boldsymbol{P}\boldsymbol{y}=\boldsymbol{y}^{\mathrm{T}}(\boldsymbol{P}^{\mathrm{T}}\boldsymbol{A}\boldsymbol{P})\boldsymbol{y} \tag{14.14}$$

将式(14.14)和式(14.13)对比，就有以下表达式：

$$\boldsymbol{B}=\boldsymbol{P}^{\mathrm{T}}\boldsymbol{A}\boldsymbol{P} \tag{14.15}$$

此时称 $\boldsymbol{A}$ 和 $\boldsymbol{B}$ 是一组**合同矩阵**(congruent matrices)，或称 $\boldsymbol{A}$ 合同于 $\boldsymbol{B}$。可逆矩阵 $\boldsymbol{P}$ 称为合同变换矩阵，因此 $\boldsymbol{A}$ 经 $\boldsymbol{P}$ 的合同变换可以成为 $\boldsymbol{B}$。可见，在不同的基向量组下描述同一个二次型的矩阵为合同关系。根据矩阵秩的性质，合同变换不改变矩阵的秩。

我们知道，通过矩阵的相似变换可以把一些特定的方阵化为对角阵，这个过程就是相似对角化。同理，如果通过合同变换把一个方阵化为对角阵，则这个过程就是合同对角化，此时对应的二次型只有平方项而没有交叉项，即前面提到的二次型标准形。那么为什么要通过合同变换将二次型转化为标准形呢？这里可以借助平面上的二次曲线直观理解。

比如下面这个方程表示一个中心在原点的椭圆，并且这个椭圆关于横轴和纵轴高度对

称，因此可以很容易画出它的形态并且求出其焦点位置等几何特性，如图 14-1 所示。这个方程就是这个椭圆的标准方程。

$$\frac{x_1^2}{9}+\frac{x_2^2}{4}=1 \tag{14.16}$$

如果方程(14.16)右侧是一个可变的正数 c，那么总可以给等式两端除以 c 变为 1：

$$\frac{x_1^2}{9}+\frac{x_2^2}{4}=c \Rightarrow \frac{x_1^2}{9c}+\frac{x_2^2}{4c}=1(c>0) \tag{14.17}$$

于是方程(14.17)所表示的就是一系列椭圆的标准方程，对应的椭圆的几何中心都在原点，如图 14-2 所示。

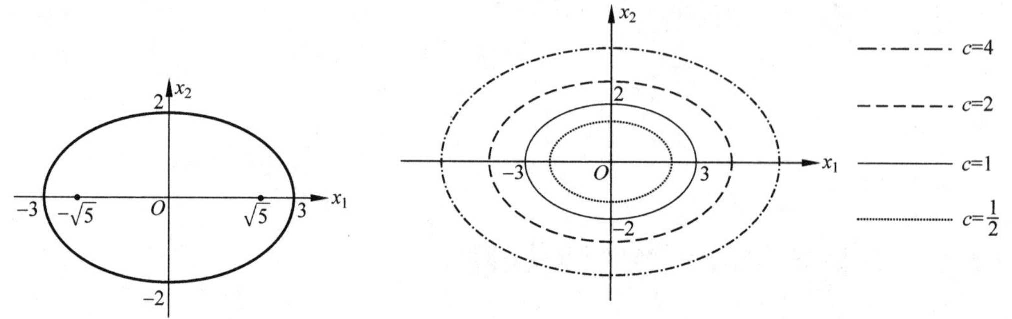

图 14-1 方程(14.16)所表示的椭圆

图 14-2 方程(14.17)所表示的一系列标准椭圆

因此，二次型 $f=\frac{x_1^2}{9}+\frac{x_2^2}{4}$ 就代表了平面上一系列高度对称的标准椭圆，它的特点是只含有平方项。但有时候椭圆会发生旋转，即“歪斜”的椭圆，此时对应的二次型就含有 x_1x_2 这样的交叉项。显然研究“歪斜”的椭圆的性质要比“正”椭圆困难，因此会将对应的二次型通过合同变换转换为仅含有平方项的形式，即化为对应的标准形。这可以通过基向量的变换实现，如图 14-3 所示的是从基 $\boldsymbol{E}=(\boldsymbol{e}_1,\boldsymbol{e}_2)$ 到基 $\boldsymbol{D}=(\boldsymbol{d}_1,\boldsymbol{d}_2)$ 变换后，原本在基 $\boldsymbol{E}$ 下“歪斜”的椭圆变成在基 $\boldsymbol{D}$ 下“正”的椭圆，即成为标准形。

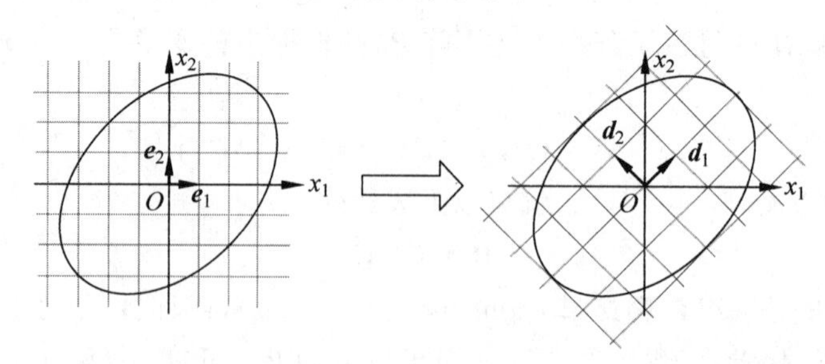

图 14-3 二次型经过合同变换后对应椭圆在基 $\boldsymbol{D}=(\boldsymbol{d}_1,\boldsymbol{d}_2)$ 下化为标准形

为了方便在我们熟悉的直角坐标系里表示合同对角化后的标准形，一般仍在直角坐标系里使用对应的坐标表示，如图 14-4 所示。

这个过程中，原本含有的交叉项的“歪斜”二次型通过合同变换变为只含有平方项的标准形，相当于一系列二次曲线化为和坐标轴对称的形式，这就是合同对角化的意义。那么如何使用合同变换实现对角化呢？这里介绍两种方法，第一种是配方法，第二种是正交变换法。

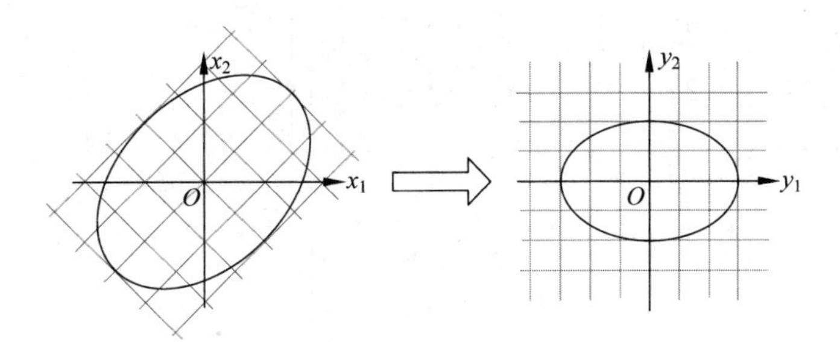

图 14-4　二次型经过合同变换后在直角坐标系里化为标准形

14.2.2　配方法化二次型为标准形

我们熟知的完全平方公式 $(x_1+x_2)^2=x_1^2+x_2^2+2x_1x_2$ 可以拓展到 n 个变量的情形：

$$(x_1+x_2+\cdots+x_n)^2=\sum_{i=1}^{n}x_i^2+2\sum_{1\leqslant i<j\leqslant n}x_ix_j \tag{14.18}$$

比如 3 个变量的完全平方公式如下：

$$(x_1+x_2+x_3)^2=x_1^2+x_2^2+x_3^2+2x_1x_2+2x_1x_3+2x_2x_3 \tag{14.19}$$

4 个变量的完全平方公式如下：

$$(x_1+x_2+x_3+x_4)^2=x_1^2+x_2^2+x_3^2+x_4^2+2x_1x_2+2x_1x_3+2x_1x_4+2x_2x_3+2x_2x_4+2x_3x_4 \tag{14.20}$$

利用完全平方公式可以对待求式配方，从而慢慢消除二次型中的交叉项，从而化二次型为标准形。

例 14-4：二次型 $f=x_1^2+x_2^2-x_3^2+4x_1x_3+4x_2x_3$ 可通过配方法化为标准形 $f=k_1y_1^2+k_2y_2^2+k_3y_3^2$，求 k_1、k_2 和 k_3 的具体值，并求出对应的合同变换矩阵 $\boldsymbol{P}$。

解：配方法的策略是各个变量逐个吸收。首先将含有 x_1 的交叉项和 x_1^2 归在一起：

$$f=x_1^2+x_2^2-x_3^2+4x_1x_3+4x_2x_3=(x_1^2+4x_1x_3)+x_2^2-x_3^2+4x_2x_3 \tag{14.21}$$

可见 $x_1^2+4x_1x_3$ 这部分要加上 $4x_3^2$ 才能成为完全平方项，故凑配出即可：

$$\begin{aligned}f&=(x_1^2+4x_1x_3+4x_3^2)-4x_3^2+x_2^2-x_3^2+4x_2x_3\\&=(x_1+2x_3)^2+x_2^2-5x_3^2+4x_2x_3\end{aligned} \tag{14.22}$$

然后再将含有 x_2 的交叉项和 x_2^2 归在一起：

$$\begin{aligned}f&=(x_1+2x_3)^2+(x_2^2+4x_2x_3+4x_3^2)-4x_3^2-5x_3^2\\&=(x_1+2x_3)^2+(x_2+2x_3)^2-9x_3^2\end{aligned} \tag{14.23}$$

此时构成二次型的三项均为平方项，于是构建新的变量 y_1、y_2 和 y_3 如下：

$$\begin{cases}y_1=x_1+2x_3\\y_2=x_2+2x_3\\y_3=x_3\end{cases} \tag{14.24}$$

因此 $f=y_1^2+y_2^2-9y_3^2$，即 $k_1=1$、$k_2=1$ 和 $k_3=-9$。现在求合同变换矩阵 $\boldsymbol{P}$，注意到坐标变换公式是 $\boldsymbol{x}=\boldsymbol{P}\boldsymbol{y}$，而式(14.24)给出的是 $\boldsymbol{y}$ 和 $\boldsymbol{x}$ 的关系，因此需反向解出 $\boldsymbol{x}$ 和 $\boldsymbol{y}$ 的关系：

$$\begin{cases}y_1=x_1+2x_3\\y_2=x_2+2x_3\\y_3=x_3\end{cases}\Rightarrow\begin{cases}x_1=y_1-2y_3\\x_2=y_2-2y_3\\x_3=y_3\end{cases}\Rightarrow\begin{bmatrix}x_1\\x_2\\x_3\end{bmatrix}=\begin{bmatrix}1&0&-2\\0&1&-2\\0&0&1\end{bmatrix}\begin{bmatrix}y_1\\y_2\\y_3\end{bmatrix}\tag{14.25}$$

故有

$$\boldsymbol{P}=\begin{bmatrix}1&0&-2\\0&1&-2\\0&0&1\end{bmatrix}\tag{14.26}$$

设 $\boldsymbol{A}$ 是 f 对应的实对称矩阵，$\boldsymbol{U}=\mathrm{diag}\{1,1,-9\}$，于是有合同对角化 $\boldsymbol{U}=\boldsymbol{P}^{\mathrm{T}}\boldsymbol{AP}$：

$$\boldsymbol{P}^{\mathrm{T}}\boldsymbol{AP}=\boldsymbol{U}\Rightarrow\begin{bmatrix}1&0&0\\0&1&0\\-2&-2&1\end{bmatrix}\begin{bmatrix}1&0&2\\0&1&2\\2&2&-1\end{bmatrix}\begin{bmatrix}1&0&-2\\0&1&-2\\0&0&1\end{bmatrix}=\begin{bmatrix}1&&\\&1&\\&&-9\end{bmatrix}\tag{14.27}$$

例 14-5：请将二次型 $f=4x_1^2+3x_2^2-4x_1x_2$ 通过配方法化为标准形 $f=k_1y_1^2+k_2y_2^2$ 的形式，然后分别画出合同对角化前后 $f=1$ 在平面直角坐标系 x_1Ox_2 和 y_1Oy_2 所代表的平面图形。

解：这是一个 2 变量二次型，根据配方法的策略逐个吸收变量：

$$\begin{aligned}f&=4x_1^2+3x_2^2-4x_1x_2=(4x_1^2-4x_1x_2)+3x_2^2\\&=(4x_1^2-4x_1x_2+x_2^2)-x_2^2+3x_2^2=(2x_1-x_2)^2+2x_2^2\end{aligned}\tag{14.28}$$

于是做以下坐标变换：

$$\begin{cases}y_1=2x_1-x_2\\y_2=x_2\end{cases}\Rightarrow\begin{cases}x_1=\dfrac{1}{2}y_1+\dfrac{1}{2}y_2\\x_2=y_2\end{cases}\Rightarrow\begin{bmatrix}x_1\\x_2\end{bmatrix}=\begin{bmatrix}\dfrac{1}{2}&\dfrac{1}{2}\\0&1\end{bmatrix}\begin{bmatrix}y_1\\y_2\end{bmatrix}\tag{14.29}$$

于是通过坐标变换 $\boldsymbol{x}=\boldsymbol{Py}$，$f=4x_1^2+3x_2^2-4x_1x_2=y_1^2+2y_2^2$，其中对应的过渡矩阵（也是合同对角化的变换矩阵）$\boldsymbol{P}=\begin{bmatrix}\frac{1}{2}&\frac{1}{2}\\0&1\end{bmatrix}$。设二次型对应实对称矩阵 $\boldsymbol{A}=\begin{bmatrix}4&-2\\-2&3\end{bmatrix}$，标准形对角阵 $\boldsymbol{U}=\mathrm{diag}\{1,2\}$，则合同对角化过程如下：

$$\boldsymbol{P}^{\mathrm{T}}\boldsymbol{AP}=\boldsymbol{U}\Rightarrow\begin{bmatrix}\dfrac{1}{2}&0\\\dfrac{1}{2}&1\end{bmatrix}\begin{bmatrix}4&-2\\-2&3\end{bmatrix}\begin{bmatrix}\dfrac{1}{2}&\dfrac{1}{2}\\0&1\end{bmatrix}=\begin{bmatrix}1&\\&2\end{bmatrix}\tag{14.30}$$

画出 $f=1$ 分别在平面直角坐标系 x_1Ox_2 和 y_1Oy_2 上对应的图形，如图 14-5 所示。可见它们是两个大小不等的椭圆。

通过配方法，理论上可以不断吸收交叉项，所以任何一个二次型都可以经过合同对角化的方式化为标准形。但由图 14-5 可知，通过配方法获得的标准形不一定和原二次型表示的图形全等，而只有实现全等的合同对角化才能研究原二次型代表图形的几何性质。这就需要使用正交变换法。

14.2.3 正交变换法化二次型为标准形

配方法得到的二次型未必和原二次型全等，这是因为合同变换时发生了伸缩。设二次

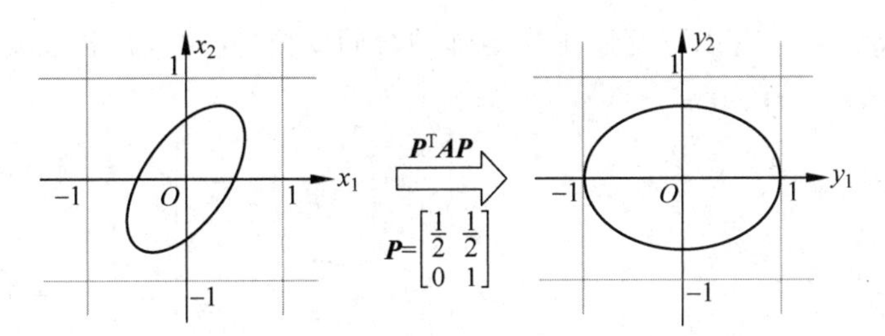

图 14-5　例 14-5 的二次型以及通过配方法获得的标准形在 $f=1$ 时对应的图形

型 $f=\boldsymbol{x}^{\mathrm{T}}\boldsymbol{A}\boldsymbol{x}$，其中 $\boldsymbol{A}$ 为实对称矩阵，通过坐标变换 $\boldsymbol{x}=\boldsymbol{Q}\boldsymbol{y}$ 化为 $f=\boldsymbol{y}^{\mathrm{T}}\boldsymbol{U}\boldsymbol{y}$ 这种标准形时，如果要保证二次型全等，就必须只发生单纯的旋转变换。当一个点以原点为中心发生旋转时，它到原点的距离保持不变。设某一点原坐标是 $\boldsymbol{x}$，变换后的坐标是 $\boldsymbol{y}$，则有 $\|\boldsymbol{x}\|=\|\boldsymbol{y}\|$，即 $\boldsymbol{x}^{\mathrm{T}}\boldsymbol{x}=\boldsymbol{y}^{\mathrm{T}}\boldsymbol{y}$，于是做以下推导：

$$\left.\begin{aligned}\boldsymbol{x}^{\mathrm{T}}\boldsymbol{x}=\boldsymbol{y}^{\mathrm{T}}\boldsymbol{y}\\ \boldsymbol{x}=\boldsymbol{Q}\boldsymbol{y}\end{aligned}\right\}\Rightarrow(\boldsymbol{Q}\boldsymbol{y})^{\mathrm{T}}\boldsymbol{Q}\boldsymbol{y}=\boldsymbol{y}^{\mathrm{T}}\boldsymbol{Q}^{\mathrm{T}}\boldsymbol{Q}\boldsymbol{y}=\boldsymbol{y}^{\mathrm{T}}\boldsymbol{y} \tag{14.31}$$

可见，如果二次型发生单纯的旋转，对应的合同变换矩阵必须满足 $\boldsymbol{Q}^{\mathrm{T}}\boldsymbol{Q}=\boldsymbol{E}$，即 $\boldsymbol{Q}$ 是一个正交矩阵。又因为 $\boldsymbol{Q}^{\mathrm{T}}=\boldsymbol{Q}^{-1}$，所以有 $\boldsymbol{Q}^{\mathrm{T}}\boldsymbol{A}\boldsymbol{Q}=\boldsymbol{Q}^{-1}\boldsymbol{A}\boldsymbol{Q}=\boldsymbol{U}$，此时的合同变换恰好也是相似变换，这样就可以利用实对称矩阵的正交相似对角化方法实现二次型的合同对角化。这也是有必要研究使用正交矩阵对实对称矩阵相似对角化的原因。

例 14-6：使用正交变换法将二次型 $f=3x_1^2+3x_3^2+4x_1x_2+8x_1x_3+4x_2x_3$ 化为标准形。

解：设 f 对应的实对称矩阵是 $\boldsymbol{A}$：

$$\boldsymbol{A}=\begin{bmatrix}3 & 2 & 4\\ 2 & 0 & 2\\ 4 & 2 & 3\end{bmatrix} \tag{14.32}$$

可以求出 $\boldsymbol{A}$ 对应的特征值和特征向量如下：

$$\begin{aligned}&\lambda_1=8,\quad k_1\boldsymbol{c}_1=k_1\begin{bmatrix}2\\ 1\\ 2\end{bmatrix}\\ &\lambda_2=\lambda_3=-1,\quad k_2\boldsymbol{c}_2+k_3\boldsymbol{c}_3=k_2\begin{bmatrix}2\\ 1\\ 2\end{bmatrix}+k_3\begin{bmatrix}-1\\ 0\\ 1\end{bmatrix}\end{aligned} \tag{14.33}$$

由于实对称矩阵不同特征值对应的特征向量彼此正交，所以只需要对重根特征值对应的 $\boldsymbol{c}_2$ 和 $\boldsymbol{c}_3$ 使用施密特正交化即可，于是将 $\boldsymbol{c}_1$、$\boldsymbol{c}_2$ 和 $\boldsymbol{c}_3$ 改造为 $\boldsymbol{q}_1$、$\boldsymbol{q}_2$ 和 $\boldsymbol{q}_3$ 如下：

$$\boldsymbol{q}_1=\begin{bmatrix}\frac{2}{3}\\ \frac{1}{3}\\ \frac{2}{3}\end{bmatrix},\quad \boldsymbol{q}_2=\begin{bmatrix}-\frac{1}{\sqrt{5}}\\ \frac{2}{\sqrt{5}}\\ 0\end{bmatrix},\quad \boldsymbol{q}_3=\begin{bmatrix}\frac{4}{3\sqrt{5}}\\ \frac{2}{3\sqrt{5}}\\ -\frac{\sqrt{5}}{3}\end{bmatrix} \tag{14.34}$$

令 $\boldsymbol{Q}=(\boldsymbol{q}_1,\boldsymbol{q}_2,\boldsymbol{q}_3)$，有以下基于正交矩阵的合同变换（同时也是相似变换）：

$$\boldsymbol{Q}^{\mathrm{T}}\boldsymbol{A}\boldsymbol{Q}=\boldsymbol{Q}^{-1}\boldsymbol{A}\boldsymbol{Q}=\boldsymbol{U}$$

$$\Rightarrow\begin{bmatrix}\frac{2}{3} & \frac{1}{3} & \frac{2}{3}\\ -\frac{1}{\sqrt{5}} & \frac{2}{\sqrt{5}} & 0\\ \frac{4}{3\sqrt{5}} & \frac{2}{3\sqrt{5}} & -\frac{\sqrt{5}}{3}\end{bmatrix}\begin{bmatrix}3 & 2 & 4\\ 2 & 0 & 2\\ 4 & 2 & 3\end{bmatrix}\begin{bmatrix}\frac{2}{3} & -\frac{1}{\sqrt{5}} & \frac{4}{3\sqrt{5}}\\ \frac{1}{3} & \frac{2}{\sqrt{5}} & \frac{2}{3\sqrt{5}}\\ \frac{2}{3} & 0 & -\frac{\sqrt{5}}{3}\end{bmatrix}=\begin{bmatrix}8 & & \\ & -1 & \\ & & -1\end{bmatrix} \tag{14.35}$$

于是二次型 f 就化为标准形 $f=8y_1^2-y_2^2-y_3^2$。

由此可知，二次型通过正交变换法化为标准形后，标准形平方项的系数就是原二次型实对称矩阵的特征值。

例 14-7：求二次型 $f=4x_1^2+3x_2^2-4x_1x_2$ 通过正交变换法得到的标准形（不必写出正交变换矩阵），再分别画出合同对角化前后 $f=1$ 在平面直角坐标系 x_1Ox_2 和 y_1Oy_2 所代表的平面图形。

解：首先写出对应实对称矩阵 $\boldsymbol{A}$：

$$\boldsymbol{A}=\begin{bmatrix}4 & -2\\ -2 & 3\end{bmatrix} \tag{14.36}$$

然后求出 $\boldsymbol{A}$ 的特征值 $\lambda_1=\dfrac{7-\sqrt{17}}{2}$ 和 $\lambda_2=\dfrac{7+\sqrt{17}}{2}$，因此对应的二次型标准形就是

$$f=\frac{7-\sqrt{17}}{2}y_1^2+\frac{7+\sqrt{17}}{2}y_2^2 \tag{14.37}$$

画出 $f=1$ 分别在平面直角坐标系 x_1Ox_2 和 y_1Oy_2 上对应的图形，如图 14-6 所示。可见它们是两个全等的椭圆。

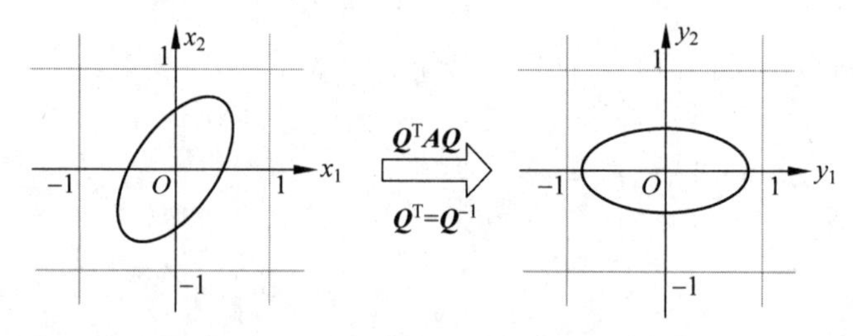

图 14-6　例 14-7 的二次型以及通过正交变换法获得的标准形在 $f=1$ 时对应的图形

由以上两例可知，通过正交变换法化二次型为标准形，实际上就是用正交矩阵对实对称矩阵相似对角化的过程。由于正交矩阵的转置等于其逆，故此过程既是相似对角化，也是合同对角化。

14.3　二次型和圆锥曲线、二次曲面

14.3.1　二次型和平面圆锥曲线

在初等数学中学过三种圆锥曲线，分别是椭圆、双曲线和抛物线，它们的标准方程及其

对应图形如图 14-7 所示。

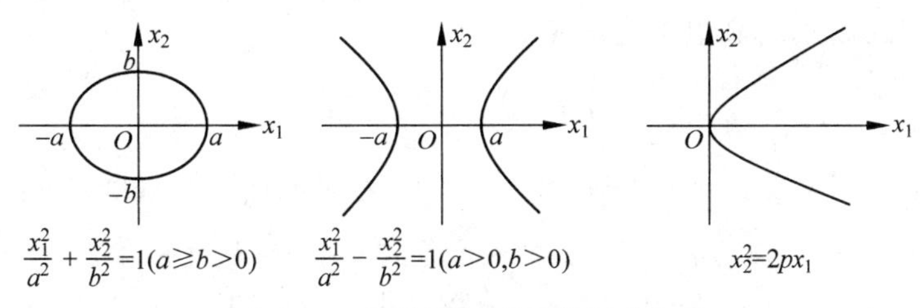

图 14-7　平面圆锥曲线及其标准方程

三种圆锥曲线中，抛物线含有一次项，不符合二次型模型，因此这一节主要讨论椭圆和双曲线的方程。此外，圆可以被视为长短轴相等的椭圆，因此在本章也归为椭圆类。

初等数学涉及的圆锥曲线都是其标准方程，这是因为标准方程只涉及了变量的平方项，从而方便研究其几何性质。但有时候还需要研究非标准方程下的圆锥曲线，比如在上一节的例题中，某些二元二次方程表示的是“歪斜”的椭圆，它们的方程中出现了交叉乘积项。那么如何通过这些具有交叉乘积项的方程研究这些“歪斜”圆锥曲线对应的几何性质呢？这就要借助矩阵和二次型的知识了。

在 y_1Oy_2 平面上的二次曲线的标准方程可以统一写成 $\lambda_1 y_1^2+\lambda_2 y_2^2=1$ 的形式，其中 λ_1 和 λ_2 是两个平方项系数。方程具体表示何种曲线由 λ_1 和 λ_2 的正负性决定，如表 14-1 所示。

表 14-1　方程 $\lambda_1 y_1^2+\lambda_2 y_2^2=1$ 对应 y_1Oy_2 平面上曲线类型

λ_1 和 λ_2 取值	$\lambda_1>0$ $\lambda_2>0$	$\lambda_1>0$ $\lambda_2<0$	$\lambda_1<0$ $\lambda_2>0$	$\lambda_1\leqslant 0$ $\lambda_2\leqslant 0$	$\lambda_1>0$ $\lambda_2=0$	$\lambda_1=0$ $\lambda_2>0$
曲线类型	椭圆	双曲线		—	两条平行于纵轴的直线	两条平行于横轴的直线

可见，方程 $\lambda_1 y_1^2+\lambda_2 y_2^2=1$ 只有在三种情形下可以表示圆锥曲线。在其表示椭圆或双曲线时，可以将方程变形如下：

$$\lambda_1 y_1^2+\lambda_2 y_2^2=1\Rightarrow \frac{y_1^2}{\frac{1}{\lambda_1}}+\frac{y_2^2}{\frac{1}{\lambda_2}}=1 \tag{14.38}$$

如果方程表示的是椭圆，则其两个半轴长度分别是 $\frac{1}{\sqrt{\lambda_1}}$ 和 $\frac{1}{\sqrt{\lambda_2}}$，其中半长轴长度取其中较大者，半短轴长度取其中较小者；如果方程表示的是双曲线，则其两个半轴长度分别是 $\frac{1}{\sqrt{|\lambda_1|}}$ 和 $\frac{1}{\sqrt{|\lambda_2|}}$，其中半实轴长度取方程中符号为正者，半虚轴长度取其中符号为负者。

例 14-8：请判断以下标准方程（Ⅰ）和（Ⅱ）在 y_1Oy_2 平面上表示的是哪一类圆锥曲线，并求出对应的半轴长度。

$$（Ⅰ）\ 2y_1^2+3y_2^2=6$$

$$（Ⅱ）\ \frac{y_1^2}{5}-\frac{y_2^2}{2}=-\frac{1}{10} \tag{14.39}$$

解：标准方程等号右侧必须是1，因此两个方程需要同乘以某个常数将右侧化为1。给方程（Ⅰ）两边同除以6，得到以下表达式：

$$(\text{Ⅰ})\ \frac{y_1^2}{3}+\frac{y_2^2}{2}=1 \tag{14.40}$$

由于两个平方项前系数均为正数，故方程（Ⅰ）表示的曲线是椭圆，两个半轴长度分别是$\sqrt{3}$和$\sqrt{2}$。又因为$\sqrt{3}>\sqrt{2}$，所以其半长轴长度是$\sqrt{3}$，半短轴长度是$\sqrt{2}$。

给方程（Ⅱ）两边同时乘以-10并化为分数形式，得到以下表达式：

$$(\text{Ⅱ})\ -2y_1^2+5y_2^2=1\Rightarrow -\frac{y_1^2}{\frac{1}{2}}+\frac{y_2^2}{\frac{1}{5}}=1 \tag{14.41}$$

由于两个平方项前系数为一正一负，故方程（Ⅱ）表示的曲线是双曲线，两个半轴长度分别是$\frac{1}{\sqrt{2}}$和$\frac{1}{\sqrt{5}}$。由于y_1^2前系数为负而y_2^2前系数为正，故半实轴长度是$\frac{1}{\sqrt{5}}$，半虚轴长度是$\frac{1}{\sqrt{2}}$。

现在研究一般形式的二元二次方程和圆锥曲线的关系。x_1Ox_2平面上二元二次方程$Ax_1^2+Bx_1x_2+Cx_2^2=1$可以表示以原点为中心的曲线，其中A、B和C是三个二次项的系数。等号左端是一个二次型，用矩阵表示如下：

$$Ax_1^2+Bx_1x_2+Cx_2^2=(x_1,x_2)\begin{bmatrix}A & \frac{B}{2}\\ \frac{B}{2} & C\end{bmatrix}\begin{bmatrix}x_1\\ x_2\end{bmatrix}=\boldsymbol{x}^{\mathrm{T}}\boldsymbol{M}\boldsymbol{x} \tag{14.42}$$

于是对此方程的研究可以转化为对二次型$\boldsymbol{x}^{\mathrm{T}}\boldsymbol{M}\boldsymbol{x}$的研究。其中待研究的问题如下：

（1）方程$Ax_1^2+Bx_1x_2+Cx_2^2=1$什么时候表示椭圆？什么时候表示双曲线？还有没有可能表示其他的平面图形？

（2）如何利用方程$Ax_1^2+Bx_1x_2+Cx_2^2=1$求出对应椭圆、双曲线的几何特性？

要解决这两个问题，可以将对应的二次型$f=Ax_1^2+Bx_1x_2+Cx_2^2$通过合同对角化转换为标准形$\lambda_1y_1^2+\lambda_2y_2^2=1$，将原先的“歪斜”二次型“摆正”，然后根据表14-1查看标准形的方程符合哪一种曲线的方程即可。而为了研究圆锥曲线的几何性质（如椭圆的长轴短轴的长度），需要保证合同对角化前后为全等的正交转换，这样才能通过变换后的标准形曲线研究原曲线的几何性质。此时的λ_1和λ_2刚好就是f对应实对称矩阵的特征值，它们一定是实数。这里通过两个例子说明对应的判定和求解方法。

例 14-9：请说明方程$x_1^2+2x_1x_2+3x_2^2=1$表示的是x_1Ox_2平面上的椭圆，然后求出椭圆的半长轴和半短轴长度。

解：设方程对应二次型是$f=\boldsymbol{x}^{\mathrm{T}}\boldsymbol{M}\boldsymbol{x}$，其中$\boldsymbol{M}$是实对称矩阵，则该方程为$f=1$。实对称矩阵矩阵$\boldsymbol{M}$如下：

$$\boldsymbol{M}=\begin{bmatrix}1 & 1\\ 1 & 3\end{bmatrix} \tag{14.43}$$

现在将该二次型通过正交变换法转变为标准形，则$f=1$对应的曲线前后形状保持全等，因此标准形对应曲线的几何性质和原曲线保持一致。

通过正交变换化为标准形 $f=\lambda_1 y_1^2+\lambda_2 y_2^2$，则 λ_1 和 λ_2 就是实对称矩阵 $\boldsymbol{M}$ 的特征值。根据特征值的性质有

$$\begin{cases}\lambda_1+\lambda_2=\operatorname{tr}(\boldsymbol{M})=4\\ \lambda_1\lambda_2=|\boldsymbol{M}|=2\end{cases}\Rightarrow\begin{cases}\lambda_1=2-\sqrt{2}\\ \lambda_2=2+\sqrt{2}\end{cases}\tag{14.44}$$

故标准形方程如下：

$$(2-\sqrt{2})y_1^2+(2+\sqrt{2})y_2^2=1\tag{14.45}$$

由于 $\lambda_1=2-\sqrt{2}>0$ 且 $\lambda_2=2+\sqrt{2}>0$，因此 y_1^2 和 y_2^2 前的系数都是正数，符合椭圆标准方程的特点，故 $f=1$ 表示的曲线是椭圆。为了求出椭圆的半长轴和半短轴，将式(14.45)变为分数形式：

$$(2-\sqrt{2})y_1^2+(2+\sqrt{2})y_2^2=1\Rightarrow\frac{y_1^2}{\dfrac{1}{2-\sqrt{2}}}+\frac{y_2^2}{\dfrac{1}{2+\sqrt{2}}}=1\tag{14.46}$$

由于$\dfrac{1}{2-\sqrt{2}}>\dfrac{1}{2+\sqrt{2}}$，故半长轴长度是$\sqrt{\dfrac{1}{2-\sqrt{2}}}=\sqrt{\dfrac{2+\sqrt{2}}{2}}$，而半短轴长度是$\sqrt{\dfrac{1}{2+\sqrt{2}}}=\sqrt{\dfrac{2-\sqrt{2}}{2}}$。

例 14-10：请说明方程 $2x_1^2+5x_1x_2+3x_2^2=1$ 表示的是 x_1Ox_2 平面上的双曲线，然后求出双曲线的半实轴和半虚轴长度。

解：设方程对应二次型是 $f=\boldsymbol{x}^{\mathrm{T}}\boldsymbol{M}\boldsymbol{x}$，其中 $\boldsymbol{M}$ 是实对称矩阵，则该方程为 $f=1$。实对称矩阵 $\boldsymbol{M}$ 如下：

$$\boldsymbol{M}=\begin{bmatrix}2&\dfrac{5}{2}\\ \dfrac{5}{2}&3\end{bmatrix}\tag{14.47}$$

设 $\boldsymbol{M}$ 的特征值是 λ_1 和 λ_2，则对应标准形就是 $f=\lambda_1 y_1^2+\lambda_2 y_2^2$。根据特征值的性质有

$$\begin{cases}\lambda_1+\lambda_2=\operatorname{tr}(\boldsymbol{M})=5\\ \lambda_1\lambda_2=|\boldsymbol{M}|=-\dfrac{1}{4}\end{cases}\Rightarrow\begin{cases}\lambda_1=\dfrac{5-\sqrt{26}}{2}\\ \lambda_2=\dfrac{5+\sqrt{26}}{2}\end{cases}\tag{14.48}$$

因此对应标准形方程是

$$\frac{5-\sqrt{26}}{2}y_1^2+\frac{5+\sqrt{26}}{2}y_2^2=1\Rightarrow-\frac{y_1^2}{\dfrac{2}{\sqrt{26}-5}}+\frac{y_2^2}{\dfrac{2}{\sqrt{26}+5}}=1\tag{14.49}$$

由于 $\lambda_1=\dfrac{5-\sqrt{26}}{2}<0$ 且 $\lambda_2=\dfrac{5+\sqrt{26}}{2}>0$，即两个平方项前面的系数为一负一正，符合双曲线的标准方程形式，故曲线 $f=1$ 对应双曲线。进一步可知其半实轴长度是

$\sqrt{\frac{2}{\sqrt{26}+5}}$，半虚轴长度是$\sqrt{\frac{2}{\sqrt{26}-5}}$。

通过以上两例，我们已经了解了如何使用二次型的方法判断圆锥曲线的类型并求解对应的几何特性。下面利用这个方法讨论一般形态的二元二次方程 $Ax_1^2+Bx_1x_2+Cx_2^2=1$。设二次型 $f=Ax_1^2+Bx_1x_2+Cx_2^2=\boldsymbol{x}^{\mathrm{T}}\boldsymbol{M}\boldsymbol{x}$，其中实对称矩阵 $\boldsymbol{M}$ 如下：

$$\boldsymbol{M}=\begin{bmatrix} A & \frac{B}{2} \\ \frac{B}{2} & C \end{bmatrix} \tag{14.50}$$

设 $\boldsymbol{M}$ 的两个特征值是 λ_1 和 λ_2，则对应正交变换后的标准形就是 $f=\lambda_1y_1^2+\lambda_2y_2^2$，根据特征值的性质有

$$\begin{cases} \lambda_1+\lambda_2=\mathrm{tr}(\boldsymbol{M})=A+C \\ \lambda_1\lambda_2=|\ \boldsymbol{M}\ |=AC-\frac{B^2}{4}=-\frac{1}{4}(B^2-4AC) \end{cases} \tag{14.51}$$

由于 λ_1 和 λ_2 的正负性决定了方程 $f=1$ 所表示的种类，可以通过 $\lambda_1+\lambda_2$ 和 $\lambda_1\lambda_2$ 的取值判断。

(1) 当 $\lambda_1+\lambda_2>0$ 且 $\lambda_1\lambda_2>0$ 时，可知有 $\lambda_1>0$ 且 $\lambda_2>0$，方程 $f=1$ 表示椭圆，此时有 $A+C>0$ 且 $B^2-4AC<0$。

(2) 当 $\lambda_1+\lambda_2<0$ 且 $\lambda_1\lambda_2>0$ 时，可知有 $\lambda_1<0$ 且 $\lambda_2<0$，由于两个非正数之和不可能是正数 1，故方程 $f=1$ 不表示任何图形，此时有 $A+C<0$ 且 $B^2-4AC<0$。

(3) 当 $\lambda_1\lambda_2<0$ 时，可知有 λ_1 和 λ_2 一正一负，故方程 $f=1$ 表示双曲线，此时有 $B^2-4AC>0$。

(4) 当 $\lambda_1\lambda_2=0$ 时，可知 λ_1 和 λ_2 中有一个等于 0，故方程 $f=1$ 由二次曲线退化为两条平行的直线，此时有 $B^2-4AC=0$。

可见曲线种类和 B^2-4AC 这一项的符号有很大关联，它也被称作二元二次方程的判别式，记为 $\Delta=B^2-4AC$。这一点和初等数学中求解一元二次方程有相似之处。

例 14-11：请说明反比例函数 $y=\frac{1}{x}$的图形是双曲线，并求出原点到图形的最近距离。

解：为了统一起见，本书将横轴、纵轴的变量角标分别设置为 1 和 2。于是将函数解析式写成 $xy=1$ 这种形式（因为 $x\neq0$），然后将 x 替换为 x_1，y 替换为 x_2，即二次方程为 $x_1x_2=1$。

在该方程中，等号右端是 1，左端系数 $A=C=0$ 且 $B=1$，因此 $\Delta=B^2-4AC=1>0$，故根据判定准则，方程所表示的曲线为双曲线。

设二次型 $f=x_1x_2=\boldsymbol{x}^{\mathrm{T}}\boldsymbol{M}\boldsymbol{x}$，则对应实对称矩阵 $\boldsymbol{M}$ 如下：

$$\boldsymbol{M}=\begin{bmatrix} 0 & \frac{1}{2} \\ \frac{1}{2} & 0 \end{bmatrix} \tag{14.52}$$

设 $\boldsymbol{M}$ 的两个特征值是 λ_1 和 λ_2，则有

$$\begin{cases}\lambda_1+\lambda_2=\operatorname{tr}(\boldsymbol{M})=0 \\ \lambda_1\lambda_2=|\boldsymbol{M}|=-\dfrac{1}{4}\end{cases}\Rightarrow\begin{cases}\lambda_1=\dfrac{1}{2} \\ \lambda_2=-\dfrac{1}{2}\end{cases} \tag{14.53}$$

于是二次型对应标准形如下：

$$f=\frac{y_1^2}{2}-\frac{y_2^2}{2} \tag{14.54}$$

由双曲线性质可知，原点到函数图形最近距离就是半实轴长度，它对应取正号的平方项（即$\dfrac{y_1^2}{2}$），故其半实轴长度是$\sqrt{2}$。

例 14-12：请说明双勾函数 $y=x+\dfrac{1}{x}$ 的图形是双曲线，并求出原点到图形的最近距离。

解：由于 $x\neq 0$，故给方程两边同乘以 x，然后将 x 替换为 x_1，y 替换为 x_2，即二次方程为 $-x_1^2+x_1x_2=1$。查看对应系数有 $A=-1$、$B=1$ 以及 $C=0$，因此 $\Delta=B^2-4AC=1>0$，故方程所表示的曲线为双曲线。

设二次型 $f=-x_1^2+x_1x_2=\boldsymbol{x}^{\mathrm{T}}\boldsymbol{M}\boldsymbol{x}$，则对应实对称矩阵 $\boldsymbol{M}$ 如下：

$$\boldsymbol{M}=\begin{bmatrix}-1 & \dfrac{1}{2} \\ \dfrac{1}{2} & 0\end{bmatrix} \tag{14.55}$$

设 $\boldsymbol{M}$ 的两个特征值是 λ_1 和 λ_2，则有

$$\begin{cases}\lambda_1+\lambda_2=\operatorname{tr}(\boldsymbol{M})=-1 \\ \lambda_1\lambda_2=|\boldsymbol{M}|=-\dfrac{1}{4}\end{cases}\Rightarrow\begin{cases}\lambda_1=\dfrac{\sqrt{2}-1}{2} \\ \lambda_2=-\dfrac{\sqrt{2}+1}{2}\end{cases} \tag{14.56}$$

于是二次型对应标准形如下：

$$f=\frac{y_1^2}{\dfrac{2}{\sqrt{2}-1}}-\frac{y_2^2}{\dfrac{2}{\sqrt{2}+1}} \tag{14.57}$$

原点到函数图形的最近距离是其半实轴长度，为$\sqrt{\dfrac{2}{\sqrt{2}-1}}=\sqrt{2+2\sqrt{2}}$。

例 14-13：请说明方程 $4x_1^2+5x_1x_2+6x_2^2=1$ 表示的是 x_1Ox_2 平面上的椭圆，然后求出该椭圆的面积（已知椭圆面积等于半长轴、半短轴和圆周率 π 之积）。

解：两个平方项系数之和 $4+6=10>0$ 且判别式 $\Delta=5^2-4\times4\times6=-71<0$，因此该方程代表平面上的椭圆。设二次型 $f=4x_1^2+5x_1x_2+6x_2^2=\boldsymbol{x}^{\mathrm{T}}\boldsymbol{M}\boldsymbol{x}$，则实对称矩阵 $\boldsymbol{M}$ 如下：

$$\boldsymbol{M}=\begin{bmatrix}4 & \dfrac{5}{2} \\ \dfrac{5}{2} & 6\end{bmatrix} \tag{14.58}$$

设 $\boldsymbol{M}$ 的两个特征值是 λ_1 和 λ_2,则对应标准形为

$$f=\lambda_1 y_1^2+\lambda_2 y_2^2=\frac{y_1^2}{\frac{1}{\lambda_1}}+\frac{y_2^2}{\frac{1}{\lambda_2}} \tag{14.59}$$

于是两个半轴长度为 $\frac{1}{\sqrt{\lambda_1}}$ 和 $\frac{1}{\sqrt{\lambda_2}}$,故椭圆的面积 S 表达式为

$$S=\frac{1}{\sqrt{\lambda_1}}\cdot\frac{1}{\sqrt{\lambda_2}}\cdot\pi=\frac{\pi}{\sqrt{\lambda_1\lambda_2}} \tag{14.60}$$

可见,我们不必求出 λ_1 和 λ_2 的具体值,只需要求出两者之积即可,故可以使用特征值的性质直接求得如下:

$$\lambda_1\lambda_2=|\boldsymbol{M}|=\frac{71}{4} \tag{14.61}$$

故椭圆面积为

$$S=\frac{\pi}{\sqrt{\lambda_1\lambda_2}}=\frac{\pi}{\sqrt{\frac{71}{4}}}=\frac{2\pi}{\sqrt{71}} \tag{14.62}$$

由上例可知,如果 $Ax_1^2+Bx_1x_2+Cx_2^2=1$ 表示一个椭圆,则其面积为 $\frac{2\pi}{\sqrt{4AC-B^2}}$。读者还可以根据初等数学的知识求出椭圆、双曲线的其他几何属性。

14.3.2 二次型和空间二次曲面

平面内的圆锥曲线可以使用二元二次型研究,而空间内的二次曲面也可以使用三元二次型研究,研究的方法也是类似的。设有三元二次型 $f=\boldsymbol{x}^{\mathrm{T}}\boldsymbol{M}\boldsymbol{x}$,其中 $\boldsymbol{x}=(x_1,x_2,x_3)^{\mathrm{T}}$,$\boldsymbol{M}$ 是 3 阶实对称矩阵。设 $\boldsymbol{M}$ 的 3 个特征值是 λ_1、λ_2 和 λ_3,则通过正交变换得到的标准形就是 $f=\lambda_1 y_1^2+\lambda_2 y_2^2+\lambda_3 y_3^2$。根据特征值的正负性就可以判断出 $f=1$ 对应的曲面,如表 14-2 所示。

表 14-2 三元二次方程 $f=1$ 对应实对称矩阵特征值和曲面类型

特征值	三正	两正一负	两负一正	两正一零	一正一负一零	一正两零	其他
曲面类型	椭球面	单叶双曲面	双叶双曲面	椭圆柱面	双曲柱面	两组平行平面	—

例 14-14:三元二次方程 $x_1^2+x_2^2+x_3^2+4x_1x_2+4x_2x_3+4x_1x_3=2$ 在空间直角坐标系 $Ox_1x_2x_3$ 里表示哪种曲面?

解:设二次型 $f=x_1^2+x_2^2+x_3^2+4x_1x_2+4x_2x_3+4x_1x_3=\boldsymbol{x}^{\mathrm{T}}\boldsymbol{M}\boldsymbol{x}$,则实对称矩阵 $\boldsymbol{M}$ 如下:

$$\boldsymbol{M}=\begin{bmatrix}1&2&2\\2&1&2\\2&2&1\end{bmatrix} \tag{14.63}$$

注意到 2 和 1 都是正数,故方程 $f=2$ 和 $f=1$ 表示的是同一类型的曲面,因此同样使用 $\boldsymbol{M}$ 的特征值即可判断出曲面种类。使用特征多项式 $|\lambda\boldsymbol{E}-\boldsymbol{M}|$ 求出其特征值:

$$|\lambda \boldsymbol{E}-\boldsymbol{M}|=\begin{vmatrix}\lambda-1 & -2 & -2\\ -2 & \lambda-1 & -2\\ -2 & -2 & \lambda-1\end{vmatrix}=(\lambda+1)^2(\lambda-5) \tag{14.64}$$

故 $\boldsymbol{M}$ 的特征值是-1、-1 和 5，即两负一正，因此方程 $f=2$ 对应的是双叶双曲面。

例 14-15：设有二次方程$(1-a)x_1^2+(1-a)x_2^2+x_3^2+2(1+a)x_1x_2=1$，其中 a 为实数，则该方程在空间直角坐标系 $Ox_1x_2x_3$ 里可能表示哪些种类的二次曲面？

解：设二次型 $f=(1-a)x_1^2+(1-a)x_2^2+x_3^2+2(1+a)x_1x_2=\boldsymbol{x}^{\mathrm{T}}\boldsymbol{M}\boldsymbol{x}$，则实对称矩阵 $\boldsymbol{M}$ 如下：

$$\boldsymbol{M}=\begin{bmatrix}1-a & 1+a & 0\\ 1+a & 1-a & 0\\ 0 & 0 & 1\end{bmatrix} \tag{14.65}$$

使用特征多项式$|\lambda \boldsymbol{E}-\boldsymbol{M}|$求出其特征值：

$$|\lambda \boldsymbol{E}-\boldsymbol{M}|=\begin{vmatrix}\lambda-(1-a) & -1-a & 0\\ -1-a & \lambda-(1-a) & 0\\ 0 & 0 & \lambda-1\end{vmatrix}=(\lambda-1)(\lambda-2)(\lambda-2a) \tag{14.66}$$

可知 $\boldsymbol{M}$ 的 3 个特征值是 1、2 和 $2a$。由于 a 为任意实数，所以 $\boldsymbol{M}$ 至少有 2 个特征值是正数。根据表 14-2 的内容，$f=1$ 可能表示椭球面、单叶双曲面或椭圆柱面。

例 14-16：已知二次方程 $2x_1^2+2x_2^2+2x_3^2-2x_1x_2=1$。

（1）请说明该方程在空间直角坐标系 $Ox_1x_2x_3$ 里表示的曲面为椭球面；

（2）已知椭球的体积是其三个方向上的半轴长度之积再乘以圆周率 π，现有 3 阶方阵 $\boldsymbol{A}$，求该椭球经过 $\boldsymbol{A}$ 线性变换后对应几何图形所包围的体积大小。

$$\boldsymbol{A}=\begin{bmatrix}4 & 5 & 1\\ 2 & 2 & 1\\ 5 & 8 & 2\end{bmatrix} \tag{14.67}$$

解：（1）设二次型 $f=2x_1^2+2x_2^2+2x_3^2-2x_1x_2=\boldsymbol{x}^{\mathrm{T}}\boldsymbol{M}\boldsymbol{x}$，则实对称矩阵 $\boldsymbol{M}$ 如下：

$$\boldsymbol{M}=\begin{bmatrix}2 & -1 & 0\\ -1 & 2 & 0\\ 0 & 0 & 2\end{bmatrix} \tag{14.68}$$

使用特征多项式$|\lambda \boldsymbol{E}-\boldsymbol{M}|$求出其特征值：

$$|\lambda \boldsymbol{E}-\boldsymbol{M}|=\begin{vmatrix}\lambda-2 & 1 & 0\\ 1 & \lambda-2 & 0\\ 0 & 0 & \lambda-2\end{vmatrix}=(\lambda-1)(\lambda-2)(\lambda-3) \tag{14.69}$$

可知 $\boldsymbol{M}$ 的 3 个特征值是 1、2 和 3，均为正数，因此方程 $f=1$ 表示椭球面。

（2）该二次型对应的标准形是 $f=y_1^2+2y_2^2+3y_3^2$，将方程 $f=1$ 变形如下：

$$y_1^2+2y_2^2+3y_3^2=1\Rightarrow y_1^2+\frac{y_2^2}{\frac{1}{2}}+\frac{y_3^2}{\frac{1}{3}}=1 \tag{14.70}$$

于是三个半轴长度分别是 1、$\dfrac{1}{\sqrt{2}}$和$\dfrac{1}{\sqrt{3}}$，因此对应椭球的体积 V 计算如下：

$$V=1\cdot\frac{1}{\sqrt{2}}\cdot\frac{1}{\sqrt{3}}\cdot\pi=\frac{\pi}{\sqrt{6}} \tag{14.71}$$

根据行列式的意义，经过 $\boldsymbol{A}$ 线性变换后，其体积变化比例系数等于 V 乘以 $|\boldsymbol{A}|$ 再取绝对值。先计算出 $|\boldsymbol{A}|$：

$$|\boldsymbol{A}|=\begin{vmatrix}4 & 5 & 1\\2 & 2 & 1\\5 & 8 & 2\end{vmatrix}=-5 \tag{14.72}$$

故映射后的体积 V' 计算如下：

$$V'=||\boldsymbol{A}|V|=\left|-5\cdot\frac{\pi}{\sqrt{6}}\right|=\frac{5\pi}{\sqrt{6}} \tag{14.73}$$

14.4 规范形和正定、负定二次型

14.4.1 二次型的规范形和惯性指数

我们知道，一个二元二次方程可以表示平面内的某类曲线，一个三元二次方程可以表示空间内的某类曲面，这可以单纯使用其标准形对应系数的正负性判断。推而广之，一个 n 元二次方程可以表示 n 维空间内的某类超曲面，对应超曲面的类型也使用其标准形对应的系数正负性判断。$n=2$ 对应的超曲面为平面二次曲线（圆锥曲线），$n=3$ 对应的超曲面是空间二次曲面。

二次型化为标准形时可以采用配方法或正交变换法，它们得出的标准形一般是不同的。那么这些不同的标准形中存在怎样的内在关联呢？这里通过一个例题说明。

例 14-17：请分别使用配方法和正交变换法将二次型 $f=4x_1^2+12x_2^2+6x_1x_2$ 化为标准形，并说明对应方程 $f=1$ 所表示的是哪一类超曲面。

解：(1) 使用配方法：

$$\begin{aligned}f&=4x_1^2+12x_2^2+6x_1x_2=\left(4x_1^2+6x_1x_2+\frac{9}{4}x_2^2\right)+\frac{39}{4}x_2^2\\&=\left(2x_1+\frac{3}{2}x_2\right)^2+\frac{39}{4}x_2^2=y_1^2+\frac{39}{4}y_2^2\end{aligned} \tag{14.74}$$

对应坐标变换如下：

$$\begin{cases}y_1=2x_1+\dfrac{3}{2}x_2\\y_2=x_2\end{cases}\Rightarrow\begin{cases}x_1=\dfrac{1}{2}y_1-\dfrac{3}{4}y_2\\x_2=y_2\end{cases}\Rightarrow\begin{bmatrix}x_1\\x_2\end{bmatrix}=\begin{bmatrix}\dfrac{1}{2} & -\dfrac{3}{4}\\0 & 1\end{bmatrix}\begin{bmatrix}y_1\\y_2\end{bmatrix} \tag{14.75}$$

(2) 使用正交变换法：

$$f=4x_1^2+12x_2^2+6x_1x_2=(x_1,x_2)\begin{bmatrix}4 & 3\\3 & 12\end{bmatrix}\begin{bmatrix}x_1\\x_2\end{bmatrix}=\boldsymbol{x}^{\mathrm{T}}\boldsymbol{A}\boldsymbol{x} \tag{14.76}$$

可以求出实对称矩阵 $\boldsymbol{A}$ 的两个特征值是 3 和 13，故对应标准形是 $f=3y_1^2+13y_2^2$。其中 3 对应的特征向量是 $k_1(3,-1)^{\mathrm{T}}$，13 对应的特征向量是 $k_2(1,3)^{\mathrm{T}}$，则将其单位化即可得出对应的变换矩阵：

$$\begin{bmatrix} x_1 \\ x_2 \end{bmatrix} = \begin{bmatrix} \frac{3}{\sqrt{10}} & \frac{1}{\sqrt{10}} \\ -\frac{1}{\sqrt{10}} & \frac{3}{\sqrt{10}} \end{bmatrix} \begin{bmatrix} y_1 \\ y_2 \end{bmatrix} \tag{14.77}$$

(3) 以上两种方法虽然得到的标准形不同，但两个标准形的二次项系数都是正数，因此对应的方程可以表示平面上的椭圆。

由上例可知，令一个二次型等于1所表示的超曲面类别可以由其标准形决定，这个标准形可以是配方法得到的，也可以是正交变换法得到的。两种方法虽然系数可能不同，但是对应变量前系数的正负性却是一致的。比如上例的二次型不论使用哪种方法变为标准形，它们都一定和原二次型一样使得 $f=1$ 表示的是椭圆，绝不可能变为双曲线。表现在代数上就是标准形中两个平方项系数均为正数，不可能出现负数的情况。同理，如果一个二次型方程 $f=1$ 表示双曲线，那么不论用哪种方法化成标准形，两个平方项系数一定是一正一负。

由于标准形中平方项系数正负性决定了对应二次型超曲面的类型，因此可以将标准形中的系数依据其符号进一步化为1、−1和0三种，这就是二次型的**规范形**(normal form)。具体来说就是标准形中平方项的正系数、负系数和零系数分别变为1、−1和0，即得到对应的规范形。

比如例14-17中的方程 $f=1$ 可以表示平面上的椭圆，设规范形变量是 z_1 和 z_2，则使用配方法和正交变换法化为的规范形都是

$$f=z_1^2+z_2^2 \tag{14.78}$$

如果二元二次型对应的方程 $f=1$ 表示的是平面上的双曲线，则对应的规范形就是

$$f=-z_1^2+z_2^2 \tag{14.79}$$

或者也可以写成：

$$f=z_1^2-z_2^2 \tag{14.80}$$

需要注意，式(14.79)和式(14.80)给出的两种规范形是等价的，其本质都是包含一个系数1和一个系数−1，故一般只写出一种即可。

例14-18：已知三元二次方程 $f=1$，请写出它代表椭球面、单叶双曲面、双叶双曲面、椭圆柱面和双曲柱面时对应二次型的规范形。

解：设规范形变量分别是 z_1、z_2 和 z_3，则根据表14-2可以得出各个二次曲面的规范形表达式：

➢ 椭球面：$f=z_1^2+z_2^2+z_3^2$；

➢ 单叶双曲面：$f=z_1^2+z_2^2-z_3^2$；

➢ 双叶双曲面：$f=z_1^2-z_2^2-z_3^2$；

➢ 椭圆柱面：$f=z_1^2+z_2^2$；

➢ 双曲柱面：$f=z_1^2-z_2^2$。

需要说明的是，椭圆柱面和双曲柱面的规范形表达式表面上看只有两项，但实际上是缺省了系数为0的 z_3^2 项，所以它们依旧是三项。

对于二元和三元的二次型 f 来讲，$f=1$ 代表的二次超曲面有属于自己的几何名称，但

更多元的二次型对应的超曲面种类更多，无法一一命名，因此只能从代数层面进行描述。由于我们关心的是一个二次型标准形中有多少个正系数、多少个负系数和多少个零系数，因此就以此为依据定义对应的**惯性指数**（index of inertia）。具体来说，标准形中正系数的项数称为**正惯性指数**（positive index of inertia），它也是规范形中系数为 1 的项数；标准形中负系数的项数称为**负惯性指数**（negative index of inertia），它也是规范形中系数为 -1 的项数。

这个指标值之所以被称为“惯性”，是因为一个二次型 $f=\boldsymbol{x}^{\mathrm{T}}\boldsymbol{A}\boldsymbol{x}$ 不论采用哪种方法化为标准形，其正系数、负系数和零系数对应的项数是固定的，即对应方程 $f=1$ 代表的超曲面种类不会发生变化，仿佛拥有“惯性”一般。特殊的，采用正交变换法对二次型 f 转变为全等的标准形，其平方项各个系数就是对应实对称矩阵 $\boldsymbol{A}$ 的各个特征值，于是正、负惯性指数恰好也是 $\boldsymbol{A}$ 的正、负特征值的个数。进一步可以推出，二次型 f 的秩（即对应实对称矩阵 $\boldsymbol{A}$ 的秩）是它正、负惯性指数之和。

例 14-19：已知二次型 $f=x_1^2-x_2^2+2ax_1x_3+4x_2x_3$，$f$ 的负惯性指数是 1，求 a 的取值范围。

解：设 $f=\boldsymbol{x}^{\mathrm{T}}\boldsymbol{A}\boldsymbol{x}$，其中实对称矩阵 $\boldsymbol{A}$ 如下：

$$\boldsymbol{A}=\begin{bmatrix}1 & 0 & a\\ 0 & -1 & 2\\ a & 2 & 0\end{bmatrix} \tag{14.81}$$

f 的负惯性指数是 1 意味着 $\boldsymbol{A}$ 的特征值只有一个是负数，先使用特征方程 $|\lambda\boldsymbol{E}-\boldsymbol{A}|=0$ 尝试求出特征值。

$$|\lambda\boldsymbol{E}-\boldsymbol{A}|=\begin{vmatrix}\lambda-1 & 0 & -a\\ 0 & \lambda+1 & -2\\ -a & -2 & \lambda\end{vmatrix}=\lambda^3-(5+a^2)\lambda-a^2+4=0 \tag{14.82}$$

这是一个三次方程，它的 3 个实根理论上存在，但是求解相当困难，所以不宜使用这种方法。不过将 f 变成标准形还可以使用配方法，故配方如下：

$$\begin{aligned}f&=x_1^2-x_2^2+2ax_1x_3+4x_2x_3=(x_1^2+a^2x_3^2+2ax_1x_3)-a^2x_3^2-x_2^2+4x_2x_3\\&=(x_1+ax_3)^2-(x_2^2-4x_2x_3+4x_3^2)+4x_3^2-a^2x_3^2\\&=(x_1+ax_3)^2-(x_2-2x_3)^2+(4-a^2)x_3^2\\&=y_1^2-y_2^2+(4-a^2)y_3^2\end{aligned} \tag{14.83}$$

通过配方法得到的三项中，y_2^2 的系数是 -1，这意味着其他项的系数必须非负，因此有 $4-a^2\geqslant 0$，即 $-2\leqslant a\leqslant 2$。

14.4.2 正定二次型和负定二次型

将 n 元二次型化为标准形 $f=\lambda_1y_1^2+\cdots+\lambda_ny_n^2$，如果其中 $\lambda_1,\cdots,\lambda_n$ 都是正数，那么这个二次型在 $y_1,\cdots,y_n$ 均不为 0 时总有 $f>0$；相反，如果其中 $\lambda_1,\cdots,\lambda_n$ 都是负数，则 $y_1,\cdots,y_n$ 均不为 0 时总有 $f<0$。这个性质可以等价拓展到任意 n 元二次型 $f=\boldsymbol{x}^{\mathrm{T}}\boldsymbol{A}\boldsymbol{x}$。如果在 $\boldsymbol{x}\neq\boldsymbol{0}$ 时总有 $f>0$，则称为**正定二次型**（positive definite quadratic form）；如果在 $\boldsymbol{x}\neq\boldsymbol{0}$ 时总有 $f<0$，则称为**负定二次型**（negative definite quadratic form）。两者都属于特殊

的二次型，也就是说有一部分二次型既不是正定也不是负定。

根据正定、负定二次型的定义以及标准形、规范形的形成过程，可以得出这两种二次型对应的充分必要条件。设有 n 元二次型 $f=\boldsymbol{x}^{\mathrm{T}}\boldsymbol{A}\boldsymbol{x}$（$\boldsymbol{A}$ 是实对称矩阵），f 为正定二次型的充分必要条件是：

➢ $\boldsymbol{A}$ 的全体特征值都是正数；

➢ f 的标准形中全体系数均为正数；

➢ f 的规范形中全体系数均为 1；

➢ f 的正惯性指数是 n；

➢ 方程 $f=1$ 在 n 维空间上表示一个超椭球。

f 为负定二次型的充分必要条件是：

➢ $\boldsymbol{A}$ 的全体特征值都是负数；

➢ f 的标准形中全体系数均为负数；

➢ f 的规范形中全体系数均为 -1；

➢ f 的负惯性指数是 n；

➢ 方程 $f=-1$ 在 n 维空间上表示一个超椭球。

由于二次型和对应实对称矩阵有深刻的关联，因此正定、负定二次型对应的实对称矩阵也会被称作正定、负定矩阵（部分文献中使用 $\boldsymbol{A}>0$ 和 $\boldsymbol{A}<0$ 这种方式表示它为正定或负定矩阵）。

此外，如果将正定、负定二次型概念中的 $f>0$ 和 $f<0$ 分别改为 $f\geqslant 0$ 和 $f\leqslant 0$，那么就得到**半正定二次型**和**半负定二次型**的概念。除了正定、半正定、负定和半负定以外的二次型都是不定二次型。对应的实对称矩阵也有类似的称法。

例 14-20：已知 $\boldsymbol{A}$ 是 n 阶实数正定矩阵，求证：$\boldsymbol{A}^{\mathrm{T}}$、$\boldsymbol{A}^{-1}$ 和 $\boldsymbol{A}^{*}$ 也是正定矩阵。

证明：$\boldsymbol{A}$ 是正定矩阵，表明是 $\boldsymbol{A}$ 为实对称矩阵，即 $\boldsymbol{A}^{\mathrm{T}}=\boldsymbol{A}$，故 $\boldsymbol{A}^{\mathrm{T}}$ 是正定矩阵。

要证明 $\boldsymbol{A}^{-1}$ 和 $\boldsymbol{A}^{*}$ 是正定矩阵，首先需要说明两者是实对称矩阵。事实上根据逆矩阵和伴随矩阵的相关公式，有 $(\boldsymbol{A}^{-1})^{\mathrm{T}}=(\boldsymbol{A}^{\mathrm{T}})^{-1}=\boldsymbol{A}^{-1}$，$(\boldsymbol{A}^{*})^{\mathrm{T}}=(\boldsymbol{A}^{\mathrm{T}})^{*}=\boldsymbol{A}^{*}$，故 $\boldsymbol{A}^{-1}$ 和 $\boldsymbol{A}^{*}$ 都是实对称矩阵。

由充分必要条件可知，$\boldsymbol{A}$ 的 n 个特征值都是正数，设它们是 $\lambda_1,\lambda_2,\cdots,\lambda_n$。$\boldsymbol{A}^{-1}$ 的特征值是 $\frac{1}{\lambda_1},\frac{1}{\lambda_2},\cdots,\frac{1}{\lambda_n}$，它们同样是正数，故 $\boldsymbol{A}^{-1}$ 也是正定矩阵。由于 $\lambda_1,\lambda_2,\cdots,\lambda_n$ 均为正数，因此有 $\lambda_1,\lambda_2,\cdots,\lambda_n=|\boldsymbol{A}|>0$。根据伴随矩阵特征值的性质，$\boldsymbol{A}^{*}$ 的特征值是 $\frac{|\boldsymbol{A}|}{\lambda_1},\frac{|\boldsymbol{A}|}{\lambda_2},\cdots,\frac{|\boldsymbol{A}|}{\lambda_n}$，它们也是正数，故 $\boldsymbol{A}^{*}$ 也是正定矩阵。

例 14-21：已知 $\boldsymbol{A}$ 是 $m\times n$ 矩阵，$r(\boldsymbol{A})=n$，求证：$\boldsymbol{A}^{\mathrm{T}}\boldsymbol{A}$ 是正定矩阵。

证明：对于抽象矩阵来说，可以尝试使用定义证明，也就是欲证 $\boldsymbol{A}^{\mathrm{T}}\boldsymbol{A}$ 正定，则只需证明对于任意 n 维向量 $\boldsymbol{x}\neq\boldsymbol{0}$ 均有 $\boldsymbol{x}^{\mathrm{T}}\boldsymbol{A}^{\mathrm{T}}\boldsymbol{A}\boldsymbol{x}>0$。由于 $\boldsymbol{A}\boldsymbol{x}$ 是 m 维向量，且 $\boldsymbol{x}^{\mathrm{T}}\boldsymbol{A}^{\mathrm{T}}\boldsymbol{A}\boldsymbol{x}=(\boldsymbol{A}\boldsymbol{x})^{\mathrm{T}}\boldsymbol{A}\boldsymbol{x}$，因此实际上就是要证明 $\boldsymbol{A}\boldsymbol{x}$ 和自身的数量积在 $\boldsymbol{x}\neq\boldsymbol{0}$ 时恒为正数。由于一个向量和自身的数量积是非负数，故只需证明在 $\boldsymbol{x}\neq\boldsymbol{0}$ 是 $\boldsymbol{A}\boldsymbol{x}\neq\boldsymbol{0}$。由于 $r(\boldsymbol{A})=n$，因此齐次方程组 $\boldsymbol{A}\boldsymbol{x}=\boldsymbol{0}$ 只有零解，换句话说，当 $\boldsymbol{x}\neq\boldsymbol{0}$ 时必有 $\boldsymbol{A}\boldsymbol{x}\neq\boldsymbol{0}$。于是根据数学证明的分析法原理得

证，正式证明过程如下：

$$\left.\begin{array}{r}\boldsymbol{x}\neq\boldsymbol{0}\\ r(\boldsymbol{A}_{m\times n})=n\end{array}\right\}\Rightarrow\boldsymbol{Ax}\neq\boldsymbol{0}\Rightarrow(\boldsymbol{Ax})^{\mathrm{T}}\boldsymbol{Ax}>0\Rightarrow\boldsymbol{x}^{\mathrm{T}}\boldsymbol{A}^{\mathrm{T}}\boldsymbol{Ax}>0 \tag{14.84}$$

上例中使用分析法提供了证明思路，然后在正式的证明中逆向写出了过程。

例 14-22：求证：正定矩阵必合同于单位阵。

证明：设有 n 阶正定矩阵 $\boldsymbol{A}$ 和 n 阶单位阵 $\boldsymbol{E}$，则要求证明存在 n 阶可逆矩阵 $\boldsymbol{P}$ 使得 $\boldsymbol{P}^{\mathrm{T}}\boldsymbol{AP}=\boldsymbol{E}$。

设 $\boldsymbol{A}$ 的特征值是 $\lambda_1,\lambda_2,\cdots,\lambda_n$，根据正定矩阵的性质，全体的特征值均为正数。而根据实对称矩阵的性质，存在正交矩阵 $\boldsymbol{Q}$ 使得 $\boldsymbol{Q}^{\mathrm{T}}\boldsymbol{AQ}=\boldsymbol{U}$，其中 $\boldsymbol{U}=\mathrm{diag}\{\lambda_1,\lambda_2,\cdots,\lambda_n\}$。令 $\boldsymbol{V}=\mathrm{diag}\{\sqrt{\lambda_1},\sqrt{\lambda_2},\cdots,\sqrt{\lambda_n}\}$，则 $\boldsymbol{V}^2=\boldsymbol{U}$，因此可以给式 $\boldsymbol{Q}^{\mathrm{T}}\boldsymbol{AQ}=\boldsymbol{U}$ 两端同时左乘和右乘 $\boldsymbol{V}^{-1}$，即有以下推导：

$$\boldsymbol{Q}^{\mathrm{T}}\boldsymbol{AQ}=\boldsymbol{U}=\boldsymbol{V}^2\Rightarrow\boldsymbol{V}^{-1}\boldsymbol{Q}^{\mathrm{T}}\boldsymbol{AQV}^{-1}=\boldsymbol{E}\Rightarrow(\boldsymbol{V}^{-1}\boldsymbol{Q}^{\mathrm{T}})\boldsymbol{A}(\boldsymbol{QV}^{-1})=\boldsymbol{E} \tag{14.85}$$

由于 $\boldsymbol{V}$ 是对角阵，所以 $\boldsymbol{V}^{-1}$ 也是对角阵，故有 $\boldsymbol{V}^{-1}=(\boldsymbol{V}^{-1})^{\mathrm{T}}$，因此 $\boldsymbol{V}^{-1}\boldsymbol{Q}^{\mathrm{T}}=(\boldsymbol{V}^{-1})^{\mathrm{T}}\boldsymbol{Q}^{\mathrm{T}}$。利用转置运算的倒序相乘性继续推导如下：

$$(\boldsymbol{V}^{-1}\boldsymbol{Q}^{\mathrm{T}})\boldsymbol{A}(\boldsymbol{QV}^{-1})=\boldsymbol{E}\Rightarrow[(\boldsymbol{V}^{-1})^{\mathrm{T}}\boldsymbol{Q}^{\mathrm{T}}]\boldsymbol{A}(\boldsymbol{QV}^{-1})=\boldsymbol{E}\Rightarrow(\boldsymbol{QV}^{-1})^{\mathrm{T}}\boldsymbol{A}(\boldsymbol{QV}^{-1})=\boldsymbol{E} \tag{14.86}$$

令 $\boldsymbol{P}=\boldsymbol{QV}^{-1}$，即有 $\boldsymbol{P}^{\mathrm{T}}\boldsymbol{AP}=\boldsymbol{E}$ 成立，这说明 $\boldsymbol{A}$ 合同于 $\boldsymbol{E}$。

以上充分必要条件从理论上来讲既是正定、负定矩阵的性质定理，也是其判定定理，可以用于抽象矩阵的代数推导。但如果需要判断某个给出具体数值的二次型是正定还是负定，那么根据上述条件就需要求出方阵的特征值，而这一点在 $n\geqslant3$ 时较为困难。这里我们可以使用更加简单易行的顺序主子式判断。

14.4.3 顺序主子式判定法则

设有 n 元二次型 $f=\boldsymbol{x}^{\mathrm{T}}\boldsymbol{Ax}$（$\boldsymbol{A}$ 是实对称矩阵），则取 $\boldsymbol{A}$ 的前 m 行和前 m 列就可以构成一个行列式 D_m，它被称作 $\boldsymbol{A}$ 的一个 m 阶**顺序主子式**（leading principle minor）。由于 $1\leqslant m\leqslant n$，所以 n 阶实对称矩阵 $\boldsymbol{A}$ 有 n 个顺序主子式。

例 14-23：已知实对称矩阵 $\boldsymbol{A}$ 如下，求出其全体顺序主子式。

$$\boldsymbol{A}=\begin{bmatrix}1&2&3\\2&5&4\\3&4&6\end{bmatrix} \tag{14.87}$$

解：$\boldsymbol{A}$ 是一个 3 阶实对称矩阵，依次从左上角取行列式即可。1 阶顺序主子式 D_1 就是其左上角元素：

$$\boldsymbol{A}=\begin{bmatrix}\boxed{1}&2&3\\2&5&4\\3&4&6\end{bmatrix},\quad D_1=1 \tag{14.88}$$

2 阶顺序主子式是前 2 行和前 2 列元素构成的行列式 D_2：

$$\boldsymbol{A}=\begin{bmatrix}\boxed{1}&\boxed{2}&3\\\boxed{2}&\boxed{5}&4\\3&4&6\end{bmatrix},\quad D_2=\begin{vmatrix}1&2\\2&5\end{vmatrix}=1 \tag{14.89}$$

3 阶顺序主子式是前 3 行和前 3 列元素构成的行列式 D_3，实际上就是$|\boldsymbol{A}|$：

$$\boldsymbol{A}=\begin{bmatrix}\boxed{1} & \boxed{2} & \boxed{3}\\ \boxed{2} & \boxed{5} & \boxed{4}\\ \boxed{3} & \boxed{4} & \boxed{6}\end{bmatrix},\quad D_3=\begin{vmatrix}1 & 2 & 3\\ 2 & 5 & 4\\ 3 & 4 & 6\end{vmatrix}=-7 \tag{14.90}$$

$f=\boldsymbol{x}^{\mathrm{T}}\boldsymbol{A}\boldsymbol{x}$ 是正定二次型还是负定二次型（即实对称矩阵 $\boldsymbol{A}$ 是正定矩阵还是负定矩阵），可以使用以下两个充分必要条件判定：

➢ $f=\boldsymbol{x}^{\mathrm{T}}\boldsymbol{A}\boldsymbol{x}$ 是正定二次型的充分必要条件是 $\boldsymbol{A}$ 的各个顺序主子式均为正数；

➢ $f=\boldsymbol{x}^{\mathrm{T}}\boldsymbol{A}\boldsymbol{x}$ 是负定二次型的充分必要条件是 $\boldsymbol{A}$ 的奇数阶顺序主子式为负数且偶数阶顺序主子式为正数。

由于 n 阶行列式的计算比求解 n 次方程容易，所以这个方法常用于给出具体数值的正定、负定二次型的判定。

例 14-24：已知二次型 $f=2x_1^2+10x_2^2+11x_3^2+6x_1x_2+10x_2x_3+8x_1x_3$，求证：$f$ 为正定二次型。

证明：设 $f=\boldsymbol{x}^{\mathrm{T}}\boldsymbol{A}\boldsymbol{x}$，则实对称矩阵 $\boldsymbol{A}$ 如下：

$$\boldsymbol{A}=\begin{bmatrix}2 & 3 & 4\\ 3 & 10 & 5\\ 4 & 5 & 11\end{bmatrix} \tag{14.91}$$

计算 $\boldsymbol{A}$ 的 3 个顺序主子式如下：

$$D_1=2>0,\quad D_2=\begin{vmatrix}2 & 3\\ 3 & 10\end{vmatrix}=11>0,\quad D_3=\begin{vmatrix}2 & 3 & 4\\ 3 & 10 & 5\\ 4 & 5 & 11\end{vmatrix}=31>0 \tag{14.92}$$

由于 3 个顺序主子式均为正数，故 $\boldsymbol{A}$ 是正定矩阵，即 f 为正定二次型。

14.5　编程实践：二次型的综合任务

这一节将利用 MATLAB 工具完成和二次型 f 相关的几项任务，它们包括：

➢ 将二次型 f 通过正交变换转化为标准形；

➢ 求出二次型 f 的正、负惯性指数，并判断二次型 f 是正定还是负定二次型；

➢ 对于二元二次型 f，画出 $f=1$ 对应的原图形和标准形对应的图形。

第一个任务实际上就是对实对称矩阵使用正交矩阵相似对角化过程，可以使用 13.4 节给出的函数 similar_diag。不过由于实对称矩阵必可被正交矩阵相似对角化，所以可以略修改对应代码。需要注意变量 $\boldsymbol{A}$ 是否为实对称矩阵不能直接用矩阵判断，而是应转换为数量判断，即使用 sum(sum($\boldsymbol{A}'-\boldsymbol{A}$))表示。对应子程序代码如下：

```
function [Q,U] = orthogonal_diag(A)
% 对实对称矩阵 A 相似对角化
[m,n] = size(A);
if m~ = n||sum(sum(A' - A))~ = 0
    error('Input matrix must be symmetric.'); % 输入必须是实对称矩阵
else
```

```
    [Q,U] = eig(A);
end
```

第二个任务实际上就是对第一步生成的对角阵变量 $\boldsymbol{U}$ 进一步处理，对应的子程序代码如下：

```
function pn_definite(U)
% 求出对应的正、负惯性指数，并判定是正定还是负定二次型
[~,n] = size(U);positive = 0;negative = 0;
for i = 1:n
    if U(i,i)> 0
        positive = positive + 1;
    elseif U(i,i)< 0
        negative = negative + 1;
    end
end
fprintf('The positive index of inertia is %d.\n',positive);
fprintf('The negative index of inertia is %d.\n',negative);
if positive == n
    fprintf('f is positive definite.\n');
elseif negative == n
    fprintf('f is negative definite.\n');
end
```

第三个任务中需要用到绘图函数 fimplicit，它可以画出平面上某个方程对应的曲线。对应的子程序代码如下：

```
function create_curve(A,U,xyinteval)
% 画出对应二元二次型对应的曲线，A 是 2 阶实对称矩阵，xyinteval 是数值区间行向量
a1 = A(1,1);b1 = A(1,2) + A(2,1);c1 = A(2,2);
a2 = U(1,1);c2 = U(2,2);
figure;
f1 = @(x1,x2)a1 * x1^2 + b1 * x1 * x2 + c1 * x2^2 - 1;
fimplicit(f1,xyinteval,'-- b','LineWidth',2); % 原曲线
hold on;
f2 = @(x1,x2)a2 * x1^2 + c2 * x2^2 - 1;
fimplicit(f2,xyinteval,'- r','LineWidth',2); % 标准形曲线
axis(xyinteval);axis equal;
box off;grid on;
```

将三个子程序分别保存为对应的同名.m 文件，然后在同一文件夹内编写主程序。比如此处二次型 $f=x_1^2+x_1x_2+x_2^2$，则编写主程序如下：

```
clc;clear all;close all;
tic;
A = [1,0.5;0.5,1];
[Q,U] = orthogonal_diag(A);
pn_definite(U);
xyinteval = [ - 3,3, - 3,3];
create_curve(A,U,xyinteval);
toc;
```

运行完该程序，结果如下：

```
The positive index of inertia is 2.
The negative index of inertia is 0.
```

```
f is positive definite.
Elapsed time is 0.803783 seconds.
```

这说明 f 是正定二次型。程序生成的结果如图 14-8 所示。

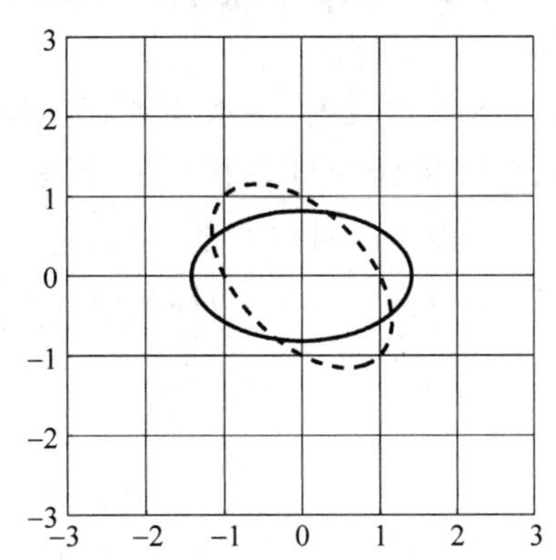

图 14-8　MATLAB 绘制方程 $x_1^2+x_1x_2+x_2^2=1$ 及其标准形对应曲线

读者可以使用这套程序对更多的二次型进行验证。

习题 14

1. 二次型 $f=\boldsymbol{x}^{\mathrm{T}}\boldsymbol{A}\boldsymbol{x}$，设 $\boldsymbol{A}(i,j)=a_{ij},\boldsymbol{x}=(x_1,x_2,\cdots,x_n)^{\mathrm{T}}$，求证：$f=\sum_{i=1}^{n}\sum_{j=1}^{n}a_{ij}x_ix_j$。

2. 请先使用配方法和正交变换法化下列二次型为标准形(给出对应的坐标变换矩阵)，然后再化为规范形并求出对应正、负惯性指数。

(1) $f=2x_1^2+x_2^2+2x_3^2-4x_1x_3$

(2) $f=2x_1^2+6x_2^2+2x_3^2-8x_1x_3$

(3) $f=x_1^2+4x_2^2+4x_3^2-4x_1x_2+4x_1x_3-8x_2x_3$

3. 请判断以下二次型是正定还是负定二次型。

(1) $f=5x_1^2+x_2^2+5x_3^2+4x_1x_2-8x_1x_3-4x_2x_3$

(2) $f=-5x_1^2-6x_2^2-4x_3^2+4x_1x_2+4x_1x_3$

4. 已知 $f=x_1^2+x_2^2+5x_3^2+2ax_1x_2-2x_1x_3+4x_2x_3$ 是正定二次型，求参数 a 的取值范围。

5. 请说明方程 $5x_1^2+5x_2^2+8x_1x_2=1$ 表示 x_1Ox_2 平面内的一个椭圆，然后求出该椭圆的半长轴、半短轴、半焦距、离心率和面积。

6. 请说出以下两个方程分别表示 $Ox_1x_2x_3$ 空间内的哪种曲面。

(1) $2x_1^2+x_2^2-4x_1x_2-4x_2x_3=1$

(2) $5x_1^2+5x_2^2+3x_3^2-2x_1x_2-6x_2x_3+6x_1x_3=1$

7. 已知 n 阶实对称矩阵 $\boldsymbol{A}$ 是正定矩阵，求证：$|\boldsymbol{A}+\boldsymbol{E}|>1$。

8. 求证：两个实对称矩阵合同的充分必要条件是两者具有完全一致的正、负惯性指数

（提示：先说明两者合同的充分必要条件是具有相同的二次型标准形）。

9. 设二次型 $f(x_1,x_2,x_3)$在正交变换 $\boldsymbol{x}=\boldsymbol{P}\boldsymbol{y}$ 下得到的标准形为 $f=2y_1^2+y_2^2-y_3^2$，其中 $\boldsymbol{P}=(\boldsymbol{p}_1,\boldsymbol{p}_2,\boldsymbol{p}_3)$。设 $\boldsymbol{Q}=(\boldsymbol{p}_1,-\boldsymbol{p}_3,\boldsymbol{p}_2)$，求 f 在变换 $\boldsymbol{x}=\boldsymbol{Q}\boldsymbol{y}$ 下得到的标准形（提示：使用初等矩阵）。

10. 在使用配方法化二次型为标准形时，一般需要保证原二次型至少有一个平方项。如果二次型仅有交叉项，可以设置中间变量并利用平方差公式，如令 $x_1=z_1+z_2$ 以及 $x_2=z_1-z_2$，则 $x_1x_2=z_1^2-z_2^2$，从而凑出对应的平方项，进一步化为标准形。请使用以上技巧，利用配方法化 $f=x_1x_2-2x_1x_3+3x_2x_3$ 为标准形。

第15章

机器学习中的矩阵基础

通过前面章节的介绍,我们对矩阵已经有了较为全面的认识。矩阵是一种强大的数学工具,随着科技的发展,它的重要意义越来越得以凸显,尤其是近些年流行的**机器学习**(machine learning)领域更是离不开矩阵的运算推导。这一章将介绍一些和机器学习相关的简单矩阵知识,它们是目前各个工程技术领域的重要数学基础。

15.1 多元函数的导数、极值和优化

15.1.1 多元函数的导数:梯度和海森矩阵

微积分课程对一元函数的导数及其应用有比较深入的介绍,而实际在机器学习中更多的是以向量、矩阵等形式存在的变量,因此需要对其有更深入的研究。这一节我们将一元函数的一阶导数和二阶导数推广到多元函数。

n 元函数一般使用 $f(x_1,x_2,\cdots,x_n)$表示,比如第 14 章学过的二次型就是典型的多元函数。由于变量 $x_1,x_2,\cdots,x_n$ 可以被视为 n 维空间中的一个点(向量),所以还可以记为 $f(\boldsymbol{x})$这种形式。微积分课程中介绍过偏导数的概念。对多元函数 $f(\boldsymbol{x})=f(x_1,x_2,\cdots,x_n)$来说,可以对某个变量 x_i 求导而暂时将其他变量视为常量($i=1,2,\cdots,n$),这样就得到了 f 对 x_i 的偏导数,记为$\dfrac{\partial f}{\partial x_i}$或 f'_i。将全部的 n 个偏导数竖向并列形成的列向量称作函数 $f(\boldsymbol{x})$的**梯度**(gradient),记为$\nabla f(\boldsymbol{x})$(有的文献记为 $\mathbf{grad}f$)表示如下:

$$\nabla f(\boldsymbol{x})=\left(\frac{\partial f}{\partial x_1},\frac{\partial f}{\partial x_2},\cdots,\frac{\partial f}{\partial x_n}\right)^{\mathrm{T}}=(f'_1,f'_2,\cdots,f'_n)^{\mathrm{T}} \tag{15.1}$$

我们可以将梯度$\nabla f(\boldsymbol{x})$理解为多元函数 $f(\boldsymbol{x})$的"一阶导数",因为它包含了全部的一阶偏导数信息。类似的,如果将全体二阶偏导数按照角标位置排成一个方阵,就得到了**海森矩阵**(Hessian matrix)。

$$\boldsymbol{H}(\boldsymbol{x})=\begin{bmatrix}\dfrac{\partial^2 f}{\partial x_1^2} & \dfrac{\partial^2 f}{\partial x_1\partial x_2} & \cdots & \dfrac{\partial^2 f}{\partial x_1\partial x_n}\\ \dfrac{\partial^2 f}{\partial x_2\partial x_1} & \dfrac{\partial^2 f}{\partial x_2^2} & \cdots & \dfrac{\partial^2 f}{\partial x_2\partial x_n}\\ \vdots & \vdots & \ddots & \vdots\\ \dfrac{\partial^2 f}{\partial x_n\partial x_1} & \dfrac{\partial^2 f}{\partial x_n\partial x_2} & \cdots & \dfrac{\partial^2 f}{\partial x_n^2}\end{bmatrix}=\begin{bmatrix}f''_{11} & f''_{12} & \cdots & f''_{1n}\\ f''_{21} & f''_{22} & \cdots & f''_{2n}\\ \vdots & \vdots & \ddots & \vdots\\ f''_{n1} & f''_{n2} & \cdots & f''_{nn}\end{bmatrix} \tag{15.2}$$

海森矩阵 $\boldsymbol{H}(\boldsymbol{x})$ 相当于 $f(\boldsymbol{x})$ 的"二阶导数"，其第 i 行第 j 列元素就是二阶偏导数 $\dfrac{\partial^2 f}{\partial x_i\partial x_j}$ 即 f''_{ij}。根据微积分的知识可知，如果 $f(\boldsymbol{x})$ 的二阶偏导数连续，那么混合二阶偏导数就是相等的，即 $\dfrac{\partial^2 f}{\partial x_i\partial x_j}=\dfrac{\partial^2 f}{\partial x_j\partial x_i}$ 或 $f''_{ij}=f''_{ji}$，此时 $\boldsymbol{H}(\boldsymbol{x})$ 为实对称矩阵。

根据上述定义，求一个 n 元函数 $f(\boldsymbol{x})$ 的梯度，可以先求出 f 对某一个变量 x_i 的偏导数 $\dfrac{\partial f}{\partial x_i}$，然后让 i 取 $1,2,\cdots,n$ 后竖向并列即可；求 $f(\boldsymbol{x})$ 的海森矩阵，只需要在求出 $\dfrac{\partial f}{\partial x_j}$ 的基础上再对 x_i 求一次偏导数，即 $\dfrac{\partial^2 f}{\partial x_i\partial x_j}=\dfrac{\partial}{\partial x_i}\left(\dfrac{\partial f}{\partial x_j}\right)$，然后将其作为第 i 行第 j 列元素排成一个矩阵即为海森矩阵。

例 15-1：已知 n 元函数 $f(\boldsymbol{x})=a_1x_1+a_2x_2+\cdots+a_nx_n+b=\boldsymbol{a}^{\mathrm{T}}\boldsymbol{x}+b$ 被称作 n 元**一次函数**，其中 $\boldsymbol{a}=(a_1,a_2,\cdots,a_n)^{\mathrm{T}}$。求对应梯度 $\nabla f(\boldsymbol{x})$ 和海森矩阵 $\boldsymbol{H}(\boldsymbol{x})$。

解：由于 $\dfrac{\partial f}{\partial x_i}=a_i(i=1,2,\cdots,n)$，所以有 $\nabla f(\boldsymbol{x})=(a_1,a_2,\cdots,a_n)^{\mathrm{T}}=\boldsymbol{a}$。进一步求导，有 $\dfrac{\partial^2 f}{\partial x_i\partial x_j}=\dfrac{\partial}{\partial x_i}\left(\dfrac{\partial f}{\partial x_j}\right)=\dfrac{\partial a_j}{\partial x_i}=0(i,j=1,2,\cdots,n)$，故有 $\boldsymbol{H}(\boldsymbol{x})=\boldsymbol{O}$。

例 15-2：已知 n 元函数 $f(\boldsymbol{x})=\boldsymbol{x}^{\mathrm{T}}\boldsymbol{A}\boldsymbol{x}+\boldsymbol{b}^{\mathrm{T}}\boldsymbol{x}+c$ 被称作 n 元**二次函数**，其中 $\boldsymbol{A}$ 是 n 阶实对称矩阵。求对应梯度 $\nabla f(\boldsymbol{x})$ 和海森矩阵 $\boldsymbol{H}(\boldsymbol{x})$。

解：由例 15-1 可知，$\boldsymbol{b}^{\mathrm{T}}\boldsymbol{x}+c$ 的梯度是 $\boldsymbol{b}$，对应海森矩阵是 $\boldsymbol{O}$。故此处重点求 $\boldsymbol{x}^{\mathrm{T}}\boldsymbol{A}\boldsymbol{x}$ 的梯度和海森矩阵。设 $\boldsymbol{A}(i,j)=a_{ij}(i,j=1,2,\cdots,n)$。令 $g(\boldsymbol{x})=\boldsymbol{x}^{\mathrm{T}}\boldsymbol{A}\boldsymbol{x}$，根据二次型的知识将 $g(\boldsymbol{x})$ 展开：

$$\begin{aligned}g(\boldsymbol{x})=\boldsymbol{x}^{\mathrm{T}}\boldsymbol{A}\boldsymbol{x}=&(a_{11}x_1^2+a_{12}x_1x_2+\cdots+a_{1i}x_1x_i+\cdots+a_{1n}x_1x_n)\\&+(a_{21}x_1x_2+a_{22}x_2^2+\cdots+a_{2i}x_2x_i+\cdots+a_{2n}x_2x_n)+\cdots\\&+(a_{i1}x_ix_1+a_{i2}x_ix_2+\cdots+a_{ii}x_i^2+\cdots+a_{in}x_ix_n)+\cdots\\&+(a_{n1}x_nx_1+a_{n2}x_nx_2+\cdots+a_{ni}x_nx_i+\cdots+a_{nn}x_n^2)\end{aligned} \tag{15.3}$$

求出偏导数 $\dfrac{\partial g}{\partial x_i}$，注意将不含变量 x_i 的项全都视为常数略去，然后写成矩阵乘法的形式：

$$\frac{\partial g}{\partial x_i}=a_{1i}x_1+a_{2i}x_2+\cdots+(a_{i1}x_1+a_{i2}x_2+\cdots+2a_{ii}x_i+\cdots+a_{in}x_n)+\cdots+a_{ni}x_n$$

$$=(a_{i1}+a_{1i})x_1+(a_{i2}+a_{2i})x_2+\cdots+(a_{ii}+a_{ii})x_i+\cdots+(a_{in}+a_{ni})x_n$$

$$=(a_{i1}+a_{1i},a_{i2}+a_{2i},\cdots,a_{ii}+a_{ii},\cdots,a_{in}+a_{ni})\begin{bmatrix}x_1\\x_2\\\vdots\\x_i\\\vdots\\x_n\end{bmatrix} \tag{15.4}$$

将这些偏导数竖向并列就得到了 $g(\boldsymbol{x})$的梯度$\nabla g(\boldsymbol{x})$：

$$\nabla g(\boldsymbol{x})=\begin{bmatrix}\dfrac{\partial g}{\partial x_1}\\\dfrac{\partial g}{\partial x_2}\\\vdots\\\dfrac{\partial g}{\partial x_n}\end{bmatrix}=\begin{bmatrix}a_{11}+a_{11} & a_{12}+a_{21} & \cdots & a_{1n}+a_{n1}\\a_{21}+a_{12} & a_{22}+a_{22} & \cdots & a_{2n}+a_{n2}\\\vdots & \vdots & \ddots & \vdots\\a_{n1}+a_{1n} & a_{n2}+a_{2n} & \cdots & a_{nn}+a_{nn}\end{bmatrix}\begin{bmatrix}x_1\\x_2\\\vdots\\x_n\end{bmatrix}$$

$$=\left(\begin{bmatrix}a_{11} & a_{12} & \cdots & a_{1n}\\a_{21} & a_{22} & \cdots & a_{2n}\\\vdots & \vdots & \ddots & \vdots\\a_{n1} & a_{n2} & \cdots & a_{nn}\end{bmatrix}+\begin{bmatrix}a_{11} & a_{21} & \cdots & a_{n1}\\a_{12} & a_{22} & \cdots & a_{n2}\\\vdots & \vdots & \ddots & \vdots\\a_{1n} & a_{2n} & \cdots & a_{nn}\end{bmatrix}\right)\begin{bmatrix}x_1\\x_2\\\vdots\\x_n\end{bmatrix}=(\boldsymbol{A}+\boldsymbol{A}^{\mathrm{T}})\boldsymbol{x} \tag{15.5}$$

由于 $\boldsymbol{A}$ 是实对称矩阵，故 $\boldsymbol{A}^{\mathrm{T}}=\boldsymbol{A}$，因此可得

$$\nabla g(\boldsymbol{x})=\nabla(\boldsymbol{x}^{\mathrm{T}}\boldsymbol{A}\boldsymbol{x})=2\boldsymbol{A}\boldsymbol{x} \tag{15.6}$$

故梯度$\nabla f(\boldsymbol{x})$就是

$$\nabla f(\boldsymbol{x})=2\boldsymbol{A}\boldsymbol{x}+\boldsymbol{b} \tag{15.7}$$

再求海森矩阵 $\boldsymbol{H}(\boldsymbol{x})$，注意到 $\boldsymbol{b}^{\mathrm{T}}\boldsymbol{x}+c$ 对应海森矩阵是$\boldsymbol{O}$，因此 $f(\boldsymbol{x})$和 $g(\boldsymbol{x})$的海森矩阵完全相等。由于已知$\dfrac{\partial g}{\partial x_j}$的表达式，故只需求出$\dfrac{\partial^2 g}{\partial x_i\partial x_j}$即可。

$$\frac{\partial g}{\partial x_j}=(a_{j1}+a_{1j})x_1+\cdots+(a_{ji}+a_{ij})x_i+\cdots+(a_{jj}+a_{jj})x_j+\cdots+(a_{jn}+a_{nj})x_n$$

$$\Rightarrow\frac{\partial^2 g}{\partial x_i\partial x_j}=\frac{\partial}{\partial x_i}\left(\frac{\partial g}{\partial x_j}\right)=a_{ji}+a_{ij}=2a_{ij} \tag{15.8}$$

将上述结果排成矩阵即为 $\boldsymbol{H}(\boldsymbol{x})$：

$$\boldsymbol{H}(\boldsymbol{x})=\begin{bmatrix}2a_{11} & 2a_{12} & \cdots & 2a_{1n}\\2a_{21} & 2a_{22} & \cdots & 2a_{2n}\\\vdots & \vdots & \ddots & \vdots\\2a_{n1} & 2a_{n2} & \cdots & 2a_{nn}\end{bmatrix}=2\begin{bmatrix}a_{11} & a_{12} & \cdots & a_{1n}\\a_{21} & a_{22} & \cdots & a_{2n}\\\vdots & \vdots & \ddots & \vdots\\a_{n1} & a_{n2} & \cdots & a_{nn}\end{bmatrix}=2\boldsymbol{A} \tag{15.9}$$

故 $f(\boldsymbol{x})$的海森矩阵 $\boldsymbol{H}(\boldsymbol{x})=2\boldsymbol{A}$。

以上两例的结论和一元函数的一阶、二阶导数从形式上极为相似，是容易理解和记忆的。

15.1.2 多元函数极值求法

在微积分课程中介绍过，一元函数的极值可以通过其一阶导数和二阶导数联合判断。如果一元函数 $f(x)$ 具有连续的二阶导数，当某点 $x=t$ 处一阶导数 $f'(t)=0$ 且二阶导数 $f''(t)\neq 0$ 时，t 为对应的极值点。当 $f''(t)>0$ 时，t 对应为极小值点；当 $f''(t)<0$ 时，t 对应为极大值点。

对于可微的多元函数 $f(\boldsymbol{x})$ 来说，也可以使用对应的梯度和海森矩阵联合判断。如果在 $\boldsymbol{x}=\boldsymbol{t}$ 这一点取到了极值，那么它各个方向的切线都是“平的”，即各个方向切线斜率都是 0，这就意味着每个偏导数都等于 0，此时梯度 $\nabla f(\boldsymbol{t})=\boldsymbol{0}$。这就是 $f(\boldsymbol{x})$ 在 $\boldsymbol{x}=\boldsymbol{t}$ 这一点取极值的必要条件。

不过 $\nabla f(\boldsymbol{t})=\boldsymbol{0}$ 仅仅是取到极值的必要条件而非充分条件，因此就需要使用对应海森矩阵 $\boldsymbol{H}(\boldsymbol{t})$ 进一步判断。在 $\nabla f(\boldsymbol{t})=\boldsymbol{0}$ 前提下，有以下充分条件：

- $\boldsymbol{H}(\boldsymbol{t})$ 为正定矩阵时，$\boldsymbol{t}$ 是极小值；
- $\boldsymbol{H}(\boldsymbol{t})$ 为负定矩阵时，$\boldsymbol{t}$ 是极大值；
- $\boldsymbol{H}(\boldsymbol{t})$ 为不定矩阵时，$\boldsymbol{t}$ 不是极值点，称作**鞍点**(saddle point)；
- $\boldsymbol{H}(\boldsymbol{t})$ 为半正定或半负定矩阵时，$\boldsymbol{t}$ 不一定是极值点，需要进一步考察。

于是得出求多元函数 $f(\boldsymbol{x})$ 极值的步骤：

(1) 求出 $f(\boldsymbol{x})$ 的梯度 $\nabla f(\boldsymbol{x})$，令 $\nabla f(\boldsymbol{x})=\boldsymbol{0}$，即各个偏导数等于 0，解方程组得到一系列满足条件的点；

(2) 设点 $\boldsymbol{t}$ 满足 $\nabla f(\boldsymbol{t})=\boldsymbol{0}$，则求出海森矩阵 $\boldsymbol{H}(\boldsymbol{t})$，然后根据 $\boldsymbol{H}(\boldsymbol{t})$ 的性质判定 $\boldsymbol{t}$ 这一点的具体属性。

例 15-3：求函数 $f(\boldsymbol{x})=x_1^2+x_2^2+x_3^2-2x_1-x_2x_3$ 的极值。

解：$f(\boldsymbol{x})$ 是一个 3 元函数，求出它的梯度 $\nabla f(\boldsymbol{x})$ 如下：

$$\nabla f(\boldsymbol{x})=\left(\frac{\partial f}{\partial x_1},\frac{\partial f}{\partial x_2},\frac{\partial f}{\partial x_3}\right)^{\mathrm{T}}=(2x_1-2,2x_2-x_3,2x_3-x_2)^{\mathrm{T}} \tag{15.10}$$

令 $\nabla f(\boldsymbol{x})=\boldsymbol{0}$，则相当于求解以下方程组：

$$\begin{cases}2x_1-2=0\\2x_2-x_3=0\\2x_3-x_2=0\end{cases}\Rightarrow\begin{cases}x_1=1\\x_2=0\\x_3=0\end{cases}\Rightarrow\boldsymbol{x}=\begin{bmatrix}1\\0\\0\end{bmatrix} \tag{15.11}$$

于是得到了使得 $\nabla f(\boldsymbol{x})=\boldsymbol{0}$ 的点 $(1,0,0)^{\mathrm{T}}$，这个点是否为极值点要查看对应的海森矩阵。于是求出 $f(\boldsymbol{x})$ 对应的海森矩阵 $\boldsymbol{H}(\boldsymbol{x})$：

$$\boldsymbol{H}(\boldsymbol{x})=\begin{bmatrix}\dfrac{\partial^2 f}{\partial x_1^2} & \dfrac{\partial^2 f}{\partial x_1\partial x_2} & \dfrac{\partial^2 f}{\partial x_1\partial x_3}\\[2ex]\dfrac{\partial^2 f}{\partial x_2\partial x_1} & \dfrac{\partial^2 f}{\partial x_2^2} & \dfrac{\partial^2 f}{\partial x_2\partial x_3}\\[2ex]\dfrac{\partial^2 f}{\partial x_3\partial x_1} & \dfrac{\partial^2 f}{\partial x_3\partial x_2} & \dfrac{\partial^2 f}{\partial x_3^2}\end{bmatrix}=\begin{bmatrix}2 & 0 & 0\\0 & 2 & -1\\0 & -1 & 2\end{bmatrix} \tag{15.12}$$

注意到 $\boldsymbol{H}(\boldsymbol{x})$ 内的所有元素都是常数，于是可以直接使用顺序主子式判定法则：

$$D_1=2>0,\quad D_2=\begin{vmatrix}2&0\\0&2\end{vmatrix}=4>0,\quad D_3=\begin{vmatrix}2&0&0\\0&2&-1\\0&-1&2\end{vmatrix}=6>0 \tag{15.13}$$

由于 $\boldsymbol{H}(\boldsymbol{x})$ 的所有顺序主子式都是正数，故 $\boldsymbol{H}(\boldsymbol{x})$ 为正定矩阵，因此 $(1,0,0)^{\mathrm{T}}$ 是 $f(\boldsymbol{x})$ 的极小值点。

例 15-4：已知二元函数 $f(x_1,x_2)$ 在点 $(t_1,t_2)^{\mathrm{T}}$ 处有 $f_1'(t_1,t_2)=0$ 且 $f_2'(t_1,t_2)=0$。设 $f_{11}''(t_1,t_2)=A$，$f_{12}''(t_1,t_2)=f_{21}''(t_1,t_2)=B$，$f_{22}''(t_1,t_2)=C$，请给出使用 A，B，C 表达的极值判定充分条件。

解：由于 $f_1'(t_1,t_2)=0$ 且 $f_2'(t_1,t_2)=0$，故 $\nabla f(t_1,t_2)=\mathbf{0}$。此时写出在 $(t_1,t_2)^{\mathrm{T}}$ 处的海森矩阵 $\boldsymbol{H}(t_1,t_2)$：

$$\boldsymbol{H}(t_1,t_2)=\begin{bmatrix}f_{11}''(t_1,t_2)&f_{12}''(t_1,t_2)\\f_{21}''(t_1,t_2)&f_{22}''(t_1,t_2)\end{bmatrix}=\begin{bmatrix}A&B\\B&C\end{bmatrix} \tag{15.14}$$

当 $\boldsymbol{H}(t_1,t_2)$ 是正定矩阵时，$(t_1,t_2)^{\mathrm{T}}$ 是 f 的极小值点。此时 $\boldsymbol{H}(t_1,t_2)$ 的两个顺序主子式均为正数：

$$D_1=A>0,\quad D_2=\begin{vmatrix}A&B\\B&C\end{vmatrix}=AC-B^2>0 \tag{15.15}$$

当 $\boldsymbol{H}(t_1,t_2)$ 是负定矩阵时，$(t_1,t_2)^{\mathrm{T}}$ 是 f 的极小值点。此时 $\boldsymbol{H}(t_1,t_2)$ 的 1 阶顺序主子式是负数，2 阶顺序主子式是正数：

$$D_1=A<0,\quad D_2=\begin{vmatrix}A&B\\B&C\end{vmatrix}=AC-B^2>0 \tag{15.16}$$

如果 $\boldsymbol{H}(t_1,t_2)$ 是不定矩阵，那么 $(t_1,t_2)^{\mathrm{T}}$ 不是极值点。注意到，不论 $\boldsymbol{H}(t_1,t_2)$ 是正定还是负定，2 阶顺序主子式一定是正数，如果 2 阶顺序主子式是负数，说明 $\boldsymbol{H}(t_1,t_2)$ 是不定矩阵，此时有

$$D_2=\begin{vmatrix}A&B\\B&C\end{vmatrix}=AC-B^2<0 \tag{15.17}$$

如果 $\boldsymbol{H}(t_1,t_2)$ 是半正定或者半负定矩阵，那么 $(t_1,t_2)^{\mathrm{T}}$ 不一定是极值点，还需要进一步判断。如果 $\boldsymbol{H}(t_1,t_2)$ 的 2 阶顺序主子式等于 0，那么它就是半正定或半负定矩阵：

$$D_2=\begin{vmatrix}A&B\\B&C\end{vmatrix}=AC-B^2=0 \tag{15.18}$$

综上所述，二元函数 $f(x_1,x_2)$ 在使其梯度为 $\mathbf{0}$ 的点 $(t_1,t_2)^{\mathrm{T}}$ 是否取极值的条件总结如下：

- 当 $AC-B^2>0$ 时，f 在 $(t_1,t_2)^{\mathrm{T}}$ 处取极值，在 $A>0$ 时取极小值，在 $A<0$ 时取极大值；
- 当 $AC-B^2<0$ 时，$(t_1,t_2)^{\mathrm{T}}$ 不是 f 的极值而是鞍点；
- 当 $AC-B^2=0$ 时，$(t_1,t_2)^{\mathrm{T}}$ 可能是极值点也可能不是极值点，需要进一步判断。

上例中的结论就是许多微积分教材中所述的"$AC-B^2$ 判定法"，现在我们知道它实际上就是利用了海森矩阵的正定、负定性推出的。

例 15-5：已知二次函数 $f(\boldsymbol{x})=\boldsymbol{x}^{\mathrm{T}}\boldsymbol{A}\boldsymbol{x}+\boldsymbol{b}^{\mathrm{T}}\boldsymbol{x}+c$，设 $\boldsymbol{A}$ 可逆，请讨论 $f(\boldsymbol{x})$ 的极值。

解：首先令梯度$\nabla f(\boldsymbol{x})=\mathbf{0}$，有

$$\nabla f(\boldsymbol{x})=2\boldsymbol{A}\boldsymbol{x}+\boldsymbol{b}=\mathbf{0}\Rightarrow\boldsymbol{x}=-\frac{1}{2}\boldsymbol{A}^{-1}\boldsymbol{b} \tag{15.19}$$

可知$-\frac{1}{2}\boldsymbol{A}^{-1}\boldsymbol{b}$是其唯一使得梯度为$\mathbf{0}$的点。再求出其海森矩阵$\boldsymbol{H}(\boldsymbol{x})=2\boldsymbol{A}$。由于$\boldsymbol{A}$可逆，所以$\boldsymbol{A}$不存在等于0的特征值，进一步$\boldsymbol{A}$只能是正定、负定或不定三种情况。具体判定如下：

- $\boldsymbol{A}$为正定矩阵时，$-\frac{1}{2}\boldsymbol{A}^{-1}\boldsymbol{b}$是极小值；
- $\boldsymbol{A}$为负定矩阵时，$-\frac{1}{2}\boldsymbol{A}^{-1}\boldsymbol{b}$是极大值；
- $\boldsymbol{A}$为不定矩阵时，$-\frac{1}{2}\boldsymbol{A}^{-1}\boldsymbol{b}$不是极值点，而是鞍点。

由上例可知，多元二次函数的极值点和一元二次函数的极值点从形式上有相似之处，可以类比记忆。

15.1.3 梯度和海森矩阵优化算法

使用梯度和海森矩阵求多元函数极值需要求解方程组，这些方程组多数情况下是非线性且不易求解的，甚至无法得到精确的解析值。在工程实践中往往会利用梯度和海森矩阵优化对应的多元函数f，从而得到对应的极值。一般来说将f的极小值称为**最优值**(optimal solution)，而如果求f的极大值则可以转换为求$-f$的极小值，从而将求极值问题统一为求最优值问题。

多元函数梯度的本质是提供了一个最速增长的方向。图15-1分别在空间和平面投影上画出了二元函数$f=x_1^2+x_2^2$在点$(1,-1)^{\mathrm{T}}$的梯度向量$\nabla f(1,-1)$，可见它指向了从该点出发函数值增长最快的方向，那么负梯度$-\nabla f(1,-1)$指向的就是函数值减少最快的方向。

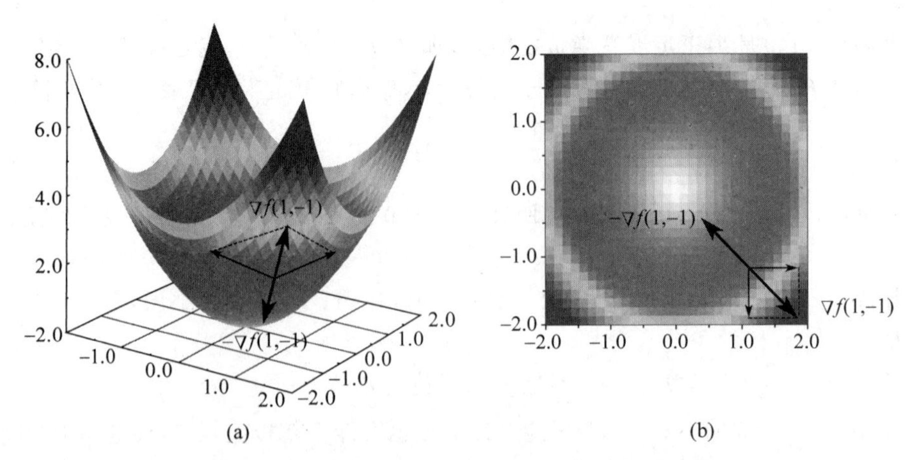

图15-1 $f=x_1^2+x_2^2$在$(1,-1)^{\mathrm{T}}$处的梯度和负梯度方向

受到上述梯度的几何意义启发，如果要寻找某个函数的极值，可以从某一点出发沿着

负梯度方向到达另一点，然后再沿着负梯度方向继续寻找下一个点，如此往复经过若干次迭代从理论上就能找到最优值或近似最优值。设第 k 次迭代得到的点是 $\boldsymbol{x}(k)$，第 $k+1$ 次迭代得到的点 $\boldsymbol{x}(k+1)$ 可以表示如下：

$$\boldsymbol{x}(k+1)=\boldsymbol{x}(k)-p(k)\nabla f(\boldsymbol{x}(k)) \tag{15.20}$$

其中，$p(k)$ 是一个正数，表示沿着梯度往最优值前行的"步幅大小"，因此称作**步长**（step size）。这样每次的点都沿着负梯度的方向前行，最终越来越接近函数的最优值。那么如何确定这个步长 $p(k)$ 的大小呢？一种简单易行的方法是将 $p(k)$ 固定为一个合适的正数，即每次迭代的步长相等。这种方法简单易行，但如果 $p(k)$ 取得过大，则最优值精度就会很难保证；如果 $p(k)$ 取得过小，则要达到最优值附近就要迭代很多次。所以一般会将 $p(k)$ 视为一个变量，让每一次运算后得到的 $\boldsymbol{x}(k+1)$ 取最小。这就相当于已知 $\boldsymbol{x}(k)$ 和 $f(\boldsymbol{x}(k))$，求使 $f(\boldsymbol{x}(k+1))$ 最小值的正数 $p(k)$。由于 $\boldsymbol{x}(k+1)=\boldsymbol{x}(k)-p(k)\nabla f(\boldsymbol{x}(k))$，故构造以 p 为自变量的一元函数 $f(\boldsymbol{x}(k+1))=f(\boldsymbol{x}(k)-p\nabla f(\boldsymbol{x}(k)))$，对应最优值 $p(k)$ 即为所求。由于每一次都能保证 $f(\boldsymbol{x}(k+1))$ 达到最小值，所以这种方法叫作**最速下降法**（method of steepest descent），它的基本步骤如下：

（1）给定某个初始点 $\boldsymbol{x}(0)$ 和精度 δ（$\boldsymbol{x}_0$ 可以在定义域范围内任意指定，δ 是一个合适且较小的正数），然后令 $k=0$。

（2）先求点 $\boldsymbol{x}(k)$ 的梯度 $\nabla f(\boldsymbol{x}(k))$，再构造以 p 为自变量的一元函数 $g_k(p)=f(\boldsymbol{x}(k)-p\nabla f(\boldsymbol{x}(k)))$，然后求出 $g_k(p)$ 的最优值 $p(k)$。

（3）令 $\boldsymbol{x}(k+1)=\boldsymbol{x}(k)-p(k)\nabla f(\boldsymbol{x}(k))$，如果 $\|\boldsymbol{x}(k+1)-\boldsymbol{x}(k)\|\leqslant\delta$，则输出最优值 $\boldsymbol{x}_{op}=\boldsymbol{x}(k+1)$；否则将 $\boldsymbol{x}(k+1)$ 作为 $\boldsymbol{x}(k)$，然后回到第 2 步。

例 15-6：已知函数 $f=x_1^2+25x_2^2$，请以 $\boldsymbol{x}(0)=(2,2)^{\mathrm{T}}$ 为初始点以及 $\delta=10^{-12}$ 为精度，使用最速下降法求出其最优值。

解：首先求出梯度 $\nabla f(\boldsymbol{x})=(2x_1,50x_2)^{\mathrm{T}}$。第 1 次迭代如下：

$$\nabla f(\boldsymbol{x}(0))=\begin{bmatrix}4\\100\end{bmatrix},\quad \boldsymbol{x}(0)-p\nabla f(\boldsymbol{x}(0))=\begin{bmatrix}2\\2\end{bmatrix}-p\begin{bmatrix}4\\100\end{bmatrix}=\begin{bmatrix}2-4p\\2-100p\end{bmatrix}$$

$$g_0(p)=(2-4p)^2+25(2-100p)^2=250016p^2-10016p+104$$

$$\Rightarrow p(0)=\frac{10016}{500032}\approx 0.02003072$$

$$\boldsymbol{x}(1)=\boldsymbol{x}(0)-p(0)\nabla f(\boldsymbol{x}(0))=\begin{bmatrix}2\\2\end{bmatrix}-\frac{10016}{500032}\begin{bmatrix}4\\100\end{bmatrix}\approx\begin{bmatrix}1.919877\\-0.003071785\end{bmatrix} \tag{15.21}$$

可以计算出 $\|\boldsymbol{x}(1)-\boldsymbol{x}(0)\|>\delta$，说明还没有收敛到对应的精度范围，故继续从 $\boldsymbol{x}(1)$ 开始新一轮迭代。后续计算较为复杂，这里使用计算机辅助计算，如表 15-1 所示。

表 15-1　最速下降法优化函数 $f=x_1^2+25x_2^2$

k	$x_1(k)$	$x_2(k)$	$p(k)$	$f(x(k))$
0	2	2	0.02003072	104
1	1.919877	-0.3071785×10^{-2}	0.48153870	3.686144
2	0.7088691×10^{-1}	0.7088738×10^{-1}	0.02003072	0.130650

续表

k	$x_1(k)$	$x_2(k)$	$p(k)$	$f(x(k))$
3	0.6804708×10^{-1}	-0.1088753×10^{-1}	0.48153850	0.46307×10^{-2}
4	0.2512507×10^{-2}	0.2512508×10^{-2}	0.02003072	0.16413×10^{-3}
5	0.2411853×10^{-2}	-0.3859051×10^{-5}	0.48153760	0.58174×10^{-5}
6	0.8905691×10^{-4}	0.8905488×10^{-4}	0.02003072	0.20620×10^{-6}
7	0.8548916×10^{-4}	-0.1367844×10^{-6}	0.48076870	0.73084×10^{-8}
8	0.3288125×10^{-5}	0.3151298×10^{-5}	0.02	0.24827×10^{-9}
9	0.3156600×10^{-5}	0	0.5	0.99641×10^{-11}
10	0	0	0	0

可见，经过 10 次迭代，最终找到了函数的最优值。

上例的函数是简单的二元二次函数，但仍然需要多次迭代才能收敛到最优值附近。事实上，如果计算每一次迭代的梯度就会发现，整个过程是以锯齿状路线靠近最优值的，从全局来看走了不少“弯路”。如果要让函数值更快速收敛到最优值附近，就可以利用海森矩阵。当 $\boldsymbol{x}(k)$ 处的海森矩阵 $\boldsymbol{H}(\boldsymbol{x}(k))$ 可逆时，用 $[\boldsymbol{H}(\boldsymbol{x}(k))]^{-1}$ 代替式(15.20)里的步长 $p(k)$，就有

$$\boldsymbol{x}(k+1)=\boldsymbol{x}(k)-[\boldsymbol{H}(\boldsymbol{x}(k))]^{-1}\nabla f(\boldsymbol{x}(k)) \tag{15.22}$$

式(15.22)给出的算法叫作**牛顿法**(Newton's method)，其步骤如下：

(1) 给定某个初始点 $\boldsymbol{x}(0)$ 和精度 δ，然后令 $k=0$。

(2) 先求点 $\boldsymbol{x}(k)$ 的梯度 $\nabla f(\boldsymbol{x}(k))$ 以及海森矩阵 $\boldsymbol{H}(\boldsymbol{x}(k))$，再求出海森矩阵的逆矩阵 $[\boldsymbol{H}(\boldsymbol{x}(k))]^{-1}$，然后求出 $\boldsymbol{x}(k+1)=\boldsymbol{x}(k)-[\boldsymbol{H}(\boldsymbol{x}(k))]^{-1}\nabla f(\boldsymbol{x}(k))$。

(3) 如果 $\|\boldsymbol{x}(k+1)-\boldsymbol{x}(k)\|\leqslant\delta$，则输出最优值 $\boldsymbol{x}_{op}=\boldsymbol{x}(k+1)$；否则将 $\boldsymbol{x}(k+1)$ 作为 $\boldsymbol{x}(k)$，然后回到第 2 步。

例 15-7：已知函数 $f=x_1^2+25x_2^2$，请以 $\boldsymbol{x}(0)=(2,2)^{\mathrm{T}}$ 为初始点以及 $\delta=10^{-4}$ 为精度，使用牛顿法求出其最优值。

解：梯度 $\nabla f(\boldsymbol{x})=(2x_1,50x_2)^{\mathrm{T}}$，海森矩阵 $\boldsymbol{H}(\boldsymbol{x}(k))=\begin{bmatrix}2&0\\0&50\end{bmatrix}$，海森矩阵的逆矩阵 $[\boldsymbol{H}(\boldsymbol{x}(k))]^{-1}=\begin{bmatrix}0.5&0\\0&0.02\end{bmatrix}$，故有

$$\boldsymbol{x}(1)=\boldsymbol{x}(0)-[\boldsymbol{H}(\boldsymbol{x}(0))]^{-1}\nabla f(\boldsymbol{x}(0))=\begin{bmatrix}2\\2\end{bmatrix}-\begin{bmatrix}0.5&0\\0&0.02\end{bmatrix}\begin{bmatrix}4\\100\end{bmatrix}=\begin{bmatrix}0\\0\end{bmatrix} \tag{15.23}$$

继续迭代可以发现，由于 $\nabla f(\boldsymbol{x}(1))=\mathbf{0}$，故此时已经收敛到最优值。

由上例可知，使用牛顿法比使用梯度下降法收敛更快，甚至上例中的二次函数只需一次迭代即可达到最优值，那么对于任意二次函数都有这个结论成立吗？我们看以下例子。

例 15-8：求证：对于存在极值的二次函数 $f(\boldsymbol{x})=\boldsymbol{x}^{\mathrm{T}}\boldsymbol{A}\boldsymbol{x}+\boldsymbol{b}^{\mathrm{T}}\boldsymbol{x}+c$ 来说，若 $\boldsymbol{A}$ 可逆，则在任意一点 $\boldsymbol{t}$ 处使用牛顿法，只需一步即可达到最优值。

证明：首先求出梯度和海森矩阵：

$$\nabla f(\boldsymbol{x})=2\boldsymbol{A}\boldsymbol{x}+\boldsymbol{b},\quad \boldsymbol{H}(\boldsymbol{x})=2\boldsymbol{A} \tag{15.24}$$

设在点 $\boldsymbol{t}$ 处使用牛顿法得到的点是 $\boldsymbol{t}_1$，则：

$$t_1 = t - [\boldsymbol{H}(t)]^{-1} \nabla f(t) = t - \frac{1}{2}\boldsymbol{A}^{-1}(2\boldsymbol{A}t + \boldsymbol{b}) = t - t - \frac{1}{2}\boldsymbol{A}^{-1}\boldsymbol{b} = -\frac{1}{2}\boldsymbol{A}^{-1}\boldsymbol{b} \tag{15.25}$$

可见 $t_1 = -\frac{1}{2}\boldsymbol{A}^{-1}\boldsymbol{b}$ 正是对应二次函数的极值点，故牛顿法只需迭代一步即可达到最优值。

实际上，牛顿法的原理正是用二次函数去逼近待优化的函数，从而迅速接近最优值。而当待优化的函数本身就是“完美”的二次函数时，自然只需要一次即可“贴合”对应模型。

当然实际工程运用中，优化算法以及对应的改进算法有很多，但基本上都是以这两种算法作为基础的，即从一个点出发，不断沿着最优值的方向搜索并最终收敛到最优值附近。

15.2　最小二乘法

15.2.1　散点的线性拟合问题举例

这里从一个实际生活问题引入最小二乘法。某种滚筒洗衣机可以根据衣物的重量（即物理中的质量）自动添加洗涤用水。经过洗涤实验，确定了衣物重量为1kg、2kg、4kg和8kg时的最佳进水量，如表15-2所示。

表15-2　某滚筒洗衣机衣物重量的最佳进水量关系表

衣物重量/kg	1	2	4	8
进水量/L	1	1.7	2.1	3.2

以衣服重量为自变量 x，进水量为因变量 y，将这4个点画在直角坐标系 xOy 上，如图15-2所示。可以看出，这4个离散的点近似在一条直线上，我们在图15-2中画出其中的一条拟合直线。

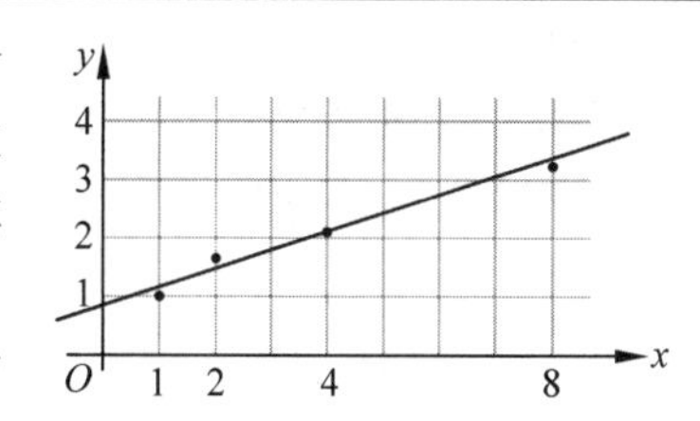

图15-2　4个重量的最佳进水量散点及拟合直线图示

这条直线确定了一个线性函数关系 $y = wx + b$，从而可以根据已有的4个数据推测出当待洗涤衣物为其他重量时的进水量。那么如何确定一条最优的直线呢？为了让直线尽可能接近已有的4个点，就需要寻找一组最佳的 w 和 b 值，使得对应的误差最小。这里选用**最小平方误差**（minimum squared error），即构建一个误差函数 L：

$$L(w,b) = (w + b - 1)^2 + (2w + b - 1.7)^2 + (4w + b - 2.1)^2 + (8w + b - 3.2)^2 \tag{15.26}$$

这是一个关于 w 和 b 的二次函数，并且可以表示为4个平方项之和，所以它存在唯一的极小值，这样只需令两个一阶偏导数等于0即可求出最优的 w 和 b 值。故先求出对应的两个一阶偏导数：

$$\begin{aligned}\frac{\partial L}{\partial w} &= 2(w + b - 1) + 4(2w + b - 1.7) + 8(4w + b - 2.1) + 16(8w + b - 3.2) \\ &= 170w + 30b - 76.8\end{aligned}$$

$$\frac{\partial L}{\partial b}=2(w+b-1)+2(2w+b-1.7)+2(4w+b-2.1)+2(8w+b-3.2)$$
$$=30w+8b-16 \tag{15.27}$$

令两个一阶偏导数等于0，可以解对应最优值(此处保留4位小数)：

$$\begin{cases}170w+30b-76.8=0\\30w+8b-16=0\end{cases}\Rightarrow\begin{cases}w=0.2922\\b=0.9043\end{cases} \tag{15.28}$$

这样就确定了最佳拟合直线方程为 $y=0.2922x+0.9043$。比如当衣物量是6kg即 $x=6$ 时，对应的进水量 $y=0.2922\times6+0.9043\approx2.66$(L)。

上面这种使用最小平方误差拟合数据的方式就是有名的**最小二乘法**(least square method)，其中“二乘”这个词在文言汉语中是“平方”的含义。不过上面的例子仅仅是最小二乘法应用的最简单情形，实际的数据可能是多维的，此时求导的对象就是向量。这里简单介绍向量函数及其求导法则。

15.2.2 向量函数及其导数

n 元函数 $f(\boldsymbol{x})$ 的梯度 $\nabla f(\boldsymbol{x})$ 是一个向量，其中每一个元素都是 $f(\boldsymbol{x})$ 对某一变量的偏导数，因此 $\nabla f(\boldsymbol{x})$ 就是由 n 个 n 元函数构成的向量。推广到一般情况，m 个 n 元函数 $f_1(\boldsymbol{x}),\cdots,f_m(\boldsymbol{x})$ 构成的列向量就形成了一个**向量函数**(vector function)，表示如下：

$$\boldsymbol{f}(\boldsymbol{x})=(f_1(\boldsymbol{x}),f_2(\boldsymbol{x}),\cdots,f_m(\boldsymbol{x}))^{\mathrm{T}} \tag{15.29}$$

向量函数 $\boldsymbol{f}(\boldsymbol{x})$ 的自变量是多维的向量，因变量也是多维的向量；而多元函数 $f(\boldsymbol{x})$ 仅仅自变量是向量，但因变量是一个数。这是向量函数和多元函数最主要的区别。实际上，向量函数是从 n 维空间到 m 维空间的一种映射关系，例如线性映射 $\boldsymbol{y}=\boldsymbol{f}(\boldsymbol{x})=\boldsymbol{A}\boldsymbol{x}$ 就是典型的向量函数。

对于多元函数 $f(\boldsymbol{x})$ 来说，可以把梯度 $\nabla f(\boldsymbol{x})$ 看作其“一阶导数”，海森矩阵 $\boldsymbol{H}(\boldsymbol{x})$ 看作其“二阶导数”，因此可以把 $\boldsymbol{H}(\boldsymbol{x})$ 视为 $\nabla f(\boldsymbol{x})$ 的“一阶导数”。推广到任意向量函数 $\boldsymbol{f}(\boldsymbol{x})=(f_1(\boldsymbol{x}),f_2(\boldsymbol{x}),\cdots,f_m(\boldsymbol{x}))^{\mathrm{T}}$，它对应的导数 $\frac{\partial \boldsymbol{f}}{\partial \boldsymbol{x}}$ 就定义为以下 $m\times n$ 的矩阵：

$$\frac{\partial \boldsymbol{f}}{\partial \boldsymbol{x}}=\begin{bmatrix}\frac{\partial f_1}{\partial x_1} & \frac{\partial f_1}{\partial x_2} & \cdots & \frac{\partial f_1}{\partial x_n}\\ \frac{\partial f_2}{\partial x_1} & \frac{\partial f_2}{\partial x_2} & \cdots & \frac{\partial f_2}{\partial x_n}\\ \vdots & \vdots & \ddots & \vdots\\ \frac{\partial f_m}{\partial x_1} & \frac{\partial f_m}{\partial x_2} & \cdots & \frac{\partial f_m}{\partial x_n}\end{bmatrix} \tag{15.30}$$

这个矩阵包含了 $\boldsymbol{f}(\boldsymbol{x})$ 的全部偏导数信息。此外，也使用 $\boldsymbol{J}(\boldsymbol{x})$ 表示并且称之为**雅可比矩阵**(Jacobi matrix)。$\frac{\partial \boldsymbol{f}}{\partial \boldsymbol{x}}$ 的特点是每一行的函数角标相同，每一列的变量角标相同，即先把 $\boldsymbol{f}(\boldsymbol{x})$ 写成列向量的形式，然后每个向量元素按行写出对应的梯度，从而展开成为矩阵的形式。

例 15-9：已知向量函数 $\boldsymbol{f}(\boldsymbol{x})=\boldsymbol{A}\boldsymbol{x}+\boldsymbol{b}$，求导数 $\frac{\partial \boldsymbol{f}}{\partial \boldsymbol{x}}$。

解：由于 $\boldsymbol{b}$ 是常数向量，所以有$\frac{\partial \boldsymbol{b}}{\partial \boldsymbol{x}}=\boldsymbol{O}$。故只需查看 $\boldsymbol{A}\boldsymbol{x}$ 对应的导数$\frac{\partial(\boldsymbol{A}\boldsymbol{x})}{\partial \boldsymbol{x}}$。设 $\boldsymbol{A}$ 和 $\boldsymbol{x}$ 如下：

$$\boldsymbol{A}=\begin{bmatrix} a_{11} & a_{12} & \cdots & a_{1n} \\ a_{21} & a_{22} & \cdots & a_{2n} \\ \vdots & \vdots & \ddots & \vdots \\ a_{m1} & a_{m2} & \cdots & a_{mn} \end{bmatrix}, \quad \boldsymbol{x}=\begin{bmatrix} x_1 \\ x_2 \\ \vdots \\ x_n \end{bmatrix} \tag{15.31}$$

则 $\boldsymbol{A}\boldsymbol{x}$ 的表达式就是

$$\boldsymbol{A}\boldsymbol{x}=\begin{bmatrix} a_{11}x_1+a_{12}x_2+\cdots+a_{1n}x_n \\ a_{21}x_1+a_{22}x_2+\cdots+a_{2n}x_n \\ \vdots \\ a_{m1}x_1+a_{m2}x_2+\cdots+a_{mn}x_n \end{bmatrix} \tag{15.32}$$

依次对各个变量求偏导数，从左向右横向排列就有

$$\frac{\partial(\boldsymbol{A}\boldsymbol{x})}{\partial \boldsymbol{x}}=\begin{bmatrix} a_{11} & a_{12} & \cdots & a_{1n} \\ a_{21} & a_{22} & \cdots & a_{2n} \\ \vdots & \vdots & \ddots & \vdots \\ a_{m1} & a_{m2} & \cdots & a_{mn} \end{bmatrix}=\boldsymbol{A} \tag{15.33}$$

故有$\frac{\partial \boldsymbol{f}}{\partial \boldsymbol{x}}=\frac{\partial(\boldsymbol{A}\boldsymbol{x})}{\partial \boldsymbol{x}}=\boldsymbol{A}$。

例 15-10：已知向量函数 $\boldsymbol{f}(\boldsymbol{x})=3\boldsymbol{x}$，求导数$\frac{\partial \boldsymbol{f}}{\partial \boldsymbol{x}}$。

解：$\boldsymbol{f}(\boldsymbol{x})=3\boldsymbol{x}=3\boldsymbol{E}\boldsymbol{x}$，由例 15-9 可知，$\frac{\partial \boldsymbol{f}}{\partial \boldsymbol{x}}=3\boldsymbol{E}$。

上例容易犯的错误是写成$\frac{\partial \boldsymbol{f}}{\partial \boldsymbol{x}}=3$，需要注意此处并不是普通函数的求导，而是向量函数的求导，所以需要写成矩阵的形式。

对于向量函数来说，复合函数的求导法则依旧是适用的，但是情形更为复杂。第一种情形是两个向量函数之间的复合运算。设有两个向量函数 $\boldsymbol{f}(\boldsymbol{x})$ 和 $\boldsymbol{g}(\boldsymbol{x})$，复合函数 $\boldsymbol{f}(\boldsymbol{g}(\boldsymbol{x}))$，则有以下求导公式：

$$\frac{\partial \boldsymbol{f}}{\partial \boldsymbol{x}}=\frac{\partial \boldsymbol{f}}{\partial \boldsymbol{g}}\frac{\partial \boldsymbol{g}}{\partial \boldsymbol{x}} \tag{15.34}$$

上式的乘积为矩阵乘法，满足矩阵乘法的条件。第二种情形是外函数为多元函数 $f(\boldsymbol{x})$，内函数为向量函数 $\boldsymbol{g}(\boldsymbol{x})$，则复合函数 $f(\boldsymbol{g}(\boldsymbol{x}))$ 对变量 $\boldsymbol{x}$ 的导数就是梯度$\nabla f(\boldsymbol{g}(\boldsymbol{x}))$，为了形式上统一起见也记作$\frac{\partial f}{\partial \boldsymbol{x}}$，对应求导法则如下：

$$\nabla f(\boldsymbol{g}(\boldsymbol{x}))=\frac{\partial f}{\partial \boldsymbol{x}}=\left(\frac{\partial \boldsymbol{g}}{\partial \boldsymbol{x}}\right)^{\mathrm{T}}\frac{\partial f}{\partial \boldsymbol{g}} \tag{15.35}$$

需要注意的是，上述公式需要将$\frac{\partial \boldsymbol{g}}{\partial \boldsymbol{x}}$求转置并提前，这是为了保证矩阵乘法能够进行且

满足对应梯度是列向量。

例 15-11：已知多元函数 $f(\boldsymbol{x})=(\boldsymbol{W}\boldsymbol{x}+\boldsymbol{b})^{\mathrm{T}}\boldsymbol{A}(\boldsymbol{W}\boldsymbol{x}+\boldsymbol{b})$，其中 $\boldsymbol{A}$ 是实对称矩阵。求 $f(\boldsymbol{x})$ 的梯度 $\nabla f(\boldsymbol{x})$。

解：设向量函数 $\boldsymbol{g}(\boldsymbol{x})=\boldsymbol{W}\boldsymbol{x}+\boldsymbol{b}$，则多元函数 $f(\boldsymbol{x})=(\boldsymbol{g}(\boldsymbol{x}))^{\mathrm{T}}\boldsymbol{A}(\boldsymbol{g}(\boldsymbol{x}))$，故可得 $\dfrac{\partial \boldsymbol{g}}{\partial \boldsymbol{x}}=\boldsymbol{W}$，$\dfrac{\partial f}{\partial \boldsymbol{g}}=\nabla f(\boldsymbol{g})=2\boldsymbol{A}\boldsymbol{g}=2\boldsymbol{A}(\boldsymbol{W}\boldsymbol{x}+\boldsymbol{b})$。使用复合函数的求导法则求解如下：

$$\frac{\partial f}{\partial \boldsymbol{x}}=\left(\frac{\partial \boldsymbol{g}}{\partial \boldsymbol{x}}\right)^{\mathrm{T}}\frac{\partial f}{\partial \boldsymbol{g}}=\boldsymbol{W}^{\mathrm{T}}\cdot 2\boldsymbol{A}(\boldsymbol{W}\boldsymbol{x}+\boldsymbol{b})=2\boldsymbol{W}^{\mathrm{T}}\boldsymbol{A}(\boldsymbol{W}\boldsymbol{x}+\boldsymbol{b}) \tag{15.36}$$

下面利用上述向量函数的求导法则，推导出常用的最小二乘法公式。

15.2.3 最小二乘法公式推导

设某类事物具有 n 个量化的属性，于是可以将这个属性视为一个 n 维列向量。现有 m 个 n 维向量 $\boldsymbol{x}_1,\boldsymbol{x}_2,\cdots,\boldsymbol{x}_m$ 作为事物属性的自变量散点，通过这些散点得到了对应的因变量观测值 $y_1,y_2,\cdots,y_m$，我们需要使用向量函数 $f(\boldsymbol{x})=\boldsymbol{w}^{\mathrm{T}}\boldsymbol{x}+b$ 拟合这些散点的自变量与因变量的关系。根据最小二乘法原理，需要利用差值的平方构建误差函数 $L(\boldsymbol{w},b)$：

$$L(\boldsymbol{w},b)=(y_1-\boldsymbol{w}^{\mathrm{T}}\boldsymbol{x}_1-b)^2+(y_2-\boldsymbol{w}^{\mathrm{T}}\boldsymbol{x}_2-b)^2+\cdots+(y_m-\boldsymbol{w}^{\mathrm{T}}\boldsymbol{x}_m-b)^2 \tag{15.37}$$

由于数量积具有交换律，所以 $\boldsymbol{w}^{\mathrm{T}}\boldsymbol{x}_i=\boldsymbol{x}_i^{\mathrm{T}}\boldsymbol{w}(i=1,2,\cdots,m)$，这样处理有利于后续对 $\boldsymbol{w}$ 求偏导数。此外由于 $L(\boldsymbol{w},b)$ 是 m 个数的平方，它可以写成一个向量和自身数量积的形式，于是将其改写成以下形式：

$$\begin{aligned}L(\boldsymbol{w},b)&=(y_1-\boldsymbol{x}_1^{\mathrm{T}}\boldsymbol{w}-b)^2+(y_2-\boldsymbol{x}_2^{\mathrm{T}}\boldsymbol{w}-b)^2+\cdots+(y_m-\boldsymbol{x}_m^{\mathrm{T}}\boldsymbol{w}-b)^2\\&=(y_1-\boldsymbol{x}_1^{\mathrm{T}}\boldsymbol{w}-b,y_2-\boldsymbol{x}_2^{\mathrm{T}}\boldsymbol{w}-b,\cdots,y_m-\boldsymbol{x}_m^{\mathrm{T}}\boldsymbol{w}-b)\begin{bmatrix}y_1-\boldsymbol{x}_1^{\mathrm{T}}\boldsymbol{w}-b\\y_2-\boldsymbol{x}_2^{\mathrm{T}}\boldsymbol{w}-b\\\vdots\\y_m-\boldsymbol{x}_m^{\mathrm{T}}\boldsymbol{w}-b\end{bmatrix}\end{aligned} \tag{15.38}$$

将这个向量拆分如下：

$$\begin{bmatrix}y_1-\boldsymbol{x}_1^{\mathrm{T}}\boldsymbol{w}-b\\y_2-\boldsymbol{x}_2^{\mathrm{T}}\boldsymbol{w}-b\\\vdots\\y_m-\boldsymbol{x}_m^{\mathrm{T}}\boldsymbol{w}-b\end{bmatrix}=\begin{bmatrix}y_1\\y_2\\\vdots\\y_m\end{bmatrix}-\begin{bmatrix}\boldsymbol{x}_1^{\mathrm{T}}\\\boldsymbol{x}_2^{\mathrm{T}}\\\vdots\\\boldsymbol{x}_m^{\mathrm{T}}\end{bmatrix}\boldsymbol{w}-\begin{bmatrix}b\\b\\\vdots\\b\end{bmatrix}=\boldsymbol{y}-\boldsymbol{X}\boldsymbol{w}-b\boldsymbol{r} \tag{15.39}$$

其中，向量 $\boldsymbol{y}$、矩阵 $\boldsymbol{X}$ 以及向量 $\boldsymbol{r}$ 如下：

$$\boldsymbol{y}=\begin{bmatrix}y_1\\y_2\\\vdots\\y_m\end{bmatrix},\quad \boldsymbol{X}=\begin{bmatrix}\boldsymbol{x}_1^{\mathrm{T}}\\\boldsymbol{x}_2^{\mathrm{T}}\\\vdots\\\boldsymbol{x}_m^{\mathrm{T}}\end{bmatrix},\quad \boldsymbol{r}=\begin{bmatrix}1\\1\\\vdots\\1\end{bmatrix} \tag{15.40}$$

于是 $L(\boldsymbol{w},b)$ 就可以使用数量积表示如下：

$$L(\boldsymbol{w},b)=(\boldsymbol{y}-\boldsymbol{X}\boldsymbol{w}-b\boldsymbol{r})^{\mathrm{T}}(\boldsymbol{y}-\boldsymbol{X}\boldsymbol{w}-b\boldsymbol{r})$$

$$=[\boldsymbol{y}-(\boldsymbol{X}\boldsymbol{w}+b\boldsymbol{r})]^{\mathrm{T}}[\boldsymbol{y}-(\boldsymbol{X}\boldsymbol{w}+b\boldsymbol{r})] \tag{15.41}$$

这里出现了 $\boldsymbol{w}$ 和 b 两个变量，前者是一个向量，后者是一个数，如果分别求偏导数比较麻烦，那么能否将其视为一个整体统一求导呢？这就需要研究 $\boldsymbol{X}\boldsymbol{w}+b\boldsymbol{r}$ 这个式子，根据分块矩阵的乘法规则，可以将其写成以下形式：

$$\boldsymbol{X}\boldsymbol{w}+b\boldsymbol{r}=(\boldsymbol{X},\boldsymbol{r})\begin{bmatrix}\boldsymbol{w}\\b\end{bmatrix} \tag{15.42}$$

可见 $\boldsymbol{w}$ 和 b 可以构成一个新的向量，即可视为一个整体。令 $\bar{\boldsymbol{X}}=(\boldsymbol{X},\boldsymbol{r})$，$\bar{\boldsymbol{w}}=\begin{bmatrix}\boldsymbol{w}\\b\end{bmatrix}$，则 $\boldsymbol{X}\boldsymbol{w}+b\boldsymbol{r}=\bar{\boldsymbol{X}}\bar{\boldsymbol{w}}$。于是可以将 L 视为以 $\bar{\boldsymbol{w}}$ 为自变量的多元函数 $L(\bar{\boldsymbol{w}})$，如下：

$$L(\bar{\boldsymbol{w}})=(\boldsymbol{y}-\bar{\boldsymbol{X}}\bar{\boldsymbol{w}})^{\mathrm{T}}(\boldsymbol{y}-\bar{\boldsymbol{X}}\bar{\boldsymbol{w}}) \tag{15.43}$$

可见这是一个关于 $\bar{\boldsymbol{w}}$ 的复合二次函数，设 $\boldsymbol{g}(\bar{\boldsymbol{w}})=\boldsymbol{y}-\bar{\boldsymbol{X}}\bar{\boldsymbol{w}}$，则 $L(\boldsymbol{g})=\boldsymbol{g}^{\mathrm{T}}\boldsymbol{g}$。根据复合函数的求导法则有

$$\nabla L(\bar{\boldsymbol{w}})=\frac{\partial L}{\partial \bar{\boldsymbol{w}}}=\left(\frac{\partial \boldsymbol{g}}{\partial \bar{\boldsymbol{w}}}\right)^{\mathrm{T}}\frac{\partial L}{\partial \boldsymbol{g}}=-\bar{\boldsymbol{X}}^{\mathrm{T}}\cdot 2(\boldsymbol{y}-\bar{\boldsymbol{X}}\bar{\boldsymbol{w}})=2\bar{\boldsymbol{X}}^{\mathrm{T}}(\bar{\boldsymbol{X}}\bar{\boldsymbol{w}}-\boldsymbol{y}) \tag{15.44}$$

令 $\nabla L(\bar{\boldsymbol{w}})=\mathbf{0}$，可得 L 取到最小值时 $\bar{\boldsymbol{w}}$ 所满足的条件：

$$\nabla L(\bar{\boldsymbol{w}})=2\bar{\boldsymbol{X}}^{\mathrm{T}}(\bar{\boldsymbol{X}}\bar{\boldsymbol{w}}-\boldsymbol{y})=\mathbf{0}\Rightarrow\bar{\boldsymbol{X}}^{\mathrm{T}}\bar{\boldsymbol{X}}\bar{\boldsymbol{w}}=\bar{\boldsymbol{X}}^{\mathrm{T}}\boldsymbol{y} \tag{15.45}$$

乘积 $\bar{\boldsymbol{X}}^{\mathrm{T}}\bar{\boldsymbol{X}}$ 是一个 $n+1$ 阶的方阵，当这一项可逆时，可以得出：

$$\bar{\boldsymbol{w}}=(\bar{\boldsymbol{X}}^{\mathrm{T}}\bar{\boldsymbol{X}})^{-1}\bar{\boldsymbol{X}}^{\mathrm{T}}\boldsymbol{y} \tag{15.46}$$

由于矩阵的运算可以批量处理数据，因此可以直接利用上式快速计算出对应的结果。

例 15-12：某种育种蜗牛所产卵的孵化率和育种期间的饲料投喂配比有关，尤其是精料、蛋白质料和矿物质料三种辅助饲料是关键因素。经过 6 次实验，不同辅助饲料的量和产卵孵化率如表 15-3 所示。

表 15-3　育种蜗牛不同饲料配比和孵化率的关系

每百克饲料中所含辅助饲料/g			孵化率/%
精　料	蛋白质料	矿物质料	
8	4	3	69
5	3	2	85
3	2	2	80
1	1	1	75
1	0	0	69
0	0	0	67

(1) 请使用最小二乘法拟合对应的线性函数(保留 4 位小数)；

(2) 预估每百克饲料中精料 4g、蛋白质料 2g 以及矿物质料 3g 时的孵化率(保留 2 位小数)。

解：(1) 写出矩阵 $\bar{\boldsymbol{X}}$ 和向量 $\boldsymbol{y}$。注意 $\bar{\boldsymbol{X}}$ 中的每个数据应排成行向量形式，其最后一列全为 1；而 $\boldsymbol{y}$ 需要写成列向量形式。

$$\bar{\boldsymbol{X}}=\begin{bmatrix}8&4&3&1\\5&3&2&1\\3&2&2&1\\1&1&1&1\\1&0&0&1\\0&0&0&1\end{bmatrix},\quad \boldsymbol{y}=\begin{bmatrix}69\\85\\80\\75\\69\\67\end{bmatrix} \tag{15.47}$$

计算$\bar{\boldsymbol{X}}^{\mathrm{T}}\bar{\boldsymbol{X}}$，并通过其秩判断是否可逆：

$$\bar{\boldsymbol{X}}^{\mathrm{T}}\bar{\boldsymbol{X}}=\begin{bmatrix}8&5&3&1&1&0\\4&3&2&1&0&0\\3&2&2&1&0&0\\1&1&1&1&1&1\end{bmatrix}\begin{bmatrix}8&4&3&1\\5&3&2&1\\3&2&2&1\\1&1&1&1\\1&0&0&1\\0&0&0&1\end{bmatrix}=\begin{bmatrix}100&54&41&18\\54&30&23&10\\41&23&18&8\\18&10&8&6\end{bmatrix} \tag{15.48}$$

可以求出 $r(\bar{\boldsymbol{X}}^{\mathrm{T}}\bar{\boldsymbol{X}})=4$，故$\bar{\boldsymbol{X}}^{\mathrm{T}}\bar{\boldsymbol{X}}$ 可逆。设拟合函数是 $f(\boldsymbol{x})=\boldsymbol{w}^{\mathrm{T}}\boldsymbol{x}+b$，令 $\bar{\boldsymbol{w}}=\begin{bmatrix}\boldsymbol{w}\\b\end{bmatrix}$，则根据式(15.46)可以求出对应最优的 $\bar{\boldsymbol{w}}$ 值：

$$\bar{\boldsymbol{w}}=(\bar{\boldsymbol{X}}^{\mathrm{T}}\bar{\boldsymbol{X}})^{-1}\bar{\boldsymbol{X}}^{\mathrm{T}}\boldsymbol{y}=\begin{bmatrix}-7.1667\\18.8333\\-5.6667\\71.8333\end{bmatrix} \tag{15.49}$$

从而得出对应的拟合参数：

$$\boldsymbol{w}\approx\begin{bmatrix}-7.1667\\18.8333\\-5.6667\end{bmatrix},\quad b\approx 71.8333 \tag{15.50}$$

(2) 当 $\boldsymbol{x}=(4,2,3)^{\mathrm{T}}$ 时，可以求出其估计的孵化率：

$$f(\boldsymbol{x})=\boldsymbol{w}^{\mathrm{T}}\boldsymbol{x}+b=(-7.1667,18.8333,-5.6667)\begin{bmatrix}4\\2\\3\end{bmatrix}+71.8333\approx 63.83 \tag{15.51}$$

最后需要说明两点。第一，使用式(15.46)时，默认了$\bar{\boldsymbol{X}}^{\mathrm{T}}\bar{\boldsymbol{X}}$ 是可逆矩阵，但有时候会遇到样本数量小于属性类别数这种情况，此时 $\bar{\boldsymbol{X}}$ 行数往往小于列数，根据矩阵秩的性质，$\bar{\boldsymbol{X}}^{\mathrm{T}}\bar{\boldsymbol{X}}$ 一定不是可逆矩阵，因此最优解不唯一。如果出现这种情况，实践中可以适当增加样本数量，或者引入正则化手段处理。第二，最小二乘法不仅可以拟合线性关系，还可以根据给定的一组非线性函数进行非线性拟合，比如多项式函数和指数函数等。

15.3 主成分分析法(PCA)

15.3.1 数据的降维压缩

现实中遇到的很多数据都可以表示为多维向量的形式。当数据维数很高的时候，使用计算机处理这些数据就会产生很高的复杂度，从而降低数据处理效率。为了解决这个问题，一种简单而有效的思路是降低数据的维数同时保证数据的特征不发生改变。比如在平面直角坐标系里有以下 6 个点：

$$\boldsymbol{x}_1=\begin{bmatrix}0.5\\2\end{bmatrix},\quad \boldsymbol{x}_2=\begin{bmatrix}1\\1\end{bmatrix},\quad \boldsymbol{x}_3=\begin{bmatrix}1.5\\2\end{bmatrix},\quad \boldsymbol{x}_4=\begin{bmatrix}3\\2\end{bmatrix},\quad \boldsymbol{x}_5=\begin{bmatrix}3.5\\1\end{bmatrix},\quad \boldsymbol{x}_6=\begin{bmatrix}4\\2\end{bmatrix} \tag{15.52}$$

在坐标系 x_1Ox_2 中画出这 6 个点，如图 15-3 所示。

如果按照位置关系将这些点分为两类，从视觉上看显然 $\boldsymbol{x}_1$、$\boldsymbol{x}_2$ 和 $\boldsymbol{x}_3$ 是一类，$\boldsymbol{x}_4$、$\boldsymbol{x}_5$ 和 $\boldsymbol{x}_6$ 是另一类。事实上，我们只需要依据横坐标就能将其区分，具体来看将其投影到横轴上，这样每一个 2 维的平面点就可以降维成为 1 维的直线点而保持其特征不变，如图 15-4 所示。

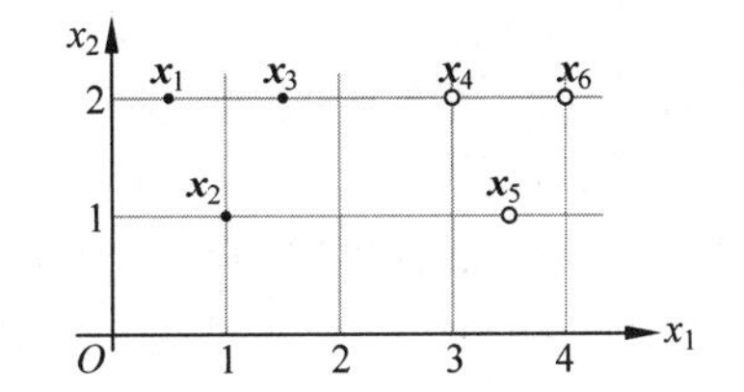

图 15-3　x_1Ox_2 平面上式(15.52)表示的 6 个点

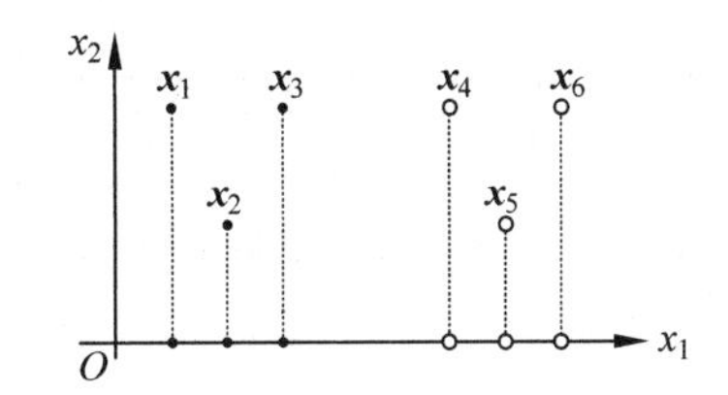

图 15-4　将式(15.52)表示的 6 个点投影到横轴上

此时横轴方向就是这 6 个点所表达的信息方向，可以认为是良好的投影方向。这个例子的数据降维是容易看出的，那么我们再来看以下 6 个平面上的点：

$$\boldsymbol{x}_1=\begin{bmatrix}0.5\\1.5\end{bmatrix},\quad \boldsymbol{x}_2=\begin{bmatrix}1\\2\end{bmatrix},\quad \boldsymbol{x}_3=\begin{bmatrix}1\\1.5\end{bmatrix},\quad \boldsymbol{x}_4=\begin{bmatrix}3\\0.5\end{bmatrix},\quad \boldsymbol{x}_5=\begin{bmatrix}3\\1\end{bmatrix},\quad \boldsymbol{x}_6=\begin{bmatrix}3.5\\1\end{bmatrix} \tag{15.53}$$

在平面直角坐标系 x_1Ox_2 中画出这 6 个点，如图 15-5 所示。

我们的目标是寻找一条直线，当这 6 个点到这条直线投影时尽可能保留原先的数据类别信息。首先尝试使用图 15-6 中所示的直线 l_1，可以看出将点做投影后两类不同的点混杂在一起，变得不易区分，也就是说每个点的特征没有很好地保留。

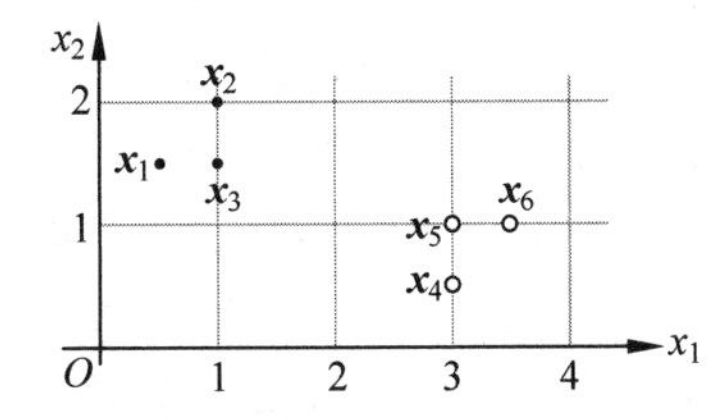

图 15-5　x_1Ox_2 平面上式(15.53)表示的 6 个点

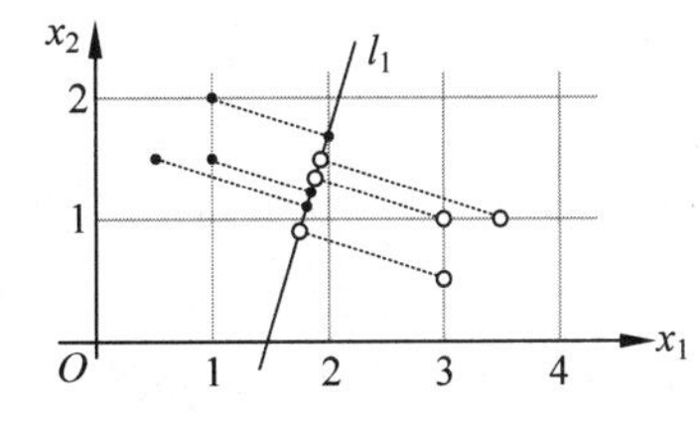

图 15-6　式(15.53)表示的 6 个点投影后不易区分的直线

再尝试使用图 15-7 中的直线 l_2，将点投影后两类点比较容易区分。

可以看出，如果要保持原先点的特征，向 l_2 投影得到的结果要优于向 l_1 投影的结果，可以说 l_2 对这 6 个点的维度压缩结果要优于 l_1，或者说 l_2 可以保留这 6 个点的更多特征。注意到直线的截距并不影响投影的效果，只需要关注对应的斜率即可，因此可以取截距是

0,即让这条直线过原点。于是这个过程就可以使用线性变换实现,即重新找到一组基向量,将坐标系 x_1Ox_2 变换成为坐标系 y_1Oy_2,如图 15-8 所示。

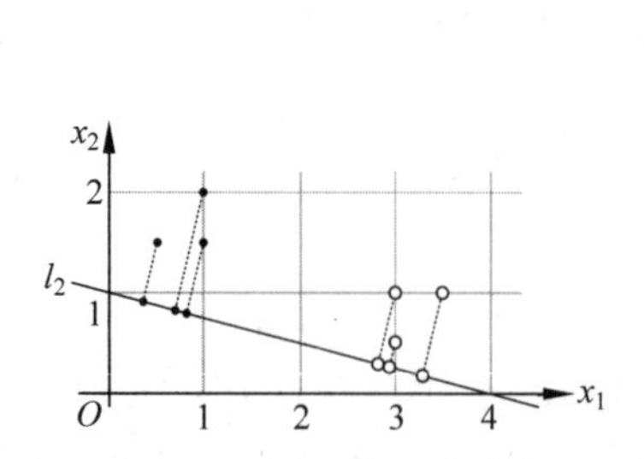

图 15-7　式(15.53)表示的 6 个点投影后较易区分的直线

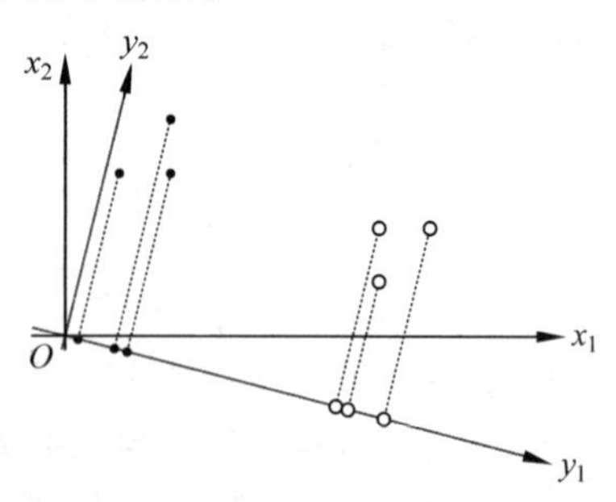

图 15-8　将 2 维数据压缩成 1 维的线性变换表示

除了分类问题以外,还有很多问题也需要对数据进行降维处理,也就是将一组维数较高的数据转变为维数较低的数据,同时保持其原有特征尽可能不变。为了达到这个目的,可以对空间做一次线性变换,即重新选取一组基向量,然后让原始数据的坐标发生变换,此时新的坐标每个维度内部数据有一定的区分度,而维度之间尽可能保持独立(即相关性低)。比如式(15.52)的数据,横纵坐标本身就比较独立,所以将其压缩到横轴上时其特征不会丢失;而式(15.53)的数据可以通过合适的变换找到另一组正交的基向量,从而找到能使数据具有最大区分度的方向。

15.3.2　主成分分析基本原理

仍然以式(15.53)所表示的 6 个点为例,将它们横向并列可以形成矩阵 $\boldsymbol{X}$:

$$\boldsymbol{X}=(\boldsymbol{x}_1,\boldsymbol{x}_2,\boldsymbol{x}_3,\boldsymbol{x}_4,\boldsymbol{x}_5,\boldsymbol{x}_6)=\begin{bmatrix}0.5 & 1 & 1 & 3 & 3 & 3.5\\ 1.5 & 2 & 1.5 & 0.5 & 1 & 1\end{bmatrix} \tag{15.54}$$

$\boldsymbol{X}$ 的第 1 行是这 6 个点的横轴方向的维度,第 2 行是它们纵轴方向的维度。如上所述,我们的目的是希望找到一组基向量,使得在这组新基向量下的坐标某一维度内部存在一定的区分度,而两个维度之间数值的相关性尽量小(最好是 0)。首先,寻找一组平面基向量意味着建立一个新的平面坐标系。如图 15-8 所示,最理想的情况是坐标系只发生单纯旋转而没有任何伸缩变换,因此选取的就是性能优良的单位正交基向量组,这样线性变换对应的就是一个正交矩阵。设这个正交矩阵是 $\boldsymbol{Q}$,变换后的数据坐标横向并列的矩阵是 $\boldsymbol{Y}$。使用正交矩阵 $\boldsymbol{Q}$ 线性变换时,直角坐标系的所有点会以原点为中心旋转,如果数据 $\boldsymbol{X}$ 的每一坐标维度均值不等于 0,则坐标的均值在线性变换后也会发生变化,不利于后续数据处理。因此不宜直接使用 $\boldsymbol{X}=\boldsymbol{QY}$ 这个坐标变换公式,而是要先将 $\boldsymbol{X}$ 的每一维度均值变为 0 后再变换。这个过程叫作中心化,只需要让每个数据减去对应维度的均值即可。设中心化后的坐标数据是 $\boldsymbol{X}_0$,两个维度的均值是 μ_1 和 μ_2,则有

$$\mu_1=\frac{1}{6}\sum_{i=1}^{6}\boldsymbol{X}(1,i)=\frac{1}{6}(0.5+1+1+3+3+3.5)=2$$

$$\mu_2=\frac{1}{6}\sum_{i=1}^{6}\boldsymbol{X}(2,i)=\frac{1}{6}(1.5+2+1.5+0.5+1+1)=1.25$$

$$\boldsymbol{X}_0=\begin{bmatrix}0.5-2 & 1-2 & 1-2 & 3-2 & 3-2 & 3.5-2\\ 1.5-1.25 & 2-1.25 & 1.5-1.25 & 0.5-1.25 & 1-1.25 & 1-1.25\end{bmatrix}$$
$$=\begin{bmatrix}-1.5 & -1 & -1 & 1 & 1 & 1.5\\ 0.25 & 0.75 & 0.25 & -0.75 & -0.25 & -0.25\end{bmatrix} \quad (15.55)$$

$\boldsymbol{X}$ 经过中心化成为 $\boldsymbol{X}_0$ 后，每一维度的均值变成了 0，经过正交矩阵 $\boldsymbol{Q}$ 的旋转变换 $\boldsymbol{X}_0=\boldsymbol{QY}$ 即 $\boldsymbol{Y}=\boldsymbol{Q}^{-1}\boldsymbol{X}_0=\boldsymbol{Q}^{\mathrm{T}}\boldsymbol{X}_0$，则 $\boldsymbol{Y}$ 对应坐标均值为 0 不变。整个过程如图 15-9 所示。

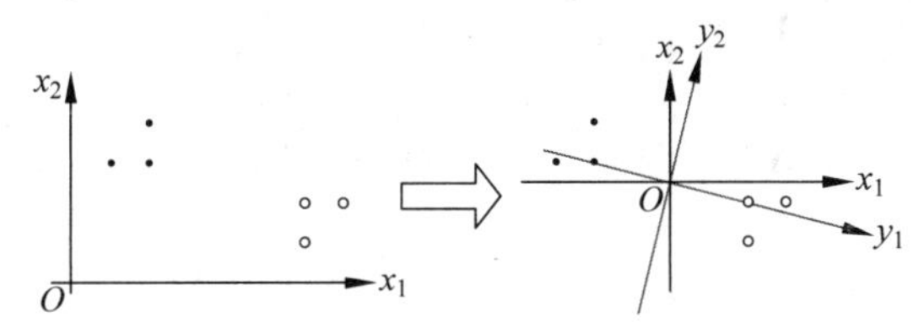

图 15-9　数据的中心化和对应的旋转变换

设变换后的坐标 $\boldsymbol{Y}$ 有两个维度，第 1 维度 $y_{11},\cdots,y_{16}$ 和第 2 维度 $y_{21},\cdots,y_{26}$，如下所示：

$$\boldsymbol{Y}=\begin{bmatrix}y_{11} & y_{12} & y_{13} & y_{14} & y_{15} & y_{16}\\ y_{21} & y_{22} & y_{23} & y_{24} & y_{25} & y_{26}\end{bmatrix} \quad (15.56)$$

对于第 1 维度来说，我们需要它们内部数据有一定的区分度，且和第 2 维度相关性为 0。根据初等数学中数理统计知识可知，表征一组数据的区分度可以使用**方差**(variance)这个指标，即先求出其均值，再让每个数据减去均值后平方，然后求全体平方和的均值即可。由于 $\boldsymbol{Y}$ 两个维度的均值本身就是 0，所以其方差就是每行元素的平方和。设两个方差是 σ_1^2 和 σ_2^2，则两者计算如下：

$$\sigma_1^2=\frac{1}{6}\sum_{i=1}^{6}y_{1i}^2,\quad \sigma_2^2=\frac{1}{6}\sum_{i=1}^{6}y_{2i}^2 \quad (15.57)$$

此外，两组数据之间的关系可以使用**协方差**(covariance)描述，设 $\boldsymbol{Y}$ 的第 1 维度和第 2 维度的协方差是 c_{12}，由于两者均值均为 0，则协方差可以计算如下：

$$c_{12}=\frac{1}{6}\sum_{i=1}^{6}(y_{1i}-0)(y_{2i}-0)=\frac{1}{6}\sum_{i=1}^{6}y_{1i}y_{2i} \quad (15.58)$$

显然有 $c_{12}=c_{21}$。此外，根据协方差定义，一组数据和自身的协方差就是其方差，即 $c_{11}=\sigma_1^2$ 和 $c_{22}=\sigma_2^2$。将这 4 个协方差按其角标排成一个协方差矩阵 $\boldsymbol{C}$：

$$\boldsymbol{C}=\begin{bmatrix}c_{11} & c_{12}\\ c_{21} & c_{22}\end{bmatrix}=\begin{bmatrix}\sigma_1^2 & c_{12}\\ c_{21} & \sigma_2^2\end{bmatrix} \quad (15.59)$$

协方差反映了两组数据的相关性，如果两组数据独立则一定不相关，此时协方差就是 0。对于 $\boldsymbol{Y}$ 两个维度来说就是 $c_{12}=c_{21}=\frac{1}{6}\sum_{i=1}^{6}y_{1i}y_{2i}=0$，可见两行元素是正交的。此时在单位正交基向量组 $\boldsymbol{Q}$ 下的协方差矩阵 $\boldsymbol{C}=\begin{bmatrix}\sigma_1^2 & 0\\ 0 & \sigma_2^2\end{bmatrix}$ 为一对角阵。根据协方差矩阵的计算方法，有

$$\boldsymbol{C}=\begin{bmatrix}\sigma_1^2 & 0\\ 0 & \sigma_2^2\end{bmatrix}=\begin{bmatrix}\dfrac{1}{6}\sum_{i=1}^{6}y_{1i}^2 & \dfrac{1}{6}\sum_{i=1}^{6}y_{1i}y_{2i}\\ \dfrac{1}{6}\sum_{i=1}^{6}y_{2i}y_{1i} & \dfrac{1}{6}\sum_{i=1}^{6}y_{2i}^2\end{bmatrix}=\frac{1}{6}\boldsymbol{Y}\boldsymbol{Y}^{\mathrm{T}} \tag{15.60}$$

再根据关系式 $\boldsymbol{Y}=\boldsymbol{Q}^{\mathrm{T}}\boldsymbol{X}_0$，就有

$$\boldsymbol{C}=\frac{1}{6}\boldsymbol{Y}\boldsymbol{Y}^{\mathrm{T}}=\frac{1}{6}\boldsymbol{Q}^{\mathrm{T}}\boldsymbol{X}_0\boldsymbol{X}_0^{\mathrm{T}}\boldsymbol{Q}=\boldsymbol{Q}^{\mathrm{T}}\left(\frac{1}{6}\boldsymbol{X}_0\boldsymbol{X}_0^{\mathrm{T}}\right)\boldsymbol{Q} \tag{15.61}$$

可见 $\boldsymbol{C}$ 实际上就是 $\frac{1}{6}\boldsymbol{X}_0\boldsymbol{X}_0^{\mathrm{T}}$ 经过正交矩阵 $\boldsymbol{Q}$ 的合同且相似对角化的结果，因此只需要求出 $\frac{1}{6}\boldsymbol{X}_0\boldsymbol{X}_0^{\mathrm{T}}$ 特征值和特征向量即可实现此过程。此处系数 $\frac{1}{6}$ 是数据点个数的倒数，不影响最后的结果，因此可以直接对 $\boldsymbol{X}_0\boldsymbol{X}_0^{\mathrm{T}}$ 操作。首先求出 $\boldsymbol{X}_0\boldsymbol{X}_0^{\mathrm{T}}$：

$$\begin{aligned}\boldsymbol{X}_0\boldsymbol{X}_0^{\mathrm{T}}&=\begin{bmatrix}-1.5 & -1 & -1 & 1 & 1 & 1.5\\ 0.25 & 0.75 & 0.25 & -0.75 & -0.25 & -0.25\end{bmatrix}\begin{bmatrix}-1.5 & 0.25\\ -1 & 0.75\\ -1 & 0.25\\ 1 & -0.75\\ 1 & -0.25\\ 1.5 & -0.25\end{bmatrix}\\ &=\begin{bmatrix}8.5 & -2.75\\ -2.75 & 1.375\end{bmatrix}\end{aligned} \tag{15.62}$$

再求出其特征值 λ_1 和 λ_2，以及单位正交化后的特征向量 $\boldsymbol{q}_1$ 和 $\boldsymbol{q}_2$（可借助计算机计算）：

$$\lambda_1=9.4379,\quad \lambda_2=0.4371,\quad \boldsymbol{q}_1=\begin{bmatrix}0.9465\\ -0.3228\end{bmatrix},\quad \boldsymbol{q}_2=\begin{bmatrix}0.3228\\ 0.9465\end{bmatrix} \tag{15.63}$$

这样，以 $\boldsymbol{q}_1$，$\boldsymbol{q}_2$ 为基向量可以给每个数据一个新的坐标，然后只需要向新的坐标轴上投影（即只取其中某一维度的坐标）就可以得到压缩后数据：

$$\boldsymbol{Y}=\boldsymbol{Q}^{\mathrm{T}}\boldsymbol{X}_0=\begin{bmatrix}\boldsymbol{q}_1^{\mathrm{T}}\\ \boldsymbol{q}_2^{\mathrm{T}}\end{bmatrix}\boldsymbol{X}_0=\begin{bmatrix}\boldsymbol{q}_1^{\mathrm{T}}\boldsymbol{X}_0\\ \boldsymbol{q}_2^{\mathrm{T}}\boldsymbol{X}_0\end{bmatrix} \tag{15.64}$$

于是 $\boldsymbol{Y}$ 的两个维度的分量分别是 $\boldsymbol{q}_1^{\mathrm{T}}\boldsymbol{X}_0$ 和 $\boldsymbol{q}_2^{\mathrm{T}}\boldsymbol{X}_0$，只需要选取其中一个维度的分量（即向某个坐标轴投影）即可作为降维的结果。那么要选择哪个维度呢？观察可知 $\lambda_1>\lambda_2$，这就意味着对角化后的协方差矩阵 $\boldsymbol{C}$ 中，σ_1^2 和 σ_2^2 两者其中一个是 $\frac{1}{6}\lambda_1$，另一个是 $\frac{1}{6}\lambda_2$。为了保证数据区分度，需要向方差较大的坐标轴上投影，故选择 λ_1 对应的特征向量 $\boldsymbol{q}_1$ 所对应维度数据，即 $\boldsymbol{q}_1^{\mathrm{T}}\boldsymbol{X}_0$，从而得到降维后的数据：

$$\begin{aligned}\boldsymbol{q}_1^{\mathrm{T}}\boldsymbol{X}_0&=(0.9465,-0.3228)\begin{bmatrix}-1.5 & -1 & -1 & 1 & 1 & 1.5\\ 0.25 & 0.75 & 0.25 & -0.75 & -0.25 & -0.25\end{bmatrix}\\ &=(-1.5004,-1.1886,-1.0272,1.1886,1.0272,1.5004)\end{aligned} \tag{15.65}$$

以上过程就是**主成分分析法**（principal component analysis），简称 PCA，其基本思想是

通过正交矩阵对应的线性变换找到数据所能投影的最佳角度,从而挑选出最佳的若干方向作为坐标变换后“主成分”方向,即可完成数据的降维压缩处理,从而用较少的维度保留最多的原始维度信息。

15.3.3 主成分分析基本步骤和实例

设有一组包含 n 个 m 维向量的数据 $\boldsymbol{x}_1,\boldsymbol{x}_2,\cdots,\boldsymbol{x}_n$,将它们并列形成 $m\times n$ 的矩阵 $\boldsymbol{X}=(\boldsymbol{x}_1,\boldsymbol{x}_2,\cdots,\boldsymbol{x}_n)$。如果要将其使用 PCA 降维成 k 维数据($k<m$),则可以按照以下步骤进行:

(1) 将数据中心化,也就是计算出数据每个维度(即 $\boldsymbol{X}$ 每行)的均值,然后让每个数据的维度依次减去对应均值,即可得到中心化后的矩阵 $\boldsymbol{X}_0$,保证 $\boldsymbol{X}_0$ 每行均值均为 0;

(2) 计算矩阵 $\boldsymbol{A}=\boldsymbol{X}_0\boldsymbol{X}_0^{\mathrm{T}}$,然后求出 $\boldsymbol{A}$ 对应的特征值和对应的单位正交特征向量;

(3) 将 $\boldsymbol{A}$ 的 m 个特征值按照从大到小顺序排列成为 $\lambda_1,\cdots,\lambda_m$,再选定前 k 个特征向量 $\lambda_1,\cdots,\lambda_k$,然后将对应的特征向量 $\boldsymbol{q}_1,\cdots,\boldsymbol{q}_k$ 作为主成分方向,把它们转置后竖向排列成矩阵 $\boldsymbol{B}=\begin{bmatrix}\boldsymbol{q}_1^{\mathrm{T}}\\ \vdots \\ \boldsymbol{q}_k^{\mathrm{T}}\end{bmatrix}$;

(4) 计算 $\boldsymbol{Y}=\boldsymbol{B}\boldsymbol{X}_0$ 即为降维后的数据横向并列的结果。

例 15-13:某健康管理软件会根据用户的身体情况给相应的用户精准推送个性化服务。假设有身高、体重、年龄、性别 4 项基本指标,其中 10 个用户基本信息如表 15-4 所示。请将将其使用 PCA 压缩成为 2 维数据(最终结果精确到小数点后 1 位)。

表 15-4 10 个用户的基本信息表

用户编号	1	2	3	4	5	6	7	8	9	10
身高/cm	175	160	180	163	172	162	164	157	190	170
体重/kg	75	50	70	47	92	63	51	44	102	61
年龄	35	24	28	36	41	43	20	22	32	37
性别(男 1 女 −1)	1	−1	1	−1	1	−1	1	−1	1	−1

解:首先将表格中的数字转换为矩阵 $\boldsymbol{X}$:

$$\boldsymbol{X}=\begin{bmatrix}175 & 160 & 180 & 163 & 172 & 162 & 164 & 157 & 190 & 170\\ 75 & 50 & 70 & 47 & 92 & 63 & 51 & 44 & 102 & 61\\ 35 & 24 & 28 & 36 & 41 & 43 & 20 & 22 & 32 & 37\\ 1 & -1 & 1 & -1 & 1 & -1 & 1 & -1 & 1 & -1\end{bmatrix} \tag{15.66}$$

求出每行均值,然后使 $\boldsymbol{X}$ 中心化成为 $\boldsymbol{X}_0$:

$$\boldsymbol{X}_0=\begin{bmatrix}5.7 & -9.3 & 10.7 & -6.3 & 2.7 & -7.3 & -5.3 & -12.3 & 20.7 & 0.7\\ 9.5 & -15.5 & 4.5 & -18.5 & 26.5 & -2.5 & -14.5 & -21.5 & 36.5 & -4.5\\ 3.2 & -7.8 & -3.8 & 4.2 & 9.2 & 11.2 & -11.8 & -9.8 & 0.2 & 5.2\\ 1 & -1 & 1 & -1 & 1 & -1 & 1 & -1 & 1 & -1\end{bmatrix} \tag{15.67}$$

计算 $\boldsymbol{A}=\boldsymbol{X}_0\boldsymbol{X}_0^{\mathrm{T}}$:

$$A = X_0 X_0^{\mathrm{T}} = \begin{bmatrix} 942.1 & 1546.5 & 157.6 & 69 \\ 1546.5 & 3426.5 & 638 & 125 \\ 157.6 & 638 & 575.6 & -6 \\ 69 & 125 & -6 & 10 \end{bmatrix} \tag{15.68}$$

求出 $\boldsymbol{A}$ 的特征值以及对应的单位正交特征向量，并按照特征值从大到小的顺序排列：

$\lambda_1 = 4284.36$， $\lambda_2 = 520.33$， $\lambda_3 = 146.05$， $\lambda_4 = 3.46$

$$\boldsymbol{q}_1 = \begin{bmatrix} 0.4207 \\ 0.8903 \\ 0.1710 \\ 0.0326 \end{bmatrix}, \quad \boldsymbol{q}_2 = \begin{bmatrix} 0.4124 \\ -0.0226 \\ -0.9087 \\ 0.0609 \end{bmatrix}, \quad \boldsymbol{q}_3 = \begin{bmatrix} -0.8078 \\ 0.4531 \\ -0.3763 \\ 0.0232 \end{bmatrix}, \quad \boldsymbol{q}_4 = \begin{bmatrix} -0.0201 \\ -0.0383 \\ 0.0587 \\ 0.9973 \end{bmatrix} \tag{15.69}$$

设压缩后的数据 2 维横向并列得到的矩阵是 $\boldsymbol{Y}$，于是令 $\boldsymbol{B} = \begin{bmatrix} \boldsymbol{q}_1^{\mathrm{T}} \\ \boldsymbol{q}_1^{\mathrm{T}} \end{bmatrix}$，则：

$$\begin{aligned} \boldsymbol{Y} = \boldsymbol{B}\boldsymbol{X}_0 &= \begin{bmatrix} \boldsymbol{q}_1^{\mathrm{T}} \\ \boldsymbol{q}_1^{\mathrm{T}} \end{bmatrix} \boldsymbol{X}_0 \\ &\approx \begin{bmatrix} 11.4 & -19.1 & 7.9 & -18.4 & 26.3 & -3.4 & -17.1 & -26.0 & 41.3 & -2.9 \\ -0.7 & 3.5 & 7.8 & -6.1 & -7.8 & -13.2 & 8.9 & 4.3 & 7.6 & -4.4 \end{bmatrix} \end{aligned} \tag{15.70}$$

故 PCA 压缩后的数据如 $\boldsymbol{Y}$ 的每一列所示。

15.4 奇异值分解(SVD)

15.4.1 矩阵和线性映射的分解

矩阵的本质是一种线性映射，而矩阵分解的思想是将一个较为复杂的线性映射分解为几个比较单一的映射，从而一个矩阵就可以分解为几个比较“纯粹”矩阵之积。比如 2 阶方阵 $\boldsymbol{A} = \begin{bmatrix} 2 & 1 \\ 1 & 2 \end{bmatrix}$，可以计算出它的特征值和经过单位正交化后的特征向量如下：

$$\lambda_1 = 3, \quad \lambda_2 = 1$$

$$\boldsymbol{A} = \begin{bmatrix} 2 & 1 \\ 1 & 2 \end{bmatrix} \quad \boldsymbol{q}_1 = \begin{bmatrix} \frac{1}{\sqrt{2}} \\ \frac{1}{\sqrt{2}} \end{bmatrix}, \quad \boldsymbol{q}_2 = \begin{bmatrix} -\frac{1}{\sqrt{2}} \\ \frac{1}{\sqrt{2}} \end{bmatrix} \tag{15.71}$$

如果令矩阵 $\boldsymbol{Q} = (\boldsymbol{q}_1, \boldsymbol{q}_2)$，$\boldsymbol{S} = \mathrm{diag}\{3, 1\}$，则有 $\boldsymbol{S} = \boldsymbol{Q}^{-1}\boldsymbol{A}\boldsymbol{Q} = \boldsymbol{Q}^{\mathrm{T}}\boldsymbol{A}\boldsymbol{Q}$，故：

$$\boldsymbol{A} = \boldsymbol{Q}\boldsymbol{S}\boldsymbol{Q}^{-1} = \boldsymbol{Q}\boldsymbol{S}\boldsymbol{Q}^{\mathrm{T}} = \begin{bmatrix} \frac{1}{\sqrt{2}} & -\frac{1}{\sqrt{2}} \\ \frac{1}{\sqrt{2}} & \frac{1}{\sqrt{2}} \end{bmatrix} \begin{bmatrix} 3 & \\ & 1 \end{bmatrix} \begin{bmatrix} \frac{1}{\sqrt{2}} & \frac{1}{\sqrt{2}} \\ -\frac{1}{\sqrt{2}} & \frac{1}{\sqrt{2}} \end{bmatrix} \tag{15.72}$$

由于 $\boldsymbol{Q}$ 和 $\boldsymbol{Q}^{\mathrm{T}}(\boldsymbol{Q}^{-1})$ 都是正交矩阵，因此它们代表的线性变换是单纯的旋转变换。这里可以将 $\boldsymbol{Q}$ 和 $\boldsymbol{Q}^{\mathrm{T}}$ 写成以下三角函数的形式：

$$\boldsymbol{Q}=\begin{bmatrix}\cos\frac{\pi}{4} & -\sin\frac{\pi}{4}\\ \sin\frac{\pi}{4} & \cos\frac{\pi}{4}\end{bmatrix}\quad \boldsymbol{Q}^{\mathrm{T}}=\boldsymbol{Q}^{-1}=\begin{bmatrix}\cos\left(-\frac{\pi}{4}\right) & -\sin\left(-\frac{\pi}{4}\right)\\ \sin\left(-\frac{\pi}{4}\right) & \cos\left(-\frac{\pi}{4}\right)\end{bmatrix} \tag{15.73}$$

可知 $\boldsymbol{Q}$ 和 $\boldsymbol{Q}^{\mathrm{T}}$ 分别代表的是以原点为中心逆时针和顺时针旋转 $\frac{\pi}{4}$（即 45°）的两个旋转变换。另外 $\boldsymbol{S}$ 是对角阵且它的主对角线元素都是非负数，所以它代表的线性变换是单纯的伸缩变换且不发生反转，对应横轴方向坐标变为原先的 3 倍，纵轴坐标变为原先的 1 倍（即不变）。故 $\boldsymbol{A}$ 代表的线性变换等价于先进行一次旋转变换（$\boldsymbol{Q}^{\mathrm{T}}$），再进行一次单纯的伸缩变换（$\boldsymbol{S}$），然后再进行一次旋转变换（$\boldsymbol{Q}$）。以单位面积正方形为例对线性变换 $\boldsymbol{A}$ 的分解如图 15-10 所示。

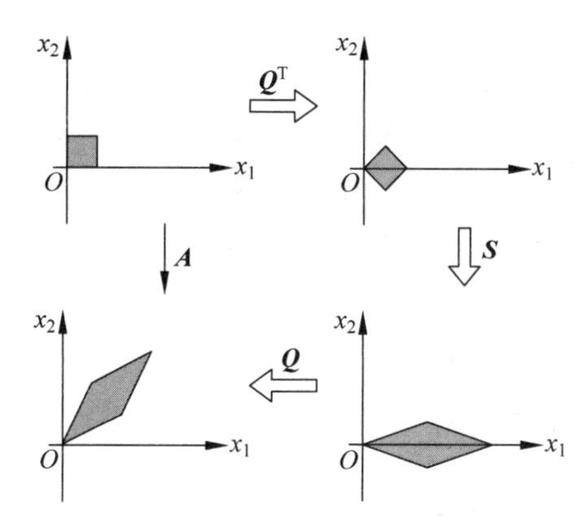

图 15-10　以单位正方形为例对线性变换 $\boldsymbol{A}$ 的分解示意

$\boldsymbol{A}$ 是一个实对称矩阵，所以它一定可以被正交矩阵合同且相似对角化，也就是刚才的分解中两个正交矩阵一定是互逆且互为转置关系。这个过程中最关键的步骤就是 $\boldsymbol{S}$ 代表的伸缩变换，它的主对角线元素就是 $\boldsymbol{A}$ 的特征值。由于 $\boldsymbol{A}$ 的特征值都是非负数，所以 $\boldsymbol{S}$ 对应单纯的伸缩变换而没有反转情形发生。这些非负元素被称作**奇异值**（singular value），它表示坐标轴的每一个方向上都有一个独有的伸缩因子。那么对于其他类型的方阵（如非实对称矩阵或者特征值出现负数的方阵）来说可否也将对应线性变换分解为“旋转→伸缩→旋转”这种方式呢？此外非方阵对应的线性映射也可以做类似的分解吗？答案是肯定的，这种分解方式就是**奇异值分解**（singular value decomposition），简称 SVD。

15.4.2　奇异值分解的计算方法

还是从比较简单的方阵说起，比如某 n 阶方阵 $\boldsymbol{A}$ 可以分解为如下形式：

$$\boldsymbol{A}=\boldsymbol{PSQ}^{\mathrm{T}} \tag{15.74}$$

其中，$\boldsymbol{S}$ 是对角阵，且它的主对角线元素均为非负数；$\boldsymbol{P}$ 和 $\boldsymbol{Q}$ 都是 n 阶正交矩阵。对于特征值均非负的实对称矩阵，$\boldsymbol{P}$ 和 $\boldsymbol{Q}$ 是同一个正交矩阵，并且可以使用正交相似对角化的方法求出。那么能否将 $\boldsymbol{A}$ 转化为对应的特征值均为非负数的实对称矩阵呢？联想上一节介绍 PCA 的时候使用到了一个矩阵和其转置相乘，即 $\boldsymbol{AA}^{\mathrm{T}}$。由于 $(\boldsymbol{AA}^{\mathrm{T}})^{\mathrm{T}}=\boldsymbol{AA}^{\mathrm{T}}$，故 $\boldsymbol{AA}^{\mathrm{T}}$ 是一

个实对称矩阵。同理 $\boldsymbol{A}^{\mathrm{T}}\boldsymbol{A}$ 也是实对称矩阵。根据例 14-21 可知，$r(\boldsymbol{A})=n$ 时，$\boldsymbol{A}\boldsymbol{A}^{\mathrm{T}}$ 和 $\boldsymbol{A}^{\mathrm{T}}\boldsymbol{A}$ 均为正定矩阵；类似地，更一般的情形有 $\boldsymbol{A}\boldsymbol{A}^{\mathrm{T}}$ 和 $\boldsymbol{A}^{\mathrm{T}}\boldsymbol{A}$ 均为半正定矩阵，即两者特征值均为非负数。于是将 $\boldsymbol{A}\boldsymbol{A}^{\mathrm{T}}$ 和 $\boldsymbol{A}^{\mathrm{T}}\boldsymbol{A}$ 进行分解，其中有 $\boldsymbol{P}\boldsymbol{P}^{\mathrm{T}}=\boldsymbol{P}^{\mathrm{T}}\boldsymbol{P}=\boldsymbol{E}$、$\boldsymbol{Q}\boldsymbol{Q}^{\mathrm{T}}=\boldsymbol{Q}^{\mathrm{T}}\boldsymbol{Q}=\boldsymbol{E}$ 和 $\boldsymbol{S}^{\mathrm{T}}=\boldsymbol{S}$：

$$\begin{aligned}\boldsymbol{A}\boldsymbol{A}^{\mathrm{T}}&=(\boldsymbol{P}\boldsymbol{S}\boldsymbol{Q}^{\mathrm{T}})(\boldsymbol{P}\boldsymbol{S}\boldsymbol{Q}^{\mathrm{T}})^{\mathrm{T}}=\boldsymbol{P}\boldsymbol{S}\boldsymbol{Q}^{\mathrm{T}}\boldsymbol{Q}\boldsymbol{S}^{\mathrm{T}}\boldsymbol{P}^{\mathrm{T}}=\boldsymbol{P}\boldsymbol{S}\boldsymbol{S}^{\mathrm{T}}\boldsymbol{P}^{\mathrm{T}}=\boldsymbol{P}\boldsymbol{S}^2\boldsymbol{P}^{\mathrm{T}}\\ \boldsymbol{A}^{\mathrm{T}}\boldsymbol{A}&=(\boldsymbol{P}\boldsymbol{S}\boldsymbol{Q}^{\mathrm{T}})^{\mathrm{T}}(\boldsymbol{P}\boldsymbol{S}\boldsymbol{Q}^{\mathrm{T}})=\boldsymbol{Q}\boldsymbol{S}^{\mathrm{T}}\boldsymbol{P}^{\mathrm{T}}\boldsymbol{P}\boldsymbol{S}\boldsymbol{Q}^{\mathrm{T}}=\boldsymbol{Q}\boldsymbol{S}^{\mathrm{T}}\boldsymbol{S}\boldsymbol{Q}^{\mathrm{T}}=\boldsymbol{Q}\boldsymbol{S}^2\boldsymbol{Q}^{\mathrm{T}}\end{aligned}\tag{15.75}$$

可见，如果 $\boldsymbol{A}=\boldsymbol{P}\boldsymbol{S}\boldsymbol{Q}^{\mathrm{T}}$，那么使得 $\boldsymbol{A}\boldsymbol{A}^{\mathrm{T}}$ 和 $\boldsymbol{A}^{\mathrm{T}}\boldsymbol{A}$ 正交相似对角化的正交矩阵分别是 $\boldsymbol{P}$ 和 $\boldsymbol{Q}$，且两者的特征值均为对角阵 $\boldsymbol{S}^2$ 主对角线的各个元素。这样只需要给对角阵 $\boldsymbol{S}^2$ 主对角线元素取算术平方根就可以得到对角阵 $\boldsymbol{S}$。比如下面这个方阵 $\boldsymbol{A}$：

$$\boldsymbol{A}=\begin{bmatrix}2&8\\6&0\end{bmatrix}\tag{15.76}$$

令 $\boldsymbol{A}=\boldsymbol{P}\boldsymbol{S}\boldsymbol{Q}^{\mathrm{T}}$，其中 $\boldsymbol{P}$ 和 $\boldsymbol{Q}$ 均为 2 阶正交矩阵。首先求出 $\boldsymbol{A}\boldsymbol{A}^{\mathrm{T}}$ 和 $\boldsymbol{A}^{\mathrm{T}}\boldsymbol{A}$：

$$\boldsymbol{A}\boldsymbol{A}^{\mathrm{T}}=\begin{bmatrix}2&8\\6&0\end{bmatrix}\begin{bmatrix}2&6\\8&0\end{bmatrix}=\begin{bmatrix}68&12\\12&36\end{bmatrix}\quad \boldsymbol{A}^{\mathrm{T}}\boldsymbol{A}=\begin{bmatrix}2&6\\8&0\end{bmatrix}\begin{bmatrix}2&8\\6&20\end{bmatrix}=\begin{bmatrix}40&16\\16&64\end{bmatrix}\tag{15.77}$$

然后求出它们的特征值和对应的特征向量。根据特征值的知识可知两者特征值相同，于是取算术平方根就可以求出对应的奇异值，进一步得出对角阵 $\boldsymbol{S}$：

$$\begin{cases}\lambda_1=72\\ \lambda_2=32\end{cases}\Rightarrow\boldsymbol{S}^2=\begin{bmatrix}72&\\&32\end{bmatrix}\Rightarrow\boldsymbol{S}=\begin{bmatrix}6\sqrt{2}&\\&4\sqrt{2}\end{bmatrix}\tag{15.78}$$

此处习惯上将奇异值(两个矩阵特征值的算术平方根)按照从大到小的顺序自上而下排列，因此后面的特征向量也需要对应排列。设 $\boldsymbol{A}\boldsymbol{A}^{\mathrm{T}}$ 对应的单位正交特征向量是 $\boldsymbol{p}_1$ 和 $\boldsymbol{p}_2$，$\boldsymbol{A}^{\mathrm{T}}\boldsymbol{A}$ 对应的单位正交特征向量是 $\boldsymbol{q}_1$ 和 $\boldsymbol{q}_2$，则根据矩阵正交相似对角化的求法有

$$\boldsymbol{p}_1=\begin{bmatrix}\dfrac{3}{\sqrt{10}}\\\dfrac{1}{\sqrt{10}}\end{bmatrix},\quad\boldsymbol{p}_2=\begin{bmatrix}\dfrac{1}{\sqrt{10}}\\-\dfrac{3}{\sqrt{10}}\end{bmatrix},\quad\boldsymbol{q}_1=\begin{bmatrix}\dfrac{1}{\sqrt{5}}\\\dfrac{2}{\sqrt{5}}\end{bmatrix},\quad\boldsymbol{q}_2=\begin{bmatrix}\dfrac{2}{\sqrt{5}}\\-\dfrac{1}{\sqrt{5}}\end{bmatrix}\tag{15.79}$$

此时如果令 $\boldsymbol{P}=(\boldsymbol{p}_1,\boldsymbol{p}_2)$ 和 $\boldsymbol{Q}=(\boldsymbol{q}_1,\boldsymbol{q}_2)$，那么是不是就意味着 $\boldsymbol{A}$ 可以分解为 $\boldsymbol{A}=\boldsymbol{P}\boldsymbol{S}\boldsymbol{Q}^{\mathrm{T}}$ 这样的形式呢？答案是否定的，我们尝试计算 $(\boldsymbol{p}_1,\boldsymbol{p}_2)\boldsymbol{S}(\boldsymbol{q}_1,\boldsymbol{q}_2)^{\mathrm{T}}$，可以得到下面的结果：

$$\begin{bmatrix}\dfrac{3}{\sqrt{10}}&\dfrac{1}{\sqrt{10}}\\\dfrac{1}{\sqrt{10}}&-\dfrac{3}{\sqrt{10}}\end{bmatrix}\begin{bmatrix}6\sqrt{2}&\\&4\sqrt{2}\end{bmatrix}\begin{bmatrix}\dfrac{1}{\sqrt{5}}&\dfrac{2}{\sqrt{5}}\\\dfrac{2}{\sqrt{5}}&-\dfrac{1}{\sqrt{5}}\end{bmatrix}=\begin{bmatrix}\dfrac{26}{5}&\dfrac{32}{5}\\-\dfrac{18}{5}&\dfrac{24}{5}\end{bmatrix}\tag{15.80}$$

显然这个结果不是 $\boldsymbol{A}$，于是分解错误。

那么造成错误的原因是什么呢？这里需要搞清楚一个逻辑问题，那就是我们先设定 $\boldsymbol{A}=\boldsymbol{P}\boldsymbol{S}\boldsymbol{Q}^{\mathrm{T}}$，然后进一步说明满足此式的 $\boldsymbol{P}$ 和 $\boldsymbol{Q}$ 分别是使 $\boldsymbol{A}\boldsymbol{A}^{\mathrm{T}}$ 和 $\boldsymbol{A}^{\mathrm{T}}\boldsymbol{A}$ 相似对角化的正交矩阵。但能使 $\boldsymbol{A}\boldsymbol{A}^{\mathrm{T}}$ 和 $\boldsymbol{A}^{\mathrm{T}}\boldsymbol{A}$ 相似对角化的正交矩阵还有其他选择，比如正交矩阵 $\boldsymbol{P}$ 可以使 $\boldsymbol{A}\boldsymbol{A}^{\mathrm{T}}$ 相似对角化，那么 $-\boldsymbol{P}$ 也是一个正交矩阵且也能使 $\boldsymbol{A}\boldsymbol{A}^{\mathrm{T}}$ 相似对角化，即有 $\boldsymbol{A}^{\mathrm{T}}\boldsymbol{A}=\boldsymbol{P}\boldsymbol{S}^2\boldsymbol{P}^{\mathrm{T}}=(-\boldsymbol{P})\boldsymbol{S}^2(-\boldsymbol{P})^{\mathrm{T}}$，此时 $(-\boldsymbol{P})\boldsymbol{S}\boldsymbol{Q}^{\mathrm{T}}=-\boldsymbol{A}\neq\boldsymbol{A}$。因此分别使 $\boldsymbol{A}\boldsymbol{A}^{\mathrm{T}}$ 和 $\boldsymbol{A}^{\mathrm{T}}\boldsymbol{A}$ 相似对角

化的正交矩阵不一定就是 $\boldsymbol{A}=\boldsymbol{PSQ}^{\mathrm{T}}$ 中的 $\boldsymbol{P}$ 和 $\boldsymbol{Q}$。

为了获得正确的正交矩阵，我们需要对上述求得的各个单位正交特征向量加以校正。设 n 阶方阵 $\boldsymbol{A}=\boldsymbol{PSQ}^{\mathrm{T}}$，其中 $\boldsymbol{P}=(\boldsymbol{p}_1,\boldsymbol{p}_2,\cdots,\boldsymbol{p}_n)$，$\boldsymbol{Q}=(\boldsymbol{q}_1,\boldsymbol{q}_2,\cdots,\boldsymbol{q}_n)$，$\boldsymbol{S}=\mathrm{diag}\{s_1,s_2,\cdots,s_n\}$。给上述等式两端同时右乘 $\boldsymbol{Q}$，则有

$$\begin{aligned}&\boldsymbol{A}=\boldsymbol{PSQ}^{\mathrm{T}}\Rightarrow\boldsymbol{AQ}=\boldsymbol{PSQ}^{\mathrm{T}}\boldsymbol{Q}=\boldsymbol{PS}\\&\Rightarrow\boldsymbol{A}(\boldsymbol{q}_1,\boldsymbol{q}_2,\cdots,\boldsymbol{q}_n)=(\boldsymbol{p}_1,\boldsymbol{p}_2,\cdots,\boldsymbol{p}_n)\begin{bmatrix}s_1&&&\\&s_2&&\\&&\ddots&\\&&&s_n\end{bmatrix}\\&\Rightarrow\boldsymbol{Aq}_1=s_1\boldsymbol{p}_1,\boldsymbol{Aq}_2=s_2\boldsymbol{p}_2,\cdots,\boldsymbol{Aq}_n=s_n\boldsymbol{p}_n\end{aligned}\tag{15.81}$$

由此可知，对于 n 阶方阵 $\boldsymbol{A}$ 来说，在对 $\boldsymbol{AA}^{\mathrm{T}}$ 和 $\boldsymbol{A}^{\mathrm{T}}\boldsymbol{A}$ 正交相似对角化后，可以以向量组 $\boldsymbol{q}_1,\boldsymbol{q}_2,\cdots,\boldsymbol{q}_n$ 作为基准，然后利用式(15.81)对正交向量组 $\boldsymbol{p}_1,\boldsymbol{p}_2,\cdots,\boldsymbol{p}_n$ 进行符号校正即可。具体来说，当 $s_i>0$ 时($i=1,2,\cdots,n$)，将式 $\boldsymbol{Aq}_i=s_i\boldsymbol{p}_i$ 变形成为 $\boldsymbol{p}_i=\dfrac{\boldsymbol{Aq}_i}{s_i}$，于是校正的策略就是检查$\dfrac{\boldsymbol{Aq}_i}{s_i}$和 $\boldsymbol{p}_i$ 是否一致，如果相等则不需校正，如果相差一个符号则需要将 $\boldsymbol{p}_i$ 校正为 $-\boldsymbol{p}_i$；当 $s_i=0$ 时，则需检查 $\boldsymbol{Aq}_i=s_i\boldsymbol{p}_i=\boldsymbol{0}$ 是否成立。

仍然以 $\boldsymbol{A}=\begin{bmatrix}2&8\\6&0\end{bmatrix}$这个方阵为例进行说明，刚才在式(15.79)已经求得了对应的正交向量组 $\boldsymbol{p}_1,\boldsymbol{p}_2$ 与 $\boldsymbol{q}_1,\boldsymbol{q}_2$，现在以 $\boldsymbol{q}_1,\boldsymbol{q}_2$ 作为基准对 $\boldsymbol{p}_1,\boldsymbol{p}_2$ 进行校正处理。首先计算$\dfrac{\boldsymbol{Aq}_1}{s_1}$：

$$\frac{\boldsymbol{Aq}_1}{s_1}=\frac{1}{6\sqrt{2}}\begin{bmatrix}2&8\\6&0\end{bmatrix}\begin{bmatrix}\dfrac{1}{\sqrt{5}}\\\dfrac{2}{\sqrt{5}}\end{bmatrix}=\begin{bmatrix}\dfrac{3}{\sqrt{10}}\\\dfrac{1}{\sqrt{10}}\end{bmatrix}=\boldsymbol{p}_1\tag{15.82}$$

由于$\dfrac{\boldsymbol{Aq}_1}{s_1}=\boldsymbol{p}_1$，说明刚才求得的 $\boldsymbol{p}_1$ 不需校正。再计算$\dfrac{\boldsymbol{Aq}_2}{s_2}$：

$$\frac{\boldsymbol{Aq}_2}{s_2}=\frac{1}{4\sqrt{2}}\begin{bmatrix}2&8\\6&0\end{bmatrix}\begin{bmatrix}\dfrac{2}{\sqrt{5}}\\-\dfrac{1}{\sqrt{5}}\end{bmatrix}=\begin{bmatrix}-\dfrac{1}{\sqrt{10}}\\\dfrac{3}{\sqrt{10}}\end{bmatrix}=-\boldsymbol{p}_2\tag{15.83}$$

可见$\dfrac{\boldsymbol{Aq}_2}{s_2}=-\boldsymbol{p}_2$，即刚才求得的 $\boldsymbol{p}_2$ 需要校正为 $-\boldsymbol{p}_2$。故令 $\boldsymbol{P}=(\boldsymbol{p}_1,-\boldsymbol{p}_2)$ 和 $\boldsymbol{Q}=(\boldsymbol{q}_1,\boldsymbol{q}_2)$，那么此时的 $\boldsymbol{P}$ 和 $\boldsymbol{Q}$ 就可以满足奇异值分解等式 $\boldsymbol{A}=\boldsymbol{PSQ}^{\mathrm{T}}$，即：

$$\boldsymbol{A}=\begin{bmatrix}2&8\\6&0\end{bmatrix}=\boldsymbol{PSQ}^{\mathrm{T}}=\begin{bmatrix}\dfrac{3}{\sqrt{10}}&-\dfrac{1}{\sqrt{10}}\\\dfrac{1}{\sqrt{10}}&\dfrac{3}{\sqrt{10}}\end{bmatrix}\begin{bmatrix}6\sqrt{2}&\\&4\sqrt{2}\end{bmatrix}\begin{bmatrix}\dfrac{1}{\sqrt{5}}&\dfrac{2}{\sqrt{5}}\\\dfrac{2}{\sqrt{5}}&-\dfrac{1}{\sqrt{5}}\end{bmatrix}\tag{15.84}$$

例 15-14：请对以下方阵 $\boldsymbol{A}$ 进行奇异值分解：

$$\boldsymbol{A}=\begin{bmatrix}1 & 2\\ 2 & 1\end{bmatrix} \tag{15.85}$$

解：令 $\boldsymbol{A}=\boldsymbol{PSQ}^{\mathrm{T}}$，其中 $\boldsymbol{P}$ 和 $\boldsymbol{Q}$ 均为 2 阶正交矩阵。注意到 $\boldsymbol{A}$ 是实对称矩阵，所以 $\boldsymbol{AA}^{\mathrm{T}}=\boldsymbol{A}^{\mathrm{T}}\boldsymbol{A}=\boldsymbol{A}^2$，故有

$$\boldsymbol{AA}^{\mathrm{T}}=\boldsymbol{A}^{\mathrm{T}}\boldsymbol{A}=\boldsymbol{A}^2=\begin{bmatrix}5 & 4\\ 4 & 5\end{bmatrix} \tag{15.86}$$

故 $\boldsymbol{P}$ 和 $\boldsymbol{Q}$ 均为可使 $\boldsymbol{A}^2$ 相似对角化的正交矩阵，即 $\boldsymbol{A}^2=\boldsymbol{PS}^2\boldsymbol{P}^{\mathrm{T}}=\boldsymbol{QS}^2\boldsymbol{Q}^{\mathrm{T}}$。先求出其特征值，进一步得出对角阵 $\boldsymbol{S}$：

$$\begin{cases}\lambda_1=9\\ \lambda_2=1\end{cases}\Rightarrow\boldsymbol{S}^2=\begin{bmatrix}9 & \\ & 1\end{bmatrix}\Rightarrow\boldsymbol{S}=\begin{bmatrix}3 & \\ & 1\end{bmatrix} \tag{15.87}$$

进一步求出正交特征向量组：

$$\boldsymbol{p}_1=\boldsymbol{q}_1=\begin{bmatrix}\frac{1}{\sqrt{2}}\\ \frac{1}{\sqrt{2}}\end{bmatrix},\quad \boldsymbol{p}_2=\boldsymbol{q}_2=\begin{bmatrix}-\frac{1}{\sqrt{2}}\\ \frac{1}{\sqrt{2}}\end{bmatrix} \tag{15.88}$$

现在以 $\boldsymbol{q}_1,\boldsymbol{q}_2$ 作为基准对 $\boldsymbol{p}_1,\boldsymbol{p}_2$ 进行校正处理，分别计算$\frac{\boldsymbol{Aq}_1}{s_1}$和$\frac{\boldsymbol{Aq}_2}{s_2}$如下：

$$\begin{aligned}\frac{\boldsymbol{Aq}_1}{s_1}&=\frac{1}{3}\begin{bmatrix}1 & 2\\ 2 & 1\end{bmatrix}\begin{bmatrix}\frac{1}{\sqrt{2}}\\ \frac{1}{\sqrt{2}}\end{bmatrix}=\begin{bmatrix}\frac{1}{\sqrt{2}}\\ \frac{1}{\sqrt{2}}\end{bmatrix}=\boldsymbol{p}_1\\ \frac{\boldsymbol{Aq}_2}{s_2}&=\frac{1}{1}\begin{bmatrix}1 & 2\\ 2 & 1\end{bmatrix}\begin{bmatrix}-\frac{1}{\sqrt{2}}\\ \frac{1}{\sqrt{2}}\end{bmatrix}=\begin{bmatrix}\frac{1}{\sqrt{2}}\\ -\frac{1}{\sqrt{2}}\end{bmatrix}=-\boldsymbol{p}_2\end{aligned} \tag{15.89}$$

这说明 $\boldsymbol{p}_1$ 不需校正，$\boldsymbol{p}_2$ 需要校正为 $-\boldsymbol{p}_2$。于是令 $\boldsymbol{P}=(\boldsymbol{p}_1,-\boldsymbol{p}_2)$ 和 $\boldsymbol{Q}=(\boldsymbol{q}_1,\boldsymbol{q}_2)$，此时 $\boldsymbol{P}$ 和 $\boldsymbol{Q}$ 就可以满足奇异值分解等式 $\boldsymbol{A}=\boldsymbol{PSQ}^{\mathrm{T}}$，即：

$$\boldsymbol{A}=\begin{bmatrix}1 & 2\\ 2 & 1\end{bmatrix}=\boldsymbol{PSQ}^{\mathrm{T}}=\begin{bmatrix}\frac{1}{\sqrt{2}} & \frac{1}{\sqrt{2}}\\ \frac{1}{\sqrt{2}} & -\frac{1}{\sqrt{2}}\end{bmatrix}\begin{bmatrix}3 & \\ & 1\end{bmatrix}\begin{bmatrix}\frac{1}{\sqrt{2}} & \frac{1}{\sqrt{2}}\\ -\frac{1}{\sqrt{2}} & \frac{1}{\sqrt{2}}\end{bmatrix} \tag{15.90}$$

上例中，$\boldsymbol{A}$ 是实对称矩阵，但是由于 $\boldsymbol{A}$ 的特征值存在负数，因此如果单纯使用正交相似对角化的方式就会使得对角阵的元素出现负数，不符合奇异值非负这一要求。因此对于任意的方阵，不论它是否是实对称矩阵，我们都需要按照上述方式分解。

奇异值分解的强大之处在于它不仅可以分解方阵，还可以分解任意尺寸的矩阵。考虑 $\boldsymbol{A}$ 为 $m\times n$ 矩阵，则通过奇异值分解可得 $\boldsymbol{A}=\boldsymbol{PSQ}^{\mathrm{T}}$。其中 $\boldsymbol{P}$ 是 $m\times m$ 的正交矩阵，$\boldsymbol{Q}$ 是 $n\times n$ 的正交矩阵，由于两者行列式是 1 或 -1，故必然可逆。根据矩阵乘法的条件，$\boldsymbol{S}$ 和 $\boldsymbol{A}$ 一样也是 $m\times n$ 矩阵。由于 $\boldsymbol{P}$ 和 $\boldsymbol{Q}$ 均可逆，所以根据矩阵秩的性质有 $r(\boldsymbol{S})=r(\boldsymbol{A})$。$\boldsymbol{S}$ 和 $\boldsymbol{A}$

不是方阵时(即 $m\neq n$ 时)，$\boldsymbol{S}$ 肯定不是对角阵，但可以写成一个对角阵 $\boldsymbol{J}$ 和零矩阵 $\boldsymbol{O}$ 分块的形式。具体来说，当 $m>n$ 时，$\boldsymbol{S}=\begin{bmatrix}\boldsymbol{J}_{n\times n}\\ \boldsymbol{O}_{(m-n)\times n}\end{bmatrix}$；当 $m<n$ 时，$\boldsymbol{S}=(\boldsymbol{J}_{m\times m},\boldsymbol{O}_{(n-m)\times m})$。此时计算 $\boldsymbol{AA}^{\mathrm{T}}$ 和 $\boldsymbol{A}^{\mathrm{T}}\boldsymbol{A}$：

$$\boldsymbol{AA}^{\mathrm{T}}=(\boldsymbol{PSQ}^{\mathrm{T}})(\boldsymbol{PSQ}^{\mathrm{T}})^{\mathrm{T}}=\boldsymbol{PSS}^{\mathrm{T}}\boldsymbol{P}^{\mathrm{T}}=\begin{cases}\boldsymbol{PJ}^2\boldsymbol{P}^{\mathrm{T}}, & m<n\\ \boldsymbol{P}\begin{bmatrix}\boldsymbol{J}^2 & \boldsymbol{O}\\ \boldsymbol{O} & \boldsymbol{O}\end{bmatrix}\boldsymbol{P}^{\mathrm{T}}, & m>n\end{cases}$$

$$\boldsymbol{A}^{\mathrm{T}}\boldsymbol{A}=(\boldsymbol{PSQ}^{\mathrm{T}})^{\mathrm{T}}(\boldsymbol{PSQ}^{\mathrm{T}})=\boldsymbol{QS}^{\mathrm{T}}\boldsymbol{SQ}^{\mathrm{T}}=\begin{cases}\boldsymbol{Q}\begin{bmatrix}\boldsymbol{J}^2 & \boldsymbol{O}\\ \boldsymbol{O} & \boldsymbol{O}\end{bmatrix}\boldsymbol{Q}^{\mathrm{T}}, & m<n\\ \boldsymbol{QJ}^2\boldsymbol{Q}^{\mathrm{T}}, & m>n\end{cases} \tag{15.91}$$

可见，不论是 $m>n$ 还是 $m<n$，$\boldsymbol{SS}^{\mathrm{T}}$ 和 $\boldsymbol{S}^{\mathrm{T}}\boldsymbol{S}$ 都是对角阵，所以正交矩阵 $\boldsymbol{P}$ 和 $\boldsymbol{Q}$ 仍然可以通过上述求特征向量的方法求出。由于 $\boldsymbol{J}^2$ 的主对角线元素也是 $\begin{bmatrix}\boldsymbol{J}^2 & \boldsymbol{O}\\ \boldsymbol{O} & \boldsymbol{O}\end{bmatrix}$ 的主对角线元素，故构成对角阵 $\boldsymbol{J}$ 的元素是 $\boldsymbol{AA}^{\mathrm{T}}$ 和 $\boldsymbol{A}^{\mathrm{T}}\boldsymbol{A}$ 的公共特征值。另外，对于非方阵来说也同样有相应的校正步骤，我们通过两个例题来说明其具体方法。

例 15-15：已知矩阵 $\boldsymbol{A}$ 如下，求 $\boldsymbol{A}$ 的奇异值分解结果 $\boldsymbol{A}=\boldsymbol{PSQ}^{\mathrm{T}}$。

$$\boldsymbol{A}=\begin{bmatrix}1 & -1\\ -2 & 2\\ 2 & -2\end{bmatrix} \tag{15.92}$$

解：首先计算 $\boldsymbol{AA}^{\mathrm{T}}$ 和 $\boldsymbol{A}^{\mathrm{T}}\boldsymbol{A}$：

$$\boldsymbol{AA}^{\mathrm{T}}=\begin{bmatrix}1 & -1\\ -2 & 2\\ 2 & -2\end{bmatrix}\begin{bmatrix}1 & -2 & 2\\ -1 & 2 & -2\end{bmatrix}=\begin{bmatrix}2 & -4 & 4\\ -4 & 8 & -8\\ 4 & -8 & 8\end{bmatrix}$$

$$\boldsymbol{A}^{\mathrm{T}}\boldsymbol{A}=\begin{bmatrix}1 & -2 & 2\\ -1 & 2 & -2\end{bmatrix}\begin{bmatrix}1 & -1\\ -2 & 2\\ 2 & -2\end{bmatrix}=\begin{bmatrix}9 & -9\\ -9 & 9\end{bmatrix} \tag{15.93}$$

两者均为秩 1 矩阵。$\boldsymbol{AA}^{\mathrm{T}}$ 的特征值是 18、0 和 0，$\boldsymbol{A}^{\mathrm{T}}\boldsymbol{A}$ 的特征值是 18 和 0，其公共特征值是 18 和 0，故有

$$\boldsymbol{S}=\begin{bmatrix}3\sqrt{2} & 0\\ 0 & 0\\ 0 & 0\end{bmatrix} \tag{15.94}$$

求出 $\boldsymbol{AA}^{\mathrm{T}}$ 单位正交化特征向量 $\boldsymbol{p}_1,\boldsymbol{p}_2,\boldsymbol{p}_3$：

$$\boldsymbol{p}_1=\begin{bmatrix}\dfrac{1}{3}\\ -\dfrac{2}{3}\\ \dfrac{2}{3}\end{bmatrix},\quad \boldsymbol{p}_2=\begin{bmatrix}\dfrac{2}{\sqrt{5}}\\ \dfrac{1}{\sqrt{5}}\\ 0\end{bmatrix},\quad \boldsymbol{p}_3=\begin{bmatrix}\dfrac{2}{3\sqrt{5}}\\ -\dfrac{4}{3\sqrt{5}}\\ -\dfrac{\sqrt{5}}{3}\end{bmatrix} \tag{15.95}$$

再求出 $\boldsymbol{A}^{\mathrm{T}}\boldsymbol{A}$ 单位正交特征向量 $\boldsymbol{q}_1,\boldsymbol{q}_2$：

$$\boldsymbol{q}_1=\begin{bmatrix}\frac{1}{\sqrt{2}}\\-\frac{1}{\sqrt{2}}\end{bmatrix},\quad \boldsymbol{q}_2=\begin{bmatrix}\frac{1}{\sqrt{2}}\\\frac{1}{\sqrt{2}}\end{bmatrix}\tag{15.96}$$

此时需要以 $\boldsymbol{q}_1,\boldsymbol{q}_2$ 为基准对 $\boldsymbol{p}_1,\boldsymbol{p}_2,\boldsymbol{p}_3$ 校正。不过由于 $\boldsymbol{A}$ 不是方阵，故此处只需校正 $\boldsymbol{p}_1,\boldsymbol{p}_2$ 即可。先计算$\frac{\boldsymbol{A}\boldsymbol{q}_1}{s_1}$如下：

$$\frac{\boldsymbol{A}\boldsymbol{q}_1}{s_1}=\frac{1}{3\sqrt{2}}\begin{bmatrix}1&-1\\-2&2\\2&-2\end{bmatrix}\begin{bmatrix}\frac{1}{\sqrt{2}}\\-\frac{1}{\sqrt{2}}\end{bmatrix}=\begin{bmatrix}\frac{1}{3}\\-\frac{2}{3}\\\frac{2}{3}\end{bmatrix}=\boldsymbol{p}_1\tag{15.97}$$

说明 $\boldsymbol{p}_1$ 不需校正。而 $s_2=0$，不能直接计算$\frac{\boldsymbol{A}\boldsymbol{q}_2}{s_2}$，但由于 $\boldsymbol{A}\boldsymbol{q}_2=\boldsymbol{0}=s_2\boldsymbol{p}_2$ 成立，故 $\boldsymbol{p}_2$ 也不需校正(即只需 $\boldsymbol{p}_2$ 是单位向量且和 $\boldsymbol{p}_1$ 正交就能满足 $\boldsymbol{A}\boldsymbol{q}_2=s_2\boldsymbol{p}_2$)。综上，此处求得的 $\boldsymbol{p}_1,\boldsymbol{p}_2,\boldsymbol{p}_3$ 无需校正，于是令 $\boldsymbol{P}=(\boldsymbol{p}_1,\boldsymbol{p}_2,\boldsymbol{p}_3)$ 和 $\boldsymbol{Q}=(\boldsymbol{q}_1,\boldsymbol{q}_2)$，可得 $\boldsymbol{A}$ 的奇异值分解式如下：

$$\boldsymbol{A}=\boldsymbol{P}\boldsymbol{S}\boldsymbol{Q}^{\mathrm{T}}=\begin{bmatrix}\frac{1}{3}&\frac{2}{\sqrt{5}}&\frac{2}{3\sqrt{5}}\\-\frac{2}{3}&-\frac{1}{\sqrt{5}}&-\frac{4}{3\sqrt{5}}\\\frac{2}{3}&0&-\frac{\sqrt{5}}{3}\end{bmatrix}\begin{bmatrix}3\sqrt{2}&0\\0&0\\0&0\end{bmatrix}\begin{bmatrix}\frac{1}{\sqrt{2}}&-\frac{1}{\sqrt{2}}\\\frac{1}{\sqrt{2}}&\frac{1}{\sqrt{2}}\end{bmatrix}\tag{15.98}$$

例 15-16：已知矩阵 $\boldsymbol{A}$ 如下，求 $\boldsymbol{A}$ 的奇异值分解结果 $\boldsymbol{A}=\boldsymbol{P}\boldsymbol{S}\boldsymbol{Q}^{\mathrm{T}}$。

$$\boldsymbol{A}=\begin{bmatrix}4&11&14\\8&7&-2\end{bmatrix}\tag{15.99}$$

解：计算 $\boldsymbol{A}\boldsymbol{A}^{\mathrm{T}}$ 和 $\boldsymbol{A}^{\mathrm{T}}\boldsymbol{A}$：

$$\begin{gathered}\boldsymbol{A}\boldsymbol{A}^{\mathrm{T}}=\begin{bmatrix}4&11&14\\8&7&-2\end{bmatrix}\begin{bmatrix}4&8\\11&7\\14&-2\end{bmatrix}=\begin{bmatrix}333&81\\81&117\end{bmatrix}\\\boldsymbol{A}^{\mathrm{T}}\boldsymbol{A}=\begin{bmatrix}4&8\\11&7\\14&-2\end{bmatrix}\begin{bmatrix}4&11&14\\8&7&-2\end{bmatrix}=\begin{bmatrix}80&100&40\\100&170&140\\40&140&200\end{bmatrix}\end{gathered}\tag{15.100}$$

$\boldsymbol{A}\boldsymbol{A}^{\mathrm{T}}$ 的特征值是 360 和 90，$\boldsymbol{A}^{\mathrm{T}}\boldsymbol{A}$ 的特征值是 360、90 和 0。由于两者的公共特征值是 360 和 90，故可以直接写出 $\boldsymbol{S}$：

$$\boldsymbol{S}=\begin{bmatrix}\sqrt{360}&0&0\\0&\sqrt{90}&0\end{bmatrix}=\begin{bmatrix}6\sqrt{10}&0&0\\0&3\sqrt{10}&0\end{bmatrix}\tag{15.101}$$

求出 $\boldsymbol{AA}^{\mathrm{T}}$ 对应的单位正交特征向量 $\boldsymbol{p}_1,\boldsymbol{p}_2$：

$$\boldsymbol{p}_1=\begin{bmatrix}\frac{3}{\sqrt{10}}\\ \frac{1}{\sqrt{10}}\end{bmatrix}\quad \boldsymbol{p}_2=\begin{bmatrix}\frac{1}{\sqrt{10}}\\ -\frac{3}{\sqrt{10}}\end{bmatrix} \tag{15.102}$$

求出 $\boldsymbol{A}^{\mathrm{T}}\boldsymbol{A}$ 单位正交特征向量 $\boldsymbol{q}_1,\boldsymbol{q}_2,\boldsymbol{q}_3$：

$$\boldsymbol{q}_1=\begin{bmatrix}\frac{1}{3}\\ \frac{2}{3}\\ \frac{2}{3}\end{bmatrix}\quad \boldsymbol{q}_2=\begin{bmatrix}-\frac{2}{3}\\ -\frac{1}{3}\\ \frac{2}{3}\end{bmatrix}\quad \boldsymbol{q}_3=\begin{bmatrix}\frac{2}{3}\\ -\frac{2}{3}\\ \frac{1}{3}\end{bmatrix} \tag{15.103}$$

下面做校正处理。但此处不存在 s_3，故只需对 $\boldsymbol{p}_1$ 和 $\boldsymbol{p}_2$ 使用公式校正即可，即分别计算$\frac{\boldsymbol{Aq}_1}{s_1}$和$\frac{\boldsymbol{Aq}_2}{s_2}$如下：

$$\begin{gathered}\frac{\boldsymbol{Aq}_1}{s_1}=\frac{1}{6\sqrt{10}}\begin{bmatrix}4 & 11 & 14\\ 8 & 7 & -2\end{bmatrix}\begin{bmatrix}\frac{1}{3}\\ \frac{2}{3}\\ \frac{2}{3}\end{bmatrix}=\begin{bmatrix}\frac{3}{\sqrt{10}}\\ \frac{1}{\sqrt{10}}\end{bmatrix}=\boldsymbol{p}_1\\ \frac{\boldsymbol{Aq}_2}{s_2}=\frac{1}{3\sqrt{10}}\begin{bmatrix}4 & 11 & 14\\ 8 & 7 & -2\end{bmatrix}\begin{bmatrix}-\frac{2}{3}\\ -\frac{1}{3}\\ \frac{2}{3}\end{bmatrix}=\begin{bmatrix}\frac{1}{\sqrt{10}}\\ -\frac{3}{\sqrt{10}}\end{bmatrix}=\boldsymbol{p}_2\end{gathered} \tag{15.104}$$

故 $\boldsymbol{p}_1,\boldsymbol{p}_2$ 均不需校正，从而令 $\boldsymbol{P}=(\boldsymbol{p}_1,\boldsymbol{p}_2)$和 $\boldsymbol{Q}=(\boldsymbol{q}_1,\boldsymbol{q}_2,\boldsymbol{q}_3)$，就可以得出 $\boldsymbol{A}$ 的奇异值分解式如下：

$$\boldsymbol{A}=\boldsymbol{PSQ}^{\mathrm{T}}=\begin{bmatrix}\frac{3}{\sqrt{10}} & \frac{1}{\sqrt{10}}\\ \frac{1}{\sqrt{10}} & -\frac{3}{\sqrt{10}}\end{bmatrix}\begin{bmatrix}6\sqrt{10} & 0 & 0\\ 0 & 3\sqrt{10} & 0\end{bmatrix}\begin{bmatrix}\frac{1}{3} & \frac{2}{3} & \frac{2}{3}\\ -\frac{2}{3} & -\frac{1}{3} & \frac{2}{3}\\ \frac{2}{3} & -\frac{2}{3} & \frac{1}{3}\end{bmatrix} \tag{15.105}$$

15.4.3　奇异值分解在图像处理中的应用

最后简单说明奇异值分解在图像处理领域的重要应用。设有数字图像 $\boldsymbol{IM}$，设其长和宽均为 n 个像素，则它可以视为 n 阶方阵。利用奇异值分解可得 $\boldsymbol{IM}=\boldsymbol{PSQ}^{\mathrm{T}}$：

$$IM = PSQ^{\mathrm{T}} = (p_1, p_2 \cdots, p_n)\begin{bmatrix} s_1 & & & \\ & s_2 & & \\ & & \ddots & \\ & & & s_n \end{bmatrix}\begin{bmatrix} q_1^{\mathrm{T}} \\ q_2^{\mathrm{T}} \\ \vdots \\ q_n^{\mathrm{T}} \end{bmatrix}$$

$$= s_1 p_1 q_1^{\mathrm{T}} + s_2 p_2 q_2^{\mathrm{T}} + \cdots + s_n p_n q_n^{\mathrm{T}} (s_1 > s_2 > \cdots > s_n > 0) \quad (15.106)$$

可以看出 $p_i q_i^{\mathrm{T}}(i=1,2,\cdots,n)$是一个 n 阶的秩 1 矩阵，所以 IM 实际上就是一系列秩 1 矩阵之和。设 $IM(k)$是前 k 展开项之和，即：

$$IM(k) = \sum_{i=1}^{k} s_i p_i q_i^{\mathrm{T}} (1 \leqslant k \leqslant n) \quad (15.107)$$

图 15-11 数字图像 Lena

由于 $s_1 > s_2 > \cdots > s_n > 0$（实际图像几乎不会出现奇异值等于 0 的情形），所以越靠近前面的项所占 IM 的“份额”越多。在一般工程应用场景，每增加一项，其秩就会加 1，即 $r(IM(k)) = k$。如果忽略掉后面“份额”较小的项，就可以用 $IM(k)$近似代替 IM，从而实现图像的低秩压缩。对于长宽尺寸不同的图像，原理相同。

比如图 15-11 所示的数字图像是图像处理领域经典的摄影作品，其人物主角名叫 Lena。Lena 图像的尺寸是 512×512。

设 Lena 图像的矩阵是 IM，将其奇异值分解后依次给出 $IM(1)$、$IM(5)$、$IM(10)$、$IM(30)$、$IM(50)$、$IM(70)$、$IM(100)$和 $IM(150)$对应的图像结果，如图 15-12 所示。

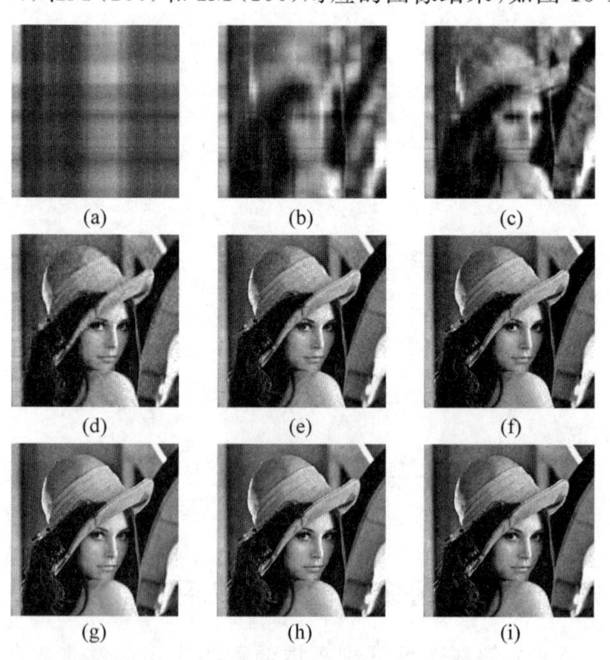

图 15-12 图像 Lena 的奇异值分解结果

(a)：$IM(1)$；(b)：$IM(5)$；(c)：$IM(10)$；(d)：$IM(30)$；(e)：$IM(50)$；(f)：$IM(70)$；(g)：$IM(100)$；(h)：$IM(150)$；(i)：原始图像 IM，用于对比

通过观察，$\boldsymbol{IM}(1)$和$\boldsymbol{IM}(5)$与原始图像$\boldsymbol{IM}$相差甚远，但随着项数的增加，$\boldsymbol{IM}(k)$就越来越接近原始图像$\boldsymbol{IM}$。比如$\boldsymbol{IM}(10)$就已经可以看出图像的大致形态了。从$\boldsymbol{IM}(10)$到$\boldsymbol{IM}(150)$，越来越多的图像细节被完善，图像$\boldsymbol{IM}(100)$和$\boldsymbol{IM}(150)$甚至已经几乎看不出和原始图像$\boldsymbol{IM}$的差别了。于是工程实践中就可以使用$\boldsymbol{IM}(100)$或$\boldsymbol{IM}(150)$来代替$\boldsymbol{IM}$，从而使用存储量较低的低秩图像代替高秩的原始图像，即实现了低秩的压缩功能。

习题 15

1. 请在理解本章所讲机器学习算法的基础上，自行查找几项技术的 Python 和 MATLAB 代码，然后实现相应的算法。
2. 机器学习和矩阵还有哪些结合的要点？请查阅资料后列举一些其他重要的算法。

矩阵理论的发展与未来

至此，我们已经比较详细而全面地了解了矩阵的相关知识，它们在理论研究和实践中起着举足轻重的作用，也是现代社会各种学科所必不可少的数学工具。本书的最后一章将简单介绍矩阵理论的起源和发展，并且给学习矩阵理论的读者一些相关的建议以供参考。

16.1 矩阵理论的起源和发展

矩阵理论的雏形，可以追溯到线性方程组的求解。早在我国西汉时代的《九章算术》一书里就记载了多元一次方程组的求解。最经典的题目如下："今有上禾三秉，中禾二秉，下禾一秉，实三十九斗；上禾二秉，中禾三秉，下禾一秉，实三十四斗；上禾一秉，中禾二秉，下禾三秉，实二十六斗。问上、中、下禾实一秉各几何?"这实际上就是一个基本的三元一次方程组，书中给出的解法是："置上禾三秉，中禾二秉，下禾一秉，实三十九斗于右方。中、左禾列如右方。以右行上禾遍乘中行，而以直除。又乘其次，亦以直除。然以中行中禾不尽者遍乘左行，而以直除。左方下禾不尽者，上为法，下为实。实即下禾之实。求中禾，以法乘中行下实，而除下禾之实。余，如中禾秉数而一，即中禾之实。求上禾，亦以法乘右行下实，而除下禾、中禾之实。余，如上禾秉数而一，即上禾之实。实皆如法，各得一斗。"这里介绍的方法大致步骤是首先将这些数字排成一个行列表格，然后依次将这些数字进行"遍乘""直除"等操作("除"在古汉语是"减"的含义)，即让这些系数一一消去，最终得到了问题的解。由于古代没有所谓"代数"的概念，所以这里操作的对象就是题目中所述的数字，这种对数表的直接操作可以说是增广矩阵求解线性方程组的雏形。

西方国家对方程组的概念提出得比较晚，但进展比较快。在 17 世纪，日本数学家关孝和(Seki Takakazu)和德国数学家莱布尼茨(Leibniz)分别提出了行列式的原始概念，并且将行列式大量应用于求解线性方程组中。随后 18 世纪初，英国数学家麦克劳林(Maclaurin)使用行列式求解了二元、三元和四元的线性方程组，并且进一步明确了行列式的概念和意义。事实上，二阶、三阶行列式可以使用对角线法则计算，而四阶及以上行列式需要有更复杂的定义方式(如逆序数法定义)。于是 18 世纪中叶，瑞士数学家克拉默(Cramer)初步使用较低阶的行列式表示了较高阶的行列式，与此同时还发表了著名的克拉默法则，将线性方程组的解使用行列式之商的方式进行了表达。随后，法国数学家范德蒙德(Van Der

Monde)意识到，行列式不仅是一种求解线性方程组的工具，它还具有很多特别的性质值得挖掘。于是他对克拉默所述的展开定理进一步研究，不仅完善了对应的展开定理，而且还明确提出了子式和代数余子式的概念以及使用它们表示行列式的方法。这个方法后来进一步被法国数学家拉普拉斯(Laplace)推广成为行列式的拉普拉斯展开定理。后来在19世纪，法国数学家柯西(Cauchy)在前人研究的基础上，将行列式做了系统的归纳，并且明确了行列式的标记方式。此时，行列式才真正成为独立研究的数学工具。由于行列式的值可以决定线性方程组是否有唯一解，因此英语中使用源自拉丁语"determinantem"的"determinant"表示行列式。

需要指出的是，历史上在研究行列式和线性方程组之间的关系时，并没有提及矩阵，这是因为当时还没有形成"矩阵"这一明确的概念，并且由于当时中西方文化、语言的隔阂障碍，《九章算术》中提到的消元法也没能及时传入西方。直到19世纪初，德国数学家高斯(Gauss)才提出了对应的消元法，这和《九章算术》中提出的方法几乎完全一致。由于当时已经有了比较明确的代数概念，再加上天文学和测地学的需求，高斯消元法就需要以更简洁的方式表达。于是就需要将若干数据视为一个整体排列，但它又不同于行列式，因为这些数据只是按照一定的规律排列而不存在内部的运算。这个数据整体后来被英国数学家西尔维斯特(Sylvester)以"matrix"命名，它实际上来源于拉丁语的"子宫"一词，即用来表示一个"matrix"可以孕育各式各样的子式。这项工作后来在19世纪中叶由英国数学家凯莱(Cayley)继承。凯莱意识到，如果将线性方程组去掉未知数且只保留系数，这些系数组合在一起可以表示出更深刻的含义，即可以把一组数据变成另一组数据，这种运算不同于传统数的加法和乘法，而是一组数字的整体运算。此外，凯莱还发现了这个数字整体可以利用线性方程组进行复合运算(即我们现在熟知的矩阵乘法)，那么这个数字整体就必须有一个通用的称呼。在此之后"matrix"就正式地成为这个数字整体的代名词，并且有更多的数学家投入了矩阵的研究中，最终建立了一套完整的矩阵理论体系。在我国，"matrix"一词首次被翻译成"矩阵"是在1935年审定的《数学名词》中，而中华人民共和国成立后"matrix"的译名被正式确定为"矩阵"。

16.2　矩阵理论的学习和进阶

凯莱在创立矩阵理论时，曾提及了矩阵和行列式的关系。他指出，行列式应当是源于矩阵的，即从逻辑上来看，矩阵要先于行列式发展。但从实际历史发展来看，行列式反而是先于矩阵的，这是由于线性方程组的求解问题受制于当时的理论和技术发展水平。而在当下数学理论发展已经相对完善，那么对矩阵理论的学习就可以根据适当的逻辑逐步推进。本书的知识体系正是按照这样的逻辑构建的。读者在学习完本书的理论知识后，可以从以下几方面去理解矩阵的意义：

- 矩阵是数据按照一定规律排列的表格；
- 矩阵是各种分立运算集合且宏观的表示；
- 矩阵是线性映射关系的体现；
- 矩阵是空间上诸多几何关系的代数体现；
- 矩阵是一种批量处理数据的代数工具；

- 矩阵是当代科技的数学理论基础之一；
- 矩阵是了解客观世界规律的手段之一。

本书所述的矩阵知识仅仅是矩阵理论的开端，读者在学习完本书的理论知识后，可以根据自身的需要考虑下一步的学习。这里列举出以下几点：

- 需要进一步学习矩阵理论知识的读者，在熟悉本书所述知识的前提下，可以进一步学习和了解线性空间、张量分析、抽象代数等更高深的理论知识；
- 需要工程实践的读者，可以利用矩阵的性质灵活构建各种模型，并至少使用一种编程工具(如 Python 或 MATLAB)进行模拟实践；
- 需要应试的读者，可以以现有的知识为起点，进一步参考更多的资料以提高应试能力，同时补充一些其他的高级结论与技巧。

矩阵理论的集中发展不过数百年时间，但其产生的意义是极为深远的。可以预见的是，矩阵理论在将来依旧是科技发展的中坚力量之一，也会是未来其他理论技术诞生的摇篮。

习题 16

1. 请思考本书的矩阵知识结构体系，画出对应知识之间的大致关系结构。
2. 在课程“线性代数”或“高等代数”中，矩阵的核心意义体现在哪些方面？说一说你的理解。

附录A 数理逻辑及证明基础知识

遇到数学理论的证明问题时，经常涉及相应的数理逻辑名词以及相关的证明方法。这些内容在初等数学中已经有所系统学习，我们将在此处加以汇总，以帮助读者更好地理解本书所用到的方法。

A.1 命题逻辑

能够判断真假的陈述句叫作**命题**(proposition)，比如“$1+1=2$”“太阳每天从西边升起”都是命题。命题可以使用小写字母表示，比如 $p=$“$1+1=2$”，$q=$“太阳每天从西边升起”。每一个命题都可以判断真假，上述命题 p 是真命题，命题 q 是假命题。

含有连接词“非”“且”“或”三者的命题叫作复合命题。对命题 p 否定就得到了“非 p”，记为 $\neg p$ 或 $\bar{p}$；而“且”和“或”是对两个命题 p 和 q 的联结，“p 且 q”记为 $p \wedge q$，“p 或 q”记为 $p \vee q$。这些复合命题的真假判断如表 A-1 所示。

表 A-1 命题真值表

p	q	$\neg p$	$\neg q$	$p \wedge q$	$p \vee q$
真	真	假	假	真	真
真	假	假	真	假	真
假	真	真	假	假	真
假	假	真	真	假	假

对复合命题 $p \wedge q$ 和 $p \vee q$ 取非，需要注意其中德摩根律(De Morgan's laws)的应用，即有 $\neg(p \wedge q)=(\neg p) \vee (\neg q)$ 和 $\neg(p \vee q)=(\neg p) \wedge (\neg q)$ 成立。这一点需要注意。

形如“若 p 则 q”的命题叫作**条件命题**(conditional proposition)。条件命题“若 p 则 q”可以有三种衍生的命题，分别是**逆命题**(converse proposition)、**否命题**(negative proposition)和**逆否命题**(converse-negative proposition/contrapositive)，它们的形式如下：

- 原命题：若 p 则 q；
- 逆命题：若 q 则 p；
- 否命题：若 $\neg p$ 则 $\neg q$；
- 逆否命题：若 $\neg q$ 则 $\neg p$；

条件命题的真假判断有以下三个准则：

- 逆命题、否命题不一定和原命题同真假；
- 逆否命题一定和原命题同真假；
- 逆命题和否命题一定同真假。

A.2 充分条件和必要条件

如果条件命题“若 p 则 q”成立，那么称 p 是 q 的**充分条件**（sufficient condition），q 是 p 的**必要条件**（necessary condition）。

p 是 q 的充分条件意味着，只要 p 成立 q 就一定成立，即 p 是充分的甚至是有“盈余”的。例如命题 p 是“a 是整数”，命题 q 是“a 是实数”，那么 p 就是 q 的充分条件。因为只要 a 是整数，那么 a 必然是实数；而如果 a 不是整数，那么 a 也不一定不是实数。所以充分条件可以理解为“有 p 必有 q”且“没有 p 不一定没有 q”。汉语可以使用“只要……就……”句式表达。

p 是 q 的必要条件意味着，只有 p 成立时 q 才可能成立，即 p 是必要的甚至是“不足”的。例如命题 p 是“a 是正数”，命题 q 是“$a=1$”，那么 p 就是 q 的必要条件。因为只有 a 是正数时，才有可能 $a=1$；而如果 a 不是正数，那么必然有 $a\neq 1$。所以必要条件可以理解为“有 p 才有可能有 q”且“没有 p 必然没有 q”。汉语可以使用“只有……才可能……”句式表达。

根据以上概念，如果 p 是 q 的充分条件，则 q 就是 p 的必要条件，数学上记为 $p\Rightarrow q$。但需要注意，充分、必要条件的表述还有其他方式。比如“p 是 q 的充分条件”指的是 $p\Rightarrow q$，而“p 的充分条件是 q”指的则是 $q\Rightarrow p$。必要条件同理。有时候为了强调某个充分条件是不必要的，会使用“充分不必要条件”这个术语；同理为了强调某个必要条件是不充分的，会使用“必要不充分条件”这个术语。

如果 p 既是 q 的充分条件又是必要条件，则称 p 是 q 的**充分必要条件**（necessary and sufficient condition），记为 $p\Leftrightarrow q$，也称 p 和 q 是等价的。例如命题 p 是“$a=0$”，命题 q 是“$a^2=0$”，那么 p 和 q 就是充分必要的关系。因为当 $a=0$ 时，必然有 $a^2=0$；反过来当 $a^2=0$ 时，也只能 $a=0$。

在数学证明中，经常需要证明形如“p 是 q 的充分必要条件”这种问题，此时需要分为两步，即先证明充分性再证明必要性。充分性证明的是“p 是 q 的充分条件”，即证明 $p\Rightarrow q$；必要性证明的是“p 是 q 的必要条件”，即证明 $q\Rightarrow p$。当然，相关的证明可以有多种提法，比如“p 的充分必要条件是 q”“p 和 q 互为充分必要关系”“p 和 q 等价”等。

A.3 数学证明常用方法

A.3.1 反证法

我们知道，条件命题 $p\Rightarrow q$ 和其逆否命题 $\neg q\Rightarrow\neg p$ 真假性一定相同，因此当原命题不方便证明时，可以证明其逆否命题，这种证明方法叫作**反证法**（proof by contradiction）。其证明格式是先假设结论 q 不成立(即 $\neg q$),那么推出一个和条件 p 不同的结论(即 $\neg p$),通过这样产生的矛盾说明假设错误,即证明了原命题。

例 A-1：设有数 a 和 b 且 $ab \neq 0$。求证：$a \neq 0$ 且 $b \neq 0$。

证明：设条件 p 是"$ab \neq 0$",条件 q 是"$a \neq 0$ 且 $b \neq 0$",题目要求证明 $p \Rightarrow q$。使用反证法,即可以转而证明 $\neg q \Rightarrow \neg p$,其中 $\neg q$ 是"$a=0$ 或 $b=0$",$\neg p$ 是 $ab=0$。

假设 $a=0$ 或 $b=0$,根据乘法的规则,两个数只要有一个是 0,结果一定是 0,即一定有 $ab=0$。这一点和条件 $ab \neq 0$ 矛盾,因此假设错误,只能 $a \neq 0$ 且 $b \neq 0$。

A.3.2 分析法

要证明命题 q 成立,有时候需要若干步骤,即 $p_1 \Rightarrow p_2 \Rightarrow \cdots \Rightarrow p_n \Rightarrow q$,此时可以从结论 q 出发,逆向寻找使每一步成立的充分条件是否存在,如果这些充分条件都存在,则说明 q 成立。这就是**分析法**(analytical proof)。

例 A-2：已知 $a>0$ 且 $b>0$,求证：

$$\frac{2}{\frac{1}{a}+\frac{1}{b}} \leqslant \sqrt{ab} \tag{A.1}$$

证明：在 $a>0$ 且 $b>0$ 前提下,将待证不等式做以下等价变形：

$$\frac{2}{\frac{1}{a}+\frac{1}{b}} \leqslant \sqrt{ab} \Leftrightarrow \frac{2ab}{a+b} \leqslant \sqrt{ab} \Leftrightarrow \frac{2ab}{\sqrt{ab}} \leqslant a+b$$

$$\Leftrightarrow 2\sqrt{ab} \leqslant a+b \Leftrightarrow a+b-2\sqrt{ab} \geqslant 0 \Leftrightarrow (\sqrt{a}-\sqrt{b})^2 \geqslant 0 \tag{A.2}$$

由于最后的 $(\sqrt{a}-\sqrt{b})^2 \geqslant 0$ 是一定成立的,且中间每一步都是充分条件关系(实际上这里是更强的充分必要条件关系),所以待证不等式成立。直接证明过程只需将刚才的分析过程反向表示即可(单向箭头用来强调每一步证明的充分性)：

$$(\sqrt{a}-\sqrt{b})^2 \geqslant 0 \Rightarrow a+b-2\sqrt{ab} \geqslant 0 \Rightarrow 2\sqrt{ab} \leqslant a+b \Rightarrow \frac{2ab}{\sqrt{ab}} \leqslant a+b$$

$$\Rightarrow \frac{2ab}{a+b} \leqslant \sqrt{ab} \Rightarrow \frac{2}{\frac{1}{a}+\frac{1}{b}} \leqslant \sqrt{ab} \tag{A.3}$$

可见分析法一般可以有效提供证明思路,最后逆向使用分析过程即可。

A.3.3 数学归纳法

如果一个命题 p 在自然数或正整数的某个范围内成立,则可以先证明 p 针对某个初始值成立,然后证明它可以由 p 在 k 时成立推出它在 $k+1$ 时成立,结合这两点就可以说明它在整个范围恒成立。这种证明方法就是**数学归纳法**(mathematical induction)。使用数学归纳法证明一个问题时,这两步都是必要的,前一步奠定证明的基础,后一步进行递推证明。

例 A-3：求证：在 $n \in \mathbb{N}^+$ 时,有以下等式成立：

$$1^2+2^2+\cdots+n^2=\frac{1}{6}n(n+1)(2n+1) \tag{A.4}$$

证明：当 $n=1$ 时，有

$$\frac{1}{6}n(n+1)(2n+1)=\frac{1}{6}\times 1\times 2\times 3=1=1^2 \tag{A.5}$$

故待证等式在 $n=1$ 时成立。

假设待证等式在 $n=k$ 时成立，即下式成立：

$$1^2+2^2+\cdots+k^2=\frac{1}{6}k(k+1)(2k+1) \tag{A.6}$$

则当 $n=k+1$ 时，有

$$\begin{aligned}1^2+2^2+\cdots+k^2+(k+1)^2&=\frac{1}{6}k(k+1)(2k+1)+(k+1)^2\\&=\frac{1}{6}(k+1)[(2k^2+k)+6(k+1)]\\&=\frac{1}{6}(k+1)(2k^2+7k+6)\\&=\frac{1}{6}(k+1)(k+2)(2k+3)\\&=\frac{1}{6}(k+1)[(k+1)+1][2(k+1)+1]\end{aligned} \tag{A.7}$$

即通过 $n=k$ 的等式成立证明了 $n=k+1$ 时等式也成立。根据数学归纳法原理，待证等式对于 $n\in\mathrm{N}^+$ 都成立。